数学名著译丛

环与模范畴

[美] F. W. 安德森 K. R. 富勒尔 著
王 尧 任艳丽 译

(第2版)

U0810378

Rings and Categories of Modules

2nd Edition

科学出版社
北 京

多年来, 国内外许多学者都希望能见到该著作的中译本. 王尧教授、任艳丽教授结合教学实践, 正是在再版的基础上对这本著作进行了翻译. 我相信他们的这本译著将会给国内的环论工作者 (特别是环论方向的研究生) 的学习和研究带来诸多方便. 所以, 我非常乐意推荐本译著的出版, 并以此作序.

刘绍学

2007 年 3 月

于北京师范大学

前　言

本书旨在介绍环与模的一般理论, 其内容完整, 自成体系, 可作为一本入门参考书或高年级研究生的教材. 我们假定读者熟悉在大学代数课程中教授的环的知识, 我们处理问题使用的是范畴方法, 而不是算术方法. 本书的主题是研究具有单边理想结构的环和它的模范畴表现之间的关系.

本书首先简短概述集合理论和范畴基础, 然后介绍环、模和同态的基本定义和性质, 重点论述了直和、有限条件、Wedderburn-Artin 定理、Jacobson 根、hom 和 tensor 函子、Morita 等价和对偶、内射模和投射模的分解理论、以及半完备环和完备环等理论. 在第二版书中, 我们增加了包含许多 Artin 环经典结论的一章, 正是这些成果帮助形成了 Artin 环和有限维代数表示理论许多当代研究的基础. 为了更好地阐述和延伸本书内容, 在书中我们还相应地配备了大量习题, 其中包括有相当广度和难度的习题. 当然, 也有许多关于环和模的重要理论本书没有涉及到, 例如同调、商环以及交换环理论.

本书的取材主要来自我们过去几年使用过的讲义和研究结果. 在撰写本书的过程中, 我们受到了学生和同事的启发, 对他们的鼓励深表谢意. 在此, 我们也衷心感谢那些在一、二版编撰过程中给予我们帮助和提出修改意见的人们.

最后, 我们要向那些被引用了研究工作但没有被特别指出的作者表示歉意. 实际上, 本书所有的结论均以某种形式在其他文献中出现过, 它们也可以在本书所列出的参考书目或文章中查到, 也可以在我们总参考文献中查到.

F.W. 安德森于尤金市

K.R. 富勒尔于衣阿华市

1992 年 1 月

目　录

§0. 预 备 知 识

本节集中给出相关概念、术语及基础知识. 当然, 以后根据需要我们可能改变一些符号或术语的含义, 那时将给出说明, 而不需要任何进一步的解释.

关于范畴, 我们将只涉及非常特殊的具体范畴, 并且对于范畴代数的运用也只是术语上的初级的运用, 所以这里只给出经常用到的基本概念和知识. 特别指出, 尽管范畴的实际运用将逐步增多, 但我们希望这个进程是自然的. 因此, 刚开始学习时没必要花大力气去掌握它.

0.1 函数 一般我们写函数 “在左边”, 但也不总是这样. 即如果 f 是 A 到 B 的函数, 并且 $a \in A$, 我们用 $f(a)$ 表示 f 在 a 点的值. 记法 $f: A \to B$ 表示 A 到 B 的函数. 一个函数 $f: A \to B$ 按元素作用定义为

$$f: a \mapsto f(a) \quad (a \in A).$$

从而, 如果 $A' \subseteq A$, f 在 A' 上的限制 $(f \mid A')$ 定义为

$$(f \mid A'): a' \mapsto f(a') \quad (a' \in A').$$

给定 $f: A \to B, \quad A' \subseteq A, \quad B' \subseteq B$, 我们记

$$f(A') = \{f(a) \mid a \in A'\}, \quad f^{\leftarrow}(B') = \{a \in A \mid f(a) \in B'\}.$$

两个函数 $f: A \to B$ 和 $g: B \to C$ 的**合成**或者**积**, 记为 $g \circ f$, 是指函数 $g \circ f: a \mapsto g(f(a))$ $(a \in A)$. 当根据上下文无歧义时, 可以简记为 gf. 按此定义, 函数的运算都满足结合律. A 到它自身的**恒等函数**记为 1_A. A 到 B 所有函数的集合记为 B^A 或 $Map\ (A, B)$:

$$B^A = Map\ (A, B) = \{f \mid f: A \to B\}.$$

因此 A^A 在合成运算下是一个幺半群 (= 有单位元的半群).

称集合和函数组成的图表**可交换**或是**交换的**, 如果从一点到另一点与路径选择无关. 例如, 下面第一个图表可交换当且仅当 $f = hg$. 如果第二个可交换,

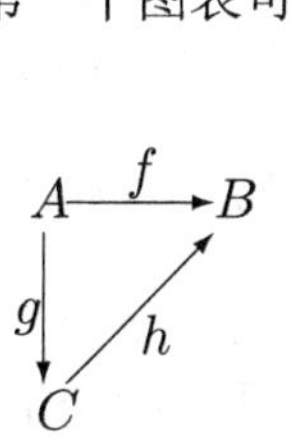

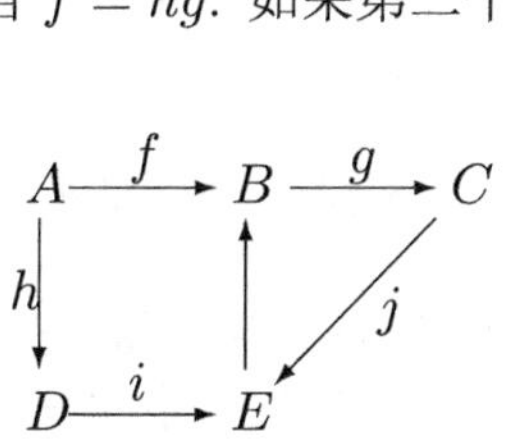

则从 A 到 E 与路径的选择无关, $jgf = ih$.

称一个函数 $f: A \to B$ 是**单射的 (满射的)** 或是一个**单射 (满射)**, 如果它有**左 (右) 逆** $f': B \to A$, 即对于某个 $f': B \to A$, 有 $f'f = 1_A(ff' = 1_B)$. 因此 (见 (0.2)) $f: A \to B$ 是单射 (满射) 当且仅当 f 是一对一的 (到 B 上的). 称函数 $f: A \to B$ 是**双射的**或一个**双射**, 如果 f 既是单射又是满射, 即当且仅当存在 (唯一) 逆函数 $f^{-1}: B \to A$ 使得 $ff^{-1} = 1_B, f^{-1}f = 1_A$.

如果 $A \subseteq B$, 则函数 $i = i_{A\subseteq B}: A \to B$ 定义为 $i = (1_B \mid A): a \mapsto a$(对于任意 $a \in A$), 称其为 A 到 B 中的**包含映射**. 注意, 如果 $A \subseteq B, A \subseteq C$, 且 $B \neq C$, 则 $i_{A\subseteq B} \neq i_{A\subseteq C}$. 当然,$1_A = i_{A\subseteq A}$.

对于每对 $(0,1)$ 都有一个 Kronecker **符号**, 即所有序对组成的类上的函数 $\delta: (\alpha, \beta) \mapsto \delta_{\alpha\beta}$ 定义为

$$\delta_{\alpha\beta} = \begin{cases} 1, & \alpha = \beta, \\ 0, & \alpha \neq \beta. \end{cases}$$

无论什么时候我们用 Kronecker 符号, 上下文都将清楚介绍元素对 $(0,1)$ 的意义.

0.2 选择公理　设 A 是一个集合,$\mathscr{S}$ 是 B 中非空子集构成的集族, σ 是 A 到 $\mathscr{S}$ 的一个函数, 则**选择公理**是指存在一个函数 $g: A \to B$, 使得

$$g(a) \in \sigma(a) \quad (a \in A).$$

现在假设 $f: B \to A$ 是到 A 上的, 即 $f(B) = A$, 则对于每个 $a \in A$, 都存在非空子集 $\sigma(a) = f^{-1}(\{a\}) \subseteq B$. 对 A, 函数 $\sigma: a \mapsto \sigma(a)$ 和 B 的子集族 $\mathscr{S}$ 应用选择公理产生了 f 的右逆 g, 因此正如 (0.1) 中所述, f 是满射.

设 $\sim$ 是集合 A 上的等价关系. 称 A 的子集 R 是关系 $\sim$ 的**表示的 (完全) 无冗余集**, 如果对于每个 $a \in A$, 都有唯一的 $\sigma(a) \in R$ 使得 $a \sim \sigma(a)$. 选择公理确保了每个等价关系的表示的无冗余集的存在性.

0.3 笛卡儿积　函数 $\sigma: A \to X$ 有时称为**指标集 (在X 内被A 加标)** 或 A-元组 (X **内的**), 并记作

$$\sigma = (x_\alpha)_{\alpha \in A},$$

其中 $x_\alpha = \sigma(\alpha)$. 如果 $A = \{1, \cdots, n\}$, 则我们使用标准记法 $(x_\alpha)_{\alpha\in A} = (x_1, \cdots, x_n)$. 设 $(X_\alpha)_{\alpha\in A}$ 是 X 的非空子集的指标集, 则 $(X_\alpha)_{\alpha\in A}$ 的 **(笛卡儿) 积**是

$$\times_A X_\alpha = \{\sigma: A \to X \mid \sigma(\alpha) \in X_\alpha \ \ (\alpha \in A)\}.$$

即 $\times_A X_\alpha$ 恰是所有 A-元组 $(x_\alpha)_{\alpha\in A}$ 组成的集合, 其中 $x_\alpha \subseteq X_\alpha \ \ (\alpha \in A)$. 由选择公理知 $\times_A X_\alpha$ 是非空的. 如果 $A = \{1, \cdots, n\}$, 则我们改变记法记作

$$\times_A X_\alpha = X_1 \times \cdots \times X_n.$$

注意, 如果 $X = X_\alpha \quad (\alpha \in A)$, 则笛卡儿积 $\times_A X_\alpha$ 就是 X^A, 即 $A \to X$ 的所有函数组成的集合. 对于每个 $\alpha \in A$, α-**投射** $\pi_\alpha : \times_A X_\alpha \to X_\alpha$ 定义为

$$\pi_\alpha : \sigma \mapsto \sigma(\alpha) \quad (\sigma \in \times_A X_\alpha).$$

在 A-元组的记法中, $\pi_\alpha((x_\beta)_{\beta\in A}) = x_\alpha$. 应用选择公理易知每个 π_α 都是满射. 注意, 如果 σ 和 σ' 都在笛卡儿积中, 则 $\sigma = \sigma'$ 当且仅当对于所有 $\alpha \in A$, 有 $\pi_\alpha\sigma = \pi_\alpha\sigma'$. 这个事实确定了下述结果的唯一性. 我们常用这个结果**按坐标**给出某些定义, 我们省略该结果的简单证明.

0.4 设 $(X_\alpha)_{\alpha\in A}$ 是一些非空集合的指标集,Y 是一个集合, 而且对于任意 $\alpha \in A$, 设 $f_\alpha : Y \to X_\alpha$, 则存在唯一的 $f : Y \to \times_A X_\alpha$, 使得对于每个 $\alpha \in A$, 都有 $\pi_\alpha f = f_\alpha$.

0.5 偏序集和格 称集合 P 上的一个关系 $\leqslant$ 是**偏序关系**, 如果 $\leqslant$ 是自反的 $(a \leqslant a)$、传递的 $(a \leqslant b$, 且 $b \leqslant c \Rightarrow a \leqslant c)$、反对称的 $(a \leqslant b$, 且 $b \leqslant a \Rightarrow a = b)$. 把集合和这个集合上的偏序关系组成的对 $(p, \leqslant)$ 称为**部分序集**或**偏序集**, 记作 $(P, \leqslant)$. 如果这个偏序是全序 (对于每对 a, b, 有 $a \leqslant b$ 或 $b \leqslant a$), 则称 $(P, \leqslant)$ 是一个**链**. 如果 $(P, \leqslant)$ 是偏序集, 且 $P' \subseteq P$, $\leqslant'$ 是 $\leqslant$ 在 P' 上的限制, 则 $(P', \leqslant')$ 是一个子偏序集. 当然, 这要求 $(P', \leqslant')$ 也得是个偏序集. 因此, 我们通常把偏序集 $(P, \leqslant)$ 和它的基础集 P 看做是一致的.

设 P 是偏序集, $A \subseteq P$, 称元素 $e \in A$ 是 A 中的**最大元 (最小元)**, 如果对于所有的 $a \in A$, 有 $a \leqslant e$ $(e \leqslant a)$. 并不是偏序集的每个子集都有最大元或最小元, 但是如果存在, 则一定是唯一的 (见下面的例子 (2).). 称元素 $b \in P$ 是 A 的**上界 (下界)**, 如果对于所有的 $a \in A$, 有 $a \leqslant b$ $(b \leqslant a)$. 因此, 如果 A 的最大元 (最小元) 存在, 则它一定是 A 的上界 (下界). 如果 A 的上界组成的集合有最小元, 则称这个最小元为 A 的**最小上界** (lub), **并**或者**上确界** (sup); 如果 A 的下界组成的集合有最大元, 则称这个最大元为 A 的**最大下界** (glb), **交**、或者**下确界** (inf). **格 (完全格)** 是指偏序集 P 的任意元素对 (任意子集) 在 P 内既有最小上界又有最大下界.

例 (1) 设 X 是一个集合.X 的幂集合是指 X 中所有子集组成的集合 $\mathscr{P}(X)$, 在集合包含关系为偏序关系下 $\mathscr{P}(X)$ 是偏序集. 偏序集 $\mathscr{P}(X)$ 是完全格, 这是因为如果 $\mathscr{A}$ 是 $\mathscr{P}(X)$ 的子集, 则 $\mathscr{A}$ 在 $\mathscr{P}(X)$ 内的最小上界是 $\cup\mathscr{A}$, 最大下界是 $\cap\mathscr{A}$.

例 (2) 设 X 是一个集合,$\mathscr{F}(X)$ 是 X 中一切有限子集构成的集合, 则 $\mathscr{F}(X)$ 关于集合包含关系是偏序集, 并且 $\mathscr{F}(X)$ 是格. 这是因为如果 $A, B \in \mathscr{F}(X)$, 则 $A \cup B$ 和 $A \cap B$ 是它们的最小上界和最大下界, 由于 $A \cup B$ 和 $A \cap B$ 也是 A, B 在 $\mathscr{P}(X)$ 内的最小上界和最大下界, 从而 $\mathscr{F}(X)$ 是 $\mathscr{P}(X)$ 的子格. 但

是注意, 如果 X 是无限的, 则 $\mathscr{F}(X)$ 不是完全格.

例 (3)　设 X 是实数轴上单位闭区间, 则 X 内所有闭区间构成的集合 $\mathscr{J}(X)$ 显然是 $\mathscr{P}(X)$ 的偏序子集, 而且 $\mathscr{J}(X)$ 的任何子集的交集 (= 在 $\mathscr{P}(X)$ 的最大下界) 还在 $\mathscr{J}(X)$ 内. $\mathscr{J}(X)$ 的任意子集 $\mathscr{A}$ 的并集的凸闭包在 $\mathscr{J}(X)$ 内, 而且也是 $\mathscr{A}$ 在 $\mathscr{J}(X)$ 内的最小上界, 因此 $\mathscr{J}(X)$ 是完全格. 但是 $\mathscr{J}(X)$ 不是 $\mathscr{P}(X)$ 的子格, 这是因为 $\mathscr{J}(X)$ 的某个元素对在 $\mathscr{J}(X)$ 的最小上界并不是 $\mathscr{P}(X)$ 内的最小上界 (= 并集).

例 (4)　设 X 是二维实向量空间, $\mathscr{S}(X)$ 是所有子空间构成的集合, 则 $\mathscr{S}(X)$ 是 $\mathscr{P}(X)$ 的偏序子集, 而且 $\mathscr{S}(X)$ 的任意子集的交集还在 $\mathscr{S}(X)$ 内. $\mathscr{S}(X)$ 的任意子集 $\mathscr{A}$ 在 $\mathscr{S}(X)$ 内的最小上界是由 $\cup\mathscr{A}$ 生成的子空间 (不一定是 $\cup\mathscr{A}$ 本身). 因此 $\mathscr{S}(X)$ 是完全格但不是 $\mathscr{P}(X)$ 的子格.

设 P 是格, 则每对 $a, b \in P$ 在 P 内都有最小上界和最大下界, 我们分别记为 $a \vee b$ 和 $a \wedge b$. 这样通过以下方式定义的 $P \times P$ 到 P 的映射 $\vee$ 和 $\wedge$

$$(a, b) \mapsto a \vee b, \quad (a, b) \mapsto a \wedge b,$$

就都是 P 上的二元运算. 易见 $(P, \vee)$ 和 $(P, \wedge)$ 是交换半群, 其中

$$a \vee a = a \wedge a \quad (a \in P).$$

称一个格是**模格**, 如果它满足**模律**: 对于所有的 $a, b, c \in P$,

$$\text{由 } a \geqslant b \text{ 可推出 } a \wedge (b \vee c) = b \vee (a \wedge c).$$

我们遇到的大多数格是模格 (但是上面的 (3) 不是). 称一个格是**分配格**, 如果它满足更强的性质: 对于所有 $a, b, c \in P$, 有

$$a \wedge (b \vee c) = (a \wedge b) \vee (a \wedge c).$$

例如 (1) 和 (2) 是分配的, 但 (4) 不是.

0.6　如果一个偏序集 P 有最小上界 (即 P 含有一个最大元), 而且 P 的每个非空子集在 P 内都有最大下界, 则 P 是完全格.

证明　只需证明如果 $B \subseteq P$, 则 B 在 P 内有最小上界. 设 $e \in P$ 是 P 中的最大元, 则对于所有的 $x \in P$, 有 $e \geqslant x$. 特别地, B 的上界构成的集合是非空的, 因此 B 的上界有最大下界. 显然 B 的上界的最大下界是 B 的一个上界, 因此也是 B 的最小上界. □

0.7 格同态　设 P 和 P' 是偏序集, 称映射 $f: P \to P'$ 是**保序的** (**反保序的**), 如果由 P 中 $a \leqslant b$ 可推出 P' 中 $f(a) \leqslant f(b)$ $(f(b) \leqslant f(a))$. 如果 P 和 P' 是

格, 称 f 是**格同态 (格反同态)**, 如果 $a, b \in P$, 有

$$f(a \vee b) = f(a) \vee f(b) \quad (f(a \vee b) = f(a) \wedge f(b)),$$

$$f(a \wedge b) = f(a) \wedge f(b) \quad (f(a \wedge b) = f(a) \vee f(b)).$$

易见 (运用 $a \leqslant b \Leftrightarrow a = a \wedge b$) 格同态是保序的. 但反之不成立 (运用 (0.5) 中例 (3) 的包含映射 $g(x) \to \mathscr{P}(\mathrm{x})$). 双射的格 (反) 同态是**格 (反) 同构**. 容易证明下面这个有用的结果.

0.8 设 P 和 P' 是格, $f: P \to P'$ 是双射, 它的逆映射为 $f^{-1}: P' \to P$, 则 f 是格同构当且仅当 f 和 f^{-1} 是保序的.

0.9 极大值原理 设 P 是偏序集, 称元素 $m \in P$ 是 P 中的**极大元 (极小元)**, 如果 $x \in P$, 而且由 $x \geqslant m$ $(x \leqslant m)$ 可推出 $x = m$. 显然,P 中的最大元 (最小元) 如果存在, 则一定是 P 中的极大元 (极小元). 另一方面, 偏序集可能有许多极大元 (极小元) 但没有最大元 (最小元).

称偏序集 P 是**可归纳的**, 如果 P 的每个子链在 P 内都有上界, 即对于 P 的每个全序子集 C(全序关系为 P 中的偏序关系), 存在 P 中的一个元素大于或者等于 C 中的每个元素. **极大值原理** (经常称为 Zorn 引理) 是选择公理的等价形式 (详见 Stoll [63]). 极大值原理的叙述是:

每个非空的可归纳的偏序集至少有一个极大元.

0.10 基数 称两个集合 A 和 B 是**基数等价**的或**有相同的基数**, 如果存在 A 到 B 的一个双射 (因此也存在一个 B 到 A 的双射). 由于基数等价这一关系是集合之间的一个等价关系, 从而所有集合的类 (见 (0.11)) 可以按基数等价划分为若干个集合的类, 这些不同集合的类就是不同的**基数**. 集合 A 所在的类记为 $card\ A$:

$$card\ A = \{B \mid \text{存在一个双射 } A \to B\}.$$

给了两个集合 A 和 B, 如果存在一个 A 到 B 的单射 (或者等价地, 存在 B 到 A 的一个满射). 我们就记作

$$card\ A \leqslant card\ B.$$

显然此定义与代表元 A 和 B 的选择无关. 给了集合 A 和 B, 总存在一个到另一个的单射. Cantor-Schröder-Bernstein 定理的叙述是:

如果 $card\ A \leqslant card\ B$, 且 $card\ B \leqslant card\ A$, 则 $card\ A = card\ B$.

从而关系 $\leqslant$ 关于基数的类是一个全序集.

设 $\mathbb{N} = \{1, 2, \cdots\}$ 是自然数, 它的基数通常记为 $card\ \mathbb{N} = \aleph_0$. 称集合 A 是**有限的**, 如果 $card\ A < card\ \mathbb{N}$. 当然 $card(\{1, \cdots, n\}) = n$, $card\ \varnothing = 0$. 如果 $card\ A \leqslant card\ \mathbb{N}$, 则 A 是**可数的**. 如果 $card\ A \geqslant card\ \mathbb{N}$, 则 A 是**无限的**.

基数的算术运算定义为

$$card\ A + card\ B = card((A \times \{1\}) \cup (B \times \{2\})),$$

$$card\ A \cdot card\ B = card(A \times B),$$

$$(card\ A)^{(card\ B)} = card(A^B),$$

如果 A 和 B 是有限集, 则上述运算等同于普通的加法, 乘法和取幂. 而且, 它们满足:

(1) 如果 A 是无限集, 则 $card\ A + card\ B = \max\{card\ A, card\ B\}$.

(2) 如果 A 是无限集, 且 $B \neq \varnothing$, 则

$$card\ A \cdot card\ B = \max\{card\ A, card\ B\}.$$

(3) 对于所有集合 A, B 和 C, 有

$$((card\ A)^{(card\ B)})^{(card\ C)} = (card\ A)^{(card\ B) \cdot (card\ C)}.$$

(4) 如果 $card\ B \geqslant 2$, 则 $(card\ B)^{(card\ A)} > card\ A$.

很容易在幂集合 $\mathscr{P}(A)$ 和由 A 到 $\{1,2\}$ 的函数组成的集合之间建立一个双射. 从而有 $card\ (\mathscr{P}(A)) = 2^{(card\ A)} > card\ A$. 然而, 任何无限集合 A 的一切有限子集构成的集合和 A 有相同的基数. 详见 Stoll[63].

0.11 范畴 "类"同"集合"一样, 我们不做定义. 每个集合都是一个类, 而且存在一个类包含所有集合. 注意, 如果 A 是集合, $\mathscr{C}$ 是类, 则 $\mathscr{P}(A)$ 中的指标类 $(A_C)_{C \in \mathscr{C}}$ 的交集和并集在 A 内. 设 $\mathscr{C}$ 是一个类, 对于每对 $A, B \in \mathscr{C}$, 设 $mor_{\mathbf{C}}(A, B)$ 是一个集合, $mor_{\mathbf{C}}(A, B)$ 中的元素记为"射" $f : A \to B$, A 称为**定义域**, B 称为**值域**. 最后, 假设对于三元组 $A, B, C \in \mathscr{C}$, 存在函数

$$\circ : mor_{\mathbf{C}}(B, C) \times mor_{\mathbf{C}}(A, B) \to mor_{\mathbf{C}}(A, C).$$

则我们把由一对"射"

$$g : B \to C \quad , \quad f : A \to B$$

确定的"射"记为 $gf : A \to C$. 称由类 $\mathscr{C}$, 映射 $mor_{\mathbf{C}} : (A, B) \mapsto mor_{\mathbf{C}}(A, B)$ 以及规则 $\circ$ 组成的系统 $\mathbf{C} = (\mathscr{C}, mor_{\mathbf{C}}, \circ)$ 是一个**范畴**, 如果它满足

(C.1) 对于每个三元组 $h : C \to D, g : B \to C, f : A \to B$, 有

$$h \circ (g \circ f) = (h \circ g) \circ f.$$

(C.2) 对于每个 $A \in \mathscr{C}$, 如果 $f : A \to B$ $g : C \to A$, 则

存在唯一的 $1_A \in mor_{\mathbf{C}}(A,A)$ 使得

$$f \circ 1_A = f \quad , \quad 1_A \circ g = g.$$

如果 $\mathbf{C}$ 是范畴, 则类 $\mathscr{C}$ 中的元素称为此范畴的**对象**, "射"$f: A \to B$ 称为**态射**, 部分映射 $\circ$ 称为**合成**, 态射 1_A 称为范畴的**单位元**. 称 $\mathbf{C}$ 内的态射 $f: A \to B$ 为**同构**, 如果 $\mathbf{C}$ 内存在 (一定是唯一的) 态射 $f^{-1}: B \to A$ 使得 $f^{-1} \circ f = 1_A$, $f \circ f^{-1} = 1_B$.

我们最感兴趣的范畴是某些 "具体" 范畴. 设 $\mathbf{C} = (\mathscr{C}, mor_{\mathbf{C}}, \circ)$ 是范畴. 说 $\mathbf{C}$ 是**具体范畴**, 如果存在从 $\mathscr{C}$ 到集合类的函数 u 使得对于每个 $A, B \in \mathscr{C}$, 有

$$mor_{\mathbf{C}}(A,B) \subseteq Map\ (u(A), u(B)),$$

$$1_A = 1_{u(A)},$$

并且 $\circ$ 是通常的函数的合成. 这里同构 $f: A \to B$ 就是一个双射 $f: u(A) \to u(B)$.

例 (1) 设 $\mathscr{S}$ 是所有集合的类, 对于每对 $A, B \in \mathscr{S}$, 令 $mor_{\mathbf{S}}(A,B) = Map\ (A,B)$, 而且对于一切 $A,B,C \in \mathscr{S}$, 设 $\circ: mor_{\mathbf{S}}(B,C) \times mor_{\mathbf{S}}(A,B) \to mor_{\mathbf{S}}(A,C)$ 是函数的合成, 则 $\mathbf{S} = (\mathscr{S}, mor_{\mathbf{S}}, \circ)$ 是具体范畴, 其中对于每个 $A \in \mathscr{S}$, 有 $u(A) = A$. 称 $\mathbf{S}$ 为**集合范畴**.

例 (2) 设 $\mathscr{G}$ 是所有群组成的类,$mor_{\mathbf{G}}(G,H)$ 是 G 到 H 的所有群同态构成的集合, 而且令 $\circ$ 是通常的函数的合成, 则 $\mathbf{G} = (\mathscr{G}, mor_{\mathbf{G}}, \circ)$ 是具体范畴, 即**群范畴**, 其中 $u(G)$ 是 G 的基础集.

例 (3) **实向量空间 $\mathbf{V}$ 的范畴**是 $(\mathscr{V}, mor_{\mathbf{V}}, \circ)$, 其中 $\mathscr{V}$ 是实向量空间组成的类, $mor_{\mathbf{V}}(U,V)$ 是 U 到 V 的线性变换构成的集合, $\circ$ 是通常的合成. 此范畴是具体范畴, 其中 $u(V)$ 是 V 的基础集.

例 (4) 设 $\mathscr{P}$ 是所有偏序集组成的类,$mor_{\mathbf{P}}(P,Q)$ 是所有单调映射 (保序的和反保序的) 构成的集合, $\circ$ 是通常的合成, 则 $(\mathscr{P}, mor_{\mathbf{P}}, \circ)$ 不是范畴, 这是因为 $\circ$ 不符合要求——两个单调函数的合成不一定是单调的.

如果 $\mathbf{C} = (\mathscr{C}, mor_{\mathbf{C}}, \circ)$ 是具体范畴, 则集合 $u(A)$ 称为 $A \in \mathscr{C}$ 的**基础集**.

称范畴 $\mathbf{D} = (\mathscr{D}, mor_{\mathbf{D}}, \circ)$ 是 $\mathbf{C} = (\mathscr{C}, mor_{\mathbf{C}}, \circ)$ 的**子范畴**, 如果 $\mathscr{D} \subseteq \mathscr{C}$, 对于每对 $A, B \in \mathscr{D}$, 有 $mor_{\mathbf{D}}(A,B) \subseteq mor_{\mathbf{C}}(A,B)$, $\mathbf{D}$ 内的 $\circ$ 是 $\circ$ 在 $\mathbf{C}$ 中的限制. 如果对于每对 $A, B \in \mathscr{D}$, 还有 $mor_{\mathbf{D}}(A,B) = mor_{\mathbf{C}}(A,B)$, 则称 $\mathbf{D}$ 是 $\mathbf{C}$ 的**完全子范畴**.

显然 Abel 群组成的类是群范畴的一个完全子范畴的对象类, 而且此范畴有对象是有限 Abel 群的完全子范畴. 代数中最普遍的做法是认为范畴中的对象和

它的基础集是一致的. 例如, 我们通常认为由集合 G 和运算 $\circ$ 组成的群 $(G,\circ)$ 与它的基础集 G 是一致的. 但是注意群范畴并不是集合范畴的子范畴, 这是因为对于 $\mathscr{G}$ 内的群 $(G,\circ)$, $(H,\circ)$, 有

$$mor_G((G,\circ),(H,\circ)) \subseteq Map\ (G,H),$$

$$mor_G((G,\circ),(H,\circ)) \nsubseteq Map\ ((G,\circ),(H,\circ)).$$

0.12 函子 函子可以看作 "范畴的同态". 设 $\mathbf{C}=(\mathscr{C}, mor_{\mathbf{C}}, \circ)$ 和 $\mathbf{D}=(\mathscr{D}, mor_{\mathbf{D}}, \circ)$ 是两个范畴, 称函数对 $F=(F',F'')$ 是 $\mathbf{C}$ 到 $\mathbf{D}$ 的一个**共变函子**, 如果 F' 是从 $\mathscr{C}$ 到 $\mathscr{D}$ 的一个函数,F'' 是从 $\mathbf{C}$ 中的态射到 $\mathbf{D}$ 中的态射的一个函数, 对于所有的 $A,B,C\in\mathscr{C}$, 所有的 $f:A\to B$ 和 $g:B\to C$, 且 $f,g\in\mathbf{C}$, 有

(F.1) $F''f:F'(A)\to F'(B)$ 在 $\mathbf{D}$ 中;

(F.2) $F''(g\circ f)=F''(g)\circ F''(f)$;

(F.3) $F''(1_A)=1_{F'(A)}$.

从而, 一个共变函子把对象映成对象, 态射映成态射, 单位元映成单位元, 且 "保持可换三角形":

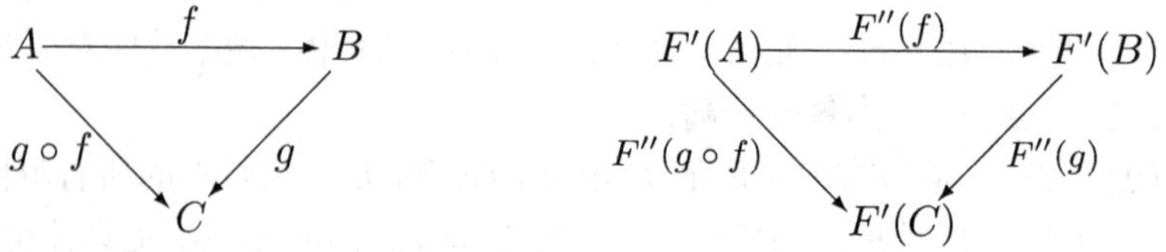

一个**反变函子**是一对 $F=(F',F'')$, 满足:

$(F.1)^*$ $F''(f):F'(B)\to F'(A)$ 在 $\mathbf{D}$ 中;

$(F.2)^*$ $F''(g\circ f)=F''(f)\circ F''(g)$;

$(F.3)$ $F''(1_A)=1_{F'(A)}$.

因此一个反变函子 "颠倒了射".

例 (1) 给了范畴 $\mathbf{C}=(\mathscr{C}, mor_{\mathbf{C}}, \circ)$, 就存在 $\mathbf{C}$ 到 $\mathbf{C}$ 的**单位函子**$1_{\mathbf{C}}=(1'_{\mathbf{C}},1''_{\mathbf{C}})$, 定义为 $1'_{\mathbf{C}}(A)=A$, $1''_{\mathbf{C}}(f)=f$.

例 (2) 设 $\mathbf{C}=(\mathscr{C}, mor_{\mathbf{C}}, \circ)$ 是具体范畴, 对于每个 $A\in\mathscr{C}$, 令 $F'(A)=u(A)$ 是 A 的基础集. 对于 $\mathbf{C}$ 中的每个态射 f, 令 $F''(f)=f$, 则显然 $F=(F',F'')$ 是 $\mathbf{C}$ 到集合范畴的一个共变函子, 称它为**遗忘函子** (因为它 "忘记"$\mathbf{C}$ 对象上的所有 "结构"). 很明显存在许多类型的 "部分遗忘函子"——例如, 实向量空间范畴到可换群范畴的共变函子 "忘记了" 标量乘法.

例 (3) 设 $(G,+)$ 是 Abel 群, 如果 A 是集合, 则 $(G^A,+)$ 是 Abel 群. 其中, 对于 $\sigma,\tau\in G^A$, $\sigma+\tau\in G^A$ 定义为 $(\sigma+\tau):a\mapsto\sigma(a)+\tau(a)$. (注意 $(G^A,+)$ 关

于按坐标进行运算的加法是 $card\ A$ 个 G 的笛卡儿积.). 定义 $F'(A) = (G^A, +)$. 如果 A, B 是集合, $f : A \to B$, 把 $F''(f) : G^B \to G^A$ 定义为

$$F''(f)(\sigma) = \sigma \circ f \quad (\sigma \in G^B),$$

则 $F''(f)$ 是群同态,$F = (F', F'')$ 是从非空集合范畴到 Abel 群范畴的一个反变函子. 所有类型的反变函子都可用这种方法构造. 例如, 如果 $(G, +, \circ)$ 是实向量空间, 则按坐标进行运算可得 G^A 是一个向量空间, 还可得到一个到实向量空间的反变函子.

给了函子 $F = (F', F'')$, 我们通常用 $F(A)$ 和 $F(f)$ 代替 $F'(A)$ 和 $F''(f)$. 对于上述替换, 应该注意的是, 范畴的一个态射 f 可能也是范畴的一个对象, 因此 $F'(f)$ 和 $F''(f)$ 有不同的意义.

0.13 自然变换 自然变换是指在相同的范畴中比较两个函子. 设 $\mathbf{C}$ 和 $\mathbf{D}$ 是范畴, F 和 G 是 $\mathbf{C}$ 到 $\mathbf{D}$ 的函子, 比如说是共变函子. 令 $\eta = (\eta_A)_{A \in C}$ 是 $\mathbf{D}$ 内被 $\mathscr{C}$ 所标记的态射的指标类, 使得对于每个 $A \in \mathscr{C}$, 有

$$\eta_A \in mor_{\mathbf{D}}(F(A), G(A)).$$

称 η 是 F 到 G 的**自然变换**, 如果对于每对 $A, B \in \mathscr{C}$ 和每个 $f \in mor_{\mathbf{C}}(A, B)$, 图表

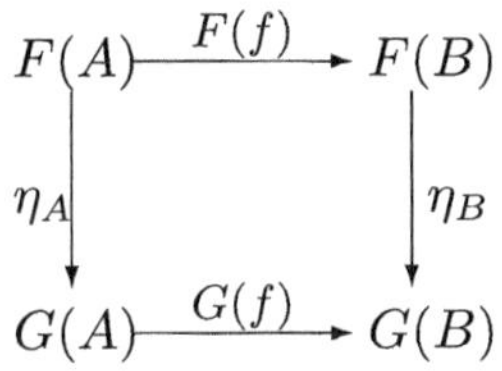

可交换, 即 $\eta_B \circ F(f) = G(f) \circ \eta_A$. 如果每个 η_A 都是同构, 则 η 称为**自然同构** (如果 F 和 G 是反变函子, 只需颠倒射 $F(f)$ 和 $G(f)$ 即可). 函子的重要性在于 "它们保持了可换三角形". 自然变换 η 实现了 "可换三角形的平移":

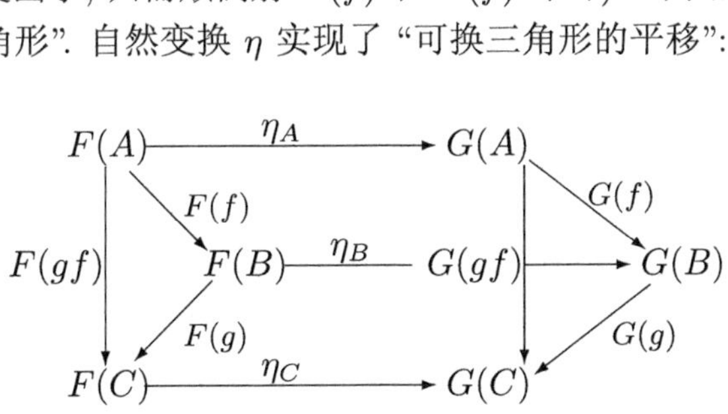

事实上 $\mathbf{C}$ 中的任意可换图形 $\triangle$, 当 F 和 G 作用在元素上时都会在 $\mathbf{D}$ 中产生可换图形 $F(\triangle)$ 和 $G(\triangle)$(因为 F 和 G 是函子), 从而 F 到 G 的一个自然变换 η 把

$F(\triangle)$ 可换地平移到 $G(\triangle)$ 上. 由于受现阶段知识的限制, 我们将在以后合适的时候给出更多有趣的函数的例子 (见 § 20).

一些特殊的记法

非负整数集: $\mathbb{N}_0 = \{0, 1, 2, \cdots\}$.
正整数集: $\mathbb{N} = \{1, 2, \cdots\}$.
$\mathbb{P} = \{p \in \mathbb{N} \mid p$ 是素数 $\}$.
$\mathbb{Z} =$ 整数集.
$\mathbb{Z}_n = \{0, 1, \cdots, n-1\}$.
$\mathbb{Q} =$ 有理数集.
$\mathbb{R} =$ 实数集.
$\mathbb{C} =$ 复数集.
$\varnothing =$ 空集.

第一章　环、模和同态

我们研究的主题是环理论. 本章我们介绍研究环理论的基本工具. 第 1 节复习环、子环、理想以及环同态的基本事实, 同时也介绍一些以后需要用到的记法和例子.

与群的置换表示理论类似, 环也有重要而自然的表示理论. 我们将看到, 每个环都可以用一批 Abel 群的自同态环进行表示. 这些表示中的每一个称为**模**. 关于环的大量信息我们可以通过它所拥有的模类的研究来得到. 模实际上是向量空间和 Abel 群的推广, 模的基本性质与这两个特殊系统的性质十分类似. 第 2 节和第 3 节我们介绍模和它们的同态. 在第 4 节我们将看到它们形成各种重要而自然的范畴, 在那里将开始模范畴的学习.

§ 1. 环和环同态的复习

谈到环我们总是指有单位元的结合环. 就形式而言, 一个环是一个系统 $(R,+,\cdot,0,1)$, 它由一个集合 R, 两个二元运算加法 $(+)$ 和乘法 $(\cdot)$ 以及 R 中的两个元素 $0\neq 1$ 组成, 使得 $(R,+,0)$ 是一个 Abel 群, $(R,\cdot\,,1)$ 是一个幺半群 (即有单位元的半群), 而且乘法对加法的左, 右分配律都成立. 乘法结构是交换的环称为**交换环**. 我们认为读者已经熟悉了环的基本运算, 因此我们在做运算时就不作进一步的解释了. 在不引起混淆的前提下, 我们采用一直以来认可的环和它的基础集是一致的约定. 当然, 当我们涉及多于一个环时, 为了消除不明确性, 我们可能会改变记法. 例如, 对于 R 和 S 两个环, 我们会用这种明显的记法 1_R 和 1_S 来区分它们的单位元.

经常在实际中, 特别是在一些分析领域, 会遇到 "没有单位元的环". 然而我们对单位元的要求的迫切性想象大于实际. 实际上一个没有单位元的环可以自然地嵌入到有单位元的环中 (见练习 (1.1)). 因此我们对单位元的需求没有必须的限制, 这样可以使我们避免大量的理论重复.

在本节的内容和它的练习中, 我们将非常简洁地涉及一些更基本的概念和例子, 这些概念和例子是我们学习环的工具.

设 R 是一个环, 元素 $a\in R$ 称为

(1) **在左边是可消去的 (或左消去的)**, 如果对于一切 $x,y\in R$,

$$\text{由 } ax=ay \text{ 可推出 } x=y;$$

(2) **左零因子**, 如果存在元素 $b \neq 0, b \in R$, 使得 $ab = 0$;

(3) **在左边是可逆的** (或**左可逆的**), 如果存在元素 $a' \in R$ (称为 a 的**左逆**) 使得 $a'a = 1$.

同理, 右边和双边 (= 左和右) 的情形, 比如右消去的和消去的概念也应该清楚了 (在练习中我们可以看到这些特殊元素的一些算术性质).

这些算术概念为环提供了一个重要的分类方法. 称环 R 是**整域**, 如果它的任意非零元素是可消去的 (或等价说没有非零的零因子). 注意, 整域不一定是交换的. **除环**是每个非零元都有逆元的环 (见练习 (1.2)); 从而, 一个除环是一个整域, 一个交换的除环是一个**域**.

我们保留有时称 "单位子环" 为 "子环" 的习惯. 因此, 设 R 和 S 是环, 我们称 S 是 R 的**子环**,R 是 S 的一个**扩环**, 并且记为 $S \leqslant R$, 如果关于加法 S 是 R 的一个子群, 关于乘法 S 是 R 的一个幺半群; 特别地, 当 S 是 R 的子环时,S 一定包含 R 的单位元 1.

整域的每个子环也是一个整域, 但整域的扩环不一定是一个整域. 例如, 从 $\mathbb{R}$ 到 $\mathbb{R}$ 的所有连续函数组成的环不是一个整域, 但是常值函数形成了它们的一个子环, 而且是一个域. 整数环 $\mathbb{Z}$(一个整域) 作为有理数集 $\mathbb{Q}$(一个域) 的子环可以自然地嵌入其中. 通常, 每个交换的整域都有一个自然的扩域, 称之为**分裂域** (或**商域**), 分裂域的构造方法和由 $\mathbb{Z}$ 构造出 $\mathbb{Q}$ 的方法一样.

环 同 态

如同环需要有单位元一样, 环同态也需要保持环的单位元. 这样, 如果 R 和 S 是环, 称函数 $\phi : R \to S$ 是 **(环) 同态**, 如果 ϕ 既是一个加法群同态又是乘法幺半群的同态, 即函数 ϕ 是环同态当且仅当对于所有的 $a, b \in R$, 有

$$\phi(a+b) = \phi(a) + \phi(b);\quad \phi(ab) = \phi(a)\phi(b);\quad \phi(1_R) = 1_S.$$

两个环同态的合成 (同函数合成一样) 仍是一个环同态, 而且恒等映射 $1_R : R \to R$ 是一个环同态 (在实践中, 符号 1_R 的含义不会产生不明确性. 事实上, 我们可以把这个 $R \to R$ 的函数看做是由单位元 1_R 与 R 中每个元素做乘法.) 从而, 环和环同态的集族再加上通常的合成是一个具体范畴 (0.11).

一个双射 (作为一个函数) 的环同态 $\phi : R \to S$ 称为 **(环) 同构**. 如果 ϕ 是环同构, 则作为 R 到 S 函数,ϕ 有逆, 即存在 (一定是唯一的) 函数 $\psi : S \to R$ 使得

$$\psi \circ \phi = 1_R,\quad \phi \circ \psi = 1_S.$$

ψ 一定是环同构, 这是因为如果 $s, s' \in S$, 有

$$\phi(\psi(ss')) = 1_S(ss') = ss' = 1_S(s)1_S(s')$$

$$= \phi(\psi(s))\phi(\psi(s')) = \phi(\psi(s)\psi(s')),$$

由于 ϕ 是单射, 所以 $\psi(ss') = \psi(s)\psi(s')$. 类似地, 可验证 ψ 是一个加法同态且保持 1, 从而有

1.1 命题 设 R 和 S 是环, $\phi: R \to S$ 是环同态, 则 ϕ 是同构当且仅当存在函数 $\psi, \psi': R \to S$ 使得

$$\psi \circ \phi = 1_R, \quad \phi \circ \psi' = 1_S.$$

而且, 当后一个条件被满足时,$\psi = \psi'$ 一定是环同构. □

设 R 和 S 是环, 称 R 和 S 同构, 并且记为

$$R \cong S,$$

如果存在 (环) 同构 $\phi: R \to S$. 因为环上的恒等映射显然是这个环到其自身的同构, 所以作为 (1.1) 的一个简单应用, 我们便知 "同构" 关系满足通常的等价关系.

当然, 环的子环的结构和运算实际上与和此环同构的环的子环的结构和运算相同. 对于环同态我们有下面易证的结果

1.2 命题 设 R 和 S 是环,$\phi: R \to S$ 是环同态, 则对于 R 的每个子环 R', 它在 ϕ 下的象 $\phi(R')$ 也是 S 的子环, 而且

$$(\phi \mid R'): R' \to \phi(R')$$

是满的环同态. 另一方面, 对于 S 的每个子环 S', 它的原象 $\phi^{\leftarrow}(S')$ 也是 R 的子环, 且有

$$\phi(\phi^{\leftarrow}(S')) \leqslant S'. \qquad □$$

理想和商环

类似于结构保持映射, 环同态是由同余关系有效决定的, 并且由环的理想刻画. 称环 R 的子集 I 是 R 的 **(双边) 理想**, 如果 I 是加法子群, 而且对于所有的 $x \in I$ 和所有的 $a, b \in R$, 有

$$axb \in I.$$

注意, 两个子集 $\{0\}$ 和 R 都是 R 的理想, 称为 R 的**平凡理想**.R 中不等于其本身的任意理想称为 R 的**真理想**. 我们经常简单地用 0 表示理想 $\{0\}$. 如果 $a \in R$, 则 $a = a \cdot 1 \cdot 1$, 因此立即可知理想 I 等于 R 当且仅当 $1 \in I$. 而且, 如果 $a \in R$ 是左可逆的, 即 $a'a = 1$, 则 $1 = a'a1$, 因此含有左逆 (或右逆) 元的理想等于 R.

称环 R 是**单环**, 如果 0 和 R 是 R 中仅有的理想. 从而, 每个除环都是单环. 另一方面, 每个交换的单环都是一个域, 但一般地, 单环不一定是除环, 除环不一

定是交换环 (见练习 (1.6), (1.7)). 仅运用这几个初等概念我们已经可以识别和比较 (做为几个习题) 几个非常重要的环类. 关于这些概念还有一个事实, 那就是它并不那么容易. 并不是每个除环都是一个域, 但 Wedderburn 在 1905 年证明了每个有限的除环都是一个域, 从这个著名的结论可得 (见练习 (1.2)) 每个有限整域都是一个域. 我们不给出其证明, 因为它是算术的, 而且将使我们远离现在的讨论 (见 Jacobson [64]).

环 R 的所有理想构成的集族是一个完全格, 偏序关系是集合的包含关系. 这个证明将由 (2.5) 得到, 也可见 (1.9) 和 (2.13). 无论在什么时候我们都称此格为 R 的**理想格**.

给定一个非零同态 $\phi: R \to S$, ϕ 的**象** $Im\ \phi$ 和**核** $Ker\ \phi$ 定义为

$$Im\ \phi = \{\phi(x) \mid x \in R\}, \quad Ker\ \phi = \{x \in R \mid \phi(x) = 0\}.$$

由 (1.2) 知 $Im\ \phi$ 是 S 的子环, 而且易见 $Ker\ \phi$ 是 R 的真理想. 核刻画了由 ϕ 诱导的 R 上的等价关系

$$\phi(a) = \phi(b) \text{ 当且仅当 } a - b \in Ker\ \phi.$$

从而, 每个环同态都产生了一个真理想, 即它的核, 而且核描绘了同态类. 在继续讨论之前, 我们给出一个简单事实:

1.3 命题 设 R 和 S 是环, $\phi: R \to S$ 是环同态, 则

(1) ϕ 是到 S 上的当且仅当 $Im\ \phi = S$.

(2) ϕ 是单射当且仅当 $Ker\ \phi = 0$. □

现在我们可以证明一个基本结论, 即因子定理的部分环理论情形 (见 (3.6).).

1.4 定理 设 R, S 和 S' 是环, $\phi: R \to S$ 和 $\phi': R \to S'$ 是环同态,ϕ' 是满射, $K = Ker\ \phi$, $K' = Ker\ \phi'$. 如果 $K' \subseteq K$, 则存在唯一的环同态 $\psi: S \to S'$ 使得 $\psi \circ \phi' = \phi$. 而且,ψ 是单射当且仅当 $K = K'$.

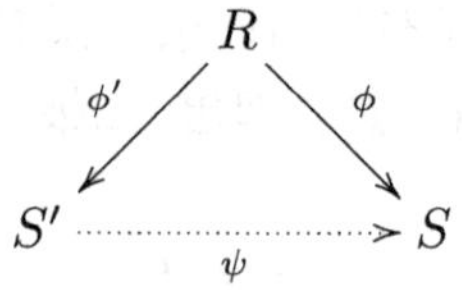

证明 假设 $K' \subseteq K$, $x', y' \in S'$. 因为 ϕ' 是满射, 所以存在 $x, y \in R$ 使得 $\phi'(x) = x', \phi'(y) = y'$. 如果 $x' = y'$, 则有

$$\phi'(x - y) = \phi'(x) - \phi'(y) = x' - y' = 0.$$

因此 $x - y \in K' \subseteq K$, 所以 $\phi(x) = \phi(y)$. 也就是说, 存在一个函数 $\psi: S' \to S$ 使得 $\psi(\phi'(x)) = \phi(x)$ (对于所有 $x \in R$). 很容易验证 ψ 是同态. 例如, x, x', y, y' 同上,

则有

$$\psi(x'+y')=\psi(\phi'(x)+\phi'(y))=\psi\phi'(x+y)$$
$$=\phi(x+y)=\phi(x)+\phi(y)$$
$$=\psi\phi'(x)+\psi\phi'(y)=\psi(x')+\psi(y').$$

由 $Im\ \phi'=S'$ 这个事实可知满足 $\psi\circ\phi'=\phi$ 中的 ψ 是唯一的. 最后,ψ 是单射当且仅当 $Ker\ \psi=0$ (1.3). 显然 $Ker\ \psi=\phi'(K)$, 而 $\phi'(K)=0$ 当且仅当 $K\subseteq K'$. □

下面假设 I 是环 R 的真理想, 则 I 决定了 R 上加法和乘法的同余关系, 其定义为

如果 $a-b\in I$, 则 $a\equiv b(mod\ I)$.

任意元素 $a\in R$ 的同余类是它的陪集

$$a+I=\{a+x\mid x\in I\},$$

I 的这些陪集构成的商集 R/I 是一个环, 且有运算

$$(a+I)+(b+I)=(a+b)+I,\quad (a+I)(b+I)=(ab+I),$$

加法和乘法的单位元分别为

$0+I$ 和 $1+I$.

我们称环 R/I 为 R 模 I 之商环. 而且, 自然映射

$$n_I:R\to R/I,\quad n_I:a\mapsto a+I\quad (a\in R)$$

是满的环同态, 其中 $Ker\ n_I=I$. 由这个术语我们现在可以得到也许是定理 (1.4) 的一个最重要的应用.

1.5 推论 设 R 和 S 是环, $\phi:R\to S$ 是满的环同态, 核为

$$K=Ker\ \phi,$$

则存在唯一的同构 $\psi:R/K\to S$ 使得 $\psi\circ n_K=\phi$.

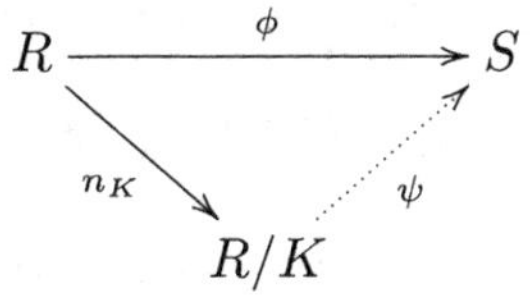

(1.3) 和 (1.4) 的另一个直接推论是环 R 是单环当且仅当每个环同态 $\phi: R \to S$ 都是单射. 直到我们有足够的信息能够把环作为模理论的一部分时, 我们再进一步复习环的理想结构.

一些特殊的环

我们用几个典型的例子、概念以及后面将用到的特殊结构来结束本节.

1.6 整数集, 有理数集, 实数集, 复数集的记法 $\mathbb{Z}, \mathbb{Q}, \mathbb{R}$ 和 $\mathbb{C}$ 也用来表示它们通常的环结构. 当然, 它们都是交换的整域, 而且 $\mathbb{Q}, \mathbb{R}$ 和 $\mathbb{C}$ 是域. 作为 Abel 群 $\mathbb{Z}$ 是循环的, 因此 $\mathbb{Z}$ 的每个子群也是循环的. 从而, 环 $\mathbb{Z}$ 的每个理想是**主理想** (见 2.13), 即对于某个确定的 $n \geqslant 0$, 环 $\mathbb{Z}$ 的每个理想都形如 $\mathbb{Z}n = \{an \mid a \in \mathbb{Z}\}$. 对于每个 $n > 1$ 和每个 $a \in \mathbb{Z}$, $[a]_n$ 表示 a 除 n 的最小正剩余项, 即 $[a]_n$ 是

$$\mathbb{Z}_n = \{0, 1, \cdots, n-1\}$$

在陪集 $a + \mathbb{Z}n$ 内的唯一元素.$\mathbb{Z}_n$ 在通常的模 n 剩余运算下是一个环, 并且容易验证 $r_n : a \mapsto [a]_n$ 是 $\mathbb{Z} \to \mathbb{Z}_n$ 的一个满的环同态, 核是 $\mathbb{Z}n$. 因此由 (1.5) 知作为环,$\mathbb{Z}_n \cong \mathbb{Z}/\mathbb{Z}n$.

1.7 多项式环 我们将把多项式环的定义和一般的处理方法放到练习中 (见练习 (1.16)—(1.18).). 这里我们指出, 如果 R 是环, 则我们记

$$R[x_1, \cdots, x_n]$$

是 R 上关于交换不定元 $x_1, \cdots, x_n$ 的多项式环. 注意 R 不是 $R[x_1, \cdots, x_n]$ 的子环, 但在明显的映射下, R 和 "常值多项式" 的子环是同构的. 这样我们把 R 同它在 $R[x_1, \cdots, x_n]$ 中的自然同态象等同起来将是非常方便的. 作为其推论, 有

$$R[x_1][x_2]\cdots[x_n] = R[x_1, \cdots, x_n].$$

1.8 积和函数环 设 $(R_\alpha)_{\alpha \in A}$ 是环的非空指标集,

$$R = \times_A R_\alpha$$

是指标集 $(R_\alpha)_{\alpha \in A}$ 的笛卡儿积, 则因子 R_α 上的环结构诱导了 "按坐标" 定义在积 R 上的环结构, 即对于所有 $r, s \in R$, 关于运算

$$(r+s)(\alpha) = r(\alpha) + s(\alpha), \quad (rs)(\alpha) = r(\alpha)s(\alpha) \quad (\alpha \in A),$$

R 是一个环. 加法和乘法的单位元 0 和 1 定义为

$$0(\alpha) = 0_\alpha \text{ 和 } 1(\alpha) = 1_\alpha \quad (\alpha \in A).$$

运用 (0.3)A-元组的记法, 规定运算

$$(r_\alpha)_{\alpha\in A}+(s_\alpha)_{\alpha\in A}=(r_\alpha+s_\alpha)_{\alpha\in A},\quad (r_\alpha)_{\alpha\in A}(s_\alpha)_{\alpha\in A}=(r_\alpha s_\alpha)_{\alpha\in A},$$

单位元为

$$(0_\alpha)_{\alpha\in A}\quad 和 \quad (1_\alpha)_{\alpha\in A}.$$

环 R 称为**环 $(R_\alpha)_{\alpha\in A}$ 的 (笛卡儿) 积**, 并且记为

$$R=\prod_A R_\alpha.$$

设 R 是环 $(R_\alpha)_{\alpha\in A}$ 的积, 则典范投射 $\pi_\alpha: R\to R_\alpha \ (\alpha\in A)$ 是满的环同态. 典范内射 $\iota_\alpha: R_\alpha\to R \ (\alpha\in A)$ 由

$$\pi_\beta\iota_\alpha=\delta_{\alpha\beta}1_{R_\alpha}\quad(\beta\in A)$$

"按坐标" (见 (0.4)) 定义,ι_α 保持了运算, 而且是单射, 但若 A 至少有两个元素, 则 ι_α 不是环同态.

积环的一个典型例子是函数环, 即如果 A 是非空集合,R 是环, 则从 A 到 R 的所有函数组成的集合

$$R^A=\{f\mid f:A\to R\}$$

是一个环. 对于所有的 $\alpha\in A$, "按点" 规定运算为

$$(f+g)(\alpha)=f(\alpha)+g(\alpha),\quad (fg)(\alpha)=f(\alpha)g(\alpha),$$

单位元为 "常值函数"

$$0(\alpha)=0,\quad 1(\alpha)=1.$$

现在定义函数 $A\to\{R\}$, $\alpha\mapsto R_\alpha=R$, 则 $(R_\alpha)_{\alpha\in A}$ 是 "$card\ A$ 个 R" 的一个指标类. 容易验证 R^A 与 $(R_\alpha)_{\alpha\in A}$ 的积等同. 因此这个环记为

$$R^A=\prod_A R.$$

1.9 设 R 环, $A\subseteq R$, 则 R 中包含 A 的所有子环构成的集合 $\mathscr{A}$ 是非空的, 这是因为 $R\in\mathscr{A}$. 而且, 易证交 $\bigcap\mathscr{A}$ 是 R 一个子环, $\bigcap\mathscr{A}$ 称为**由 A 生成的 R 的子环**. 从而, 由 A 生成的 R 的子环是 R 中包含 A 的唯一最小子环. R 的不同子集可能生成相同的子环. 在任何一个环中,$\varnothing$, $\{0\}$ 和 $\{1\}$ 都生成 R 的相同子环. 这个子环可以刻画为唯一的环同态 $\chi:\mathbb{Z}\to R$ 的象, 因此它与 $\mathbb{Z}$ 的某个商环同构 (见练习 (1.11)).

1.10 环的中心　设 R 是环, 则它的**中心**是

$$CenR = \{r \in R \mid rx = xr \quad (x \in R)\}.$$

易证 $CenR$ 是 R 的子环. 当然 $CenR$ 是交换的, 而且 R 是交换的当且仅当 R 等于它的中心. 但一般地 $CenR$ 不是极大的交换子环. 我们说元素 $r \in R$ 是**中心**的, 如果 $r \in CenR$. 注意, 如果 $A \subseteq CenR$, 则由 A 生成的 R 的子环也在 R 的中心里.

1.11 代数　设 R 是环,K 是交换环,$\phi : K \to CenR$ 是环同态, 则系统 (R, K, ϕ) 称为 K-**代数**. 在实际中我们往往忽略 ϕ 而把 R 作为 K-代数. 从而由 (1.5) 知 R 是 K-代数 (关于某个 ϕ) 当且仅当存在 K 的一个理想 I 使得 K/I 与 $CenR$ 的子环同构. 因此, 由 (见练习 (1.11)) 知存在唯一的环同态 $\chi : \mathbb{Z} \to CenR$, 从而环 R 是 $\mathbb{Z}$-代数.

当 K 是域而同态 ϕ 是单射时, 此概念非常重要. 在这种情况下, K 代数 R 的整体概念除了成为环之外, 还需要 R 成为 K-向量空间, 对于所有 $\alpha \in K$ 和所有 $a, b \in R$, 满足

$$\alpha(ab) = a(\alpha b) = (\alpha a)b.$$

如果经 ϕ 和 ϕ', R 和 R' 分别是 K-代数, 称环同态 $\sigma : R \to R'$ 是 K-**代数同态**, 如果对于每个 $\alpha \in K, a \in R$, 有

$$\sigma(\phi(\alpha)a) = \phi'(\alpha)\sigma(a).$$

易证 K 代数类加上所有 K-代数同态以及通常的合成是一个具体范畴 (0.11).

1.12 环的反环　设 R 环, 由 R 我们可以构造一个称为 R 的**反环**的新环 R^{op}. R^{op} 的基础集的加法结构和 R 的一样. 但 R^{op} 上的乘法, 我们记作 $(r, s) \mapsto r * s$, 定义为

$$r * s = sr.$$

易证 R^{op} 在这些运算下是一个环, R^{op} 的单位元为 R 的单位元. 显然,$CenR = CenR^{op}$, 而且 R 是交换环当且仅当 $R = R^{op}$.

假设 R 和 S 是环, 称函数 $\phi : R \to S$ 是**环的反同态**, 如果 ϕ 是 Abel 群同态,$\phi(1) = 1$, 并且有

$$\phi(ab) = \phi(b)\phi(a).$$

从而, 函数 $\phi : R \to S$ 是环的反同态当且仅当相同的函数 $\phi : R^{op} \to S$ 是环同态.

1.13 矩阵环　特别地, 为了构造环的例子, 人们常常方便地将熟知的域上的 $n \times n$ 矩阵环进行推广. 实际上, 我们需要无限维的矩阵环. 显然没有一些调整, 通

常的乘法不能简单推广, 这是因为在无限的情形里, "行乘列" 将产生无穷和. 但幸运的是调整是自然的, 因此我们应该允许自己忽略一些单调的细节和拘泥的形式. 设 R 是环,Γ 和 Λ 是非空集合, 则 R 上的 $\Gamma\times\Lambda$ **矩阵**是指函数 $A:\Gamma\times\Lambda\to R$. 设 A 是 R 上的 $\Gamma\times\Lambda$ 矩阵. 对于每对 $(\alpha,\beta)\in\Gamma\times\Lambda$, 设 $A(\alpha,\beta)=a_{\alpha\beta}\in R$, 则我们称 $a_{\alpha\beta}$ 为 A 中的 (α,β) **元**, 记作

$$A=[[a_{\alpha\beta}]]_{\Gamma\times\Lambda}.$$

当对于集合 Γ 和 Λ 没有任何误解时, 我们简记为 $A=[[a_{\alpha\beta}]]$. 如果 $\Gamma'\subseteq\Gamma$ 和 $\Lambda'\subseteq\Lambda$ 是非空子集合, 则 A 在 $\Gamma'\times\Lambda'$ 上的限制是 A 的**子矩阵**, 表示为 $[[a_{\alpha\beta}]]_{\Gamma'\times\Lambda'}$.

设 $\alpha\in\Gamma$, $\beta\in\Lambda$, 则 $[[a_{\alpha\beta}]]_{\{\alpha\}\times\Lambda}$ 和 $[[a_{\alpha\beta}]]_{\Gamma\times\{\beta\}}$ 分别称为 A 的 α 行和 A 的 β 列. 称矩阵 A 为**行有限 (列有限)**, 如果 A 的每个行 (列) 至多含有有限个非零元. 实际上, 我们对行有限或列有限的矩阵是很感兴趣的. 环 R 上所有 $\Gamma\times\Lambda$ 矩阵构成的集族记为

$$\mathbb{M}_{\Gamma\times\Lambda}(R).$$

行有限和列有限矩阵的子集分别记为

$$\mathbb{RFM}_{\Gamma\times\Lambda}(R)\quad 和\quad \mathbb{CFM}_{\Gamma\times\Lambda}(R).$$

若 $\Gamma=\Lambda$, 则我们简记为 $\mathbb{M}_\Gamma(R),\mathbb{RFM}_\Gamma(R)$ 和 $\mathbb{CFM}_\Gamma(R)$, 并且称它们中的元为 Γ **方阵**或 $\Gamma\times\Gamma$ **方阵**. $\Gamma\times\Gamma$ 方阵 $A=[[a_{\alpha\beta}]]$ 的**对角线**上的元就是指标集 $(a_{\alpha\alpha})_{\alpha\in\Gamma}$.

当然, $\mathbb{M}_{\Gamma\times\Lambda}(R)$ 就是 $R^{\Gamma\times\Lambda}$, 由 (1.8) 知它有一个自然群结构. 特别地, 关于按 "坐标" 进行运算的加法它是 Abel 群. 在矩阵的记法中, 设

$$A=[[a_{\alpha\beta}]],\quad B=[[b_{\alpha\beta}]]$$

是 $\mathbb{M}_{\Gamma\times\Lambda}(R)$ 中的元, 则按坐标进行运算的加法或**矩阵加法**可以大体通过以下方式定义为

$$[[a_{\alpha\beta}]]+[[b_{\alpha\beta}]]=[[a_{\alpha\beta}+b_{\alpha\beta}]],$$

此群结构在 $\mathbb{M}_{\Gamma\times\Lambda}(R)$ 上的单位元是**零矩阵** $0=[[0_{\alpha\beta}]]$, A 的逆 (负) 元是 $-A=[[-a_{\alpha\beta}]]$.

设 Γ,Λ 和 Ω 是非空集合, 且

$$A=[[a_{\alpha\beta}]]\in\mathbb{M}_{\Gamma\times\Lambda}(R),\qquad B=[[b_{\beta\gamma}]]\in\mathbb{M}_{\Lambda\times\Omega}(R).$$

对于每个 $\alpha\in\Gamma,\gamma\in\Omega$, 考虑形式级数 $\sum_{\beta\in\Lambda}a_{\alpha\beta}b_{\beta\gamma}$. 若或者 A 是行有限或者 B 是列有限, 则此级数至多有有限个非零项, 这些非零项的和是唯一的元素 $c_{\alpha\gamma}\in R$,

称 $\Gamma \times \Omega$ 矩阵

$$AB = \left[\left[\sum_{\beta\in\Lambda} a_{\alpha\beta} b_{\beta\gamma}\right]\right]_{\Gamma\times\Omega}$$

为 A 和 B(以上述次序排序) 的 **(矩阵) 积**. 注意, 若 A 和 B 都是列有限 (行有限) 的, 则 AB 也是列有限 (行有限) 的. 易证这个积无论在哪里定义, 它都满足结合律和乘法对加法的左右分配律. 设 I_Γ 是 R 上的 $\Gamma \times \Gamma$ 方阵

$$I_\Gamma = [[\delta_{\alpha\beta}]],$$

其中 $\delta_{\alpha\beta}$ 是 R 上的 Kronecker 符号 (0.1). 显然 I_Γ 既是列有限的又是行有限的.

我们称 I_Γ 为 R 上 $\Gamma \times \Gamma$-**单位方阵**. 集合 $\mathbb{RFM}_\Gamma(R)$ 和 $\mathbb{CFM}_\Gamma(R)$ 上的矩阵积定义了一个二元运算, 我们称这个二元运算为矩阵乘法.

1.14 命题　设 R 是环,Γ 是非空集合, 则关于按 "坐标" 进行运算的加法和矩阵乘法

$$\mathbb{RFM}_\Gamma(R) \quad 和 \quad \mathbb{CFM}_\Gamma(R)$$

是环. □

当 $\Gamma = \{1, \cdots, m\}$ 和 $\Lambda = \{1, \cdots, n\}$ 是有限时, 所有的矩阵都既是行有限又是列有限, 我们用

$$\mathbb{M}_{m\times n}(R) \quad 和 \quad \mathbb{M}_n(R)$$

分别表示 R 上 $m \times n$ **矩阵**的集合和 $n \times n$ 方阵的集合. 由 (1.14) 知 $\mathbb{M}_n(R)$ 关于矩阵加法和矩阵乘法作成一个环, 称它为 **R 上 $n \times n$ 矩阵环**. 通常, 我们也采取熟悉的矩阵列的记法来表示 R 上的上 $m \times n$ 矩阵 $[[a_{ij}]]$.

矩阵环 $\mathbb{M}_n(R)$ 的理想结构是非常简单的. 可以证明 (练习 (1.8))$\mathbb{M}_n(R)$ 的子集 K 是理想当且仅当存在 R 的理想 I, 使得 $K = \{[[a_{ij}]] \in \mathbb{M}_n(R) \mid a_{ij} \in I\}$.

使用以上记法, 这说明

$$I \mapsto \mathbb{M}_n(I)$$

定义了 R 的理想格和 $\mathbb{M}_n(R)$ 的理想格之间的同构. 特别地, $\mathbb{M}_n(R)$ 是单环当且仅当 R 是单环.

另一方面, 若 Γ 是无限的, 则 $\mathbb{CFM}_\Gamma(R)$ 的理想结构就不是十分清楚了. 然而, 我们感兴趣的是当 R 是域时的情形, 此时 $\mathbb{CFM}_\Gamma(R)$ 的理想格是多于两个元素的链. (见练习 (14.13).)

在 $\mathbb{CFM}_\Gamma(R)$ 的许多有趣的子环中, 有一个我们经常涉及到的子环. 设 Γ 是全序集, 全序关系为 $\leqslant$, 称 $\Gamma \times \Gamma$ 方阵 $A = [[a_{\alpha\beta}]]$ 是**上三角的 (下三角的)**, 如果

对于所有 $\alpha, \beta \in \Gamma$,

$$由\ \alpha > \beta\ 可推出\ a_{\alpha\beta} = 0 \quad (由\ \alpha < \beta\ 可推出\ a_{\alpha\beta} = 0).$$

显然每个标量矩阵都既是上三角的又是下三角的, 而且易见 $\mathbb{CFM}_\Gamma(R)$ 中一切上三角矩阵集是 $\mathbb{CFM}_\Gamma(R)$ 的子环.$\mathbb{RFM}_\Gamma(R)$ 中一切上三角矩阵集是 $\mathbb{RFM}_\Gamma(R)$ 的子环. 当然, 下三角矩阵有着和它平行的理论.

1.15 自同态环 下面将看到能够激发我们进一步工作的一些例子. 设 A 是 Abel 群 (加法群). A 的**自同态**是指群同态 $f : A \to A$, 也就是说, 若我们写函数在左边, 则有

$$f(a + b) = f(a) + f(b) \quad (a, b \in A).$$

易证 A 的一切这样的同态构成的集合 E 形成了 Abel 群, 加法 $(f, g) \mapsto f + g$ 定义为

$$(f + g)(a) = f(a) + g(a) \quad (a, b \in A).$$

单位元和逆 (= 负) 元定义为

$$0(a) = 0 \quad 和 \quad (-f)(a) = -f(a).$$

E 上函数的合成是一个结合运算, 并且满足加法分配律. 因此若 $A \neq 0$(即若 A 至少含有两个元素), 则 E 实际上是单位元为恒等映射 $1_A : A \to A$ 的环. 但注意若 $f, g \in E$, 则一般地,E 中的积 fg 取决于函数运算作用在左边还是右边:

$$(fg)(a) = f(g(a)), \quad (a)(fg) = ((a)f)g.$$

也就是说, 对于每个 (非零)Abel 群 A, 自然而然地产生了两个自同态环, 即**左自同态环**和**右自同态环**, 分别表示为

$$End^l(A) \quad 和 \quad End^r(A).$$

当 $f \in End^l(A)$ 时,f 是“左”自同态环, 它的值记为 $f(a)$. 另一方面, 当 $f \in End^r(A)$ 时,f 是“右”自同态环, 它的值记为 $(a)f$. 显然有

$$End^l(A) = (End^r(A))^{op}.$$

这样的自同态环 (单边的) 在环理论中的作用与对称群在群理论中的作用完全类似. 事实上, 存在一个完全类似于 $Cayley$ 定理的结果, 即每个环都与 Abel 群的自同态环的子环同构 (见练习 (1.10).).

1.16 幂等元 设 R 是环. 称元素 $e \in R$ 是**幂等元**, 如果 $e^2 = e$. 一个环至少有两个幂等元, 即 0 和 1. 称 R 的幂等元 e 是**中心幂等元**, 如果 e 在 R 的中心里.

我们将看到, 幂等元的运算在环的研究中起着基本作用. 而且, 我们在练习中将看到这些运算的细节是十分直接的. 这里我们给一个小例子, 若 $e \in R$ 是幂等元, 则 $1-e$ 也是幂等元. 这是因为

$$(1-e)^2 = 1-e-e+e^2 = 1-e-e+e = 1-e.$$

易证若 e 是中心的, 则 $1-e$ 也是中心的.

环 R 的每个非零幂等元 e 都会产生另一个环, 即

$$eRe = \{exe \mid x \in R\},$$

它的加法和乘法是 R 中的加法和乘法在 eRe 上的限制, 单位元为 $0 = e0e$ 和 $e = e1e$. 若 $e \neq 1$, 则环 eRe 不是 R 的子环. 若 e 不是中心的, 则 eRe 不一定是 R 的同态象. 当然, 若 e 是中心幂等元, 则映射

$$\tau_e : x \mapsto exe \quad (x \in R)$$

是 R 到 eRe 上的一个满同态, 其中核为 $(1-e)R(1-e)$.

存在上述现象的一类简单但很重要的例子. 设 R 是 $(R_\alpha)_{\alpha \in A}$ 的笛卡儿积, 记为 $R = \prod_A R_\alpha$. 设 $\alpha \in A$, 则存在按坐标定义 (0.4) 的元素 $e_\alpha \in R$, 使得

$$\pi_\beta(e_\alpha) = \delta_{\alpha\beta} 1_\beta,$$

即 $e_\alpha = \iota_\alpha(1_\alpha)$ 是 R_α 在第 α 个坐标的单位元, 并且在其它位置为零. 易见 e_α 是 R 的中心幂等元. 由

$$(\pi_\alpha \mid e_\alpha R e_\alpha) : e_\alpha R e_\alpha \to R_\alpha$$

可得 $e_\alpha R e_\alpha$ 与 R_α 同构. 而且, 当 A 有限时, 环同构 $R \cong \prod_A R_\alpha$ 的存在性由 R 的中心幂等元的性质决定 (见 § 7.).

下面给出幂等元的另一个重要的例子, 设 R 是环,$n > 0$ 是整数, 考虑矩阵环 $\mathbb{M}_n(R)$. 设 $1 \leqslant m \leqslant n, e = [[a_{ij}]]$ 是矩阵, 并且定义为

$$a_{ij} = \begin{cases} 1, & i = j \leqslant m, \\ 0, & \text{其他}, \end{cases}$$

则易证 e 是非零幂等元, 而且作为环有

$$e\mathbb{M}_n(R)e \cong \mathbb{M}_m(R).$$

顺便提及, 若 e 恰有 m 个非零元素, 而且每个非零元素都在对角线上且是 1, 我们也可以得到相同的结论. 注意, 这些例子不意味着它们描绘了矩阵环 $\mathbb{M}_n(R)$ 的所有幂等元.

1.17 幂零元 环的幂等元的对偶就是它的幂零元. 称环 R 的元素 x 是**幂零的**, 如果存在自然数 n 使得

$$x^n = 0.$$

使式子成立的最小的 n 称为 x 的**幂零指数**. 显然 0 是环中唯一的既是幂等元又是幂零元的元素.

若 R 是环,$n > 1$, 则矩阵环 $\mathbb{M}_n(R)$ 有许多幂零元. 显然,$\mathbb{M}_n(R)$ 中的每个严格的上三角矩阵 (即对角线都是零的上三角矩阵) 和每个严格的下三角矩阵都是幂零的, 幂零指数至多为 n.

幂零元的性质 "很像零". 若 x 是幂零的, 则 $1 - x$ 是可逆的. 这是因为若 $x^n = 0$, 则有

$$(1-x)(1+x+\cdots+x^{n-1}) = 1, \quad (1+x+\cdots+x^{n-1})(1-x) = 1.$$

元素的幂零概念可以推广. 称环 R 的子集 A 是**幂零的**, 如果存在整数 $n > 0$, 对于 A 中的每个序列 $x_1, x_2, \cdots x_n$, 都有

$$x_1 x_2 \cdots x_n = 0.$$

称环 R 的子集 A 是**诣零的**, 如果 A 中的每个元素都是幂零的. 因此,R 的每个幂零子集一定是诣零的. 但存在环 R 的诣零子集不是幂零的例子. (见练习 (1.14).)

我们将会看到, 环的性质和运算依赖于其中的幂零元和幂等元的特性. 人们总是努力在更大范围上研究环的幂等元, 因为在局部上它们的表现很像单位元. 实际上, 一个非零的幂等元 $e \in R$ 就是环 eRe 的单位元. 在某种意义上讲, 幂零元素的性质较弱, 就程度而言, 它们弥漫在环中为环的运算强度提供一个度量. 例如 (见练习 (15.14)) 没有非零幂零元的交换环可以嵌入到域的笛卡儿积中. 另一方面, 对于有大量幂零元的环, 它们的性质又往往表现得很古怪.

练 习 1

1. 设 $(R, +, \cdot, 0)$ 是一个系统, 除了乘法单位元的存在性, 它满足成为环的所有条件. 证明: 存在环 $(\overline{R}, +, \cdot, 0, 1)$ 使得 $(R, +, \cdot, 0)$ 为其理想.[提示: 在 $R \times \mathbb{Z}$ 上定义加法和乘法为 $(r,n)+(s,m) = (r+s, n+m)$ 和 $(r,n)(s,m) = (rs+mr+ns, nm)$.]
2. (1) 证明: 非零元是左消去的 (左可逆的) 环一定是整域 (除环).

   (2) 证明: 任意有限整域一定是除环.
3. 设 R 是环,$a \in R$. 证明: 若 a 至少有两个左逆元, 则 a 有无限多个左逆元. [提示: 令集合 $A = \{a' \in R \mid a'a = 1\}$, 则 $A \neq \varnothing$, 取定 $a_0 \in A$, 可得 $a' \mapsto aa' - 1 + a_0$ 定义了 A 到它的真子集的一个单射 .]
4. 证明: 矩阵 $[[\delta_{i2j}]] \in \mathbb{CFM}_{\mathbb{N}}(\mathbb{R})$ 是左逆的但不是左消去的.

5. R 和 S 是环,$\phi: R \to S$ 是满的环同态. 证明: 若 $a \in R$ 分别是可逆的, 中心的, 幂等元, 则 $\phi(a)$ 在 S 内亦然. 逆命题成立吗?
6. 设 H 是复数域上 2×2 矩阵 $\mathbb{M}_2(\mathbb{C})$ 的子集,H 中的一切元素形如

$$q = \begin{bmatrix} a+ib & c+id \\ -c+id & a-ib \end{bmatrix},$$

其中 $a,b,c,d \in \mathbb{R}$. 证明: H 是 $\mathbb{M}_2(\mathbb{C})$ 的子环. 考虑 H 中的元素

$$\mathbf{1} = \begin{bmatrix} 1 & 0 \\ 0 & 1 \end{bmatrix} \quad \mathbf{i} = \begin{bmatrix} i & 0 \\ 0 & -i \end{bmatrix} \quad \mathbf{j} = \begin{bmatrix} 0 & 1 \\ -1 & 0 \end{bmatrix} \quad \mathbf{k} = \begin{bmatrix} 0 & i \\ i & 0 \end{bmatrix}.$$

因此, 上面 H 中的 "典型" 元素 q 就是 $q = a\mathbf{1} + b\mathbf{i} + c\mathbf{j} + d\mathbf{k}$. 证明: 若 $q \neq 0$, 则 q 是可逆的, 还可推断 H 是不可交换的除环, 称它为四元数环.
7. 设 K 是域, 证明:
(1) $\mathbb{M}_n(K)$ 是单环.
(2) 在环 $\mathbb{CFM}_{\mathbb{N}}(R)$ 中, 由非零元的行只有有限个的矩阵构成的集合 T 是非平凡理想. [提示: 若当 $i > n$ 时, 有 $a_{ij} = 0$, $[[c_{ij}]] = [[b_{ij}]]\cdot[[a_{ij}]]$, 则当 $i > max\{k \mid b_{kj} \neq 0, 1 \leqslant j \leqslant n\}$ 时, 有 $c_{ij} = 0$.]
(3) $\mathbb{CFM}_{\mathbb{N}}(K)$ 只有一个非平凡理想.
8. 设 R 是环 ,$n > 1$ 是自然数, 对于 R 的每个理想 I, 有集合

$$\mathbb{M}_n(I) = \{[[a_{ij}]] \in \mathbb{M}_n(R) \mid a_{ij} \in I \quad (i,j = 1,\cdots,n)\}.$$

(1) 证明: $I \mapsto \mathbb{M}_n(I)$ 定义了从 R 的理想格到 $\mathbb{M}_n(R)$ 的理想格上的同构. 这是练习 (1.7) 的第一部分的推广: 单环上的 $n\times n$ 矩阵环一定是单环. [提示: 若 $\mathbb{I}$ 是 $\mathbb{M}_n(R)$ 的理想, 则来自 $\mathbb{I}$ 中元素的一切元组成的集族形成了 R 的理想 I.]
(2) 证明: 若 I 是 R 的理想, 则 $\mathbb{M}_n(R)/\mathbb{M}_n(I) \cong \mathbb{M}_n(R/I)$.
9. 设 R 是环,$A \subseteq R$, A 的 R-**中心化子**$Cen_R(A) = \{x \in R \mid xa = ax \quad (a \in A)\}$. 因此,$Cen(R) = Cen_R(R)$. 证明:
(1) $Cen_R(A)$ 是 R 的子环.
(2) A 是 R 的极大交换子环当且仅当 $A = Cen_R(A)$.
(3) 若 $x \in Cen_R(A)$ 在 R 中有逆, 则它的逆也在 $Cen_R(A)$ 中.
(4) 单环的中心是域.[提示: 若 $x \in Cen(R)$, 则 $\{rx \mid r \in R\}$ 是 R 的理想.]
10. 环 R 的基础加法群记为 R^+. 对于每个 $r \in R$, 两个函数 $\lambda_r, \rho_r : R \to R$ 定义为

$$\lambda_r : x \mapsto rx \quad , \quad \rho_r : x \mapsto xr,$$

λ_r 为左算子 ,ρ_r 为右算子.
(1) 证明 : $\lambda : r \mapsto \lambda_r$ 是到 $End^l(R^+)$ 的单的环同态, $\rho : r \mapsto \rho_r$ 是到 $End^r(R^+)$ 的单的环同态, 因此环 R 同构于 Abel 群的左自同态环, 也同构于 Abel 群的右自同态环.
(2) 证明: 如果 R^+ 是循环群, 则 R 是交换群, λ 和 ρ 都是同构.

11. 设 R 是环. 证明: 存在唯一的环同态 $\chi : \mathbb{Z} \to R$, 对于某个唯一的 $n \geqslant 0$.(1.6), χ 的核形如 $\mathbb{Z}n$, 其中 n 是 R 的**特征**.

12. (1) 设 R 是环, $A \subseteq R$, 若 R 是由 A 生成的 (即 R 是 R 中包含 A 的唯一子环 (1.9)). 证明: 如果 $\phi : R \to S$ 是环同态, 则 $Im\ \phi$ 是由 $\phi(A)$ 生成的 S 的子环.

    (2) 设 $\chi : \mathbb{Z} \to R$(见练习 (1.11)). 证明 $(i) : Im\ \chi$ 是由 $\{1\}$ 生成的 R 的子环. (ii): 如果 R 是整域, 则它的特征或者是 0 或者是素数.

13. 称环为**布尔环**, 如果它的每个元都是幂等的. 证明:

    (1) 每个布尔环 R 都是交换的, 而且对于所有 $a \in R$, 有 $a = -a$.[提示: 求 $(a+a)$ 和 $(a-b)$ 的平方.]

    (2) 布尔环的子环是布尔环.

    (3) 单布尔环同构于 $\mathbb{Z}_2$.

    (4) 如果 A 是集合 ,R 是布尔环, 则 R^A 是布尔环.

14. 设 $p \in \mathbb{P}$ 是素数. 证明:(i) 对于每个自然数 n, $\mathbb{Z}_{p^n}$ 的理想形成了一个链, 并且每个真理想都是幂零的. (ii) 积

$$R = X_{n>1}\mathbb{Z}_{p^n}$$

    有不是幂零但是诣零的理想.[提示: 对于每个 $n > 1$, 设 I_n 是 $\mathbb{Z}_{p^n}$ 的真理想, I 是使得 $\sigma(n) \in I_n$ 的一切 $\sigma \in R$ 构成的集合, 而且对于至多有限多个 n, I 是非零的.]

15. 设 G 是非空集, R 是环, 称函数 $f : G \to R$ **几乎永远是零**, 如果**支持集**$S(f) = \{x \in G \mid f(x) \neq 0\}$ 是有限的. 几乎永远是零的一切函数 $G \to R$ 构成的集合 R^G 对于加法 $(f,g) \mapsto f+g, (f+g)(x) = f(x)+g(x)$ (对于所有 $x \in G$) 显然是 R^G 的加群的子群, 这是因为 $S(f+g) \subseteq S(f)+S(g)$. 对于每对 $f,g \in R^G$ 定义

$$(fg)(x) = \sum_{yz=x} f(y)g(z) \quad (x \in G).$$

    (1) 证明: 关于上述加法和乘法 R^G 是环, 其单位元是函数 $\xi(e) : x \mapsto \delta_{ex}$. 此环称为 R 上 G 的**半群环** (或者如果 G 是群, 则称它为**群环**), 记作 RG.

    (2) 对于每个 $r \in R, x \in G$, 在 RG 内定义 $\sigma(r)$ 和 $\xi(x)$ 为

$$\sigma(r)(x) = \delta_{ex}r, \quad \xi(x)(y) = \delta_{xy}.$$

    证明: $\sigma(r) : r \mapsto \sigma(r)$ 是到 RG 的乘法半群的单的环同态 $R \to RG$, $\xi : x \mapsto \xi(x)$ 是到 RG 的乘法半群的单的幺半群同态 $G \to RG$.

    (3) 证明: 对于每个非零的 $f \in R^G$, 存在 R 中唯一的非零元序列 $r_1, \cdots, r_n$ 和两两不同的 $x_1, \cdots, x_n \in G$, 使得 $f = \sigma(r_1)\xi(x_1) + \cdots + \sigma(r_n)\xi(x_n)$. 由于这个原因, 我们通常把 f 简记为 $r_1x_1 + \cdots + r_nx_n$. 注意, 采用此记法,$r \in R$(关于 σ) 在 RG 内的标准象是 re, RG 的单位元是 $1e$, 而且 (这些明显的简易性在右边可能也存在)

$$(s_1y_1 + \cdots + s_my_m)(r_1x_1 + \cdots + r_nx_n) = \sum_{i,j=1,1}^{m,n} s_ir_jy_ix_j.$$

    (4) 设 S 是环, 假设存在环同态 $\phi : R \to S$ 和幺半群同态 $\theta : G \to S$ 使得对于每个 $r \in R$, $x \in G$, 有 $\phi(r)\theta(x) = \theta(x)\phi(r)$. 证明: 存在唯一的环同态 $\psi : RG \to S$, 使得 $\psi \circ \sigma = \phi$, $\psi \circ \xi = \theta$.

16. 利用半群环的概念, 我们不用人为构造不定元也可以讨论多项式环. 非负整数集 $\mathbb{N}_0 = \{0,1,2,\cdots\}$ 关于加法构成交换的幺半群. 设 R 是环, 采用练习 (1.15.2) 的记法 (取 $G = \mathbb{N}_0, e = 0$), 令 $X = \xi(1) \in R\mathbb{N}_0$. 称 $R\mathbb{N}_0$ 为 R 上有**一个不定元** (**即**X) **的多项式环**, 我们通常将它记为 $R[X]$. $R[X]$ 的元素称为 R 上 X 中的**多项式**.

(1) 证明: 在 $R[X]$ 中, 如果 $n \in \mathbb{N}_0$, 则 $\xi(n) = X^n$. [切记 $\mathbb{N}_0$ 是加法半群.] 还可推出对于每个非零多项式 $f \in R[X]$, 存在唯一的 n 和 R 内唯一的序列 $r_0, r_1, \cdots, r_n$, 其中 $r_n \neq 0$, 使得 $f = r_0X^0 + r_1X + \cdots + r_nX^n$. 称 n 为 f 的**次数** (零多项式次数为 $-\infty$), 且记为 $degf = n$, 称 $r_0, r_1, \cdots, r_n$ 为 f 的**系数**, r_n 为 f 的**首项系数**.

(2) 证明: 如果 R 是交换环, 则 $R[X]$ 亦然.

17. 设 S 是环 , R 是 S 的子环 , $x \in S$ 满足 $rx = xr$(对于所有 $r \in R$). 证明: 存在唯一的环同态 $\psi : R[X] \to S$ 使得对于每个 $r_0, r_1, \cdots, r_n \in R$, 有

$$\psi : r_0X^0 + r_1X + \cdots + r_nX^n \mapsto r_0 + r_1x + \cdots + r_nx^n.$$

[见练习 (1.15.4). 证明 ψ 的象是由 $R \cup \{x\}$ 生成的 S 的子环.]

18. 设 $\mathbb{N}_0^n$ 是 $\mathbb{N}_0$ 的 n 重笛卡儿积. 按坐标加法 $\mathbb{N}_0^n$ 是交换幺半群. 设 R 是环. 证明: 半群环 $R\mathbb{N}_0^n$ 同构于 (多重) 多项式环 $R[X_1][X_2]\cdots[X_n]$, 通常把此环记为 $R[X_1, X_2, \cdots, X_n]$

§ 2. 模 和 子 模

设 R 是环, 称 (M, λ) 是**左**R-**模**, 如果 M 是 Abel 群 (我们记作加法), λ 是从 R 到 M 的左自同态集的映射, 并且满足, 如果 M 非零, 则 $\lambda : R \to End^l(M)$ 是环同态. 这是指对于每个 $a \in R$, 存在映射 $\lambda(a) : M \to M$ 使得对于所有的 $a, b \in R$ 和所有的 $x, y \in M$, 有

$$\lambda(a)(x+y) = \lambda(a)(x) + \lambda(a)(y), \quad \lambda(ab)(x) = \lambda(a)(\lambda(b)(x)),$$

$$\lambda(a+b)(x) = \lambda(a)(x) + \lambda(b)(x), \quad \lambda(1)(x) = x.$$

实际上, 通常我们可以去掉 λ 和圆括号, 用 ax 代替 $\lambda(a)(x)$, 我们可以把 λ 看作 “一个左标量乘法 ”$R \times M \to M, (a, x) \mapsto ax$, 并且对于所有的 $a, b \in R$ 和所有的 $x, y \in M$ 满足 “左 $R-$ 向量空间” 公理:

$$a(x+y) = ax + ay, \quad (ab)(x) = a(bx),$$

$$(a+b)x = ax + bx, \quad 1x = x.$$

同时, 我们通常简单地说 M 是左 R-模. 这种说法可能会带来一些潜在的模糊, 这是因为一个给定的 Abel 群可能有多于一个的左 R-模结构. 在一些例子中, 这种模糊是有意义的, 在这些情况下我们能够用特殊的记法来消除这种模糊.

右 R-模是指 Abel 群 M 和从 R 到 M 的右自同态环的环同态 ρ. 去掉不需要的记法就意味着存在 "右标量乘法"

$$M \times R \to M, \quad (x, a) \mapsto xa \quad (x \in M, a \in R),$$

对于所有的 $a, b \in R$ 和 $x, y \in M$ 满足:

$$(x+y)a = xa + ya, \quad x(ab) = (xa)b,$$

$$x(a+b) = xa + xb, \quad x1 = x.$$

从直观上可得 (见练习 (2.1)) 右 R-模本质上等同于左 R^{op}-模. 特别地, 如果 R 是交换环, 则左 R-模和右 R-模概念是等同的.

2.1　例子

例 (1)　如果 D 是除环, 则左 D-模是左 D-向量空间. 在大多数的初级课程中, 我们遇到的向量空间都是域上的. 因此不涉及两边, 但对于非交换除环 D 来说, 左 D-向量空间不等于右 D-向量空间.

例 (2)　如果 V 是域 K 上的 n 维向量空间, 则 K 上 $n \times n$ 矩阵环 $R = \mathbb{M}_n(K)$ 可看作 K-**线性**变换进行运算, 因此也可看作 V 上的 Abel 群自同态进行运算. 这里我们有许多的选择, 如果 R 作用在列向量的左边, 则 V 就有左 R-模的结构. 如果 R 作用在行向量的右边, 则 V 就有右 R-模的结构. 在任意情况下,R 作用在 V 上的方式由基的选择决定, 每种选择都会产生不同的模结构. 当然, 所有由这种方式得到的左结构在某种意义下是彼此同构的, 右结构亦然. 也应该看到, 严格地说这些结构是不同的.

例 (3)　对于环 R, 存在唯一的从 $\mathbb{Z}$ 到 R 的环同态 (见练习 (1.11)). 因此对于每个 Abel 群 M, M 上都有唯一的 $\mathbb{Z}$-模结构. 此结构由通常的 "标量函数"

$$(n, x) \mapsto nx$$

给出.

例 (4)　在练习 (1.10) 中 ,λ 和 ρ 分别是从环 R 到 R 的加法群的左自同态环和右自同态环的同态. 由标量乘法

$$(a, x) \mapsto ax, \quad (x, a) \mapsto xa$$

(其中 ax 和 xa 表示环 R 中的积) 可得每个环 R 在它的加法群上都诱导一个左 R-模结构和一个右 R-模结构, 我们把它们分别称为 R 的**正则左模**和**正则右模**.

例 (5)　例子 (4) 有一个重要的推广. 设 R 和 S 是环,$\phi: R \to S$ 是环同态, 则 ϕ 诱导了 S 的加法群上的左和右 R-模结构. 对于左 R-模 S, 标量乘法由

$$(r, s) \mapsto \phi(r)s \quad (r \in R, s \in S)$$

给出, 其中积 $\phi(r)s$ 在环 S 中计算 .S 上的右 R-模结构也可类似地定义. 显然, 这是我们所熟悉的把域 S 看作它的每个子域 R 上的向量空间的一个推广.

例 (6) 存在由已知模构造新模的重要方法, 其一般理论将在 §6 中讨论. 现在假设 $M_1, \cdots, M_n$ 是一列左 R-模, 则笛卡儿积 $M_1 \times \cdots \times M_n$ 有一个自然 R-模结构, 即把此积的元素记为 n-元组 $(x_1, \cdots, x_n)$, 模运算定义为

$$(x_1, \cdots, x_n) + (y_1, \cdots, y_n) = (x_1 + y_1, \cdots, x_n + y_n),$$
$$r(x_1, \cdots, x_n) = (rx_1, \cdots, rx_n),$$

此模称为 $M_1, M_2 \cdots, M_n$ 的**笛卡儿积 (模)**, 我们继续用 $M_1 \times \cdots \times M_n$ 表示.

除了一些练习之外, 我们不再讨论更多的模的初等运算. 实际上, 从表面上看模的基本运算与向量空间的基本运算几乎没有什么不同. 最引人注目的不同点是在一般的模中, 当 a 和 x 不等于零时, 我们可能有 $ax = 0$. 感兴趣的读者可参见一些标准的课本.

在模的自同态环 (见例 4) 的讨论中, 已经自然地引出了双模概念. 尽管如此, 双模概念也可以直接引入. 设 R 和 S 是环, 称 Abel 群 M 是**左R– 右S– 双模**, 如果 M 既是左 R– 模又是右 S-模, 并且两个标量乘法共同满足

$$r(xs) = (rx)s \quad (r \in R, s \in S, x \in M).$$

根据 R 和 S 作用的情况还存在许多其它类型的双模. 例如, 定义左 R-左 S-双模的关键等式是

$$r(sx) = s(rx) \quad (r \in R, s \in S, x \in M).$$

我们可以用简明而具有启发性的表示方法来描述不同的模, 以下规定足以说明这些表示法:

$${}_RM \text{ 表示 } M \text{ 是左 } R\text{-模},$$
$$M_R \text{ 表示 } M \text{ 是右 } R\text{-模},$$
$${}_RM_S \text{ 表示 } M \text{ 是左 } R\text{-右 } S\text{-双模},$$
$${}_{R-S}M \text{ 表示 } M \text{ 是左 } R\text{-左 } S\text{-双模}.$$

双模 ${}_{R-S}M$ 在本质上等同于双模 ${}_RM_{S^{op}}$ (见练习 (2.1)). 这样我们通常只讨论左 – 右双模, 并且把 ${}_RM_S$ 简记为 (R, S)-双模. 还要注意 Abel 群 M 拥有的 $\mathbb{Z}$-模结构 (2.13) 使 ${}_RM$ 构成双模 ${}_RM_{\mathbb{Z}}$.

线性组合和子模

设 M 是左 R-模, 称 M 的 Abel 子群 N 为 M 的 **(左R-) 子模**, 如果关于由 R 诱导的 M 的自同态, N 是稳定的. 也就是说 ,N 是 M 的子模当且仅当 N 是

M 的子群, 并且关于标量乘法"封闭". 特别有 ,M 的子模 N 是左 R-模. 左 R-模 M 的子群 N 可能关于某个表示 $R \to End^l(N)$ 是 R-模而不是 M 的 R-子模 (见练习 (2.2)).

如果 $X \subseteq M, A \subseteq R$, 则 M 中形如

$$a_1x_1 + \cdots + a_nx_n = \sum_{i=1}^{n} a_ix_i \quad (x_1, \cdots x_n \in X, a_1, \cdots a_n \in A)$$

的任意元素称为**系数**含于 A 的 X 的**线性组合**, 或简记为 X 的 A-**线性组合**. 我们用 AX 表示 X 的一切线性组合的集合.

2.2 命题 设 M 是左 R-模 ,X 是 M 的非空子集, 则 RX 是 M 的 $R-$ 子模.

证明 显然 X 的 $R-$ 线性组合关于 M 的群运算封闭, 而且有

$$a(r_1x_1 + \cdots r_nx_n) = (ar_1)x_1 + \cdots + (ar_n)x_n,$$

这就完成了证明. □

显然模 M 的子集 $\{0\}$ 是 M 的子模, 我们称它为**零子模**, 通常记为 0. 为了避免以后的特殊情形, 我们认同

$$R\varnothing = 0,$$

即 0 是 $\varnothing$ 的唯一 R 线性组合. 下面是一个简单的练习, 它把子模刻画为关于一切 $R-$ 线性组合 "封闭" 的那些非空子集.

2.3 命题 设 M 是左 R-模 ,N 是 M 的非空子集, 则下列等价:

(a) N 是 M 的子模;

(b) $RN = N$;

(c) 对于所有的 $a, b \in R$ 和所有的 $x, y \in N$, 有

$$ax + by \in N.$$ □

对于每个不同类型的模, 都存在相应的子模的概念, 也存在类似 (2.2) 和 (2.3) 的结果. 例如, 给了 ${}_RM_S$, 子集 N 是 M 的 (R, S)-子模 (严格地说, 是左 R-右 S-子模) 当且仅当 N 既是 R-子模又是 S-子模. 又如,$X \subseteq M, X$ 的 (R, S)-线性组合的元素形如

$$r_1x_1s_1 + \cdots + r_nx_ns_n,$$

其中 $r_i \in R, s_i \in S, x_i \in X \quad (i = 1, \cdots, n)$. 具有上述形式的一切元素构成的集合记为 RXS. 因此 M 的非空子集 N 是 (R, S)-子模当且仅当 $N = RNS$. 这就等价于 N 包含了形如 $rxs + r'x's'(x, x' \in N)$ 的 (R, S)-线性组合.

类似于群的子群或向量空间的子空间, 模 M 的子模集关于集合包含这个偏序关系构成一个完全模格. 假设 M 是模, 如果 N 是 M 的子模, 则记为

$$N \leqslant M.$$

为了避免标量环带来的混淆, 我们也可以用如下的自我说明来改变记法:

$${}_RN \leqslant {}_RM \quad \text{或} \quad {}_RP_S \leqslant {}_RQ_S.$$

设 M 是左 R-模 , $L \leqslant M$, $N \leqslant M$, 则显然由 (2.3) 知

$$L \leqslant N \quad \text{当且仅当} \quad L \subseteq N.$$

特别地, M 的一切子模集 $\mathscr{S}(M)$ 关于 $\leqslant$(在 $\mathscr{S}(M)$ 上等同于集合包含关系) 是偏序集. M 的两个子模 0 和 M 是 $\mathscr{S}(M)$ 的唯一最大元和最小元. 而且, 如果 $\mathscr{A}$ 是 $\mathscr{S}(M)$ 的任意非空子集, 则由 (2.3) 立即可得

$$\cap\mathscr{A} \in \mathscr{S}(M).$$

由于 $\cap\mathscr{A}$ 一定是 $\mathscr{A}$ 在 $\mathscr{S}(M)$ 中的最大下界, 从而 $\mathscr{S}(M)$ 是完全格 (见 (0.6)). 虽然格 $\mathscr{S}(M)$ 的偏序关系是集合包含关系 , $\mathscr{A}$ 的最大下界是 $\cap\mathscr{A}$, 但 $\mathscr{A} \subseteq \mathscr{S}(M)$ 的最小上界通常不是它的并集. 我们知道两个子模的并集一般不是子模 (见 (0.5) 中的例 4). 为了刻画 $\mathscr{S}(M)$ 中的最小上界, 我们介绍一些特殊且完全标准的记法. 如果 $M_1, \cdots, M_n$ 是 M 的非空子集, 我们令

$$M_1 + \cdots + M_n = \{x_1 + \cdots + x_n \mid x_i \in M_i \quad (i = 1, \cdots, n)\}.$$

(2.3) 的另一个简单的推论是

2.4 引理 如果 M 是左 R-模, $M_1, \cdots, M_n$ 是 M 的子模, 则 $M_1 + \cdots + M_n$ 也是 M 的子模. 事实上,$M_1 + \cdots + M_n$ 是 $M_1 \cup \cdots \cup M_n$ 的一切 R 线性组合构成的集合. □

如果 $\mathscr{X}$ 是 M 的子集的任意集族, 则没有合理的 $\mathscr{X}$ 的 "和" 的概念, 然而, 受引理 2.4 的启发, 我们可以把 M 的子模族 $\mathscr{A}$ 的和 $\sum\mathscr{A}$ 定义为 $\cup\mathscr{A}$ 的一切 R-线性组合构成的集合. 易见如果 $\mathscr{A} = \{M_\alpha \mid \alpha \in A\}$, 则有

$$\sum\mathscr{A} = \sum_A M_\alpha = \cup\{M_{\alpha_1} + \cdots + M_{\alpha_n} \mid \alpha_1, \cdots, \alpha_n \in A \quad (n = 1, 2, \cdots)\},$$

即可以把 $\sum_A M_\alpha$ 的每个元素记为有限和

$$\sum_{i=1}^{n} x_{\alpha_i} \quad (x_{\alpha_i} \in M_{\alpha_i}, \alpha_i \in A).$$

由 (2.2) 知子模集 $\mathscr{A}$ 的和 $\sum\mathscr{A}$ 也是子模, 而且如果 N 是 M 的任意子模, 且包含 $\mathscr{A}$ 中的一切子模, 则由 (2.3) 知 N 一定包含和 $\sum\mathscr{A}$. 因此和 $\sum\mathscr{A}$ 是 $\mathscr{A}$ 在 $\mathscr{S}(M)$ 内的最小上界.

设 H, K 和 L 都是 M 的子模, 则易证

$$H \cap (K+L) \geqslant (H\cap K) + (H \cap L).$$

通常情况下, 此不等式是严格的, 即 $\mathscr{S}(M)$ 不一定是分配格. 但如果 $H \geqslant K$, $h = k + l$ $(h \in H, k \in K, l \in L)$, 则由于 $k \in K = H \cap K$, 从而 $\mathscr{S}(M)$ 满足模条件 (见 0.5).

概括起来我们有

2.5 命题 如果 M 是左 R-模, 则 M 的子模集 $\mathscr{S}(M)$ 关于 $\leqslant$ 是完全模格. 在 $\mathscr{S}(M)$ 中, 如果 $\mathscr{A}$ 是非空集, 则它的最小上界和最大下界分别为

$$\sum\mathscr{A} \quad \text{和} \quad \cap\mathscr{A}.$$

尤其是, 如果 K 和 L 是 M 的子模, 则

$$K+L \quad \text{和} \quad K\cap L$$

分别是 K 和 L 的最小上界和最大下界. 而且如果 H 是 M 的子模, 则

$$\text{由 } K \leqslant H \ \text{ 可推出 } \ H\cap (K+L) = K + (H\cap L). \qquad \square$$

子模格 $\mathscr{S}(M)$ 为模的性质和标量环提供了大量的信息. 在很多情况下, 我们可以从格 $\mathscr{S}(M)$ 的知识中得到关于环的非常详细的信息. 反之, 对于某些环, 格 $\mathscr{S}(M)$ 的行为相当文明, 域上的模 (= 向量空间) 为我们提供了一个熟悉的例子. 但通常情况下, 模是无法预测的, 练习中将涉及一些有较好行为的模.

给了模 M 和子集 $X \subseteq M$, $\mathscr{A}$ 是 M 中包含 X 的一切子模构成的集合. 由于 $\mathscr{A}$ 包含 M, 从而 $\mathscr{A}$ 非空 .$\mathscr{A}$ 的交 $\cap\mathscr{A}$ 也是 M 的子模. 事实上,$\cap\mathscr{A}$ 是 M 中包含 X 的唯一最小子模, 我们称它为**由**X **生成的**M 的子模.

2.6 命题 如果 M 是左 R 模 ,X 是 M 的子模, 则由 X 生成的 M 的子模就是 RX, 即 X 的一切 R-线性组合构成的集合.

证明 由 (2.2) 知,RX 是 M 的子集, 由于对于所有的 $x \in M, 1x = x$, 从而我们有 $X \subseteq RX$. 再由 (2.3) 知, 包含 X 的任意子集一定包含线性组合 RX. $\square$

如果 $(M_\alpha)_{\alpha\in A}$ 是 M 的子模集, 则 $\sum_A M_\alpha$ 是**由**$(M_\alpha)_{\alpha\in A}$ **生成**的子模. 从而如果

$$M = \sum_A M_\alpha,$$

则我们说**子模**$(M_\alpha)_{\alpha\in A}$ **生成**M. 如果 X 是 $_RM$ 的子集, 而且满足

$$RX = M,$$

则我们说 X **生成**M, 并且称 X 为 M 的一个**生成集**. 有有限生成集的模称为**有限生成模**, 仅有一个元素生成的模称为**循环模**. 从而循环左模形如 $M = R\{x\}$, 其中 x 是 M 中的某个元素, 记为

$$M = Rx = \{rx \mid r \in R\}.$$

显然, 正则模 $_RR$ 和 R_R 是循环模. 易证每个模都是由它的循环子模集生成的.

2.7 命题　设 X 是 $_RM$ 的一个生成集, 则有

$$M = \sum_{x\in X} Rx. \qquad \square$$

称模 M 是**单模**, 如果 $M \neq 0$, 而且只有平凡子模. 单模是循环模, 非零模是单模当且仅当它是由它的每个非零元生成的. 类似于素数在算术中的地位, 单模是模理论的基石. 注意,Abel 群是单的当且仅当对于某个素数 $p \in \mathbb{P}$, 它与 $\mathbb{Z}_p$ 同构.

显然, 模本身是它的子模格中的最大元素, 从而在偏序集的术语中, 模是其本身的极大 (唯一的) 子模, 但我们真正感兴趣的是极大真子模. 对偶地, 零子模几乎是不重要的, 但模的极小非零子模是十分重要的, 因此一个有点离奇的术语出现了, 即

极大子模是指极大的真子模,
极小子模是指极小的非零子模.

例如, M 是单模 (因此非零) 当且仅当 M 是极小子模 ,0 是极大子模. 极小或极大子模的存在性问题是重要而非平凡的. 例如, Abel 群 $\mathbb{Z}$-没有极小子群 (=$\mathbb{Z}$ 子模)(见练习 (2.8)). 另一方面, 至少存在一个非常重要的模类, 它中的每个元都有极大子模.

2.8 定理　如果 M 是非零的左 R-模, 并且由有限生成集生成, 则 M 的每个真子模都包含在极大子模中. 特别地, M 有极大子模.

证明　设 K 是 M 的真子模, 则存在有限序列 $x_1, \cdots, x_n \in M$ 使得

$$M = K + Rx_1 + \cdots + Rx_n.$$

在所有这些序列中一定存在极小长度的一个序列 (可能存在一些这样的序列), 我们不妨假设 $x_1, \cdots, x_n$ 有极小长度, 则

$$L = K + Rx_2 + \cdots + Rx_n$$

是 M 的真子模 (否则更短的序列 $x_2, \cdots, x_n$ 将代替 $x_1, x_2, \cdots, x_n$). 令 $\mathscr{P}$ 是 M 中包含 L 的一切真子模构成的集合. 显然, 由于 $L \in \mathscr{P}$, 从而 $\mathscr{P}$ 是 M 的子模格的非空偏序子集. 包含 L 的子模 N 在 $\mathscr{P}$ 中当且仅当 $x_1 \notin N$. 我们对 $\mathscr{P}$ 应用极大值原理 (0.9). 假设 $\mathscr{C}$ 是偏序集 $\mathscr{P}$ 中的非空链, 令 $V = \cup\mathscr{C}$. 可推断 V 是 M 的子模, 这是因为如果 $a, b \in R, x, y \in V$, 则对于某个 $N_x, N_y \in \mathscr{C}$, 有 $x \in N_x$, $y \in N_y$. 由于 $\mathscr{C}$ 是链, 从而我们可以假设 $N_x \leqslant N_y$. 因此 $x, y \in N_y$, 而且由 (2.3) 知 $ax + by \in N_y \subseteq V$. 由 (2.3) 还可推出 V 是 M 的子模. 但因为 x_1 不在 $\mathscr{C}$ 中的任何一个元内, 所以 $x_1 \notin V$. 我们已经验证 $\mathscr{P}$ 的每个非空链在 $\mathscr{P}$ 中都有上界, 即它的并, 因此根据极大值原理 $\mathscr{P}$ 有极大元, 记为 N. 由于 N 是 $\mathscr{P}$ 中的极大元, 从而任何比 N 大的 M 的子模都不在 $\mathscr{P}$ 中, 因此包含 x_1. 但任何比 N 大的 M 的子模一定包含 $N + Rx_1 \geqslant L + Rx_1 = M$. 从而 N 是 M 中包含 K 的极大 (真) 子模. 对于定理的最后陈述令 $K = 0$ 即可. □

在一种情形中, 左模和双模存在重要差异. 如果 ${}_RM_S$ 是 $R-S$-双模, $x \in M$, 则由 x 生成的循环子模是 $RxS = (Rx)S$, 但 RxS 不一定只是元素 rxs.(见练习 (2.3)).

商　　模

类似于向量空间, 模也存在关于它的每个子模的商模. 设 M 是左 R-模 ,K 是子模, 则易见陪集

$$M/K = \{x + K \mid x \in M\}$$

是左 $R-$ 模, 其中加法和标量乘法定义为

$$(x + K) + (y + K) = (x + y) + K, \quad a(x + K) = ax + K.$$

加法单位元和逆元分别为

$$K = 0 + K, \quad -(x + K) = -x + K.$$

这样得到的模 M/K 称为 M **模K 的左R-商模**. 其它类型的商模存在完全类似的结构. 例如, 如果我们有 ${}_RM_S$ 和 $R-S$-子模 K, 则对于所有的 $r \in R, x \in M, s \in S$, 经

$$r(x + K)s = rxs + K,$$

商群 M/K 是左 R-右 S-双模.

设 K 是 M 的子模, 则易见集合

$$\mathscr{S}(M)/K = \{H \in \mathscr{S}(M) \mid K \leqslant H\}$$

是 $\mathscr{S}(M)$ 的子格. 而且, 对于 $\mathscr{S}(M)/K$ 中的每个 H,

$$n_K(H) = H/K$$

是商模 M/K 的子模. 由于 $H \leqslant H' \Rightarrow n_K(H) \leqslant n_K(H')$, 从而 n_K 定义了从 $\mathscr{S}(M)/K$ 到 $\mathscr{S}(M/K)$ 的保序函数. 另一方面, 如果 T 是 M/K 的子模, 则

$$n_K^{\leftarrow}(T) = \{x \in M \mid x + K \in T\}$$

是 M 的子模. 由于 $0 + K = k + K \in T$(对于所有 $k \in K$), 从而 $K \leqslant n_K^{\leftarrow}(T)$. 我们立即可得 $n_K n_K^{\leftarrow}(T) = T$ (对于所有 $T \in \mathscr{S}(M/K)$) 和 $n_K^{\leftarrow} n_K(H) \geqslant H$(对于所有的 $H \in \mathscr{S}(M)/K$). 但如果 $x \in n_K^{\leftarrow} n_K(H)$, 则有 $x + K = a + K$(对于某个 $a \in H$), 由于 $K \leqslant H$, 我们有 $x \in H$. 因此 n_K 和 $n_K^{\leftarrow}$ 是互逆双射. 最后由于 $n_K^{\leftarrow}$ 也是保序映射, 从而由 (0.8) 我们有重要的

2.9 命题　如果 M 是左 R-模,K 是 M 的子模, 则经互逆映射

$$n_K : H \mapsto H/K = \{x + K \mid x \in H\},$$

$$n_K^{\leftarrow} : T \mapsto n_K^{\leftarrow}(T) = \{x \in M \mid x + K \in T\},$$

商模 M/K 的一切子模格同构于 M 中包含 K 的一切子模格. □

由于模是单模当且仅当它的子模格是一个二元链, 从而我们有

2.10 推论　商模 M/K 是单模当且仅当 K 是 M 的极大子模. □

环的变换

有一些重要而自然的方式, 使一个环上的模继承另一个环上的模的结构. 例如, 环 R 上的每个模都以完全自然的方式构成 R 的一切子环上的模. 一般地, 一些 "环的变换" 是由环同态诱导的. 假设 M 是左 S-模 ,R 是第二个环, $\phi : R \to S$ 是环同态. 如果结构 ${}_SM$ 是从环同态 $\lambda : S \to End^l(M)$ 获得的, 则

$$\lambda\phi : R \to End^l(M)$$

诱导了 M 上的左 R-模结构, 其中标量乘法由 $(r, x) \mapsto \phi(r)x$ 给出. 因此关于

$$rx = \phi(r)x \quad (r \in R\ ,\ x \in M),$$

${}_SM$ 是左 R-模 ${}_RM$. 如果 S' 是 S 的子环, 则包含映射 $i_{S'} : S' \to S$(环同态) 关于乘法

$$(s', x) \mapsto s'x = i_{S'}(s')x$$

在每个 ${}_SM$ 上诱导了 S' 结构 ${}_{S'}M$. 因此对于每个 S-模 ${}_SM$ 和每个环同态 $\phi: R \to S$, 存在如下四个模:

$$ {}_SM,\quad {}_RM,\quad {}_{\phi(R)}M,\quad {}_{\mathbb{Z}}M. $$

显然, 上述模中的任意模的子模都是其后面模的子模, 而且由于子模的最大下界和最小上界恰是交与并, 从而上述任意模的子模格都是其后面模的子格. 注意 ${}_RM$ 的子模格和 ${}_{\phi(R)}M$ 的相同. 这些重要的事实我们陈述如下:

2.11 命题 设 $\phi: R \to S$ 是环同态,Abel 群 M 既是左 R-模又是左 S-模, 使得对于所有的 $r \in R$, $x \in M$, 有 $rm = \phi(r)m$, 则作为格, 有

$$ \mathscr{S}({}_SM) \leqslant \mathscr{S}({}_RM) = \mathscr{S}({}_{\phi(R)}M) \leqslant \mathscr{S}_{\mathbb{Z}}(M)\ . \qquad \square $$

当然 (2.11) 中陈述的包含关系通常是不等的. 例如, 在一维 $\mathbb{R}$ 空间中, 存在不是 $\mathbb{R}$-子空间的 $\mathbb{Q}$-子空间, 也存在不是 $\mathbb{Q}$-子空间的 Abel 子群.

假设 M 经环同态 $\lambda: R \to End^l(M)$ 构成的左 R-模, 我们简写 $ax = \lambda(a)(x)$, 则核

$$ K = Ker\lambda = \{a \in R \mid ax = 0 \quad (x \in M)\} $$

是 R 的双边理想, 并且称 K 为 M 在 R 中的**零化子**. 如果 $K = 0$ (即 λ 是单射), 我们说 M 是**忠实左 R-模**. 由 (1.4) 我们有, 对于 R 内包含于 K 中的理想 I, 存在唯一的环同态

$$ \eta: R/I \to End^l(M) $$

使得 $\eta n_I = \lambda$. 从而, 对于每个这样的理想 I, 都有诱导在 M 上的左 R/I-模结构, 称其为**自然R/I-结构**${}_{R/I}M$, 此时标量乘法定义为

$$ (a + I, x) \mapsto (a + I)x = ax \quad (a \in R\ ,\ x \in M). $$

因此 M 上的 R-结构恰是由 R/I-结构和满的环同态 $n_I: R \to R/I$ 诱导的, 从而由 (2.11) 和 (1.4) 我们有

2.12 推论 如果 M 是左 R-模 ,I 是 R 的理想 ,I 包含于 M 的零化子中, 则

(1) M 的子群是 R-子模当且仅当它是 R/I-子模, 即 R-子模格和 R/I-子模格是一致的.

(2) M 作为左 R/I-模是忠实的当且仅当 I 是 M 的零化子. $\square$

作为一个简单而重要的例子, 设 M 是有限非零的 $\mathbb{Z}$-模 (即 Abel 群), 则 M 在 $\mathbb{Z}$ 中的零化子 K 是真理想, 而且 K 是 (主) 理想 $\mathbb{Z}k$, 其中 k 是使得 $kx = 0$ (对于所有的 $x \in M$) 成立的最小正整数. 因此 M 关于标量乘法

$$ (m + \mathbb{Z}k)x = mx $$

构成 $\mathbb{Z}/\mathbb{Z}k(\cong \mathbb{Z}_k)$-模. 特别地, 如果 $K = \mathbb{Z}p$(p 是素数), 则 $\mathbb{Z}_p$ 是域 ,M 是 $\mathbb{Z}_p$-向量空间, 而且 M 的子群格就是 $\mathbb{Z}_p$-向量空间 ${}_{\mathbb{Z}_p}M$ 的 $\mathbb{Z}_p$− 子空间格.

2.13 作为双模的环 正如 (2.1.4) 中所见, 环 R 的加群经左和右环乘法既是左 R-模又是右 R-模. 由于环乘法满足结合律, 从而有

$$a(xb) = (ax)b.$$

这些左和右环乘法给了 R 一个双模结构. 因此当我们把环 R 看做它自身上的 (左, 右, 双) 模时, 就是指正则模结构. 并且我们约定用

$${}_RR,\quad R_R \quad 和 \quad {}_RR_R$$

来表示这些正则模.

显然, 如果 R 是环, 则 R 的非空子集 I 是理想当且仅当它是双模 ${}_RR_R$ 的子模, 这等价于

$$I = RIR.$$

更一般地有 ,${}_RR$ 的子模称为 R 的**左理想**,R_R 的子模称为 R 的**右理想**.R 的非空子集 I 是左理想当且仅当

$$I = RI.$$

左, 右或双边循环理想通常称为**主理想**.

由于 R 的左, 右或双边理想只是一些特殊模的子模, 从而关于集合包含关系每个这样的集合都是完全格. 当然这些格满足子模格通常的性质. 我们也采用关于极大和极小子模的约定: 极大 (左, 右, 双边) 理想是指极大真理想, 极小理想是指极小非零理想. 又如, 如果 A 是 R 的非空子集, 则

$$RA,\quad AR \quad 和 \quad RAR$$

分别是 R 中由 A 生成的左理想, 右理想和 (双边) 理想. 以同样的方式又如, 如果 I 是 R 的理想, 则 R/I 的左理想格同构于 R 中包含 I 的左理想格. 因此, 我们可以对这些特殊理想自由应用模的不同结果. 然而, 正如下一节所见, 当我们涉及同态时必须小心这样的平移.

零 化 子

给了左 R-模 M, 我们可以由 M 得到 R 的性质. 反之, 也可由 R 得到 M 的性质."零化子" 是获得一些上述信息变化的一个非常重要的工具. 我们已经提及

过了左 R-模 M 在环中的零化子. 更一般地, 设 M 是左 R-模, 则对于 $X \subseteq M$, X 在 R 中的 (**左**) **零化子**是

$$l_R(X) = \{r \in R \mid rx = 0 \ \ (x \in X)\},$$

对于每个 $A \subseteq R, A$ 在 M 中的 (**右**) **零化子**是

$$r_M(A) = \{x \in M \mid ax = 0 \ \ (a \in A)\}.$$

对于单个的 $\{x\}$ 和 $\{a\}$, 我们简写为 $l_R(x)$ 和 $r_M(a)$. 当不引起歧义时, 我们可以忽略下标 R 和 M. 当然, 若 M 是右 R-模, 则相应地有右零化子 $r_R(X)$ 和左零化子 $l_M(A)$. 还有一些其他相当明显的术语, 例如, 如果 $A \subseteq l_R(X)$, 我们可以说 A **零化**X. 零化子的重要性以后会明显表现出来, 但现在我们容易获得它们的基本性质.

2.14 命题 设 ${}_RM_S$ 是双模 , $X \subseteq M, A \subseteq R$, 则

(1) $l_R(X)$ 是 R 的左理想;

(2) $r_M(A)$ 是 M_S 的子模.

而且, 如果 X 是 ${}_RM$ 的子模, 则 $l_R(X)$ 是 R 的理想. 如果 A 是 R 的右理想, 则 $r_M(A)$ 是 ${}_RM_S$ 的子模. 如果 R 是交换环, 则 $l_R(X)$ 是理想,$r_M(A)$ 是 ${}_RM_S$ 的子模.

证明 (2) 设 $x, y \in r_M(A)$, $s, s' \in S$, 则对于每个 $a \in A$, 我们有 (由于 ${}_RM_S$ 是双模)

$$a(xs + ys') = a(xs) + a(ys') = (ax)s + (ay)s' = 0.$$

由于 $r_M(A) \neq \varnothing$(它一定包含 0), 从而由 (2.3.c) 得 $r_M(A)$ 是 M_S 的子模. 余下的证明是同样的简单, 我们略去. □

2.15 命题 设 ${}_RM$ 是左 R-模 , X, Y 是 M 的子集 , A, B 是 R 的子集, 则

(1) 由 $X \subseteq Y$ 可推出 $l_R(X) \supseteq l_R(Y)$, 由 $A \subseteq B$ 可推出 $r_M(A) \supseteq r_M(B)$.

(2) $X \subseteq r_M l_R(X)$, $A \subseteq l_R r_M(A)$.

(3) $l_R(X) = l_R r_M l_R(X)$, $r_M(A) = r_M l_R r_M(A)$.

证明 (1) 和 (2) 是易证的. 关于 (3), 可对 $l_R(X)$ 应用 (2) 得 $l_R(X) \subseteq l_R r_M l_R(X)$, 再对 (2) 中的 $X \subseteq r_M l_R(X)$ 应用 (1) 得 $l_R(X) \supseteq l_R r_M l_R(X)$. □

一个十分重要的信息已经出现过. 假设 ${}_RM_S$ 是双模, 则

$$r_M : I \mapsto r_M(I) \ \ 和 \ \ l_R : K \mapsto l_R(K)$$

都是 R 的左理想 I 的偏序集和 M 的右 S-子模 K 的偏序集之间的保序映射. 当然这些映射不总是双射, 这是因为 (1) 和 (2) 中的包含可能是严格的 (考虑

$M = {}_{\mathbb{Z}}\mathbb{Z}_{\mathbb{Z}}$). 而且一般地它们不是格的反同态 (见练习 (2.15)), 但下面的结果表明它们是封闭的. 也存在重要的格的反同态 (新格的)(见练习 (2.16)).

2.16 命题 设 ${}_RM$ 是左 R-模, $(K_\alpha)_{\alpha\in A}$ 和 $(I_\alpha)_{\alpha\in A}$ 分别是 M 和 R 的加法群的子群, 则

(1) $l_R(\sum_A K_\alpha) = \cap_A l_R(K_\alpha)$, $r_M(\sum_A I_\alpha) = \cap_A r_M(I_\alpha)$;

(2) $\sum_A l_R(K_\alpha) \subseteq l_R(\cap_A K_\alpha)$, $\sum_A r_M(I_\alpha) \subseteq r_M(\cap_A I_\alpha)$.

证明 (1) 由于对于每个 β, 有 $K_\beta \leqslant \sum_A K_\alpha$, 从而根据 (2.15.1) 得对于每个 α, 有 $l_R(\sum_A K_\alpha) \subseteq l_R(K_\alpha)$. 另一方面, 如果元素 $r \in R$ 零化每个 K_α, 则 r 一定零化来自 K_α 的元素的和. 因此 $\cap_A l_R(K_\alpha) \subseteq l_R(\sum_A K_\alpha)$. 同理可证明右零化子情况.

(2) 显然, 对于每个 $\beta \in A$, 都有 $\cap_A K_\alpha \subseteq K_\beta$. 从而由 (2.15.1) 知, 对于每个 β, 都有 $l_R(K_\beta) \subseteq l_R(\cap_A K_\alpha)$. 由 (2.14.1) 知 $l_R(\cap_A K_\alpha)$ 是 R 的左理想, 从而 $\sum_{\beta\in A} l_R(K_\beta) \subseteq l_R(\cap_A K_\alpha)$. 同理可证明右零化子情况. □

练 习 2

1. 设 R 是环, R^{op} 是 R 的反环, 用 $*$ 表示 R^{op} 中的乘法运算, 从而对于所有 $r, s \in R$, 有 $r * s = sr$.

   (1) 设 M 是左 R-模. 定义函数 $* : M \times R^{op} \to M, (x, r) \mapsto x * r = rx$. 证明: 关于此运算 M 是右 R^{op}-模, 我们将它表示为 M^{op}.[提示: 见 (1.15).]

   (2) 设 S 是环,M 是左 R-左 S-双模. 证明: 对于 (1) 的运算 $* : M \times R^{op} \to M, M$ 是左 S-右 R^{op}-双模.

2. (1) 设 M 是非零的 Abel 群, $L = End^l(M)$, $R = End^r(M)$, 则 M 既是左 L-模, M 也是右 R-模. 求证: M 是左 L-右 R-模当且仅当 L 是交换的. [提示: 见练习 (2.1).]

   (2) 设 ${}_{\mathbb{C}}V$ 是非零的复向量空间. 对于标量乘法 $(\alpha, x) \mapsto \bar{\alpha}x$($\bar{\alpha}$ 是 α 的共轭), Abel 群 V 构成左 $\mathbb{C}$-向量空间 ${}_{\mathbb{C}}\overline{V}$. 证明: $\mathbb{C}$-向量空间 ${}_{\mathbb{C}}V$ 和 ${}_{\mathbb{C}}\overline{V}$ 都不是它们中另一个的子空间, 而且这两个 $\mathbb{C}$ 标量乘法不能形成 $(\mathbb{C}, \mathbb{C})$-双模.

3. 设 R 是环,$x \in R$. 证明: R 中由 x 生成的理想 (即 ${}_RR_R$ 的 (R, R) 子模) 是一切有限和 $r_1xs_1 + \cdots + r_nxs_n (n \in \mathbb{N}, r_1, \cdots, r_n, s_1, \cdots, s_n \in R)$ 的集合. 用一个例子表明 $\{rxs \mid r, s \in R\}$ 不一定是 R 的理想.[提示: 考虑 $\mathbb{M}_2(\mathbb{Q})$.]

4. 设 M 是左 R-模, $A, B \subseteq R$, $X \subseteq M$. 证明:

   (1) 当 A 是 R 的左理想时, 有 $AX \leqslant M$.

   (2) $A(BX) = (AB)X$.

   (3) 当每个 X_γ 是 ${}_{\mathbb{Z}}M$ 的子群时 $(\gamma \in C)$, 有 $A(\sum_C X_\gamma) = \sum_C AX_\gamma$.

   (4) 当每个 A_γ 是 ${}_{\mathbb{Z}}R$ 的子群时, 有 $(\sum_C A_\gamma)X = \sum_C A_\gamma X$.

5. (1) 设 I 是 R 左理想, J 是 R 的双边理想.

   证明: 如果 I 和 J 是诣零的 (幂零的), 则左理想 $I + J$ 亦然.[提示: 考虑 R/J 中的 $(I + J)/J$.(注意: I 是幂零的是指存在某个 $n \in \mathbb{N}$, 使得 $I^n = 0$).]

(2) 证明: 如果 I 是 R 的左理想, 则 I 是幂零的当且仅当 IR 是幂零的. 如果 I 和 K 是幂零左理想, 则 $I+K$ 亦然.

(3) 设 $\mathscr{J}$ 是 R 的一切幂零左理想集. 证明 : $\sum \mathscr{J}$ 是诣零左理想.

(4) 设 $\mathscr{J}$ 是 R 的一切诣零理想集. 证明 : $\sum \mathscr{J}$ 是诣零理想.

6. 下面是三个有限偏序集的 (Hasse) **图表**:

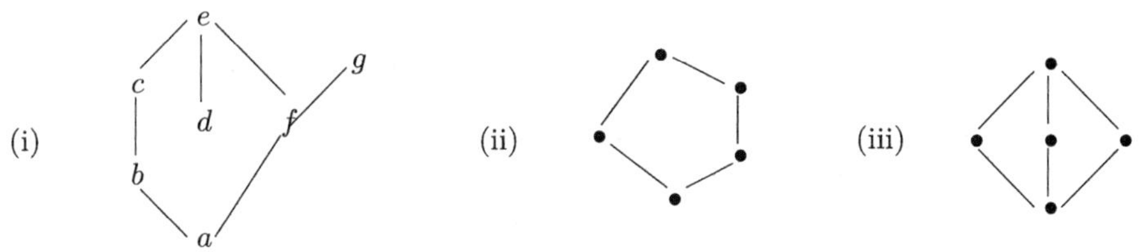

例如, 第一个偏序集有一些元素 ,a 是 $\{b,f\}$ 的最大下界, 也是 $\{c,f\}$ 的最大下界 ,e 是 $\{c,d\}$ 的最小上界, 也是 $\{a,d\}$ 的最小上界,c 是 $\{b,c\}$ 的最小上界, 而 $\{d,g\}$ 既没有最小上界也没有最大下界.

(1) 证明: 如果格 L 关于图表 (ii) ((iii)) 有子格, 则 L 不是模格 (分配格). 反之, 证明: 非模格实际上包含类似于 (ii) 的子格 (非分配格也一定包含 (ii) 或 (iii))(见 Birkhoff[66].)

(2) 设 L 是模格, 且 $a,b,c\in L, a\leqslant b$. 证明: 如果 $a\vee c=b\vee c$, $a\wedge c=b\wedge c$, 则 $a=b$.

(3) 证明: 格 L 是分配格当且今当对于所有的 $a,b,c\in L$, 有 $a\vee(b\vee c)=(a\vee b)\wedge(a\vee c)$ (见 (0.5).)

7. 简述 $\mathbb{Z}$-模 $\mathbb{Z}_8,\mathbb{Z}_{24},\mathbb{Z}_{15},\mathbb{Z}_{30}$ 的一切子模格的 (Hasse) 图表. 利用练习 (2.6) 来确定它们中的任意一个是否为分配的.

(2) 设 R 是域 $\mathbb{Z}_2$ 上一切 2×2 上三角矩阵环. 简述 ${}_RR, R_R$ 以及 ${}_RR_R$ 的一切子模格的图表.

(3) 这些模中的哪一个是由它们的极小子模生成的?

(4) (1) 和 (2) 中的每个模都决定了极大子模的交.

8. 设 $p\in\mathbb{P}$ 是正素数, 则 $M=\{a/p^n\in\mathbb{Q}\mid a\in\mathbb{Z},n\in\mathbb{N}\}$ 是 $\mathbb{Q}$ 的加法子群, 其中 $\mathbb{Z}$ 是 $\mathbb{Q}$ 的子群. 用 $\mathbb{Z}_{p^\infty}$ 表示商群 $M/\mathbb{Z}$. 显然所有元素 $a/p^n(0\leqslant a\leqslant p^n)$ 构成表示集.

(1) 证明: 对于每个 $x\in\mathbb{Z}_{p^\infty}$, 每个 $0\neq m\in\mathbb{Z}$, 都存在 $y\in\mathbb{Z}_{p^\infty}$, 使得 $x=my$.

(2) 证明 : $\mathbb{Z}_{p^\infty}$ 的每个真子群是循环群, 且由 $1/p^n$ (对于某个 n) 生成的. 从而可推出 Z_{p^∞} 的一切子群格都是有序链, 而且 $\mathbb{Z}_{p^\infty}$ 没有极大子群.

9. M 是非零模 ,N 是 M 的真子模 ,$x\in M\backslash N$. 证明:

(1) 关于 $N\leqslant K$ 和 $x\notin K, M$ 有极大子模 K.

(2) 如果 $M=Rx+N$, 则 M 有极大子模 K, 满足 $N\leqslant K,\ x\notin K$.

10. 设 I 和 M 是环 R 的真理想. 证明:

(1) M 是极大理想当且仅当 R/M 是单环.

(2) R 有包含 I 的极大理想.

(3) R 至少有一个极大理想.

11. 设 R 是交换环. 称 R 的真理想 P 为**素理想**, 如果由 $ab\in P$ 可推出 $a\in P$ 或 $b\in P$. 证明:

(1) 真理想 P 是素理想当且仅当商环 R/P 是整域. 因此每个极大理想都是素理想.

(2) 存在任意长度的素理想的链.[提示: 考虑 $\mathbb{Z}[X_1,\cdots,X_n]$].

(3) 如果对于每个 $x \in R$, 都存在 $n \in \mathbb{N}$ 使得 $x^n = x$, 则每个素理想都是极大理想.

(4) R 的每个素理想都包含极小 (可能是 0) 素理想. [提示: 应用极大值原理的对偶.]

12. 称交换环是**局部环**, 如果它有唯一的极大理想 (见 §15 关于非交换环的推广).

(1) 证明: 理想格是链 (例如 $\mathbb{Z}_{p^n}$) 的每个交换环都是局部环. 你能给出理想格不是链的交换局部环的例子吗? [提示: 用 $\mathbb{Q}[X,Y]$ 的商环.]

(2) 设 $p \in \mathbb{Z}$ 是素数, 令

$$\mathbb{Z}_{(p)} = \{a/b \in \mathbb{Q} \mid b \notin \mathbb{Z}p\ (a/b \text{ 在最低项里})\}.$$

证明: $\mathbb{Z}_{(p)}$ 是局部环, 其中极大理想是 $p\mathbb{Z}_{(p)}$.

(3) 证明: 局部环的理想格是上良序的 (即每个非空子集都有最大元).

13. 证明: 如果环 R(不需要是交换的) 有唯一的极大理想, 则 $CenR$ 是局部环, 这是练习 (1.9) 的推广. 因此, 每个这样的环都可以看作局部环上的 (中心) 代数. 求证: 中心是局部环 (甚至域) 的环不一定有唯一的极大理想. [提示: 练习 (2.7.2).]

14. (1) 设 I 是环 R 的左理想. 证明 : $l_R(R/I)$ 是 R 中包含在 I 内的唯一最大双边理想.

(2) 求证下述论断是可能的 : I 是 R 的极大左理想, 但 I 不包含 R 的极大理想.[提示: 利用练习 (1.7).]

15. 设 R 是 $\mathbb{Z}[X] \times \mathbb{Z}[Y]$ 的子环,

$$\mathbb{Z}[X] \times \mathbb{Z}[Y] = \{(f,g) \mid f(0) = g(0)\} \text{ (即有相同常数项的一切元素对.)}$$

易见 R 同构于 $\mathbb{Z}[X,Y]$ 模主理想 (由 XY 生成的) 之商环. 令 $M = {}_RR$. 求证: 即使我们选择第 K_α 个分量作为理想的零化子, 第 I_α 个分量作为子模的零化子, 则 (2.16.2) 中的包含也可能是严格的. [提示: 例如考虑由 (X,0) 生成的子模.]

16. 设 M 是左 R 模 ,$\mathscr{L}_R(M) = \{l_R(X) \mid X \subseteq M\}, \mathscr{R}_M(R) = \{r_M(A) \mid A \subseteq R\}$. 注意到 $A \in \mathscr{L}_R(M)$ 当且仅当 $A = l_R r_M(A)$, $X \in \mathscr{R}_M(R)$ 当且仅当 $X = r_M l_R(X)$. 证明:

(1) $\mathscr{L}_R(M)$ 和 $\mathscr{R}_M(R)$ 关于任意交都是封闭的. 因此偏序集 $\mathscr{L}_R(M)$ 和 $\mathscr{R}_M(R)$ (集合包含关系为偏序关系) 是完全格. 而且, 如果 $\mathscr{A} \subseteq \mathscr{L}_R(M), \mathscr{X} \subseteq \mathscr{R}_M(R)$, 则

$$\inf\mathscr{A} = \cap\mathscr{A}, \quad \sup\mathscr{A} = \mathrm{l_R}(\mathrm{r_M}(\sum \mathscr{A}))$$

$$\inf\mathscr{X} = \cap\mathscr{X}, \quad \sup\mathscr{X} = \mathrm{r_M}(\mathrm{l_R}(\sum \mathscr{X})).$$

(2) 映射 $r_M : A \mapsto r_M(A)$ 和 $l_R : X \mapsto l_R(X)$ 在 $\mathscr{L}_R(M)$ 和 $\mathscr{R}_M(R)$ 之间是格反同构.

17. 设 V 是除环 D 上的左向量空间. 称子集 $X \subseteq V$ 是**线性无关的**, 如果对于 X 中两两不同的每个序列 $x_1, \cdots, x_n$ 和 $d_1, \cdots, d_n \in D$,

$$\text{由 } d_1x_1 + \cdots + d_nx_n = 0 \text{ 可推出 } d_1 = \cdots = d_n = 0.$$

V 的一个线性无关生成集称为 V 的一个**基** (注意 $\varnothing$ 是 0 的一个基).

(1) 利用极大值原理证明: 如果 Y 是 V 的线性无关子集 ,X 是一个生成集, 则存在子集 $X' \subseteq X$ 使得 $Y \cup X'$ 是 V 的基.

(2) 证明: 每个向量空间都有基, 而且向量空间的每个极大线性无关子集和生成集都有基.

(3) 证明: 如果 $W \leqslant V$, X 是 V 的基, 则存在子集 $X' \subseteq X$ 使得 $V = W + DX'$, $W \cap DX' = 0$.

18. 如果 X 是向量空间 V 的基, 则 V 的**维数**是 $dimV = card\,X$. 维数与基的选择无关. 证明: 如果 X 和 Y 是 V 的基, 则 $card\,X = card\,Y$. [提示: 如果 X 是有限的, 利用练习 (2.17.1) 和归纳法求证 $card\,Y \leqslant card\,X$. 另一方面, 假设 X 是无限的, 则对于每个 $x \in X$, 存在 Y 中的有限子集 $F(x) = \{y_1, \cdots, y_n\}$ 使得 $x \in Dy_1 + \cdots + Dy_n$. 求证: $Y = \cup_{x \in X} F(x)$, $card\,Y \leqslant card(\mathbb{N} \times X) = card\,X$(见 (0.10)).]

§ 3. 模 的 同 态

如果 M 和 N 是两个左 R-模, 称函数 $f : M \to N$ **是** (**左** R-) **同态**, 如果对于所有的 $a, b \in R$ 和所有的 $x, y \in M$, 有

$$f(ax + by) = af(x) + bf(y),$$

即如果 f 是 R-**线性的**. 注意这里的 “左” 与 f 写在哪边无关. 从而, 如果 f 写在右边, 则有

$$(ax + by)f = a((x)f) + b((y)f).$$

如果 M 和 N 是右 R-模, 则 $f : M \to N$ 是右 R-同态当且仅当

$$f(xa + yb) = f(x)a + f(y)b.$$

模同态 f 一定保持所定义的结构. 因此, 如果 Abel 群 M 和 N 经 R 到它们的左自同态环的环同态 λ 和 λ' 构成左 R-模, 则 Abel 群同态 $f : M \to N$ 是 R-同态当且仅当对于每个 $a \in R$, 图表

$$\begin{array}{ccc} M & \xrightarrow{\ f\ } & N \\ {\scriptstyle \lambda(a)}\downarrow & & \downarrow{\scriptstyle \lambda'(a)} \\ M & \xrightarrow{\ f\ } & N \end{array}$$

可交换.

关于双模, 我们有明显的变化. 给了双模 ${}_RM_S$ 和 ${}_RN_S$, M 到 N 的 (R, S)-同态是 R 和 S 上的线性函数 $f : M \to N$. 因此 , $f : M \to N$ 是 (R, S)-同态当且仅当对于所有的 $r, r' \in R$, $s, s' \in S$, 以及 $x, x' \in M$, 有

$$f(rxs + r'x's') = rf(x)s + r'f(x')s'.$$

由于模同态的运算非常类似于 Abel 群同态的算术, 也类似于向量空间的线性变换的算术, 从而我们在这里不讨论它. 注意左 $R-$ 同态的合成作为函数仍是

R-同态. 而且对于 $_RM$, 恒等映射 $1_M : M \to M$ 是 R-同态. 因此一切左 R-模类和它们之间的一切 R-同态构成具体范畴. 虽然此范畴在以后的研究中是十分重要的, 但暂时我们不过多关注它.

设 M 和 N 是左 R-模 , $f : M \to N$ 是左 R-同态 , f 的**象**Imf 和**核**$Kerf$ 定义为

$$Imf = \{f(x) \in N \mid x \in M\}, \quad Kerf = \{x \in M \mid f(x) = 0\}.$$

因此 Imf 和 $Kerf$ 分别为 N 和 M 的子模 , f 的**余象**和 f 的**余核**分别定义为

$$Coimf = M/Kerf \quad , \quad Cokerf = N/Imf.$$

$R-$ 同态的线性告诉我们同态的行为完全由它在生成集上的作用所决定, 即

3.1 命题 设 M 和 N 是左 $R-$ 模 , X 生成 M, $f : M \to N$ 是 R-同态, 则 Imf 由 $f(X)$ 生成. 而且, 如果 g 也是 M 到 N 的 $R-$ 同态, 则有

$$f = g \;\text{ 当且仅当 }\; f(x) = g(x) \;\; (x \in X).$$

证明 由于

$$Imf = f(RX) = Rf(X),$$

从而由 (2.7) 得 Imf 是由 $f(X)$ 生成的. 由 $f = g$ 推出 $f(x) = g(x)$ 是易见的. 反之, 假设对于所有的 $x \in X$, 有 $f(x) = g(x)$. 易证

$$K = \{y \in M \mid f(y) = g(y)\}$$

是 M 的子模. 由于 $X \subseteq K$, 从而由 (2.3) 我们有 $M = RX \subseteq K$. 因此对于所有的 $y \in M$, $f(y) = g(y)$. □

满同态和单同态

称同态 $f : M \to N$ 是**满同态**, 如果 f 是满射 (即到 N 上). **称同态**$f : M \to N$ 是**单同态**, 如果 f 是单射 (即一对一). 有时, 我们使用这些术语的解释性形式 (如, **满的或单的**) 以便简化句子结构.

如果 M 是左 R-模, 则 M 的每个子模实际上是某个单同态的象. 如果 K 是 M 的子模, 则包含映射 $i_K = i_{K \leqslant M} : K \to M$(见 (0.1)) 是 R-单同态, 并且称其为 K 在 M 中的**自然嵌入**, 它的象为 K. M 的每个子模也都是满同态的核. 设 K 是 M 的子模, 从 M 到商模 M/K 上的映射 $n_K : M \to M/K$ 定义为

$$n_K(x) = x + K \in M/K \;\; (x \in M).$$

则 n_K 是 R-满同态, 其核为 K. 我们称 n_K 是从 M 到 M/K 上的**自然满同态**.

称 R 同态 $f: M \to N$ 是 (R-) **同构**, 如果 f 是双射. 称两个模 M 和 N 是 (R-) **同构的**, 且简记为

$$M \cong N,$$

如果存在 R-同构 $f: M \to N$. 易证此关系 ("同构关系") 是一个等价关系.

3.2"0" 的故事 任给一对左 R-模 M 和 N, 一定存在从 M 到 N 的 R-同态, 即**零同态**

$$0: M \to N, \quad 0: x \mapsto 0 \in N \quad (x \in M).$$

我们频繁地用 "0" 来表示一切零元素, 一切零子模和一切零同态, 幸运的是这种不明确性实际上并没有表现出来. 我们应该注意模 M 的零子模是 M 中唯一的只含一个元素的子模, 而且只有一个元素的模是零模, 不但任意两个零子模同构, 而且零模之间存在唯一的同构即零同态.

关于 0 也存在几个其它的约定. 由于任意两个零模之间都存在唯一的同构, 从而我们可以自由等同一切零模. 同样, 给了模 M, 则存在唯一的同态 $M \to 0$, 它一定是满的, 也存在唯一的同态 $0 \to M$, 它一定是单的. 当写成 $M \to 0$ 或 $0 \to M$ 时, 我们要考虑这些唯一的模同态. 对于任意模 M,

$$n_0: M \to M/0, \quad n_M: M/M \to 0$$

都是同构, 而且我们通常认为商模 $M/0$ 和 M/M 分别与 M 和 0 一致.

满同态和单同态的不同性质类似于由集合和函数构成的范畴中的满射和单射的不同性质. 关于同态我们充分利用了 0 函数, 但我们不再用 0 函数来刻画同态, 而是把单同态看作由单边逆得到的单射.

3.3 命题 设 M 和 N 是左 R-模 , $f: M \to N$ 是 R-同态, 则下面条件等价:

(a) f 是到 N 上的满同态;

(b) $Imf = N$;

(c) 对于每个 ${}_RK$ 和每对 R-同态 $g, h: N \to K$, 由 $gf = hf$ 可推出 $g = h$;

(d) 对于每个 ${}_RK$ 和每个 R-同态 $g: N \to K$, 由 $gf = 0$ 可推出 $g = 0$.

证明 (a)⇔ (b) 和 (a)⇒(c) 是显然的.

(c)⇒ (d). 设 $h: N \to K$ 是零同态, 则 $gf = 0$ 意味着 $gf = hf$. 因此由 (c) 的假设, 我们有 $g = h = 0$.

(d)⇒(b). 设 $I = Imf$, 则 $n_I: N \to N/I = Coker f$ 显然满足 $n_I f = 0$. 因此根据 (d), 有 $n_I = 0$. 但由于 n_I 是到 N/I 上的, 从而 $N/I = 0$, 因此 $I = N$. □

3.4 命题 设 M 和 N 是左 R-模 , $f: M \to N$ 是 R-同态, 则下面条件等价:

(a) f 是单同态;

(b) $Kerf = 0$;

(c) 对于每个 ${}_RK$ 和每对 R 同态 $g, h : K \to M$, 由 $fg = fh$ 可推出 $g = h$;

(d) 对于每个 ${}_RK$ 和每个 R-同态 $g : K \to M$, 由 $fg = 0$ 可推出 $g = 0$.

证明　(d)⇒(b) 是唯一有难度的证明. 令 $K = Kerf$, 则 $i_K : K \to M$ 是 R-同态, $fi_K = 0$. 因此根据 (d), 我们有 $i_K = 0$. 从而 $K = Im\, i_K = 0$. □

3.5 命题　设 M 和 N 是左 R-模,$f : M \to N$ 是 R-同态, 则 f 是同构当且仅当存在函数 $g, h : N \to M$ 使得

$$fg = 1_N, \quad hf = 1_M.$$

当满足最后的条件时,$g = h$ 是同构.

证明　(⇐) 唯一性的证明是容易的 ($g = 1_M\ g = hfg = h1_N = h$). 反之, 如果 f 是同构, 则 f 是双射, 从而存在函数 $g : N \to M$ 使得 $fg = 1_N$, $gf = 1_M$. (见 (0.1).) 为了完成证明我们需证 g 是 R-线性的. 但由于 f 是 R-线性的, 从而我们有

$$f(g(ax + by)) = ax + by = f(ag(x) + bg(y)),$$

因为 f 是单射, 所以 g 是 R-线性的. □

当 $f : M \to N$ 是同构时, 满足 (3.5) 条件的唯一的 R-同态是 f 的**逆**, 并且表示为 f^{-1}. (见 (0.1).) 注意, 在 (3.3) 和 (3.4) 中, 我们没有把单边逆的存在性作为一个等价条件. 正如我们所见, 这种忽略不是偶然的.

因 子 定 理

若同态 $f : M \to N$ 是同态 g 和 h 的合成, 即 $f = gh$, 则称 f 可以**通过** g **和** h **因子化**. 下面的结论本质上是说, 同态 f 可以唯一地通过核在 f 的核中的每个满同态和象包含 f 的象的每个单同态进行因子化.

3.6 因子定理　设 M, M', N, N' 是左 R-模 , $f : M \to N$ 是 R-同态.

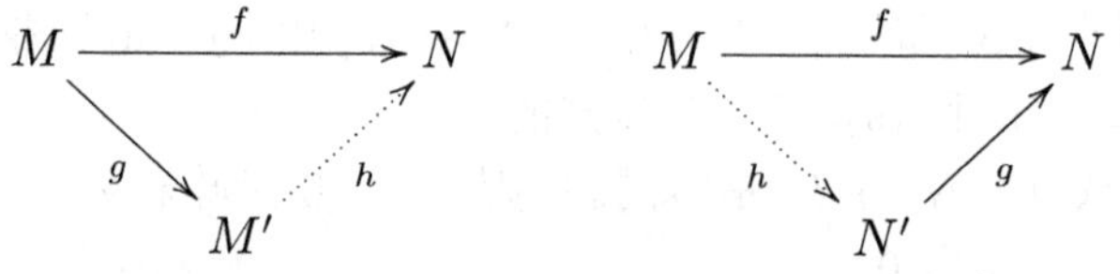

(1)　　　　　　　　(2)

(1) 如果 $g : M \to M'$ 是满同态 , $Ker\ g \subseteq Ker\ f$, 则存在唯一的同态 $h : M' \to N$ 使得

$$f = hg.$$

而且 ,$Ker\ h = g(Ker\ f), Im\ h = Im\ f$, 因此 h 是单同态当且仅当 $Ker\ g = Ker\ f$, h 是满同态当且仅当 f 是满同态.

(2) 如果 $g: N' \to N$ 是单同态 ,$Im\ f \subseteq Im\ g$, 则存在唯一的同态 $h: M \to N'$ 使得

$$f = gh.$$

而且 ,$Ker\ h = Ker\ f$, $Im\ h = g^{\leftarrow}(Im\ f)$, 因此 h 是单同态当且仅当 f 是单同态 ,h 是满同态当且仅当 $Im\ g = Im\ f$.

证明 (1) 由于 $g: M \to M'$ 是满同态, 从而对于每个 $m' \in M'$, 至少存在一个 $m \in M$ 使得 $g(m) = m'$. 如果 $l \in M$ 使得 $g(l) = m'$, 则显然有 $m - l \in Ker\ g$. 但由于 $Ker\ g \subseteq Ker\ f$, 从而我们有 $f(m) = f(l)$. 因此, 存在可以定义的函数 $h: M' \to N$ 使得 $f = hg$. 易见 h 是 R-同态, 设 $x', y' \in M', x, y \in M$, $g(x) = x'$, $g(y) = y'$, 则对于每个 $a, b \in R$, 有 $g(ax + by) = ax' + by'$, 因此

$$\begin{aligned} h(ax' + by') &= f(ax + by) \\ &= af(x) + bf(y) = ah(x') + bh(y'). \end{aligned}$$

h 的唯一性可由 (3.3.c) 得出, 这是因为 g 是满同态. 最后的证明是显而易见的.

(2) 对于每个 $m \in M$, 有 $f(m) \in Im\ f \subseteq Im\ g$. 由于 g 是单同态, 从而存在唯一的 $n' \in N'$ 使得 $g(n') = f(m)$. 因此, 存在函数 $h: M \to N'$(经 $m \mapsto n'$) 使得 $f = gh$. 其余的证明也是简单的. □

作为因子定理第一部分的推论, 我们有十分重要的 Noether 同构定理.

3.7 推论 [同构定理] 设 M 和 N 是左 R-模.

(1) 如果 $f: M \to N$ 是满同态 ,$Ker\ f = K$, 则存在唯一的同构 $\eta: M/K \to N$ 使得对于所有的 $m \in M$, 有 $\eta(m + k) = f(m)$.

(2) 如果 $K \leqslant L \leqslant M$, 则 $M/L \cong (M/K)/(L/K)$.

(3) 如果 $H \leqslant M$, $K \leqslant M$, 则 $(H + K)/K \cong H/(H \cap K)$.

证明 (1) 令 $M' = M/K$, 设 g 是 (3.6.1) 中的自然满同态 $g = n_K: M \to M/K$.

为了证明 (2) 和 (3), 分别对满同态 $f': M/K \to M/L, f'(m + K) = m + L$ 和满同态 $f'': H \to (H + K)/K, f''(h) = h + K$ 应用 (1). □

3.8 推论 设 M 和 N 是左 R-模 ,$f: M \to N$ 是 R-满同态, 核为 K, 则

$$L \mapsto f(L) = \{f(x) \mid x \in L\}$$

$$P \mapsto f^{\leftarrow}(P) = \{x \in M \mid f(x) \in P\}$$

是在 $\mathscr{S}(M)/K$ (即 M 中包含 K 的一切子模格) 和 $\mathscr{S}(N)$ (即 N 的一切子模格) 之间的互逆格同构.

证明　由同构定理 (3.7.1) 我们有同构 $\eta: M/K \to N$ 使得

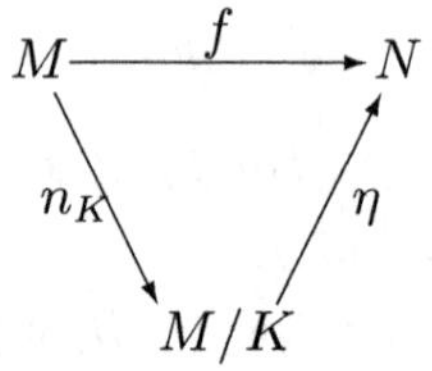

可交换. 显然,η 诱导了 $\mathscr{S}(M/K)$ 和 $\mathscr{S}(N)$ 的格同构. 由 (2.9) 知 n_K 诱导了 $\mathscr{S}(M)/K$ 和 $\mathscr{S}(M/K)$ 的格同构. 易证上述同构组成了定理中的互逆格同构. □

现在容易刻画 (在同构的范围内) 循环模和单模 (的子类). 在 (2.8) 中我们看到每个模都是由它的循环子模生成的, 在 § 9 我们将看到由单模生成的模有非常好的结构和性质. 给了 $_RM$ 和 $x \in M$,

$$\rho_x : r \mapsto \rho_x(r) = rx \quad (r \in R)$$

是从 R 到循环子模 Rx 上的左同态, 核

$$Ker\ \rho_x = l_R(x) = \{r \in R \mid rx = 0\}$$

为 x(在 R 中) 的左零化子. 因此由 (3.7.1) 知 $R/l_R(x) \cong Rx$. 另一方面, 如果 I 是 R 的左理想, 则 R/I 是由 $1+I$ 生成的循环左模 ,$l_R(1+I) = I$. 在 (2.10) 的帮助下我们有

3.9 推论　左 R-模 M 是循环模当且仅当它同构于 $_RR$ 的商模. 如果 $M = Rx$, 则 $\rho_x : R \to M$ 是满同态, 其中核为 $l_R(x)$, 因此 $M \cong R/l_R(x)$, 而且 M 是单模当且仅当 $l_R(x)$ 是极大左理想. □

作为因子定理的最后应用, 我们给出

3.10 推论　设 M 和 N 是左 R-模,$j : K \to M$ 是 R-同态 ,$Im\ j = I$, 则存在唯一的同构 $\nu : I \to K$ 使得 $j\nu = i_I$.

证明　在 (3.6.2) 中令 $I = M,\ M = N,\ K = N',\ i_I = f,\ j = g$ 即可. □

3.11 环和其它模　我们在一直讨论左 R-模的定义和结果, 我们可以不困难地把这些定义和结果平移到其它类型的模上去. 然而可能存在一种误解, 此误解来源于认为环 R 的环同态和 $_RR_R$ 的双模同态是不同的 (见练习 (3.6).) 设 R 和 S 是环, $\phi : R \to S$ 是环同态, 则 (见 § 2) 经

$$(r, s) \mapsto \phi(r)s \quad 和 \quad (s, r) \to s\phi(r),$$

ϕ 诱导了 S 上的双模结构 ${}_RS_R$. 而且 ,ϕ 就是 (R,R)-双模同态

$$\phi:\ {}_RR_R \to\ {}_RS_R,$$

它的象不但是 (R,R)-子模, 而且还是 S 的子环. 如果 ϕ 是到 S 上的, 则 S 的左和右 R-子模分别等同于环 S 的左和右理想, 并且我们有 (3.8) 的环理论的结论, 即如果 $\phi: R \to S$ 是到 S 上的环同态, 核为 K, 则 ϕ 分别诱导了 S 的左、右、双边理想格和 R 中包含 K 的左、右、双边理想格之间的格同构.(然而要注意, 如果 ϕ 不是到 S 上的, 则 R 的理想的象虽然是 S 的 (R,R)-子模但不一定是 S 的理想.)

正 合 性

称一对同态

$$M' \xrightarrow{f} M \xrightarrow{g} M''$$

在 M 处**正合**, 如果 $Im\ f = Ker\ g$. 此时, 我们也说单一同态

$$M' \xrightarrow{f} M$$

在 M 和 M' 处正合. 最后, 称同态的一个序列 (有限的或无限的)

$$\cdots \xrightarrow{f_{n-1}} M_{n-1} \xrightarrow{f_n} M_n \xrightarrow{f_{n+1}} M_{n+1} \longrightarrow \cdots$$

是**正合的**, 如果它在每个 M_n 处都正合, 即如果对于连续的元素对 f_n, f_{n+1}, 有

$$Im\ f_n = Ker\ f_{n+1}.$$

由定义立即可得下面一些特殊情况.

3.12 命题 给了模 M 和 N 以及同态 $f: M \to N$, 则

(1) $0 \longrightarrow M \xrightarrow{f} N$是正合的当且仅当 f 是单的.

(2) $M \xrightarrow{f} N \longrightarrow 0$是正合的当且仅当 f 是满的.

(3) $0 \longrightarrow M \xrightarrow{f} N \longrightarrow 0$ 是正合的当且仅当 f 是同构. □

某种程度上, 同态的核和余核的地位可以概述为某个正合序列.

3.13 命题 如果 M 和 N 是模 ,$f: M \to N$ 是同态, 则

$$0 \longrightarrow Ker\ f \xrightarrow{i} M \xrightarrow{f} N \xrightarrow{n} CoKerf \longrightarrow 0$$

是正合的, 其中 i 是包含映射, n 是自然满同态 $N \to N/Imf$. □

这个结果的证明是显而易见的, 而且它有作为特殊情形的两个事实: $f: M \to N$ 是单同态当且仅当

$$0 \longrightarrow M \xrightarrow{f} N \xrightarrow{n} CoKerf \longrightarrow 0$$

是正合的, 而它是满同态当且仅当

$$0 \longrightarrow Ker\ f \xrightarrow{i} M \xrightarrow{f} N \longrightarrow 0$$

是正合的. 一般地, 形如

$$0 \longrightarrow K \xrightarrow{f} M \xrightarrow{g} N \longrightarrow 0$$

的正合列称为短正合列. 由 (3.12) 知上述序列 f 是单同态 ,g 是满同态. 从而由 (3.7.1) 和 (3.10) 得存在唯一的同构 ν 和 η 使得

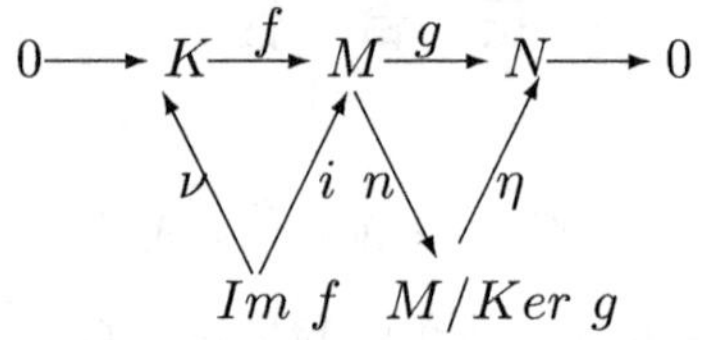

可交换, 其中 i 是包含映射 ,n 是自然满同态. 由于正合性 $Imf = Kerg$, 从而 ν 和 η 是同构, 而且使得

$$\begin{array}{ccccccccc} 0 & \longrightarrow & K & \xrightarrow{f} & M & \xrightarrow{g} & N & \longrightarrow & 0 \\ & & \uparrow{\scriptstyle \nu} & & \uparrow{\scriptstyle 1_M} & & \uparrow{\scriptstyle \eta} & & \\ 0 & \longrightarrow & Imf & \xrightarrow{i} & M & \xrightarrow{n} & M/Imf & \longrightarrow & 0 \end{array}$$

可交换, 即在后者的意义下, 每个短正合列都同构于形如

$$0 \longrightarrow M' \xrightarrow{i} M \xrightarrow{n} M/M' \longrightarrow 0$$

的序列, 其中 i 是 M 的子模 M' 的包含映射 ,n 是自然满同态. 短正合列

$$0 \longrightarrow K \xrightarrow{f} M \xrightarrow{g} N \longrightarrow 0$$

称为由 N 得到的 K 的一个扩张 (见练习 (3.13).).

附注　为了使事情简单化, 我们省略一些不必要的符号. 在一个已给的图表里, 如果我们没有详细给出某个同态, 则一般是因为存在唯一的满足条件的自然同态. 例如, 如果我们写 "考虑短正合列 $0 \longrightarrow Ker\ f \longrightarrow M \xrightarrow{f} N \longrightarrow 0$", 则显然我们把 $Ker\ f \to M$ 看作单位嵌入. 另一方面, 当我们需要时, 我们应该明确给出同态. 例如写 "考虑单同态 $0 \longrightarrow K \xrightarrow{f} M$" 或 "给了满同态 $M \xrightarrow{g} N \longrightarrow 0$" 时.

关于交换图表有一些标准的引理, 通常的证明涉及一个称为"追图法"的技巧. 在下面的结果中, 我们将用图表引理中的一个来说明此技巧.

3.14 引理 假设模和同态构成的下列图表

$$\begin{array}{ccccc} A & \xrightarrow{f} & B & \xrightarrow{g} & C \\ {\scriptstyle\alpha}\downarrow & & {\scriptstyle\beta}\downarrow & & {\scriptstyle\gamma}\downarrow \\ A' & \xrightarrow{f'} & B' & \xrightarrow{g'} & C' \end{array}$$

可交换, 并且有正合行.

(1) 如果 α,γ 和 f' 是单同态, 则 β 亦然.

(2) 如果 α,γ 和 g 是满同态, 则 β 亦然.

(3) 如果 β 是单同态 ,α 和 g 是满同态, 则 γ 是单同态.

(4) 如果 β 是满同态 ,f' 和 γ 是单同态, 则 α 是满同态.

证明 (1) 只需证明 $Ker\ \beta=0$. 对 $b\in Ker\ \beta$. 由图表可交换, 从而 $\gamma g(b)=g'\beta(b)=0$. 因为 γ 是单的, 则 $g(b)=0$. 因此 $b\in Ker\ g$. 由于行是正合的, 从而 $Ker\ g=Im\ f$. 因此存在一个 $a\in A$, 使得 $b=f(a)$. 因为图表可交换, 所以 $f'\alpha(a)=\beta f(a)=\beta(b)=0$. 最后由于 α 和 f' 是单同态, 从而 $a=0$, 因此 $b=f(a)=0$.

(4) 设 $a'\in A'$. 则由于 β 是满同态, 从而存在 $b\in B$ 使得 $\beta(b)=f'(a')$. 由于图表可交换, 而且底行是正合的, 那么有 $\gamma g(b)=g'\beta(b)=g'f'(a')=0$. 又 γ 是单同态, 因此 $b\in Ker\ g=Im\ f$. 从而存在 $a\in A$ 使得 $f(a)=b$. 所以有 $f'\alpha(a)=\beta f(a)=\beta(b)=f'(a')$. 最后由 f' 是单同态得 $\alpha(a)=a'$. □

3.15 "五项引理" 假设模和同态构成的下列图表

$$\begin{array}{ccccccccc} A & \longrightarrow & B & \longrightarrow & C & \longrightarrow & D & \longrightarrow & E \\ {\scriptstyle\alpha}\downarrow & & {\scriptstyle\beta}\downarrow & & {\scriptstyle\gamma}\downarrow & & {\scriptstyle\delta}\downarrow & & {\scriptstyle\varepsilon}\downarrow \\ A' & \longrightarrow & B' & \longrightarrow & C' & \longrightarrow & D' & \longrightarrow & E' \end{array}$$

可交换, 并且有正合行.

(1) 如果 α 是满同态 ,β 和 δ 是单同态, 则 γ 是单同态.

(2) 如果 ε 是单同态 ,β 和 δ 是满同态, 则 γ 是满同态.

(3) 如果 α, β, δ 和 ε 是同构, 则 γ 亦然.

证明 根据追图法可得. □

练　习　3

1. 设 M 是左 R-模. 证明下列等价 : (a) $M=0$; (b) 对于每个左 R-模 N, 存在唯一的 R-同态 $M\to N$; (c) 对于每个左 R-模 N, 存在唯一的 R-同态 $N\to M$.
2. 设 M 是左 R-模. 证明下列等价:(a) M 是单模;(b) 每个非零同态 $M\to N$ 是单同态; (c) 每个非零同态 $N\to M$ 是满同态.
3. 设 $f: M\to N$ 是 R-同态. 证明: 如果 f 是单同态, 则 $l_R(M)\supseteq l_R(N)$; 如果 f 是满同态, 则 $l_R(M)\subseteq l_R(N)$.
4. 设 $\mathbf{C}$ 是范畴 , $f: A\to B$ 是 $\mathbf{C}$ 中的态射, 则称 f 是**单态射** (**满态射**), 如果它在 $\mathbf{C}$ 中是左 (右) 消去的, 即如果对于 $\mathbf{C}$ 中的每对态射 $g,h: C\to A(g,h: B\to C)$, 由 $fg=fh(gf=hf)$ 可推出 $g=h$. 称态射 f 是**同构**, 如果它在 $\mathbf{C}$ 中是可逆的, 即如果存在态射 $g: B\to A$ 使得 $gf=1_A, fg=1_B$.

   (1) 证明: 如果 $f: A\to B$ 和 $f': B\to C$ 分别是单态射, 满态射, 同构, 则 $f'f$ 是单态射, 满态射, 同构.

   (2) 证明: 由一切环和环同态构成的具体范畴中, 包含映射 $f:\mathbb{Z}\to\mathbb{Q}$ 既是单同态又是满同态但不是同构. (见练习 (4.2).)
5. 设 R 是环, $\alpha: R\to R$ 是环的自同构. 对于每个左 R-模 M, 经 $(r,m)\mapsto r*m=\alpha(r)m$ 定义映射 $*: R\times M\to M$. 求证: 关于此运算 M 是左 R-模, 我们用 M^α 表示此模. (见练习 (2.2).) 而且求证: 一般地 M 和 M^α 不一定 R-同构. [提示: 令 $R=\mathbb{Q}[X,Y]], \alpha$ 是把 X 和 Y 互换的自同构, 而且 $M=R/I$, 其中 I 是由 X 生成的理想. 再利用练习 (3.3).]
6. 设 R 和 S 是环, $\phi: R\to S$ 是环同态, 因此关于标量乘法 $(r,s)\mapsto\phi(r)s$ 和 $(s,r)\mapsto s\phi(r)$, S 是 (R,R)-双模.

   (1) 证明: 如果 ϕ 是满射, 则 S 的 (R,R)-子模恰是环 S 的理想, 但如果 ϕ 不是满射, 则 R 的理想的象不一定是 S 的理想. [提示: 令 S 是域.]

   (2) 设 $\sigma:\mathbb{Q}\to\mathbb{M}_2(\mathbb{Q})$ 定义为

   $$\sigma: r\mapsto\begin{bmatrix} r & 0\\ 0 & r\end{bmatrix}.$$

   则 σ 是环同态, 因此经 $\sigma, \mathbb{M}_2(\mathbb{Q})$ 是 $(\mathbb{Q},\mathbb{Q})$-双模, 求证: 经

   $$f: r\mapsto\begin{bmatrix} r & 0\\ 0 & -r\end{bmatrix}$$

   定义的映射 $f:\mathbb{Q}\to\mathbb{M}_2(\mathbb{Q})$ 是 $(\mathbb{Q},\mathbb{Q})$-同态但不是环同态.
7. 设 $f: M\to N$ 是满同态 , $K\leqslant M$. 证明:

   (1) 如果 $K\cap Ker\ f=0$, 则 $(f\mid K): K\to N$ 是单同态.

   (2) 如果 $K+Ker\ f=M$, 则 $(f\mid K): K\to N$ 是满同态.
8. (1) 证明: 如果 M 是有限循环 $\mathbb{Z}$-模, 则存在短正合列

   $$0\longrightarrow\mathbb{Z}\xrightarrow{\ f\ }\mathbb{Z}\xrightarrow{\ g\ }M\longrightarrow 0\ .$$

(2) 证明: 存在短正合列 (在 $\mathbb{Z}$ 上)

$$0 \longrightarrow \mathbb{Z}_2 \longrightarrow \mathbb{Z}_4 \longrightarrow \mathbb{Z}_4 \longrightarrow \mathbb{Z}_2 \longrightarrow 0\ .$$

(3) 证明: 存在短正合列 (在 $\mathbb{Z}$ 上)

$$\cdots \longrightarrow \mathbb{Z}_4 \longrightarrow \mathbb{Z}_4 \longrightarrow \mathbb{Z}_4 \longrightarrow \mathbb{Z}_4 \longrightarrow \cdots\ .$$

9. 设 U, V, W 分别是一维, 三维, 二维实向量空间. $\{u\}$ 是 U 的基 , $\{v_1, v_2, v_3\}$ 是 V 的基, $\{w_1, w_2\}$ 是 W 的基. 设 $f: U \to V$ 是 $\mathbb{R}$-同态, 定义为 $f(\alpha u) = \alpha v_1 + \alpha v_2$, $g: V \to W$ 是 $\mathbb{R}$-同态, 定义为 $g(\alpha_1 v_1 + \alpha_2 v_2 + \alpha_3 v_3) = \alpha_1 w_1 + \alpha_3 w_2$.
(1) 证明: 序列 $0 \longrightarrow U \xrightarrow{f} V \xrightarrow{g} W \longrightarrow 0$ 在 U 和 W 处是正合的, 但在 V 处不是正合的.
(2) 证明: 存在 $g': V \to W$ 使得 $0 \longrightarrow U \xrightarrow{f} V \xrightarrow{g'} W \longrightarrow 0$ 正合.
(3) 证明: 存在 $f': U \to V$ 使得 $0 \longrightarrow U \xrightarrow{f'} V \xrightarrow{g} W \longrightarrow 0$ 正合.

10. 设 R 是环, $M' \xrightarrow{f} M \xrightarrow{g} M''$ 是 R-模和 R-同态的序列. 证明: 此序列是正合的当且仅当存在 R-模和 R-同态的可交换图表

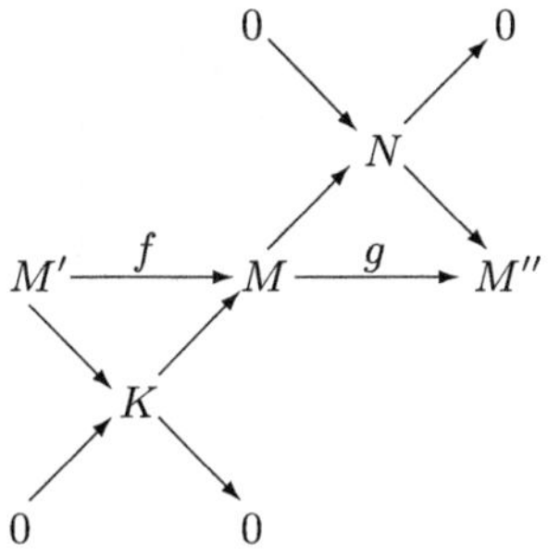

其中 “对角的” 序列都是正合的.

11. (1) 证明:“五项引理” (3.15).
(2) 假设下列模和同态的图表可交换, 并且有正合行:

$$\begin{array}{ccccccccc}
0 & \longrightarrow & A & \xrightarrow{f} & B & \xrightarrow{g} & C & \longrightarrow & 0 \\
 & & \downarrow{\scriptstyle\alpha} & & \downarrow{\scriptstyle\beta} & & \downarrow{\scriptstyle\gamma} & & \\
0 & \longrightarrow & A' & \xrightarrow{f'} & B' & \xrightarrow{g'} & C' & \longrightarrow & 0
\end{array}$$

设 β 是同构. 证明 : α 是单同态 , γ 是满同态, 并且 α 是满同态当且仅当 γ 是单同态.

12. 假设下列模和同态的图表可交换, 并且有正合行:

$$\begin{array}{ccccccccc}
 & & 0 & & 0 & & 0 & & \\
 & & \downarrow & & \downarrow & & \downarrow & & \\
0 & \longrightarrow & A' & \longrightarrow & B' & \longrightarrow & C' & \longrightarrow & 0 \\
 & & \downarrow & & \downarrow & & \downarrow & & \\
0 & \longrightarrow & A & \longrightarrow & B & \longrightarrow & C & \longrightarrow & 0 \\
 & & \downarrow & & \downarrow & & \downarrow & & \\
0 & \longrightarrow & A'' & \longrightarrow & B'' & \longrightarrow & C'' & \longrightarrow & 0 \\
 & & \downarrow & & \downarrow & & \downarrow & & \\
 & & 0 & & 0 & & 0 & &
\end{array}$$

证明: 如果中间的列是正合的, 则最后的列是正合的当且仅当第一列是正合的.

13. 称由 N 得到的 K 的两个扩张

$$0 \longrightarrow K \xrightarrow{f} M \xrightarrow{g} N \longrightarrow 0$$

$$0 \longrightarrow K \xrightarrow{f'} M' \xrightarrow{g'} N \longrightarrow 0$$

是等价的, 如果存在同态 $h: M \to M'$ 使得

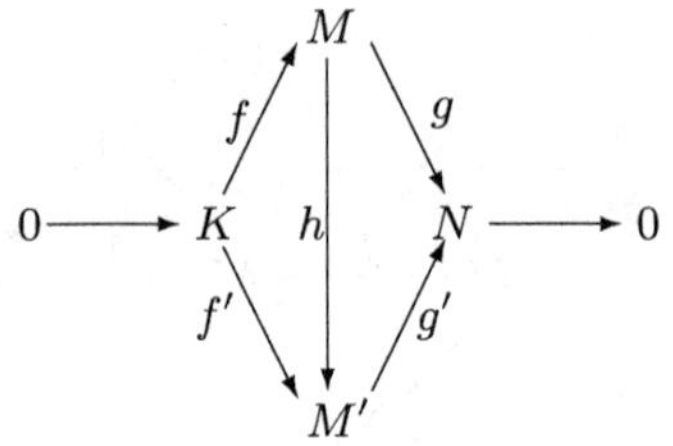

可交换.

(1) 证明: 如果上面两个扩张是等价的 (经 h), 则 h 是同构.

(2) 证明:“成为等价的” 关系是由 N 得到的 K 的一切扩张类上的一个等价关系.

(3) 给了 K 和 N, 至少存在由 N 得到的 K 的一个扩张

$$0 \longrightarrow K \xrightarrow{\iota} K \times N \xrightarrow{\pi} N \longrightarrow 0\ .$$

其中 $\iota: k \mapsto (k, 0), \pi: (k, n) \mapsto n$.

(4) 证明:(至少) 存在由 $\mathbb{Z}_4$ 得到的 $\mathbb{Z}_2$ 的两个不等价的扩张.

14. 设 R 是交换的整域 ,M 是左 R-模. 集合 $T(M) = \{x \in M \mid l_R(x) \neq 0\}$ 是子模 (证明?), 并且称为 $_RM$ 的**扭子模**. 如果 $T(M) = M$, 则 M 是**扭模**, 如果 $T(M) = 0$, 则 M 是**无扭模**. 给了 $_RM$ 和 $_RN$, 设 $f: M \to N$ 是 R-同态. 证明:

(1) $T(M/T(M)) = 0$.

(2) 如果 N 是无扭模, 则 $T(M) \leqslant Ker\ f$.

(3) 如果 M 是扭模, 则 $Im\ f \leqslant T(N)$.

15. 设 R 是交换的整域, 称左 R 模 M 是 (R)-**可除的**, 如果对于每个 $0 \neq a \in R$, 有 $aM = M$, 即如果对于每个 $m \in M$ 和 $0 \neq a \in R$, $m = ax$ 有一个解 $x \in M$. 设 Q 是整域 R 的分裂域. 证明:
(1) 如果 M 是 Q-向量空间, 则作为 R-模 M 既是可除的又是无扭模.
(2) 如果 M 是可除的, 而且经 $\lambda : R \to End^l(M)$, M 是无扭 R-模, 则存在唯一的环同态 $\theta : Q \to End^l(M)$ 使得 $(\theta \mid R) = \lambda$. 特别地 , θ 在 M 上诱导了 $Q-$ 向量空间结构.
(3) 如果 $f : M \to N$ 是 R-满同态 , M 是 R-可除的, 则 N 亦然.
16. 设 $p \in \mathbb{P}$. 考虑 Abel 群 $\mathbb{Z}_{p^\infty}$. (见练习 (2.8).)
(1) 证明: $\mathbb{Z}_{p^\infty}$ 是可除的.(见练习 (3.15).) 而且, 求证: 如果 $n \in \mathbb{Z}$ 不能整除 p, 则 $x \mapsto nx$ 定义了同构 $\mathbb{Z}_{p^\infty} \to \mathbb{Z}_{p^\infty}$.
(2) 证明:Abel 群 M 同构于 $\mathbb{Z}_{p^\infty}$ 当且仅当 M 是由可数集 $g_1, g_2, \cdots$ 生成的, 其中 $g_1, g_2, \cdots$ 是满足 $pg_1 = 0$ 和 $pg_{n+1} = g_n (n = 1, 2, \cdots)$ 的非零元素.
17. 设 $p \in \mathbb{P}$. 考虑 Abel 群 $\mathbb{Z}_{p^\infty}$. 设 $\mathbb{A}(p) = End^l(\mathbb{Z}_{p^\infty})$. 环 $\mathbb{A}(p)$ 称为 p-**进整数环**.
(1) 证明: $\mathbb{A}(p)$ 有 (唯一的) 子环同构于环 $\mathbb{Z}_{(p)}$. (见练习 (2.12), (3.15.2), (3.16.1).)
(2) 设 $g_1, g_2, \cdots$ 是 $\mathbb{Z}_{p^\infty}$ 的生成集, 其中 $pg_1 = 0$, $pg_{n+1} = g_n$ $(n = 1, 2, \cdots)$(见练习 (3.16.2).)
证明: 对于每个

$$\sigma = (a_n)_{n \in \mathbb{N}} \in \mathbb{Z}_p^{\mathbb{N}},$$

存在自同态 $\bar{\sigma} \in \mathbb{A}(p)$ 定义为

$$\bar{\sigma}(g_n) = a_1 g_n + a_2 g_{n-1} + \cdots a_n g_1,$$

而且映射 $\sigma \mapsto \bar{\sigma}$ 是从 $\mathbb{Z}_p^{\mathbb{N}}$ 到 $\mathbb{A}(p)$ 上的双射. 还可推出 $\mathbb{A}(p)$ 不同构于 $\mathbb{Z}_{(p)}$.
(3) 把自同态 $\bar{\sigma}$(见 (2)) 表示为 "幂级数"

$$\bar{\sigma} = a_1 + a_2 p + a_3 p^2 + \cdots .$$

求证: $\mathbb{A}(p)$ 中关于幂级数的计算是关于由 "基"p 表示的整数的通常计算的自然推广. 尤其, 可推断 $\mathbb{A}(p)$ 是交换的.
18. 称向量空间 V 中的指标集 $(x_\alpha)_{\alpha \in A}$ 是**线性无关的**, 如果 $\{x_\alpha \mid \alpha \in A\}$ 是线性无关的, 而且由 $\alpha \neq \beta$ 可推出 $x_\alpha \neq x_\beta$. 如果 $(x_\alpha)_{\alpha \in A}$ 是 V 的基, 则 $dimV = cardA$ (见练习 (2.17) 和 (2.18).) 设 V 和 W 是左 D-向量空间. 证明:
(1) 如果 $(x_\gamma)_{\gamma \in C}$ 在 V 中是无关的 , $(y_\gamma)_{\gamma \in C}$ 是 W 中的指标集, 则存在线性变换 (=$D-$同态)$f : V \to W$ 使得 $f(x_\gamma) = y_\gamma$ $(\gamma \in C)$.
(2) 存在满同态 (单同态)$f : V \to W$ 当且仅当 $dimV \geqslant dimW (dimV \leqslant dimW)$, 并且如果 f 是满同态 (单同态), 则 $dimV = dim(Ker\ f) + dimW (dimW = dimV + dim(CoKer\ f)$.)
(3) 线性变换 $f : V \to W$ 是满同态 (单同态) 当且仅当 f 有右 (左) 逆 $f' : W \to V$.
(4) $V \cong W$ 当且仅当 $dimV = dimW$.

§ 4. 模范畴自同态环

给定两个模 M 和 N, 比如说是左 R-模, 从 M 到 N 的每个 R-同态都是从 M 到 N 的函数集中的一个元素. 特别地, 这些同态构成一个集合. 此集合的标准记法为

$$Hom_R(M,N).$$

假设我们有左 R-模 $_RM$ 和 $_RN$, 则对于 $Hom_R(M,N)$ 中的每对 f,g, 把从 M 到 N 的函数 $f+g$ 和 $(-f)$ 分别定义为

$$f+g: x \mapsto f(x)+g(x) \text{ 和 } (-f): x \mapsto -f(x) \quad (x \in M).$$

很容易验证 $f+g$ 和 $(-f)$ 是从 M 到 N 的左 $R-$ 同态. 利用 "逆"、$(-f)$ 和零同态, 我们容易通过计算得到

4.1 命题 如果 M 和 N 是左 R-模, 则关于由

$$(f+g)(x) = f(x)+g(x) \quad (x \in M)$$

定义的加法运算 $(f,g) \mapsto f+g$, $Hom_R(M,N)$ 是 Abel 群. □

尽管这几节我们不需要此术语, 但现在我们开始从范畴角度考虑模. 给了一个环 R, **左R-模范畴**就是系统

$$_R\mathbf{M} = (_R\mathscr{M}, Hom_R, \circ),$$

其中 $_R\mathscr{M}$ 是一切左 R-模的类,$Hom_R : (M,N) \mapsto Hom_R(M,N)$, $\circ$ 是通常的函数合成. 显然这是一个具体范畴, 它的对象是左 R-模, 基础集是 M, 它的态射是左 R-同态. 允许记法上的一个细小变化, 我们可以用 $M \in {}_R\mathbf{M}$ 和 $f \in {}_R\mathbf{M}$ 分别表示 M 是 $_R\mathbf{M}$ 的对象 ,f 是 $_R\mathbf{M}$ 中的态射. 我们将看到 $_R\mathbf{M}$ 有丰富的结构. 与其它范畴不同的是对于每对 $M,N \in {}_R\mathbf{M}$, 集合 $Hom_R(M,N)$ 有使得 $_R\mathbf{M}$ 的合成满足加法分配律的 Abel 群结构.

还存在许多我们感兴趣的其它模范畴. 例如由右 R-模和右 R-同态构成的具体范畴 $\mathbf{M}_R = (\mathscr{M}_R, Hom_R, \circ)$, 也存在由左 R-右 S-双模和它们的同态构成的范畴 $_R\mathbf{M}_S$. 其它两个重要的范畴是一切有限生成的左 R-模范畴 $_R\mathbf{FM}$ 和一切有限生成的右 R-模范畴 $\mathbf{FM}_R$. $_R\mathbf{FM}$ 和 $\mathbf{FM}_R$ 分别是 $_R\mathbf{M}$ 和 $\mathbf{M}_R$ 的完全子范畴. 更多的内容和一些函子的例子可参见练习.

关于同态群, 我们应该注意两个十分简单的事实. 假设有两个 S-模 $_SM$ 和 $_SN$, 以及环同态 $\phi : R \to S$, 则 ϕ 在 M 和 N 上诱导了 R 结构, 而且每个 S-同态

$f: M \to N$ 也是 R-同态. 这是因为

$$f(rx) = f(\phi(r)x) = \phi(r)f(x) = rf(x).$$

(实际上 ϕ 诱导了一个 ${}_S\mathbf{M}$ 到 ${}_R\mathbf{M}$ 的函子, 见练习 (4.15).) 从而作为 Abel 群, 我们有

4.2 $Hom_S(M,N) \leqslant Hom_R(M,N) = Hom_{\phi(R)}(M,N) \leqslant Hom_{\mathbb{Z}}(M,N)$. □

现在假设 ${}_RM$ 和 ${}_RN$ 是左 R-模 ,I 是 R 的理想, 并且 I 零化 M 和 N, 则 (见 § 2)M 和 N 都获得了自然的 R/I-模结构, 而且 M 和 N 之间的每个 R 同态都是 R/I-同态. 因此, 从 (4.2) 我们得到

4.3 $Hom_R(M,N) = Hom_{R/I}(M,N)$. □

设 ${}_RM$ 和 ${}_RN$ 是左 R-模, 一般地我们不期望 Abel 群 $Hom_R(M,N)$ 是 R-模. 显然我们在线性代数中的经验促使我们定义向量积 $af: M \to N$, $af: x \mapsto af(x)$ $(x \in M)$. 这是一个很好的函数, 但不是 "R-线性的" 除非 $a \in CenR$, 这是因为通常我们不能得出 $(af)(bx) = af(bx) = abf(x)$ 和 $b(af)(x) = b(af(x)) = baf(x)$ 相等. 然而, 如果 $M = {}_RM_S$ 是双模, 则对于每个 $s \in S$, 由第一个乘法 (由 s 得到) 得到的函数, 再应用 $f \in Hom_R(M,N)$ 可得

$$sf : x \mapsto f(xs) \quad (x \in M)$$

是 R-同态, 即 $sf \in Hom_R(M,N)$. 当然, 加法是显然封闭的, 而且有

$$(sf)(rx) = f((rx)s) = f(r(xs)) = r(f(xs)) = r(sf)(x).$$

也就是说, 关于由

$$(sf)(x) = f(xs) \quad (x \in M)$$

定义的标量乘法 $(s,f) \mapsto sf, Hom_R({}_RM_S, {}_RN)$ 是左 S-模. 从而由 S 在 M 上的右作用, 我们得到 S 在 $Hom_R(M,N)$ 上的左作用. 另一方面, 如果 $N = {}_RN_T$, 则由

$$(ft)(x) = f(x)t \quad (x \in M)$$

定义的标量乘法 $(f,t) \mapsto ft$, $Hom_R({}_RM, {}_RN_T)$ 是右 T-模 .T 在 N 上的右作用诱导了 T 在 $Hom_R(M,N)$ 上的右作用. 注意, 如果 $s \in S, t \in T$, 则有

$$((sf)t)(x) = ((sf)(x))t = f(xs)t = (ft)(xs) = (s(ft))(x).$$

以上这些计算连同其它同样简单的计算给出

4.4 命题 设 M 和 N 是 *Abel* 群 ,R, S 和 T 是环, 则

(1) 经

$$(sf)(x) = f(xs) \text{ 和 } (ft)(x) = f(x)t,$$

模结构 ${}_RM_S, {}_RN_T$ 诱导了 $Hom_R(M,N)$ 上的左 S-右 T-双模结构.

(2) 经

$$(tf)(x) = tf(x) \text{ 和 } (fs)(x) = f(sx),$$

模结构 ${}_SM_R, {}_TN_R$ 诱导了 $Hom_R(M,N)$ 上的左 T-右 S-双模结构. □

把 M 或 N 上的环的作用转移到 $Hom_R(M,N)$ 上的作用将带来许多明显的变化. 关于这些变化我们应记住两件事情. 第一,M 和 N 上的基本 R 作用不能转移到 $Hom_R(M,N)$ 上. 第二, 转移来自第一个变量 M 时的单边变化等同于转移来自第二个变量 N 时的单边变化 (顺便提及, 在后面的章节里我们将更充分地涉及后者 "反变–共变" 现象). 关于记法: 例如, 当写成 $Hom_R({}_RM_S,\ {}_RN_T)$ 时, 我们把 $Hom_R(M,N)$ 看作 (4.4.1) 中的双模结构.

正则双模 ${}_RR_R$ 产生了 (4.4) 的重要应用. 由 (4.4.1) 知, 对于每个 ${}_RM$, 我们有左 $R-$ 模 $Hom_R({}_RR_R,\ {}_RM)$ 和右 R-模 $Hom_R({}_RM,\ {}_RR_R)$. $Hom_R({}_RM,\ {}_RR_R)$ 称为 M 的 R-对偶, 在以后的章节中我们将关注它. $Hom_R({}_RR_R,\ {}_RM)$ 恰同构于 M.

4.5 命题 给了左 R-模 ${}_RM$, 则存在由

$$\rho(x)(a) = ax \quad (x \in M, a \in R)$$

定义的左 R-同构 $\rho: M \to Hom_R(R,M)$. 而且, 如果 M 是双模 ${}_RM_S$, 则 ρ 是 (R,S) -同构.

证明 首先我们知道 $\rho(x)$ 是 R 到 M 的 R-同态, 这是因为对于所有的 $a, a', b, b' \in R$, 有

$$\rho(x)(ab + a'b') = (ab + a'b')(x) = a\rho(x)(b) + a'\rho(x)(b').$$

而且 ρ 本身是 R-线性的, 这是因为由 (4.4.1) 知

$$\begin{aligned}\rho(ax+by)(c) &= c(ax+by) = cax + cby \\ &= \rho(x)(ca) + \rho(y)(cb) = (a\rho(x) + b\rho(y))(c).\end{aligned}$$

ρ 是单同态, 这是因为由 $\rho(x) = 0$ 可推出 $x = \rho(x)(1) = 0$. 而且 ρ 是满同态, 这是因为如果 $f \in Hom_R(R,M)$, 则 $f(a) = af(1) = \rho(f(1))(a)$. 最后的命题也是易证的. □

在 § 20 里我们将看到同构 $\rho: M \to Hom_R(R,M)$ 是 "自然的", 这是因为 ρ 定义了函子之间的自然变换.(见 (0.13).) 关于这一点的推广是非常有用的. 设

$e \in R$ 是非零幂等元, 则 eRe 是有单位元的环 (1.16.). 而且, 如果 $_RM$ 是左 R-模, 则

$$eM = \{ex \mid x \in M\}$$

是 M 的子群, 经标量乘法

$$(ere, ex) \mapsto erex,$$

eM 获得了左 eRe-模结构. 实际上, 由 e 得到的左乘法定义了从 $_R\mathbf{M}$ 到 $_{eRe}\mathbf{M}$ 的共变函子. (见练习 (4.17).) 下面的命题是 (4.5) 的简单推广. 它的证明我们留作练习.(见练习 (4.9).)

4.6 命题 设 $e \in R$ 和 $f \in S$ 是非零幂等元, $_RM_S$ 是双模, 则 $_{eRe}eM_S$ 和 $_RMf_{fSf}$ 是双模, 而且经

$$\rho(em)(re) = rem \quad \text{和} \quad \lambda(mf)(fr) = mfr$$

定义的

$$\rho : eM \to Hom_R(Re, M) \quad \text{和} \quad \lambda : Mf \to Hom_S(fS, M)$$

都是双模同构. □

作为非常重要的特殊情形, 我们有

4.7 推论 设 e 和 f 是环 R 的非零幂等元, 则有

$$Hom_R(Re, Rf) \cong {}_{eRe}eRf_{fRf} \cong Hom_R(fR, eR). \qquad \square$$

R-模 M 到自身的 R-同态称为 M 的 (R-) **自同态**, M 到自身的 R-同构是 M 的 (R-) **自同构**. 正如 (4.1) 所见, $_RM$ 的一切 R-自同态集 $Hom_R(M, M)$ 是 Abel 群. 由于关于映射的通常积 (= 合成), 它是封闭的, 从而如果 $M \neq 0$, 则 $Hom_R(M, M)$ 是 Abel 群 M 的自同态环的子环. 类似于群 $,_RM$ 也存在两个如此的环, 我们必须区分它们. 若令 $End^l_R(M)$ 和 $End^r_R(M)$ 分别表示把 $_RM$ 上的自同态看作 M 上的左算子和看作 M 上的右算子所构成的自同态环, 则它们是彼此的反环. 实际上, 我们几乎总希望把作为自同态环中一个元素的模自同态, 写在标量相反的一边, 所以我们采取如下约定: 对于左 R-模 M, 我们用

$$End(_RM) = End^r_R(M)$$

表示**运算在右边的**M **的自同态环**, 对于右 R-模 N, 我们用

$$End(N_R) = End^l_R(N)$$

表示**运算在左边的**M **的自同态环**. 也就是说, 自同态作用在与内下标相反的一边.

在继续进行之前, 注意关于自同态环的 (4.2) 和 (4.3) 的内容. 假设 ${}_SM$ 是非零的左 S-模,$\phi : R \to S$ 是环同态, 则把 ${}_RM$ 看作由 ϕ 诱导的 R-结构, 由 (4.2) 可得, 作为环有

4.8 $End({}_SM) \leqslant End({}_RM) = End({}_{\phi(R)}M) \leqslant End^r_{\mathbb{Z}}(M)$.

如果 ${}_RM$ 是非零的, I 是 R 中零化 M 的理想, 则 (见 (4.3)) 我们有

4.9 $End({}_RM) = End({}_{R/I}M)$.

如果 M 是非零的左 R-模, 则 $End({}_RM)$ (即把 M 的 R 自同态环看作右算子) 是 $End^r_{\mathbb{Z}}(M)$ 的子环,(见 (4.8).) 这是指 (M, i) 是右 $End({}_RM)$-模, 其中 $i : End({}_RM) \to End^r_{\mathbb{Z}}(M)$ 是包含映射. 每个 $f \in End({}_RM)$ 是 R-自同态是指对于每个这样的 f, 每个 $r \in R$ 和每个 $x \in M$, 有

$$(rx)f = r(xf).$$

也就是说,M 是左 R-右 $End({}_RM)$-双模

$${}_RM_{End({}_RM)}.$$

这个简单的事实实际上是提出双模概念的基点. 假设 S 是环, 而且经环同态 $\rho : S \to End^r_{\mathbb{Z}}(M)$,$M$ 是右 S-模. 如果 $s \in S$, 则 $\rho(s)$ 在子环 $End({}_RM)$ 中当且仅当对于所有的 $r \in R, x \in M$, 有

$$r(x\rho(s)) = (rx)\rho(s).$$

或者把 $\rho(s)$ 作为标量积, 我们有

$$r(xs) = (rx)s.$$

因此,ρ 的象在子环 $End({}_RM)$ 中当且仅当对于所有的 $s \in S$, $r \in R$, $x \in M$, 有 $r(xs) = (rx)s$, 即当且仅当 M 是 (R, S) 双模. 颠倒 R 和 S 的角色将产生相似的结论. 由此可知双模概念在理论上是多么重要. 一个双模就是一个环到另一个环上的模的自同态环的一个表示. 从形式上概括这些, 我们有

4.10 命题 设 R 和 S 是环,M 是 Abel 群, 如果经 $\lambda : R \to End^l(M)$,M 是左 R-模, 经 $\rho : S \to End^r(M)$,M 是右 S-模, 则下列等价:

(a) ${}_RM_S$.

(b) $\lambda : R \to End(M_S)$ 是环同态.

(c) $\rho : S \to End({}_RM)$ 是环同态. □

从而关于双模 ${}_RM_S$, 我们有典范环同态 “左乘法和右乘法”

$$\lambda : R \to End(M_S) \quad 和 \quad \rho : S \to End({}_RM)$$

使得对于 $r \in R, x \in M,\ s \in S$, 有

$$\lambda(r) : x \mapsto rx \quad 和 \quad \rho(s) : x \mapsto xs.$$

而且 ${}_RM(M_S)$ 是忠实的当且仅当 $\lambda(\rho)$ 是单射. 如果 λ 和 ρ 都是满射, 我们说 ${}_RM_S$ 是**平衡模**. 也就是说, 称双模 ${}_RM_S$ 是平衡模, 如果 M 的每个 S-自同态都是由 R 中的元素得到的 "乘法",M 的每个 R-自同态都是由 S 中的元素得到的 "乘法". 如果 λ 和 ρ 是同构, 则 ${}_RM_S$ 称为**忠实平衡模**.

初级线性代数中有一个我们可能熟悉的例子. 设 S 是域,M_S 是 S 上的非零向量空间, 设 $R = End(M_S)$ 是 M 的一切 S-线性变换环 (看作左算子). 易见 ${}_RM_S$(见 (4.10)),${}_RM$ 以及 M_S 都是忠实的. 尤其是, 由每个标量 $s \in S$ 得到的右乘法是 ${}_RM$ 的自同态. 一个简单的论证 (见练习 (4.4)) 表明每个 $\sigma \in End({}_RM)$ 事实上恰是这样的标量乘法. 因此 ${}_RM_S$ 是忠实平衡双模.

下面我们给出忠实平衡模的另一个重要的例子.

4.11 命题 设 R 是环 ,λ 和 ρ 表示左和右乘法, 则

$$\lambda : R \to End(R_R) \quad 和 \quad \rho : R \to End({}_RR)$$

是环同构, 即正则双模 ${}_RR_R$ 是忠实平衡模.

证明 由 (4.10) 得 λ 和 ρ 是环同态. 由 (4.5) 得它们是双射. □

考虑左 $R-$ 模 M 和它的自同态环

$$T = End({}_RM).$$

由 (4.10) 知存在 ${}_RM_T$, 其中 T 作用是恒等同态 $T \to End({}_RM)$ 诱导的. M_T 的自同态环 B 称为 ${}_RM$ 的**双自同态环**, 且简写为

$$B = BiEnd({}_RM) = End(M_T).$$

B 中的元素称为 ${}_RM$ 的**双自同态**. 由于 ${}_RM_T$ 是双模, 从而由 (4.10) 可推出如果 R 的模作用由 λ 给出, 则对于所有的 $r \in R$, 有 $\lambda(r) \in BiEnd({}_RM)$, 即 λ 是环同态

$$\lambda :\ R \to BiEnd({}_RM).$$

我们称 λ 为从 R 到 ${}_RM$ 的双自同态环的**自然同态**. 另一方面, 由 (4.10) 知, 关于乘法

$$(b, x) \mapsto b(x) \quad 和 \quad (x, t) \mapsto xt,$$

左 $R-$ 模 M 可构成双模 ${}_BM_T$. 事实上它也是平衡双模.

4.12 命题 如果 M 是左 R-模, 则

$$_{BiEnd(_RM)}M_{End(_RM)}$$

是忠实平衡双模.

证明 设 $T = End(_RM)$, $B = BiEnd(_RM) = End(M_T)$, 则 $_BM$ 和 M_T 是忠实的, 由定义得每个 T-同态 (由乘法得到的) 都是 B 中的元素. 由于环同态 $\lambda : R \to B$ 满足 $\lambda(r)x = rx$, 从而我们有 $End(_BM) \leqslant End(_RM) = T$(见 (4.8)), 这就证明了命题. □

对于右模也存在平行的理论. 如果 N_R 是右 R-模, 则

$$_{End(N_R)}N_{BiEnd(N_R)}$$

是忠实平衡模, 右乘法 $\rho : R \to BiEnd(N_R)$ 称为 R 到 $BiEnd(N_R)$ 的自然同态.

4.13 附注 由 (4.12) 知从 R 到 $T = End(_RM)$, 到 $B = BiEnd(_RM)$ 的这种自然的发展是稳定的, 即 T 是"三自同态环" $T = End(_BM) = BiEnd(M_T)$.

平衡双模概念存在重要的变化. 我们说非零左 R-模 $_RM$ 是**平衡的**, 如果双模

$$_RM_{End(_RM)}$$

是平衡双模. 从而, $_RM$ 是平衡的当且仅当自然同态

$$\lambda : R \to BiEnd(_RM)$$

是满射 ,$_RM$ 是忠实平衡的当且仅当 λ 是同构. 关于右模也存在相应的概念. 在平衡双模和平衡单模之间不只存在形式上的不同. 一方面, 我们立即得到

4.14 命题 如果 $_RM_S$ 是 (忠实) 平衡双模, 则 $_RM$ 和 M_S 是 (忠实) 平衡模. □

另一方面, (4.14) 的逆命题是不正确的, 这是因为如果 $_{\mathbb{Q}}M$ 是 2 维向量空间, 则 $_{\mathbb{Q}}M$ 和 $M_{\mathbb{Q}}$ 是平衡边模, 但双模 $_{\mathbb{Q}}M_{\mathbb{Q}}$ 不是平衡的. 从 (4.11) 和 (4.14) 可推断 $_RR$ 和 R_R 是平衡的. 根据 (4.12) 和 (4.14), 我们大体可说, 每个模无论是在它的自同态环上还是在它的和自同态环上都是平衡的.

设 $e \in R$ 是非零幂等元. 类似于 (4.11) 中的论证, 我们用 R 的主左理想 Re 的自同态环来刻划环 eRe. 在 § 7 中我们会看到, 这些左理想和它们的自同态环对于研究 R 是十分重要的.

4.15 命题 如果 e 是环 R 的非零幂等元, 则经

$$\rho(ere) : ae \mapsto aere \quad 和 \quad \lambda(ere) : ea \mapsto erea$$

定义的

$$\rho: eRe \to End({}_R Re) \text{ 和 } \lambda: eRe \to End(eR_R)$$

是环同构. 特别有

$$BiEnd({}_R Re) = End(Re_{eRe}). \qquad \square$$

附注 以上观察也许提前给了我们一个关于双自同态环研究重要性的的思想. 给了一个明确的环 R, 我们可能找到一个有特别"好"的表示 $\lambda: R \to End^l M$. 关于"好"我们是指这样一些事情——例如, ${}_R M$ 可能是单的, 或忠实的, 或它的自同态环 T 可能是单环, 整域等等. 无论是哪种情况, 我们都能够由此推断出双自同态环 $B = BiEnd({}_R M)$ 的结构. 这并不是一件遥不可及的事情, 因为我们已经列举了 ${}_R M$ 的一些适当的性质, 据此可知道如何去计算 B, 而且关于 B 我们已经得到一个确切的稳定性 (4.13.).

练　习　4

1. 设 $p \in \mathbb{P}$ 是正素数, 计算下列每个 $Abel$ 群:

$$Hom_{\mathbb{Z}}(\mathbb{Q}, \mathbb{Z}), \quad Hom_{\mathbb{Z}}(\mathbb{Z}_{p^\infty}, \mathbb{Q}), Hom_{\mathbb{Z}}(\mathbb{Z}_{p^\infty}, \mathbb{Z}).$$

[提示: 见练习 (3.14),(3.15), 和 (3.16).]

2. 设 $\mathbf{F}$ 是 ${}_{\mathbb{Z}}\mathbf{M}$ 的完全子范畴, $\mathbf{F}$ 的对象类是由一切无扭群构成的 (见练习 (3.14).). 设 $\mathbf{D}$ 是 ${}_{\mathbb{Z}}\mathbf{M}$ 的完全子范畴, $\mathbf{D}$ 的对象类是由一切可除群构成的.(见练习 (3.15).)
(1) 证明: 在 $\mathbf{F}$ 中, 由 $f: x \mapsto 2x$ 定义的态射 $f: \mathbb{Z} \to \mathbb{Z}$ 是满态射. 但在范畴 ${}_{\mathbb{Z}}\mathbf{M}$ 中, f 不是满态射.(见练习 (3.4).)
(2) 证明: 在 $\mathbf{D}$ 中, 自然满态射 $f: \mathbb{Q} \to \mathbb{Q}/\mathbb{Z}$ 是单态射. 但在 ${}_{\mathbb{Z}}\mathbf{M}$ 中 , f 不是单态射.(见练习 (3.4).)
3. 设 R 是环 , $K = CenR$, ${}_R M$ 是非零左 R-模. 证明: 经 $\phi: K \to End({}_R M)$, $End({}_R M)$ 是 K-代数, 其中对于所有的 $\alpha \in K, x \in M$, 有 $(x)\phi(\alpha) = \alpha x$.(见 (1.11).) 而且, 如果 ${}_R M$ 是一一的, 则 ϕ 是到 $Cen(End({}_R M))$ 的单射.
4. 设 D 是除环 , V_D 是非零向量空间 , $R = End(V_D)$, 则 ${}_R V_D$ 是双模, 而且是忠实的 R 和 D-双模 (4.10). 证明:
(1) ${}_R V_D$ 是平衡的.[提示: 令 $\sigma \in End_R V, x \in V$, 假设 x 和 $x\sigma$ 是 D-线性无关的, 则存在 $r \in R$ 使得 $rx = 0, r(x\sigma) = x$!]
(2) 如果 X 是 V_D 的基, 则 $R \cong \mathbb{CFM}_X D$
5. 设 ${}_R M_S$ 是一一平衡双模. 求证: 存在环同构 $\phi: CenR \to CenS$ 使得对于所有的 $m \in M$, 有 $km = m\phi(k)$, 而且 $k \in CenR$.
6. 设 ${}_R M$ 是非零模, 证明:
(1) 作为函数的集合 , $Cen(BiEnd({}_R M)) = Cen(End({}_R M))$.
(2) 如果 R 是交换环, 则 ${}_R M$ 是平衡的当且仅当 $Cen(End({}_R M))$ 中的每个元素都是由 R 中的元素得到的乘法.

7. 每个 Abel 群 M 都有唯一的 $(\mathbb{Z},\mathbb{Z})$-双模结构 ${}_{\mathbb{Z}}M_{\mathbb{Z}}$. 证明: 如果 M 是由 Abel 群有限生成的, 则 ${}_{\mathbb{Z}}M_{\mathbb{Z}}$ 是平衡的当且仅当 M 是循环的.
8. 设 I 是多项式环 $\mathbb{Q}[X,Y]$ 的理想 ,$\mathbb{Q}[X,Y]$ 是由 $\{X^2,XY,Y^2\}$ 生成的, $R=\mathbb{Q}[X,Y]/I$. 由命题 4.11 得正则双模 ${}_RR_R$ 是一一平衡的. 证明 :${}_R$ R_R 有不是平衡模的子模和商模.
9. (1) 证明命题 4.6.

   (2) 证明命题 4.15.
10. 计算下列每个模的自同态环 T 和双自同态环 B.

    (1) ${}_{\mathbb{Z}}\mathbb{Q}$.

    (2) ${}_RRe$, 其中 R 是域 K 上的 3×3 下三角矩阵环, 且

$$e=\begin{bmatrix}1&0&0\\0&0&0\\0&0&0\end{bmatrix}.$$

11. 设 M 是非零 Abel 群 ,$S=End^l(M)$. 假设经 $\lambda:R\to S, M$ 是左 R-模. 设 R' 是 $\lambda(R)$ 的 $S-$ 中心化子,

$$R'=Cen_S(\lambda(R)).$$

    (见练习 (1.9).) 则 M 是左 R'-模, 令 $R''=Cen_S(R')$. 环 R' 和 R'' 有时分别称为 ${}_RM$ 的第一和第二中心化子. 证明:

    (1) $R'=(End({}_RM))^{op}$, $R''=BiEnd({}_RM)$.

    (2) $R'''=R'$.
12. 设 I 是 R 的双边理想, 则 R/I 既是环又是左 R-模. 设 $f:R\to R/I$ 是自然左 R-满同态, 核为 I. 证明: 作为环 $End({}_R(R/I))\cong R/I$, 而且存在环同态 $\phi:R\to End({}_R(R/I))$ 使得 $f(xr)=f(x)\phi(r)$. $(x,r\in R.)$
13. 我们推广练习 (4.12) 的结果, 即设 M 和 N 是左 R-模 ,$f:M\to N$ 是 R-满同态. 假设 $Ker\ f$ 在 $End({}_RM)$ 下是稳定的, 即 $Ker\ f$ 是 M 的右 $End({}_RM)$-子模. 证明: 存在环同态 $\phi:End({}_RM)\to End({}_RN)$ 使得对于所有的 $m\in M$, $\gamma\in End({}_RM)$, 有 $f(m\gamma)=f(m)\phi(\gamma)$. 再求证:

$$Ker\ \phi=r_{End({}_RM)}(M/Ker\ f).$$

14. 设 M 和 N 是左 R-模 ,$f:M\to N$ 是 R-同构. 证明:

    (1) 存在环同构 $\phi_1:End({}_RM)\to End({}_RN)$ 使得对于所有的 $m\in M,\gamma\in End({}_RM)$, 有 $f(m\gamma)=f(m)\phi_1(\gamma)$.[提示: 见练习 (4.13).]

    (2) 存在环同构 $\phi_2:BiEnd({}_RM)\to BiEnd({}_RN)$ 使得对于所有的 $m\in M,b\in BiEnd({}_RM)$, 有 $f(bm)=\phi_2(b)f(m)$.

    (3) 如果 M 是平衡的, 则 ${}_RN$ 亦然.
15. 设 R 和 S 是环,$\phi:R\to S$ 是环同态. 对于每个 ${}_SM$, 设 $T_\phi(M)$ 是 R-模 (M,γ), 其中 $\gamma(r)(x)=\phi(r)(x)(r\in R,x\in M)$. 对于每对 ${}_SM$, ${}_SN$ 和每个 $f\in Hom_S(M,N)$, 设 $T_\phi(f)\in Hom_R(T_\phi(M),T_\phi(N))$ 是 $T_\phi(f)=f$. 证明:

    (1) T_ϕ 定义了 ${}_S\mathbf{M}$ 到 ${}_R\mathbf{M}$ 的共变函子.

    (2) 除非 ϕ 是满射, 否则限制在完全子范畴 ${}_S\mathbf{FM}$ (由有限生成的一切左 S 模构成) 上的 T_ϕ 不一定是到 ${}_R\mathbf{FM}$ (由有限生成的一切左 R 模构成) 的函子.

16. 设 I 是环 R 的理想, 对于每个 ${}_RM$, 设 $F(M)$ 是左 R/I-模 M/IM. 对于每个 ${}_RM, {}_RN$ 和每个 $f \in Hom_R(M, N)$, 设 $F(f) : F(M) \to F(N)$ 是由 $F(f) : x + IM \mapsto f(x) + IN$ 定义的. 证明: F 定义了从 ${}_R\mathbf{M}$ 到 ${}_{R/I}\mathbf{M}$ 的共变函子. 求证: 限制在 ${}_R\mathbf{FM}$ 上的 F 是到 ${}_{R/I}\mathbf{FM}$ 的函子.
17. 设 R 是环 , $e \in R$ 是非零幂等元. 对于每个 ${}_RM$, 定义 $T_e : M \mapsto eM$, 其中 eM 是定义在 54 页的左 eRe-模, 对于每对 ${}_RM$, ${}_RN$ 和每个左 R-同态 $f : M \to N$, 设 $T_e : f \mapsto (f \mid {}_eM)$. 证明: T_e 定义了 ${}_R\mathbf{M}$ 到 ${}_{eRe}\mathbf{M}$ 的共变加法函子.

第二章　直和与直积

对于每个环 R, 我们都可以得到几个模范畴——其中包括左 $R-$ 模的范畴 ${}_R\mathbf{M}$. 这种得到的方法不是完全可逆的. 这是因为, 一般地, ${}_R\mathbf{M}$ 不能刻画 R. 然而, 正如我们将在第六章中所见, 这种刻画是可能的. 从而我们希望用小的 ${}_R\mathbf{M}$ 揭露 R 的本质性质. 因此本章我们开始深入探究模本身的结构. 如果可能的话我们建议在范畴 ${}_R\mathbf{M}$ 的上下文中做这件事, 这是因为在以后的任意章节中我们都可以应用范畴理论的一般方法.

我们从模的一般分解理论开始讨论. 模的一般分解理论紧密平行于向量空间和 *Abel* 群中较特殊的理论, 因此许多基本思想是显而易见的. 在第 5 节和第 6 节中, 我们将讨论内分解和外分解的一般理论. 理论的本质是清晰的, 但形式偶尔是乏味的.

在 §7 节中, 我们对正则模 ${}_RR$, R_R 和 ${}_RR_R$ 应用分解定理, 以便在环分解理论的基础上上获得一些基本结果. 最后, 在 §8 节中, 作为该理论的自然应用我们获得模的生成类的概念的一般处理方法和它的对偶概念模的上生成类的一般处理方法.

§5. 直　和　项

给了两个模 M_1 和 M_2, 我们可以构造它们的笛卡儿积 $M_1 \times M_2$. 此积模的结构由因子 M_1 和 M_2 的结构 "按坐标" 确定. 本节我们将开始考虑此过程可能被颠倒, 即给了模 M, 我们关注的是, 何时它可以做为一个积模, 以某方式被 "因子化".

可 分 同 态

设 M_1 和 M_2 是模 M 的子模, 称它们生成 M, 如果

$$M_1 + M_2 = M;$$

即如果它们在 $\mathscr{S}(M)$ 中的上确界是 M. 在另一个极端情况下, 称它们是**无关的**, 如果

$$M_1 \cap M_2 = 0,$$

即如果它们在 $\mathscr{S}(M)$ 中的下确界是 0. 现在由,

$$i:(x_1,x_2)\mapsto x_1+x_2\quad((x_1,x_2)\in M_1\times M_2)$$

定义了一个从笛卡儿积模 $M_1\times M_2$ (2.1.6) 到 M 的典范 R-同态 i, 它的象和核分别为

$$Im\ i=M_1+M_2\ \text{ 和 }\ Ker\ i=\{(x,-x)|x\in M_1\cap M_2\}.$$

易见,i 是满同态当且仅当 M_1 和 M_2 生成 M, i 是单同态当且仅当 M_1 和 M_2 是无关的. 如果典范同态 i 是同构 (即如果 M_1 和 M_2 是无关的, 且它们生成 M), 则 M 是它的子模 M_1 和 M_2 的 **(内) 直和**, 我们记作

$$M=M_1\oplus M_2.$$

从而 $M=M_1\oplus M_2$ 当且仅当对于每个 $x\in M$, 存在唯一的元素 $x_1\in M_1, x_2\in M_2$, 使得

$$x=x_1+x_2.$$

并不是模 M 的每个子模都需要出现在 M 的直和分解中. 然而, 我们十分感兴趣的是直和分解中的子模. 称 M 的子模 M_1 是 M 的**直和项**, 如果存在 M 的子模 M_2 使得 $M=M_1\oplus M_2$. 上式中的 M_2 也称为直和项, 且 M_1 和 M_2 是**互补直和项**或彼此的直补. 当然, 即使在向量空间中直和项也不一定有唯一的补.

下面的基本结果表明在同态的学习中, 怎么用 "单边逆" 得到直和和直和项.

5.1 引理　设 $f:M\to N$ 和 $f':N\to M$ 是环同态, 且满足

$$ff'=1_N,$$

则 f 是满同态 ,f' 是单同态,

$$M=Kerf\oplus Imf'.$$

证明　显然 (见 (3.3) 和 (3.4)), f 是满同态, f' 是单同态. 如果 $x=f'(y)\in Kerf\cap Imf'$, 则 $0=f(x)=ff'(y)=y$, 且 $x=f'(y)=0$. 如果 $x\in M$, 则 $f(x-f'f(x))=f(x)-f(x)=0$, $x=(x-f'f(x))+f'f(x)\in Kerf+Imf'$. □

若 $f:M\to N$ 和 $f':N\to M$ 是同态, 且满足 $ff'=1_N$, 则我们说 f 是**可分满同态**, 且记作

$$\mathrm{M}\overset{f}{\longrightarrow\!\!\!\!\!\!\!\oplus\ \ \ }N\longrightarrow 0,$$

而且我们说 f' 是**可分单同态**, 且记作

$$0\longrightarrow N\overset{f'}{\longrightarrow\!\!\!\!\!\!\!\oplus\ \ \ }M.$$

称短正合列 (见 § 3)

$$0 \longrightarrow M_1 \xrightarrow{f} M \xrightarrow{g} M_2 \longrightarrow 0$$

是可分的或可分正合的, 如果 f 是可分单同态 ,g 是可分满同态. 正如下面所见, 如果正合列在两个末端中的一个上是可分的, 则它在两个末端上都是可分的.

5.2 命题 对于短正合列

$$0 \longrightarrow M_1 \xrightarrow{f} M \xrightarrow{g} M_2 \longrightarrow 0,$$

下列命题是等价的:

(a) 序列是可分的;

(b) 单同态 $f : M_1 \to M$ 是可分的;

(c) 满同态 $g : M \to M_2$ 是可分的;

(d) $Im\ f = Ker\ g$ 是 M 的直和项;

(e) 每个同态 $h : M_1 \to N$ 可通过 f 因子化;

(f) 每个同态 $h : N \to M_2$ 可通过 g 因子化.

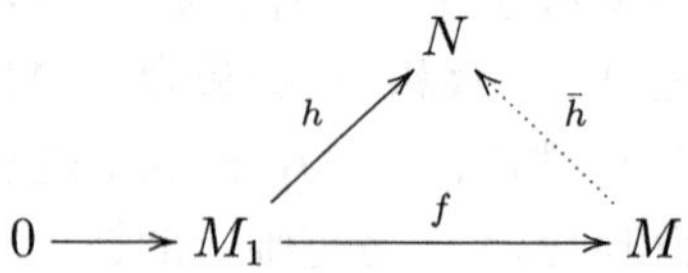

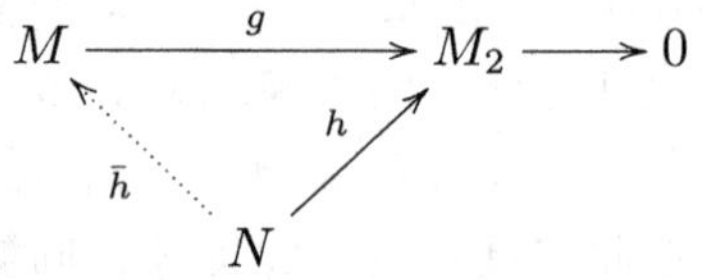

证明 (a)⇒(b) 和 (a)⇒(c) 是显然的, 且由 (5.1) 可得 (b)⇒(d) 和 (c)⇒(d). 由于 (b) 和 (c) 合起来可推出 (a), 从而只需要证明 (d)⇒(e)⇒(b) 和 (d)⇒ (f)⇒ (c).

(d)⇒(e). 假设 $M = Imf \oplus K, h : M_1 \to N$. 由于 f 是单同态, 从而对于每个 $m \in M$, 存在唯一的 $m_1 \in M_1$ 和 $k \in K$ 使得 $m = f(m_1) + k$. 由

$$\bar{h} : m = f(m_1) + k \mapsto h(m_1)$$

定义 $\bar{h} : M \to N$, 则显然 $\bar{h}$ 是 R 同态, 且 $\bar{h}f = h$.

(d)⇒(f). 假设 $M = Ker\ g \oplus K, h : N \to M_2$. 由于 $K \cap Ker\ g = 0$, 且 $g(M) = g(K)$, 从而 $(g|K) : K \to M_2$ 是同构. 设 $g' : M_2 \to K$ 是它的逆, 则 $\bar{h} = g'h : N \to M$ 是 R 同态, 且 $g\bar{h} = h$.

(e)⇒(b) 和 (f)⇒(c). 令 $h = 1_N, N = M_1$, 则可证明 (e)⇒(b). 若令 $h = 1_N$, $N = M_2$, 则可证明 (f)⇒(c). □

设 M_1 和 M_2 是两个模, 则与它们的积模 $M_1 \times M_2$ 相伴的**自然内射和投射**

$$\iota_j : M_j \to M_1 \times M_2 \quad 和 \quad \pi_j : M_1 \times M_2 \to M_j \quad (j = 1, 2)$$

定义为

$$\iota_1(x_1)=(x_1,0),\qquad \iota_2=(0,x_2),$$

和

$$\pi_1(x_1,x_2)=x_1,\qquad \pi_2(x_1,x_2)=x_2.$$

显然它们是 R-同态, 且

$$0\longrightarrow M_1\xrightarrow{\iota_1}M_1\times M_2\xrightarrow{\pi_2}M_2\longrightarrow 0$$

$$0\longrightarrow M_2\xrightarrow{\iota_2}M_1\times M_2\xrightarrow{\pi_1}M_1\longrightarrow 0$$

是正合的. 而且, 由于

$$\pi_1\iota_1=1_{M_1},\quad \pi_2\iota_2=1_{M_2},$$

从而这些序列是可分正合的.

注意到

$$\pi_i\iota_j=\delta_{ij}1_{M_i}\ \text{ 和 }\ \iota_1\pi_1+\iota_2\pi_2=1_{M_1\times M_2}.$$

如我们所愿, 我们现在可以证明这些序列是一切可分正合序列的原型.

5.3 命题　对于 R-同态的序列

$$0\longrightarrow M_1\xrightarrow{f_1}M\xrightarrow{g_2}M_2\longrightarrow 0,$$

下列命题等价:

(a) 序列是可分正合的;

(b) 存在 R-同态的序列

$$0\longrightarrow M_2\xrightarrow{f_2}M\xrightarrow{g_1}M_1\longrightarrow 0$$

(一定是可分正合的) 使得对于 $i,j\in\{1,2\}$, 有

$$g_if_j=\delta_{ij}1_{M_i}\ \text{ 且 }\ f_1g_1+f_2g_2=1_M;$$

(c) 存在同构 $h:M_1\times M_2\to M$ 使得下列图表可交换:

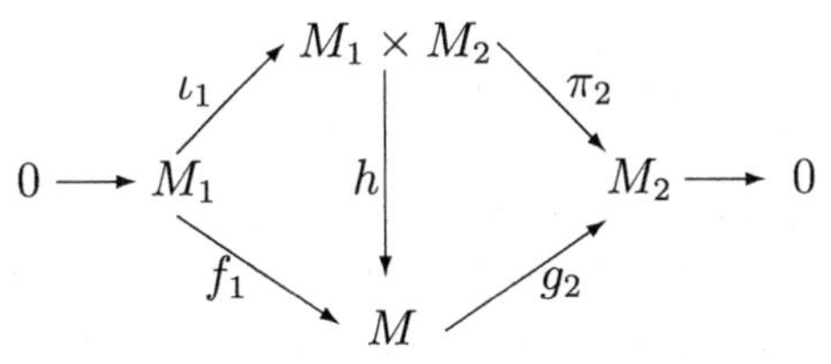

证明 (a)⇒(c). 我们把 $h: M_1\times M_2 \to M$ 定义为 $h(x_1,x_2)=f_1(x_1)+f_2(x_2)$, 其中 $f_2: M_2 \to M$ 满足 $g_2f_2=1_{M_2}$, 则图表可交换, 且由 "五项引理"(3.15) 得 h 是同构.

(c)⇒(b). 给了使得图表可交换的同构 h, 定义 $f_2=h\iota_2$ 和 $g_1=\pi_1h^{-1}$, 则

$$g_if_j=\pi_ih^{-1}h\iota_j=\pi_i\iota_j=\delta_{ij}1_{M_i},$$

且

$$\begin{aligned} f_1g_1+f_2g_2 &= h\iota_1\pi_1h^{-1}+h\iota_2\pi_2h^{-1} \\ &= h(\iota_1\pi_1+\iota_2\pi_2)h^{-1}=hh^{-1}=1_M. \end{aligned}$$

(b)⇒(a). 假定 (b) 成立, 则 $f_1g_1+f_2g_2=1_M$, 因此 $M=Imf_1+Imf_2$. 由 $g_2f_1=0$ 可推出 $Imf_1\subseteq Ker\ g_2$. 由 $g_2f_2=1_{M_2}$ 可推出 (见 (5.1)) $M=Ker\ g_2\oplus Imf_2$. 因此根据模律, 我们有

$$Ker\ g_2=Imf_1+(Ker\ g_2\cap Imf_2)=Imf_1.$$

从而序列

$$0 \longrightarrow M_1 \xrightarrow{f_1} M \xrightarrow{g_2} M_2 \longrightarrow 0$$

在 M 处正合, 且由于 $g_1f_1=1_{M_1}$, $g_2f_2=1_{M_2}$, 从而它是可分正合的. □

投 射

设 K 是 M 的直和项, K' 是它的补直和项, $M=K\oplus K'$, 则

$$p_K: k+k' \mapsto k \quad (k\in K,\ k'\in K')$$

定义了满同态

$$p_K: M\to K.$$

我们称它是 M 上沿 K' 的投射.

5.4 命题 如果 $M=K\oplus K'$, 则 M 在 K 上沿 K' 的投射是唯一的满同态

$$M \xrightarrow{p_K} K \longrightarrow 0,$$

且满足 $(p_k|K)=1_K, Ker\ p_K=K'$.

证明 由 p_k 的定义立即可得 p_k 满足这些条件. 如果 $g: M\to K$ 满足 $(g|K)=1_K$ 和 $Kerg=K'$, 则对于所有的 $k\in K$, $k'\in K'$, 有 $g(k+k')=g(k)+g(k')=k=p_k(k+k')$. □

设 K 是 M 的直和项 ,K' 是补直和项,

$$M = K \oplus K'.$$

则 K' 是 M 的直和项, 且 K 是补直和项. 而且, 如果 p_K 是 M 在 K 上沿 K' 的投射, 则 M 在 K' 上沿 K 的投射 $p_{K'}$ 可由

$$p_{K'} : m \mapsto m - p_K(m) \quad (m \in M)$$

刻画. 如果 $i_{K'} : K \to M$ 和 $i'_K : K' \to M$ 是包含映射, 则由 (5.4) 和 (5,2) 知,

$$0 \longrightarrow K' \xrightarrow{i_{K'}} M \xrightarrow{p_K} K \longrightarrow 0$$

$$0 \longrightarrow K \xrightarrow{i_K} M \xrightarrow{p_{K'}} K' \longrightarrow 0$$

是可分正合的. 显然, 用明显的记法的改变, 这些映射满足 (5.3) 的恒等式.

一般地, 模的直和项有许多补直和项, 投射为补直和项提供了一个有用的刻画.

5.5 命题　设 $M = K \oplus K', p_K$ 是 M 在 K 上沿 K' 的投射, 且 L 是 M 的子模, 则

$$M = L \oplus K'$$

当且仅当

$$(p_K|L) : L \to K$$

是同构.

证明　设 $L \leqslant M = K \oplus K'$, 则 $Ker(p_K|L) = L \cap Ker\ p_K = L \cap K'$. 因此 $(p_K|L)$ 是单同态当且仅当 $L \cap K' = 0$. 另一方面, 由于 $(p_K|K) = 1_K, Ker\ p_K = K'$, 从而有

$$\begin{aligned} p_K(L) &= p_K(L + K') = p_K((L + K') \cap (K + K')) \\ &= p_K(((L + K') \cap K) + K') = p_K((L + K') \cap K) \\ &= (L + K') \cap K. \end{aligned}$$

因此 $(p_K|L) = K$ 当且仅当 $K \subseteq L + K'$ 当且仅当 $L + K' = M$.　□

幂等自同态

假设 ${}_RM = K \oplus K'$, p_K 是 M 在 K 上沿 K' 的投射. 由

$$e_K : x \mapsto p_K(x) \quad (x \in M)$$

定义 $e_K \in End(_RM)$. 由于 $(p_K|K) = 1_K$, 从而 e_K 是 M 的幂等自同态,

$$e_K = e_K^2 \in End(_RM),$$

且 (注意 e_K 是 M 上的右算子)

$$K = Me_K.$$

从而 M 的每个直和项都是 M 的幂等自同态的象. 正如下面引理所述, 反之也是正确的.

5.6 引理 设 e 是 $End(_RM)$ 的幂等元, 则 $1-e$ 是 $End(_RM)$ 的幂等元, 且满足

$$Ker\ e = \{x \in M | x = x(1-e)\} = Im(1-e),$$

$$Im\ e = \{x \in M | x = xe\} = Ker(1-e)$$

和 $M = Me \oplus M(1-e)$.

证明 由 (1.16) 我们知道 $1-e$ 是幂等元. 由于 $e^2 = e$, $(1-e)^2 = (1-e)$, $e(1-e) = (1-e)e = 0$, 我们立即有包含关系

$$Im\ e \subseteq \{x \in M | x = xe\} \subseteq Ker(1-e),$$

$$Im(1-e) \subseteq \{x \in M | x = x(1-e)\} \subseteq Ker\ e.$$

由于对于所有的 $x \in M$, 有 $x = xe + x(1-e)$, 从而上述包含不是严格的, 而且有 $M = Me + M(1-e)$. 最后, $Me \cap M(1-e) = 0$, 这是因为如果 $xe = y(1-e)$, 则 $xe = xe^2 = (y(1-e)e) = 0$. □

5.7 命题 如果 $_RM = K \oplus K'$, 则存在唯一的幂等元 $e_K \in End(_RM)$, 使得

$$K = Me_K, K' = M(1-e_K).$$

证明 此命题是 (5.4) 和 (5.6) 的必然结果. (5.4) 和 (5.6) 联合起来告诉我们如果 $e \in End(_RM)$ 是幂等元, 则 $x \mapsto xe$ 是 M 在 Me 上沿 $M(1-e)$ 的投射. □

5.8 推论 子模 $K \leqslant M$ 是 M 的直和项当且仅当对于 M 的某个幂等自同态 e, 有 $K = Im\ e$. □

注意,M 的直和项 K 可以是几个不同的幂等自同态的象 (见练习 (5.13)), 但对于每个分解 $M = K \oplus K'$ 与其相伴的一对幂等元 (5.7) 是唯一的. 直和项 K 的幂等元为计算 K 的自同态环提供了工具.

5.9 命题 设 e 是 $End(_RM)$ 的幂等元, 则存在环同构

$$\phi : eEnd(_RM)e \to End(_RMe),$$

使得对于所有的 $s \in End(_RM)$ 和所有的 $x \in M$, 有

$$\phi(ese) : xe \mapsto xese.$$

证明 按照通常方法我们可以验证存在从 $eEnd(_RM)e$ 到 $End(_RMe)$ 的单环同态 ϕ, 它满足所需要的条件. 现在 $e : Me \to M$ 是可分单同态 (5.6). 因此据 (5.2), 如果 $g \in End(_RMe)$ (即 $g : Me \to Me \leqslant M$), 则 g 可通过 e 因子化

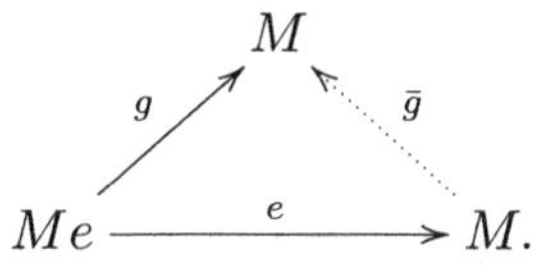

从而对于每个 $g \in End(_RMe)$, 存在 $\bar{g} \in End(_RM)$ 使得对于所有的 $xe \in Me$, 有

$$xe\phi(e\bar{g}e) = xe\bar{g}e = xege = xeg.$$

因此 ϕ 是同构. □

显然每个非零模 M 至少有两个直和项, 即 0 和 M. 称非零模 M 是**不可分解的**, 如果 0 和 M 是它仅有的直和项. 不可分解模在我们的研究中起中心作用.

称环 R 的一对幂等元 e_1 和 e_2 是**正交的**, 如果

$$e_1e_2 = 0 = e_2e_1.$$

称幂等元 $e \in R$ 是**本原幂等元**, 如果 $e \neq 0$, 且对于每对正交幂等元 e_1, e_2,

$$\text{由 } e = e_1 + e_2 \text{ 可推出 } e_1 = 0 \text{ 或 } e_2 = 0.$$

如果 $e = e^2 \in R$, 则 e 和 $1 - e$ 是正交幂等元, 且满足 $1 = e + (1 - e)$.

从而, 应用 (5.8) 和 (5.6) 我们有

5.10 命题 设 M 是非零模, 则下列条件等价:

(a) M 是不可分解的;

(b) 0 和 1 是 $End(M)$ 中仅有的幂等元;

(c) 1 是 $End(M)$ 中的本原幂等元. □

如果 e 是环 R 的非零幂等元, 则 e 是本原的当且仅当环 eRe 的单位元 e 是本原幂等元. 如果 $e = e_1 + e_2$, 其中 e_1 和 e_2 是环 R 的正交幂等元, 则 $e_1 = ee_1e \in eRe$, $e_2 = ee_2e \in eRe$. 因此先前的两个命题给出

5.11 推论 设 e 是左 $R-$ 模 M 的非零幂等自同态, 则 M 的直和项 Me 是不可分解的当且仅当 e 是 $End(M)$ 的本原幂等元. □

本质子模和多余子模

子模 K 或 M 是 M 的直和项当且仅当存在 M 的子模 K' 使得

$$K \cap K' = 0, \quad K + K' = M,$$

即当且仅当 K 在 M 的一切子模格里有补. 对于 M 的任意子模 K, 我们总能找到一个子模, 使得它和 K 满足上述两个条件之一. 事实上, 我们有

$$K \cap 0 = 0 \text{ 和 } K + M = M.$$

满足上述条件的每个子模都是“最好的”, 而且它们在以后的研究中是十分重要的. 称 M 的子模 K 在 M 内是**本质的** (或**大的**), 且简记为

$$K \trianglelefteq M,$$

如果对于每个子模 $L \leqslant M$,

$$\text{由 } K \cap L = 0 \text{ 可推出} L = 0.$$

对偶地, 称 M 的子模 K 在 M 内是**多余的** (或**小的**), 简记为

$$K \ll M,$$

如果对于每个子模 $L \leqslant M$,

$$\text{由 } K + L = M \text{ 可推出 } L = M.$$

直和项、本质子模和多余子模这三个概念是关于连通分支、稠密和无处稠密拓扑概念的回忆. 在某种意义下, M 的本质子模支配着在其中没有与它无关的非零子模的 M 的子模格, 而多余子模在 M 的任何子模格中对于该子模格张成 M 不起任何作用, 注意, 子模可以既是本质的, 又是多余的. 例如,$\mathbb{Z}_{p^\infty}$ 的每个非平凡子模都既是本质的又是多余的.

称单同态 $f: K \to M$ 是**本质的**, 如果 $Imf \trianglelefteq M$. 称满同态 $g: M \to N$ 是**多余的**, 如果 $Ker\ g \ll M$. 正如下面所见 (特别是 (5.13) 和 (5.15)), 在范畴 ${}_R\mathbf{M}$ 中这两个概念是对偶的, 即在范畴 ${}_R\mathbf{M}$ 中, 关于本质单同态的任意命题是正确的当且仅当由颠倒射得到的关于多余满同态的命题是正确的. 从而, 如果可能我们最好用“射”的语言陈述我们的结果, 这样它们的对偶可自然得到. 然而, 在实际中我们更多关注的是格 $\mathscr{S}(M)$ 中 M 的本质子模的行为和多余子模的行为, 因此大多数的结果可以用格理论的术语表述. 关于范畴的系统阐述见练习. (尤其是练习 (5.14)~ (5.16).)

5.12 命题 对于 M 的子模 K, 下面命题等价:

(a) $K \trianglelefteq M$;

(b) 包含映射 $i_K : K \to M$ 是本质单同态;

(c) 对于每个模 N 和每个 $h \in Hom(M, N)$,

$$\text{由 } (Ker\ h) \cap K = 0 \text{ 可推出 } Ker\ h = 0.$$

证明 (a)$\Leftrightarrow$(b) 和 (a)$\Rightarrow$(c) 是显然的.

(c)$\Rightarrow$(a). 假设 $L \leqslant M$, $K \cap L = 0$. 设 $n_L : M \to M/L$ 是自然满同态, 则显然 $(Ker\ n_L) \cap K = 0$. 因此假设 (c) 成立, 有 $L = Ker\ n_L = 0$. □

假设 f 是单同态 ,h 是同态, 且 $f \circ h$ 是单同态, 则显然 h 也是单同态. 另一方面有,

5.13 推论 单同态 $f : L \to M$ 是本质的当且仅当对于一切同态等阶地, 满同态 h, 如果 hf 是单同态, 则 h 是单同态.

证明 设 $K = Imf$, 则由 (3.10) 知存在同构 $\nu : K \to L$ 使得 $f\nu = i_K$. 从而 hf 是单同态当且仅当 hi_K 是单同态当且仅当 $(Kerh) \cap K = 0$. 关于括号里的情形, 注意 h 是到 $Im\ h$ 上的满同态即明. □

下面是命题 (5.12) 和推论 (5.13) 的对偶命题, 其证明留作练习.

5.14 命题 对于 M 的子模 K, 下面的命题等价:

(a) $K \ll M$.

(b) 自然映射 $p_K : M \to M/K$ 是多余满同态.

(c) 对于每个模 N 和每个 $h \in Hom(N, M)$,

$$\text{由 } (Im\ h) + K = M \text{ 可推出 } Im\ h = M.$$ □

5.15 推论 满同态 $g : M \to N$ 是多余的当且仅当对于一切同态 (等价地, 单同态)h, 如果 gh 是满同态, 则 h 是满同态. □

M 的本质子模形成了 M 的一切子模格的一个重要子格. 特别有

5.16 命题 设 M 是模, 子模 $K \leqslant N \leqslant M$, 且 $H \leqslant M$, 则

(1) $K \trianglelefteq M$ 当且仅当 $K \trianglelefteq N$, $N \trianglelefteq M$;

(2) $H \cap K \trianglelefteq M$ 当且仅当 $H \trianglelefteq M$, $K \trianglelefteq M$.

证明 (1) 设 $K \trianglelefteq M$, $0 \neq L \leqslant M$, 则 $L \cap K \neq 0$. 特别有, 如果 $L \leqslant N$, 则 $K \trianglelefteq N$. 又因为 $K \leqslant N$, 所以 $L \cap N \neq 0$, 从而 $N \trianglelefteq M$.

反之, 如果 $K \trianglelefteq N, N \trianglelefteq M$, 且 $L \leqslant M$, 则由 $L \cap K = 0$ 可推出 $L \cap N = 0$, 由此推出 $L = 0$.

(2) 由 (1) 立即可得 “$\Rightarrow$”. 对于 “$\Leftarrow$”, 假设 $H \trianglelefteq M$ 和 $K \trianglelefteq M$, 如果 $L \leqslant M$, $L \cap H \cap K = 0$, 则由于 $K \trianglelefteq M$, 故有 $L \cap H = 0$. 又因为 $H \trianglelefteq M$, 所以 L=0 □

此结果对于多余子模有一个自然对偶. 用范畴的术语, 此对偶命题是十分明显的. 下面是其格论情形, 我们省略其证明.

5.17 命题 设 M 是模, 子模 $K \leqslant N \leqslant M$, 且 $H \leqslant M$, 则

(1) $N \ll M$ 当且仅当 $N/K \ll M/K$, $K \ll M$;

(2) $H + K \ll M$ 当且仅当 $H \ll M$, $K \ll M$. □

关于多余子模的下个引理也有一个对偶, 我们在练习中给出它的准确表达.

5.18 引理 如果 $K \ll M$, $f : M \to N$ 是同态, 则 $f(K) \ll N$. 特别地, 如果 $K \ll M \leqslant N$, 则 $K \ll N$.

证明 设 $L \leqslant N$, $L + f(K) = N$, 则 $f^{\leftarrow}(L) + K = M$. 由于 $K \ll M$, 从而可推出 $K \leqslant M = f^{-1}(L)$. 因此 $f(K) \leqslant L$, $L = N$. □

下个引理对于验证本质包含特别有用.

5.19 引理 子模 $K \leqslant M$ 在 M 中是本质的当且仅当对于每个 $0 \neq x \in M$, 都存在 $r \in R$ 使得 $0 \neq rx \in K$.

证明 ($\Rightarrow$) 如果 $K \trianglelefteq M$, 且 $0 \neq x \in M$, 则 $Rx \cap K \neq 0$.

($\Leftarrow$) 如果满足题设条件, 且 $0 \neq x \in L \leqslant M$, 则存在 $r \in R$ 使得 $0 \neq rx \in K \cap L$. □

利用这两个引理, 我们有

5.20 命题 假设 $K_1 \leqslant M_1 \leqslant M$, $K_2 \leqslant M_2 \leqslant M$, 且 $M = M_1 \oplus M_2$, 则

(1) $K_1 \oplus K_2 \ll M_1 \oplus M_2$ 当且仅当 $K_1 \ll M_1$, $K_2 \ll M_2$;

(2) $K_1 \oplus K_2 \trianglelefteq M_1 \oplus M_2$ 当且仅当 $K_1 \trianglelefteq M_1$, $K_2 \trianglelefteq M_2$.

证明 (1) 设 $p_i : M \to M_i$ 表示 M 在 M_i 上沿 M_j 的投射 $(i \neq j)$, 则 $K_i = p_i(K_i)$, 因此必要性可由 (5.18) 得到.

反之, 如果 $K_i \ll M_i \leqslant M$ $(i = 1, 2)$, 则由 (5.18) 和 (5.17.2) 得 $K_1 \oplus K_2 = K_1 + K_2 \ll M$.

(2) 假设 K_1 在 M_1 中不是本质的, 即对于某个 $0 \neq L_1 \leqslant M_1$, $K_1 \cap L_1 = 0$, 则必要性的证明可由

$$(K_1 + K_2) \cap L_1 = 0$$

得到, 这是因为如果 $k_1 \in K_1, k_2 \in K_2, l_1 \in L_1$, 且 $k_1 + k_2 = l_1$, 则

$$k_2 = l_1 - k_1 \in M_1 \cap M_2 = 0.$$

这就证明了 $(K_1 + K_2) \cap L_1 = 0$.

关于充分性, 假设 $K_i \trianglelefteq M_i, 0 \neq x_i \in M_i$ $(i = 1, 2)$, 则由 (5.19) 知存在 $r_1 \in R$ 使得 $0 \neq r_1 x_1 \in K_1$. 如果 $r_1 x_2 \in K_2$, 则由无关性得 ,$0 \neq r_1 x_1 + r_1 x_2 \in K_1 \oplus K_2$.

如果 $r_1x_2 \notin K_2$, 则由 (5.19) 知存在 $r_2 \in R$ 使得 $0 \neq r_2r_1x_2 \in K_2$, 于是我们有

$$0 \neq r_2r_1x_1 + r_2r_1x_2 \in K_1 \oplus K_2.$$

从而 $K_1 \oplus K_2 \trianglelefteq M_1 \oplus M_2$. □

设 N 是 M 的子模, 如果 $N' \leqslant M$ 关于 $N \cap N' = 0$ 是极大的, 则我们说 N' 是 N 的 $M-$ 补. 利用极大值原理我们立即可知, 如果 $N \leqslant M$, 则 M 中与 N 的交是 0 的一切子模构成的集合含有极大元 N'. 这就证明了下面命题的第一部分.

5.21 命题　每个子模 $N \leqslant M$ 都有 M-补. 而且, 如果 N' 是 N 的 $M-$ 补, 则

(1) $N \oplus N' \trianglelefteq M$;

(2) $(N \oplus N')/N' \trianglelefteq M/N'$.

证明　(1) 如果 $0 \neq L \leqslant M$, 且 $(N \oplus N') \cap L = 0$, 则易得 $N \cap (N' + L) = 0$, 这与 N' 的极大性矛盾.

(2) 假设 $L \geqslant N'$, 且 $L \cap (N + N') \leqslant N'$, 则由模律得

$$(L \cap N) \oplus N' = L \cap (N + N') \leqslant N'.$$

因此 ,$L \cap N = 0$, 再由 N' 的极大性知 ,$L = N'$. □

练　习　5

1. 设 ${}_RM$ 是左 R-模. 证明: 每个满同态 $f: M \to {}_RR$ 都可分. 求证: 存在不可分的单同态g: ${}_RR \to M$. [提示: 令 $R = \mathbb{Z}$.]

2. 设 M 是非零模. 在 $M^2 = M \times M$ 中, 设 $M_1 = \{(m, 0) | m \in M\}$, $M_2 = \{(0, m) | m \in M\}$. 对于每个 $\sigma \in End({}_RM)$, 令

$$M^\sigma = \{(m, m\sigma) | m \in M\}.$$

则 $M^\sigma \leqslant M^2$. 设 $K \leqslant M^2$. 证明:

(1) $M^2 = K \oplus M_2$ 当且仅当对于某个 $\sigma \in End({}_RM)$, 有 $K = M^\sigma$.

(2) 如果对于某个自同构 $\sigma \in End({}_RM)$, 有 $K = M^\sigma$, 则

$$M^2 = M_1 \oplus K.$$

3. 证明: 如果 ${}_RM$ 有由子模构成的分配格 $\mathscr{S}(M)$(见 (0.5)), 则每个直和项都有唯一的补. 例如, 如果 R 是布尔代数, 则 ${}_RR$ 有由子模构成的分配格.

4. 设 $M = K \oplus K' = L \oplus L'$. 证明:

(1) 由 $K = L$ 可推出 $K' \cong L'$, 但不能推出 $K' = L'$;

(2) 由 $K \subseteq H \leqslant M$ 可推出 $H = K \oplus (H \cap K')$;

(3) 由 $K \cap L = 0$ 不能推出 $K + L$ 是 M 的直和项. [提示: 考虑练习 (5.2.1) 中的 $\mathbb{Z} \times \mathbb{Z}$.]

5. 设 $M=K+L$, 且 $f:M\to N$ 是满同态. 证明: 如果 $K\cap L=Kerf$, 则 $N=f(K)\oplus f(L)$.
6. (1) 为了赋予 $M=H\oplus K\oplus L$ 意义, 证明: 如果 $M=H\oplus H'$, $H'=K\oplus L$, 则 $M=(H+K)\oplus L$, $H+K=H\oplus K$ (即 $H\oplus(K\oplus L)=(H\oplus K)\oplus L$).
   (2) 设 $H,K,L\leqslant M$. 证明: $M=H\oplus K\oplus L$ 当且仅当 $H\cap K=0=L\cap K$, $M/K=(H+K)/K\oplus(L+K)/K$.
7. (1) 给出不可分解模有不可解子模的一个例子.[提示: 利用 $_RR$ 的商模, 其中 $R=\mathbb{Q}[X,Y]$.]
   (2) 给出不可分解模有不可分解商模的一个例子.
8. 设 $M=M_1\oplus M_2$, $f:M\to N$ 是满同态, 且 $K=Kerf$, 则 (见练习 (5.5))

$$N=f(M_1)+f(M_2).$$

   (1) 证明: 如果 $K=(K\cap M_1)+(K\cap M_2)$, 例如, 如果子模格 $\mathscr{S}(M)$ 是分配的, 则此和是直和.
   (2) 求证: 一般情况下, 此和不是直和.[提示: 设 L 是模, $M=L\times L$, 且 $f:M\to L$, $f(l_1l_2)=l_1-l_2$.]
9. 设 $M=M_1\oplus M_2$, $N\leqslant M$, 则

$$N\geqslant(N\cap M_1)\oplus(N\cap M_2).$$

   如果 $M_1\leqslant N$, 或者 $M_2\leqslant N$, 或者子模格 $\mathscr{S}(M)$ 是分配的, 则等式成立. 求证一般情况下, 此不等式是严格的.
10. 设 $M=M_1\oplus M_2$, $p_i(i=1,2)$ 是相应的投射.
   (1) 证明: 如果 $N\leqslant M$, 则 $p_1(N)/N\cap M_1\cong p_2(N)/N\cap M_2$;
   (2) 反之, 证明: 如果 $K_i\leqslant N_i\leqslant M_i$ $(i=1,2)$, $N_1/K_1\cong N_2/K_2$, 则存在 $N\leqslant M$ 使得 $K_i=N\cap M_i$, $N_i=p_i(N)$ $(i=1,2)$. [提示: 设 $\sigma:N_1/K_1\to N_2/K_2$ 是同构, $N=\{n_1+n_2|n_2+K_2=\sigma(n_1+K_1)\}$.]
   (3) 我们感兴趣的是两个极端的情形, 即当 $N=(N\cap M_1)+(N\cap M_2)$ 时和当 $N\cap M_1=N\cap M_2=0$ 时的情形. 对于上述情形的每一个请给出一个非平凡的例子.
11. 设 $g:N\to M$, $f:K\to N$ 是同态. 证明:
   (1) 如果 f 和 g 都是可分单同态 (满同态), 则 gf 是可分单同态 (满同态).
   (2) 求证 (1) 的逆命题是不正确的.
   (3) 由 (1) 可推断直和项的直和项仍是直和项.
12. 假设下列由模和同态构成的图表是可交换的,

$$\begin{array}{ccccccccc}
0 & \longrightarrow & A & \xrightarrow{f} & B & \xrightarrow{g} & C & \longrightarrow & 0\\
 & & \downarrow{\scriptstyle\alpha} & & \downarrow{\scriptstyle\beta} & & \downarrow{\scriptstyle\gamma} & & \\
0 & \longrightarrow & A' & \xrightarrow{f'} & B' & \xrightarrow{g'} & C' & \longrightarrow & 0
\end{array}$$

   且 α,β,γ 是同构. 证明: 上面的行是 (可分) 正合的当且仅当下面的行是 (可分) 正合的.
13. (1) 设 $e\in R$ 是幂等元. 证明:(i) 对于每个 $x\in R, t=e+(1-e)xe$ 也是幂等元. (ii) 对于每个这样的 t, 都存在 $y\in R$ 使得 $e=t+(1-t)yt$.[提示: 由于 $et=e$ 和 $te=t$, 从而可由 $y=-(1-e)xe$ 得出证明 .]

(2) 设 $_RM$ 是非零模 ,$e \in End(_RM)$ 是幂等元. 对于每个幂等元 $t \in End(_RM)$ 证明: $Im\ t = Im\ e$ 当且仅当对于某个 $x \in End_R(M)$, 有 $t = e + (1-e)xe$.

14. 考虑 $_R\mathbf{M}$ 中的下列交换图表:

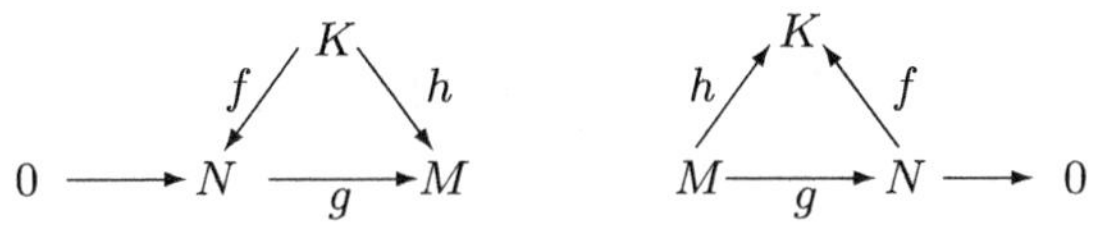

(1) 证明: 如果第一个图表中的 g 是单同态, 则 h 是本质单同态当且仅当 f 和 g 都是本质单同态. [提示: (5.13).] 还可推断命题 (5.16.1).

(2) 证明: 如果第二个图表中的 g 是满同态, 则 h 是多余满同态当且仅当 f 和 g 都是满同态. [提示: (5.15).] 还可推断命题 (5.17.1).

15. 考虑范畴 $_R\mathbf{M}$ 中的下列交换图表:

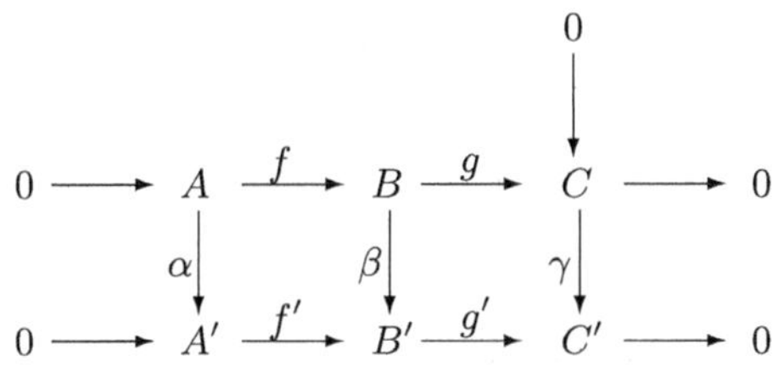

(1) 假设行都是正合的, α 是满同态. 证明: 如果 g 是多余的, 则 g' 亦然.

(2) 求证 (1) 与 (5.18) 等价.

16. (1) 在练习 (5.15) 中, 假设行都是正合的 ,γ 是单同态. 证明: 如果 f' 是本质的, 则 f 亦然.

(2) 证明: 如果 $K \trianglelefteq M, x \in M$, 则

$$\rho_x^{\leftarrow}(K) = \{r \in R | rx \in K\} \trianglelefteq {_RR}.$$

17. 设 M 是非零模 ,K 是 $(R, End(_RM))-$ 子模 ,$K \leqslant {_RM_{End(_RM)}}$.

(1) 证明: 如果 $_RM = M_1 \oplus M_2$, 则 $K = (K \cap M_1) \oplus (K \cap M_2)$.

(2) 证明: 如果 $_RK \ll {_RM}$, $_R(M/K)$ 是不可分解的, 则 $_RM$ 是不可分解的.

(3) 证明: 如果 $K \trianglelefteq M$, K 是不可分解的, 则 M 是不可分解的.

18. 设 I 是 R 的幂零左理想. 证明: 对于每个左 $R-$ 模 M, 有 $IM \ll M$. [提示: 如果 $IM + N = M$, 则 $I^2M + IN + N = M$.]

19. 设 M 是 Abel 群, $K \leqslant M$. 证明:

(1) 每个同态 $f: K \to \mathbb{Q}$ 有扩张 $\bar{f}: M \to \mathbb{Q}$. [提示: 集合 $G = \{g_L | L \leqslant M,\ g_L \in Hom_{\mathbb{Z}}(L, \mathbb{Q})\}$ 关于集合包含 (每个 $g \in G$ 都是序对构成的集合) 是偏序集. 关于 $K \leqslant L$ 和 $(g_L|K) = f$ 存在极大的 $g_L \in G$. 如果 $x \in M \backslash L$, 则对于某个 n, 有 $\mathbb{Z}x \cap L = \mathbb{Z}nx \neq 0$, 且存在 $h: \mathbb{Z}x + L \to \mathbb{Q}$ 满足 $h(mx + l) = mn^{-1}g_L(nx) + g_L(l)$].

(2) 每个单同态 $g: \mathbb{Q} \to M$ 都可分.

§ 6. 模的直和与直积

本节我们考虑模 (2.1.6) 的有限积的 (对偶) 推广和模的内直和 $M = M_1 \oplus M_2$ 的 (对偶) 推广.

贯穿本节我们将假设 $(M_\alpha)_{\alpha\in A}$ 是左 R-模的指标类. 类似的结果对于右模和双模类也不难证明.

直　积

集合 $(M_\alpha)_{\alpha\in A}$ 的笛卡儿积 $\times_A M_\alpha$ 关于按坐标定义的运算构成 R-模, 即如果 π_α 表示第 α 个坐标映射, 则对于积中的每对 x, y 和每个 $r \in R$, 有

$$\pi_\alpha(x+y) = \pi_\alpha(x) + \pi_\alpha(y), \quad \pi_\alpha(rx) = r\pi_\alpha(x).$$

由 (0.4) 立即可得, 这些是积上的 (可定义的) 运算, 而且可以验证它们诱导了 R-模结构. 在 A-多元组中, 直积的运算由

$$(x_\alpha) + (y_\alpha) = (x_\alpha + y_\alpha), \quad r(x_\alpha) = (rx_\alpha)$$

给出.

此模称为 $(M_\alpha)_{\alpha\in A}$ 的**直 (或者笛卡儿) 积**, 且表示为

$$\prod_A M_\alpha,$$

或者运用某个合理的自然变化, 例如在有限的情形下表示为 $\prod_{i=1}^n M_i$, 或 $M_1 \times \cdots \times M_n$. 如果对于所有的 $\alpha \in A$, 有 $M_\alpha = M$, 则表示为

$$M^A = \prod_A M.$$

M^A 关于按坐标进行的运算恰是从 A 到 M 的一切函数构成的集合. 如果 $A = \varnothing$, 则积恰有一个元素 (空函数), 因此记为

$$\prod_\varnothing M_\alpha = 0 = M^\varnothing.$$

下面给出 $\prod_A M_\alpha$ 的基本性质:

6.1 命题　设 $(M_\alpha)_{\alpha\in A}$ 是模的指标集 , N 是模, 且 $(f_\alpha)_{\alpha\in A}$ 是同态 $f_\alpha : N \to M_\alpha$, 则存在唯一的同态 $f : N \to \prod_A M_\alpha$, 使得对于每个 $\alpha \in A$, 下列图表可交换:

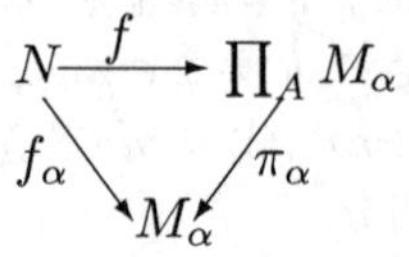

证明 对于每个 $x \in N$, 由

$$\pi_\alpha f(x) = f_\alpha(x) \quad (\alpha \in A)$$

按坐标 (见 (0.4)) 定义 $f(x) \in \prod_A M_\alpha$. 由于 π_α 和 f_α 是同态, 从而 $f : x \mapsto f(x)$ 定义了同态 $N \to \prod_A M_\alpha$. 而且对于所有的 $\alpha \in A$, 有 $\pi_\alpha f = f_\alpha$. 为了完成证明, 假设 $g : N \to \prod_A M_\alpha$ 是同态, 且对于所有的 $\alpha \in A$, 有 $\pi_\alpha g = f_\alpha$, 则对于每个 $x \in N$ 和每个 $\alpha \in A$, 我们有 $\pi_\alpha g(x) = \pi_\alpha f(x)$, 因此 $g(x) = f(x)$(见 (0.4)), 从而 $g = f$. □

(6.1) 中的唯一同态 $f : N \to \prod_A M_\alpha$ 称为 $(f_\alpha)_{\alpha \in A}$ **的直积**, 且表示为 $f = \prod_A f_\alpha$. 它由

$$\pi_\alpha \left(\prod_A f_\alpha \right) = f_\alpha \quad (\alpha \in A)$$

刻画.

6.2 推论 设 $f_\alpha : N \to M_\alpha (\alpha \in A)$ 是同态的指标集, 则

$$Ker \left(\prod_A f_\alpha \right) = \cap_A Ker f_\alpha.$$

证明 令 $f = \prod_A f_\alpha$, 设 $x \in N$, 则 $f(x) = 0$ 当且仅当对于所有的 $\alpha \in A$, $\pi_\alpha f(x) = 0$ 当且仅当对于所有的 $\alpha \in A$, $f_\alpha(x) = 0$.

如果 $B \subseteq A$, 则我们有两个积 $\prod_B M_\beta$ 和 $\prod_A M_\alpha$. 如果 $x \in \prod_B M_\beta$, 则 x 是定义域为 B 的函数, 且有唯一扩张 $\bar{x} \in \prod_A M_\alpha$, $\bar{x}$ 在一切 $\alpha \notin B$ 上的值是零. 因此存在映射

$$\iota_B : \prod_B M_\beta \to \prod_A M_\alpha, \quad \iota_B : x \mapsto \bar{x}.$$

显然 ι_B 是 R-同态, 它的象是 $\prod_A M_\alpha$ 的子模, 其中的 A-元素组在除 B 外的值均为零. 另一方面, 对于每个 $x \in \prod_A M_\alpha$, 定义域为 A 的函数的限制 $(x|B)$ 是 $\prod_B M_\beta$ 中的元素. 显然限制映射

$$\pi_B : \prod_A M_\alpha \to \prod_B M_\beta, \quad \pi_B : x \mapsto (x|B)$$

是从 $\prod_A M_\alpha$ 到 $\prod_B M_\beta$ 上的 R-同态. 在 (5.1) 和 (5.3) 的帮助下, 我们易证这些映射的下列性质.

6.3 命题 设 $(M_\alpha)_{\alpha \in A}$ 是模的指标集 ,A 是不交并 $A = B \dot{\cup} C$, 则

(1) $\pi_B \iota_B = 1_{\prod_B M_\beta}$;

(2) $\prod_A M_\alpha = \iota_B(\prod_B M_\beta) \oplus \iota_C(\prod_C M_\gamma)$;

(3) $0 \longrightarrow \prod_B M_\beta \xrightarrow{\iota_B} \prod_A M_\alpha \xrightarrow{\pi_C} \prod_C M_\gamma \longrightarrow 0$ 是可分正合的. □

实际上, 如果 $\beta \in A$, 我们通常认为 $\prod_{\{\beta\}} M_\beta$ 和 M_β 是一致的 ,$\pi_{\{\beta\}}$ 和 π_β 是一致的, 我们一般用 ι_B 表示 $\iota_{\{\beta\}}$. 单同态

$$\iota_\beta : M_\beta \to \prod_A M_\alpha$$

称为 β-**坐标单射**, 且由

$$\pi_\alpha \iota_\beta = \delta_{\alpha\beta} 1_{M_\beta} \quad (\alpha \in A)$$

刻画. 当然, 序列

$$0 \longrightarrow M_\beta \xrightarrow{\iota_\beta} \prod_A M_\alpha \xrightarrow{\pi_{A\backslash\{\beta\}}} \prod_{A\backslash\{\beta\}} M_\alpha \longrightarrow 0$$

$$0 \longrightarrow \prod_{A\backslash\{\beta\}} M_\alpha \xrightarrow{\iota_{A\backslash\{\beta\}}} \prod_A M_\alpha \xrightarrow{\pi_\beta} M_\beta \longrightarrow 0$$

是可分正合的, 这是 (6.3) 的特殊情形.

命题 (6.1) 中描述的 $\prod_A M_\alpha$ 的 “泛映射性质” 实际上是为刻画直积服务的. 称由模 M 和同态集

$$p_\alpha : M \to M_\alpha \quad (\alpha \in A)$$

组成的元素对 $(M, (p_\alpha)_{\alpha\in A})$ 是 $(M_\alpha)_{\alpha\in A}$ **的 (直) 积**, 如果对于每个模 N 和每个由同态

$$f_\alpha : N \to M_\alpha$$

构成的集, 都存在唯一的同态 $f : N \to M$ 使得

$$f_\alpha = p_\alpha f \quad (\alpha \in A)).$$

形象地说 ,$(M_\alpha)_{\alpha\in A}$ 的积就是贮存在某个同态 (即从模到 M_α 的同态 $f_\alpha : N \to M_\alpha$ 族) 中的一个小机器, 用于通过 p_α 把同态族 f_α 分拣出来.

注意命题 (6.1) 说指标集 $(M_\alpha)_{\alpha\in A}$ 至少有一个积, 即它的笛卡儿积 $(\prod_A M_\alpha, (\pi_\alpha)_{\alpha\in A})$. 在很强的意义下, 我们知道 $(M_\alpha)_{\alpha\in A}$ 的一切积实际上是同构的.

6.4 定理 设 $(M, (p_\alpha)_{\alpha\in A})$ 是 $(M_\alpha)_{\alpha\in A}$ 的积, 则元素对 $(M', (p'_\alpha)_{\alpha\in A})$ (其中 $p'_\alpha : M' \to M_\alpha$ 是 R-同态 $(\alpha \in A)$) 也是 $(M_\alpha)_{\alpha\in A}$ 的积当且仅当存在 (一定唯一) 同构 $p : M' \to M$ 使得对于每个 $\alpha \in A$, 都有 $p_\alpha p = p'_\alpha$.

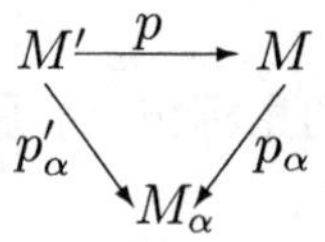

证明 由于 $(M,(p_\alpha)_{\alpha\in A})$ 是积, 从而存在唯一的同态 $p: M' \to M$ 使得对于每个 $\alpha \in A$, 都有 $p_\alpha p = p'_\alpha$.

$(\Rightarrow)$. 如果 $(M',(p'_\alpha)_{\alpha\in A})$ 也是积, 则存在唯一的同态 $p': M \to M'$ 使得对于每个 $\alpha \in A$, 都有 $p'_\alpha p' = p_\alpha$. 从而有 $p'_\alpha = p_\alpha p = p'_\alpha p' p$.

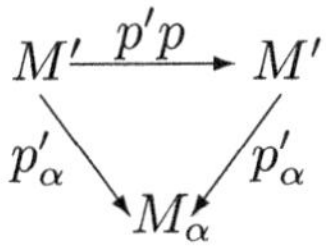

但 $p'_\alpha = p'_\alpha 1_{M'}$, 因此由唯一性得 $p'p = 1_{M'}$. 类似地有 $pp' = 1_M$.

$(\Leftarrow)$. 假设 $f_\alpha : N \to M_\alpha(\alpha \in A)$ 是 $R-$ 同态. 由于 $(M,(p_\alpha)_{\alpha\in A})$ 是积, 从而存在唯一的同态 h 使得对于每个 $\alpha \in A$, 下图中外部的三角形可交换:

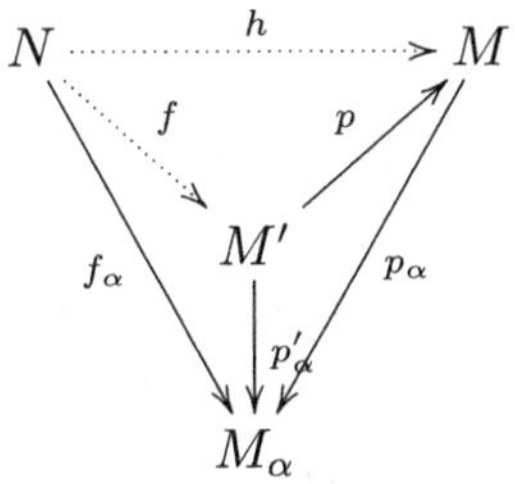

因此假定 p 是同构, 且 $f = p^{-1}h$, 则我们有 $(M',(p'_\alpha)_{\alpha\in A})$ 是积. □

6.5 例子

例 (1) 设 V 是域 K 上的二维向量空间 ,(x_1, x_2) 是 V 的基. 如果 (p_1, p_2) 是通常的线性函数, 其核为 (Kx_2, Kx_1), 则 $(V,(p_1,p_2))$ 是 (K,K) 的积. 特别地, 一个模可以通过许多不同的同态集 $(p_\alpha)_{\alpha\in A}$ 成为指标集 $(M_\alpha)_{\alpha\in A}$ 的积.

例 (2) 考虑 Abel 群 $\mathbb{Z}_{30}$. 模 2, 3 和 5 之剩余类分别给出满同态

$$p_2 : \mathbb{Z}_{30} \to \mathbb{Z}_2,\quad p_3 : \mathbb{Z}_{30} \to \mathbb{Z}_3,\quad p_5 : \mathbb{Z}_{30} \to \mathbb{Z}_5.$$

这样, 由 (6.1) 知存在从 $\mathbb{Z}_{30}$ 到积 $\mathbb{Z}_2 \times \mathbb{Z}_3 \times \mathbb{Z}_5$ 的同态 p, 使得 $p_\alpha = \pi_\alpha p \quad (\alpha = 2, 3, 5)$, 其中 π_α 是积的坐标投射. 由 (6.2) 得

$$Ker\ p = Ker\ p_2 \cap Ker\ p_3 \cap Ker\ p_5 = 2\mathbb{Z}_{30} \cap 3\mathbb{Z}_{30} \cap 5\mathbb{Z}_{30} = 0.$$

从而 p 是单同态. 由于 $\mathbb{Z}_{30}$ 和 $\mathbb{Z}_2 \times \mathbb{Z}_3 \times \mathbb{Z}_5$ 有相同的有限基数, 因此 p 是同构. 虽然 $\mathbb{Z}_{30}$ 和笛卡儿积 $\mathbb{Z}_2 \times \mathbb{Z}_3 \times \mathbb{Z}_5$ 是十分不同的集合, 但由 (6.4) 可推出 $(\mathbb{Z}_{30},(p_2,p_3,p_5))$ 是 $(\mathbb{Z}_2,\mathbb{Z}_3,\mathbb{Z}_5)$ 的 (抽象) 积.

直和—上积

$(M_\alpha)_{\alpha\in A}$ 的积有点像计算机，把到 M_α 的同态集组织起来. 现在我们研究其对偶问题, 即把来自 M_α 的同态组织起来. 此定义几乎是自明的, 因为在积的定义中我们只须颠倒射即可.

形式上, 称由模 M 和同态

$$j_\alpha : M_\alpha \to M$$

组成的元素对 $(M,(j_\alpha)_{\alpha\in A})$ 是 $(M_\alpha)_{\alpha\in A}$ 的**直和** (或**上积**), 如果对于每个模 N 和同态

$$f_\alpha : M_\alpha \to N \quad (\alpha \in A)$$

构成的集, 存在唯一的同态 $f : M \to N$ 使得

$$f_\alpha = f j_\alpha \quad (\alpha \in A).$$

下面结果的证明可由颠倒 (6.4) 中的射得到, 此结果证实了如果直和存在, 则本质上是唯一的.

6.6 定理 设 $(M,(j_\alpha)_{\alpha\in A})$ 是 $(M_\alpha)_{\alpha\in A}$ 的直和, 则元素对 $(M',(j'_\alpha)_{\alpha\in A})$ (其中每个 $j'_\alpha : M_\alpha \to M'$ 是 R-同态 $(\alpha\in A)$) 也是 $(M_\alpha)_{\alpha\in A}$ 的直和当且仅当存在 (一定唯一) 同构 $j : M \to M'$, 使得对于每个 $\alpha \in A$ 都有 $jj_\alpha = j'_\alpha$.

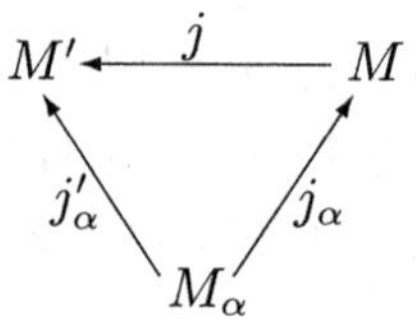

外 直 和

现在我们证实直和的存在性. 称元素 $x \in \prod_A M_\alpha$ **对于几乎所有的**$\alpha \in A$ **是零** (或**几乎处处是零**), 如果它的**支撑集**

$$S(x) = \{\alpha \in A |\ x(\alpha) = \pi_\alpha(x) \neq 0\}$$

是有限的. 由于 0 几乎处处是零, 且 $S(x+y) \subseteq S(x) \cup S(y), S(rx) \subseteq S(x)$, 从而

$$\oplus_A M_\alpha = \left\{ x \in \prod_A M_\alpha |\ x \text{ 几乎处处是零} \right\}$$

是 $\prod_A M_\alpha$ 的子模. 此子模是 $(M_\alpha)_{\alpha\in A}$ 的 (外) **直和**. 我们将看到,"直和" 一词的使用是正确的. 我们可以应用这个符号的自然变化, 例如, 在有限的情形下可表示为 $\oplus_{i=1}^n M_i$. 当然, 如果 A 是有限的, 则外直和是笛卡儿积. 而且, 如果对于所有的 $\alpha\in A, M_\alpha = M$, 则

$$M^{(A)} = \oplus_A M$$

是指 $cardA$ 个 M 的外直和.

一般地, 对于指标集 $(M_\alpha)_{\alpha\in A}$ 和每个 $\alpha\in A$, 象 $\iota_\alpha(M_\alpha)$ 是由 $x\in\prod_A M_\alpha$ 构成的集合, 其中 $S(x)\subseteq\{\alpha\}$. 而且 ,$x\in\prod_A M_\alpha$ 有有限支撑集当且仅当它是每个支撑集是单元素的元素的有限和. 从而 $\oplus_A M_\alpha$ 是由 $\prod_A M_\alpha$ 的子模 $(\iota_\alpha(M_\alpha))_{\alpha\in A}$ 生成的 $\prod_A M_\alpha$ 的子模. 由于象 $\iota_\alpha(M_\alpha)$ 在 $\oplus_A M_\alpha$ 中, 从而我们通常可以把每个 ι_α 也看作从 M_α 到 $\oplus_A M_\alpha$ 的单同态. 类似地, 我们也经常把每个 π_α 看作从 $\oplus_A M_\alpha$ 到 M_α 的满同态.

现在假设 N 是模 ,$(f_\alpha)_{\alpha\in A}$ 是同态

$$f_\alpha : M_\alpha \to N \quad (\alpha\in A)$$

的指标集. 对于每个 $x\in\oplus_A M_\alpha$, 它的支撑集 $S(x)=\{\alpha\in A|\ \pi_\alpha(x)\neq 0\}$ 都是有限的, 因此存在由

$$f(x) = \sum_{\alpha\in S(x)} f_\alpha\pi_\alpha(x)$$

(其中, 如果 $S(x)=\varnothing$, 则令 $f(x)=0$) 定义的函数 $f:\oplus_A M_\alpha\to N$. 由于 f_α 和 π_α 是同态, 从而易证 f 是同态, 我们称 f 为 $(f_\alpha)_{\alpha\in A}$ **的直和**, 且表示为

$$f = \oplus_A f_\alpha.$$

对于每个 $x=(x_\alpha)_{\alpha\in A}\in\oplus_A M_\alpha$, 则表示为

$$f(x) = \sum_A f_\alpha(x_\alpha).$$

易见对于每个 $\alpha\in A$, 有 $f\iota_\alpha = f_\alpha$. 此直和的行为非常像正则和 (见练习 (6.7)). 例如, 如果 $g:N\to K$, 则对每个 $\alpha\in A$, 都有 $gf_\alpha : M_\alpha\to K$, 且

$$g(\oplus_A f_\alpha) = \oplus_A(gf_\alpha).$$

6.7 命题 设 $(M_\alpha)_{\alpha\in A}$ 是模的指标集, N 是模, $(f_\alpha)_{\alpha\in A}$ 是同态 $f_\alpha : M_\alpha\to N$(对 $\alpha\in A$) 的指标类, 则存在唯一的同态 $f:\oplus_A M_\alpha\to N$(一定有 $f=\oplus_A f_\alpha$) 使得对于每个 $\alpha\in A$

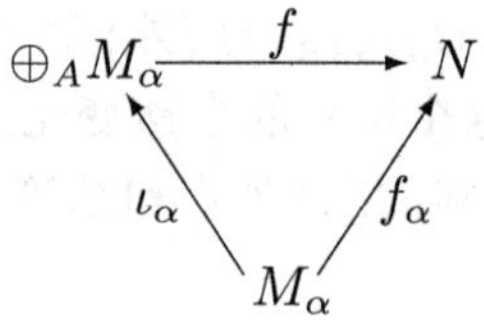

可交换. 因此 $(\oplus_A M_\alpha, (\iota_\alpha)_{\alpha\in A})$ 是 $(M_\alpha)_{\alpha\in A}$ 的直和.

证明 注意到我们上面的讨论, 只剩下唯一性的问题. 由 (3.1) 可证和 $f = \oplus_A f_\alpha$ 是唯一的, 并且具有所需要的性质. □

关于同态的直和, 我们现在可以记录一个简单的事实. 假设 $f = \oplus_A f_\alpha$, 则由于 $f\iota_\alpha = f_\alpha$, 从而有 $Imf_\alpha \leqslant Imf$. 因此, 由同态直和的定义立即可得

6.8 命题 如果 $f = \oplus_A f_\alpha$ 是同态 $f_\alpha : M_\alpha \to N$ 的直和, 则

$$Imf = \sum_A Imf_\alpha. \qquad \square$$

假设 $B \subseteq A$, 则易证 ι_B 在 $\oplus_B M_\beta$ 上的限制是到直和 $\oplus_A M_\alpha$ 的单同态. 类似地, π_B 在 $\oplus_A M_\alpha$ 上的限制是到直和 $\oplus_B M_\beta$ 上的满同态. 我们保留记法, 用 ι_B 和 π_B 表示这些限制. 从 (6.3) 我们可以推断

6.9 命题 设 $(M_\alpha)_{\alpha\in A}$ 是模的指标集 ,A 是不交并 $A = B\dot{\cup}C$, 则

(1) $\pi_B\iota_B = 1_{\prod_B M_\beta}$;

(2) $\oplus_A M_\alpha = \iota_B(\oplus_B M_\beta) \oplus \iota_C(\oplus_C M_\gamma)$;

(3) $0 \longrightarrow \oplus_B M_\beta \xrightarrow{\iota_B} \oplus_A M_\alpha \xrightarrow{\pi_C} \oplus_C M_\gamma \longrightarrow 0$ 是可分正合的. □

内 直 和

设 M_1, M_2 是模 M 的子模 ,$i_1 : M_1 \to M$ 和 $i_2 : M_2 \to M$ 是它们的包含映射. 则 (见 § 5)M 是 M_1 和 M_2 的内直和当且仅当在我们目前的术语中 ,$i_1 \oplus i_2$ 是同构. 借助 (6.6) 和 (6.7) 这等价于 $(M, (i_1, i_2))$ 是 (M_1, M_2) 的直和.

更一般地, 假设 $(M_\alpha)_{\alpha\in A}$ 是模 M 的子模的指标集, 设

$$i_\alpha : M_\alpha \to M \quad (\alpha \in A)$$

是对应的包含映射. 推广 § 5 中的定义, 我们说 M 是它的子模 $(M_\alpha)_{\alpha\in A}$ 的 **(内) 直和**, 如果直和映射

$$i = \oplus_A i_\alpha : \oplus_A M_\alpha \to M$$

是同构. 这个条件成立, 即 i 是同构当且仅当每个 $x \in M$ 作为和都有唯一的表示

$$x = \textstyle\sum_A x_\alpha \quad (\text{对几乎所有 } \alpha \in A, x_\alpha \in M_\alpha \text{ 是零}).$$

关于这个和号, 由于 i 是 $R-$ 同态, 从而我们有

$$\textstyle\sum_A x_\alpha + \sum_A y_\alpha = \sum_A (x_\alpha + y_\alpha) \quad \text{和} \quad r(\sum_A x_\alpha) = \sum_A r x_\alpha.$$

如果 $f: M \to N$ 是同态, 则由于每个 $\sum_A x_\alpha$ 恰是 M 中的有限和, 从而有

$$f\left(\sum_A x_\alpha\right) = \sum_A f(x_\alpha).$$

也就是说, 如果 M 是 $(M_\alpha)_{\alpha\in A}$ 的内直和, 则我们可以“按坐标”来研究 M.

现在我们有“直和”的三个概念: 抽象直和 (= 上积), 模的指标集的外直和, 以及子模的内直和. 我们假设它们之间的区别是相当清楚的.(见练习, 尤其是练习 (6.4)).

设 $(M_\alpha)_{\alpha\in A}$ 是 M 的子模的指标集, 其中包含映射是 $(i_\alpha)_{\alpha\in A}$. 由 (6.8) 我们有

$$Im(\oplus_A i_\alpha) = \sum_A Im\ i_\alpha = \sum_A M_\alpha.$$

因此无论 $(i_\alpha)_{\alpha\in A}$ 是否为满同态, 如果直和映射 $i = \oplus_A i_\alpha$ 是单同态, 则子模 $\sum_A M_\alpha$ 是它的子模 $(M_\alpha)_{\alpha\in A}$ 的内直和. 至于两个子模 (§ 5) 的情形, 我们可以在子模格 $\mathscr{S}(M)$ 中刻画. 我们说 $(M_\alpha)_{\alpha\in A}$ **是无关的**, 如果对于每个 $\alpha\in A$, 有

$$M_\alpha \cap \left(\sum_{\beta\neq\alpha} M_\beta\right) = 0.$$

显然这与我们以前关于两个子模无关的定义一致. 当然, 可能有这种情况, 即 $(M_\alpha)_{\alpha\in A}$ 不是无关的, 但其中两两元素却是无关的.

6.10 命题 设 $(M_\alpha)_{\alpha\in A}$ 是模 M 的子模的指标集, 其中包含映射是 $(i_\alpha)_{\alpha\in A}$, 则下列条件等价:

(a) $\sum_A M_\alpha$ 是 $(M_\alpha)_{\alpha\in A}$ 的内直和;

(b) $i = \oplus_A i_\alpha : \oplus_A M_\alpha \to M$ 是单同态;

(c) $(M_\alpha)_{\alpha\in A}$ 是无关的;

(d) 对于每个有限子集 $F\subseteq A, (M_\alpha)_{\alpha\in F}$ 是无关的;

(e) 对于每对 $B, C\subseteq A$, 如果 $B\cap C=\varnothing$, 则

$$\left(\sum_B M_\beta\right) \cap \left(\sum_C M_\gamma\right) = 0.$$

证明　这些条件中的每个显然都等价于 0 有唯一的表示 $0 = \sum_A x_\alpha$, 其中对于几乎所有的 $\alpha \in A, x_\alpha \in M_\alpha$ 是零. □

6.11 推论　模 M 是它的子模 $(M_\alpha)_{\alpha\in A}$ 的内直和当且仅当 $(M_\alpha)_{\alpha\in A}$ 是无关的, 且生成 M. □

如果 M 的子模 $(M_\alpha)_{\alpha\in A}$ 是无关的, 我们就说和 $\sum_A M_\alpha$ **是直和**, 且记为

$$\sum_A M_\alpha = \oplus_A M_\alpha.$$

我们也可以把它看作 $\sum_A M_\alpha$ 的**直和分解**. 像往常一样, 我们将有记法和术语的或多或少的自我说明性变化.

$(M_\alpha)_{\alpha\in A}$ 的外直和是象 $(\iota_\alpha M_\alpha)_{\alpha\in A}$ 的内直和, 但不是 $(M_\alpha)_{\alpha\in A}$ 的内直和. 从而符号 $\oplus$ 服务于两个不同的但却相关的事物, 只有在少数情况下这么做可能引起迷惑, 此时我们可以用

$$\dot{\oplus}_A M_\alpha$$

表示外直和或者在有限的情况下以

$$M_1 \dot{\oplus} \cdots \dot{\oplus} M_n \text{ 表示.}$$

6.12 命题　设 $(M_1, \cdots, M_n)$ 是模的有限序列, 则

$$M_1 \times \cdots \times M_n = M_1 \dot{\oplus} \cdots \dot{\oplus} M_n = \iota_1(M_1) \oplus \cdots \oplus \iota_n(M_n). \qquad \square$$

6.13　例子

例 (1)　设 V 是域 K 上的向量空间, 且 $(x_\alpha)_{\alpha\in A}$ 是 V 中的指标集, 则 $(x_\alpha)_{\alpha\in A}$ 生成 V 当且仅当 $V = \sum_A K x_\alpha$. $(x_\alpha)_{\alpha\in A}$ 是向量无关集当且仅当 V 的循环子模的指标集 $(K x_\alpha)_{\alpha\in A}$ 是无关的. 从而 V 是内直和

$$V = \sum_A K x_\alpha = \oplus_A K x_\alpha$$

当且仅当 $(x_\alpha)_{\alpha\in A}$ 是 V 的基.

例 (2)　考虑 *Abel* 群 $\mathbb{Z}_{30}$(见 (6.5)). 它有子群 $15\mathbb{Z}_{30}, 10\mathbb{Z}_{30}, 6\mathbb{Z}_{30}$, 设 i_2, i_3, i_5 是对应的包含映射. 由 (6.7) 得, 直和 $i = i_2 \oplus i_3 \oplus i_5$ 是同态

$$i : (15\mathbb{Z}_{30}) \oplus (10\mathbb{Z}_{30}) \oplus (6\mathbb{Z}_{30}) \to \mathbb{Z}_{30}.$$

现在有

$$Im\ i = 15\mathbb{Z}_{30} + 10\mathbb{Z}_{30} + 6\mathbb{Z}_{30} = \mathbb{Z}_{30},$$

因此 i 是满同态. 由基数可推断 i 是同构, 从而 $\mathbb{Z}_{30}$ 是它的子模 $(15\mathbb{Z}_{30}, 10\mathbb{Z}_{30}, 6\mathbb{Z}_{30})$ 的内直和. 注意这些模分别与 $\mathbb{Z}_2, \mathbb{Z}_3, \mathbb{Z}_5$ 同构. 因此

$$\begin{aligned}\mathbb{Z}_{30} &= (15\mathbb{Z}_{30}) \oplus (10\mathbb{Z}_{30}) \oplus (6\mathbb{Z}_{30}) \\ &\cong \mathbb{Z}_2 \dot{\oplus} \mathbb{Z}_3 \dot{\oplus} \mathbb{Z}_5 = \mathbb{Z}_2 \times \mathbb{Z}_3 \times \mathbb{Z}_5.\end{aligned}$$

无关性的性质

除了 (6.10) 中给出的刻画外, 还存在无关性的三个其它特别重要的性质. 第一个性质是下面熟悉事实的推广:

向量空间的有序向量集是无关的当且仅当没有一个向量可以由它前面的向量表示出来.

6.14 命题 M 的子模序列 $M_1, M_2, \cdots$ 是无关的当且仅当对于每个 $n \geqslant 1$, 都有

$$(M_1 + \cdots + M_n) \cap M_{n+1} = 0.$$

证明 ($\Rightarrow$) 见 (6.10.e). ($\Leftarrow$) 如果 $x_i \in M_i$, 且 $x_1 + \cdots + x_{n+1} = 0$, 则 $x_{n+1} \in (M_1 + \cdots + M_n) \cap M_{n+1}$. □

下面的结果是无关子模的子模无关集形成了一个子模无关集这一简单事实的正式陈述.

6.15 命题 设 $(M_\beta)_{\beta \in B}$ 是模 M 的无关子模. 对于每个 $\beta \in B$, 设 $(L_{\alpha\beta})_{\alpha\beta \in A_\beta}$ 是 M_β 的子模的指标类. 设 A 是不交并 $A = \dot{\cup}_B A_\beta$. 如果对于每个 $\beta \in B$, $(L_{\alpha\beta})_{\alpha\beta \in A_\beta}$ 是无关的, 则 $(L_\alpha)_{\alpha \in A}$ 是无关的.

证明 假设存在有限集 $\alpha_1, \cdots, \alpha_n \in A$ 和 $x_i \in L_{\alpha i}$ 使得

$$x_1 + \cdots + x_n = 0.$$

我们可以假设存在 k 和 β 使得 $\alpha_1, \cdots, \alpha_k \in A_\beta, \alpha_{k+1}, \cdots, \alpha_n \notin A_\beta$. 由 $(M_\beta)_{\beta \in B}$ 的无关性可推出

$$x_1 + \cdots + x_k = 0 = x_{k+1} + \cdots + x_n,$$

由 $(L_{\alpha\beta})_{\alpha\beta \in A_\beta}$ 的无关性可推出 $x_1 = \cdots = x_k = 0$, 等等. □

关于内直和, 我们有下面非常有用的推论.

6.16 推论 设 $M = \sum_B M_\beta$, 对于每个 $\beta \in B$, 如果 $M_\beta = \sum_{A_\beta} L_{\alpha\beta}$, 且 A 是不交并 $A = \dot{\cup}_B A_\beta$, 则

$$M = \oplus_A L_\alpha \quad \text{当且仅当} \quad M = \oplus_B M_\beta, M_\beta = \oplus_{A_\beta} L_{\alpha\beta} \quad (\beta \in B).$$

证明 (⇐). 由 (6.15) 可得. (⇒). 由 (6.10.e) 可得. □

我们在无关性上的最后结果十分重要, 即关于子模的 "本质变化" 无关性不变.

6.17 命题 假设 $(L_\alpha)_{\alpha\in A}$ 是 M 的无关子模集, 如果 $(M_\alpha)_{\alpha\in A}$ 是 M 的子模集使得对于每个 $\alpha\in A$, 有 $L_\alpha\trianglelefteq M_\alpha$, 则

(1) $(M_\alpha)_{\alpha\in A}$ 是无关的;

(2) $\oplus_A L_\alpha\trianglelefteq\oplus_A M_\alpha$.

证明 假设 L_1 和 L_2 是 M 的无关子集, 且 $L_1\trianglelefteq M_1, L_2\trianglelefteq M_2$, 则

$$(L_1\cap M_2)\cap L_2=L_1\cap L_2=0.$$

这样, 由 $L_2\trianglelefteq M_2$, 我们有 $L_1\cap M_2=0$. 但

$$(M_1\cap M_2)\cap L_1\leqslant L_1\cap M_2=0.$$

因此, 由 $L_1\trianglelefteq M_1$, 有 $M_1\cap M_2=0$, 即 (M_1,M_2) 是 M 的子模无关集. 而且, 由 (5.20.2) 我们有 $L_1\oplus L_2\trianglelefteq M_1\oplus M_2$. 如果对于 $F=\{\alpha_1,\cdots,\alpha_n\}\subseteq A$, (1) 和 (2) 成立, 则对于任意 $\alpha_{n+1}\in A\setminus F$, 和

$$\sum_{i+1}^{n+1}M_i=(\oplus_{i+1}^{n}M_{\alpha_i})+M_{\alpha_{n+1}}$$

是直和, 且

$$\oplus_{i=1}^{n+1}L_{\alpha_i}\trianglelefteq\oplus_{i=1}^{n+1}M_{\alpha_i}.$$

于是, 可归纳证明对于 $F\subseteq A$ 的每个有限子集, (1) 和 (2) 是成立的. 再 (6.10.d) 知 $(M_\alpha)_{\alpha\in A}$ 是无关的. 如果 $0\neq x\in\oplus_A M_\alpha$, 则存在有限子集 $F\subseteq A$ 使得 $0\neq x\in\oplus_F M_\alpha$. 因此, 由 $\oplus_F L_\alpha\trianglelefteq\oplus_F M_\alpha$, 据 (5.19) 知存在 $r\in R$ 使得

$$0\neq rx\in\oplus_F L_\alpha\trianglelefteq\oplus_A L_\alpha,$$

所以,$\oplus_A L_\alpha\trianglelefteq\oplus_A M_\alpha$. □

关于分解的幂等元

假设 M 有 (内) 直和分解 $M=\oplus_A M_\alpha$, 则 (见 (6.16)) 对于每个 $\alpha\in A$, 有

$$M=M_\alpha\oplus\left(\sum_{\beta\neq\alpha}M_\beta\right),$$

因此据 (5.6) 和 (5.7) 知存在唯一的幂等元 $e_\alpha \in End(_RM)$, 使得

$$M_\alpha = Im\ e_\alpha, \quad \sum_{\beta\neq\alpha} M_\beta = Ker\ e_\alpha.$$

我们称 $(e_\alpha)_{\alpha\in A}$ 为**关于分解** $M = \oplus_A M_\alpha$ **的幂等元**, 而且对于每个 $\alpha \in A$, 称 e_α 为此**分解中关于**M_α **的幂等元**.

6.18 命题 设 $(M_\alpha)_{\alpha\in A}$ 是模 M 的子模, 则 $M = \oplus_A M_\alpha$ 当且仅当存在 (一定唯一) M 的幂等自同态的指标集 $(e_\alpha)_{\alpha\in A}$, 使得对于所有的 $\alpha \in A$, 有

$$M_\alpha = Im\ e_\alpha, \quad \sum_{\beta\neq\alpha} M_\beta = Ker\ e_\alpha.$$

并且, 如果上述 M 的幂等自同态存在, 则 e_α 是分解 $M = \oplus_A M_\alpha$ 中关于 M_α 的幂等元.

证明 只需证明充分性. 假设 $(e_\alpha)_{\alpha\in A}$ 满足所陈述的条件, 则由 (5.6) 知对于每个 $\alpha \in A$, 都有 $Im\ e_\alpha \cap Ker\ e_\alpha = 0$, 从而 $(M_\alpha)_{\alpha\in A}$ 是无关的. 再由 (5.6) 得 $Im\ e_\alpha + Ker\ e_\alpha = M$, 显然 $(M_\alpha)_{\alpha\in A}$ 生成 M. 最后的论断可由 (5.7) 中的唯一性得出. □

称 R 的幂等元集 $(e_\alpha)_{\alpha\in A}$ 是**正交的**, 如果此集中的每对元素都是正交的, 即

$$e_\alpha e_\beta = \delta_{\alpha\beta} e_\alpha \quad (\alpha, \beta \in A).$$

6.19 推论 关于分解 $M = \oplus_A M_\alpha$ 的幂等元 $(e_\alpha)_{\alpha\in A}$ 是正交的, 并且, 如果 $x \in M$, 则对于几乎所有的 $\alpha \in A$, 都有 $xe_\alpha = 0$, 且

$$x = \sum_A xe_\alpha.$$

证明 如果 $\alpha \neq \beta$, 则 $M_\beta \subseteq \sum_{\gamma\neq\alpha} M_\gamma = Ker\ e_\alpha$, 从而 $Me_\beta e_\alpha = M_\beta e_\alpha = 0$. 另外, 若令 $x = \sum_A x_\alpha$, 其中对于几乎所有的 $\alpha \in A, x_\alpha \in M_\alpha = Me_\alpha$ 是零, 则对于所有的 $\beta \in A$, 我们有

$$xe_\beta = \sum_A x_\alpha e_\beta = x_\beta e_\beta = x_\beta.$$ □

称环 R 的幂等元的有限正交集 $e_1, \cdots, e_n$ 是**完全集**, 如果

$$e_1 + \cdots + e_n = 1 \in R.$$

从下面的推论我们知道模的有限直和分解和它的自同态环中的正交幂等元的完全集之间存在 $1-1$ 对应.

6.20 推论　设 $M_1, \cdots, M_n$ 是 M 的子模, 则

$$M = M_1 \oplus \cdots \oplus M_n$$

当且仅当存在 (一定唯一) $End({}_RM)$ 中的正交幂等元的完全集 $e_1, \cdots, e_n$, 使得

$$M_i = Me_i \ \ (i = 1, \cdots, n).$$

证明　(⇒) . 设 $e_1, \cdots, e_n$ 是关于分解 $M = M_1 \oplus \cdots \oplus M_n$ 的幂等元. 由 (6.19) 知它们是正交的, 且 $1_M = e_1 + \cdots + e_n$, 这是因为

$$x = \sum_{i=1}^{n} xe_i = x(e_1 + \cdots + e_n) \quad (x \in M).$$

(⇐). 如果 $e_1, \cdots, e_n$ 满足条件, 则对于每个 $x \in M$, 有

$$x = x(e_1 + \cdots + e_n) = xe_1 + \cdots + xe_n,$$

因此, 显然有 $M_i = Im\ e_i$ 和 $\sum_{j \neq i} M_j = Ker\ e_i$. 再应用 (6.18) 即可. □

直和的刻画

上述几个结果给我们提供了抽象直和的有价值的刻画. 当我们开始学习加法函子时, 它的真正价值将明显化.

6.21 命题　设 $(M_\alpha)_{\alpha \in A}$ 是模的指标集 ,M 是模. 对于每个 $\alpha \in A$, 设 $j_\alpha : M_\alpha \to M$ 是同态, 则 $(M, (j_\alpha)_{\alpha \in A})$ 是 $(M_\alpha)_{\alpha \in A}$ 的直和当且仅当存在 (一定唯一) 同态 $q_\alpha : M \to M_\alpha (\alpha \in A)$, 对于所有的 $\alpha, \beta \in A$ 和所有的 $x \in M$ 满足

(i) $q_\beta j_\alpha = \delta_{\alpha\beta} 1_{M_\alpha}$;

(ii) 对于几乎所有的 $\alpha \in A$, 有 $q_\alpha(x) = 0$;

(iii) $\sum_A j_\alpha q_\alpha(x) = x$.

而且, 如果 $(M, (j_\alpha)_{\alpha \in A})$ 是 $(M_\alpha)_{\alpha \in A}$ 的直和, 且 $f_\alpha : M_\alpha \to N \ \ (\alpha \in A)$ 是同态, 则

$$f : x \mapsto \sum_A f_\alpha q_\alpha(x) \ \ (x \in M)$$

是唯一的同态 $f : M \to N$, 使得 $f_\alpha = f j_\alpha \ \ (\alpha \in A)$.

证明　(⇒). 假设 $(M, (j_\alpha)_{\alpha \in A})$ 是 $(M_\alpha)_{\alpha \in A}$ 的直和, 则由 ((6.6) 和 (6.7)) 知直和映射 $j = \oplus_A j_\alpha : \oplus_A M_\alpha \to M$ 是同构. 设 ι_α 和 π_α 是关于外直和 $\oplus_A M_\alpha$ 的通常的坐标映射. 对于每个 $\alpha \in A$, 设

$$q_\alpha = \pi_\alpha j^{-1} : M \to M_\alpha,$$

则由于对于每个 $\alpha \in A$, 有 $j_\alpha = j\iota_\alpha$, 从而易见 q_α 满足 (i) 和 (ii). 现在对于每个 $x \in M$, 有

$$x = jj^{-1}(x) = j(\sum_A \iota_\alpha \pi_\alpha j^{-1}(x))$$
$$= \sum_A j\iota_\alpha \pi_\alpha j^{-1}(x) = \sum_A j_\alpha q_\alpha(x).$$

由 (6.8) 得 $M = \sum_A Im\ j_\alpha$, 因此据 (i) 和 (3.1) 知 q_α 是唯一的.

($\Leftarrow$). 如果 $(q_\alpha)_{\alpha\in A}$ 满足三个条件 , $f_\alpha : M_\alpha \to N \ \ (\alpha \in A)$, 则我们由

$$f(x) = \sum_A f_\alpha q_\alpha(x) \ \ (x \in M)$$

定义 $f : M \to N$. 于是对于所有的 $\alpha \in A$ 和所有的 $x_\alpha \in M_\alpha$, 有

$$fj_\alpha(x_\alpha) = \sum_{\beta\in A} f_\beta q_\beta(j_\alpha(x_\alpha)) = f_\alpha(x_\alpha).$$

而且, 如果 $g : M \to N$, 且对于每个 $\alpha \in A, gj_\alpha = f_\alpha$, 则对于所有的 $x \in M$, 有

$$g(x) = g\left(\sum_A j_\alpha q_\alpha(x)\right) = \sum_A f_\alpha q_\alpha(x) = f(x). \qquad \square$$

对于有限直和的情形, 这个重要刻画给出了一个特别好的形式.

6.22 推论 设 $(M_1, \cdots, M_n)$ 是模的有限序列, 且 $j_i : M_i \to M\ (i = 1, \cdots, n)$ 是同态, 则 $(M, (j_1, \cdots, j_n))$ 是 $(M_1, \cdots, M_n)$ 的直和当且仅当存在同态 $q_i : M \to M_i\ (i = 1, \cdots, n)$ 使得对于所有的 $1 \leqslant i, k \leqslant n$, 有

$$q_k j_i = \delta_{ik} 1_{M_i}, \quad \sum_{i=1}^n j_i q_i = 1_M. \qquad \square$$

函数的积与和

6.23 设 $(M_\alpha)_{\alpha\in A}$ 是模的指标集 ,$(M, (p_\alpha)_{\alpha\in A})$ 是 $(M_\alpha)_{\alpha\in A}$ 的积, 则由 (6.4) 和 (6.1) 知存在唯一的同构 $p : \prod_A M_\alpha \to M$ 使得 $p_\alpha p = \pi_\alpha$(π_α 是 $\prod_\alpha M_\alpha$ 的 $\alpha-$ 坐标映射). 对于每个 $\alpha \in A$, 定义 $i_\alpha = p\ \iota_\alpha : M_\alpha \to M$, 则对于每个 $\alpha, \beta \in A$, 有

$$p_\alpha i_\beta = p_\alpha(p\iota_\beta) = (p_\alpha p)\iota_\beta = \pi_\alpha \iota_\beta = \delta_{\alpha\beta} 1_{M_\beta}.$$

据 (5.1) 我们可推断映射

$$i_\alpha : M_\alpha \to M \text{ 和 } p_\alpha : M \to M_\alpha$$

分别是可分单同态和可分满同态, 且

$$M = (Im\ i_\alpha) \oplus (Ker\ p_\alpha).$$

同态 $(i_\alpha)_{\alpha \in A}$ 和 $(p_\alpha)_{\alpha \in A}$ 分别是积 $(M, (p_\alpha)_{\alpha \in A})$ 的内射和投射. 如果 N 是模, $f_\alpha : N \to M_\alpha$ $(\alpha \in A)$ 是同态, 则由定义知存在唯一的 $f : N \to M$ 使得 $p_\alpha f = f_\alpha$ $(\alpha \in A)$. 推广我们较早的定义, 称 f 是**相对于投射** $(p_\alpha)_{\alpha \in A}$ **的**$(f_\alpha)_{\alpha \in A}$ **的直积**. 利用 (6.2) 和 $p_\alpha = \pi_\alpha p^{-1}$, 我们有

$$Ker f = \cap_A Ker f_\alpha.$$

6.24 对偶地, 设 $(M, (j_\alpha)_{\alpha \in A})$ 是 $(M_\alpha)_{\alpha \in A}$ 的直和, $(q_\alpha)_{\alpha \in A}$ 是由 (6.21) 保证的同态, 则由于 $q_\beta j_\alpha = \delta_{\alpha\beta} 1_{M_\alpha}$, 我们从 (5.1) 可推断

$$j_\alpha : M_\alpha \to M \text{ 和 } q_\alpha : M \to M_\alpha$$

分别是可分单同态和可分满同态,

$$M = (Im\ j_\alpha) \oplus (Ker\ q_\alpha).$$

我们称 $(j_\alpha)_{\alpha \in A}$ 和 $(q_\alpha)_{\alpha \in A}$ 分别是直和 $(M, (j_\alpha)_{\alpha \in A})$ 的**内射和投射**. 假设 $f_\alpha : M_\alpha \to N$ $(\alpha \in A)$ 是同态, 则满足 $f j_\alpha = f_\alpha$ $(\alpha \in A)$ 的唯一的 $f : M \to N$ 称为**相对于内射** $(j_\alpha)_{\alpha \in A}$ **的** $(f_\alpha)_{\alpha \in A}$ **的直和**. 借助 (6.8), f 的刻画 (6.21) 给出

$$Im f = \sum_A Im\ f_\alpha.$$

6.25 存在另外一个有用的变化. 设 $(M'_\alpha)_{\alpha \in A}$ 是由 A 加标的模的指标集, 对于每个 $\alpha \in A$, 设

$$f_\alpha : M_\alpha \to M'_\alpha.$$

如果 $(P, (p_\alpha)_{\alpha \in A})$ 和 $(P', (p'_\alpha)_{\alpha \in A})$ 分别是 M_α 和 M'_α 的积, 则易见存在唯一的同态 $P \to P'$ (表示为 $\prod_A f_\alpha$) 使得

$$p'_\alpha \left(\prod_A f_\alpha \right) = f_\alpha p_\alpha \ (\alpha \in A).$$

对偶地, 如果 $(S,(j_\alpha)_{\alpha\in A})$ 和 $(S',(j'_\alpha)_{\alpha\in A})$ 是直和, 则存在唯一的同态 $S\to S'$(表示为 $\oplus_A f_\alpha$) 使得

$$(\oplus_A f_\alpha)j_\alpha = j'_\alpha f_\alpha \ (\alpha\in A)$$

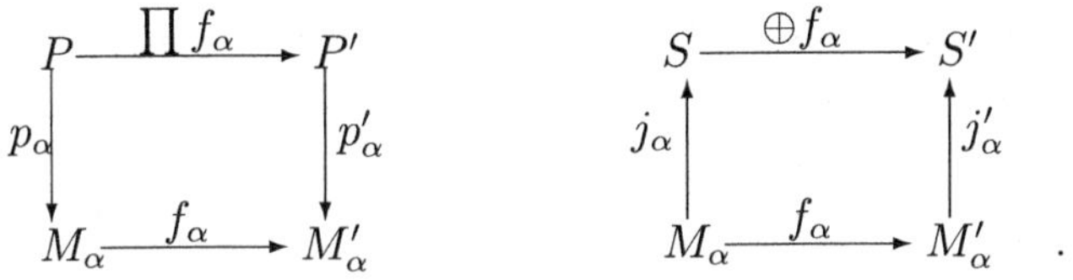

最后, 关于笛卡儿积和外直和, 易证对于上述这些映射的任一个, 都有

$$(X_\alpha)_{\alpha\in A}\mapsto (f_\alpha(x_\alpha))_{\alpha\in A},$$

而且易证

$$Im(\prod_A f_\alpha)=\prod_A Imf_\alpha,\quad Ker(\prod_A f_\alpha)=\prod_A Kerf_\alpha$$

和

$$Im(\oplus_A f_\alpha)=\oplus_A Imf_\alpha,\quad Ker(\oplus_A f_\alpha)=\oplus_A Kerf_\alpha.$$

(注意在“抽象”直积和“抽象”直和中, 最后的陈述没有意义. 当然, 它有清楚的解释.)

练　习　6

1. 设 $(M_\alpha)_{\alpha\in A}$ 是模的指标集,M 是模, 且 $j_\alpha: M_\alpha\to M$ 和 $p_\alpha: M\to M_\alpha$ $(\alpha\in A)$ 是同态.
(1) 假定 $(M,(p_\alpha)_{\alpha\in A})$ 是 $(M_\alpha)_{\alpha\in A}$ 的直积 ,$(j_\alpha)_{\alpha\in A}$ 是内射. 证明 : $(M,(j_\alpha)_{\alpha\in A})$ 是 $(M_\alpha)_{\alpha\in A}$ 的直和当且仅当 A 是有限的.
(2) 假定 $(M,(j_\alpha)_{\alpha\in A})$ 是 $(M_\alpha)_{\alpha\in A}$ 的直和 ,$(p_\alpha)_{\alpha\in A}$ 是投射. 证明 : $(M,(p_\alpha)_{\alpha\in A})$ 是 $(M_\alpha)_{\alpha\in A}$ 的直积当且仅当 A 是有限的.
2. 设 $(M_\alpha)_{\alpha\in A}$ 是模的指标集 ,$K_\alpha\leqslant M_\alpha$ $(\alpha\in A)$, 且设 $i_\alpha: M_\alpha/K_\alpha\to(\oplus_A M_\alpha)/(\oplus_A K_\alpha)$ 和 $p_\alpha:(\prod_A M_\alpha)/(\prod_A K_\alpha)\to M_\alpha/K_\alpha$ 是典范映射. 证明:
(1) $(\oplus_A M_\alpha/\oplus_A K_\alpha,(i_\alpha)_{\alpha\in A})$ 是 $(M_\alpha/K_\alpha)_{\alpha\in A}$ 的直和.
(2) $(\prod_A M_\alpha/\prod_A K_\alpha,(p_\alpha)_{\alpha\in A})$ 是 $(M_\alpha/K_\alpha)_{\alpha\in A}$ 的直积.
3. 设 $(M_\alpha)_{\alpha\in A}$ 是左 $R-$ 模的指标集 ,I 是 R 的左理想. 证明:

$$I(\oplus_A M_\alpha)=\oplus_A IM_\alpha,\quad (\oplus_A M_\alpha)/I(\oplus_A M_\alpha)\cong\oplus_A M_\alpha/IM_\alpha.$$

4. 设 $(M_\alpha)_{\alpha\in A}$ 是模的指标集.
(1) 对于每个 $\alpha\in A$, 设 $j_\alpha: M_\alpha\to M$ 是单同态. 证明: $(M,(j_\alpha)_{\alpha\in A})$ 是 $(M_\alpha)_{\alpha\in A}$ 的直和当且仅当 M 是象 $(Im\ j_\alpha)_{\alpha\in A}$ 的内直和.

(2) 另一方面, 假设每个 M_α 都是 M 的子模, 包含映射为 $i_\alpha: M_\alpha \to M$. 证明 : M 是 $(M_\alpha)_{\alpha\in A}$ 的内直和当且仅当 $(M, (i_\alpha)_{\alpha\in A})$ 是直和. 求证: 可能 M 同构于外直和 $\oplus_A M_\alpha$ 但不同构于 $(M_\alpha)_{\alpha\in A}$ 的内直和.

5. 假设 M 有分解 $M = \oplus_A M_\alpha$. 证明: 如果 $f: M \to N$ 是同构, 则 $N = \oplus_A f(M_\alpha)$.
6. 设 $\phi: R \to S$ 是环同态,M 是左 S-模 ,M 有分解 $M = \oplus_A M_\alpha$. 证明: 关于由 ϕ 诱导的 R-模结构 ,M 也是它的子模 $(M_\alpha)_{\alpha\in A}$ 的内直和.
7. 设 $f_\alpha: M_\alpha \to M$ 和 $g_\alpha: M_\alpha \to M$ 是同态 $(\alpha \in A)$, $f = \oplus_A f_\alpha$ 和 $g = \oplus_A g_\alpha$ 是它们的直和, 且设 $h: M \to N$. 证明 : $f + g = \oplus_A(f_\alpha + g_\alpha)$ 和 $hf = \oplus_A(hf_\alpha)$.
8. 证明 : $\mathbb{Q}/\mathbb{Z} \cong \oplus_{\mathbb{P}}\mathbb{Z}_{p^\infty}$.
9. 设 R 是交换整域 ,$(M_\alpha)_{\alpha\in A}$ 是 R-模的指标集. 证明: 每个 M_α 都是可除的 (无扭的) 当且仅当 $\prod_A M_\alpha(\oplus_A M_\alpha)$ 是可除的 (无扭的). [提示: 见练习 (3.14) 和 (3.15).]
10. 设 M 是无扭 Abel 群 (练习 (3.14)). 证明: 存在单同态 $f: M \to \mathbb{Q}^M$.[提示: 如果 $0 \neq x \in M$, 则存在同态 $f_x: M \to \mathbb{Q}$ 使得 $f_x(x) \neq 0$. (练习 (5.19)).]
11. (1) 证明: $\mathbb{Z}^\mathbb{N}/\mathbb{Z}^{(\mathbb{N})}$ 不能嵌入积 $\mathbb{Z}^A$ 中.[提示: 设 $x \in \mathbb{Z}^\mathbb{N}$ 对于每个 $n \in \mathbb{N}$ 满足 $\pi_n(x) = 2^n$. 它在 $\mathbb{Z}^\mathbb{N}/\mathbb{Z}^\mathbb{N}$ 中的象整除 2 的每个幂.]

    (2) 证明: 自然单同态 $0 \to \mathbb{Z}^{(\mathbb{N})} \to \mathbb{Z}^\mathbb{N}$ 不可分.
12. 设 $M_1, M_2, \cdots$ 是 M 的子模的无关序列. 求证: 可能每个和 $\sum_{i=1}^n M_i$ 是 M 的直和项, 但 $\sum_{n=1}^\infty M_n = \oplus_{n=1}^\infty M_n$ 不是 M 的直和项.[提示: 练习 (6.11).]
13. 设 $M_1 \leqslant M_2 \leqslant \cdots$ 是 M 的子模链, 其中每个 M_n 都是 M 的直和项. 证明: 存在 M 的直和项的序列 $M_1', M_2', \cdots$ 使得 $M_n = M_1' \oplus M_2' \oplus \cdots \oplus M_n'$ $(n = 1, 2, \cdots)$. [提示: 见练习 (5.4.2).]
14. 设 $\mathscr{K}$ 是 M 的非零子模集, 且 $N \leqslant M$.

    (1) 证明: 存在 $\mathscr{K}$ 中的指标集 $(K_\alpha)_{\alpha\in A}$ 关于 $N + \sum_A K_\alpha = N \oplus (\oplus_A K_\alpha)$ 极大. [提示: 对无关指标集 $(K_\alpha)_{\alpha\in A}$, 其中 $N \cap (\sum_A K_\alpha) = 0$, 应用极大值原理.]

    (2) 特别地, 如果 $M = \oplus_A K_\alpha$, 则存在子集 $B \subseteq A$ 关于 $N \cap (\oplus K_\beta) = 0$ 极大. 求证: 尽管 N 是 M 的直和项, 但和 $N + \sum_B K_\beta$ 不一定是 M 的直和项.[提示: 练习 (5.4.3).]
15. 设 ${}_RM$ 有有限生成集. 证明:M 的每个直和分解 $M = \oplus_A M_\alpha$, 至多有有限多个非零项. 另一方面, 证明: 项的个数不一定是有界的.
16. 设 M 是模 ,A 是集合, 则由定义得

    $$card(M^{(A)}) \leqslant card(M^A) = (card M)^{(card A)}.$$

    证明: 设 $M \neq 0$

    (1) 如果 A 是无限的, 或 M 是无限的, 则 $card(M^{(A)}) = (card M) \cdot (card A)$. [提示: 考虑由 $M \times A$ 的有限子集构成的集合 (见 (0.10))].

    (2) $card(\mathbb{R}^\mathbb{N}) = card(\mathbb{R}^{(\mathbb{N})})$ (但这些实向量空间不同构, 你能证明吗?).
17. 设 M 是左 $R-$ 模, A 和 B 是集合. 映射 $\phi: (M^A)^B \to (M^B)^A$ 和 $\theta: (M^A)^B \to M^{A\times B}$ 由

    $$[(\phi f)(a)](b) = [f(b)](a) \quad 和 \quad [\theta(f)(b)](a) = f(a, b)$$

    定义. 证明:

    (1) ϕ 和 θ 都是左 R-同构.

(2) ϕ 在 $(M^A)^{(B)}$ 上的限制是到 $(M^{(B)})^A$ 的单同态.

(3) (2) 的限制不一定是满同态.

18. 设 $(M_\alpha)_{\alpha\in A}$ 是 M 的子模的指标集. 称它是**上无关的**, 如果对于每个 $\alpha\in A$, 有 $M_\alpha+(\cap_{\beta\neq\alpha}M_\beta)=M$. 这便产生了和内直和概念对偶的概念. 实际上, 考虑按坐标定义为

$$\pi_\alpha f: x\mapsto x+M_\alpha$$

的同态 $f: M\to\prod_A(M/M_\alpha)$, 证明:

(1) f 是单同态当且仅当 $\cap_A M_\alpha=0$.

(2) 如果 f 是满同态, 则 $(M_\alpha)_{\alpha\in A}$ 是上无关的. [提示: 对于每个 $x\in M$ 和 $\alpha\in A$ 都存在 x_α 使得 $\pi_\beta f(x_\alpha)=\delta_{\alpha\beta}x+M_\beta(\beta\in A)$.]

(3) 如果 A 是有限的 ,$(M_\alpha)_{\alpha\in A}$ 是上无关的, 则 f 是满同态.

19. 设 $(M_\alpha)_{\alpha\in A}$ 是模的指标集 ,$M\leqslant\prod_A M_\alpha$. 称 M 是 $(M_\alpha)_{\alpha\in A}$ 的**亚直积**, 如果对于每个 $\alpha\in A$, $(\pi_\alpha|M): M\to M_\alpha$ 都是满同态. 显然 $\prod_A M_\alpha$ 和 $\oplus_A M_\alpha$ 是 $(M_\alpha)_{\alpha\in A}$ 的亚直积.

(1) 设 $C(\mathbb{R})\leqslant\mathbb{R}^{\mathbb{R}}$ 是一切函数 $f:\mathbb{R}\to\mathbb{R}$ (在通常的术语中是连续的) 构成的 $\mathbb{R}-$ 子模. 证明: $C(\mathbb{R})$ 是 $card\mathbb{R}$ 个 $\mathbb{R}$ 的亚直积. 推断亚直积不一定包含直和.

(2) 证明: 模 M 同构于 $(M_\alpha)_{\alpha\in A}$ 的亚直积当且仅当存在满同态 $f_\alpha: M\to M_\alpha$ 的指标类 $(f_\alpha)_{\alpha\in A}$ 使得 $\cap_A Kerf_\alpha=0$.

(3) 证明: $\mathbb{Z}$ 同构于 $(\mathbb{Z}_n)_{n>1}$ 的亚直积. 而且, 证明: 如果 A 是 $\mathbb{N}$ 的无限子集 (例如, 如果 $A=\mathbb{P}$), 则 $\mathbb{Z}$ 同态于 $(\mathbb{Z}_n)_{n\in A}$ 的亚直积.

(4) 证明: 如果 $X\subseteq\mathbb{R}$ 是稠密子集 (例如, 如果 $X=\mathbb{Q}$), 则 $C(\mathbb{R})$ 同构于 $cardX$ 个 R 的亚直积. [提示: 见 (1) 和 (2).]

20. 就目的而言, 亚直积的概念不是十分清晰的. 甚至类似于练习 (6.19) 中的简单例子都可以使我们清楚可用大量不同的方法把单模表示为亚直积. 然而, 做为一个极端情况, 我们说非零模 M 是亚直不可约的, 如果存在单同态 $f: M\to\prod_A M_\alpha$ 使得每个 $\pi_\alpha f$ 都是满同态, 则至少有一个 $\pi_\alpha f$ 是同构. 这样, 如果 M 是亚直不可约的, 则只要它同构于一些模的亚直积, 实际上它必同构于其中之一.

(1) 证明: ${}_RM$ 是亚直不可约的当且仅当它的非零模的交是非零的.(见练习 (6.19.2).)

(2) 利用极大值原理证明: 如果 $0\neq x\in M$, 则存在子模 $N_x<M$ 关于性质 $x\notin N_x$ 是极大的. 再证明: M/N_x 是亚直不可约的.

(3) 证明: 每个模都同构于亚直不可约模的亚直积.[提示: $\cap_{x\neq 0}N_x=0$.]

21. 设 ${}_RM$ 是非零模. 令 $T=End({}_RM)$. 设 $A\neq\varnothing$. 形式上每个 $(x_\alpha)_{\alpha\in A}\in M^{(A)}$ 都可看作 M 上的 $1\times A$ 行有限矩阵. 如果 $[[t_{\alpha\beta}]]$ 是 T 上的 A 阶行有限矩阵, 且定义为

$$(x_\alpha)_{\alpha\in A}[[t_{\alpha\beta}]]=(\sum_{\alpha\in A}x_\alpha t_{\alpha\beta})_{\beta\in A}.$$

(1) 证明: 关于这个右标量乘法 ,$M^{(A)}$ 是左 R-右 $\mathbb{RFM}_A(T)$-双模.

(2) 证明: 当 ${}_RM$ 是平衡模时, (1) 中的双模是平衡的.

(3) 证明:

$$End({}_RR^{(A)})\cong\mathbb{RFM}_A(R) \quad 和 \quad BiEnd({}_RR^{(A)})\cong R.$$

22. 设 $m,n\in\mathbb{N}$. 则 $Hom_R({}_RR^{(m)},{}_RR^{(n)})$ 是左 $\mathbb{M}_m(R)$-右 $\mathbb{M}_n(R)$-双模. (见 (4.4) 和练习 (6.21).) 证明: 存在双模同构

$$\theta: Hom_R({}_RR^{(m)},{}_RR^{(n)})\to\mathbb{M}_{m\times n}(R)$$

使得 $[r_1,\cdots,r_n]\theta(f)=f(r_1,\cdots,r_m)$.

§ 7. 环 的 分 解

对于每个环 R, 都存在三个 "正则" 模 ${}_RR, R_R$ 和 ${}_RR_R$, 而且每个都有它自己的分解理论. 前面几节的讨论给了我们关于 ${}_RR$ 和 R_R 的分解的基本信息. 实际上, 正如我们在 (4.11) 中所见, 右乘法 ρ 和左乘法 λ 是环同构:

$$\rho: R\to End({}_RR),\quad \lambda: R\to End(R_R).$$

从而, 应用 (5.8) 和 (5.6) 可给出 ${}_RR(R_R)$ 的直和项的刻画.

7.1 命题　环 R 的左理想 I 是 ${}_RR$ 的直和项当且仅当存在幂等元 $e\in R$ 使得

$$I=Re.$$

而且, 如果 $e\in R$ 是幂等元, 则 $1-e$ 亦然 ,Re 和 $R(1-e)$ 是彼此的直补, 即

$${}_RR=Re\oplus R(1-e).\qquad \square$$

并不是 ${}_RR$(或 R_R) 的直和分解都有无限多个非零的直和项. 假设

$$R=\oplus_A I_\alpha$$

作为左理想 $(I_\alpha)_{\alpha\in A}$ 的直和是 ${}_RR$ 的分解, 且 $(p_\alpha)_{\alpha\in A}$ 是投射映射 $p_\alpha: R\to I_\alpha$. 由 (6.21) 得, 对于至多有限个 $\alpha\in A$, $p_\alpha(1)\neq 0$. 但

$$I_\alpha=Im\ p_\alpha=Rp_\alpha(1),$$

因此对于至多有限多个 $\alpha\in A, I_\alpha\neq 0$. 应该注意, 出现在 ${}_RR$(或 R_R) 的直和分解中的非零项数可能无限 (考虑 $\mathbb{Z}^{\mathbb{N}}$). 注意到 $e_1,e_2,\cdots,e_n\in R$ 是两两正交的幂等元的完全集当且仅当

$$e_ie_j=\delta_{ij}e_i\ \ (i,j=1,\cdots,n),$$

$$1=e_1+\cdots+e_n,$$

由 (6.20) 我们有 (7.1) 的下列推广:

7.2 命题 设 $I_1, \cdots, I_n$ 是环 R 的左理想, 则下列命题关于左 R-模 $_RR$ 是等价的:

(a) $R = I_1 \oplus \cdots \oplus I_n$;

(b) 每个元素 $r \in R$ 都有唯一的表达式

$$r = r_1 + \cdots + r_n,$$

其中 $r_i \in I_i$ $(i = 1, \cdots, n)$.

(c) 存在 (一定唯一) 环 R 中两两正交的幂等元的完全集 $e_1, \cdots, e_n$, 使得

$$I_i = Re_i \ (i = 1, \cdots, n).$$

特别要注意, 如果 $e_1, \cdots, e_n$ 是 R 中的幂等元, 且满足 (c), 则对于每个 $r \in R$, 有

$$r = re_1 + \cdots + re_n.$$

因此在唯一的表达式 $r = r_1 + \cdots + r_n$ 中 (r 是 (b) 中所陈述的), 我们有 $r_i = re_i$ $(i = 1, \cdots, n)$. 由于右正则模 R_R 的分解也有类似于 (7.2) 的一个结果, 从而我们有

7.3 推论 如果 $e_1, \cdots, e_n$ 是环 R 中两两正交的幂等元的完全集, 则

$$_RR = Re_1 \oplus \cdots \oplus Re_n,$$

$$R_R = e_1R \oplus \cdots \oplus e_nR.$$

我们知道, 称幂等元 $e \in R$ 是本原的, 如果它是非零的, 而且不能表示成非零的正交幂等元之和 $e = e' + e''$. 称 R 的**左 (右) 理想是本原的**, 如果对于某个本原幂等元 $e \in R$, 它具有 $Re(eR)$ 的形式. 由于 Re 的自同态环同构于 eRe, 从而由 (5.10) 和 (5.11) 我们有

7.4 推论 设 $e \in R$ 是非零幂等元, 则下列命题等价:

(a) e 是本原幂等元;

(b) Re 是 R 的本原左理想;

(c) eR 是 R 的本原右理想;

(d) Re 是 $_RR$ 的不可分解的直和项;

(e) eR 是 R_R 的不可分解的直和项;

(f) 环 eRe 只有一个非零的幂等元, 即 e. □

在后面的章节中, 我们将更多地关注模的 "不可分解的分解" 的存在性和性质 (例如见 §12). 对于 $_RR$, 这就是指 $_RR$(一定) 是有限多个本原左理想的直和, 或由 (7.2) 和 (7.4) 是指

7.5 推论 对于环 R, 左正则模 $_RR$ 是本原左理想的直和 $I_1 \oplus \cdots \oplus I_n$ 当且仅当存在 R 中两两正交的本原幂等元的完全集使得

$$I_i = Re_i \quad (i = 1, \cdots, n). \qquad \square$$

当然, (7.4) 和 (7.3) 表明如果 $_RR$ 有不可分解的分解, 则 R_R 亦然. 对于 R, 这样的分解的存在性远离平常的讨论, 但在实际中我们遇到的许多环都有不可分解的左和右分解. (见练习 (7.4)) 我们将在第七章中进一步展开讨论.

现在假设 R 有作为理想直和的分解, 即假设

$$_RR = R_1 \oplus \cdots \oplus R_n,$$

其中每个 R_i 都是 R 的非零双边理想. 据 (7.2) 知存在 R 中非零的两两正交的幂等元构成的唯一集合 $u_1, \cdots, u_n$, 使得

$$1 = u_1 + \cdots + u_n,$$

$$R_i = Ru_i \quad (i = 1, \cdots, n).$$

对于每个 i, 由于 $u_i \in R_i$, 且 R_i 是理想, 则 $u_iR \subseteq R_i$. 因此, 如果 $i \neq j$, 则有

$$u_iRu_j \subseteq u_iR \cap Ru_j \subseteq R_i \cap R_j = 0.$$

这样, 对于每个 $r \in R$, 有

$$\begin{aligned} u_ir &= (u_ir)(1) = u_ir(u_1 + \cdots + u_n) \\ &= u_iru_i = (u_1 + \cdots + u_n)ru_i = ru_i. \end{aligned}$$

也就是说, 每个 u_i 都是中心幂等元, 每个

$$R_i = Ru_i = u_iR = u_iRu_i$$

都是环, 其中单位元为 u_i. 反之, 如果 $u_1, \cdots, u_n$ 是 R 中非零的中心幂等元的正交集, 且满足 $1 = u_1 + \cdots + u_n$, 则显然每个

$$R_i = Ru_i \quad (i = 1, \cdots, n).$$

都是 R 的理想, 而且有

$$_RR = R_1 \oplus \cdots \oplus R_n.$$

注意, 这也是 R 作为右模 R_R 和作为双模 $_RR_R$ 的分解. 当 R 有这样的分解时, 我们称 R 是理想 $R_1, \cdots, R_n$ 的**环直和**, 称 $R_1, \cdots, R_n$ 为 R 的**环直和项**, 且记为

$$R = R_1 \dot{+} \cdots \dot{+} R_n.$$

我们也说这是 R 的**环分解**.

现在假设 R 是理想 $R_1, \cdots, R_n$ 的环直和, 且 $u_1, \cdots, u_n$ 是相伴的中心幂等元, 则易证由

$$r \mapsto (ru_1, \cdots, ru_n) \quad (r \in R)$$

定义的映射是 R 到环 $R_1, \cdots, R_n$ 的笛卡儿积 $R_1 \times \cdots \times R_n$ 上的环同构. 反之, 如果 $R_1, \cdots, R_n$ 是环的有限序列, 且 $\iota_1, \cdots, \iota_n$ 是这些环到积 $R_1 \times \cdots \times R_n$ 内的典范内射, 则易证

$$R_1 \times \cdots \times R_n = \iota_1(R_1) \dot{+} \cdots \dot{+} \iota_n(R_n).$$

当然, 此分解在 $R_1 \times \cdots \times R_n$ 内的中心幂等元恰是 $\iota_1(1_1), \cdots, \iota_n(1_n)$, 即环 $R_1, \cdots, R_n$ 的单位元的自然象. 概括起来我们有

7.6 命题 设 $R_1, \cdots, R_n$ 是 R 的非零双边理想, 则下列命题等价:

(a) $R = R_1 \dot{+} \cdots \dot{+} R_n$;

(b) ${}_RR = R_1 \oplus \cdots \oplus R_n$;

(c) 作为 *Abel* 群, R 是 $R_1, \cdots, R_n$ 的直和;

(d) 存在两两正交的中心幂等元 $u_1, \cdots, u_n \in R$ 使得 $1 = u_1 + \cdots + u_n$,

$$R_i = Ru_i \quad (i = 1, \cdots, n). \qquad \square$$

我们应用术语 "环" 直和可能会与范畴理论的术语相冲突, 实际上在环的范畴中没有直和 (= 上积) (见练习 (7.18).). 庆幸的是在一般范畴理论中普遍应用的术语是 "上积". 因此我们应该承认历史先例, 并且时常希望在模分解的上下文中不顾这个细微的冲突来看待此概念.

称环 R 是不可分解的, 如果它没有多于一项的环分解.

7.7 推论 环 R 是不可分解环当且仅当 1 是 R 中仅有的非零中心幂等元.

证明 由 (7.6), 充分性是显然的. 反之, 如果 u 是非零的中心幂等元, 则 $1-u$ 和 u 都是正交的中心幂等元, 因此据 (7.6) 知如果 R 是不可分解的, 则有 $1-u=0$, $u=1$. $\square$

一般地, 环不一定有到不可分解环的环分解 (见练习 (7.8).). 然而, 如果这样的分解存在, 则在很强的意义下它是唯一的.

7.8 命题 设 $R = R_1 \dot{+} \cdots \dot{+} R_n$ 是 R 的环分解, 其中每个 $R_1, \cdots, R_n$ 作为环都是不可分解的. 设 $u_1, \cdots, u_n$ 是此分解的中心幂等元. 如果 $R = S_1 \dot{+} \cdots \dot{+} S_m$ 是 R 的环分解, $v_1, \cdots, v_m$ 是相伴的中心幂等元, 则存在 $\{1, \cdots, n\}$ 的一个分类 $A_1, \cdots, A_m$ 使得

$$v_i = \sum_{A_i} u_j \quad (i = 1, \cdots, m).$$

因此, 特别地有

$$S_i = \dot{+}_{A_i} R_j \quad (i = 1, \cdots, m).$$

证明 对于每个 i 和 j, 易见 $v_i u_j$ 是 R_j 的中心幂等元, 因此由 (7.7) 得或者 $v_i u_j = 0$ 或者 $v_i u_j = u_j$. 令

$$A_i = \{j \mid v_i u_j = u_j\}.$$

由于 $v_1, \cdots, v_m$ 是正交的, 从而 $A_1, \cdots, A_m$ 是两两不相交的, 而且又 $1 = v_1 + \cdots + v_m$, 于是有 $A_1 \cup \cdots \cup A_m = \{1, \cdots, n\}$. 最后, 由 $1 = u_1 + \cdots + u_n$, 可得 $v_i = v_i u_1 + \cdots + v_i u_n = \sum_{A_i} u_j$. □

任意环的中心幂等元形成一个布尔代数, 而且上述证明的最后结果实际上是布尔代数的一个命题的特殊情形 (见练习 (7.7).).

存在一个重要的环类, 它有作为不可分解环的直和分解. 所谓不可分解环 R, 就是模 $_RR$ 有作为本原左理想的直和分解. 实际上, 对于这样的环 R, 存在一个有价值的方法, 此方法可以从 R 的任意 (可能有许多) 左分解中确定 R 的 (一定唯一) 不可分解环的分解. 这样, 如果 $_RR$ 有作为本原左理想直和的分解, 则据 (7.5) 知在 R 中两两正交的本原幂等元的完全集 $e_1, \cdots, e_n$. 令

$$E = \{e_1, \cdots, e_n\}.$$

我们在 E 上定义一个关系 $\sim$:

称 $e_i \sim e_j$, 如果存在 $1 \leqslant k \leqslant n$ 使得

$$e_k R e_i \neq 0, \quad e_k R e_j \neq 0.$$

易见, $\sim$ 是 E 上自反和对称关系. 将 $\sim$ 扩展, 可以得到 E 上的一个等价关系 $\approx$:

称 $e_i \approx e_j$, 如果存在 $\{1, \cdots, n\}$ 中的序列 $i_1, \cdots, i_t$ 使得

$$e_i \sim e_{i1} \sim \cdots \sim e_{it} \sim e_j.$$

注意, 如果 $u \in R$ 是非零中心幂等元, 且 $ue_i \neq 0$, 则 ue_i 和 $(1-u)e_i$ 是正交幂等元 , $e_i = ue_i + (1-u)e_i$, 且 e_i 是本原的, 因此 $ue_i = e_i$. 从而如果 $e_i, e_k \in E$ 满足 $e_k R e_i \neq 0$ 和 $ue_i \neq 0$, 则 $ue_k R e_i = e_k R u e_i = e_k R e_i \neq 0$, $0 \neq ue_k = e_k$. 照此论证可知, 如果 $e_i \sim e_j$, 那么 $ue_i \neq 0$ 当且仅当 $ue_j \neq 0$. 由此可知, 如果 $e_i \approx e_j$, 则

$$ue_i \neq 0 \text{ 当且仅当 } ue_j \neq 0.$$

令 $E_1, \cdots, E_m$ 是 E 的 $\approx$ 等价类. 对于每个 $i = 1, \cdots, m$, 设

$$u_i = \sum E_i$$

是类 E_i 中的幂等元 e_j 的和, 则 (练习 (7.5)) 每个 u_i 都是 R 的非零幂等元, 而且集合 $u_1, \cdots, u_m$ 是两两正交的,$1 = u_1 + \cdots + u_m$. 这些幂等元 $u_1, \cdots, u_m$ 称为 R 的**块幂等元**, 环 $u_1Ru_1, \cdots, u_mRu_m$ 是 R 中由 E 决定的**块**. 作为下面结果的一个推论, 这些块幂等元和它们的块与本原幂等元 E 无关.

7.9 块分解定理 设一个环 R 的单位元可写成和

$$1 = e_1 + \cdots + e_n,$$

其中 $e_1, \cdots, e_n$ 是两两正交的本原幂等元. 设 $u_1, \cdots, u_m$ 是 R 中由 $E = \{e_1, \cdots, e_n\}$ 决定的块幂等元, 则 $u_1, \cdots, u_m$ 是两两正交的中心幂等元,

$$1 = u_1 + \cdots + u_m.$$

而且, 每个块 u_iRu_i $(i = 1, \cdots, m)$ 是不可分解环, 且

$$R = (u_1Ru_1)\dot{+} \cdots \dot{+}(u_mRu_m)$$

是到不可分解环 R 的 (一定唯一) 分解.

证明 正如上面的说明, $u_1, \cdots, u_m$ 是两两正交的, 且 $1 = u_1 + \cdots + u_m$. 如果 $i \neq j$, 则由 $\sim$ 的定义方式得 $u_iRu_j = 0$. 因此对于每个 $r \in R$, 我们有 $u_ir = u_ir(u_1 + \cdots + u_m) = u_iru_i = (u_1 + \cdots + u_m)ru_i = ru_i$, 即每个 u_i 都是中心的. 为了完成证明我们只需证明 u_i 是 u_iRu_i 的唯一的非零中心幂等元. 相反地, 如果存在非零的中心幂等元 $v \in u_iRu_i$ 使得 $v \neq u_i$, 则 $w = u_i - v$ 和 v 是 R 中正交的非零中心幂等元, 且满足

$$v = vu_i, \quad w = wu_i.$$

从而, 如果 E_i 是 u_i 在 $\{e_1, \cdots, e_m\}$ 内的类, 则一定存在 $e_j, e_k \in E_i$ 使得

$$ve_j \neq 0, \quad we_k \neq 0.$$

由于 e_j 和 e_k 是本原的, 从而这就意味着有

$$ve_j = e_j, \quad we_k = e_k.$$

由 $vw = 0$ 可推断出

$$ve_j \neq 0, \quad we_k = 0.$$

正如我们在先前定理的讨论中所见, 这与 $e_j \approx e_k$ 矛盾. □

环 R 的分解理论和它的左正则模 ${}_RR$ 的分解理论以及它的右正则模 R_R 的分解理论都完全等价于它的幂等元的分解理论. 由于环同态保持幂等元, 从而 R 的直和项产生了 R 的商环的直和项. 特别地, 我们有

7.10 命题　设 I 是环 R 的真理想. 如果 $e \in R$ 是 R 的 (中心) 幂等元, 则 $e+I$ 是商环 R/I 的 (中心) 幂等元, 而且作为左 R-模和左 R/I-模, 有

$$(R/I)(e+I) = (Re+I)/I \cong Re/Ie.$$

特别地, 如果 $e_1, \cdots, e_n \in R$ 是由 R 中两两正交的幂等元构成的集合, 且 $1 = e_1 + \cdots + e_n$, 则作为 R-模和左 R/I-模, 有

$$R/I \cong Re_1/Ie_1 \oplus \cdots \oplus Re_n/Ie_n.$$

证明　大多数结果都是自然映射 $R \to R/I$ 是满的环同态这个事实的推论. 最后, 由于

$$Re \cap I = \{re \in R \mid re \in I\} = Ie,$$

由 (3.7.3) 我们有

$$(Re+I)/I \cong Re/(Re \cap I) = Re/Ie. \qquad \square$$

当然, 在 R 的商环中与其说可能存在大量的分解不如说这些分解都是继承 R 的. 实际上, 如果 I 是 R 的理想, 且 $e \in R \setminus I$ 是本原幂等元, 则 $e+I$ 显然是 R/I 的幂等元, 但不一定是本原的. 在后面 (见 § 27) 我们将考虑十分有趣的问题, 即把 R/I 的分解 "提升" 到 R 的分解的决定条件.

练　习　7

1. 设 R 是 $\mathbb{Z}_2$ 上一切 2×2 上三角矩阵环. (见练习 (2.7.2).)
   (1) 写出 ${}_RR$ 和 R_R 的一切直和项.
   (2) 对 (1) 中的每个直和项, 写出生成它的一切幂等元.
   (3) 找出两个幂等元 $e, f \in R$, 使得 $Re = Rf, eR \neq fR$.
2. 设 e 和 f 是环 R 中的幂等元. 证明:
   (1) $Re = Rf$ 当且仅当对于某个 $x \in R$, 有 $f = e + (1-e)xe$. [见练习 (5.13)]
   (2) $Re \cong Rf$ 当且仅当存在 $x \in eRf$ 和 $y \in fRe$ 使得 $xy = e$, $yx = f$.
   (3) $Re \cong Rf$ 当且仅当 $eR \cong fR$.
   (4) 如果 $e, f \in CenR$ (尤其, 如果 R 是交换的), 则 $Re \cong Rf$ 当且仅当 $e = f$.
3. 设 V_Q 是域 Q 上的向量空间, 且 $R = End(V_Q)$.
   (1) 证明: 幂等元 $e \in R$ 是本原的当且仅当 $dim(Im\ e) = 1$.
   (2) 证明: 如果 $e, f \in R$ 是本原幂等元, 则 $Re \cong Rf$. [见练习 (7.2.2)]
   (3) 证明: 如果 $dimV = n$, 则 R 有两两正交的本原幂等元的完全集 $e_1, \cdots, e_n$.
4. 设 Q 是域, 且 $n > 1$. 考虑 $\mathbb{M}_n(Q)$.
   (1) 找出由 $\mathbb{M}_n(Q)$ 中两两正交的本原幂等元构成的一个完全集.[提示: 见练习 (7.3.2).]
   (2) 找出由一切 $n \times n$ 上三角矩阵子环 R 中的两两正交的本原幂等元构成的两个不同的完全集.

5. 设 $e_1, \cdots, e_n$ 是环 R 中两两正交的幂等元.
(1) 证明: $e = e_1 + \cdots + e_n$ 是 R 中的幂等元.
(2) 证明: 如果 $e \neq 1$, 则 $e_1, \cdots, e_n, 1-e$ 是 R 中两两正交的幂等元的完全集.

6. 设 e, f 是环 R 的幂等元.
(1) 证明: 如果 $ef = fe$ 或 $fe = 0$, 则 $e + f - ef$ 是幂等元, 且 $Re + Rf = R(e + f - ef)$.
(2) 求证下述是可能的: 当 e 和 f 不是正交的时, 有 $ef = 0$.
(3) 证明: $Re + Rf = Re \oplus R(f - fe)$.
(4) 求证: 一般地 $e + f - ef$ 不一定是幂等元. [提示: 考虑 $\mathbb{M}_2(\mathbb{Z})$.]

7. (1) 设 B 是布尔环. (见练习 (1.13).) 假设存在两两正交的本原幂等元的集合 $e_1, \cdots, e_n \in B$ 使得 $1 = e_1 + \cdots + en$. 证明: 如果 $a \in B$ 是非零的, 则存在唯一的子集 $\{i_1, \cdots, i_m\} \subseteq \{1, \cdots, n\}$ 使得 $a = e_{i_1} + \cdots + e_{i_m}$.
(2) 设 $B(R)$ 是由环 R 的中心幂等元构成的集合. 由 $e\#f = e + f - ef$ 定义 $B(R)$ 上的运算 $\#$. 证明: 关于 R 的乘法和加法 $\#$, $B(R)$ 是布尔环.

8. 设 R 是由一切连续函数 $f : \mathbb{Q} \to \mathbb{R}$ 构成的环. 证明: 存在从 $B(R)$ (见练习 (7.7)) 到由 $\mathbb{Q}$ 的闭集构成的集合的双射. 且可推断出 R 有无限多个由两两正交的幂等元构成的完全集, 但每个幂等元都不是本原的.

9. 设 ρ 是集合 A 上的任意关系. 如果存在有限序列 $x_1, \cdots, x_n \in A$ 使得 $a\rho x_1, x_n\rho b$, $x_i\rho x_{i+1} i = 1, \cdots, n-1)$, 则说 $a\hat{\rho}b$. 由 $a\hat{\rho}b$ 定义了 A 上的一个关系 $\hat{\rho}$. 显然 $\rho = \hat{\rho}$ 当且仅当 ρ 是传递的.
(1) 证明: $\hat{\rho}$ 是传递的, 它是 ρ 的**传递扩张**.
(2) 证明: 如果 ρ 是自反的, 对称的, 则 ρ 是一个等价关系.

10. 设 $E = \{e_1, \cdots, e_n\}$ 是环 R 的两两正交的本原幂等元的完全集. 说 $e_i \sim e_j$, 如果对于某个 $e_k, e_kRe_i \neq 0$, 有 $e_kRe_j \neq 0$. 如果 $e_iRe_j \neq 0$ 或者 $e_jRe_i \neq 0$, 则说 $e_i\rho e_j$. 由 $e_i\rho e_j$ 可定义 E 上的一个关系 ρ.
(1) 求证: ρ 和 $\sim$ 不一定相同.[提示: 考虑上三角矩阵.]
(2) 证明: ρ 和 $\sim$ 有相同的传递扩张.

11. 设 I 是环 R 的非零左理想. 如果 I 是 R 的环直和项, 则它既是 ${}_RR$ 的直和项又是 R 的理想.
(1) 求证: 上述结果的逆命题不正确. [提示: 考虑上三角矩阵.]
(2) 求证: R 的非零理想 I 是环直和项当且仅当存在幂等元 $e \in R$ 使得 $I = eR = Re$.

12. 设 R 是环 ,I 是 R 的左理想. 证明:
(1) 如果 I 是 ${}_RR$ 的直和项, 则 $I^2 = I$.
(2) 尽管 R 是交换环, 但 $I^2 = I$ 不能推出 I 是直和项. [提示: 域的无限积 .]
(3) 如果 R 是交换环, I 是有限生成的, 且 $I^2 = I$, 则 I 是直和项.[提示: $I = Rx_1 + \cdots + Rx_n = Ix_1 + \cdots + Ix_n$. 假设 $t_i \in I$ 满足 $(1 - t_i)I \subseteq Ix_i + \cdots + Ix_n$. 则存在 $t_{i+1} \in I$ 使得 $(1 - t_{i+1})I \subseteq Ix_{i+1} + \cdots + Ix_n$. 令 $e = t_{n+1}$, 注意 $I = Re$.]

13. 设 $I_1, \cdots, I_n$ 是环 R 的理想. 称它们是 **(两两) 互极大的**, 如果当 $i \neq j$ 时 ,$I_i + I_j = R$. 例如, 如果每个 I_i 都是极大理想, 则这些理想是互极大的.
(1) 证明**中国剩余定理**: 如果 $I_1, \cdots, I_n$ 是互极大理想, 则自然映射 $\phi : R \to R/I_1 \times \cdots \times R/I_n$ 是满的环同态, 核为 $I_1 \cap \cdots \cap I_n$. [提示: $(R, R)-$ 双模 $I_1, \cdots, I_n$ 是上无关的 (见

练习 (6.18)); 例如,

$$I_1 + \cap_{i=2}^n I_i \supseteq (I_1 + I_2)\cdots(I_1 + I_n) = R^{n-1} = R\ .]$$

(2) 由 (1) 可推出初等数论的经典结果——中国剩余定理.

14. 设 R 是域 Q 上 $n\times n$ $(n>1)$ 上三角矩阵环. 对于每个 k, 设 $I_k = \{[[a_{ij}]] \in R \mid a_{kk}=0\}$, $J=\cap_{k=1}^n I_k$.

(1) 证明: 每个 I_k 都是 R 的极大理想 ,$R/I_k \cong Q$.

(2) 利用中国剩余定理 (练习 (7.13)) 证明 : R/J 同构于 n 个 Q 的积.

15. 设 R 是环, I 是 R 的理想, 且 $u\in R$ 是模 I 的幂等元 (即 ,$u^2-u\in I$). 说 u **可以提升**为环 R 的幂等元, 如果存在幂等元 $e\in R$ 使得 $e-u\in I$.

(1) 设 $1<n\in\mathbb{N}$. 证明: 如果 n 不是素数的幂, 则存在 $\mathbb{Z}$ 中模 $\mathbb{Z}_n$ 的幂等元不能提升为 $\mathbb{Z}$ 的幂等元.

(2) 证明: 如果 R 是域 Q 上 $n\times n$ 上三角矩阵环, 且 J 是对角线上为零的矩阵的理想, 则模 J 的每个幂等元都可以提升为 R 的幂等元.[提示: 见练习 (7.14) 和 (7.7).]

(3) 证明: 如果 R 和 (2) 中一样, 则存在模 J 的中心幂等元不能提升为 R 的中心幂等元.

16. 设 $(R_\alpha)_{\alpha\in A}$ 是环的指标集, 且 R 是 $\prod_A R_\alpha$ 的子环. 如果对于每个 $\alpha\in A$, 同态 $(\pi_\alpha|R):R\to R_\alpha$ 都是满射, 则称 R 是 $(R_\alpha)_{\alpha\in A}$ 的**亚直积** (见练习 (6.19)).

(1) 设 $(I_\alpha)_{\alpha\in A}$ 是环 R 的理想的指标集. 证明: 由 $\pi_\alpha\phi: r\mapsto r+I_\alpha$ 按坐标定义的自然映射 $\phi: R\mapsto \prod_A(R/I_\alpha)$ 的象是 $(R/I_\alpha)_{\alpha\in A}$ 的亚直积, 其中 $Ker\ \phi=\cap_A I_\alpha$.

(2) 证明: 存在环的两个指标集 $(R_\alpha)_{\alpha\in A}$ 和 $(S_\beta)_{\beta\in B}$, 其中 R_α 和 S_β 两两不同构使得环 $\mathbb{Z}$ 既同构于 $(R_\alpha)_{\alpha\in A}$ 的亚直积又同构于 $(S_\beta)_{\beta\in B}$ 的亚直积.

(3) 设 R 是布尔环 ,$0\neq x\in R$. 证明: 存在 R 的极大理想 I_x 使得 $x\notin I_x$. 可推断 R 同构于若干个 $\mathbb{Z}_2$ 的亚直积. [提示: 注意: $R(1-x)$ 是不包含 x 的真理想. 见练习 (1.13).]

17. 设 G 是阶为 n 的群 ,K 是交换环 ,$n=n\cdot 1$ 在 K 中是可逆的. 设 $R=KG$ 是 K 上 G 的群环 (见练习 (1.15)), 且 I 是 R 的左理想. 则显然 R 是左 K-模, I 是 ${}_KR$ 的 K-子模.

(1) 假设 ${}_KI$ 是 ${}_KR$ 的直和项, 投射映射为 $p:{}_KR\to{}_KI$ (沿着 ${}_KR$ 中 ${}_KI$ 的某个补), 令

$$e=n^{-1}\sum_G g^{-1}p(g).$$

证明: 对于每个 $h\in G$, $he=n^{-1}\sum_G g^{-1}p(gh)$, 则可推断 e 是 R 中的幂等元, $e\in I$, 且对于每个 $x\in I$, 有 $xe=x$.

(2) 证明: ${}_KI$ 是 ${}_KR$ 的直和项当且仅当 ${}_RI$ 是 ${}_RR$ 的直和项.

18. 设 $(R_\alpha)_{\alpha\in A}$ 是环的指标集.

(1) 如果对于每个环 S 和环同态 $q_\alpha: S\to R_\alpha$ $(\alpha\in A)$ 的每个指标类 $(q_\alpha)_{\alpha\in A}$, 都存在唯一的环同态 $\phi: S\to R$ 使得对于每个 $\alpha\in A$, 有 $q_\alpha=p_\alpha\phi$, 则称由环 R 和环同态 $p_\alpha: R\to R_\alpha$ $(\alpha\in A)$ 组成的元素对 $(R,(p_\alpha)_{\alpha\in A})$ 是 $(R_\alpha)_{\alpha\in A}$ 的**积**. 证明:

$$\left(\prod_A R_\alpha, (\pi_\alpha)_{\alpha\in A}\right)$$

是 $(R_\alpha)_{\alpha\in A}$ 的积, 且如果 $(R,(p_\alpha)_{\alpha\in A})$ 是 $(R_\alpha)_{\alpha\in A}$ 的积, 则存在环同态 $\phi:\prod_A R_\alpha\to R$ 使得对于每个 $\alpha\in A$, 有 $\pi_\alpha=p_\alpha\phi$.

(2) 把积的概念对偶化定义 $(R_\alpha)_{\alpha\in A}$ 的上积 $(R,(i_\alpha)_{\alpha\in A})$. 设 m 和 n 是自然数. 证明: $(\mathbb{Z}_m,\mathbb{Z}_n)$ 有上积当且仅当 m 和 n 不是互素的. (注意, 如果 m 和 n 是互素的, 则在某种意义下不一定存在上积.)

§ 8. 生成和上生成

模的生成集的重要概念不是范畴的也没有自然的对偶. 然而, 存在一个有效的等价概念, 它是范畴的, 而且有十分重要的对偶. 生成和上生成的概念是本节的主题.

我们重新假设一切模和同态都是环 R 上的左 R-模和左 R-同态.

生成类和上生成类

设 $\mathscr{U}$ 是模类. 称模 M 是由 $\mathscr{U}$**(有限) 生成的** (或 $\mathscr{U}$**(有限) 生成**M), 如果存在 $\mathscr{U}$ 中的 (有限) 指标集 $(U_\alpha)_{\alpha\in A}$ 和满同态

$$\oplus_A U_\alpha \to M \to 0.$$

如果 $\mathscr{U}=\{U\}$ 是单元集, 则我们简称 U(有限) 生成 M. 当然这是指对于某个 (有限) 集 A, 存在满同态

$$U^{(A)} \to M \to 0.$$

下面的定理给出最重要的例子之一.

8.1 定理 如果模 ${}_RM$ 有生成集 $X\subseteq M$, 则存在满同态

$$R^{(X)} \to M \to 0.$$

而且 ,R 有限生成 M 当且仅当 M 有有限生成集.

证明 设 $X\subseteq M$ 生成 M. 对于每个 $x\in X$, 右乘法 $\rho_x: r\mapsto rx$ 是左 R–同态 $R\to M$. 设 $\rho=\oplus_X\rho_x$ 是这些同态的直和, 则有

$$\rho: R^{(X)} \to M,$$

$Im\ \rho=\sum_X Im\ \rho_x=\sum_X Rx=M$. 从而 ρ 是满同态. 最后的陈述是显然的. □

还存在另外一个简单而熟悉的例子, 此例子对于本节讨论很重要.

8.2 例子 熟知, 称群 ${}_{\mathbb{Z}}M$ 是扭的, 如果它的每个元素都有有限阶. 因此, 如果 ${}_{\mathbb{Z}}M$ 是扭的, 则对于每个 $x\in M$, 都存在 $0<n(x)\in\mathbb{N}$ 和同态 $f_x:\mathbb{Z}_{n(x)}\to M$, 使得 $Im\ f_x=\mathbb{Z}x$, 直和 $f=\oplus_M f_x$ 是满同态

$$f:\oplus_M\mathbb{Z}_{n(x)}\to M.$$

反之, 如果 M 是有限循环群的直和的满同态象, 则显然它是由有限阶的元素生成的, 因此它是扭的, 也就是说 $Abel$ 群是扭的当且仅当它是由

$$\mathscr{U}=\{\mathbb{Z}_n \mid n=2,3,\cdots\}$$

生成的. 注意这等价于由单群 $\oplus_{\mathbb{N}}\mathbb{Z}_n$ 生成 (见 (8.9).).

生成的概念是范畴的. 它仅依范畴 $_R\mathbf{M}$ 的对象和态射而定, 而不依任意模 M 的元素而定. 当然此概念有自然的对偶——只需颠倒射的方向.

设 $\mathscr{U}$ 是模的类. 称模 M 是由 $\mathscr{U}$(**有限**) **上生成的** (或者 $\mathscr{U}$(**有限**) **上生成**M), 如果存在 (有限) 指标集 $(U_\alpha)_{\alpha\in A}\in\mathscr{U}$ 和单同态

$$0\to M\to\prod_A U_\alpha.$$

如果 $\mathscr{U}=\{U\}$ 是单元集, 我们将在术语中作一些明显的调整. 在 $_{\mathbb{Z}}M$ 中也存在一个特别简单而有启发性的例子.

8.3 例子 如果 M 是无扭 $Abel$ 群, 则存在单同态 $M\to\mathbb{Q}^M$(见练习 (6.10)), 从而 $_{\mathbb{Z}}M$ 是由 $_{\mathbb{Z}}\mathbb{Q}$ 上生成的. 另外 ,$\mathbb{Q}^A$ 的任意子群显然是无扭的. 也就是说, 无扭 Abel 群恰是由 $\mathbb{Q}$ 上生成的 Abel 群.

设 $\mathscr{U}$ 是模的类. 由 $\mathscr{U}$ 生成的一切模构成的类表示为 $Gen(\mathscr{U})$, 由 $\mathscr{U}$ 上生成的类表示为 $Cog(\mathscr{U})$. $FGen(\mathscr{U})$ 和 $FCog(\mathscr{U})$ 分别表示由 $\mathscr{U}$ 有限生成的类和有限上生成的类.

例如, 如果 $\mathscr{U}=\{\mathbb{Z}_n \mid n>1\}$, 则 $Gen(\mathscr{U})$ 是扭群类, 而 $Cog(\mathbb{Q})$ 是无扭群类. 根据这些例子下面两个命题是十分清楚的.

8.4 命题 设 $\mathscr{U}$ 是模的类.

(1) 如果 M 在 $Gen(\mathscr{U})(FGen(\mathscr{U}))$ 中, 则 M 的每个满同态象亦然.

(2) 如果 $(M_\alpha)_{\alpha\in A}$ 是 $Gen(\mathscr{U})(FGen(\mathscr{U}))$ 中的 (有限) 指标集, 则 $\oplus_A M_\alpha$ 也在 $Gen(\mathscr{U})(FGen(\mathscr{U}))$ 中.

证明 (1) 如果 $f:\oplus_A U_\alpha\to M$ 和 $g:M\to M'$ 是满同态, 则 $gf:\oplus_A U_\alpha\to M'$ 亦然.

(2) 对于每个 $\alpha\in A$, 设 $f_\alpha:\oplus_B U_\beta\to M_\alpha$ 是满同态, 则 (6.25) 直和 $f=\oplus_A f_\alpha$ 是满同态

$$f:\oplus_A(\oplus_{B\alpha}U_{\beta\alpha})\to\oplus_A M_\alpha.$$

如果 $C=\dot{\cup}_A B_\alpha$, 则 $\oplus_A(\oplus_{B\alpha}U_{\beta\alpha})\cong\oplus_C U_\gamma$. □

上述最后结果可以表述为, 由 $\mathscr{U}$ (有限) 生成的模类关于同构, 取 (有限) 直和商模是封闭的. 下面的命题是 8.4 的一个简单对偶, 我们省略其证明.

8.5 命题 设 $\mathscr{U}$ 是模的类.

(1) 如果 M 在 $Cog(\mathscr{U})(FCog(\mathscr{U}))$ 中, 且 $g: M' \to M$ 是单同态, 则 M' 在 $Cog(\mathscr{U})(FCog(\mathscr{U}))$ 中.

(2) 如果 $(M_\alpha)_{\alpha\in A}$ 是 $Cog(\mathscr{U})(FCog(\mathscr{U}))$ 中的 (有限) 指标集, 则 $\prod_A M_\alpha$ 也在 $Cog(\mathscr{U})(FCog(\mathscr{U}))$ 中.

存在这些命题的一个简单推论, 即生成和上生成是 "传递的".

8.6 推论 设 $\mathscr{U}$ 和 $\mathscr{V}$ 是模的类.

(1) 如果 $\mathscr{V}$ 包含在 $Gen(\mathscr{U})(FGen(\mathscr{U}))$ 中, 则 $Gen(\mathscr{V})(FGen(\mathscr{V}))$ 亦然.

(2) 如果 $\mathscr{V}$ 包含在 $Cog(\mathscr{U})(FCog(\mathscr{U}))$ 中, 则 $Cog(\mathscr{V})(FCog(\mathscr{V}))$ 亦然.

8.7 附注 存在描述每个生成概念和每个上生成概念的另一种方式, 这种方式与生成概念和亚直积的概念有关 (练习 (6.19).). 下面的表述也可以直接从 (6.8) 和 (6.2) 得到:

(1) 类 $\mathscr{U}$ 生成 M 当且仅当 M 是 $\mathscr{U}$ 中某个模的所有满同态象的和.

(2) 类 $\mathscr{U}$ 上生成 M 当且仅当存在 M 的子模集 $\mathscr{K}$, 使得对于每个 $K \in \mathscr{K}$, M/K 可嵌入到 $\mathscr{U}$ 的某个模中, 且 $\cap\mathscr{K} = 0$.

生成子和上生成子

从推论 (8.6) 知如果 $\mathscr{U}$ 和 $\mathscr{V}$ 是彼此生成的模类, 则 $Gen(\mathscr{U}) = Gen(\mathscr{V})$, 尤其是, 十分不同的 $\mathscr{U}$ 和 $\mathscr{V}$ 可生成相同的类. 从而, 给出了 $\mathscr{U}$, 我们也可适当地找出生成 $Gen(\mathscr{U})$ 的某个标准类.

当然, 存在一个本质上细微的简化. 称集合 $\mathscr{U}' \subseteq \mathscr{U}$ 是 $\mathscr{U}$ 的 (同构类型的) **表示类**, 如果每个 $U \in \mathscr{U}$ 都同构于 $\mathscr{U}'$ 的某个元素. 如果 $\mathscr{U}'$ 中任意两个元素都不同构, 则称此表示类是无冗余的 (见 (0.2)). 显然, 如果 $\mathscr{U}'$ 是 $\mathscr{U}$ 的表示类, 则 $Gen(\mathscr{U}) = Gen(\mathscr{U}')$, $Cog(\mathscr{U}) = Cog(\mathscr{U}')$.

给了类 $\mathscr{U}$, 称模 G 是 $Gen(\mathscr{U})$ 的**生成子**, 如果 $Gen(\mathscr{U}) = Gen(G)$. 称模 C 是 $Cog(\mathscr{U})$ 的**上生成子**, 如果 $Cog(\mathscr{U}) = Cog(C)$. 一切左 R-模的类 ${}_R\mathscr{M}$ 的生成子 (上生成子) 通常不涉及类而简记为 (**左**R-) **生成子** (**上生成子**). 用此术语, 我们可以重新表述 (8.1) 的前半部分内容.

8.8 推论 正则模 ${}_RR$ 是生成子.

正如我们上面所提及的, 在 §18 中我们将证明: 对偶地存在自然的左 R-上生成子. 如要用这两个术语表述, 例子 (8.3) 说明 $\mathbb{Q}$ 是无扭群类的上生成子, 例子 (8.2) 说明 $G = \oplus_{n>1}\mathbb{Z}_n$ 是扭群类的生成子.

从 (8.6) 立即可得 G 生成 $Gen(\mathscr{U})$ 当且仅当 $G \in Gen(\mathscr{U})$, 且 G 生成每个 $U \in \mathscr{U}$. 当然对于上生成子这个对偶论断也是成立的. 利用这些论断, 易证

8.9 命题　如果 $\mathscr{U}$ 有表示集 $\{U_\alpha \mid \alpha \in A\}$, 则

(1) $\oplus_A U_\alpha$ 是 $Gen(\mathscr{U})$ 的生成子;

(2) $\oplus_A U_\alpha$ 和 $\prod_A U_\alpha$ 都是 $Cog(\mathscr{U})$ 的上生成子.

证明　(2) 由 (8.5) 知 $\prod_A U_\alpha$ 和它的子模 $\oplus_A U_\alpha$ 都在 $Cog(\mathscr{U})$ 中. 内射 $\iota_\alpha : U_\alpha \to \oplus_A U_\alpha$ 是单同态, 因此 $\oplus_A U_\alpha$ 上生成每个 U_α, 从而它上生成 $Cog(\mathscr{U})$. 易见 $\prod_A U_\alpha$ 上生成 $\oplus_A U_\alpha$. □

对于模 U, 下面的结果给出了 $Gen(\mathscr{U})$ 和 $Cog(\mathscr{U})$ 的一个十分有用的刻画.

8.10 命题　设 U 和 M 是模, 则

(1) U (有限) 生成 M 当且仅当存在 (有限) 子集 $H \subseteq Hom_R(U,M)$ 使得 $M = \sum_{h\in H} Im\ h$.

(2) U (有限) 上生成 M 当且仅当存在 (有限) 子集 $H \subseteq Hom_R(M,U)$ 使得 $0 = \cap_{h\in H} Ker\ h$.

证明　(1) 的证明是 (8.1) 的证明的一个简单变化. 关于 (2), 假设 U 上生成 M. 令 $f : M \to U^{(A)}$ 是单同态, 则对于每个 $\alpha \in A, f_\alpha = \pi_\alpha f : M \to U$ 是同态. 由于 f 是 $(f_\alpha)_{\alpha\in A}$ 的直积, 从而 $\cap_A Ker\ f_\alpha = 0$ (6.2). 反之, 如果 $H \subseteq Hom_R(M,U)$, 则直积

$$\prod_H h : M \to U^H$$

有核 $\cap_H Ker\ h$. □

下面的推论说明,U 生成 (上生成)M 当且仅当对于每个模 $N, Hom_R(U,M)$ $(Hom_R\ (M,U))$ 是 $Hom_R(M,N)(Hom_R(N,M))$ 中的 "分离点".

8.11 推论　设 U 和 M 是模, 则

(1) U 生成 M 当且仅当对于每个非零同态 $f : M \to N$, 都存在 $h \in Hom_R(U,M)$ 使得 $fh \neq 0$.

(2) U 上生成 M 当且仅当对于每个非零同态 $f : N \to M$, 都存在 $h \in Hom_R(M,U)$ 使得 $hf \neq 0$.

证明　(1) 令 $H = Hom_R(U,M)$, 且 $T = \sum_H Im\ h \leqslant M$. 如果 $f : M \to N$, 则对于一切 $h \in H$, $fh = 0$ 当且仅当 $T \leqslant Ker\ f$. 另一方面 ,T 包含在自然映射 $M \to M/T$ 的核中. 再应用 (8.10.1). (2) 是易见的. □

迹 和 拒 绝

设 $\mathscr{U}$ 是模的类. 由 (8.7) 易见无论 $\mathscr{U}$ 是否生成 M, 都存在由 $\mathscr{U}$ 生成的 M 的唯一最大子模. 而且对偶地, 存在由 $\mathscr{U}$ 上生成的 M 的唯一最大商模 .$\mathscr{U}$ 在 M 中的**迹**和 $\mathscr{U}$ 在 M 中的**拒绝**分别定义为

$$Tr_M(\mathscr{U}) = \sum\{Im\ h \mid h : U \to M, \text{对于某个 } U \in \mathscr{U}\}$$

和

$$Rej_M(\mathscr{U}) = \cap\{Ker\ h|\ h : M \to U, \text{对于某个 } U \in \mathscr{U}\}.$$

注意, 即使类 $\mathscr{U}$ 不一定是集合, 上述的和和交仍由 M 的子模集决定, 从而它们是 M 的可定义的子模. 当 $\mathscr{U} = \{U\}$ 是单元集时, 它们有较简单的形式.

$$Tr_M(U) = \sum\{Im\ h|\ h \in Hom_R(U, M)\},$$

$$Rej_M(U) = \cap\{Ker\ h|\ h \in Hom_R(M, U)\}.$$

作为 (8.10) 的一个简单扩张, 我们有

8.12 命题 设 $\mathscr{U}$ 是模类,M 是模, 则

(1) $Tr_M(\mathscr{U})$ 是由 $\mathscr{U}$ 生成的 M 的唯一最大子模;

(2) $Rej_M(\mathscr{U})$ 是 M 中唯一最小的子模 K, 使得 M/K 是由 $\mathscr{U}$ 上生成的.

证明 (1) 设 $(U_\alpha)_{\alpha\in A}$ 是 $\mathscr{U}$ 中的指标集, 且设 $h : \oplus_A U_\alpha \to M$, 则 $Im\ h = \sum_A Im(h\iota_\alpha) \leqslant Tr_M(\mathscr{U})$, 因此 M 在 $Gen(\mathscr{U})$ 中的每个子模都包含在 $Tr_M(\mathscr{U})$ 中. 另一方面, 存在指标集 $(U_\alpha)_{\alpha\in A}$ 和同态 $h_\alpha : U_\alpha \to M$ 使得 $Tr_M(\mathscr{U}) = \sum_A Im\ h_\alpha$. 从而 $\oplus_A h_\alpha : \oplus_A U_\alpha \to M$ 有象 $Tr_M(\mathscr{U})$(见 (6.8)), 因此 $Tr_M(\mathscr{U})$ 在 $Gen(\mathscr{U})$ 中.

(2) 设 $(U_\alpha)_{\alpha\in A}$ 是 $\mathscr{U}$ 中的指标集,$h : M \to \prod_A U_\alpha$, 且 $K = Kerh$, 则 $K = \cap_A Ker(\pi_\alpha h) \supseteq Rej_M(\mathscr{U})$, 因此如果 M/K 是由 $\mathscr{U}$ 上生成的, 则 $K \supseteq Rej_M(\mathscr{U})$. 另一方面, 存在 $\mathscr{U}$ 中的指标集 $(U_\alpha)_{\alpha\in A}$ 和 $h_\alpha : M \to U_\alpha$ 使得 $Rej_M(\mathscr{U}) = \cap_A Ker\ h_\alpha$. 从而 $\prod_A h_\alpha : M \to \prod_A U_\alpha$ 有核 $Rej_M(\mathscr{U})$(见 (6.2)), 因此 $M/Rej_M(\mathscr{U})$ 在 $Cog(\mathscr{U})$ 中. □

推论 8.13 设 M 是模 ,$\mathscr{U}$ 是模类, 则

(1) $\mathscr{U}$ 生成 M 当且仅当 $Tr_M(\mathscr{U}) = M$;

(2) $\mathscr{U}$ 上生成 M 当且仅当 $Rej_M(\mathscr{U}) = 0$. □

下面推论中一部分实际上是说迹的迹还是这个迹. 另一部分说以拒绝做商模的拒绝是零.

8.14 推论 设 M 是模 ,$\mathscr{U}$ 是模类 ,$K \leqslant M$, 则

(1) $K = Tr_M(\mathscr{U})$ 当且仅当 $K \geqslant Tr_M(\mathscr{U})$, $Tr_K(\mathscr{U}) = K$.

(2) $K = Rej_M(\mathscr{U})$ 当且仅当 $K \leqslant Rej_M(\mathscr{U})$, $Rej_{M/K}(\mathscr{U}) = 0$.

特别地,

$$Tr_{Tr_M(\mathscr{U})}(\mathscr{U}) = Tr_M(\mathscr{U}), \quad Rej_{M/Rej_M(\mathscr{U})}(\mathscr{U}) = 0.$$ □

8.15 例子

例 (1) 如果 $\mathscr{U}=\{\mathbb{Z}_n \mid n=2,3,\cdots\}$, 则对于每个 Abel 群 M, 迹 $Tr_M(\mathscr{U})$ 恰是 M 的扭子群 $T(M)$(见练习 (8.8)). 当然 $T(M)$ 是 M 的唯一最大扭子群 ,$T(T(M))=T(M)$.

例 (2) 如果 M 是 Abel 群, 则 $Rej_M(\mathbb{Q})$ 是使得 M/K 为无扭模的一切 $K\leqslant M$ 的交. 因此 $Rej_M(\mathbb{Q})$ 恰是 M 的扭子群 $T(M)$, $T(M)$ 是使得 $M/T(M)$ 为无扭模的唯一最小子群. 当然 $T(M/T(M))=0$.

显然 $Tr_M(\mathscr{U})$ 和 $Rej_M(\mathscr{U})$ 都是 M 的左 R-子模, 而且它们在 M 的自同态下是稳定的.

8.16 命题 设 $\mathscr{U}$ 是模类 ,M 和 N 是模, 且 $f:M\to N$ 是同态, 则

$$f(Tr_M(\mathscr{U}))\leqslant Tr_N(\mathscr{U}),\quad f(Rej_M(\mathscr{U}))\leqslant Rej_N(\mathscr{U}).$$

特别地 ,$Tr_M(\mathscr{U})$ 和 $Rej_M(\mathscr{U})$ 是 M 的左 R-右 $End(_RM)$-双模.

证明 就第一个结论而言, 我们只需注意到对于每个 $h\in Hom_R(U,M)$, 都有 $fh\in Hom_R(U,N)$ 和 $f(Imh)=Imfh$. 关于第二个结论, 如果 $x\in Rej_M(U)$, $h\in Hom_R(N,U)$, 则 $hf\in Hom_R(M,U)$, 因此 $h(f(x))=0$. □

一般地, 迹的象或拒绝的象不一定是迹或拒绝. 例如, 考虑自然映射 $\mathbb{Z}\to\mathbb{Z}_n$, 其中 $\mathbb{Z}_n$ 是例子 (8.15) 中所涉及的. 由 (8.16) 的假设我们有

8.17 推论 (1) 如果 $f:M\to N$ 是单同态 ,$Tr_N(\mathscr{U})\subseteq Imf$, 则

$$f(Tr_M(\mathscr{U}))=Tr_N(\mathscr{U}).$$

(2) 如果 $f:M\to N$ 是满同态 ,$Kerf\subseteq Rej_M(\mathscr{U})$, 则

$$f(Rej_M(\mathscr{U}))=Rej_N(\mathscr{U}).$$

证明 我们只证明 (2). 由 (8.16) 得 $f(Rej_M(\mathscr{U}))\leqslant Rej_N(\mathscr{U})$. 但如果 f 是满同态, 且 $Kerf\subseteq Rej_M(\mathscr{U})$, 则由因子定理 (3.6) 得, 存在同构

$$M/Rej_M(\mathscr{U})\to N/f(Rej_M(\mathscr{U})).$$

由 (8.14) 得 $\mathscr{U}$ 在 $M/Rej_M(\mathscr{U})$ 和 $N/f(Rej_M(\mathscr{U}))$ 中的拒绝都是零, 因此由 (8.14.2) 我们有 $f(Rej_M(\mathscr{U}))=Rej_N(\mathscr{U})$. □

关于模的指标集 $(M_\alpha)_{\alpha\in A}$ 和模 $\mathscr{U}$ 的类, 迹 $Tr_{M_\alpha}(\mathscr{U})$ 的直和和拒绝 $Rej_{M_\alpha}(\mathscr{U})$ 的直和都包含在 $\oplus_A M_\alpha$ 中. 事实上, 它们分别是 $\mathscr{U}$ 在 $\oplus_A M_\alpha$ 中的迹和拒绝.

8.18 命题 如果 $(M_\alpha)_{\alpha\in A}$ 是模的指标集, 则对于每个模 M, 有

$$Tr_{\oplus_A M_\alpha}(\mathscr{U})=\oplus_A Tr_{M_\alpha}(\mathscr{U}).$$

和

$$Rej_{\oplus_A M_\alpha}(\mathscr{U}) = \oplus_A Rej_{M_\alpha}(\mathscr{U}).$$

证明 我们只证明关于迹的结论. 对于拒绝有相似的论证方法. 对自然内射 ι_α 和投射 π_α 应用 (8.16), 我们有

$$\begin{aligned} Tr_{\oplus_A M_\alpha}(\mathscr{U}) &= \sum \iota_\alpha \pi_\alpha (Tr_{\oplus_A M_\alpha}(\mathscr{U})) \\ &\leqslant \sum \iota_\alpha (Tr_{M_\alpha}(\mathscr{U})) \leqslant Tr_{\oplus_A M_\alpha}(\mathscr{U}). \end{aligned}$$

从而此不等式成为等式, 故有

$$\sum \iota_\alpha (Tr_{M_\alpha}(\mathscr{U})) = \oplus_A Tr_{M_\alpha}(\mathscr{U}).$$ □

8.19 引理 设 $\mathscr{U}$ 和 $\mathscr{V}$ 是模类.

(1) 如果 $\mathscr{V} \subseteq Gen(\mathscr{U})$, 则 $Tr_M(\mathscr{V}) \leqslant Tr_M(\mathscr{U})$;

(2) 如果 $\mathscr{V} \subseteq Cog(\mathscr{U})$, 则 $Rej_M(\mathscr{U}) \leqslant Rej_M(\mathscr{V})$.

证明 我们将证明 (2). 假设 $x \notin Rej_M(\mathscr{V})$, 则存在同态 $f : M \to V$ 使得 $V \in \mathscr{V}, x \notin Ker\ f$. 由于 $V \in Cog(\mathscr{U})$, 从而存在同态 $h : V \to U$ 使得 $U \in \mathscr{U}, f(x) \notin Ker\ h$. 现在 $hf : M \to U$ 满足 $x \notin Ker\ hf$. 因此 $x \notin Rej_M(\mathscr{U})$. □

8.20 命题 设 G 是 $Gen(\mathscr{U})$ 的生成子, C 是 $Cog(\mathscr{U})$ 的上生成子, 则对于每个 M, 有

$$Tr_M(\mathscr{U}) = Tr_M(G), \quad Rej_M(\mathscr{U}) = Rej_M(C).$$

特别地, 如果 $(U_\alpha)_{\alpha \in A}$ 是模的指标集, 则

$$Tr_M(\oplus_A U_\alpha) = \sum_A Tr_M(U_\alpha)$$

$$Rej_M\left(\prod_A U_\alpha\right) = \cap_A Rej_M(U_\alpha) = Rej_M(\oplus_A U_\alpha).$$

证明 由 (8.9) 和 (8.19) 可得. □

两个特殊情形

由于 $_RR$ 是 ($_R\mathscr{M}$ 的) 生成子, 从而由 (8.6) 知 $_RM$ 是生成子当且仅当它生成 $_RR$. 无论 $_RM$ 是否是生成子, 它在 R 中的迹是它成为生成子的一个度量.

8.21 命题 对于左 $R-$ 模的每个类 $\mathscr{U}$, 迹 $Tr_R(\mathscr{U})$ 是双边理想. 而且, 模 $_RM$ 是生成子当且仅当 $Tr_R(M) = R$.

证明 由 (4.11) 得, ${}_RR$ 的自同态是由 R 的元素得到的右乘法 $\rho(r)$. 从而据 (8.16) 知 $Tr_R(\mathscr{U})$ 是双边理想. 最后的陈述可由 (8.8),(8.13.1) 和 (8.6.1) 得出. □

我们知道, 如果 ${}_RM$ 是模, 则它的 (左) 零化子是

$$l_R(M) = \{r \in R \mid rx = 0 \ \ (x \in M)\},$$

而且如果 $l_R(M) = 0$, 则称 M 是忠实的.

8.22 命题 对于每个左 $R-$ 模 M, 有

$$Rej_R(M) = l_R(M).$$

特别地 ,M 是忠实的当且仅当 M 上生成 R.

证明 利用 (4.5) 我们有

$$\begin{aligned} Rej_R M &= \cap\{Ker\ f \mid f \in Hom(R, M)\} \\ &= \cap\{Ker\ \rho(x) \mid x \in M\} \\ &= \cap_{x\in M} l_R(x) = l_R(M). \end{aligned}$$

□

受到最后事实的启发, 对于左 $R-$ 模类 $\mathscr{U}$, 我们定义它的零化子

$$l_R(\mathscr{U}) = Rej_R(\mathscr{U}).$$

从而 $l_R(\mathscr{U})$ 是 R 的一切左理想 I 的交, 其中 I 使得 R/I 嵌入到 $\mathscr{U}$ 的某个元素中.

8.23 推论 对于左 R-模的每个类 $\mathscr{U}$, 拒绝

$$Rej_R(\mathscr{U}) = l_R(\mathscr{U})$$

是双边理想. □

练 习 8

1. 证明: 存在模 U 和 M 使得:
   (1) M 是由 U-生成的, 但不是 M 的每个子模都由 U-生成. [提示: 设 R 是域上的 2×2 上三角矩阵环 ,$U = M$ 是 R 的左理想.]
   (2) M 是由 U-上生成的, 但不是 M 的每个商模都由 U-上生成.
2. 如果 U-生成或上生成 M, 则 $l_R(U) \subseteq l_R(M)$. 求证: 逆命题不正确.
3. 证明: 对于模 ${}_RM$, 下列条件等价: (a) ${}_RM$ 是一一的; (b)M-上生成 R; (c)M-上生成一个生成子.

4. 证明: $_RG$ 是生成子当且仅当对于某个自然数 n 和某个模 $_RL$, 存在同构 $G^n \cong R \oplus L$. [提示: 见练习 (5.1).]
5. 证明: 如果 $N \leqslant M$, M 或者生成 N 或者上生成 M/N, 则 N 是 M 的 $BiEnd(_RM)$-子模.
6. 设 M 是左 R-模 , $S = End(_RM)$. 设 $e \in S$ 是幂等元. 证明:

$$Tr_M(Me) = (Me)S \quad \text{和} \quad Rej_M(Me) = l_M(Se).$$

7. 设 M 和 U 是左 R-模. 证明:

$$Hom_R(M, Tr_U(M)) \cong Hom_R(M, U),$$

$$Hom_R(M/Rej_M(U), U) \cong Hom_R(M, U).$$

8. 设 I 是 R 的左理想 , M 是左 R-模. 证明: $Tr_M(R/I) = Rr_M(I)$.
9. 设 $\mathscr{U}$ 是一切单 Abel 群构成的集合. 证明: 对于 Abel 群 M,
(1) $Tr_M(\mathscr{U}) = \{x \in M \mid x \text{ 没有平方阶 }\}$.
(2) $Rej_M(\mathscr{U}) = \cap\{N \leqslant M \mid N \text{ 是 } M \text{ 的极大子群 }\}$.
10. 设 R 是域 Q 上的 $n \times n$ 上三角矩阵环 , $\mathscr{U}$ 是单左 R-模类. 证明:
(1) $Tr_R(\mathscr{U}) = \{[[a_{ij}]] \in R \mid a_{ij} = 0 \ (i \geqslant 2)\}$.
(2) $Rej_R(\mathscr{U}) = \{[[a_{ij}]] \in R \mid a_{kk} = 0 \ (k = 1, \cdots, n)\}$.
11. 称模的元素构成的指标集 $(x_\alpha)_{\alpha \in A}$ 是**线性无关的**, 如果对于 A 中不同的元素构成的每个有限序列 $\alpha_1, \cdots, \alpha_n$ 和每个 $r_1, \cdots, r_n \in R$,

$$\text{由 } r_1 x_{\alpha_1} + \cdots + r_n x_{\alpha_n} = 0 \text{ 可推出 } r_1 = \cdots = r_n = 0.$$

由线性无关集 $(x_\alpha)_{\alpha \in A}$ 生成的 $R-$ 模 F 称为 (秩为 card A 的) **自由** R-**模**, **自由基**为 $(x_\alpha)_{\alpha \in A}$.
(1) 设 $(x_\alpha)_{\alpha \in A}$ 是左 R-模 F 中的指标集. 对于每个 α, 设 $\rho_\alpha : R \to F$ 是右乘法 $r \mapsto r x_\alpha$. 证明: 下列条件等价:
(a) F 是自由的, 其中自由基为 $(x_\alpha)_{\alpha \in A}$.
(b) $\oplus_A \rho_\alpha : R^{(A)} \to F$ 是同构.
(c) 对于每个 $_RM$ 和 M 中的每个指标集 $(y_\alpha)_{\alpha \in A}$, 都存在唯一的同态 $f : F \to M$ 使得 $f(x_\alpha) = y_\alpha (\alpha \in A)$.
(2) 证明: 模 $_RF$ 是秩为 $cardA$ 的自由 R-模当且仅当 $F \cong R^{(A)}$. 从而存在任意秩的自由模.
(3) 证明: 每个自由模都是生成子.
(4) 证明: 如果 $_RF$ 是自由模, 则每个满同态 $f : M \to F$ 都可分.[提示: 利用 (1) 中的 (c).]
12. 设 F_R 是自由右 R-模, 自由基为 $(x_\alpha)_{\alpha \in A}$, 且 $S = End(F_R)$. 对于每个 $a \in S$ 和每个 x_β, 都存在 R 的指标集 $(a_{\alpha\beta})_{\alpha \in A}$ (其中几乎所有的 $a_{\alpha\beta}$ 都为零) 使得

$$a(x_\beta) = \sum_{\alpha \in A} a_{\alpha\beta} x_\alpha.$$

证明: $a \mapsto [[a_{\alpha\beta}]]_{(\alpha,\beta) \in A \times A}$ 定义了从 $S = End(F_R)$ 到环 $\mathbb{CFM}_A(R)$ 上的环同构, 其中 $\mathbb{CFM}_A(R)$ 是 R 上一切 $A \times A$ 列有限矩阵环.

13. 设 F 是**秩**为 $cardA$ 的自由模. 证明:

(1) 如果 A 是无限的, 则 F 的每个自由基都有基数 $cardA$.

(2) 如果 F 有有限生成集, 则 A 是有限的.

14. 称环 R 是左 SBN 环 (关于单个基数), 如果秩为有限的一切非零自由模都同构于 $_RR$.

(1) 证明下列条件等价:

(a) R 是左 SBN 环;

(b) $_RR \cong {_RR^{(2)}}$;

(c) 存在 $a, a', b, b' \in R$ 使得 $ab + a'b' = 1, ba = b'a' = 1$, $b'a = ba' = 0$; [提示: 关于 (b)$\Leftrightarrow$(c) 可参见 (5.3).]

(d) R 是右 SBN 环.

(2) 证明: 如果 R 是 SBN 环, 则 R 的每个商环亦然.

(3) 证明: 如果 Γ 是无限集, 则环 S 上的一切 Γ 阶列有限矩阵环是左 SBN 环. [提示: 由于 Γ 是无限的, 从而它是基数为 $card\,\Gamma$ 的两个子集 Γ', Γ'' 的不交并. 考虑 (1) 的条件 (b).]

(4) 给出单 SBN 环的一个例子. [提示: (2) 和 (3).]

15. 称环 R 是左 IBN 环 (关于 “不变的基数”), 如果不同秩的两个自由左 R-模都不同构. 从而 (见练习 (8.13)), R 是 IBN 环当且仅当由 $R^m \cong R^n$ 可推出 $m = n$. 证明:

(1) 由左 IBN 环可推出右 IBN 环. [提示: 练习 (6.22).]

(2) 如果 I 是 R 的理想 ,R/I 是 IBN 环, 则 R 也是 IBN 环. [提示: 练习 (6.3).]

(3) 每个域都是 IBN 环.

(4) 每个交换环都是 IBN 环.

16. 称交换整域 R 是**主理想整域** (= $P.I.D.$), 如果 R 的每个理想都是主理想. 当然 $\mathbb{Z}$ 是 $P.I.D.$ 关于 Abel 群的一切结果本质上都可扩展到关于 $P.I.D.$ 上的模的结果. 这表明关于 *Abel* 群的标准证明可能扩展用来证明关于主理想整域 R 上的模的下列结果:

(1) 每个有限生成的无扭 R-模 M 都是自由 R-模 (注意, “无扭” 是指对于 $x \in M$ 和 $x \in R$, 由 $ax = 0$ 可推出 $a = 0$ 或 $x = 0$).

(2) 自由 R-模的每个子模都是自由的.

第三章　模的有限性条件

在做了一番准备之后，现在我们可以应用这些知识来研究环和模的特殊类. 本章开头我们将探讨具有某些自然的有限性质的模类的结构. 下一章我们再讨论环.

模的子模格揭示出模的大量信息, 并且为模的分类提供一个自然的方法. 我们的侧重点是最简单的可能有非平凡子模格的模, 它们既是单模又是不可分解模. 从而我们按模是如何由单模或不可分解模拼合在一起的对其进行分类.

在第 9 节中我们将研究由单模生成的模, 它们恰是有作为单模的直和分解的模."半单"模可能是模的最重要的类, 并且它为许多理论的研究提供了基石. 在第 10 节和第 11 节中我们研究子模格满足所谓"链条件"之一的模.

同时满足这些"链条件"的模有有限极大链—合成列, 这推广了我们熟悉的有限 Abel 群的素因子分解. 最后, 在第 12 节中我们研究有其它"有限性"性质的模, 即有不可分解的分解的模. 我们涉及的主要内容之一是上述不可分解的唯一性以及上述不可分解推广向量空间的基的概念的方法.

§ 9. 半单模–基座和根

从模理论的观点看, 向量空间的最显著的特征是它有基, 此基的基数是模的一个不变量, 而且任意无关集都可通过添加已给基的元素扩展为一个基. 这些性质可以用模理论的术语重新描述, 而且将如本节所见, 在由单模生成的任意模 (即半单模) 中这些性质仍然成立.

在本节中, 我们继续把 R 看作环,"模"是指"左 R -模", 等.

单　　模

称非零模 ${}_RT$ 是**单模**, 如果它只有平凡子模 .${}_R\mathbf{M}$ 中的单模可以刻画为使得 ${}_R\mathbf{M}$ 中的每个非零同态 $T \to N(N \to T)$ 均是单同态 (满同态) 的非零模 T (见练习 (3.2).). 由 (2.10) 和 (3.9) 我们有

9.1 命题　左 R-模 T 是单模当且仅当对于 R 的某个极大左理想 M, 有 $T \cong R/M$. □

由于 R 的一切极大左理想构成了一个集合, 从而存在由单模的同构类型的表示构成的集合 $\mathscr{T}$(见 P.107.). 注意, 由于 ${}_RR$ 是循环的, 从而它至少有一个极大左理想 (2.8), 因此必存在单模.

半　单　模

设 $(T_\alpha)_{\alpha\in A}$ 是 M 的单子模的指标集. 如果 M 是 $(T_\alpha)_{\alpha\in A}$ 的直和, 则

$$M=\oplus_A T_\alpha$$

是 M 的**半单分解**. 称模 M 是**半单的**, 如果它有半单分解. 显然每个单模都是半单的, 因此对于每个环都存在半单模. 我们将看到, 半单模未必十分丰富, 但由于单模的任意直和都是半单的, 所以半单横也是大量的.

如果模 M 是由单子模 $(T_\alpha)_{\alpha\in A}$ 生成的, 则 T_α 的行为非常类似于由向量空间的生成集生成的一维子空间. 关于这一点我们可从下面的基本引理中得到证实.

9.2 引理　设 $(T_\alpha)_{\alpha\in A}$ 是左 $R-$ 模 M 的一切单子模的指标集. 如果

$$M=\sum_A T_\alpha,$$

则对于 M 的每个子模 K, 都存在子集 $B\subseteq A$ 使得 $(T_\beta)_{\beta\in B}$ 是无关的, 且有

$$M=K\oplus(\oplus_B T_\beta).$$

证明　设 $K\leqslant M$. 由极大值原理知存在子集 $B\subseteq A$ 关于下面的条件是极大的：$(T_\beta)_{\beta\in B}$ 是无关的且 $K\cap(\sum_B T_\beta)=0$,(见练习 (6.14)). 于是知和

$$N=K+\left(\sum_B T_\beta\right)=K\oplus(\oplus_B T_\beta)$$

是直和. 下证 $N=M$. 设 $\alpha\in A$. 由 T_α 是单的可得 $T_\alpha\cap N=T_\alpha$ 或 $T_\alpha\cap N=0$. 但 $T_\alpha\cap N=0$ 与 B 的极大性矛盾. 从而对于每个 $\alpha\in A$, 有 $T_\alpha\leqslant N$, 因此 $M=N$. □

作为上述基本引理的一个推论, 我们有向量空间的每个生成集都包含一个基这一事实的下列推广.

9.3 命题　如果模 M 是由一切单子模的指标集 $(T_\alpha)_{\alpha\in A}$ 生成的, 则对于某个 $B\subseteq A$, 有

$$M=\oplus_B T_\beta,$$

即 M 是半单的.

证明　在 (9.2) 中令 $K=0$ 即可. □

9.4 命题　设 M 是半单左 R -模, 且 M 有半单分解 $M=\oplus_A T_\alpha$. 如果

$$0\longrightarrow K\xrightarrow{f}M\xrightarrow{g}N\longrightarrow 0$$

是 R -模的正合列, 则此序列可分, 而且 K 和 N 都是半单的. 实际上, 存在子集 $B \subseteq A$ 和同构

$$N \cong \oplus_B T_\beta, \quad K \cong \oplus_{A \setminus B} T_\alpha.$$

证明 由于 Imf 是 M 的子模, 从而由 (9.2) 知存在子集 $B \subseteq A$ 使得 $M = (Imf) \oplus (\oplus_B T_\beta)$. 因此序列可分, 且有 $N \cong M/Imf \cong \oplus_B T_\beta$. 又因为 $M = (\oplus_{A \setminus B} T_\alpha) \oplus (\oplus_B T_\beta)$, 所以 (见 5.5) 有

$$K \cong Imf \cong \oplus_{A \setminus B} T_\alpha. \qquad (\square)$$

这是一个十分重要的结果. 半单模的每个子模和每个商模都是半单的. 而且, 每个子模都是直和项. 正如我们将在 (9.6) 中所见, 半单模的每个子模都是直和项这一性质实际上刻画了半单模.

9.5 推论 设 $(T_\alpha)_{\alpha \in A}$ 是 M 的一切单子模的指标集. 如果 T 是 M 的单子模, 且满足

$$T \cap (\sum_A T_\alpha) \neq 0,$$

则存在 $\alpha \in A$ 使得 $T \cong T_\alpha$.

证明 如果 T 是单子模, 且 $T \cap (\sum_A T_\alpha) \neq 0$, 则 $T \leqslant \sum_A T_\alpha$. 因此我们可以假定 $M = \sum_A T_\alpha$. 从而由 (9.3) 我们有 M 是半单的, 且对于某个 $B \subseteq A$, 有 $M = \oplus_B T_\beta$. 最后, 应用 (9.4) 即可. □

现在我们有半单模的下列基本刻画.

9.6 定理 对于左 R -模下列命题等价:

(a) M 是半单模;

(b) M 是由单模生成的;

(c) M 是单子模组成的某个集的和;

(d) M 是它的单子模的和;

(e) M 的每个子模都是直和项;

(f) 左 R-模的每个短正合列

$$0 \to K \to M \to N \to 0$$

可分.

证明 由 (9.4) 可得 (a) $\Rightarrow$ (f), 由 (5.2) 可得 (f)$\Rightarrow$(e), 由 (9.3) 可得 (b)$\Leftrightarrow$(a). 最后, (b) $\Leftrightarrow$ (c) $\Leftrightarrow$(d) 是显然的.

(e$\Rightarrow$ (d). 假设 M 满足 (e), 我们可推断 M 的每个非零子模都有单子模. 事实上, 设 $0 \neq x \in M$, 则由 (2.8) 知 Rx 有极大子模, 设为 H. 由 (e) 知对于某

个 $H' \leqslant M$, 我们有 $M = H \oplus H'$. 从而, 由模律 (2.5) 可得 $Rx = Rx \cap M = H \oplus (Rx \cap H')$, 且 $Rx \cap H' \cong Rx/H$ 是单模 (2.10). 因此 Rx 有单子模. 设 N 是 M 的一切单子模的和, 则由 (e) 得对于某个 $N' \leqslant M$, 有 $M = N \oplus N'$. 因为 $N \cap N' = 0$, 所以 N' 没有单子模. 如上所见, 这意味着 $N' = 0$. 因此 $N = M$. □

如果 R 是除环, 则每个 R -向量空间 ${}_RM$ 是半单的, 这是因为 M 是由它的循环模生成的, 而且每个非零的循环 R -模都是单的. 由 (9.6.d) 可得 Abel 群 M 是半单的当且仅当它是由它的阶为素数的元生成的 (见练习 (9.1).).

基 座

(9.6) 中的等价 (a)⇔(b) 说明半单左 R -模类恰是由单模 $\mathscr{S}$ 生成的模类 $\mathrm{Gen}(\mathscr{S})$. 因此, 每个模 M 都有 (唯一的) 最大的半单子模, 即 $\mathscr{S}$ 在 M 中的迹. 我们通常称此子模为 M 的**基座**, 且简记为

$$SocM = Tr_M(\mathscr{S}).$$

显然 , M 是半单的当且仅当 $M = SocM$. 基座的一个重要的刻画是

9.7 命题 如果 M 是左 R-模, 则

$$\begin{aligned} SocM &= \sum\{K \leqslant M \mid K\text{在}M\text{中是极小的}\} \\ &= \bigcap\{L \leqslant M \mid L\text{在}M\text{中是本质的}\} \end{aligned}$$

证明 易见，第一个等式成立. 为了证明最后的等式, 设 $T \leqslant M$ 是单的, 如果 $L \trianglelefteq M$, 则 $T \bigcap L \neq 0$, 因此 $T \leqslant L$. 从而 $SocM$ 包含在 M 的每个本质子模中. 另一方面, 令 $H = \bigcap\{L \leqslant M \mid L \trianglelefteq M\}$. 下证 H 是半单的. 设 $N \leqslant H$ 且 $N' \leqslant M$ 是 N 的补 (见 (5.21))，则有 $N + N' = N \oplus N' \trianglelefteq M$. 从而有 $N \leqslant H \leqslant N \oplus N'$, 而且由模律有

$$H = H \cap (N \oplus N') = N \oplus (H \cap N').$$

故 N 是 H 的直和项. 从而由 (9.6.e) 得 H 是半单的, 因此 $H \leqslant SocM$. □

基座的许多性质可立即从 $SocM$ 恰是模的某个类在 M 中的迹这一事实得出. 例如,$Soc({}_RR)$ 是 R 的理想 (见 (8.21).). 更一般地有

9.8 命题 设 M 和 N 是左 R -模, 且 $f: M \to N$ 是 R -同态, 则有

$$f(SocM) \leqslant SocN.$$

特别地 , $SocM$ 是 M 的左 R -右 $End({}_RM)$ -子模.

证明 由 (8.16) 可得. □

9.9 推论 设 M 是模, 且 $K \leqslant M$, 则

$$SocK = K \cap SocM.$$

特别地,

$$Soc(SocM) = SocM.$$

证明 由 (9.8) 可得 $SocK \leqslant SocM$. 由 (9.4) 可得 $K \cap SocM$ 是半单的, 因此它包含在 $SocK$ 中. □

M 的基座 $SocM$ 是 M 中包含在 M 的每个本质子模中的最大子模. 一般地 $SocM$ 在 M 中不是本质的. 事实上, 非零模可以有零基座 (见练习 (9.2)). 而且, 我们有

9.10 推论 设 M 是左 R -模, 则 $SocM \trianglelefteq M$ 当且仅当 M 的每个非零子模都包含极小子模.

证明 由 (9.7) 和 (9.9) 可得. □

注意单左 R -模类有由表示构成的集合 $\mathscr{T}$. 因此由 (8.20) 我们有

9.11 命题 设 $\mathscr{T}$ 是由单左 R -模的表示构成的集合，则对于每个 ${}_RM$, 有

$$SocM = Tr_M(\mathscr{T}) = Tr_M(\oplus_{\mathscr{T}}T) = \sum_{\mathscr{T}} Tr_M(T). \qquad (\square)$$

注意半单左 R -模类有半单生成子, 即 $\oplus_{\mathscr{T}}T$, 这是 (9.11) 的一个推论. 如果 T 是单的, 则 T 在 M 中的迹 $Tr_M(T)$ 称为 $SocM$ 的 T-**齐次分量**. 当然,$Tr_M(T)$ 是由单模生成的, 因此它是半单的, 而且它在 $SocM$ 中, 由 (9.5) 得 $Tr_M(T)$ 的每个单子模都同构于 T. 例如,*Abel* 群 M 的基座 $\mathbb{Z}_p$ -齐次分量恰是由阶为 p 的元素构成的集合 (见练习 (9.1).).

称半单模 H 是 T-**齐次的**, 如果

$$H = Tr_H(T).$$

从而对于每个模 $M, SocM$ 的 T -齐次分量是 M 的唯一的最大 T -齐次半单子模. 当然, 如果 M 没有与 T 同构的单子模, 则它的基座的 T -齐次分量是零. 由 (9.11) 知 $SocM$ 的齐次分量生成 $SocM$, 由 (9.5) 知 $SocM$ 的齐次分量是无关的 (见练习 (9.8)), 由 (8.16) 知它们关于 M 的自同态是稳定的. 从而我们有

9.12 命题 当把左 R -模 M 的基座看作左 R -右 $End({}_RM)$ -双模时, 它是它的齐次分量的直和. □

根

模 M 的基座是 M 中由单模类 $\mathscr{S}$ 生成的最大子模. 存在一个对偶: 对于每个 M, 都存在由 $\mathscr{S}$ 上生成的 M 的唯一"最大"商模, 此商模称为 M 的**资本**. 然而我们讨论的重点不是放在 M 的商模上, 而是放在 $\mathscr{S}$ 在 M 中相应的拒绝上.

设 $\mathscr{S}$ 是单左 R 模类. 对于每个左 R-模 M, M 的 ($Jacobson$) **根**是 $\mathscr{S}$ 在 M 中的拒绝

$$RadM = Rej_M(\mathscr{S}).$$

(9.7) 的对偶内容现在可由根的下列刻画给出.

9.13 命题 设 M 是左 R-模, 则

$$\begin{aligned} Rad(M) &= \bigcap\{K \leqslant M \mid K\text{在}M\text{是极大的}\} \\ &= \sum\{L \leqslant M \mid L\text{在}M\text{中是多余的}\}. \end{aligned}$$

证明 由于 $K \leqslant M$ 在 M 中是极大的当且仅当 M/K 是单的, 从而第一个等式可由类在 M 中拒绝的定义立即得出. 关于第二个等式, 设 $L \ll M$, 如果 K 是 M 的极大子模, 且 $L \nleqslant K$, 则 $K + L = M$. 但由于 $L \ll M$, 从而我们有 $K = M$, 这将导致矛盾. 我们可推断 M 的每个多余子模都包含在 $RadM$ 中. 另一方面, 设 $x \in M$. 如果 $N \leqslant M$ 满足 $Rx + N = M$, 则或者有 $N = M$, 或者存在 M 的极大子模 K 使得 $N \leqslant K$, 且 $x \notin K$(见练习 (2.9).). 如果 $x \in RadM$, 则后者不能发生, 从而由 $x \in RadM$ 可得 $Rx \ll M$, 这便证明了第二个等式. □

由于 M 的根恰是模类在 M 中的拒绝, 从而我们可以由拒绝的性质得到 $RadM$ 的许多性质. 例如据 (8.23) 知 $Rad(_RR)$ 是 R 的理想. 更一般地, 由 (8.16) 我们有

9.14 命题 设 M 和 N 是左 R-模, 且 $f: M \to N$ 是 R-同态，则有

$$f(RadM) \leqslant RadN.$$

特别地,$RadM$ 是 M 的左 R-右 $End(_RM)$ -子模. □

给了同态 $f: M \to N$, 我们有 $f(RadM) \leqslant RadN$. 即使 f 是满同态, 我们也不能得出 $f(RadM)$ 是 N 的根 (见练习 (9.2).). 然而, (8.17.2) 的一个直接推论是

9.15 命题 如果 $f: M \to N$ 是满同态, 且 $Kerf \leqslant RadM$, 则有 $RadN = f(RadM)$. 特别有

$$Rad(M/RadM) = 0.$$ □

已知 $SocM = M$ 当且仅当 M 是半单的. 它的对偶命题是

9.16 命题 设 M 是左 R -模, 则 $RadM=0$ 当且仅当 M 是由单模类上生成的. 特别地, 如果 M 是半单的, 则有 $RadM=0$.

证明 由 (8.13.2) 可得第一个结果. 第二个结果可由单模的直和包含在单模的积中这一事实得出. □

M 基座的 T -齐次分量的对偶是拒绝 $Rej_M(T)$, 由 (8.20) 我们有 (9.11) 的对偶

9.17 命题 设 $\mathscr{T}$ 是由单左 R -模的表示构成的集合, 则对于每个 ${}_RM$, 有

$$RadM=Rej_M(\prod_{\mathscr{T}}T)=Rej_M(\oplus_{\mathscr{T}}T)=\cap_{\mathscr{T}}Rej_M(T).$$

M 的根是 M 中包含一切多余子模的最小子模. 然而, 根不一定是多余的 (见练习 (9.2)). 对于 $RadM\ll M$, 我们有重要的充分条件, 但此条件不是必要的 (见 (9.10) 和练习 (9.4).).

9.18 命题 如果 M 的每个真子模都包含在 M 的一个极大子模中, 则 $RadM$ 是 M 的唯一最大多余子模.

证明 设 L 是 M 的真子模, 且 K 是极大子模,$L\leqslant K$, 则由 (9.13) 可得 $L+RadM\leqslant K\neq M$. □

我们以基座和根关于直和也有很好的性质来结束本节 (关于积见练习 (9.12).), 这是因为由 (8.18) 我们有

9.19 命题 设 $(M_\alpha)_{\alpha\in A}$ 是 M 的子模的指标集, 且 $M=\oplus_A M_\alpha$, 则有

$$SocM=\oplus_A SocM_\alpha \quad 和 \quad RadM=\oplus_A RadM_\alpha. \qquad □$$

练 习 9

1. 设 ${}_{\mathbb{Z}}M$ 是 Abel 群.
   (1) 证明 : $SocM$ 是由阶为素数的元素生成的子群.(见练习 (8.8).)
   (2) 证明 : $SocM$ 的 $\mathbb{Z}_p$ -齐次分量是 $r_M(p)$.
   (3) 设 $n\in\mathbb{N}$. 证明 : $\mathbb{Z}_n$ 是半单的当且仅当 n 无平方因子.(即 n 不能被除了 1 以外的其他平方数整除.)
2. 设 ${}_{\mathbb{Z}}M$ 是 Abel 群. 证明:(1) 如果 ${}_{\mathbb{Z}}M$ 是无扭的, 则有 $SocM=0$. (2) 如果 ${}_{\mathbb{Z}}M$ 是扭的, 则有 $SocM\trianglelefteq M$. (3) 如果 ${}_{\mathbb{Z}}M$ 是可除的, 则有 $RadM=M$.
3. 计算下列左 $\mathbb{Z}-$ 模的基座和根:
   (1)$\mathbb{Z}$; (2)$\mathbb{Z}_n$; (3)$\mathbb{R}$; (4)$\mathbb{Z}_{(p)}$; (5)$\mathbb{Z}_{p^\infty}$.
4. 由于 ${}_{\mathbb{Z}}\mathbb{Z}$ 生成 ${}_{\mathbb{Z}}\mathscr{M}$(见 (8.1)), 从而存在满同态 $f:\mathbb{Z}^{(A)}\to\mathbb{Q}$. 证明 : $Kerf=K$ 不包含在 $\mathbb{Z}^{(A)}$ 的极大子群中. 可推断对于模 M, 由 $RadM\ll M$ 不能推出每个真子模都包含在一个极大子模中.

5. 设 R 是由域上 2×2 上三角矩阵环.

(1) 计算 $_RR$ 和 R_R 的基座和根.[注意: 这些基座和根都是 R 的理想, 也要注意它们的相似性和不相似性.]

(2) 求证 R 有两个不同构的单模, 而 $Soc(_RR)$ 只有一个非零齐次分量.

6. 设 D 是除环, 且 M_D 是 D 上有限维向量空间. 设 $R = End(M_D)$. 证明:

(1) $Rad(_RR) = Rad(R_R) = 0$.

(2) $Soc(_RR) = Soc(R_R) = R$.

7. 设 M 是左 R 模. 证明: 下列条件等价:

(a) M 是半单的;

(b) 对于每个 $K \leqslant M$ 和每个 R-同态 $f: K \to H$, 都存在 f 的扩张 $\bar{f}: M \to H$;

(c) 对于每个 $K \leqslant M$ 和每个 R-同态 $g: H \to M/K$, 都存在同态 $\bar{g}: H \to M$ 使得 $g = n_k\bar{g}$.

8. 设 $(T_\alpha)_{\alpha\in A}$ 和 $(S_\beta)_{\beta\in B}$ 是模 $_RM$ 的单子模的指标集. 证明: 如果 $(\sum_A T_\alpha)\cap(\sum_B S_\beta) \neq 0$, 则对于某个 $\alpha \in A$ 和 $\beta \in B$, 有 $T_\alpha \cong S_\beta$.

9. 设 M 和 N 是左 R-模, 且 $f: M \to N$ 是满同态. 这表明可能有 $Rad(N) \not\subseteq f(RadM)$. 证明: 如果 $M/RadM$ 是半单的, 则有 $Rad(N) = f(RadM)$.

10. 设 M 是左 R-模, 且 $K \leqslant M$. 证明:

(1) $K = Rad(M)$ 当且仅当 $K \leqslant Rad(M)$, 且 $Rad(M/K) = 0$.

(2) $K = Soc(M)$ 当且仅当 $K \geqslant SocM$, 且 $SocK = K$.

(3) 如果 $K \ll M$, $Rad(M/K) = 0$, 则有 $K = RadM$.

(4) 如果 $K \trianglelefteq M, SocK = K$, 则有 $K = SocM$.

11. 证明 : $RadM = 0$ 当且仅当 M 是单模的亚直积. 再求证: 即使 M 既不是单模的和也不是单模的积, 也可能有 $RadM = 0$.

12. 求证: 单模 $M_\alpha(\alpha \in A)$ 的积 $\prod_A M_\alpha$ 不一定是半单的.[提示: 设 K 是域, 且 $R = K^A$, 则 $_RR$ 是单模的积. 计算基座.]

13. 设 T 是单左 R-模 ,$_RR = Soc_RR$. 证明 :$_RR$ 的 T-齐次分量是 R 的环直和项, 而且作为环 ,R 是它的齐次分量的直和.

14. 称模 M 是**上半单的**, 如果 M 的每个子模都是极大子模的交. 证明:

(1) M 是上半单的当且仅当对于一切 $K \leqslant M$, 有 $Rad(M/K) = 0$.

(2) 上半单模的每个子模和每个商模都是上半单的.

(3) 每个半单模都是上半单的.

(4) 如果 R 是布尔环, 则 $_RR$ 是上半单的. 求证: 上半单模不一定是半单的.[提示: 设 K 是 R 的子模. 则 R/K 既是布尔环又是 R 的商模. 应用练习 (7.16.3) 可得 $_RR$ 是上半单的, 关于 (4), 在练习 (9.12) 的提示中设 $K = \mathbb{Z}_2$.]

§ 10. 有限生成模和有限上生成模—链条件

我们已经知道，生成集的概念和有限生成集的概念都不是范畴的, 也没有对偶. 然而，当我们从格理论和范畴的角度重新阐述有限生成的概念时, 将获得一个重要的对偶.

有限生成模

设 $\mathscr{A}$ 是由 M 的子模构成的集合, 且 $\mathscr{A}$ 生成 M, 称模 M 是**有限生成的**, 如果对于每个 $\mathscr{A}$, 都存在有限集合 $\mathscr{F} \subseteq \mathscr{A}$ 生成 M, 即对于某有限集 $\mathscr{F} \subseteq \mathscr{A}$,

$$\text{由 } \sum \mathscr{A} = M \text{ 可推出 } \sum \mathscr{F} = M.$$

这并不是一个新的概念, 它只是我们熟悉的概念的一个重新阐述.

10.1 命题 下列命题关于左 R-模是等价的:

(a) M 是有限生成的;

(b) 对于满足 $M = \sum_A Imf_\alpha$ 的每个集合 $f_\alpha:\ U_\alpha \to M(\alpha \in A)$, 存在有限集 $F \subseteq A$ 使得 $M = \sum_F Imf_\alpha$;

(c) 对于每个指标集 $(U_\alpha)_{\alpha\in A}$ 和满同态 $\oplus_A U_\alpha \to M \to 0$, 存在有限集 $F \subseteq A$ 和满同态 $\oplus_F U_\alpha \to M \to 0$;

(d) 生成 M 的每个模都有限生成 M;

(e) M 包含一个有限生成集.

证明 (a)⇒(b) 和 (c)⇒(d) 是显然的.

(b)⇒(c). 由 (6.8) 我们有 $f: \oplus_A U_\alpha \to M$ 是满同态当且仅当 $\sum_A Im\ f_{l\alpha} = M$. 而且显然有 $f_{l\alpha}:\ U_\alpha \to M(\alpha \in A)$.

(d)⇒(e). 可由 (8.1) 得.

(e)⇒(a). 假设 $\{x_1, \cdots, x_n\}$ 是 M 中的一个有限生成集,$\mathscr{A}$ 是 M 的子模集, 且满足 $M = \sum \mathscr{A}$, 则对于每个 x_i, 都存在有限子集 $\mathscr{F}_i \subseteq \mathscr{A}$ 使得 $x_i \in \sum \mathscr{F}_i$. 令 $\mathscr{F} = \mathscr{F}_1 \cup \cdots \cup \mathscr{F}_n$, 则 $\mathscr{F}$ 是有限的. 由于 $\sum \mathscr{F}$ 是 M 的子模, 而且 $\sum \mathscr{F}$ 还包含 M 的一个生成集, 从而有 $\sum \mathscr{F} = M$, 即 M 是有限生成的. □

有限上生成模

有限生成模概念有一个明显的对偶. 称 M 是**有限上生成的**, 如果对于 M 的每个子模集 $\mathscr{A}$ 和某个有限集 $\mathscr{F} \subseteq \mathscr{A}$,

$$\text{由 } \cap\mathscr{A} = 0 \text{ 可推出 } \cap\mathscr{F} = 0.$$

例如,Abel 群 $\mathbb{Z}$ 是有限生成的但不是有限上生成的. 群 $\mathbb{Z}_{p^\infty}$ 是有限上生成的但不是有限生成的.

命题 10.1 中只有四个条件有对偶, 而且这四个条件的对偶只有三个是等价的. 下面我们给出这些等价, 但我们不能立即给出下面 (c)⇒(b) 的证明, 此证明将在 §18 给出 (见 (18.17)).

10.2 命题 下列命题关于左 R-模 M 是等价的:

(a) M 是有限上生成的;

(b) 对于满足 $\cap_A Kerf_\alpha = 0$ 的每个集合 $f_\alpha : M \to U_\alpha (\alpha \in A)$, 存在有限集 $F \subseteq A$ 使得 $\cap_F Kerf_\alpha = 0$;

(c) 对于每个指标集 $(U_\alpha)_{\alpha\in A}$ 和单同态 $0 \to M \to \prod_A U_\alpha$, 都存在有限集 $F \subseteq A$ 和单同态 $0 \to M \to \prod_F U_\alpha$.

证明　(a)⇒(b) 是显然的.

(b)⇒(a). 设 $\{M_\alpha | \alpha \in A\}$ 是 M 的子模, $\cap_A M_\alpha = 0$. 对自然映射 f_α : $M \to M/M_\alpha (\alpha \in A)$ 应用 (b) 得 (a).

(b)⇒ (c). 假设 $f : M \to \prod_A U_\alpha$ 是单同态, 则由 (6.2) 有 $\cap_A Ker\ \pi_\alpha f = 0$. 因此由 (b) 知存在有限集 $F \subseteq A$ 使得 $\cap_F Ker\ \pi_\alpha f = 0$. 因此再由 (6.2) 可得 $\pi_F f : M \to \prod_F U_\alpha$ 是单同态.

(c)⇒(b). 这个证明我们放到 (18.17) 中, 也可见练习 (10.4).

10.3 推论　如果 M 是有限上生成的, 则上生成 M 的每个模都有限上生成 M.

证明　由 (10.2) 中的 (b)⇒(c) 即可. □

(10.3) 中陈述的有限上生成模的性质是 (10.1.d) 的对偶. 然而, 它不能刻画有限上生成模. 例如 ,*Abel* 群 $\oplus_{\mathbb{P}} \mathbb{Z}_p$ 不是有限上生成的, 但上生成它的每个群都有限上生成它 (见练习 (10.2).). 这一事实使定理的对偶是定理这一对偶原理无效.(10.1) 中的 (d)⇒(a) 在范畴 ${}_R\mathbf{M}$ 中不是一个定理, 这是因为为了得到它, 需要非范畴命题 (10.1.e) 的内容.(10.1.e) 的一个内容就是 ${}_RR$ 是 ${}_R\mathbf{M}$ 中的有限生成的生成子. 而且当 ${}_R\mathbf{M}$ 有有限上生成的上生成子时, (10.3) 的逆命题在 ${}_R\mathbf{M}$ 中是正确的 (见练习 (10.3).).

根和基座的作用

下面我们给出有限生成模和有限上生成模的基本刻画, 它们表明"有限生成的"和"有限上生成的"分别由根和基座确定.

10.4 定理　设 M 是左 R -模, 则

(1) M 是有限生成的当且仅当 $M/RadM$ 是有限生成的, 且自然满同态

$$M \to M/RadM \to 0$$

是多余的 (即 $RadM \ll M$).

(2) M 是有限上生成的当且仅当 $SocM$ 是有限上生成的, 且包含映射

$$0 \to SocM \to M$$

是本质的 (即 $SocM \trianglelefteq M$).

证明 我们只证明 (2), (1) 的证明是对偶的.

($\Rightarrow$). 显然有限上生成模的子模是有限上生成的. 因此只需证明如果 M 是有限上生成的, 则有 $SocM \trianglelefteq M$. 假设 $K \leqslant M$ 满足 $(SocM) \cap K = 0$, 现在 $SocM$ 是 M 的一切本质子模的交 (见 (9.7)), 因此由于 M 是有限上生成的, 从而存在 M 的本质子模 $L_1, \cdots, L_n$ 使得 $L_1 \cap \cdots \cap L_n \cap K = 0$. 但 $L_1 \cap \cdots \cap L_n \trianglelefteq M$ (见 (5.16.2)), 因此有 $K = 0$.

($\Leftarrow$). 设 $SocM$ 是有限上生成的, 且它在 M 中是本质的. 设 $\mathscr{A}$ 是由 M 的子模构成的任意集, 且 $\bigcap \mathscr{A} = 0$, 则有 $\bigcap\{(A \cap SocM) \mid A \in \mathscr{A}\} = 0$. 由此可推出对于某些 $A_1, \cdots, A_n \in \mathscr{A}$, 有

$$(A_1 \cap \cdots \cap A_n) \cap (SocM) = (A_1 \cap SocM) \cap \cdots \cap (A_n \cap SocM) = 0.$$

但 $SocM \trianglelefteq M$, 因此有 $A_1 \cap \cdots \cap A_n = 0$. □

10.5 推论 设 M 是非零模.

(1) 如果 M 是有限生成的, 则 M 有极大子模;

(2) 如果 M 是有限上生成的, 则 M 有极小子模. □

对于半单模, 有限上生成和有限生成这两个概念是等价的, 而且我们有

10.6 命题 下列命题关于半单模 M 是等价的:

(a) M 是有限上生成的;

(b) $M = T_1 \oplus \cdots \oplus T_n$, 其中 T_i 是单的 $(i = 1, \cdots, n)$;

(c) M 是有限生成的.

证明 (a)$\Rightarrow$(b). 假设 (a) 成立, 由于显然 M 可以嵌入到单模的积中, 而且 (10.2.c) 是成立的, 从而 M 可嵌入到有限多个单模的积中. 再应用 (9.4) 即可.

(b)$\Rightarrow$(c). 假设 (b) 成立, 从而显然 M 有有限生成集. 再应用 (10.1) 即可.

(c)$\Rightarrow$(a). 假设 (c) 成立, 由于 M 是半单的, 从而它是由单子模生成的. 因此由 (c) 知它是由单子模的有限集 $T_1, \cdots, T_n$ 生成的. 我们用归纳法证明 (a). 显然如果 $n = 1$, 则 M 是单的, 且是有限上生成的. 归纳假设 $n > 1$, 且由少于 n 个单子模生成的任意模都是有限上生成的. 现在假设 $\mathscr{A}$ 是 M 的子模集, 且满足 $\cap\mathscr{A} = 0$. 从而对于某个 $L \in \mathscr{A}$, 有 $T_n \cap L = 0$. 由 (9.4) 得 $L = S_1 \oplus \cdots \oplus S_m$, 其中每个 S_i 都是单的,$m < n$. 令 $\mathscr{A}' = \{N \cap L \mid N \in \mathscr{A}\}$, 则 $\mathscr{A}'$ 是 L 的子模集, 且满足 $\cap\mathscr{A}' = 0$. 从而对于某个有限集 $\{N_1, \cdots, N_k\} \subseteq \mathscr{A}$, 有

$$L \cap N_1 \cap \cdots \cap N_k = 0$$

且 M 是有限上生成的. □

(10.6) 和 (10.4.2) 联合起来便确定了有限上生成模的下列刻画.

10.7 命题 模是有限上生成的当且仅当它的基座既是本质的又是有限生成的. □

由定义可得如果 M 是有限生成的 (有限上生成的), 则 M 的商模 (子模) 亦然. 从而我们立即有下面结果中条件的必要性.

10.8 命题 设 $M = M_1 \oplus \cdots \oplus M_n$, 则 M 是有限生成的 (有限上生成的) 当且仅当每个 $M_i(i = 1, \cdots, n)$ 都是有限生成的 (有限上生成的).

证明 由于 $M_i(i = 1, \cdots, n)$ 的生成集的并是 M 的一个生成集, 从而有限生成的情形可由 (10.1) 得. 因此只需证明如果 $M_i(i = 1, \cdots, n)$ 是有限上生成的, 则 M 亦然. 我们知道 (9.19)

$$SocM = (SocM_1) \oplus \cdots \oplus (SocM_n).$$

由于每个 M_i 都是有限上生成的, 从而由 (10.7) 知每个 $SocM_i$ 都是有限生成的. 因此由 (10.8) 关于有限生成的必要性得 $SocM$ 是有限生成的. 由 (10.7) 还可得 $SocM_i \trianglelefteq M_i$, 因此由 (6.17) 知 $SocM \trianglelefteq M$. 最后再应用 (10.7) 可得 M 是有限上生成的. □

链 条 件

每个子模 (每个商模) 都是有限生成 (有限上生成) 模的模可由某些"链条件"刻画. 一般地, 不能由这些有限性条件中的一个推出另一个，尽管在某些十分特殊的情形下它们可能是等价的. 例如 ,$\mathbb{Z}$ 的子模是有限生成的 ,$\mathbb{Z}_{p^\infty}$ 的商模是有限上生成的. 称 M 的子模集 $\mathscr{L}$ 满足**升链条件**, 如果对于 $\mathscr{L}$ 中的每个链

$$L_1 \leqslant L_2 \leqslant \cdots \leqslant L_n \leqslant \cdots$$

都存在 n, 使得 $L_{n+i} = L_n(i = 1, 2, \cdots)$. 关于**降链条件**我们只需改变不等式的方向即可 (见练习 (10.9).).

称模 M 是 *Noether* **模**, 如果 M 的一切子模格 $\mathscr{S}(M)$ 满足升链条件. 称模 M 是 *Artin* **模**, 如果 $\mathscr{S}(M)$ 满足降链条件.

10.9 命题 关于模 M, 下列命题是等价的:

(a) M 是 Noether 的;

(b) M 的每个子模都是有限生成的;

(c) 由 M 的子模构成的每个非空集都有极大元. □

由于此命题的证明与下个命题的证明对偶, 从而我们忽略其证明.

10.10 命题 关于模 M, 下列命题等价:

(a) M 是 Artin 的;

(b) M 的每个商模都是有限上生成的;

(c) 由 M 的子模构成的每个非空集都有极小元.

证明 (a)⇒(c). 设 $\mathscr{A}$ 是由 M 的子模构成的非空集, 假设 $\mathscr{A}$ 没有极小元. 则对于每个 $L \in \mathscr{A}$, 集合 $\{L' \in \mathscr{A} \mid L' < L\}$ 非空. 从而由选择公理 (0.2) 知, 存在函数 $L \mapsto L'$ 使得对于每个 $L \in \mathscr{A}$, 有 $L > L'$. 设 $L \in \mathscr{A}$, 则

$$L > L' > L'' > \cdots$$

是由 M 的子模构成的无限降链.

(c)⇒(b). 假设 (c) 成立. 由 (2.9) 我们只需证明, 如果 $K \leqslant M$, $\mathscr{A}$ 是由 M 的子模构成的集族, 且满足 $K = \cap\mathscr{A}$, 则对于某个有限子集 $\mathscr{F} \subseteq \mathscr{A}$, 有 $K = \cap\mathscr{F}$. 令 $\mathscr{P} = \{\cap\mathscr{F} \mid \mathscr{F} \subseteq \mathscr{A}$ 是有限的 $\}$, 则由 (c) 得 ,$\mathscr{P}$ 有极小元, 即 $\cap\mathscr{F}$. 显然有 $K = \cap\mathscr{F}$.

(b)⇒(a). 假设 (b) 成立, 且 M 有由其子模构成的一个降链:

$$L_1 \geqslant L_2 \geqslant \cdots \geqslant L_n \geqslant \cdots .$$

令 $K = \cap_{\mathbb{N}} L_n$, 由于 M/K 是有限上生成的, 从而必存在某个 n 使得 $K = L_n$. 因此有 $L_{n+i} = L_n (i = 1, 2, \cdots)$. □

10.11 推论 设 M 是非零模.

(1) 如果 M 是 Artin 模, 则 M 有单子模. 事实上 ,$SocM$ 是本质子模.

(2) 如果 M 是 Noether 模, 则 M 有极大子模. 事实上,$RadM$ 是多余子模.□

10.12 命题 设

$$0 \to K \to M \to N \to 0$$

是左 $R-$ 模的正合列, 则 M 是 Artin 模 (Noether 模) 当且仅当 K 和 N 都是 Artin 模 (Nother 模).

证明 设 M 是 Artin 模. 由于 K 同构于 M 的子模, 从而由定义知 K 是 Artin 模. N 的每个商模都同构于 M 的商模 (3.7), 因此由 (10.10) 知 N 是 Artin 模.

反之, 假定 K 和 N 都是 Artin 模. 下证 M 是 Artin 模. 显然我们可以假设 $K \leqslant M$, $M/K = N$. 设

$$L_1 \geqslant L_2 \geqslant \cdots \geqslant L_n \geqslant \cdots$$

是由 M 的子模构成的一个降链. 由于 $M/K \cong N$ 是 Artin 模, 从而存在整数 m 使得

$$L_m + K = L_{m+i} + K \quad (i = 1, 2, \cdots).$$

由于 K 是 Artin 模, 从而存在整数 $n \geqslant m$ 使得

$$L_n \cap K = L_{n+i} \cap K \quad (i = 1, 2, \cdots).$$

因此利用模律和 $L_n \geqslant L_{n+i}$, 对每个 $i = 1, 2, \cdots$, 我们有

$$\begin{aligned} L_n &= L_n \cap (L_n + K) = L_n \cap (L_{n+i} + K) \\ &= L_{n+i} + (L_n \cap K) = L_{n+i} + (L_{n+i} \cap K) = L_{n+i}. \end{aligned}$$

因此 M 是 Artin 的. 对 Noether 模的证明是它的对偶. □

10.13 推论 设 $M = M_1 \oplus \cdots \oplus M_n$, 则 M 是 Artin 的 (Noether 的) 当且仅当每个 $M_i (i = 1, 2, \cdots, n)$ 都是 Artin 的 (Noether 的). □

Artin 模和 Noether 模的一个十分重要的性质是它们有一个有限而不可分解的直和分解. 然而注意有限生成模不一定有有限而不可分解的直和分解. 例如, 如果 R 是无限多个域的积, 则 $_RR$ 是循环的, 但它没有不可分解的分解 (见练习 (7.8).).

10.14 命题 设 M 是非零模, 且 M 在直和项上或者有升链条件, 或者有降链条件 (例如, 如果 M 是 Artin 模或 Noether 模), 则 M 是由不可分解子模构成的有限集的直和:

$$M = M_1 \oplus \cdots \oplus M_n.$$

证明 对于没有有限而不可分解的分解的每个非零模 M, 选择一个真分解

$$M = N' \oplus M',$$

使得 M' 没有有限而不可分解的分解. 假设 M 是非零的, 且它不是不可分解模的有限直和，则

$$M = N' \oplus M', \ M' = N'' \oplus M'', \cdots$$

是真分解的一个序列. 因此存在 M 的直和项的无限链:

$$N' < N' \oplus N'' < \cdots \quad 和 \quad M > M' > M'' > \cdots . \qquad (\square)$$

关于半单模, 下列前四个有限条件等价.

10.15 命题 对于每个模 M, 下列命题等价:

(a) $RadM = 0$, 且 M 是 Artin 模;

(b) $RadM = 0$, 且 M 是有限上生成的;

(c) M 既是半单的又是有限生成的;

(d) M 既是半单模又是 Noether 模;

(e) M 是由单子模构成的有限集的直和.

证明 (a)⇒(b) 和 (d)⇒(c) 可分别由命题 (10.10) 和 (10.9) 立即得出.

(b)⇒(e). 假设 (b) 成立. 由 (9.16) 和 (10.2.c) 知 M 同构于单模的有限积 P 的子模. 由于此积必是一个直和 (6.12), 从而 P 是半单的. 再应用 (9.4) 即可.

(c)⇔(e). 由命题 10.6 可得.

(e)⇒(a) 和 (e)⇒(d). 假设 (e) 成立，则 M 是半单的, 由 (9.16) 我们有 $RadM = 0$. 显然单模既是 Artin 模又是 Noether 模. 再应用 (10.13) 即可. □

10.16 推论 对于半单模 M, 下列命题等价:

(a) M 是 Artin 模;

(b) M 是 Noether 模;

(c) M 是有限生成的;

(d) M 是有限上生成的. □

环的链条件

称环 R 是**左** *Artin* **环** (**右** *Artin* **环**), 如果左 (右) 正则模 $_RR(R_R)$ 是 Artin 模. 称环是 *Artin* **环**, 如果它既是左 Artin 环又是右 Artin 环, 即如果 $_RR$ 和 R_R 都是 Artin 模. **左** *Noether* **环**, **右** *Noether* **环**和 *Noether* **环**的概念都可根据正则模 $_RR$ 和 R_R 类似地定义.

易见由一切 2×2 上三角矩阵

$$\begin{bmatrix} a & b \\ 0 & \gamma \end{bmatrix}$$

其中 $a, b \in \mathbb{R}, \gamma \in \mathbb{Q}$, 构成的环 R 既是左 Artin 环又是左 Noether 环, 但它既不是右 Artin 环也不是右 Noether 环 ,$\mathbb{Z}$ 是 Noether 环但不是 Artin 环. 然而在 §15 中我们将证明每个 (左)Artin 环都是 (左)Noether 环.

10.17 命题 设 R 或者是左 Artin 环, 或者是右 Artin 环, 或者是左 Noether 环, 或者是右 Noether 环, 则 R 有作为不可分解环的环直和的块分解

$$R = R_1 \dot{+} \cdots \dot{+} R_n.$$

证明 由 (10.14) 和 (7.5) 知 ,R 有两两正交的本原幂等元的完全集. 再应用 (7.9) 即可. □

注意, 如果 R 是左 Artin 环或者是右 Artin 环, 则显然地,$_RR_R$ 是 Artin 模, 即环 R 在 (两边) 理想上有降链条件. 另一方面, 即使环 R 在理想上有降链条件, 它也可能既不是左 Artin 环也不是右 Artin 环. 事实上 (见练习 (10.14)), 存在不是 Artin 环的单环.

10.18 命题 关于每个环 R, 下列命题等价:

(a) R 是左 Artin 环;

(b) R 有是 Artin 模的生成子 $_RG$;

(c) 每个有限生成的左 $R-$ 模都是 Artin 模;

(d) 每个有限生成的左 $R-$ 模都是有限上生成的.

证明 (a)⇒(b). 由于 $_RR$ 是生成子 (8.8), 从而可得 (b).

(b)⇒(c). 假设 (b) 成立, 对于每个有限集 F, 由 (10.13) 我们知 $G^{(F)}$ 是 $Artin$ 环. 如果 M 是有限生成的, 则由 (10.1.d) 知对于某个有限集 F, M 同构于 $G^{(F)}$ 的商环, 再应用 (10.12) 可得 M 是 Artin 模.

(c)⇒(d). 可由 (10.10) 立即得出.

(d)⇒(a). 假设 (d) 成立. 由于 $_RR$ 是有限生成的, 从而 $_RR$ 的每个商模亦然. 因此由 (d) 得 $_RR$ 的每个商模都是有限上生成的. 再应用 (10.10) 即可. □

下列结果的证明类似于 (10.18) 的证明. 因此我们省略它.

10.19 命题 关于每个环 R, 下列命题等价:

(a) R 是左 Noether 环;

(b) R 有是 Noether 模的生成子 $_RG$;

(c) 每个有限生成的左 $R-$ 模都是 Noether 模;

(d) 有限生成的左 $R-$ 模的每个子模都是有限生成的. □

练 习 10

1. (1) 证明: 如果 $_RM$ 是有限生成的 (有限上生成的), 则 M 的每个商模 (子模) 亦然.
   (2) 给出子模不是有限生成的有限生成模的一个例子.(事实上, 它是一个循环模).
2. 证明: 上生成 $M = \oplus_{\mathbb{P}}\mathbb{Z}_p$ 的每个 $\mathbb{Z}-$ 模都有限上生成 M, 但 M 不是有限上生成的.
3. (1) 设 R 是环, 且 R 有有限上生成的上生成子 $_RC$. 证明: 关于 $_RM$, 下列条件等价: (a) M 是有限上生成的.(b) 上生成 M 的每个模都有限上生成 M. (c) 存在单同态 $M \to C^{(n)} (n \in \mathbb{N})$;
   (2) 证明: 如果 R 是环 , $(T_n)_{n\in\mathbb{N}}$ 是由两两不同构的单模构成的无限集, 则 $M = \oplus_{\mathbb{N}}T_n$ 满足 (1.b), 但它不是有限上生成的.(2) 是练习 (10.2) 的推广.
4. 稍微改变推论 (10.3) 的条件便可刻画有限上生成模. 证明 :$_R$ M 是有限上生成的当且仅当对于每个模 U 和每个集合 A, 如果存在单同态 $f:\ M \to U^A$, 则存在有限子集 $F \subseteq A$ 使得 $\pi_F \circ f:\ M \to U^F$ 是单同态. [提示:(⇐) 假设 $M_\alpha \leqslant M$, $\cap_A M_\alpha = 0$, 令 $SetU = \prod_A M/M_\alpha$, 并且考虑某个单同态 $M \to U^A$.]
5. 证明 :$_R$ M 是有限生成的当且仅当对于 M 的真子模的每个链 $\mathscr{C}$, 它的并 $\bigcup\mathscr{C}$ 也是真子模. [提示: 假设 M 的子模满足条件, 考虑集合 $\mathscr{D} = \{K \leqslant M \mid M/K$ 不是有限生成的 $\}$. 如果 $\mathscr{D} = \varnothing$, 则由子模链上的条件可推出 $\mathscr{D}$ 有极大元, 设为 N(为什么?). 但如果 $x \in M\backslash N$, 且 $N \in \mathscr{D}$, 则 $N + Rx$ 也在 $\mathscr{D}$ 中, 这将导致矛盾. 因此由于 $M \notin \mathscr{D}$, 从而必有 $\mathscr{D} = \varnothing$.]

6. 证明 :$_R M$ 是有限上生成的当且仅当对于 M 的非零子模的每个链 $\mathscr{C}$, 它的交 $\cap\mathscr{C}$ 不是零. [提示: 假设 M 不是有限上生成的, 则存在由子模构成的集合 $\mathscr{A}$, $\mathscr{A}$ 关于 $\cap\mathscr{A}=0$ 和 $\cap\mathscr{F}\neq 0$ (一切有限的 $\mathscr{F}\subseteq\mathscr{A}$) 是极大的. 设 $\mathscr{C}$ 是 $\mathscr{A}$ 中的一个极大链. 如果 $\cap\mathscr{C}\neq 0$, 则由于 $\mathscr{A}$ 关于有限交是封闭的, 从而有 $\cap\mathscr{C}\in\mathscr{A}$.]
7. 设 $\phi: Q\to R$ 是环同态, 且 M 是左 R -模, 则经 ϕ, M 是左 Q -模 (见练习 (4.15)). 证明: 如果 $_QM$ 是 Artin 模或是 Noether 模, 则 $_RM$ 亦然. 还可推断如果 R 是域 Q 上的有限维代数 (经 ϕ), 则下列条件等价:(a) $_RM$ 既是 Artin 模也是 Noether 模;(b) $_RM$ 是有限生成的;(c) $_QM$ 是有限维的.
8. 设 M_R 是非零齐次半单模 (例如, 向量空间), 且设 $S=End(M_R)$, 证明:(1) 集合 $U=\{\gamma\in S \mid Im\ \gamma$ 是有限生成的 $\}$ 是 S 的唯一最小非零理想.[提示: 如果 T_1, T_2 是 M 的单子模, 则由 M 的齐次性和练习 (9.7) 知, 存在 $e_i=e_i^2\in S$ 和 $f\in S$ 使得 $e_iM=T_i$, 且 $(e_2fe_1 \mid T_1): T_1\to T_2$ 是同构.]
(2) $Soc(_SS)=Soc(S_S)=U$, 且 $Rad(_SS)=Rad(S_S)=0$.
9. 称偏序集 $(P,\leqslant)$ 满足**升 (降) 链条件**, 如果在 P 中不存在无限真升 (降) 链 $a_1<a_2<a_3<\cdots(a_1>a_2>a_3>\cdots)$.
(1) 证明: 偏序集 P 满足升 (降) 链条件当且仅当它满足极大 (极小) 条件 (即 P 的每个非空子集都含有极大 (极小) 元).
(2) 应用 (1) 可得 (10.14) 的另一种证明. [提示: 如果 M 在直和项上有升链条件, 设 $\mathscr{P}$ 是由 M 中有有限不可分解的分解的直和项构成的集合. 设 $N\in\mathscr{P}$ 是极大的, 且 $M=N\oplus N'$, 其中 $N'\neq 0$. 由 N' 的真直和项构成的集合 $\mathscr{P}'$ 有极大元 N'', 且对于某个 $N'''\neq 0$, 有 $N'=N''\oplus N'''$ 考虑 $N\oplus N'''$.]
10. (1) 称最大元为 u 的格 L 有**有限最小上界性质** (简记为 FJP), 如果最小上界为 u 的每个子集 $\mathscr{A}$ 都有有限子集 $\mathscr{F}$, 使得 u 是其最小上界. 证明 : L 有升链条件当且仅当对于每个 $a\in L$, 子格

$$a^-=\{x\in L \mid x\leqslant a\}$$

有 FJP.
(2) 称最小元为 0 的格 L 有**有限最大下界性质** (简记为 FMP), 如果它的对偶有 FJP. 证明 : L 有升链条件当且仅当对于每个 $a\in L$, 子格

$$a^+=\{x\in L \mid x\geqslant a\}$$

有 FMP. [提示: 由 (1) 得!]
11. 证明: 下列命题关于非零模等价:
(a) 由 M 的直和项构成的集合有升链条件;
(b) 由 M 的直和项构成的集合有降链条件;
(c) $End(_RM)$ 没有由非零幂等元构成的无限正交集.
[提示: (a) $\Leftrightarrow$ (b) 可参见练习 (10.9). 关于 (c) $\Rightarrow$ (b), 假设 $M=L_0\geqslant L_1\geqslant L_2\geqslant\cdots$ 是直和项构成的链, 则对于每个 n, 有 $M=K_1\oplus\cdots\oplus K_n\oplus L_n$, 其中 $K_n\oplus L_n=L_{n-1}$. 设 e_n 是此分解中 K_n 的幂等元.]

12. 设 R 是域 Q 上由一切 $\mathbb{N}$ 阶行有限矩阵 $A=[[\alpha_{mn}]]$ 构成的集合, 且对于所有 m 和 n, 有 $\alpha_{mm}=\alpha_{nn}$(即对角线处值为常数), 如果 $m\neq 1$ 且 $m\neq n$, 则有 $\alpha_{mn}=0$ (即只有第一行和对角线上的值是非零的).

(1) 证明:R 是域 Q 上由一切 $\mathbb{N}$ 阶行有限矩阵的 Q 代数 $\mathbb{RFM}_{\mathbb{N}}(Q)$ 的子代数.[注意:R 同构于多项式环 $Q[X_1,X_2,\cdots]$ 模去由一切 $X_iX_j(i,j=1,2,\cdots)$ 生成的理想所得到之商环, 其中 $X_1,X_2,\cdots$ 为"N 个未定元".]

(2) 证明 : R 是交换的局部环 (即 R 有唯一极大理想).

(3) 证明 :$_RR$ 是有限生成的, 但它不是 Noether 模.[提示: 如果 J 是唯一极大理想, 则 $_RJ$ 不是 Noether 的.]

(4) 设 M 是左 R– 模 $Hom_Q(R_R,Q)$(见 (4.4)). 证明 : M 是有限上生成的, 但它不是 Artin 模.[提示: 由满足 $J\leqslant Kerf$ 的一切 $f\in M$ 构成的集合 K 是 $_RM$ 的唯一极小子模, 且有 $K\trianglelefteq M$.]

13. 设 R 是一切上三角矩阵

$$\begin{bmatrix} a & b \\ 0 & \gamma \end{bmatrix},$$

其中 $a,b\in\mathbb{R},\gamma\in\mathbb{Q}$, 构成的环. 证明 : R 是左 Artin 环左 Noether 环但不是右 Noether 环也不是右 Artin 环.

14. 设 Q 是域 ,$n\in\mathbb{N}$. 对于每个 $A\in\mathbb{M}_n(Q)$, 设 $D(A)$ 是 Q 上 $\mathbb{N}\times\mathbb{N}$ 矩阵, 我们给出 $D(A)$ 的分块形式:

$$D(A)=\begin{bmatrix} A & & & & & \\ & A & & 0 & & \\ & & A & & & \\ & & & \cdot & & \\ & 0 & & & \cdot & \\ & & & & & \cdot \end{bmatrix}$$

对于 $A\in\mathbb{M}_n(Q)$ 和 $n\in\mathbb{N}$, 设 R 是由 $D(A)$ 构成的集合.

(1) 证明 : R 是环 $\mathbb{CFM}_{\mathbb{N}}(Q)$ 的单子环, 其中 $\mathbb{CFM}_{\mathbb{N}}(Q)$ 是 Q 上列有限矩阵环.

(2) 证明 :$_RR$ 既不满足关于直和项的升链条件也不满足关于直和项的降链条件.[提示: 在降链的情形中, 考虑幂等元 E_n, 其中 (i,j) 元为 $\delta_{i2n}\delta_{j2n}$.]

(3) 可推断 R 是单 Q -代数, 但它不是有限维的也不是除环.

15. 证明: 每个有限上生成模都有有限的不可分解的分解.

16. (1) 证明: 关于布尔环, 下列条件等价:

(a) R 是 Artin 环;(b) R 是 Noether 环;(c) R 是有限的;(d)R 是半单的. [提示: 如果 R 不是有限的, 则对于每个 $0\neq a\in R$, 或者环 Ra 或者环 $R(1-a)$ 必有一个不是有限的.]

(2) 证明: 如果 $_RM$ 是布尔环 R 上的 Artin 模或 Noether 模, 则 M 是半单的.

§ 11. 有合成列的模

假设 M 是非零模, 且 M 的每个非零子模都有极大子模. 例如, 据 (10.11) 和 (10.12) 知每个非零的 Noether 模都有此性质. 给了具有此性质的模 M, 则它有极大子模 M_1, 而且 M_1 或者为 0 或者有极大子模 M_2. 显然每个这样的过程都会得到子模的一个无限降链

$$M > M_1 > M_2 > \cdots ,$$

其中每项都是它前一项的极大子模, 或者存在有限降链

$$M > M_1 > M_2 > \cdots > M_n = 0,$$

其中每项都是它前一项的极大子模. 注意，如果 M 是 Artin 模, 则只令发生后者的情形.

类似地, 如果 M 是非零模, 且它的每个非零商模都有单子模 (例如, 如果 M 是 Artin 模), 则存在 M 的子模升链

$$0 < L_1 < L_2 < \cdots ,$$

其中每一项是它后一项的极大子模. 如果 M 是 Noether 模, 则此链一定在有限步后停下来, 即对于某个 n, 有 $L_n = M$.

由上述子模链的存在性, 我们可以证明向量空间维数的许多算术性质.

合　成　列

设 M 是非零模, 称 M 的 $n+1$ 个子模构成的有限链

$$M = M_0 > M_1 > \cdots > M_n = 0$$

为 M 中**长度为 n 的合成列**, 如果 M_{i-1}/M_i 是单的 $(i = 1, 2, \cdots, n)$, 即如果此链的每一项都是它前一项的极大子模. 注意, 如果一个模既是 Artin 模又是 Noether 模, 则它有上述合成列. 实际上, 有合成列的非零模一定既是 Artin 模又是 Noether 模.

11.1 命题　非零模 M 有合成列当且仅当 M 既是 Artin 模又是 Noether 模.

证明　由上面的讨论我们只需证明必要性. 因此假设 M 有合成列. 设一切这样的合成列的极小长度为 n, 我们对 n 进行归纳假设. 显然, 如果 $n = 1$, 则 M 是单的, 从而结论成立. 另一方面, 如果

$$M = M_0 > M_1 > \cdots > M_n = 0$$

是 M 中极小长度的合成列, 则 M_1 有长度为 $n-1$ 的合成列, 且 M/M_1 是单的. 再应用 (10.12) 即可. □

11.2 推论 设 K, M 和 N 是非零模, 且假设存在同态的正合列

$$0 \to K \to M \to N \to 0,$$

则 M 有合成列当且仅当 K 和 N 都是合成列.

证明 由 (10.12) 和 (11.1) 立即可得. □

在本节的后面我们将再次回到这个推论上来, 将会得到它在某一方向上的敏锐形式, 此形式是所涉及的模的某些算术性质的基础.

现在设 M 是任意模,$L \leqslant M$. 无论 L 是否为 M 的合成列中的项, 如果 L 有极大子模 K, 则称单模 L/K 是 M 的合成因子, 而且, 如果 M 有合成列

$$M = M_0 > M_1 > \cdots > M_n = 0,$$

则单模

$$M_0/M_1,\ M_1/M_2,\ \cdots, M_{n-1}/M_n$$

称为此合成列的合成因子. 如果 M 还有另外一个合成列

$$M = N_0 > N_1 > \cdots > N_p = 0,$$

满足 $n = p$, 且存在 $\{1, 2, \cdots, n\}$ 的置换 σ 使得

$$M_i/M_{i+1} \cong N_{\sigma(i)}/N_{\sigma(i)+1} \quad (i = 1, 2, \cdots, n),$$

则称这两个合成列等价. 应当注意, 此等价性只意味着对于每个单 R -模 T, 在一个合成列的合成因子序列中, 与 T 同构的项数和在另一个合成列的合成因子序列中, 与 T 同构的项数相等.

11.3 定理 [Jordan-Hölder] 设模 M 有合成列, 则 M 的每对合成列都等价.

证明 如果 M 有合成列, 则我们用 $c(M)$ 表示此合成列的极小长度. 我们对 $c(M)$ 进行归纳假设. 显然, 如果 $c(M) = 1$, 则结论成立. 因此假设 $c(M) = n > 1$, 且对于有长度小于 n 的合成列的任意模, 它的一切合成列都等价. 设

(1) $$M = M_0 > M_1 > \cdots > M_n = 0$$

是 M 中极小长度的合成列, 且设

(2) $$M = N_0 > N_1 > \cdots > N_p = 0$$

是 M 的另一个合成列. 如果 $M_1 = N_1$, 则由归纳假设知, 由于 $c(M_1) \leqslant n-1$, 从而这两个合成列等价. 因此我们可以假设 $M_1 \neq N_1$. 由于 M_1 是 M 的极大子模, 从而我们有 $M_1 + N_1 = M$, 因此由 (3.7.3) 得

(3) $$M/M_1=(M_1+N_1)/M_1\cong N_1/(M_1\cap N_1),$$

且

(4) $$M/N_1=(M_1+N_1)/N_1\cong M_1/(M_1\cap N_1),$$

从而 $M_1\cap N_1$ 在 M_1 和 N_1 中都是极大的. 由 (11.2) 得,$M_1\cap N_1$ 有合成列

$$M_1\cap N_1=L_0>L_1>\cdots>L_k=0.$$

这样，

$$M_1>L_0>\cdots>L_k=0$$

和

$$N_1>L_0>\cdots>L_k=0$$

分别是 M_1 和 N_1 的合成列. 由于 $c(M_1)<n$,M_1 的每两个合成列都等价, 因此合成列

$$M=M_0>M_1>M_2>\cdots>M_n=0$$

和

$$M=M_0>M_1>L_0>\cdots>L_k=0$$

是等价的. 特别地, 由 $k<n-1$ 显然有 $c(N_1)<n$, 从而由归纳假设知 N_1 的每两个合成列都等价. 因此合成列

$$M=N_0>N_1>N_2>\cdots>N_p=0$$

和

$$M=N_0>N_1>L_0>\cdots>L_k=0$$

等价. 正如在 (3) 和 (4) 中所见, 有

$$M/M_1\cong N_1/L_0, M/N_1\cong M_1/L_0.$$

所以 (1) 和 (2) 等价, 这便完成了证明. □

合 成 长 度

Jordan-Hölder 定理的一个推论是: 对于有合成列的任意模, 它的一切合成列都有相同的长度. 如果模 M 既是 Artin 模又是 Noether 模, 我们称 M 为**有限长度的模**. 正如我们所见, 对于有限长度的模 M, 我们可以由

$$c(M)=\begin{cases}0, & M=0,\\ n, & M\text{有长度为}n\text{的合成列}\end{cases}$$

定义它的 (**合成**) **长度**$c(M)$. 如果 M 不是有限长度的模, 我们称它是**无限长度的模**, 且记为

$$c(M)=\infty.$$

有限维向量空间显然有合成长度, 而且此长度恰是空间的维数. 合成长度的函数 c 在有限长度的模上的性质类似于维数函数在有限维向量空间上的性质.

现在我们证明推论 (11.2) 的充分性. 设 K, M, N 是模, 且

$$0 \longrightarrow K \xrightarrow{f} M \xrightarrow{g} N \longrightarrow 0$$

是正合列, 进一步假设

$$K=K_0>K_1>\cdots>K_n=0$$

和

$$N=N_0>N_1>\cdots>N_p=0$$

分别为 K 和 N 的合成列. 对于每个 $i=0,1,\cdots,n$, 设 $K_i^{'}=f(K_i)$, 对于每个 $j=0,1,\cdots,p$, 设 $N_j^{'}=g^{\leftarrow}(N_j)$, 则由 (3.8) 知

$$M=N_0^{'}>N_1^{'}>\cdots>N_p^{'}=K_0^{'}>K_1^{'}>\cdots>K_n^{'}=0$$

是 M 的合成列, 从而根据这样的合成列的长度的唯一性, 我们有

11.4 推论 设 K, M, N 是模, 且存在同态的正合列

$$0 \to K \to M \to N \to 0,$$

则有

$$c(M)=c(N)+c(K). \qquad \square$$

由这个推论, 我们有下述基本结果

11.5 推论 [**维数定理**] 设 M 是有限长度的模, 且 K 和 N 是 M 的子模, 则有

$$c(K+N)+c(K\cap N)=c(K)+c(N).$$

证明 由 (3.7) 得 $(K+N)/N \cong K/(K\cap N)$. 对两个正合列

$$0 \to N \to K+N \to (K+N)/N \to 0.$$

和

$$0 \to K\cap N \to K \to K/(K\cap N) \to 0$$

应用 (11.4) 得

$$c(K+N)-c(N)=c(K)-c(K\cap N). \qquad \square$$

Fitting 引理

利用有限维向量空间的自同态 f 可以得到这个空间到它的两个子空间的一个直和分解，f 在一个子空间上是幂零的, 而在另一个子空间上是可逆的. 这一事实对于有限长度的模的研究有一个重要的推广. 它的证明依赖于

11.6 引理 设 M 是模，f 是 M 的自同态,

(1) 如果 M 是 Artin 模, 则对于某个 n, 有 $Imf^n + Kerf^n = M$, 因此 f 是自同构当且仅当 f 是单同态.

(2) 如果 M 是 Noether 模, 则对于某个 n, 有 $Imf^n \cap Kerf^n = 0$, 因此 f 是自同构当且仅当 f 是满同态.

证明 (1) 假设 M 是 Artin 模, 则降链

$$Imf \geqslant Imf^2 \geqslant \cdots$$

是有限的, 而且存在 n 使得 $Imf^{2n} = Imf^n$.

设 $x \in M$, 则有 $f^n(x) \in Imf^{2n}$, 因此对于某个 $y \in M$, 有 $f^n(x) = f^{2n}(y)$. 显然有

$$x = f^n(y) + (x - f^n(y)) \in Imf^n + Kerf^n.$$

如果 f 是单同态, 则有 $Kerf^n = 0$, 因此 $Imf^n = M$, 从而有 $Imf = M$.

我们省略 (2) 的证明. □

11.7 命题 [Fitting 引理] 如果 M 是有有限长度 n 的模，f 是 M 的自同态, 则有

$$M = Imf^n \oplus Kerf^n.$$

证明 由 (11.1) 得 M 既是 Artin 模又是 Noether 模, 因此由引理 (11.6) 知, 存在 m 使得 $M = Imf^m \oplus Kerf^m$. 由于 M 是长度为 n 的模, 从而有 $Imf^n = Imf^m$ 和 $Kerf^n = Kerf^m$. □

11.8 推论 设 M 是有限长度的不可分解模, 则下列关于 M 的自同态 f 的命题等价:

(a) f 是单同态;

(b) f 是满同态;

(c) f 是自同构;

(d) f 不是幂零的. □

练 习 11

1. 设 n 是正整数.

   (1) 确定 $\mathbb{Z}$ -模 $\mathbb{Z}_n$ 的合成长度 $c(\mathbb{Z}_n)$.

   (2) 刻画使得 $c(\mathbb{Z}_n)$ 有唯一合成列的 n.

2. 给出既满足 $c(M)=2$ 又分别满足下列条件的模 M 的例子:

   (1) M 恰有一个合成列.

   (2) M 恰有两个合成列.

   (3) M 有无限多个合成列.

3. 给出模 M 的一个例子, 使得 M 没有合成列, 但它的每个非零子模都有极大子模, 每个非零商模都有极小子模.

4. 设 $M_1,\cdots,M_n$ 是 M 的子模, 且每个 M/M_i 都有有限长度. 证明 : $M/(M_1\cap\cdots\cap M_n)$ 有有限长度, 而且确定计算此长度的一个公式.

5. (1) 设 M 是有限长度的模 , $(M_\alpha)_{\alpha\in A}$ 是子模的指标集, 且满足 $M=\sum_A M_\alpha$. 证明 : $c(M) = \sum_A c(M_\alpha)$ 当且仅当 $M=\oplus_A M_\alpha$.

   (2) 设 M 是半单的. 证明 : $c(M)$ 是有限的当且仅当 M 是有限生成的.

6. 证明:Schreier 加细定理: 如果 M 是有限长度的模,

$$M=N_0>N_1>\cdots>N_p=0$$

   是 M 的子模链, 则存在 M 的合成列使得它的项包含 $N_0,N_1,\cdots,N_p$.

7. 证明: 如果 $L\cong M/K,T$ 同构于 M 的合成因子, 则 T 或者同构于 K 的合成因子, 或者同构于 L 的合成因子 (尽管 M 不是有限长度的模).

8. 设 M 是 Noether 模 , f 是 M 的自同态. 假设 Cokerf 有有限长度. 证明 : $Cokerf^n$ 和 $Kerf^n$ 都有有限长度 ($n=1,2,\cdots$). [提示: 由 (11.6.2) 得, 存在 m 使得 $Kerf^m\cap Im\ f^m=0$.]

9. (1) 证明: 如果 $_RM$ 或者是 Artin 模, 或者是 Noether 模 , $m,n\in\mathbb{N}$, $M^{(m)}\cong M^{(n)}$, 则 $m=n$. [提示: (11.6).]

   (2) 证明: 如果 R 有理想 I 使得 R/I 或者是左 Artin 环或者是左 Noether 环, 则 R 是 IBN 环 (见练习 (8.15).).

   (3) 找出一个既不是左 Artin, 右 Artin, 也不是左 Noether, 右 Noether 的单环.

10. 设 $(L,\leqslant)$ 是完全模格. 证明: 如果 L 有有限长度的极大链, 则每两个极大链都有相同的长度. [提示: 利用类似于 (11.3) 的证明中的归纳法. 也可见练习 (2.6.2).]

11. 证明: 如果 M 有两个半单分解 $M=\oplus_A T_\alpha=\oplus_B S_\beta$, 则这两个分解等价, 即存在双射 $\sigma: A\to B$ 使得 $T_\alpha\cong S_{\sigma(\alpha)}(\alpha\in A)$. [提示: 可假设 M 是齐次的 (为什么?). 如果 A 是有限的, 利用 Jordan – Holder 定理. 如果 A 是无限的, 可像练习 (2.18) 一样进行论证.]

12. 证明:Fitting 引理的下列内容: 如果 M 是有限长度模 , $f: M\to M$ 是自同态, 则存在子模 I 和 K 使得 $M=I\oplus K$, $(f\mid I): I\to I$ 是自同构 , $(f\mid K): K\to K$ 是幂零的。[提示: 如果 $c(M)=n$, 设 $I=Imf^n,K=Kerf^n$].

§ 12. 模的不可分分解

我们知道，称模是不可分解的, 如果它是非零的, 且只有平凡直和项. 模 M 的直和

$$M = \oplus_A M_\alpha$$

作为不可分解子模 $(M_\alpha)_{\alpha\in A}$ 的直和是一个**不可分解的分解**. 例如, 半单模 (§9), Artin 模和 Noether 模 (10.14) 都有这样的分解. 正如我们在 §9 中所论述的, 对于半单模, 不可分解的分解 (其中项为单模) 的存在性类似于向量空间的标准性质的存在性.

并不是每个模都有不可分解的分解. 实际上，如果 R 是由 $\mathbb{Q}$ 到 $\mathbb{R}$ 的一切连续函数构成的环, 则左正则模 ${}_RR$ 没有不可分解的直和项, 因此当然没有不可分解的分解 (见练习 (7.8)). 然而, 实际上存在许多有不可分解的分解的模. 研究这些模和它们的分解理论在环理论中是十分重要的. 这种研究主要在两个方向上进行，一是关于不可分解模的结构研究，另一个是关于分解本身性质的研究，其中任何一项研究要取得确定性结论都需要我们做长期的努力. 不可分解模（即使是在相对简单环上的模）的结构是十分复杂的. 本节我们将主要研究分解问题，而且将看到即使存在不可分解的分解, 也不能确保它有特别好的行为.

等 价 分 解

我们用关于分解的一个重要概念开始我们的讨论, 此概念推广了向量空间中基的基本性质之一. 设 M 是模. 称 M 的两个直和分解

$$M = \oplus_A M_\alpha = \oplus_B N_\beta$$

是**等价的**, 如果存在双射 $\sigma : A \to B$ 使得

$$M_\alpha \cong N_{\sigma(\alpha)} \quad (\alpha \in A).$$

其中双射 σ 称为**等价映射**. 例如, 半单模的每两个不可分解的分解都是等价的 (练习 (11.11)).

易证在由模的一切直和分解构成的集合中, 成为等价的性质定义了一个等价关系.

12.1 命题 设 $(M_\alpha)_{\alpha\in A}$ 和 $(N_\beta)_{\beta\in B}$ 是 M 的非零子模的指标集. 假设

$$M = \oplus_A M_\alpha = \oplus_B N_\beta,$$

$\sigma : A \to B$ 是映射，则这两个分解经 σ 是等价的当且仅当存在 M 的自同构 f 使得对于每个 $\alpha \in A$ 有 $f(M_\alpha) = N_{\sigma(\alpha)}$.

证明 (⇒). 对于每个 $\alpha \in A$, 设 $f_\alpha : M_\alpha \to N_{\sigma(\alpha)}$ 是同构. 由于 σ 是双射, 从而有直和 (见 (6.25))$f = \oplus_A f_\alpha : M \to M$ 是自同构, 且满足 $f(M_\alpha) = f_\alpha(M_\alpha) = N_{\sigma(\alpha)}$. □

(⇐). 只需证明 $\sigma : A \to B$ 是双射. 在 A 中, 由 $\alpha \neq \alpha'$ 可推出 $M_\alpha \neq M_{\alpha'}$. 因此有 $N_{\sigma(\alpha)} \neq N_{\sigma(\alpha')}$, $\sigma(\alpha) \neq \sigma(\alpha')$. 由于

$$f(M) = \oplus_A f(M_\alpha) = \oplus_A N_{\sigma(\alpha)} = M,$$

从而如果 $\beta \in B, \beta \notin \sigma(A)$, 则有 $N_\beta = N_\beta \cap M = N_\beta \cap (\sum_A N_{\sigma(\alpha)}) = 0$.

我们立即可得, 与不可分解的分解等价的模的任意分解也是不可分解的. 另外, 模的两个不可分解的分解不一定是等价的, 这个现象的一个例子可见练习 (12.4). 从而作出使不可分解的分解等价的有意义的充分条件是十分重要的.

可补直和项的直和分解

下面我们考虑半单模 (9.2) 的一个基本性质的推广. 首先注意, 如果 M 是模, 则 M 的直和项 K 是 M 的极大直和项当且仅当 K 在 M 中有不可分解的直补 N. 称非零子模 $(M_\alpha)_{\alpha \in A}$ 的直和 M 的分解

$$M = \oplus_A M_\alpha$$

可补直和项 (**可补极大直和项**), 如果对于 M 的每个 (每个极大) 直和项 K, 都存在子集 $B \subseteq A$ 使得

$$M = (\oplus_B M_\beta) \oplus K.$$

当然, 可补直和项的分解一定是可补极大直和项的分解, 但反之不正确. 这是因为正如我们已经看到的 (练习 (7.8)), 存在没有不可分解的直和项的模, 而对于这样的模, 每个分解都可补极大直和项. 可补 (一切) 直和项的分解一定是不可分解的 (见练习 (12.2)).

现在假设模 M 有可补 (极大) 直和项的直和分解

$$M = \oplus_A M_\alpha.$$

如果 M' 是另一个模 , $f : M \to M'$ 是同构, 则

$$M' = \oplus_A f(M_\alpha)$$

是 M' 的可补 (极大) 直和项的直和分解. 由命题 12.1 得, 如果 M 的两个等价分解之一可补 (极大) 直和项, 则另一个亦然 (见练习 (12.1)).

12.2 引理 设 $M=\oplus_A M_\alpha$ 是可补极大直和项的分解. 如果

$$M=N_1\oplus\cdots\oplus N_n\oplus K,$$

其中每个 $N_1,\cdots,N_n$ 都不可分解, 则存在 $\alpha_1,\cdots,\alpha_n\in A$ 使得

$$M_{\alpha_i}\cong N_i\quad(i=1,\cdots,n),$$

且对于每个 $1\leqslant l\leqslant n$, 有

$$M=M_{\alpha_1}\oplus\cdots\oplus M_{\alpha_l}\oplus N_{l+1}\oplus\cdots N_n\oplus K.$$

证明 我们对 n 用归纳法. 如果 $n=1$, 则 K 是极大直和项, 因此结果成立. 假设

$$M=N_1\oplus\cdots N_n\oplus N_{n+1}\oplus K,$$

其中 N_i 是不可分解的. 归纳假设当 $l=n$ 时 $M_{\alpha_1},\cdots,M_{\alpha_n}$ 满足引理的结论, 则

$$M_{\alpha_1}\oplus\cdots\oplus M_{\alpha_n}\oplus K$$

是 M 的极大直和项, 具有直补为 N_{n+1}. 因此存在 $M_{\alpha_{n+1}}$, 它一定同构于 N_{n+1}, 使得

$$M=M_{\alpha_1}\oplus\cdots\oplus M_{\alpha_n}\oplus M_{\alpha_{n+1}}\oplus K.$$ □

我们第一个目标是证明, 如果 M 有可补极大直和项的不可分解的分解, 则每两个不可分解的分解都等价, 因此每个不可分解的分解都可补极大直和项. 为此我们需要下面的引理.

12.3 引理 设 $M=\oplus_A M_\alpha$ 是可补 (极大) 直和项的分解 ,$A'\subseteq A$. 令 $M'=\sum_{A'}M_{\alpha'}$, 则

$$M'=\oplus_{A'}M_{\alpha'}$$

是 M' 的可补 (极大) 直和项的分解. 而且, 如果 M 有可补直和项的分解, 则 M 的每个直和项亦然.

证明 显然 $M'=\oplus_{A'}M_{\alpha'}$ 是 M' 的分解. 假设 K 是 M' 的 (极大) 直和项, 则

$$(\oplus_{A\setminus A'}M_\alpha)\oplus K$$

是 M 的 (极大) 直和项. 因此由假设知存在子集 $B'\subseteq A$ 使得

$$M=(\oplus_{A\setminus A'}M_\alpha)\oplus(\oplus_{B'}M_{\beta'})\oplus K.$$

显然我们一定有 $B' \subseteq A'$ 和

$$M' = (\oplus_{B'} M_{\beta'}) \oplus K.$$

这便证明了第一个命题. 最后的命题可根据以下事实和第一个命题得到证明:
如果 $M = \oplus_A M_\alpha, N$ 是 M 的直和项, 且 $B \subseteq A$ 满足 $M = (\oplus_B M_\beta) \oplus N$, 则 $N \cong \oplus_{A \setminus B} M_\alpha$. □

顺便提及, 我们不知道 (12.3) 的最后命题对于可补极大直和项的分解是否成立.

12.4 定理 如果模 M 有可补极大直和项的不可分解的分解, 则 M 的一切不可分解的分解都等价.

证明 假设 $M = \oplus_A M_\alpha$ 和 $M = \oplus_C N_\gamma$ 是不可分解的分解, 其中 $M = \oplus_A M_\alpha$ 是可补极大直和项的直和分解. 对于 M 的每个不可分解的直和项 L, 令

$$A(L) = \{\alpha \in A \mid M_\alpha \cong L\}\ ,\ C(L) = \{\gamma \in C \mid N_\gamma \cong L\}.$$

为了完成证明只需证明对于每个 L, 都存在从 $A(L)$ 到 $C(L)$ 上的双射, 或等价地有

$$card\ A(L) = card\ C(L).$$

这个证明包括几个步骤.

首先, 假设 $A(L)$ 是有限的, 则由 (12.2) 得, 对于每个有限子集 $F = \{\gamma_1, \cdots, \gamma_n\} \subseteq C(L)$, 都存在单射 $\tau_F : F \to A$ 使得

$$L \cong N_{\gamma_i} \cong M_{\tau_F(\gamma_i)} \quad (i = 1, \cdots, n).$$

从而有 $Im\ \tau_F \subseteq A(L)$, 在这种情形中 ,$card\ C(L) \leqslant card\ A(L)$.

其次, 假设 $A(L)$ 是无限的. 设 $(p_\gamma)_{\gamma \in C}$ 是分解 $M = \oplus_C N_\gamma$ 的投射. 对于每个 $\alpha \in A$, 令

$$F_\alpha = \{\gamma \in C \mid M = M_\alpha \oplus (\oplus_{\beta \neq \gamma} N_\beta)\}.$$

显然由 (5.5) 得 ,$\gamma \in F_\alpha$ 当且仅当 $(p_\gamma \mid M_\alpha) : M_\alpha \to N_\gamma$ 是同构. 又因为 $M = \oplus_A M_\alpha$ 是可补每个 $\oplus_{\beta \neq \gamma} N_\beta$ 的直和. 因此显然有

$$C(L) = \cup_{A(L)} F_\alpha.$$

设 $\alpha \in A$, 由于 $(N_\gamma)_{\gamma \in C}$ 生成 M, 从而存在 $\gamma_1, \cdots, \gamma_n \in C$ 使得

$$M_\alpha \cap (N_{\gamma_1} + \cdots + N_{\gamma_n}) \neq 0.$$

于是, 由 $Ker(p_\gamma \mid M_\alpha) = 0$ 可推出 $\gamma \in \{\gamma_1, \cdots, \gamma_n\}$. 因此每个 F_α 都是有限的. 这意味着 $\alpha \mapsto F_\alpha$ 是从 $A(L)$ 到覆盖 $C(L)$ 的 $C(L)$ 的有限子集构成的集合的映射. 因此有 $card\ C(L) \leqslant card(\mathbb{N} \times A(L))$. 因为 $A(L)$ 是无限的, 所以 $card(\mathbb{N} \times A(L)) = card\ A(L)$.(见 (0.10).)

现在对于 M 的每个不可分解的直和项 L, 我们有 $card\ C(L) \leqslant card\ A(L)$, 即存在单射 $\sigma: C \to A$ 使得对于每个 $\gamma \in C$, 有 $N_\gamma \cong M_{\sigma(\gamma)}$. 因此存在同构

$$f: M = \oplus_C N_\gamma \to \oplus_C M_{\sigma(\gamma)}$$

使得对于每个 $\gamma \in C$, 有 $f(N_\gamma) = M_{\sigma(\gamma)}$. 这样, 由 (12.3) 知, 分解 $M = \oplus_C N_\gamma$ 也可补极大直和项. 因此, 我们可以颠倒 A 和 C 的作用, 进而推出对于每个不可分解模 L, 有

$$cardA(L) \leqslant cardC(L).$$

于是据 (0.10) 知存在双射 $C(L) \to A(L)$. □

12.5 推论 如果模 M 有可补 (极大) 直和项的不可分解的分解, 则 M 的每个不可分解的分解都是可补 (极大) 直和项的直和. □

Azumaya 分解定理

称环 R 是**局部的**, 如果对于每对 $a, b \in R$, 由 $a + b$ 是可逆的可推出或者 a 可逆或者 b 可逆 (见练习 2.12) . 在 §15 中, 我们将着重讨论此环. 现在我们只要注意 (见练习 12.9), 如果 R 是局部的, 则 0 和 1 是它仅有的幂等元. 因此特别地, 有局部自同态环的模一定是不可分解的 (5.10). 这便产生了下面重要的 Azumaya 定理的第一个论断.

12.6 定理 [Azumaya] 如果模有直和分解

$$M = \oplus_A M_\alpha,$$

其中每个自同态环 $End(M_\alpha)$ 是局部的, 则这是不可分解的分解, 而且

(1) M 的每个非零直和项都有不可分解的直和项.

(2) 分解 $M = \oplus_A M_\alpha$ 可补极大直和项, 而且它与 M 的每个不可分解的分解都等价.

证明 贯穿整个证明, 我们将把不同的自同态环的元素看作右算子. 现在假设

(1) $$M = \oplus_A M_\alpha$$

是分解, 它的项都有局部自同态环, 而 $M = N \oplus N'$ 是 M 的另一个分解, 其中 N 非零. 设 e 和 $e' = 1 - e$ 是 $End(M)$ 中的正交幂等元, 且满足

$$N = Me \quad 和 \quad N' = Me'.$$

下证 N 有分解 $N = K \oplus N''$，使得对于某个 $\alpha \in A$, e 的限制 $(e \mid M_\alpha) : M_\alpha \to K$ 是同构. 首先注意, 由于子模 $(M_\alpha)_{\alpha \in A}$ 生成 M, 从而存在有限集 $\alpha_1, \cdots, \alpha_n \in A$ 使得

$$N \cap (M_{\alpha_1} \oplus \cdots \oplus M_{\alpha_n}) \neq 0.$$

下面设 e_1 是 M_{α_1} 在分解 (1) 中的幂等元. 由 (5.9) 知 $e_1 End(M) e_1$ 同构于 $End(M_{\alpha_1})$, 而且 $e_1 End(M) e_1$ 是局部环, 它的单位元为 e_1. 又因为

$$e_1 = e_1 e e_1 + e_1 e' e_1,$$

其中有一项在 $e_1 End(M) e_1$ 中一定可逆. 从而对于某个 $f_1 \in \{e, e'\}$, $e_1 f_1 e_1$ 在 $e_1 End(M) e_1$ 中可逆. 令

(2) $$K_1 = Im(e_1 f_1).$$

由于 $e_1 f_1 e_1$ 和 e_1 都是从 M_{α_1} 到 M_{α_1} 的同构, 从而

(3) $$(f \mid M_{\alpha_1}) : \ M_{\alpha_1} \to K_1 \text{ 和 } (e_1 \mid K_1) : \ K_1 \to M_{\alpha_1}$$

是同构. 由 (5.5) 可得分解

$(1)_1$ $$M = K_1 \oplus (\oplus_{\alpha \neq \alpha_1} M_\alpha),$$

其中每项都有局部自同态环. 如果 $n > 1$, 则设 e_2 是 M_{α_2} 在分解 $(1)_1$ 中的幂等元. 重复上述的论证过程, 可得到 $f_2 \in \{e, e'\}$,

$(2)_1$ $$K_2 = Im(e_2 f_2)$$

以及同构

$(3)_1$ $$(f_2 \mid M_{\alpha_2}) : \ M_{\alpha_2} \to K_2 \text{ 和 } (e_2 \mid K_2) : \ K_2 \to M_{\alpha_2}.$$

因此有

$(1)_2$ $$M = K_1 \oplus K_2 \oplus (\oplus_{\alpha \neq \alpha_1, \alpha_2} M_\alpha).$$

继续这样做下去直到有

$(1)_n$ $$M = K_1 \oplus \cdots \oplus K_n \oplus (\oplus_{\alpha \neq \alpha_1, \cdots, \alpha_n} M_\alpha)$$

和来自 $\{e, e'\}$ 的序列 $f_1, f_2, \cdots, f_n$，使得每个

$$(f_i \mid M_{\alpha_i}) : \ M_{\alpha_i} \to K_i$$

都是同构 .f_i 中至少有一个一定是 e. 这是因为如果一切 f_i 都是 e', 则 $e' = 1 - e$ 限制在

$$M_{\alpha_1} \oplus \cdots \oplus M_{\alpha_n} \to K_1 \oplus \cdots \oplus K_n$$

上将是一个同构, 这是不可能的. 由于

$$(Ker\ e') \cap (M_{\alpha_1} \oplus \cdots \oplus M_{\alpha_n}) = N \cap (M_{\alpha_1} \oplus \cdots \oplus M_{\alpha_n}) \neq 0.$$

因此对于某个 $1 \leqslant i \leqslant n$, 有 $f_i = e$, 随之有 K_i 是 M 的直和项, 它包含在 $N = Me$ 中, 使得 $(e \mid M_{\alpha_i}) : M_{\alpha_i} \to K_i$ 是同构. 这样, 取 $\alpha = \alpha_i, K = K_i$, 我们就有

(4) $$N = K \oplus N''$$

使得 e 限制在

(5) $$(e \mid M_\alpha) :\ M_\alpha \to K$$

上是同构. 这便基本上完成了证明. 这是因为, 首先,$K \cong M_\alpha$ 是 N 的不可分解的直和项. 其次, 如果 N 是不可分解的, 则我们一定有 $K = N$. 因此由 (5) 和 (5.5) 知 M_α 是 M 的极大直和项 N' 的补. 部分 (2) 的最后论断可由 (12.4) 得到. □

12.7 推论 如果 M 有有限直和分解

$$M = M_1 \oplus \cdots \oplus M_n,$$

其中每个自同态环 $End(M_i)$ 都是局部的, 则此分解可补直和项.

证明 设 $M = N \oplus K$, 其中 $N \neq 0$, 则由 (12.6) 知存在 $1 \leqslant i_1 \leqslant n$ 和 $N_1 \leqslant N$ 使得 $M = M_{i_1} \oplus N_1 \oplus K$. 如果 $N_1 \neq 0$, 则再由 (12.6) 知存在 $1 \leqslant i_2 \leqslant n$ 和 $N_2 \leqslant N_1$ 使得 $M = M_{i_1} \oplus M_{i_2} \oplus N_2 \oplus K$, 且显然 $i_1 \neq i_2$. 由归纳法重复上述过程, 并注意到此过程至多可进行 n 步, 可知必存在 $i_1, \cdots, i_k$, 对于某个 $k \leqslant n$, 使得

$$M = M_{i_1} \oplus \cdots \oplus M_{i_k} \oplus K.$$ □

局部自同态环的条件对于可补极大直和项的分解不是必要的. 实际上, 任意不可分解模, 无论它有无局部自同态环, 它都有可补直和项的分解. 当然, 没有不可分解的直和项的模有可补极大直和项的分解.

Krull-Schmidt 定理

经典的 Krull-Schmidt 定理现在是 Azumay 定理的一个简单推论.

12.8 引理 如果 M 是有限长度的不可分解模, 则 $End(M)$ 是局部环.

证明 设 M 是有限长度 $c(M) = n$ 的不可分解模. 设 $f, g \in End(M)$, $f + g$ 在 $End(M)$ 中可逆. 只需证明如果 g 不可逆, 则 f 亦然. 如果 $f + g$ 可逆, 则对于某个自同构 h, 在 $End(M)$ 中

$$(f + g)h = 1_M;$$

如果 g 不可逆, 则由 (11.8) 得 gh 也不可逆, 因此再由 (11.8) 得 gh 是幂零的. 事实上有 $(gh)^n = 0$, 从而有

$$(1 - gh)(1 + gh + \cdots + (gh)^{n-1}) = 1.$$

也就是说 fh 可逆, 因此 f 可逆. □

12.9 定理 [The-Krull-Schmidt] 设 M 是有限长度的非零模, 则 M 有有限不可分解的分解

$$M = M_1 \oplus \cdots \oplus M_n,$$

使得对于每个不可分解的分解

$$M = N_1 \oplus \cdots \oplus N_k,$$

有 $n = k$, 且存在 $\{1, \cdots, n\}$ 的置换 σ, 使得

$$M_{\sigma(i)} \cong N_i \quad (i = 1, \cdots, n).$$

此外, 对于每个 $1 \leqslant l \leqslant n$, 有

$$M = M_{\sigma(1)} \oplus \cdots \oplus M_{\sigma(l)} \oplus N_{l+1} \oplus \cdots \oplus N_n.$$

事实上分解 $M = M_1 \oplus \cdots \oplus M_n$ 可补直和项.

证明 由于 M 有有限长度, 从而它有有限不可分解的分解

$$M = M_1 \oplus \cdots \oplus M_n$$

(见 (11.1) 和 (10.14)). 由 (12.8) 我们知每个 $End(M_i)$ 都是局部环. 从而对 Azumay 定理应用推论 (12.7) 得此分解可补直和项. 其他的论断由 (12.2) 立即可得. □

正如我们先前注意到的, 局部自同态环的假设对于可补极大直和项的不可分解的分解不是必要的. 然而, 下面结果的一个推论是: 如果 M 和 $M^{(2)} = M \times M$ 都有可补极大直和项的不可分解的分解, 则这些分解中项的自同态环一定是局部环.

12.10 命题 设 $M = \oplus_A M_\alpha$ 是可补极大直和项的不可分解的分解. 如果 M_α 在此分解中至少出现两次 (即存在 A 中的 $\beta \neq \alpha$ 使得 $M_\beta \cong M_\alpha$), 则 $End(M_\alpha)$ 是局部环.

证明 根据引理 12.3, 我们只需证明如果 M 是不可分解模, 分解

$$M^{(2)} = M \times M = M_1 \oplus M_2,$$

其中

$$M_1 = \{(m, 0) \mid m \in M\}, M_2 = \{(0, m) \mid m \in M\}$$

可补极大直和项, 则 $End(M)$ 是局部环. 现在假定我们有这些假设条件, 且设

$$\pi_i : \ M^{(2)} \to M \quad (i = 1, 2)$$

是自然的坐标投射 ,$Ker\ \pi_i = M_j\ (i \neq j)$. 再设 $f, g \in End(_RM)$ 满足

$$f - g = 1_M.$$

只需证明或者 f 或者 g 是自同构. 为此令

$$M' = \{(mf, mg) \mid m \in M\}, \quad M_d = \{(m, m) \mid m \in M\}.$$

这样由事实 $(mf, mg) = (n, n)$ 可推出 $m = m(f - g) = n - n = 0$ 和恒等式

$$(m, n) = ((m - n)f, (m - n)g) + (m - (m - n)f, m - (m - n)f),$$

于是有 $M^{(2)} = M_d \oplus M'$.

我们还立即可以看到 $M \cong M_d$, 因此 M' 是 $M^{(2)}$ 的极大直和项. 这样，或者有 $M^{(2)} = M_1 \oplus M'$, 或者有 $M^{(2)} = M_2 \oplus M'$, 从而有

$$\text{或者 } (\pi_2 \mid M') : M' \to M, \text{ 或者 } (\pi_1 \mid M') : M' \to M$$

是同构. 最后, 容易验证, 或者 f 或者 g 是自同构. □

练 习 12

1. 设 $f:\ M \to N$ 是同构 ,$M = \oplus_A M_\alpha$. 证明: 此分解可补 (极大) 直和项当且仅当 $N = \oplus_A f(M_\alpha)$ 可补 (极大) 直和项.
2. 证明: 如果 $M = \oplus_A M_\alpha$ 是一个可补直和项的分解, 则每个 M_α 都是不可分解的.
3. 设 A 是无限集 ,$S = \mathbb{R}^A$.
   (1) 证明:$_SS$ 没有不可分解的分解.
   (2)S 中的常值函数形成了同构于 $\mathbb{R}$ 的 S 的子环. 证明: 模 $_{\mathbb{R}}S$ 有不可分解的分解.
   (3) 给出一个例子：S 的不可分解的 $\mathbb{R}$ -直和项不是 S 的 S -直和项.
4. (1) 设 I 和 J 是环 R 的左理想, 且满足 $I + J = R$. 证明: 作为左 R -模, 有 $I \oplus J \cong R \oplus (I \cap J)$. [提示: 自然满同态 $I \oplus J \to R$ 可分 (练习 (5.1)).]
   (2) 设 $R = \mathbb{Z}[\sqrt{-5}\,]$. 证明 : R 有模 M, 使得 M 有不等价的不可分解的分解. [提示: 对于 R 中的每个 $r = a + b\sqrt{-5}$, 定义 $\overline{r} = a - b\sqrt{-5}$ 和

$$\| r \| = r\overline{r} = a^2 + 5b^2.$$

   证明 $\| rs \| = \| r \| \| s \|$, 然后推断由 $\{3, 2 + \sqrt{-5}\}$ 生成的理想 I 不是主理想, 类似地由 $\{3, 2 - \sqrt{-5}\}$ 生成的理想 J 也不是主理想.]
5. 称指标集 $(M_\alpha)_{\alpha \in A}$ 是**同调无关的**, 如果由 $\alpha \neq \beta$ 可推出 $Hom_R(M_\alpha, M_\beta) = 0$. 设 $M = \oplus_A M_\alpha$, 其中 $(M_\alpha)_{\alpha \in A}$ 是同调无关的.
   (1) 证明: 如果每个 M_α 是不可分解的 ,K 是 M 的非零直和项, 则对于某个 (一定是唯一的)$B \subseteq A$, 有 $K = \oplus_B M_\beta$. [提示: 设 $(e_\alpha)_{\alpha \in A}$ 是 $End(_RM)$ 中关于已给分解的幂等元. 设 $e = e^2 \in End(_RM)$. 则由 $\alpha \neq \beta$ 可推出 $e_\beta e e_\alpha = 0$.]
   (2) 如果每个 M_α 都有可补 (极大) 直和项的不可分解的分解, 则 M 亦然.

6. 给出可补直和项的不可分解的分解 $M = \oplus_A M_\alpha$ 的例子, 使得 A 无限 ,$End({}_RM_\alpha)$ 不是局部环. [提示: 见练习 (12.5).]
7. 设 M 是左 R-模, 令 $B = BiEnd({}_RM)$, 设 $K, L, M_\alpha(\alpha \in A)$ 和 $N_\gamma(\gamma \in C)$ 是 ${}_RM$ 的子模. 证明:

   (1)K 是 ${}_RM$ 的 (不可分解的) 直和项当且仅当 K 是 ${}_BM$ 的 (不可分解的) 直和项. [提示: 见命题 (4.1.2).]

   (2) 如果 K 是 M 的直和项, 则有 $End({}_RK) = End({}_BK)$.

   (3) K 和 L 是 ${}_RM$ 的 R 同构直和项当且仅当它们是 ${}_BM$ 的 B 同构直和项.

   (4) $M = \oplus_A M_\alpha = \oplus_C N_\gamma$ 是 ${}_RM$ 的等价分解当且仅当它们是 ${}_BM$ 的等价分解.

   (5) $M = \oplus_A M_\alpha$ 在 ${}_RM$ 中可补 (极大) 直和项当且仅当它在 ${}_BM$ 中可补 (极大) 直和项.

   (6) 如果 ${}_RM$ 是单的 (半单的), 则 ${}_BM$ 是单的 (半单的).

   (7) 如果 ${}_BM$ 是半单的, 则 ${}_RM$ 有可补直和项的分解.
8. 设 M 有性质: 每个直和项都有不可分解的分解. 证明: 如果 M 有可补极大直和项的分解, 则每个直和项亦然.
9. 证明: 如果 R 是局部环, 则 0 和 1 是它仅有的幂等元. 求证逆命题不正确.
10. (1) 由命题 12.10 可推断 $\mathbb{Z}$ -模 $\mathbb{Z} \oplus \mathbb{Z}$ 没有可补极大直和项的不可分解的分解. 然而注意,$\mathbb{Z} \oplus \mathbb{Z}$ 的每两个不可分解的分解都等价.[提示: 练习 (8.16).]

    (2) 确定 $\mathbb{Z} \oplus \mathbb{Z}$ 的一个极大直和项, 使它不能由分解 $\mathbb{Z}(1,1) \oplus \mathbb{Z}(1,2)$ 补足.

第四章 经典环结构定理

正如我们在上章所见, 半单模在模的理论中起着十分重要的作用. 环的最重要的类是由那些使得模范畴 ${}_R\mathbf{M}$ 有半单生成子的环 R 构成的. 这样的环 R 的一个特殊性质就是每个左 R -模都是半单的, 称这样的环 R 为“半单”环. 这些环是第 13 节研究的对象, 在那里我们将证明这些环作为除环上矩阵环的直和的基本 Wedderburn-Artin 刻画. 特别地, 半单环是有单的、忠实左模的环的直和. 在第 14 节中, 我们研究由后面的性质刻画的环—-“(左) 本原”环，在那里我们将证明半单情形的 Jacobsonr 的重要推广，即用线性变换的“稠密环”来刻划左本原环.

如果 R 是环, 则正则模 ${}_RR$ 的根是一个理想, 即环 R 的“根”. 此理想是一个十分重要的对象，我们将在第 15 节着重讨论它. 它被刻画为 R 的唯一最小的理想，使得 R 模该理想所得商环是左本原环的积的子环.

§ 13. 半 单 环

我们已多次注意到, 向量空间的好的性质常常是它们的特殊的分解理论的结果. 向量空间不仅是单模的直和, 也是若干个相同的单模的直和. 从模理论的角度说, 除环 D 的这个性质恰是左 D -模范畴有单生成子. 这一性质并没有限制在除环上——实际上有限维向量空间的任意自同态环也有此性质. 我们开始从矩阵的角度考虑这一性质.

一个简单的例子

13.1 设 D 是一个除环 , $n \in \mathbb{N}$. 令 $\mathbb{C}_n(D)$ 表示由 D 上一切 $n \times 1$ 列矩阵构成的集合,$\mathbb{R}_n(D)$ 表示由 D 上一切 $1 \times n$ 行矩阵构成的集合, 则 $\mathbb{C}_n(D)$ 是 n 维右 D -向量空间 , $\mathbb{R}_n(D)$ 是 $n-$ 维左 D -向量空间:

$$\mathbb{C}_n(D) = (D_D)^{(n)},\ \mathbb{R}_n(D) = ({}_DD)^{(n)}.$$

而且, 通常的矩阵乘法 λ 和 ρ 是环同构

$$\lambda : \mathbb{M}_n(D) \to End(\mathbb{C}_n(D)_D),$$

$$\rho : \mathbb{M}_n(D) \to End({}_D\mathbb{R}_n(D)).$$

因此 $\mathbb{C}_n(D)$ 和 $\mathbb{R}_n(D)$ 分别为左 $\mathbb{M}_n(D)$ -模和右 $\mathbb{M}_n(D)$ -模. 注意,$\mathbb{C}_n(D)$ 是单左 $\mathbb{M}_n(D)$ -模,$\mathbb{R}_n(D)$ 是单右 $\mathbb{M}_n(D)$ -模 (见练习 (13.3).). 设 $E_1, E_2, \cdots, E_n$ 是 $\mathbb{M}_n(D)$ 的对角线上的本原幂等元, 则作为左 $\mathbb{M}_n(D)$ -模, 有

$$\begin{aligned}\mathbb{M}_n(D) &= \mathbb{M}_n(D)E_1 \oplus \cdots \oplus \mathbb{M}_n(D)E_n \\ &\cong \mathbb{C}_n(D) \oplus \cdots \oplus \mathbb{C}_n(D),\end{aligned}$$

作为右 $\mathbb{M}_n(D)$ -模, 有

$$\mathbb{M}_n(D) = E_1\mathbb{M}_n(D) \oplus \cdots \oplus E_n\mathbb{M}_n(D)$$

$$\cong \mathbb{R}_n(D) \oplus \cdots \oplus \mathbb{R}_n(D).$$

特别地,$\mathbb{M}_n(D)$ 作为左模和作为右模都是由单模生成的. 因此由 (8.8) 和 (8.6) 得, 每个左 $\mathbb{M}_n(D)$ -模都是由单的 $\mathbb{M}_n(D)$ -模 $\mathbb{C}_n(D)$ 生成的, 每个右 $\mathbb{M}_n(D)$ 都是由 $\mathbb{R}_n(D)$ 生成的.

有一个不十分优美的例子 (见练习 (13.2)) 可以说明上述过程. 我们将看到, 有单生成子这一性质刻画了 (在同构的范围内) 上述矩阵环. 从而特别地, 从一边上的假定可推断它在另一边上的结果. 对于例子 13.1 的反面说法的第一步将涉及模的有限直和的自同态环.

单 Artin 环

设 R 是任意环 ,$_RM$ 是非零左 R -模 ,$n > 0$ 是自然数. 我们将把 M 和 $M^{(n)}$ 的自同态都看作右算子, 也把自然内射和投射

$$\iota_i: M \to M^{(n)}, \quad \pi_i: M^{(n)} \to M$$

写在右边. 对于每个 $\alpha = [[\alpha_{ij}]] \in \mathbb{M}_n(End(M))$, 按坐标由

$$(x\rho(\alpha))\pi_j = \sum_i x\pi_i\alpha_{ij}$$

定义 $\rho(\alpha) \in End(M^{(n)})$, 则 $x\rho(\alpha)$ 是通常的矩阵积

$$x\rho(\alpha) = [x_1, \cdots, x_n][[\alpha_{ij}]],$$

其中 $M^{(n)}$ 的元素 x 看作 M 上的 $1 \times n$ 行矩阵 $x = [x_1, \cdots, x_n]$. 从而, 由类似于通常矩阵乘法中的计算可得 $M^{(n)}$ 是双模

$${}_RM^{(n)}{}_{\mathbb{M}_n(End(M))},$$

即

$$\rho : \mathbb{M}_n(End(M)) \to End(M^{(n)})$$

是环同态 (见命题 4.10).

13.2 命题　设 M 是非零左 $R-$ 模,$n > 0$ 是自然数, 则

$$\rho : \mathbb{M}_n(End(M)) \to End(M^{(n)})$$

是环同构.

证明　设 $\alpha \in Ker\rho$, 则对于每个 i, j, 有 $\alpha_{ij} = \iota_i\rho(\alpha)\pi_j = 0$, 因此 ρ 是单射. 最后, 如果 $\gamma \in End(M^{(n)})$, 则有

$$(x\rho[[\iota_k\gamma\pi_l]])\pi_j = \sum_i x\pi_i(\iota_i\gamma\pi_j) = (x\gamma)\pi_j,$$

且 ρ 是同构. □

13.3 引理 [Schur]　如果 ${}_RT$ 是单模, 则 $End({}_RT)$ 是除环.

证明　每个非零自同态 $T \to T$ 都是同构. □

现在我们可以用单生成子的概念来给出单 Artin 环的十分基本的 Wedderburn 刻画 (见 (13.5)).

13.4 定理 [Wedderburn]　环 R 有单左生成子当且仅当对于某个除环 D 和某个自然数 n, R 同构于完全矩阵环 $\mathbb{M}_n(D)$. 而且, 如果 ${}_RT$ 是 R 的单左生成子, 则作为环, 有

$$R \cong \mathbb{M}_n(D),$$

其中 $D = End({}_RT)$, $n = c({}_RR)$.

证明　由 (13.1) 中 $\mathbb{C}_n(D)$ 的概念知单左 $\mathbb{M}_n(D)$ -模生成每一个左 $\mathbb{M}_n(D)-$ 模 (见 (8.8) 和 (8.6)), 因此 $\mathbb{M}_n(D)$ 有单左生成子.

关于定理的余下部分只需证明最后的论断. 为此假设 ${}_RT$ 是 R 的单生成子. 由于 ${}_RR$ 是有限生成的, 且 T 生成 R, 从而存在整数 m 和满同态 $T^{(m)} \to {}_RR \to 0$. 因此由 (9.4) 知对于某个自然数 n, 有 ${}_RR \cong T^{(n)}$, 从而 ${}_RR$ 有长度为 n 的合成列 (见练习 (11.5)), 所以有 $c({}_RR) = n$ (见 § 11). 据 (4.11) 和 (13.2), 作为环, 有

$$R \cong End({}_RR) \cong End({}_RT^{(n)}) \cong \mathbb{M}_n(End(T)).$$

最后, 由 *Schur* 引理 (13.3) 知 $End(T) = D$ 是除环. □

由此定理可推出, 如果 R 有单生成子 ${}_RT$, 则 T_D 是除环 $D = End({}_RT)$ 上的有限维向量空间, 且 $R \cong End(T_D)$ (见练习 (13.1)). 在第 14 节中, 我们从双自同态环上的一般结果的一个特殊情形的角度重新考虑 Wedderburn 定理.

对于有单左生成子的环, 还有其它重要的刻画. 我们特别感兴趣的是它们恰是单左 Artin 环, 而且对称地它们也是有单右生成子的环.

13.5 命题 对于环 R, 下列命题等价:

(a) R 有单左生成子;

(a′) R 有单右生成子;

(b) R 既是单环又是左 Artin 环;

(b′) R 既是单环又是右 Artin 环;

(c) 对于某个单模 ${}_RT$ 和某个 n, 有 ${}_RR \cong T^{(n)}$;

(c′) 对于某个单模 T_R 和某个 n, 有 $R_R \cong T^{(n)}$;

(d) R 是单的 ,${}_RR$ 是半单的;

(d′) R 是单的 ,R_R 是半单的.

证明 (a)⇒(c) 是显然的.

(a)⇒(d). 假设 R 有左单生成子 T. 设 I 是 R 的真理想, 则 I 包含在 R 的极大左理想 L 中, 且我们有 $R/L \cong T$. 显然 ${}_RT$ 是忠实的. 因此, 由于 $IR \subseteq L$, 从而有

$$I \leqslant l_R(R/L) = l_R(T) = 0,$$

且 R 是单的. 由于 (a)⇒ (c), 从而 R 是半单的.

(d)⇒(b). 如果 ${}_RR$ 是单模的直和, 则它一定是单模的有限直和 (见 § 7), 因此 (见 (10.15)),${}_RR$ 是 Artin 模.

(b)⇒(a). 如果 R 是左 Artin 环, 则 (10.11)R 有极小非零左理想 T. T 在 R 中的迹 $Tr_R(T) \neq 0$ 是 R 的理想 (8.21), 因此如果 R 是单环, 则有 $Tr_R(T) = R$, 即 ${}_RR$ 是由 T 生成的.

(a)⇔ (a′). 由于 $\mathbb{M}_n(D)$ 有单左生成子和单右生成子, 从而 (13.4) 确定了这个等价性.

(a′) ⇔(b′) ⇔ (c′) ⇔ (d′) 是显然的. □

特别地, 由这个命题我们知道, 对于单环, 左 Artin 环、右 Artin 环、Artin 环这三个条件是等价的. 满足 (13.5) 的等价条件的环 (即同构于除环上 $n \times n$ 矩阵环的环) 通常被称作**单*Artin* 环**.

Wedderburn-Artin 定理

称环 R 是**半单的**, 如果左正则模 ${}_RR$ 是半单的. 由 (13.5) 我们有每个单 Artin 环都是半单的. 而且半单环的任意环直和也是半单的 (见练习 (13.6).). 这样, 我们就有下面结果中的一个推论——代数中最重要的定理之一.

13.6 定理 [Wedderburn-Artin] 环 R 是半单的当且仅当它是有限个单 Artin 环的 (环) 直和.

此定理并没有充分如实地表述. 实际上，为了证明 Wedderburn-Artin 定理的余下蕴涵, 我们将做如下分析.

13.7 半单环结构 [Wedderburn-Artin]　设 R 是半单环, 则 R 包含极小左理想的有限集 $T_1, T_2, \cdots, T_m$, 它是单左 R -模的表示的无冗余集. 而且对于每个这样的有限集, 齐次分量

$$Tr_R(T_i) = R\,T_iR \quad (i = 1, 2, \cdots, m)$$

是单 Artin 环, 且 R 是环直和

$$R = R\,T_1R \dotplus \cdots \dotplus R\,T_mR.$$

最后,T_i 是环 $R\,T_iR$ 的单生成子, 且有

$$RT_iR \cong \mathbb{M}_{n_i}(D_i),$$

其中

$$n_i = c(R\,T_iR), \quad D_i = End({}_RT_i)$$

$(i = 1, 2, \cdots, m)$.

证明　由 (9.1) 和 (9.4) 得每个单左 R -模都同构于 R 的极小左理想. 尤其是, 对于每个单模 ${}_RT$, 迹 $Tr_R(T) \neq 0$, ${}_RR$ 是这些迹的直和 (9.12). 因此 (见 § 7) 存在由 R 的极小左理想构成的有限集 $T_1, \cdots, T_m$, 且它是单左 R -模的表示的无冗余集. 由 (8.21) 知每个迹 $Tr_R(T_i)$ 都是 R 的理想, 因此有

$${}_RR_R = Tr_R(T_1) \oplus \cdots \oplus Tr_R(T_m).$$

这样据 (7.6) 知每个 $Tr_R(T_i)$ 都是环, 且上述直和是环直和

$${}_RR_R = Tr_R(T_1) \dotplus \cdots \dotplus Tr_R(T_m).$$

显然有 $T_i \subseteq Tr_R(T_i)$, 于是由 (7.6) 知 T_i 是环 $Tr_R(T_i)$ 的单左理想. 由于作为 R -模 T_i 生成 $Tr_R(T_i)$(18.12), 从而作为 $Tr_R(T_i)$ -模 T_i 也生成 $Tr_R(T_i)$. 据 (13.5) 知 $Tr_R(T_i)$ 是单环, 从而是 R 的极小双边理想, 因此有

$$Tr_R(T_i) = R\,T_iR.$$

余下的证明应用 (13.4) 即可. □

13.8 推论　环 R 是半单的当且仅当 R_R 是半单的.

证明　由 (13.5) 和 (13.6) 可得. □

现在我们容易得出半单环的下列重要刻画.

13.9 命题 对于环 R, 下列命题等价:

(a) R 是半单的;

(b) R 有半单左生成子;

(c) 左 R -模的每个短正合列

$$0 \to K \to M \to N \to 0$$

都可分;

(d) 每个左 R -模都是半单的.

而且, 如果用“右”替换“左”, 这些命题仍等价.

证明 根据 (13.8) 我们只需证明“左”侧条件的等价性.

(a)⇒(b). 由 (8.8) 得 $_RR$ 是左生成子.

(b)⇒(d). 每个模都是若干个任意生成子的直和的满同态象. 再应用 (9.4) 即可.

(d)⇒(c)⇒(a). 由定理 (9.6) 可得. □

此结果立即可推出范畴 $_R\mathbf{M}$ 的下列刻画, 其中 R 是半单环.

13.10 推论 对于环 R, 下列命题等价:

(a) R 是半单的;

(b) $_R\mathbf{M}$ 中的每个单同态都可分;

(c) $_R\mathbf{M}$ 中的每个满同态都可分.

练 习 13

1. 设 R 有单生成子 $_RT$,$D = End(_RT)$.
   (1) 证明: 如果 $_RM$ 是单的, 则有 $M \cong T$.
   (2) 对于某个 n, 有 $_RR \cong T^{(n)}$ 和 $R \cong \mathbb{M}_n(D)$. (见 (13.4).) 证明 : $dim(T_D) = n$, 且 $\lambda : R \to BiEnd(_RT)$ 是同构. [提示: 由 (13.1) 中的概念得 $\mathbb{C}_n(D)$ 是单左 R -模.]
   (3) 证明 : $CenR \cong Cen(End(_RT))$. [提示: 练习 (4.6).]
2. 设 V 是除环 D 上的 n 维右 D -向量空间 ,$v_1, \cdots, v_n$ 是 V 的基. 令 $R = End(V_D)$.
   (1) 证明: $_RV$ 是 $_R\mathbf{M}$ 的单生成子.
   (2) 对于每个 $1 \leqslant i, j \leqslant n$, 设 $e_{ij} \in R$ 满足

$$e_{ij}(v_k) = \delta_{ij}v_j \qquad (k = 1, \cdots n).$$

   证明:$e_{ii} = e_i$ 是 R 的幂等元, 且 $Re_i \cong {_RV}$.
   (3) 证明:$_RR = Re_1 \oplus \cdots Re_n$.
   (4) 可推断 $R_R = e_1R \oplus \cdots \oplus e_nR$, 因此 e_iR 是 R_R 的单生成子.

3. 设 D 是除环,$n \in \mathbb{N}$, $1 \leqslant k \leqslant n$, 令

$$C(k) = \{[[\alpha_{ij}]] \in \mathbb{M}_n(D) \mid \alpha_{ij} = \delta_{jk}\alpha_{ij}\},$$

$$R(k) = \{[[\alpha_{ij}]] \in \mathbb{M}_n(D) \mid \alpha_{ij} = \delta_{ik}\alpha_{ij}\}.$$

(1) 证明 : $C(k)$ 是 $\mathbb{M}_n(D)$ 的单左理想,$R(k)$ 是 $\mathbb{M}_n(D)$ 的单右理想. [提示: 练习 (13.2).]

(2) 证明: 作为左 $\mathbb{M}_n(D)$ -模, 有 $C(k) \cong \mathbb{C}_n(D)$(见 (13.1)), 且作为右 $\mathbb{M}_n(D)$ -模, 有 $R(k) \cong \mathbb{R}_n(D)$.

(3) 证明 : $\mathbb{M}_n(D)$ 上的左 (右) 正则模是 $C(1), \cdots, C(n)(R(1), \cdots, R(n))$ 的直和.

4. (1) 设 R 是半单环 ,I 是 R 的真理想. 证明 : R/I 也是半单环.

(2) 求证半单环的子环不一定是半单的.

5. (1) 设 ϕ: $R \to S$ 是满环同态. 证明 : S 是半单环当且仅当 $_RS$ 是半单模.

(2) 陈述且证明 $\mathbb{Z}_n$ 成为半单环的充要条件. [提示: 练习 (9.3).]

6. 设 $(R_\alpha)_{\alpha \in A}$ 是环的指标类. 证明: 积 $\prod_A R_\alpha$ 是半单的当且仅当 A 有限, 且每个 R_α 都是半单的.

7. (1) 证明: 如果 R 同构于单环的有限集 $(R_k)_{k=1}^n$ 的亚直积, 则 R 是单环的环直和. [提示: 练习 (7.13) 和 (7.16).]

(2) 证明: 如果 R 同构于半单环的有限集的亚直积, 则 R 是半单的.

8. (1) 设 I 是环 R 的极小左理想, 证明 : I 是 $_RR$ 的直和项当且仅当 $I^2 \neq 0$. [提示: 如果 $I^2 \neq 0$, 则对于某个 $x \in I$, 有 $I = Ix$. 因此存在 $e \in I$ 使得 $ex = x$. 再假设 $0 \neq R(e-e^2)$.]

(2) 证明: 对于左 Artin 环 R, 下列条件等价:

(a)R 是半单的;(b) R 不包含非零的幂零 (诣零) 左理想;(c) R 不包含平方为零的非零左理想; (d) 对于任意 $x \in R$, 由 $xRx = 0$ 可推出 $x = 0$.

9. (1) 证明:Schur 引理的逆命题是不正确的, 即求证存在非单模使得它的自同态环是除环. [提示: 考虑上三角矩阵环.]

(2) 设 R 是没有非零幂零左理想的环. 证明: 如果 I 是使得 $End(_RI)$ 是除环的环 R 的左理想, 则 $_RI$ 是单的. [提示: 设 $0 \neq x \in I$, 则 R_x 不是幂零的, 因此对于某个 $r \in R, \rho_{rx}: I \to I$ 是 I 的非零自同态.]

10. 称环 R 是**左上半单的** (**或左**V **环**), 如果 $_R\mathbf{M}$ 有半单的上生成子.

(1) 证明: 对于环 R, 下列条件等价:

(a) R 是左上半单的;(b) 对于一切左 R -模 M, 有 $Rad(M) = 0$; (c) 每个左 R -模都是上半单的;(d)$_R\mathbf{M}$ 有上半单的上生成子. [提示: 见练习 (9.14).]

(2) 证明: 每个半单环都是上半单的.

(3) 证明: 如果 $_R\mathbf{M}$ 有单上生成子, 则 R 是单环.

(4) 证明: 对于环 R, 下列命题等价:

(a)R 是单 Artin 环;(b) 每个非零左 R -模都是生成子;(c) 每个非零左 R -模都是上生成子.

11. 设 G 是阶为 n 的有限群 ,K 是域, 且 K 的特征不能整除 n. 从而 $n = n \cdot 1$ 在 K 中是可逆的. 利用练习 (7.17) 的结果证明:

Maschke 定理　如果 G 是阶为 n 的群 ,K 是特征不能整除 n 的域, 则群环 KG 是半单的.

12. 设 R 是代数闭域上的有限维代数. 证明: 如果 R 是单环, 则有 $R \cong \mathbb{M}_n(K)$. [提示: 首先,

R 是 Artin 环 (练习 (10.7)). 如果 $R \cong \mathbb{M}_l(D)$, 其中 D 是除环, 则 $CenD = CenR = K$ (见练习 (4.4) 和 (4.5)). 因此 D 在 K 上是有限维的. 从而有 $K = D$.]

13. (1) 利用每个有限除环都是域这一事实证明

定理 设 R 是由 m 个元素构成的单环 ,K 是它的中心, 则对于某个素数 p 和某个 n, 有 $K = GF(p^n)$, 对于某个 k, 有 $m = (p^n)^{k^2}$,

$$R \cong \mathbb{M}_k(GF(p^n)).$$

[在这里 $GF(p^n)$ 是由 p^n 个元素构成的唯一 (在同构范围内) 的有限域.]

(2) 可推断在有限半单环 (在同构范围内) 和由自然数三元组的一切有限序列

$$(p_1, n_1, k_1), \cdots, (p_l, n_l, k_l),$$

其中 $p_1, \cdots, p_l$ 为素数, 构成的集合之间存在一个自然双射.

§ 14. 稠 密 定 理

我们已经知道, 如果 T 是忠实左 R -模, 则自然映射 $\lambda\colon\ R \to BiEnd({}_RT)$ 是单的环同态. 上节的一个推论 (见练习 (13.1)) 为: 如果 R 有单生成子 T, 则 ${}_RT$ 是忠实的, 映射 λ 是同构,$BiEnd({}_RT)$ 是除环 $D = End({}_RT)$ 上有限维向量空间 T_D 的自同态环. 更一般地, 本节我们考虑那些有忠实单模 T 的环 R. 对于这样的环 ,$BiEnd({}_RT)$ 是 (可能无限维) 向量空间的自同态环. 从而可由经典 Jacobson-Chevalley 稠密定理推断出 R 在 $BiEnd({}_RT)$ 中的标准象是“稠密”子环. 证明它的第一步是关于双自同态环的一个引理.

直和的双自同态环

假设模 M 有直和项 M', 则 M' 关于 $BiEnd({}_RM)$ 是稳定的. 实际上, 如果 $M = M' \oplus M''$, $e \in End({}_RM)$ 是 M' 在此分解中的幂等元, 则对于每个 $b \in BiEnd({}_RM)$, 有

$$b(M') = b(Me) = (bM)e \subseteq M'.$$

而且 M' 的每个自同态都可扩展为 M 的自同态, 因此 M 的双自同态在 M' 上的限制也是 M' 的双自同态, 且限制映射

$$BiEnd({}_RM) \xrightarrow{Res} BiEnd({}_RM')$$

是环同态.

14.1 引理　设左 R -模 M 是子模 M' 和 M'' 的直和 $M = M' \oplus M''$, 则限制映射 Res 是使得图表

$$\begin{array}{ccc} & R & \\ \swarrow^{\lambda} & & \searrow^{\lambda} \\ BiEnd({}_RM) & \xrightarrow{Res} & BiEnd({}_RM') \end{array}$$

可交换的环同态. 而且,

(1) 如果 M' 生成或上生成 M'', 则 Res 是单射.

(2) 如果 M' 既生成 M'' 又上生成 M'', 则 Res 是同构.

证明　第一个论断是前面讨论的直接推论. 对于另一个, 设

$$S = End({}_RM),$$

$e \in S$ 是 M' 在直和分解 $M = M' \oplus M''$ 中的幂等元, 则由 (5.9) 得存在环同构 $\rho\colon eSe \to End({}_RM')$, 其中对于每个 $s \in S$ 和每个 $x \in M'$, 有 $\rho(ese)\colon x \mapsto xese$. 从而可得 M' 是右 eSe -模, 且

$$BiEnd({}_RM') = End(M'_{eSe}).$$

因此设 $b \in BiEnd({}_RM), (b \mid M') = 0$. 如果 M' 生成 M'', 则显然它生成 M(8.4), 因此有 $M'S = Tr_M(M') = M$(见练习 (8.6)), 从而有 $b(M) = b(M'S) = (bM')S = 0$. 另一方面, 假设 M' 上生成 M'', 则 M' 上生成 M (见练习 (8.6)), $l_M(Se) = Rej_M(M') = 0$. 但 $(bM)Se = b(MSe) \leqslant bM' = 0$, 因此 $bM = 0$. 在上述两种情形中 $b = 0$, 这就证明了 (1).

关于 (2). 假设 M' 既生成 M'' 又上生成 M'', 则我们只需证明 $Res\colon BiEnd({}_RM) \to BiEnd({}_RM')$ 是满射. 设 $a \in BiEnd({}_RM') = End(M'_{eSe})$. 下证存在 S -同态 $\overline{a}\colon M'S \to M$ 使得对于任意 $x_i \in M'$ 和 $s_i \in S$, 有

$$\overline{a}\colon \sum x_i s_i \mapsto \sum (ax_i)s_i.$$

假设 $\sum x_i s_i = 0$, 则对于每个 $s \in S$, 有 $(\sum(ax_i)s_i)se = \sum(ax_i)es_ise = a(\sum x_ies_i se) = 0$. 由于 M' 上生成 M, 从而有 $l_M(Se) = 0$, 因此 $\sum(ax_i)s_i = 0$. 这就证明了我们要证的. 又 M' 生成 M, 则 $M'S = M$, 因此 $\bar{a} \in B_iEnd({}_RM)$. 最后, 显然有 $(\bar{a} \mid M') = a$, 这就证明了 (2).　□

现在设 M 是非零左 R -模,A 是非空集. 由于 M 是左 $B_iEnd({}_RM)$ -模, 从而直和 $M^{(A)}$ 不仅是左 R -模, 而且关于"按坐标进行运算"的标量乘法它还是左 $BiEnd({}_RM)$ -模, 即对于每个 $b \in BiEnd({}_RM)$ 和每个 $x = (x_\alpha)_{\alpha\in A} \in M^{(A)}$, 有

$$bx = (bx_\alpha)_{\alpha\in A}.$$

等价地有 (见 § 2), 存在从 $BiEnd(_RM)$ 到 $M^{(A)}$ 的 $\mathbb{Z}$-自同态环的环同态 μ 使得

$$\mu(b)(x) = (bx_\alpha)_{\alpha\in A}.$$

我们可推断 $M^{(A)}$ 的这些 $\mathbb{Z}$-自同态 $\mu(b)$ 是 $_RM^{(A)}$ 的双自同态. 为了证明它, 首先对于每个 $\alpha \in A$, 我们用 ι_α 和 π_α 分别表示 $M^{(A)}$ 的 α-坐标内射和 α-坐标投射, 且把 ι_α 和 π_α 看作右算子. 显然当把 $M^{(A)}$ 看作 $B_iEnd(_RM)$-模时, ι_α 和 π_α 仍是 $M^{(A)}$ 的 α-坐标内射和 α-坐标投射 (见练习 (12.7)). 设 $\gamma \in A$, 则 $\iota_\gamma: M \to M\iota_\gamma$ 是 R-同构, 因此 (见练习 (4.14)) 存在环同构 $\phi: B_iEnd(_RM) \to B_iEnd(_RM\iota_\gamma)$ 使得

$$\phi(b)(m\iota_\gamma) = (bm)\iota_\gamma = b(m\iota_\gamma).$$

由 (14.1) 得 $Res: BiEnd(_RM^{(A)}) \to BiEnd(_RM\iota_\gamma)$ 是同构. 对于每个 $b \in BiEnd(_RM)$, 设 $\overline{b} = Res^{-1}(\phi(b)) \in BiEnd(_RM^{(A)})$, 则有

$$\overline{b}(m\iota_\gamma) = \phi(b)(m\iota_\gamma) = (bm)\iota_\gamma.$$

对于每个 $\alpha \in A$, 由于 $\pi_\gamma l_\alpha \in End(_RM^{(A)})$, 从而我们有

$$\begin{aligned}\overline{b}(m\iota_\alpha) &= \overline{b}(m\iota_\gamma\pi_\gamma\iota_\alpha) = (\overline{b}(m\iota_\gamma))\pi_\gamma\iota_\alpha \\ &= ((bm)\iota_\gamma)\pi_\gamma\iota_\alpha = b(m\iota_\alpha) = \mu(b)(m\iota_\alpha).\end{aligned}$$

由于 $(Im\ \iota_\alpha)_{\alpha\in A}$ 生成 $\mathbb{Z}$ 上的 $M^{(A)}$, 从而我们有 $\mu(b) = \overline{b}$. 因此 $\mu = Res^{-1}\circ\phi$ 是环同构 $\mu: BiEnd(_RM) \to BiEnd(_RM^{(A)})$. 同时, 我们已经证明了

14.2 命题 设 M 是非零左 R-模, A 是非零集, 则存在按坐标定义的环同构

$$\mu:\ BiEnd(_RM) \to B_iEnd(_RM^{(A)}),\quad \mu(b)(x_\alpha)_{\alpha\in A} = (bx_\alpha)_{\alpha\in A}. \qquad \square$$

现在我们准备证明

稠 密 定 理

14.3 稠密定理 设 M 是半单左 R– 模. 如果 $x_1,\cdots,x_n \in M$, $b \in BiEnd(_RM)$, 则存在 $r \in R$ 使得

$$bx_i = rx_i \quad (i = 1,\cdots,n).$$

证明 因为 M 是半单的, 从而 $M^{(n)}$ 也是半单的. 因此 $M^{(n)}$ 的循环子模 $R(x_1,\cdots,x_n)$ 是 $M^{(n)}$ 的直和项, 进而 $R(x_1,\cdots,x_n)$ 也是 $M^{(n)}$ 的 $BiEnd(_RM^{(n)})$-子模. 由 (14.2) 得 $R(x_1,\cdots,x_n)$ 是 $M^{(n)}$ 的 $BiEnd(_RM)$-子模. 特别地有

$$(BiEnd(_RM))(x_1,\cdots,x_n) = R(x_1,\cdots,x_n).$$

这样, 对于 $b \in BiEnd({}_RM)$, 存在 $r \in R$ 使得

$$\begin{aligned}(bx_1, \cdots, bx_n) &= b(x_1, \cdots, x_n)\\ &= r(x_1, \cdots, x_n) = (rx_1, \cdots, rx_n).\end{aligned}$$ □

关于这个定理存在完整的拓扑论证. 实际上, 考虑笛卡儿积 M^M. 由 M 上离散拓扑诱导的 M^M 上的积拓扑称为 M^M 上的"有限拓扑". 对于 $f \in M^M$, f 在这个拓扑中的邻域基由集合

$$\{g \in M^M \mid f(x_i) = g(x_i), \text{对于一切 } x_1, \cdots, x_n\}$$

构成, 其中 $\{x_1, \cdots, x_n\}$ 取遍 M 的有限子集. 现在假设 M 是 Abel 群 ,R 和 S 是 $End(M)$ 的子环. 特别是 ,R 和 S 继承了 M^M 的有限拓扑. 这样, 如果 R 是 S 的子环, 我们说 R 在 S 中**稠密** (在 M 上), 如果在有限拓扑中 R 是 S 的稠密子集. 当然, 这是指对于每个有限集 $x_1, \cdots, x_n \in M$ 和每个 $s \in S$, 存在 $r \in R$ 使得

$$rx_i = sx_i \quad (i = 1, \cdots, n).$$

下面假设 M 是左 R -模, 则 R 在自然映射 $\lambda: R \to End(M_{\mathbb{Z}})$ 下的象 $\lambda(R)$ 是 $BiEnd({}_RM)$ 的子环, 且稠密定理可陈述为: 如果 ${}_RM$ 是半单的, 则 $\lambda(R)$ 在 $BiEnd({}_RM)$ 中稠密.

现在我们转向单 Artin 环的 Jacobson 推广和关于单 Artin 环的 Wedderburn 定理. 称环 R 是**左本原环**, 如果它有一个单的、忠实的左模. 由于单 Artin 环有单左生成子, 且生成子是忠实的, 从而每个单 Artin 环都是左本原的.Wedderburn 定理宣称单 Artin 环同构于有限维向量空间的自同态环. 下面的命题是关于本原环的推广.

14.4 本原环的稠密定理 设 R 是左本原环 ,${}_RT$ 是单的忠实模,

$$D = End({}_RT),$$

则 D 是除环,T_D 是 D -向量空间, 且经左乘法 λ, R 同构于 $End(T_D)$ 的稠密子环. 特别地, 对于每个有限 D -线性无关集 $x_1, \cdots, x_n \in T$ 和每个 $y_1, \cdots, y_n \in T$, 存在 $r \in R$ 使得

$$rx_i = y_i \quad (i = 1, \cdots, n).$$

证明 由 Schur 引理 (13.3) 知 D 是除环, 而 T_D 是 D -向量空间. 因为 ${}_RT$ 是忠实的, 单的, 所以环同态 $\lambda: R \to End(T_D) = BiEnd({}_RT)$ 是单射, 稠密定理 (14.3) 确保了 λ 的象在 $End(T_D)$ 中稠密. 对于最后的陈述, 假设 $x_1, \cdots, x_n \in T$

是 D -线性无关的,$y_1, \cdots, y_n \in T$, 则存在线性变换 $b \in End(T_D)$ 使得 $b(x_i) = y_i \ (i=1,\cdots,n)$. 再应用 (14.3) 即可. □

(14.4) 的逆命题也是正确的, 从而存在左本原环的下列重要刻画.

14.5 推论　环是左本原环当且仅当它同构于向量空间的线性变换的稠密环. 也就是说, 环 R 是左本原环当且仅当存在除环 D 和双模 ${}_RT_D$, 其中 ${}_RT$ 是忠实的, 使得对于每个有限 D -线性无关集 $x_1, \cdots, x_n \in T$ 和每个 $y_1, \cdots, y_n \in T$, 存在 $r \in R$ 使得

$$rx_i = y_i \quad (i=1,\cdots,n).$$

证明　根据 (14.4) 只需证明如果 D 是除环, 且 ${}_RT_D$ 满足最后的条件, 则 R 是左本原环. 由题设知 ${}_RT$ 是忠实的. 而且, 它是单的, 这是因为如果 $x \in T$ 是非零的, 则 $\{x\}$ 是 D 线 -性无关的, 因此由题设得 $Rx = T$. 故 R 是左本原环. □

14.6 附注.

(1) 定理 (14.4) 是 Wedderburn 定理关于单 Artin 环的一个推广. 前面已知单 Artin 环 R 是左本原环, 因此由 (14.4) 知对于某个 $D-$ 向量空间 M_D, 它同构于 $End(M_D)$ 的稠密子环. 利用 R 是左 Artin 环这一事实, 易证 (见练习 (14.4)) M_D 是有限维的. 利用稠密性我们可以得到 R 同构于 $End(M_D)$ 这一事实的另一个证明.

(2) 每个单环都是本原环 (见练习 (14.1)), 但反之不真. 例如, 由 (14.5) 得, 对于每个向量空间 M_D, $End(M_D)$ 是本原环, 但除非 M_D 是有限维的, 否则 $End(M_D)$ 不是单环. 另一方面, 存在不是 Artin 环的单环 (见练习 (11.9).).

(3) 在第 13 节中单 Artin 环结构定理的一个显著特征是这些定理的左-右对称性. 这样的对称性不能推广到本原环上去. **右本原环**是指有单的、忠实的右模的环. 从而左本原环不一定是右本原环 (见 Bergman[64].). 在本书中我们说**本原环**是指**左本原环**.

矩 阵 表 示

如果 D 是除环,M_D 是右 D -向量空间, 则 M_D 是自由向量空间 (见练习 (8.11) 和 (2.17)). 因此 M_D 的自同态环 $End(M_D)$ 同构于 D 上列有限的矩阵环 (练习 (8.12)). 即, 如果 $(x_\alpha)_{\alpha\in\Omega}$ 是 M_D 的基, 则从 $End(M_D)$ 到 D 上一切列有限的 $\Omega\times\Omega$ 矩阵环 $\mathbb{CFM}_\Omega(D)$ 的映射

$$a \mapsto [[a_{\alpha\beta}]],\ a(x_\beta) = \sum_\alpha x_\alpha a_{\alpha\beta}$$

是同构. 因为, 尤其在例子的学习中, 矩阵表示可以提供帮助, 所以在这里我们提及它.

类似于初等线性代数中的内容, 向量空间 M_D 可以看作 D 上一切列有限的 $\Omega\times 1-$ 矩阵构成的集合. 而且 ,M_D 有基 $(e_\alpha)_{\alpha\in\Omega}$, 其中列向量 (e_α) 在"α -行"上为 1 其余为 0. 由于从 $End(M_D)$ 到 $\mathbb{CFM}_\Omega(D)$ 上的同构

$$a\mapsto[[a_{\alpha\beta}]]$$

由此基决定, 从而对于每个 $a\in End(M_D)$ 和 $\beta\in\Omega$, 我们有

$$a(e_\beta)=[[a_{\alpha\beta}]]e_\beta.$$

也就是说, 我们可以把 M_D 看作 Ω -列向量 ,$End(M_D)$ 看作 D 上 $\Omega\times\Omega$ -列有限矩阵环 $\mathbb{CFM}_\Omega(D)$, $End(M_D)$ 的作用看作由矩阵乘法给出.

现在易证 $End(M_D)$ 的子环 R 是稠密环 (在 M_D 上) 当且仅当对于每个有限集 $\beta_1,\cdots,\beta_n\in\Omega$ 和有限集 $y_1,\cdots,y_n\in M$, 存在 $a\in R$ 使得

$$a(e_{\beta_i})=y_i\quad(i=1,\cdots,n)$$

(见练习 (14.3)), 即稠密条件只需在已给基的有限子集上验证即可. 对于矩阵环, 这可推出如果 D 是除环, Ω 是非空集,R 是 $\mathbb{CFM}_\Omega(D)$ 的子环使得对于每个有限集 $\Gamma\subseteq\Omega$, R 在 $\Omega\times\Gamma$ 上的限制是 $\mathbb{CFM}_{\Omega\times\Gamma}(D)$, 则 R 是本原环. 当然每个本原环都同构于某个 $\mathbb{CFM}_\Omega(D)$ 的上述子环, 在这个意义下它的逆命题是正确的. 特别地, 如果 D 是除环,R 是 $\mathbb{CFM}_\mathbb{N}(D)$ 的子环, 则 R 在 $\mathbb{CFM}_\mathbb{N}(D)$ 中是稠密的 (因此是本原环) 当且仅当对于每个 $n\in\mathbb{N}$ 和每个 $U\in\mathbb{M}_n(D)$, 都存在 R 中形如

$$\begin{bmatrix}U & X\\ 0 & Y\end{bmatrix}$$

的矩阵.

练 习 14

1. (1) 证明: 每个单环都既是左本原环又是右本原环.
   (2) 证明: 每个交换的本原环都是域.
2. 设 Q 是域. 对于每个 $n\in\mathbb{N}$, 每个 $A\in\mathbb{M}_n(Q)$ 和每个 $s\in Q$, 设 $[A,S]\in\mathbb{M}_\mathbb{N}(Q)$ 是矩阵

$$[A,s]=\begin{bmatrix}A & & & & \\ & s & & 0 & \\ 0 & & s & & \\ & & & \cdot & \\ & & & & \cdot \\ & & & & & \cdot\end{bmatrix}.$$

设 S 是 Q 的子环 ,$R=\{[A,s]\mid s\in S, A\in \mathbb{M}_n(Q), n\in\mathbb{N}\}$.

(1) 证明 : R 是 $\mathbb{CFM}_{\mathbb{N}}(Q)$ 的本原子环, 且有 $CenR\cong S$. 从而域的每个子环都是某个本原环的中心.(见练习 (1.9).)

(2) 证明: 如果 S 不是域, 则 R 有非本原的商环.

3. 设 D 是除环 ,M_D 是右 D -向量空间, 其中基为 $(x_\alpha)_{\alpha\in A}$. 设 R 是 $End(M_D)$ 的子环. 证明 : R 在 $End(M_D)$ 中稠密当且仅当对于每个有限子集 $F\subseteq A$ 和由 M 的元素构成的每个集合 $(m_\gamma)_{\gamma\in F}$, 存在 $r\in R$ 使得对于一切 $\gamma\in F$, 有 $r(x_\gamma)=m_\gamma$.

4. 设 D 是除环,M_D 是右 D -向量空间,R 是 $End(M_D)$ 的稠密子环. 证明: 如果 $x_1,x_2,x_3,\cdots$ 在 M 中是 D -线性无关的, 则有

$$l_R(x_1)>l_R(x_1,x_2)>l_R(x_1,x_2,x_3)>\cdots.$$

5. 设 M_D 是除环 D 上的有限维向量空间,R 是 $End(M_D)$ 的子环. 证明: 如果 R 在 $End(M_D)$ 中稠密, 则对于每个 $n\in\mathbb{N}$, 都存在 R 的子环 S_n 和满环同态 $\phi_n: S_n\to\mathbb{M}_n(D)$.

6. 设 $n>1$, R 是本原环, 且对于每个 $x\in R$, 有 $x^n=x$. 证明 : R 是除环.(实际上 R 是域, 你能证明吗?)

7. (1) 证明: 如果 R 是本原环 ,$e\in R$ 是非零幂等元, 则 eRe 是本原环. [提示: 如果 ${}_R\mathbb{M}$ 是单的, 则或者 eM 是 0, 或者 eRe 是单的.]

(2) 设 R 是环 ,$n>1$. 证明 : R 是左本原环当且仅当 $M_n(R)$ 是左本原环. [提示: 练习 (1.8).]

8. 设 M 和 N 是左 R -模. 证明:

(1) 如果 M 是平衡的, 且或者生成 N, 或者上生成 N, 则 $M\oplus N$ 是平衡的.

(2) 如果 M 既生成 N 又上生成 N, N 既生成 M 又上生成 M, 则有

$$BiEnd({}_RM)\cong BiEnd({}_RN),\quad Cen(End({}_RM))\cong Cen(End({}_RN)).$$

[提示: 练习 (4.6).]

9. 设 M 是左 R -模 ,λ 是典范环同态 $R\to BiEnd({}_RM)$.

(1) 证明: 下列条件等价:(a) $\lambda(R)$ 在 $BiEnd({}_RM)$ 中稠密;(b) 对于每个 $n>0$, $M^{(n)}$ 的每个 R -子模都是 $M^{(n)}$ 的 $BiEnd({}_RM)$ -子模;(c) 对于每个 $n>0$, $M^{(n)}$ 的每个 R -子模都是 $M^{(n)}$ 的 $BiEnd({}_RM^{(n)})$ -子模.

(2) 证明: 如果 ${}_RM$ 是上生成子, 则 $\lambda(R)$ 在 $BiEnd({}_RM)$ 中稠密. [提示: (1) 和练习 (8.5).]

10. 称环 R 是**素环**, 如果每个非零左理想都是忠实的. 证明:

(1) 交换环是素环当且仅当它是整域.

(2) 对于环 R, 下列条件等价:

(a) R 是素环;

(b) 每个非零右理想都是 (右) 忠实的;

(c) 对于每对非零理想 I_1,I_2, 有 $I_1I_2\neq 0$;

(d) 对于一切 $x,y\in R$, 由 $xRy=0$ 可推出 $x=0$ 或 $y=0$.

(3) 每个本原环都是素环.

(4) 每个左 Artin 素环都是单的.

11. (1) 设 R 是素环. 证明: 如果 $Soc\,{}_RR\neq 0$, 则 R 是本原环 ,$Soc\,{}_RR$ 是齐次的, $Soc\,{}_RR\trianglelefteq {}_RR$.

(2) 证明: 如果 R 是素环 , $Soc\ _RR$ 是非零的, 且 Soc_RR 是有限长度的, 则 R 是单 $Artin$ 环.

(3) 证明: 如果 R 是素环 , $Soc\ _RR$ 是单的左理想, 则 R 是除环.

(4) 求证: 存在本原环 R 使得 $Soc\ _RR = 0$. [提示: $End(M_D)$ 是关于 M_D 的向量空间, $End(M_D)$ 有单的商环.]

12. (1) 证明: 如果 R 是素环 , $e \in R$ 是非零幂等元, 则 eRe 是素环. [提示: 练习 (14.10.2).]

(2) 设 R 是环 , $n > 1$. 证明 : R 是素环当且仅当 $\mathbb{M}_n(R)$ 是素环. [提示: 练习 (1.8).]

13. 设 V 是除环 D 上的无限维向量空间. 对于每个 $f \in End(V_D)$, 由 $rankf = dim(Imf)$ 定义 f 的秩.

(1) 设 c 是无限基数. 证明:

$$I_c = \{f \in End(V_D) \mid rank\ f < c\}$$

是 $End(V_D)$ 的理想.

(2) 设 I 是 $End(V_D)$ 的理想 , $f \in I$. 证明:

$$\{g \in End(V_D) \mid rank\ g \leqslant rank\ f\}$$

包含在 I 中.

(3) 证明 : $I_{\aleph_0}$ 是 $End(V_D)$ 的唯一极小理想 , I_{dimV} 是 $End(V_D)$ 的唯一极大理想.

(4) 小于或等于已给基数的基数构成的集族由 $\leqslant$ 是良序的 (见 $Stoll$[63]). 利用这一事实证明 : $I \neq 0$ 是 $End(V_D)$ 的真理想当且仅当对于某个满足 $\aleph_0 \leqslant c \leqslant dimV$ 的基数 c, 有 $I = I_c$. 还可推断 $End(V_D)$ 的理想格是良序的.

§ 15. 环的根—局部环和 **Artin** 环

设 R 是环, 则 $End(_RR)$ 是由 R 中元素的右乘法组成的环 (见 (4.11)), 从而由 (9.14) 得, $_RR$ 的根 $Rad(_RR)$ 是 R 的 (双边) 理想. 此理想称为 R 的 ($Jacobson$) **根**, 我们通常简记为

$$J(R) = Rad(_RR).$$

本节的第一个定理 (15.3) 的一个推论说: 此根也是 $Rad(R_R)$. 因此我们不必争论左右的不明确性.

本 原 理 想

本节第一个目标是得到环的根 $J(R)$ 的一些刻画. 这些刻画中比较重要的一个是 $J(R)$ 是使得 R 模掉 $J(R)$ 之商环为"剩余本原的"的唯一最小理想. 我们说 R 的理想 P 是 (**左**) **本原理想**, 如果 R/P 是 (左) 本原环. 类似地, **右本原理想**是使得 R/P 是右本原环的 R 的理想 P. 由于每个单环都是本原环 (见练习 (14.1)), 从而每个极大理想都既是左本原理想又是右本原理想. 然而, 即使 R 的左本原理

想是双边理想, 它也不一定是右本原理想 (见 Bergman [64]). 当然 ,R 的本原理想恰是 R 到向量空间的线性变换组成的稠密环上的环同态的核. 本原理想的另一个简单的刻画为:

15.1 命题 环 R 的理想 P 是本原理想当且仅当存在 R 的极大左理想 M 使得

$$P = l_R(R/M) = Rej_R(R/M).$$

证明 商环 R/P 是本原环当且仅当 R/P 有忠实单模当且仅当 (2.12) P 是左单 R– 模的零化子. 由 (8.22) 可得第二个等式. □

根 的 刻 画

由于作为左 R -模 R 是有限生成的, 从而它的根 $J(R)$ 是 R 的唯一最大多余左 R -子模 (见 (9.18) 和 (10.5.1)). 又因为 R 的每个幂零左理想在 ${}_RR$ 内都是多余的, 从而根 $J(R)$ 包含一切幂零左理想 (见练习 (5.18)). 事实上, 如果 R 是左 Artin 环, 则 $J(R)$ 是 R 的唯一最大幂零左理想 (见 (15.19)). 然而, 一般地 $J(R)$ 不是幂零的, 甚至也不是诣零的. 但对幂零性的一个有用推广导致了对于左 Artin 环的 $J(R)$ 的上述刻画的一个推广.

称元素 $x \in R$ 是**左拟正则元**, 如果 $1 - x$ 在 R 中有左逆. 类似地, 称 $x \in R$ 是**右拟正则元** (**拟正则元**), 如果 $1 - x$ 在 R 中有右逆 (双边逆). 当然 R 的元素可以是左拟正则元而不是右拟正则元. 称 R 的子集是**左拟正则的**, 如果它的每个元素都是左拟正则的. 这便推广了幂零性, 因为, 如果 $x \in R$, $x^n = 0$, 则有

$$(1 + x + \cdots + x^{n-1})(1 - x) = 1 = (1 - x)(1 + x + \cdots + x^{n-1}),$$

因此 x 是拟正则的.

15.2 命题 对于 R 的左理想 I, 下列命题等价:

(a) I 是左拟正则的;

(b) I 是拟正则的;

(c) I 在 R 中是多余的.

证明 (a)⇒(b). 假设 (a) 成立 ,$x \in I$, 则 x 是左拟正则的, 于是存在某个 $x' \in R$, 有 $x'(1-x) = 1$. 由于 $x'x \in I$ 是左拟正则的, 且 $x' = 1+x'x = 1-(-x'x)$, 因此存在 $y \in R$ 使得 $yx' = 1$. 从而 x' 是可逆的 ,$y = 1 - x$. 因此 $(1 - x)x' = 1$, x 是拟正则的.

(b)⇒(c). 假设 (b) 成立 ,K 是 R 的左理想, 且 $R = I + K$, 则存在 $x \in I$ 和 $k \in K$ 使得 $1 = x + k$. 因此 $k = 1 - x$ 可逆, 从而有 $1 \in K$ 和 $K = R$.

(c)⇒(a) 假设 (c) 成立 ,$x \in I$, 则 $Rx \ll R$. 但 $R = Rx + R(1 - x)$, 因此 $R(1 - x) = R$, 从而 $1 - x$ 有左逆. □

现在我们开始给出 $J(R)$ 的重要的多重刻画. 它的一个推论是: 对于 (15.2) 的三个等价条件, 还存在第四个与它们等价的条件, 即 I 是右拟正则的.

15.3 定理 给了环 R, R 的下列每个子集都等于 R 的根 $J(R)$.

(J_1) R 的一切极大左 (右) 理想的交;

(J_2) R 的一切左 (右) 本原理想的交;

(J_3) $\{x \in R \mid$ 对于一切 $r, s \in R, rxs$ 是拟正则的 $\}$;

(J_4) $\{x \in R \mid$ 对于一切 $r \in R, rx$ 是拟正则的 $\}$;

(J_5) $\{x \in R \mid$ 对于一切 $s \in R, xs$ 是拟正则的 $\}$;

(J_6) R 的一切拟正则左 (右) 理想的并;

(J_7) R 的一切拟正则理想的并;

(J_8) R 的唯一最大多余左 (右) 理想.

而且, 如果用“左拟正则的”或“右拟正则的”来替换“拟正则的”, (J_3),(J_4),(J_5), (J_6) 和 (J_7) 也描述了根 $J(R)$.

证明 为了表示 (J_1), (J_2), (J_6) 和 (J_8) 的右侧情形, 我们将附加一个星形符号. 从而 J_1^* 是 R 的一切极大右理想的交. 由 (9.17) 和 (15.1), 我们有

$$J_1 = Rad({}_RR) = \cap\{Rej_R(T) \mid {}_R T \text{ 是单的 }\} = J_2.$$

又因为 ${}_RR$ 是有限生成的, 从而由 (9.13) 和 (10.4.1) 我们有 $J_1 = J_8$, 再由 (15.2) 我们有 $J_6 = J_8$. 当然也有

$$J_1^* = J_2^* = J_6^* = J_8^*.$$

但由于 J_2 和 J_2^* 是理想, 从而 J_6 和 J_6^* 是理想. 因此显然有 $J_6 = J_6^* = J_7$. 现在立即可得

$$J_6 \subseteq J_3 \subseteq J_4 \subseteq J_6,$$

和

$$J_6^* \subseteq J_3 \subseteq J_5 \subseteq J_6^*,$$

因此定理的第一个断言的所有等式都成立. 另外, 在它们的左拟正则情形中我们有

$$J_7 \subseteq J_3 \subseteq J_4 \subseteq J_6,$$

但由于 (15.2), J_6 的左拟正则情形和拟正则情形, 就像 J_7 的两个情形一样, 是相等的. 类似地, J_3, J_5, J_6^* 和 J_7 的右拟正则情形也等于 $J(R)$. 现在除了 J_5 ($= J_6^*$, 关于左拟正则的) 的左拟正则情形和 J_4($= J_6$, 关于右拟正则的) 的右拟正则情开外, 我们获得了定理中断言的一切与 $J(R)$ 相等的集合等式. 我们将求证 J_4 的右拟正则情形是根 $J(R)$, 且利用对称性求证 J_5 的左拟正则情形是根 $J(R)$. 显然,

在它们的右拟正则情形, 有 $J_3 \subseteq J_4$. 正如我们所见 , $J_3 = J_1^*$. 因此为了完成我们要证的, 只需证明每个右拟正则左理想都包含在 $J_1^* = Rad(R_R)$ 中. 假设 Rx 是右拟正则的 , $x \notin J_1^*$, 则存在 R 的极大右理想 K 使得 $x \notin K$, 从而对于某个 $r \in R$ 和 $k \in K$, 有

$$1 = xr + k.$$

由于 rx 是右拟正则的, 因此存在 $u \in R$ 使得

$$(1 - rx)u = 1.$$

所以,

$$\begin{aligned} x = x(1-rx)u &= (x - xrx)u \\ &= xu - (1-k)xu = kxu \in K, \end{aligned}$$

此矛盾意味着 $Rx \subseteq J_1^*$, 从而我们完成了证明. □

15.4 推论 如果 R 是环, 则有

$$Rad({}_RR) = J(R) = Rad(R_R). \quad \square$$

由 (8.22), (15.1), 以及 $J(R) = J_1 = J_2$ 这一事实 (15.3), 我们有

15.5 推论 如果 R 是环, 则 $J(R)$ 是单左 (右)R -模类在 R 中的零化子. □

关于 R 的 Jacobson 根 $J(R)$ (或者关于任意“根”, 见 P.174) 一个重要事实是

15.6 推论 设 I 是环 R 的理想 , $J(R/I) = 0$, 则 $J(R) \subseteq I$.

证明 如果 $x \notin I$, 则存在 R 的极大左理想 M 使得 $I \subseteq M$, 且 $x \notin M$(见 (15.3) 和 (3.8)), 因此 $x \notin J(R)$. □

15.7 推论 对于环 R 的理想 I, 下列条件等价:

(a) $I = J(R)$;

(b) I 是左拟正则的, 且 $J(R/I) = 0$;

(c) I 是左拟正则的, 且 $J(R) \subseteq I$;

(d) ${}_RI$ 在 ${}_RR$ 中是多余的, 且 $J(R/I) = 0$;

(e) ${}_RI$ 在 ${}_RR$ 中是多余的, 且 $J(R) \subseteq I$. □

R 的商环的根至少和 $J(R)$ 的对应商环一样大, 但它们不一定相等. 例如, 环 $\mathbb{Z}$ 有零根, 但 $\mathbb{Z}_4$ 没有 (见练习 (15.1).).

15.8 推论 如果 R 和 S 是环 , ϕ : $R \to S$ 是满环同态, 则有 $\phi(J(R)) \subseteq J(S)$. 而且, 如果 $Ker\ \phi \subseteq J(R)$, 则有 $\phi(J(R)) = J(S)$. 特别地,

$$J(R/J(R)) = 0.$$

证明 显然由于 ϕ 是满射, 从而 $\phi(J(R))$ 是 S 的拟正则理想, 由 (15.3) 得 $\phi(J(R)) \subseteq J(S)$. 另一方面, 假设 $Ker\ \phi \subseteq J(R)$, 如果 M 是 R 的极大左理想, 则 $Ker\ \phi \subseteq J(R) \subseteq M$, 因此由 (3.11) 知 $\phi(M)$ 是 S 的极大左理想, 由 (15.3) 得 $J(S) \subseteq \phi(M)$. 再由 (15.3) 和 (3.11) 得 $\phi(J(R))$ 是一切 $\phi(M)$ 的交, 其中 M 为 R 的极大左理想. 因此 $J(S) \subseteq \phi(J(R))$. □

15.9 推论 如果 R 是理想 $R_1, R_2, \cdots, R_n$ 的环直和, 则有

$$J(R) = J(R_1) + J(R_2) + \cdots + J(R_n).$$

证明 设 $1 = u_1 + u_2 + \cdots + u_n$, 其中 $u_1, u_2, \cdots, u_n$ 是两两正交的中心幂等元, 则易见 I 是 R 的拟正则理想当且仅当 $I = I_1 + \cdots + I_n$, 其中对于每个 $k = 1, \cdots, n$, I_k 是环 $u_k R u_k = R_k$ 的拟正则理想. □

我们已经看到,$J(R)$ 包含 R 的每个幂零左理想. 大家知道，称理想 (左, 右, 或双边) 是诣零的, 如果它的每个元素都是幂零的. 这样, 更一般地有

15.10 推论 如果 R 是环, 则 R 的每个诣零左, 右, 或者双边理想都是左拟正则的, 因此 R 的每个诣零左, 右, 或者双边理想都包含在 $J(R)$ 中.

证明 每个幂零元素 $x \in R$ 都是左拟正则的, 这是因为如果 $x^n = 0$, 则有 $(1 + x + \cdots + x^{n-1})(1 - x) = 1$. □

15.11 推论 如果 R 是环, 则 $J(R)$ 不包含非零幂等元.

证明 如果 $e \in R$ 是幂等元, 且 $e \in J(R)$, 则 Re 是 ${}_RR$ 的多余直和项, 从而有 $e = 0$. □

15.12 推论 设 I 是环 R 的理想. 如果 I 是诣零的, 且 $J(R/I) = 0$, 则有 $I = J(R)$. 另一方面, 如果 $I \subseteq J(R)$, 且 R/I 的每个非零左理想都包含非零幂等元, 则有 $I = J(R)$.

证明 第一个论断可由 (15.7) 和 (15.10) 立即得出, 其余的可由 (15.11) 和 (15.8) 得出. □

根据 (9.18) 和 (10.5) 知，如果 ${}_RM$ 是非零的, 且是有限生成的, 则 $RadM \neq M$. 利用这一事实我们有 $J(R)$ 的下列非常有用的刻画, 通常称之为 Nakayama 引理.

15.13 推论 对于环 R 的左理想 I, 下列条件等价:

(a) $I \leqslant J(R)$;

(b) 对于每个有限生成的左 R-模 M, 如果 $IM = M$, 则 $M = 0$;

(c) 对于每个有限生成的左 R-模 M, IM 在 M 中是多余的.

证明 (a)⇒(b). 假设 $M \neq 0$ 是有限生成的, 则 M 有极大子模 K(见 (10.5)). 因此由 (15.5) 得 ,$J(R)M \leqslant K$.

(b)⇒(c). 假设 $N \leqslant M$, $IM+N=M$, 则有

$$I(M/N)=(IM+N)/N=M/N.$$

因此如果 M 是有限生成的, 由 (b) 可推出 $M/N=0$.

(c)⇒(a). 假设 (c) 成立, 则由于 $_RR$ 是有限生成的, 从而 $IR \ll R$. 因此有 $I \leqslant IR \leqslant J(R)$. □

半 本 原 环

称环 R 是**半本原环**, 如果 $J(R)=0$. 特别的, 本原环是半本原环. 单 Artin 环和半单环具有左–右对称性, 但本原环不具有此对称性 (见 (14.6.3)). 半本原环也不具有左–右对称性.

15.14 命题 对于环 R, 下列条件等价:

(a) R 是半本原环;

(b) $_RR$ 是由左单 R-模组成的类上生成的;

(c) R_R 是由右单 R-模组成的类上生成的;

(d) R 有忠实半单模.

证明 由 (15.5) 和 (9.17) 立即可得. □

由于 $J(R)=J_2$(见 (15.3)), 从而环 R 是半本原环当且仅当它同构于本原环的亚直积 (见练习 (7.16)).

附注 对于满足 $J(R)=0$ 的环 R, 我们经常用术语 "半单的", 这便产生了迷惑, 因为半本原环不一定是半单环. 然而 (见 (15.16)), 半单环恰是 Artin 半本原环.

局 部 环

根据 § 12，称环 R 是局部环, 如果由 R 中不可逆元素构成的集合关于加法是封闭的. 利用根我们可以得到这个重要环类的下述刻画.

15.15 命题 对于环 R, 下列条件等价:

(a) R 是局部环;

(b) R 有唯一极大左理想;

(c) $J(R)$ 是极大左理想;

(d) 由 R 中没有左逆的元素构成的集合关于加法封闭;

(e) $J(R)=\{x \in R \mid Rx \neq R\}$;

(f) $R/J(R)$ 是除环;

(g) $J(R)=\{x \in R \mid x \text{ 不可逆 }\}$;

(h) 如果 $x \in R$, 则或者 x 可逆, 或者 $1-x$ 可逆.

证明 (b)⇔(c). 可从 $J(R)$ 的定义立即得出.

(c)⇒(d). 假设 (c) 成立, 则由 (15.3) 得 $J(R)$ 是 R 的唯一极大左理想. 设 $x, y \in R$ 不是左可逆的, 由于每个真理想都包含在一个极大理想中 (10.5), 则有 $Rx, Ry \leqslant J(R)$, 因此 $x+y \in J(R)$. 从而 $x+y$ 不是左可逆的.

(d)⇒(e). 假设 (d) 成立, 由于 $J(R)$ 是真左理想, 从而只需证明如果 $x \in R$, 且 $Rx \neq R$, 则 $x \in J(R)$. 对于每个 $r \in R$, rx 没有左逆元, 且 $1 = rx + (1-rx)$. 因此由 (d) 得 $1-rx$ 有左逆元. 从而由 (15.3) 得 $x \in J_4 = J(R)$.

(e)⇒(f). 假设 (e) 成立. 由于 $R/J(R)$ 的每个非零元素在 $R/J(R)$ 中都有左逆元, 从而 $R/J(R)$ 是除环 (见练习 (1.2).).

(f)⇒(b). 由于除环没有非平凡左理想, 从而如果 $R/J(R)$ 是除环, 则 $J(R)$ 是极大左理想 (见 (3.8).).

(h)⇒(g). 假设 (h) 成立. 设 $x \in R$ 是不可逆的, 比如说 x 没有左可逆元, 则 rx 也不是可逆的, 因此由 (h) 得每个 rx 都是拟正则的, 从而有 $x \in J(R)$.

(f)⇒(g). 假设 (f) 成立. 设 $x \in R$, 且 $x \notin J(R)$, 则由题设知 x 在 $R/J(R)$ 中可逆, 即 $Rx + J(R) = R$, 且 $xR + J(R) = R$. 但由于在 (15.3) 中 $J(R) = J_8$, 从而有 $Rx = R$ 和 $xR = R$. 因此 x 是可逆的.

(g)⇒(f) 和 (g)⇒(a)⇒(h) 是显然的. □

模其根之商环为半单环的环

命题 (15.15) 这些刻画中最重要的一个是 : R 是局部环当且仅当 $R/J(R)$ 是除环. 特别地, 局部环 R 模其根之商环是半单的. 有此性质的另一个环类是 Artin 环类.

15.16 命题 设 R 是左 Artin 环, 则 R 是半单的当且仅当 $J(R)=0$. 特别地,$R/J(R)$ 是半单的.

证明 第一个论断恰是 (10.15). 由于 $R/J(R)$ 是左 Artin 环, 从而第二个论断可由第一个结论和 (15.8) 得出. □

一般, 环没有任何半单的商环. 例如, 不是单的也不是半单的环可能有半单商环 (见练习 (10.14).). 然而, 我们十分感兴趣的是使得 $R/J(R)$ 为半单环的环. 它们重要性的部分原因可由下列命题给出.

15.17 命题 对于根为 $J(R)$ 的环 R, 下列条件等价:

(a) $R/J(R)$ 是半单的;

(b) $R/J(R)$ 是左 Artin 的;

(c) 左单 R 模的每个积都是半单的;

(d) 半左单 R 模的每个积都是半单的;

(e) 对于每个左 R -模 M,$Soc\ M = r_M(J(R))$.

证明　(a)⇔(b) 可由 (15.16), (10.15) 和 $J(R/J(R)) = 0$ 这个事实立即得出.

(a)⇒(e). 由 (15.5) 得 ,$J(R)$ 零化每个单左 R -模, 从而对于每个 $_RM$, 有 $Soc\ M \subseteq r_M(J(R))$. 但 $J(R)r_M(J(R)) = 0$. 因此 $r_M(J(R))$ 是 $R/J(R)$ -模. 于是根据 (a), 我们有 $r_M(J(R))$ 是半单的, 且包含在 $SocM$ 中.

(e)⇒(d). 因为 $J(R)$ 零化一切半单模, 所以它也零化半单模的一切积. 从而, 根据 (e) 我们有半单模的每个积都是它自身的基座, 因此是半单的.

(d)⇒(c) 是显然的.

(c)⇒(a). 我们知道 $R/J(R)$ 是由单 R-模上生成的, 从而由 (9.4) 可得 (c)⇒(a).

□

对于任意左 R -模 M, 商模 $M/RadM$ 是由单左 R -模上生成的. 但由 (15.5) 我们知道 $J(R)$ 零化一切单模, 因此它零化 $M/RadM$. 也就是说,

$$J(R)M \leqslant RadM.$$

一般地, 等式不成立. 但如果 R-模根之商环是半单的, 则由 $Soc\ M = r_M(J(R))$ 知不仅 $J(R)$ 决定每个 $_RM$ 的基座, 而且 $J(R)$ 还决定 M 的根. 具体阐述为

15.18 推论　设 R 是环, 根 $J = J(R)$, 则对于每个左 R -模 M, 有

$$JM \leqslant RadM.$$

如果 R 模其根之商环是半单的, 则对于每个左 R -模 M, 有

$$JM = RadM,$$

且 M/JM 是半单的.

证明　第一个不等式上面已经证实了. 现在假设 R/J 是半单的. 设 M 是左 R -模, 则 M/JM 是半单 R/J -模, 因此 (2.12) 它是半单 R -模. 从而有

$$Rad(M/JM) = 0.$$

由 (9.15) 得 $RadM \leqslant JM$. □

Artin 环 的 根

如果 R 是左 Artin 环, 则它的根 $J(R)$ 是使得 R 模根之商环为半单环的唯一最小理想. 现在我们也可以把 Artin 环的根刻划为唯一最大的幂零理想.

15.19 定理　如果 R 是左 Artin 环, 则它的根是 R 中的唯一最大的幂零左 (右, 双边) 理想.

证明 由 (15.10) 只需证明对于左 Artin 环 R, 它的根 $J = J(R)$ 是幂零的. 但由于我们有

$$J \supseteq J^2 \supseteq J^3 \supseteq \cdots,$$

从而如果 R 是左 Artin 环, 则对于某个 $n > 0$, 有 $J^n = J^{n+1}$. 假设 $J^n \neq 0$, 则不能被 $J^n \neq 0$ 零化的 R 的左理想构成的集族非空. 因此据 (10.10) 知存在 R 的左理想 I 关于性质 $J^n I \neq 0$ 是极小的. 设 $x \in I$ 满足 $J^n x \neq 0$, 则有 $Jx \leqslant Rx \leqslant I$ 和 $J^n(Jx) = J^{n+1}x = J^n x \neq 0$. 这样, 由 I 的极小性我们有 $Jx = Rx$, 这与 (15.13) 矛盾. □

现在易证下面非常著名的结果:

15.20 定理 [Hopkin] 设 R 是环, $J = J(R)$, 则 R 是左 Artin 环当且仅当 R 是左 Noether 环, J 是幂零的, R/J 是半单的.

证明 如果 R 是左 Artin 环, 则由 (15.19) 得 J 是幂零的, 由 (15.16) 得 R/J 是半单的. 因此我们可以假设 R/J 是半单的 ,J 是幂零的, 即 $J^n = 0$. 我们对 n 用归纳法. 如果 $n = 1$, 则 $R = R/J$ 是半单的, 因此根据 (10.16) 结论成立. 再设 $n > 1$, 且对于幂零指数小于 n 的每个环结论都成立. 由 (15.12) 知 $J(R/J^{n-1}) = J/J^{n-1}$, 因此由归纳假设可推出 R/J^{n-1} 是左 Artin 环当且仅当它是左 Noether 环. 现在存在左 R 模的短正合列

$$0 \to J^{n-1} \to R \to R/J^{n-1} \to 0.$$

由 (10.12) 知,R 是左 Artin 环 (Noether 环) 当且仅当 J^{n-1} 和 R/J^{n-1} 亦然. 但由于 $J^n = J(J^{n-1}) = 0$, R/J 是半单的, 从而 J^{n-1} 是半单的, 因此由 (10.16) 知,J^{n-1} 是 Artin 环当且仅当它是 Noether 环. □

15.21 推论 设 R 是左 Artin 环 ,M 是左 R-模, 则有

$$Soc\ M = r_M(J) \trianglelefteq M \quad 和 \quad Rad\ M = JM \ll M.$$

而且, 对于 M, 下列条件等价:

(a) M 是有限生成的;

(b) M 是 Noether 模;

(c) M 是合成列;

(d) M 是 Artin 模;

(e) $M/J(M)$ 是有限生成的.

证明 设 $0 \neq x \in M$, 则 Rx 是 R 的因子, 从而 Rx 是 Artin 的, 且由 (10.11) 得 $Soc\ Rx = Rx \cap (Soc\ M) \neq 0$. 由 (15.16) 得 R/I 是半单的, 因此据 (15.17.e) 有 $Soc\ M = r_M(J)$. 由 (15.16) 和 (15.18) 又有 $Rad\ M = JM$, 再由 (15.19) 得 J 是幂零的. 因此有 $JM \ll M$.(见练习 (15.9).)

(a)⇒(c). 如果 M 是有限生成的, 则存在 R -满同态 $R^{(n)} \to M \to 0$. 但由于 ${}_RR$ 既是 Artin 模又是 Noether 模, 从而 M 亦然 ((10.12) 和 (10.13)), 即 M 有合成列 (11.1).

(c)⇒(b) 和 (c)⇒(d) 可由 (11.1) 得出.

(b)⇒(a) 可由 (10.9) 得出.

(d)⇒(e). 如果 M 是 Artin 模, 则 $M/J(M)$ 亦然 (10.12). 因此由 (15.18) 和 (10.15) 知 $M/J(M)$ 是有限生成的.

(e)⇔(a). 因为 $JM \ll M$, 可以从 (15.18) 和 (10.4) 可得 (a). □

Levitzki 定 理

由 (15.10) 和 (15.19) 可知, 如果 R 是左 Artin 环, 则 R 的每个诣零单边理想实际上都是幂零的. 这个事实对于左 Noether 环有下列推广

15.22 定理 [Levitzki] 如果 R 是左 Noether 环, 则 R 的每个诣零单边理想都是幂零的.

证明 设 R 是左 Noether 环, 则由 (10.9) 知 R 有极大幂零理想, 记为 N. 如令 $S = R/N$, 则 0 是 S 中仅有的幂零理想. 下证 0 是 S 中仅有的诣零右理想. 为了证明这个结论, 假设 $0 \neq I \leqslant S_S$ 是诣零的. 由于 S 是左 Noether 环, 从而集合 $\{l_S(x) \mid 0 \neq x \in I\}$ 有极大元, 记为 $l_S(x)$. 设 $s \in S$ 满足 $xs \neq 0$. 由于 $xs \in I$ 是幂零的, 于是有 $(xs)^{k+1} = 0$, $(xs)^k \neq 0$. 显然 $l_S(x) \subseteq l_S((xs)^k)$, 这样由极大性得 $l_S(x) = l_S((xs)^k)$, 从而 $xsx = 0$. 因此 $(SxS)^2 = 0$, $x = 0$, 即 0 是 S 中仅有的诣零右理想. 这样, 如果 I 是 R 的诣零右理想, 则有 $(I+N)/N = 0 \in R/N$, 且 $I \subseteq N$, 即 N 包含 R 的每个诣零右理想. 但如果 $a \in R$, 且 Ra 是诣零的, 则 aR 也是诣零的 (如果 $(ra)^n = 0$, 则有 $(ar)^{n+1} = 0$). 因此 N 也包含 R 的每个诣零左理想. 因为 N 是幂零的, 这便完成了证明. □

结合 (15.20) 和 (15.22) 我们有

15.23 推论 设 R 是左 Noether 环. 如果 $R/J(R)$ 是半单的, 且 $J(R)$ 是诣零的, 则 R 是左 Artin 环.

一 般 根

给了环的任意非空类 $\mathscr{P}$, 对于每个环 R 都存在一个相伴的 $\mathscr{P}-$ 根, 即满同态 $R \to P(P \in \mathscr{P})$ 的一切核的交, 记为 $Rad_{\mathscr{P}}(R)$. 这些一般根的许多基本性质是易证的. 例如 , $\mathscr{P}-$ 根是理想, 环模 $\mathscr{P}-$ 根之商环有零 $\mathscr{P}-$ 根 , $\mathscr{P}-$ 根是 0 当且仅当 R 同构于 $\mathscr{P}$ 中环的亚直积 (见练习 (7.16)), 等等.Jacobson 根 $J(R)$ 恰是本原环组成的类 $\mathscr{P}$ 的 $\mathscr{P}-$ 根. 在练习中我们将看到另一个重要的根, 即由“本原环”组成的类诱导的根.

练　习　15

1. 计算下列每个环的 Jacobson 根:

(1) $\mathbb{Z}$.

(2)$\mathbb{Z}_n$.

(3)R, 其中 R 是布尔环.

(4) 域 K 上一切上三角 $n\times n$ 矩阵环.

2. 设 R 是域上除了对角线几乎处处为 0 的一切上三角 $\mathbb{N}\times\mathbb{N}$ 矩阵环.

(1) 求证 : R 的 Jacobson 根 $J(R)$ 是一切严格上三角矩阵 (即一切 $[[a_{ij}]]\in R$, 对于任意 i 有 $a_{ii}=0$) 的子集.

(2) 求证 : $J(R)$ 是诣零的但不是幂零的.

3. 设 $(M_\alpha)_{\alpha\in A}$ 是左 R 模的指标类 ,I 是 R 的右理想.

(1) 证明 : $I(\prod_A M_\alpha)\subseteq\prod_A(IM_\alpha)$, 且当 I 是有限生成的时, 等式成立.

(2) 求证: 如果 I 不是有限生成的, 则部分 (1) 的等式不一定成立. [提示: 利用 $R=\mathbb{Z}^{\mathbb{N}}$ 和 $I=\mathbb{Z}^{(\mathbb{N})}$.]

(3) 证明: 如果 R 是右 $Artin$ 环, 则 $Rad(\prod_A M_\alpha)=\prod_A(RadM_\alpha)$.

4. 设 $(R_\alpha)_{\alpha\in A}$ 是环的指标类, 证明:

$$J(\prod_A R_\alpha)=\{r\in\prod_A R_\alpha\mid\pi_\alpha(r)\in J(R_\alpha)\quad(\alpha\in A)\}.$$

即, 运用一些符号的变化, 有 $J(\prod_A R_\alpha)=\prod_A J(R_\alpha)$.

5. 设 R 是交换环 ,$\mathscr{I}$ 是 R 的一切极大理想构成的集合. 证明 : $Rad(M)=\cap_{I\in\mathscr{I}}IM$. [提示: 如果 L 是 M 的极大子模, 则对于某个 $I\in\mathscr{I}$, 有 $M/L\cong R/I$, $IM\subseteq L$.]

6. 设 R 是左 Artin 环, 根为 J, $T_1,\cdots,T_n$ 是单左 R -模的表示构成的完全集. 证明:

(1) R 的双边理想是本原理想当且仅当它是极大理想.

(2) $Rej_R(T_1),\cdots,Rej_R(T_n)$ 是 R 的极大理想构成的集合.

(3) $J=\cap_{i=1}^n Rej_R(T_i)$.

(4) 如果 $_RT$ 是单的, 则有 $R/Rej_R(T)\cong Tr_{R/J}(T)$.

7. 设 $p\in\mathbb{P}$ 是素数 ,J 是 $\mathbb{Z}_{(p)}$ 的根 (见练习 (2.12)). 证明 : J 不是诣零的, 但有 $\cap_{i=1}^\infty J^n=0$.

8. 设 Ω 是不可数的良序集 ,Q 是域 ,V 是右 Q -向量空间 ,$(x_\alpha)_{\alpha\in\Omega}$ 是 V 的有序基. 对于每个 $\alpha\in\Omega$, 令

$$V_\alpha=\sum_{\beta<\alpha}Qx_\beta.$$

设 R 是 $End(V_Q)$ 的子集, 并且使得对于某个标量 a_f, 有

(i) $dim_K Im(f-a_f1_V)<\infty$.

(ii) $(f-a_f1_V)(x_\alpha)\in V_\alpha\quad(\alpha\in\Omega)$ 的那些 f 的 $End(V_Q)$ 的子集.

(1) 证明 : R 是 $End(V_Q)$ 的子环.[注意 : R 可表示为 Q 上的一切 $\Omega\times\Omega$ 上三角形矩阵环, 其中对角线上为常数 ($=a_f$), 且对角线上至多有有限个非零行.]

(2) 证明 : $J=J(R)=\{f\in R\mid a_f=0\}$.

(3) 证明: 如果 $(f_1,f_2,\cdots)$ 是 J 的任意序列, 则存在 n 使得 $f_nf_{n-1}\cdots f_1=0$. [提示: 对于每个 $\alpha\in\Omega$, 设 $\alpha_n\in\Omega$ 是使得 $Im(f_nf_{n-1}\cdots f_1)\leqslant V_{\alpha_n}$ 成立的最小的元素. 如果对于一切 n, $f_nf_{n-1}\cdots f_1\neq 0$, 则有 $\alpha_1>\alpha_2>\cdots>\alpha_n>\cdots$, 这将导致矛盾.]

(4) 特别地, 从 (3) 可推断 J 是诣零的.

(5) 证明 : $\cap_{n=1}^{\infty} J^n \neq 0$. [提示: 设 w 是 Ω 中使得 $\{\alpha \in \Omega \mid \alpha < w\}$ 是不可数的第一个元素. 由

$$e_n(x_\alpha) = \begin{cases} 0\ , & \alpha \leqslant n \\ x_n\ , & \alpha > n \end{cases} \qquad\qquad f_n(x_\alpha) = \begin{cases} 0\ , & \alpha < w \\ x_n\ , & \alpha \geqslant n \end{cases}$$

定义 e_n 和 f_n, 则 $f_1 = e_1 f_2 = e_1 e_2 f_3 = \cdots$.]

9. 称根为 $J = J(R)$ 的环 R 是**半准素环**, 如果 R/J 半单的, 且 J 是幂零的. 证明: 如果 M 是半准素环 R 上的左模, 则 $Soc\ M = r_M(J) \trianglelefteq M$, $RadM = JM \ll M$, 且 M 是 Artin 模当且仅当 M 是 Noether 模.

10. (1) 证明: 如果 R 是左 Artin 环, 则存在 R 的两两不同的极大理想的有限序列 $M_1, \cdots, M_n$ 使得 $M_1 \cap \cdots \cap M_n$ 幂零.

(2) 利用 (1), 练习 (13.7) 和 (14.4) 以及稠密定理可得 Wedderburn-Artin 定理 (13.7) 的另一个内容: 如果 R 是没有非零幂零理想的左 Artin 环, 则 R 同构于环 $R_1, \cdots, R_n$ 的直和, 其中每个 R_i $(i = 1, \cdots, n)$ 是除环 D_i 上有限维向量空间 V_i 的自同态环.

11. 设 e 和 f 是环 R 的幂等元 , J 是 R 的 Jacobson 根.

(1) 证明 : $Rad(Re) = Je$.

(2) 证明: 如果 $e \neq 0$, 则有 $J(eRe) = eJe$.

(3) 可推断下列条件等价:

(a) $Re \cong Rf$;　(b) $Re/Je \cong Rf/Jf$;　(c) $eR \cong fR$;　(d) $eR/eJ \cong fR/fJ$.

12. 证明: 对于环 R 的元素 a 下列条件等价:

(a) Ra 是 ${}_RR$ 的直和项;(b) 对于某个 $x \in R$, 有 $a = axa$; (c)aR 是 R_R 的直和项.

13. 称环 R 是 *von Neumann* **正则环**, 如果对于每个 $a \in R$, 都有 $a \in aRa$. 由练习 (15.12) 可得 R 是 von Neumann 正则环当且仅当每个主左理想都是直和项当且仅当每个主右理想都是直和项.

(1) 证明 : R 是 von Neumann 正则环当且仅当每个有限生成的左 (右) 理想都是直和项. [提示: 设 $e = e^2 \in R, a \in R$. 则由题设知存在 $f = f^2 \in R$, 使得 $Rf = Ra(1-e) \subseteq Ra + Re$. 求证 : $Re + Ra = Re + Rf$, 再应用练习 (7.6.1).]

(2) 证明: 每个 von Neumann 正则环都是半单的.

(3) 证明:von Neumann 正则环的每个商环都是 von Neumann 正则环.

(4) 证明: 如果 e 是 von Neumann 正则环 R 的非零幂等元, 则 eRe 是 von Neumann 正则环.

(5) 证明: 交换环是 von Neumann 正则环当且仅当对于 R 的每个理想 I, 都有 $I^2 = I$.

(6) 证明: 对于 von Neumann 正则环, 下列条件等价:(a) 半单的;(b) 左 Artin 环;

(c) 右 Artin 环;(d) 左 Noether 环;(e) 右 Noether 环.

(7) 证明: 如果 M_S 是半单的, 则 $End(M_S)$ 是 von Neumann 正则环. [提示: 如果 $a \in R$, 则 $M = Ker\ a \oplus L = K \oplus Im\ a$. 设 $x = 0 \oplus (a \mid L)^{-1}$. 考虑 axa.]

(8) 设 R 是练习 (14.2) 中的本原环. 证明 : R 是 von Neumann 正则环当且仅当子环 S 是 Q 的子域.

14. 称环 R 的理想 P 是**素理想**. 如果 R/P 是素环 (见练习 (14.10)). 从而理想 P 是素理想当且仅当对于每个 $x, y \in R$, 由 $xRy \subseteq P$ 可推出 $x \in P$ 或者 $y \in P$. 注意, 对于交换环这

与练习 (2.11) 中给出的定义一致. 环 R 的**素根**或**下诣零根**$N(R)$ 是 R 的一切素理想的交. 称环 R 是**半素环**, 如果 $N(R)=0$, 即如果 R 同构于素环的亚直积 (见练习 (7.16).).

(1) 设 I 是 R 的理想. 证明 : $N(R/I)=0$ 当且仅当 I 是 R 的一切素理想的交. 尤其有 $N(R/N(R))=0$.

(2) 证明 : $N(R)=0$ 当且仅当 R 没有非零的幂零左理想. [提示:($\Rightarrow$). 见练习 (14.10.2) ($\Leftarrow$). 设 Rx 是非幂零的 ,P 是 R 的理想, 且它关于 $(Rx)^n \not\subseteq P$ (对于一切 $n\in\mathbb{N}$) 是极大的. 由 (14.10.2.c) 得 P 是素理想.]

(3) 设 $U(R)$ 是 R 的唯一最大诣零理想 (见练习 (2.5). 此理想称为 R 的**上诣零根**.) 证明: $N(R)\subseteq U(R)$, 而且 $N(R)$ 是 R 的诣零理想. [提示: 由 (2) 得 $N(R/U(R))=0$, 再应用 (1).]

(4) 证明: 如果 R 是左 Noether 环, 则 $N(R)=U(R)$ 是 R 的唯一最大幂零理想.

(5) 证明 : $J(R)\supseteq N(R)$, 但它们不一定相等.

(6) 证明: 如果 R 是 Artin 环, 则有 $J(R)=N(R)$, 事实上每个素理想都是极大的.

(7) 证明: 如果 R 是交换环, 则 $N(R)$ 恰是 R 的幂零元构成的集合, 因此 R 是半素环当且仅当 R 没有非零幂零元.

(8) 证明: 交换环 R 是半素环当且仅当它可以嵌入到域的积中.

第五章　模范畴之间的函子

我们现在应该清楚, 在很大程度上范畴 ${}_R\mathbf{M}$ 的结构决定环 R 的结构. 由此, 本章我们转向对这些范畴 ${}_R\mathbf{M}$ 的直接研究. 首先我们将研究这些范畴中两个范畴之间的一些自然“函子”或者“同态”.

我们研究的各种模范畴都有一个区别于许多其它范畴类的重要特征. 对于每对 R -模 M, N, 集合 $Hom_R(M, N)$ 是 Abel 群. 由于此性质是这些范畴的结构的整体部分, 从而我们将只研究涉及此性质的函子. 因此假设 $\mathbf{C}$ 是 R -模的完全子范畴,$\mathbf{D}$ 是 S -模的完全子范畴. 称从 $\mathbf{C}$ 到 $\mathbf{D}$ 的函子 T 是**加法的**, 如果对于 $\mathbf{C}$ 中的每对模 M, N 和 $\mathbf{C}$ 中的每对 $f, g : M \to N$, 有

$$T(f+g) = T(f) + T(g).$$

特别地, 如果 T 是加法的, 还是共变的, 则限制

$$T : Hom_R(M, N) \to Hom_S(T(M), T(N))$$

是 Abel 群同态; 而如果 T 是加法的, 反变的, 则限制

$$T : Hom_R(M, N) \to Hom_S(T(N), T(M))$$

是 Abel 群同态.

在第 16 节和第 19 节中, 我们研究两个最重要的加法函子类: 模范畴之间的“Hom”函子和“tensor”函子. 对于一些特殊的模类, 这些函子的一些不好的性质就会消失. 这些模, 即投射模, 内射模和平坦模, 是我们在第 17 节、18 节以及 19 节中一部分讨论所关注的中心内容. 彼此对偶的内射模和投射模对于它们的泛可分性质是特别重要的. 例如, 内射模是它的每个扩张的直和项.

最后, 在第 20 节中我们研究函子之间的自然变换的概念. 在那里给出以前章节中的许多同态的性质. 我们将看到, 正是这些性质使得我们能够借助于 Hom 函子和 tensor 函子把环和它们的范畴做一些十分重要的比较.

§ 16. Hom 函子和正合性—投射性和内射性

设 R 和 S 是环 ,$U = {}_RU_S$ 是双模, 则 (见 (4.4)) 对于每个左 R -模 ${}_RM$, 存在两个 S -模

$$Hom_R(U_S, M) \in {}_S\mathscr{M} \quad 和 \quad Hom_R(M, U_S) \in \mathscr{M}_S.$$

于是 $M \mapsto Hom_R(U_S, M)$ 和 $M \mapsto Hom_R(M, U_S)$ 分别定义了从 ${}_R\mathscr{M}$ 到 ${}_S\mathscr{M}$ 和从 ${}_R\mathscr{M}$ 到 $\mathscr{M}_S$ 的函子. 这两个函子可以扩展为从 ${}_R\mathbf{M}$ 到 ${}_S\mathbf{M}$ 和从 ${}_R\mathbf{M}$ 到 $\mathbf{M}_S$ 的加法函子. 这两个加法函子在模范畴的分析中是十分重要的.

Hom 函子的定义

类似于上面, 设 $U = {}_RU_S$ 是双模,

$$f: {}_RM \to {}_RN$$

是 ${}_R\mathbf{M}$ 中的 R -同态, 则对于每个 $\gamma \in Hom_R(U, M)$, 有 $f\gamma \in Hom_R(U, N)$. 我们断言

$$Hom_R(U, f) : \gamma \mapsto f\gamma$$

是 S -同态

$$Hom_R(U, f) : Hom_R(U, M) \to Hom_R(U, N).$$

这是因为, 如果 $\gamma_1, \gamma_2 \in Hom_R(U, M)$, $s_1, s_2 \in S$, 则对于一切 $u \in U$, 有

$$\begin{aligned} f \circ (s_1\gamma_1 + s_2\gamma_2)(u) &= f(\gamma_1(us_1) + \gamma_2(us_2)) \\ &= f\gamma_1(us_1) + f\gamma_2(us_2) \\ &= (s_1(f\gamma_1) + s_2(f\gamma_2))(u). \end{aligned}$$

从而, 我们有由

$$Hom_R(U, \_\,) : M \mapsto Hom_R(U, M)$$

$$Hom_R(U, \_\,) : f \mapsto Hom_R(U, f)$$

定义的函数 $Hom_R(U, \_\,) : {}_R\mathbf{M} \to_S \mathbf{M}$. 符号 $Hom_R(U, f)$ 使用起来很不方便, 因此在模 U 不会混淆的情况下, 我们可以简记为

$$f_* = Hom_R(U, f).$$

注意到如果 $f: M \to N$ 在 ${}_R\mathbf{M}$ 中, 则 f_* 可由

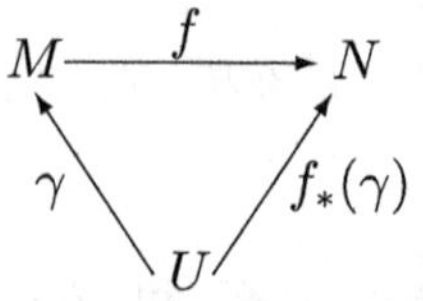

刻画, 现在易证函子 $Hom_R(U,\_)$ 实际上是从 ${}_R\mathbf{M}$ 到 ${}_S\mathbf{M}$ 的加法共变函子.

另一方面, 对于 $R-$ 同态 $f :_R M \to_R N$, 我们可以由

$$Hom_R(f, U) : \gamma \mapsto \gamma f$$

定义映射

$$f^* = Hom_R(f, U) : Hom_R(N, U) \to Hom_R(M, U).$$

易证 $f^* = Hom_R(f,U)$ 是一个 S -同态. 对于 f^* 我们有

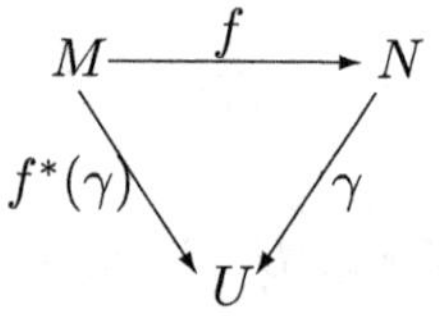

从而我们有由

$$Hom_R(\_, U) : M \mapsto Hom_R(M, U)$$

$$Hom_R(\_, U) : f \mapsto Hom_R(f, U)$$

定义的函子 $Hom_R(\_,U)$: ${}_R\mathbf{M} \to \mathbf{M}_S$.

16.1 定理　设 R 和 S 是环 ,$U = {}_RU_S$ 是双模, 则

$$Hom_R(U,\_) : {}_R\mathbf{M} \to_S \mathbf{M}$$

是加法变函子,

$$Hom_R(\_, U) : {}_R\mathbf{M} \to \mathbf{M}_S$$

是加法反共变函子.

证明　我们将证明 $Hom_R(\_,U)$ 颠倒合成, 保持加法. 余下的证明用常规的方法即可, 我们忽略它. 假设 $g: M \to M'$ 和 $f: M' \to M''$ 是 ${}_R\mathbf{M}$ 中的态射, 如果 $\gamma \in Hom_R(M'',U)$, 则有

$$(f \circ g)^*(\gamma) = \gamma \circ f \circ g = g^*(f^*(\gamma)) = (g^* \circ f^*)(\gamma).$$

再假设 $f: M \to N$ 和 $g: M \to N$ 是 ${}_R\mathbf{M}$ 中的态射. 如果 $\gamma \in Hom_R(N,U)$, 则有

$$(f+g)^*(\gamma) = \gamma \circ (f+g) = (\gamma \circ f) + (\gamma \circ g) = f^*(\gamma) + g^*(\gamma). \qquad \square$$

将此定理应用到一对相反环上, 我们可以推导出各种各样加法函子的存在性. 例如, 双模 ${}_{R-S}V$ 产生了共变函子

$$Hom_R({}_SV,\ \_):\ {}_R\mathbf{M} \to \ \mathbf{M}_S$$

和反变函子

$$Hom_R(\_,\ {}_SV):\ {}_R\mathbf{M} \to \ {}_S\mathbf{M}.$$

我们常常将这类函子称为“Hom 函子”.

加法函子的一般性质

在继续研究“Hom”函子之前, 我们先给出以后将需要的关于加法函子的一对结果.

16.2 命题 设 $\mathbf{C}$ 和 $\mathbf{D}$ 分别是环 R 和 S 上左 (或右) 模的完全子范畴 ,$F: \mathbf{C} \to \mathbf{D}(G: \mathbf{C} \to \mathbf{D})$ 是加法共变 (反变) 函子, 如果

$$0 \longrightarrow K \overset{f}{-\oplus\!\!\rightarrow} M \overset{g}{-\oplus\!\!\rightarrow} N \longrightarrow 0$$

在 $\mathbf{C}$ 中是可分正合的, 则

$$0 \longrightarrow F(K) \xrightarrow{F(f)} F(M) \xrightarrow{F(g)} F(N) \longrightarrow 0$$

$$0 \longrightarrow G(N) \xrightarrow{G(g)} G(M) \xrightarrow{G(f)} G(K) \longrightarrow 0$$

在 $\mathbf{D}$ 中都是可分正合的. 特别地, 如果 $g: M \to N$ 是同构, 则 $F(g)$ 和 $G(g)$ 都是同构.

我们将联合下面的命题一起证明这个结论.

16.3 命题 设 $\mathbf{C}, \mathbf{D}, F$ 和 G 如 (16.2) 中所述. 如果 $M, M_1, \cdots, M_n$ 是 $\mathbf{C}$ 中的模,$M = M_1 \oplus \cdots \oplus M_n$ 是直和, 其中内射为 $\iota_1, \cdots, \iota_n$, 投射为 $\pi_1, \cdots, \pi_n$, 则

(1) $F(M)$ 是 $F(M_1), \cdots, F(M_n)$ 的直和, 其中内射为 $F(\iota_1), \cdots, F(\iota_n)$, 投射为 $F(\pi_1), \cdots, F(\pi_n)$.

(2) $G(M)$ 是 $G(M_1), \cdots, G(M_n)$ 的直和, 其中内射为 $G(\pi_1), \cdots, G(\pi_n)$, 投射为 $G(\iota_1), \cdots, G(\iota_n)$.

证明　((16.2) 和 (16.3) 的证明) 对于 **C** 中的每对 M, N, $F: Hom_R(M,N) \to Hom_S(F(M), F(N))$ 是群同态. 从而零映射的 F 是零映射. 对于 (16.3.1), 据 (6.22) 和 F 的可加性和共变性, 有

$$\sum_{i=1}^{n} F(\iota_i)F(\pi_i) = F(\sum_{i=1}^{n} \iota_i\pi_i) = F(1_M) = 1_{F(M)};$$

$$F(\pi_i)F(\iota_j) = F(\pi_i\iota_j) = F(\delta_{ij}) = \delta_{ij}1_{F(M_i)}.$$

对 (16.3.2) 类似可证. 最后, 由 (5.3.b) 和 (6.22) 知 (16.2) 是 (16.3) 的一个特殊情形. □

再假设 $\mathbf{C}, \mathbf{D}, F$ 和 G 如 (16.2) 中所述. 设 $f_i: M_i \to N$ $(i = 1, \cdots, n)$ 是 **C** 中的同态. 对适当的图表应用 F, 对于每个 $i = 1, \cdots, n$, 我们有

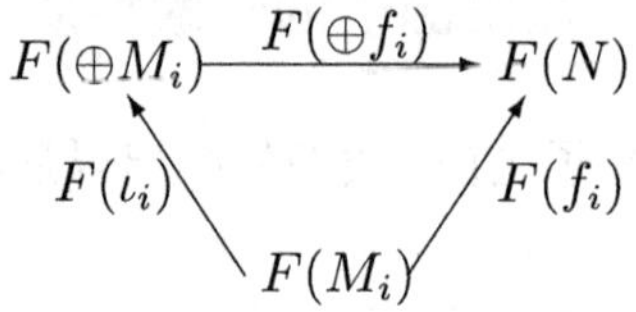

.

从而由 (16.3) 和直和映射的唯一性, 有

$$F(\oplus_{i=1}^{n} f_i) = \oplus_{i=1}^{n} F(f_i);$$

因此, 关于内射 $F(\iota_1), \cdots, F(\iota_n)$, F 象保持模的有限直和一样保持同态的有限直和. 当然我们也有

$$F(\prod_{i=1}^{n} g_i) = \prod_{i=1}^{n}(g_i),$$

$$G(\oplus_{i=1}^{n} f_i) = \prod_{i=1}^{n} G(f_i)$$

和

$$G(\prod_{i=1}^{n} g_i) = \oplus_{i=1}^{n} G(g_i).$$

关于 Hom 的直和与直积

给了双模 ${}_RU_S$, 函子 $Hom_R(\_, U)$ 和 $Hom_R(U, \_)$ 都是加法函子, 因此由 (16.3) 知它们“保持”有限直和. 事实上, 它们有下面命题所展示的结果.

16.4 命题 设 ${}_RU_S$ 是双模 ,$(M_\alpha)_{\alpha\in A}$ 是左 R -模的指标集.

(1) 如果 $(M,(q_\alpha)_{\alpha\in A})$ 是 $(M_\alpha)_{\alpha\in A}$ 的直积, 则

$$(Hom_R(U_S,M),\ (Hom_R(U_S,\ \ q_\alpha))_{\alpha\in A})$$

是左 S -模 $(Hom_R(U_S,\ M_\alpha))_{\alpha\in A}$ 的直积.

(2) 如果 $(M,(j_\alpha)_{\alpha\in A})$ 是 $(M_\alpha)_{\alpha\in A}$ 的直和, 则

$$(Hom_R(M,U_S),\ (Hom_R(j_\alpha,U_S))_{\alpha\in A})$$

是右 S -模 $(Hom_R(M_\alpha,U_S))_{\alpha\in A}$ 的直积.

证明 我们把 (1) 留作练习. 为了证明 (2), 设 $(\pi_\alpha)_{\alpha\in A}$ 是直积 $\prod_A Hom_R(M_\alpha,U_S)$ 的投射, 则由 (6.1) 知存在 S -同态 η 使得对于一切 $\alpha\in A$, 图表

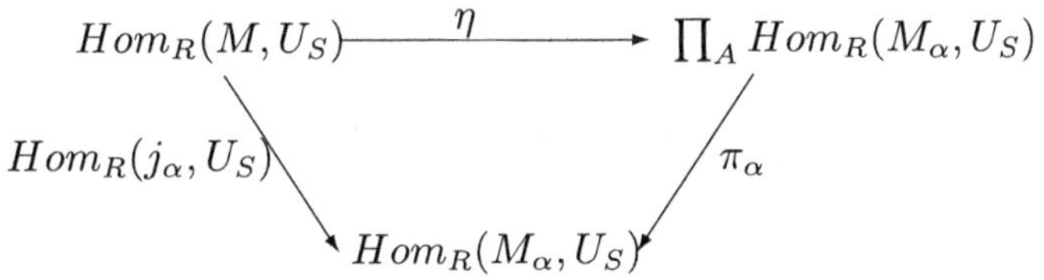

可交换. 如果 $\gamma\in Ker\ \eta$, 则对于一切 $\alpha\in A$, 有

$$0=\pi_\alpha\eta(\gamma)=Hom_R(j_\alpha,U)(\gamma)=\gamma j_\alpha.$$

由于 $M=\sum_A Im\ j_\alpha$(见 (6.21.iii)), 从而有 $\gamma=0$. 因此 η 是单同态. 如果 $(\gamma_\alpha)_{\alpha\in A}\in\prod_A Hom_R(M_\alpha,U_S)$, 则直和映射 $\oplus_A\gamma_\alpha$ 使得图表

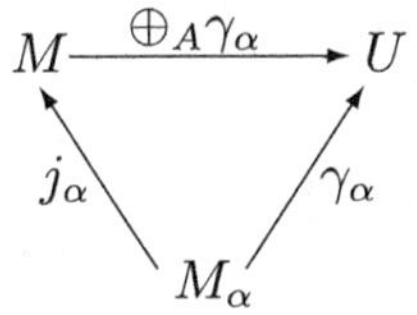

可交换 $(\alpha\in A)$, 并且满足

$$\begin{aligned}\pi_\alpha\eta(\oplus_A\gamma_\alpha)&=Hom_R(j_\alpha,U_S)(\oplus_A\gamma_\alpha)\\&=(\oplus_A\gamma_\alpha)j_\alpha=\gamma_\alpha\qquad\qquad(\alpha\in A).\end{aligned}$$

因此 η 是同构. 由 (6.4) 知我们完成了证明. □

颠倒变量, 我们看到命题 (16.4) 把函子 $Hom_R(\oplus_A U_\alpha,{}_-)$ 和 $Hom_R(U_\alpha,{}_-)$ 联系起来, $Hom_R({}_-,\prod_A U_\alpha)$ 和 $Hom_R({}_-,U_\alpha)$ 联系起来, 即

$$Hom_R(\oplus_A U_\alpha,M)\cong\prod{}_A Hom_R(U_\alpha,M),$$

$$Hom_R(M, \prod{}_A U_\alpha) \cong \prod{}_A Hom_R(M, U_\alpha)$$

(见 (6.4)). 下面的推论断言这些关系是“自然的”(见 §20).

16.5 推论　设 $(U_\alpha)_{\alpha\in A}$ 是左 R -模的指标集. 如果 M 和 N 是左 R -模, 则存在 $\mathbb{Z}$ -同构 η_M, η_N, ν_N 和 ν_M 使得对于所有 $f: {}_RM \to {}_RN$ 图表

$$\text{(1)}\quad \begin{array}{ccc} Hom_R(\oplus_A U_\alpha, M) & \xrightarrow{Hom_R(\oplus_A U_\alpha, f)} & Hom_R(\oplus_A U_\alpha, N) \\ \downarrow{\scriptstyle \eta_M} & & \downarrow{\scriptstyle \eta_N} \\ \prod_A Hom_R(U_\alpha, M) & \xrightarrow{\prod_A Hom(U_\alpha, f)} & \prod_A Hom_R(U_\alpha, N) \end{array}$$

和

$$\text{(2)}\quad \begin{array}{ccc} Hom_R(N, \prod_A U_\alpha) & \xrightarrow{Hom_R(f, \prod_A U_\alpha)} & Hom_R(M, \prod_A U_\alpha) \\ \downarrow{\scriptstyle \nu_N} & & \downarrow{\scriptstyle \nu_M} \\ \prod_A Hom_R(N, U_\alpha) & \xrightarrow{\prod_A Hom(f, U_\alpha)} & \prod_A Hom_R(M, U_\alpha) \end{array}$$

都可交换.

证明　我们省略 (1) 的证明. 为了证明 (2), 设 $(q_\alpha)_{\alpha\in A}$ 是 $\prod_A U_\alpha$ 的投射, $(\pi_\alpha)_{\alpha\in A}$ 和 $(\pi'_\alpha)_{\alpha\in A}$ 分别为 $\prod_A Hom_R(N, U_\alpha)$ 和 $\prod_A Hom_R(M, U_\alpha)$ 的投射, 则 (见 (16.4.1) 和 (6.4)) 存在同构

$$\nu_N : Hom_R(N, \prod{}_A U_\alpha) \to \prod{}_A Hom_R(N, U_\alpha)$$

和

$$\nu_M : Hom_R(M, \prod{}_A U_\alpha) \to \prod{}_A Hom_R(M, U_\alpha)$$

使得

$$\pi_\alpha \nu_N = Hom_R(N, q_\alpha) \quad (\alpha \in A),$$

$$\pi'_\alpha \nu_M = Hom_R(M, q_\alpha) \quad (\alpha \in A).$$

如果 $\gamma \in Hom_R(N, \prod_A U_\alpha)$, 则对于所有 $\alpha \in A$, 有

$$\pi'_\alpha(\prod_A Hom_R(f, U_\alpha)(\nu_N(\gamma))) = Hom(f, U_\alpha)(\pi_\alpha \nu_N(\gamma))$$

$$= Hom(f, U_\alpha)(Hom(N, q_\alpha)(\gamma)) = q_\alpha \gamma f$$

$$= Hom(M, q_\alpha)(Hom(f, \prod_A U_\alpha)(\gamma))$$

$$= \pi'_\alpha(\nu_M(Hom(f, \prod_A U_\alpha)(\gamma))).$$

从而图表可交换. □

尽管 Hom 函子保持可分正合列, 但一般地它们不一定保持所有正合性. 本节的余下部分我们主要讨论正合列上 Hom 函子的行为.

正 合 函 子

设 **C** 和 **D** 是模范畴的完全子范畴 , $F : \mathbf{C} \to \mathbf{D}$ 是共变函子. 如果对于 **C** 中的每个短正合列

$$0 \to K \to M \to N \to 0,$$

序列

$$0 \to F(K) \to F(M) \to F(N)$$

在 **D** 中是正合列, 则称 F 是**左正合的**. 另一方面, 如果

$$F(K) \to F(M) \to F(N) \to 0$$

在 **D** 中是正合列, 则称 F 是**右正合的**. 在反变的情形下, 对于左正合, 定义的图表是

$$0 \to G(N) \to G(M) \to G(K),$$

对于右正合, 定义的图表是

$$G(N) \to G(M) \to G(K) \to 0.$$

既是左正合又是右正合的函子称为**正合函子**. 此定义有良好的封闭性, 这是因为 (见练习 (16.4)) 任意正合列在 ${}_R\mathbf{M}$ 上的正合函子下的象都是正合的.

16.6 命题 Hom 函子是左正合的. 从而, 如果 ${}_RU$ 是模, 则对于 ${}_R\mathbf{M}$ 中的每个正合列 $0 \longrightarrow K \xrightarrow{f} M \xrightarrow{g} N \longrightarrow 0$, 序列

$$0 \longrightarrow Hom_R(U, K) \xrightarrow{f_*} Hom_R(U, M) \xrightarrow{g_*} Hom_R(U, N)$$

和

$$0 \longrightarrow Hom_R(N, U) \xrightarrow{g^*} Hom_R(M, U) \xrightarrow{f^*} Hom_R(K, U)$$

都是正合的.

证明　我们将证明反变函子的情形. 如果 $\gamma \in Hom_R(N,U)$, $0 = g^*(\gamma) = \gamma g$. 由 g 是满同态可得 $\gamma = 0$, 从而 g^* 是单同态. 由于 Hom 函子是加法函子, 于是有 $f^*g^* = (gf)^* = 0^* = 0$, $Im\ g^* \subseteq Ker\ f^*$. 若 $\beta \in Kerf^*$, 则 $\beta f = f^*(\beta) = 0$, 因此 $Ker\ \beta \supseteq Im\ f = Ker\ g$. 由因子定理知 β 可通过 g 因子化，所以 $\beta = \gamma g = g^*(\gamma) \in Im\ g^*$. 这就证明了 $Im\ g^* = Kerf^*$. □

$\mathbf{M}_R$ 上的 Hom 函子 $Hom_R(V,\_)$ 和 $Hom_R(\_,V)$ 的左正合性可由考虑反环建立起来.

M– 投射模和 M– 内射模

设 $_RU$ 是模. 一般地, 函子 $Hom_R(U,\_)$ 和 $Hom_R(\_,U)$ 不是正合的. 例如, 易见 $Hom_{\mathbb{Z}}(\mathbb{Z}_2,\_)$ 和 $Hom_{\mathbb{Z}}(\_,\mathbb{Z}_2)$ 都不保持自然短正合列

$$0 \to \mathbb{Z} \to \mathbb{Z} \to \mathbb{Z}_2 \to 0$$

的正合性. 然而, 函子 $Hom_R(U,\_)$ 和 $Hom_R(\_,U)$ 保持某些短正合列的正合性. 现在我们考虑“局部正合性”的某些方面.

令 $_RU$ 是一个模. 设 $_RM$ 是一个模, 则称 U 是**相对于M 的投射模** (或称 U 是 M **-投射模**), 如果对于每个满同态 $g:\ _RM \to\ _RN$ 和每个同态 $\gamma:\ _RU \to\ _RN$, 存在 R-同态 $\bar{\gamma}: U \to M$ 使得图表

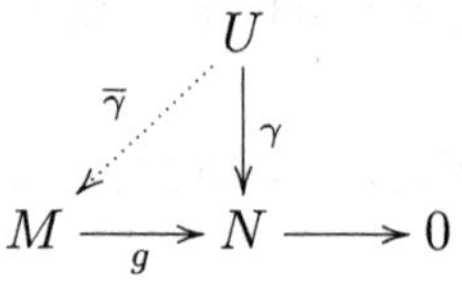

可交换. 另一方面, 称 U 是**相对于M 的内射模** (或称 U 是 M **-内射模**), 如果对于每个单同态 $f: K \to M$ 和每个同态 $\gamma :_R K \to\ _RU$, 存在 R-同态 $\bar{\gamma}: M \to U$ 使得图表

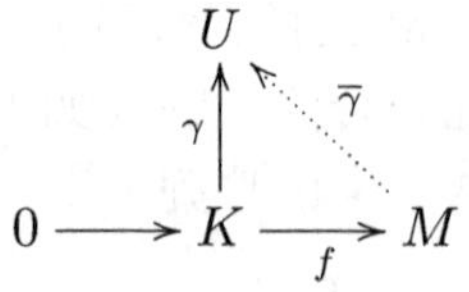

可交换. 下面两个结果表明 U 是 M-投射 (M-内射) 模当且仅当 $Hom_R(U,-)$ ($Hom_R(-,U)$) 保持中间项为 M 的一切短正合列的正合性.

16.7 定理　设 U 和 M 是左 R-模, 则下列条件等价:

(a) U 是 M-投射模;

(b) 对于中间项为 M 的 ${}_R\mathbf{M}$ 中的每个短正合列

$$0 \longrightarrow K \xrightarrow{f} M \xrightarrow{g} N \longrightarrow 0,$$

序列

$$0 \longrightarrow Hom_R(U,K) \xrightarrow{f_*} Hom_R(U,M) \xrightarrow{g_*} Hom_R(U,N) \longrightarrow 0$$

是正合的;

(c) 对于每个子模 ${}_RK \leqslant {}_RM$, 每个 R -同态 $h: U \to M/K$ 都可通过自然满同态 $n_K: M \to M/K$ 因子化.

证明 (a)⇔(b). 由 (16.6) 知条件 (b) 成立当且仅当对于每个满同态 $M \xrightarrow{f} N \longrightarrow 0$, 序列 $Hom_R(U,M) \xrightarrow{f_*} Hom_R(U,N) \longrightarrow 0$ 是正合的. f_* 是满同态当且仅当对于每个 $\gamma \in Hom_R(U,N)$, 存在 $\bar{\gamma} \in Hom_R(U,M)$ 使得 $\gamma = f_*(\bar{\gamma}) = f\bar{\gamma}$.

(a)⇒(c) 是显然的.

(c)⇒(a). 假设我们有满同态 $g: M \to N$, 其中 $K = Ker\ g$, 则由因子定理 (3.6.1) 知存在同构 $h: N \to M/K$ 使得 $hg = n_K$, 由题设知, 如果 $\gamma: U \to N$, 则 $h\gamma$ 可通过 n_K 因子化, 即存在 $\bar{\gamma}$ 使得

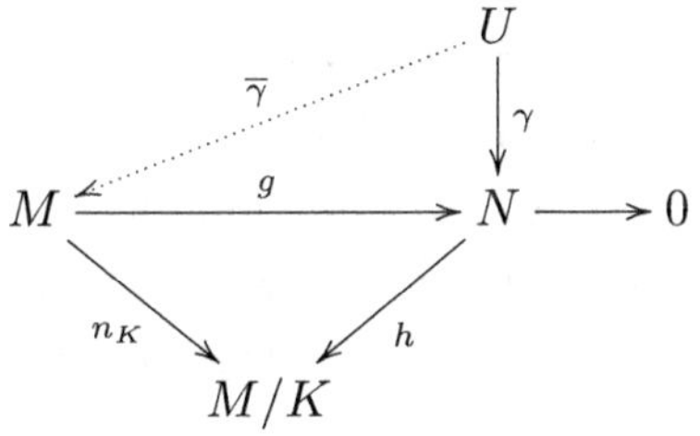

可交换. 于是我们有 $hg\bar{\gamma} = n_K\bar{\gamma} = h\gamma$. 又由于 h 是同构, 从而有 $g\bar{\gamma} = \gamma$, U 是 M 投射模. □

类似的方法可证明

16.8 命题 设 U 和 M 是左 R -模, 则下列条件等价:

(a) U 是 M -内射模;

(b) 对于中间项为 M 的 ${}_R\mathbf{M}$ 中的每个短正合列

$$0 \longrightarrow K \xrightarrow{f} M \xrightarrow{g} N \longrightarrow 0$$

序列

$$0 \longrightarrow Hom_R(N,U) \xrightarrow{g^*} Hom_R(M,U) \xrightarrow{f^*} Hom_R(K,U) \longrightarrow 0$$

是正合的;

(c) 对于每个子模 ${}_RK \leqslant {}_RM$, 每个 R -同态 $h: K \to U$ 都可以扩展为 R -同态 $\bar{h}: M \to U$(即每个 $h: K \to U$ 都可通过自然单同态 $i_K: K \to M$ 因子化). □

称模 ${}_RP$ 是**投射的**, 如果它相对于每个模 ${}_RM$ 都是投射的. 称模 ${}_RQ$ 是**内射的**, 如果它相对于每个模 ${}_RM$ 都是内射的. 从而, 我们有

16.9 推论 模 ${}_RP$ 是投射的当且仅当加法共变函子 $Hom_R(P,\_)$ 在 ${}_R\mathbf{M}$ 上是正合的. 模 ${}_RQ$ 是内射的当且仅当加法反变函子 $Hom_R(\_,Q)$ 在 ${}_R\mathbf{M}$ 上是正合的.

投射类和内射类

尽管存在既不是投射模也不是内射模的模, 但在以后的章节中我们将看到环上存在许多投射模和内射模. 当然零模既是投射模又是内射模. 现在设 ${}_RM$ 是模, $\mathscr{P}_i(M)$ 表示一切 M -**投射模类**, $\mathscr{J}_n(M)$ 表示一切 M -**内射模类**, 则 $\mathscr{P}_i(M)$ 和 $\mathscr{J}_n(M)$ 分别包含一切投射模和内射模, 尤其是它们都包含 0. 由下面的结果可推出 $\mathscr{P}_n(M)$ 关于直和“封闭”, $\mathscr{I}_n(M)$ 关于直积“封闭”.

16.10 命题 设 M 是左 R -模, $(U_\alpha)_{\alpha\in A}$ 是左 R -模的指标集, 则

(1) $\oplus_A U_\alpha$ 是 M -投射模当且仅当每个 U_α 都是 M -投射模;

(2) $\prod_A U_\alpha$ 是 M -内射模当且仅当每个 U_α 都是 M -内射模.

证明 由 (16.5) 可得此证明. 例如, $Hom(\oplus U_\alpha, f)$ 是满同态当且仅当每个 $Hom(U_\alpha, f)$ 是满同态 (也可见附注 (6.25)). □

16.11 推论 设 $(U_\alpha)_{\alpha\in A}$ 是左 R -模的指标集, 则

(1) $\oplus_A U_\alpha$ 是投射的当且仅当每个 U_α 都是投射的;

(2) $\prod_A U_\alpha$ 是内射的当且仅当每个 U_α 都是内射的. □

投射区域和内射区域

左 R -模 U 的**投射区域**是 $\mathscr{P}_i^{-1}(U)$, 即使得 U 是 M -投射模的一切模 ${}_RM$ 的集族. U 的**内射区域**是 $\mathscr{J}_n^{-1}(U)$, 即由使得 U 是 $M-$ 内射模的一切模 M -组成. 易见 0 既属于 $\mathscr{P}_i^{-1}(U)$ 又属于 $\mathscr{J}_n^{-1}(U)$. U 是投射的或内射的分别当且仅当 $\mathscr{P}_i^{-1}(U)$ 或 $\mathscr{J}_n^{-1}(U)$ 包含一切左 $R-$ 模. 类 $\mathscr{P}_i^{-1}(U)$ 和 $\mathscr{J}_n^{-1}(U)$ 的最重要性质是它们关于子模和满同态象封闭, $\mathscr{P}^{-1}(U)$ 关于有限直和封闭, $\mathscr{J}_n^{-1}(U)$ 关于任意直和封闭.

16.12 命题 设 U 是左 R -模.

(1) 如果 $0 \longrightarrow M' \xrightarrow{h} M \xrightarrow{k} M'' \longrightarrow 0$ 在 ${}_R\mathbf{M}$ 中是正合的, U 是 M -投射模, 则 U 是 M' -投射模也是 M'' -投射模.

(2) 如果 U 是相对于每个 $M_1, \cdots, M_n$ 的投射模, 则 U 是 $\oplus_{i=1}^{n} M_i$ -投射模.

而且, 如果 U 是有限生成的, 并且它还是 M_α -投射 $(\alpha \in A)$, 则 U 是 $\oplus_A M_\alpha$ -投射.

证明 (1) 设 U 是 M -投射模, 且

$$0 \longrightarrow M' \xrightarrow{h} M \xrightarrow{k} M'' \longrightarrow 0$$

是正合的. 如果 $g : M'' \to N''$ 是满同态, 则由于 U 是 M -投射模 ,gk 是满同态, 从而

$$g_* k_* = (gk)_*$$

是满同态. 因此 g_* 是满同态, 从而 U 是 M'' -投射模. 为了证明 U 是 M' -投射模, 我们可以假定 $M' \leqslant M$. 如果 $K' \leqslant M'$, 则存在可交换图表

$$\begin{array}{ccccccccc}
 & & & & & & 0 & & \\
 & & & & & & \downarrow & & \\
0 & \longrightarrow & M' & \longrightarrow & M & \longrightarrow & M/M' & \longrightarrow & 0 \\
 & & \downarrow{\scriptstyle n_{K'}} & & \downarrow & & \downarrow & & \\
0 & \longrightarrow & M'/K' & \longrightarrow & M/K' & \longrightarrow & M/M' & \longrightarrow & 0 \\
 & & \downarrow & & \downarrow & & \downarrow & & \\
 & & 0 & & 0 & & 0 & &
\end{array},$$

其中行和列都是正合的. 对此图表应用 $Hom_R(U,\_)$, 我们有交换图表

$$\begin{array}{ccccccc}
 & & & & & & 0 \\
 & & & & & & \downarrow \\
0 & \longrightarrow & Hom_R(U,M') & \longrightarrow & Hom_R(U,M) & \longrightarrow & Hom_R(U,M/M') \\
 & & \downarrow{\scriptstyle (n_{K'})_*} & & \downarrow & & \downarrow \\
0 & \longrightarrow & Hom_R(U,M'/K') & \longrightarrow & Hom_R(U,M/K') & \longrightarrow & Hom_R(U,M/M'), \\
 & & & & \downarrow & & \downarrow \\
 & & & & 0 & & 0
\end{array}$$

其中行和列都是正合的. 由 (3.14) 可得 $(n_{K'})_*$ 是满同态. 从而 U 是 M' -投射模.

(2) 显然只需证明如果 U 既是 M_1 -投射模又是 M_2 -投射模, 则 U 是 $M_1 \oplus M_2$ -投射模. 因此假设 $K \leqslant M_1 \oplus M_2$. 由明显的映射可产生交换图表

$$\begin{array}{ccccccccc}
0 & \longrightarrow & M_1 & \xrightarrow{\ \oplus\ } & M_1 \oplus M_2 & \xrightarrow{\ \oplus\ } & M_2 & \longrightarrow & 0 \\
 & & \downarrow & & \downarrow{\scriptstyle n_K} & & \downarrow & & \\
0 & \longrightarrow & (M_1+K)/K & \longrightarrow & (M_1 \oplus M_2)/K & \longrightarrow & (M_1 \oplus M_2)/(M_1+K) & \longrightarrow & 0 \\
 & & \downarrow & & \downarrow & & \downarrow & & \\
 & & 0 & & 0 & & 0 & &
\end{array},$$

其中行和列都是正合的. 为了证明 $(n_K)_*$ 是满同态, 应用 $Hom_R(U,\_\,)$ 和五项引理 (3.15) 即得.

最后, 假设 U 是有限生成的 ,U 是 M_α -投射模 $(\alpha \in A)$. 如果我们有

$$\begin{array}{ccccc}
 & & U & & \\
 & \overset{\bar{\gamma}}{\swarrow} & \downarrow{\scriptstyle \gamma} & & \\
\oplus_A M_\alpha & \xrightarrow{g} & N & \longrightarrow & 0
\end{array}$$

的实部分, 则由于 $Im\ \gamma$ 是有限生成的, 且 g 是满同态, 从而存在 $x_1, \cdots, x_n \in \oplus_A M_\alpha$ 使得 $\{g(x_1), \cdots, g(x_n)\}$ 是 $Im\ \gamma$ 的生成集. 设 $M' = Rx_1 + \cdots + Rx_n \leqslant \oplus_A M_\alpha$, 则 M' 包含在有限直和 $\oplus_F M_\alpha \leqslant \oplus_A M_\alpha$ 中. 因此由 (1) 和 (2) 得 U 是 M' -投射的. 从而存在 $\bar{\gamma}$ 使得

$$\begin{array}{ccccc}
 & & U & & \\
 & \overset{\bar{\gamma}}{\swarrow} & \downarrow{\scriptstyle \gamma} & & \\
M' & \xrightarrow{(g \mid M')} & Im\ \gamma & \longrightarrow & 0
\end{array}$$

(因此第一个图表) 可换. □

16.13 命题 设 U 是左 R -模.

(1) 如果 $0 \longrightarrow M' \xrightarrow{h} M \xrightarrow{k} M'' \longrightarrow 0$ 在 ${}_R\mathbf{M}$ 中是正合的 ,U 是 M -内射模, 则 U 既是 M' -内射模又是 M'' -内射模.

(2) 如果 U 关于每一个 R -模 M_α 是 ‘内射模 $(\alpha \in A)$, 则 U 是 $\oplus_A M_\alpha$ -内射模.

证明 (1) 此证明类似于 (16.12.1) 的证明: 如果 $f: K' \to M'$ 是单同态, 则 $hf: K' \to M$ 亦然. 从而

$$f^* h^* = (hf)^*$$

是满同态,f^* 是满同态, 因此 U 是 M' -内射. 为了证明 U 是 M'' -内射模, 假设

$M' \leqslant K \leqslant M,\ M'' = M/M'$, 则对标准图表

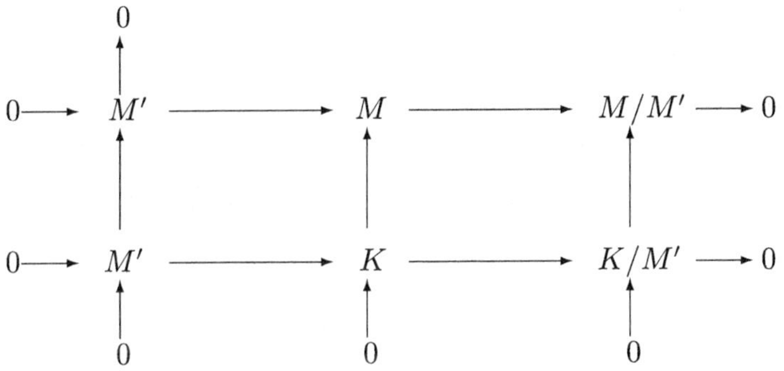

应用 $Hom_R(\_, U)$ 即知.

(2) 假设对于一切 $\alpha \in A$, $M = \oplus_A M_\alpha$, U 是 M_α -内射模. 设 $K \leqslant M$, $h:\ {}_RK \to {}_RU$, 令

$$\mathscr{F} = \{f : L \to U \mid K \leqslant L \leqslant M, (f|K) = h\}.$$

则由集合包含 (即 $f \leqslant g$ 当且仅当 $f \subseteq g \subseteq M \times U$) 得 $\mathscr{F}$ 是有序的, 而且显然 $\mathscr{F}$ 是归纳的. 令

$$\bar{h} : N \to U$$

是 $\mathscr{F}$ 中的极大元. 为了完成证明我们只需证明每个 M_α 都包含在 N 中. 设

$$K_\alpha = M_\alpha \cap N,$$

则有

$$(\bar{h} \mid K_\alpha) : K_\alpha \to U.$$

因此由于 $K_\alpha \leqslant M_\alpha$, U 是 M_α -内射模, 从而存在映射

$$\bar{h}_\alpha : M_\alpha \to U$$

使得

$$(\bar{h}_\alpha | K_\alpha) = (\bar{h}\ | K_\alpha).$$

如果 $m_\alpha \in M_\alpha$, $n \in N$ 使得 $m_\alpha + n = 0$, 则 $m_\alpha = -n \in K_\alpha$, 而且 $\bar{h}_\alpha(m_\alpha) + \bar{h}(n) = \bar{h}(-n) + \bar{h}(n) = 0$. 从而

$$f : m_\alpha + n \mapsto \bar{h}_\alpha(m_\alpha) + \bar{h}(n)$$

是可定义的 R -映射

$$f : M_\alpha + N \to U.$$

又 $(f|N) = \bar{h}$, 因此由 $\bar{h}$ 的极大性可得 $M_\alpha \subseteq N$. □

16.14 推论 设 U 是左 R -模 ,G 是 ${}_R\mathbf{M}$ 中的生成子.

(1) 如果 U 是 G -内射模, 则 U 是内射的.

(2) 如果 U 是有限生成, 并且它还是 G -投射模, 则 U 是投射的.

证明 每个左 R -模都是若干个 G 的直和的满同态象. 再应用 (16.13) 和 (16.12) 即可. □

练 习 16

1. (1) 设 $\phi : R \to S$ 是环同态. 证明: 练习 (4.15) 的函子 $T_\phi :\ {}_S\mathbf{M} \to\ {}_R\mathbf{M}$ 是正合的.
   (2) 设 $e \in R$ 是非零幂等元. 证明: 练习 (4.17) 的函子 $T_e :\ {}_R\mathbf{M} \to\ {}_{eRe}\mathbf{M}$ 是正合的.
2. 设 $F :\ {}_R\mathbf{M} \to\ {}_S\mathbf{M}$ 是加法函子,${}_RM \in\ {}_R\mathscr{M}$. 对于每个 $K \leqslant M$, 设 $i_{K\leqslant M}$ 表示包含映射. 证明:
   (1) 如果 F 是共变函子, 则 $K \mapsto Im\ F(i_{K\leqslant M})$ 定义了从 M 的子模格 $\mathscr{S}(M)$ 到 $F(M)$ 的子模格 $\mathscr{S}(F(M))$ 的保序映射.
   (2) 如果 F 是反变函子, 则 $K \mapsto Ker\ F(i_{K\leqslant M})$ 定义了反保序映射 $\mathscr{S}(M) \to \mathscr{S}(F(M))$.
3. 设 ${}_RU$ 是有限生成的,$(M_\alpha)_{\alpha\in A}$ 是左 R -模的指标集. 证明 : $Hom_R(U, \oplus_A M_\alpha) \cong \oplus_A Hom_R(U, M_\alpha)$. [提示: 存在自然单态射.]
4. 设 $\mathbf{C}$ 是 ${}_R\mathbf{M}$ 的完全子范畴 ,$\mathbf{C}$ 包含每个 M 的一切子模和商模. 设 $F : \mathbf{C} \to\ {}_S\mathbf{M}$ 是共变加法函子 (对于反变函子此练习有明显的变化). 证明:
   (1) F 是正合的当且仅当对于 $\mathbf{C}$ 中的每个正合列 $M' \xrightarrow{f} M \xrightarrow{g} M''$, 诱导的序列
   $$F(M') \xrightarrow{F(f)} F(M) \xrightarrow{F(g)} F(M'')$$
   在 ${}_S\mathbf{M}$ 中是正合的. [提示: 见练习 (3.10).]
   (2) F 是左正合的当且仅当对于 $\mathbf{C}$ 中的每个正合列 $0 \to M' \to M \to M''$, 诱导的序列
   $$0 \longrightarrow F(M') \longrightarrow F(M) \longrightarrow F(M'')$$
   在 ${}_S\mathbf{M}$ 中是正合的.
   (3) 陈述并证明 (2) 的"右正合"内容.
5. (1) 设 E 是 $(U-)$ 内射模,U 有限上生成 V. 证明:$Tr_E(V) \leqslant Tr_E(U)$. 特别地, 如果 V 生成 E, 则 U 亦然.
   (2) 设 P 是 $(U-)$ 投射模 ,U 生成 V. 证明:$Rej_P(V) \geqslant Rej_P(U)$. 特别地, 如果 V 上生成 P, 则 U 亦然.
6. 设 R 是 $\mathbb{Q}$ 上一切 2×2 上三角矩阵环. 利用练习 (16.5) 证明 : $Soc\,R$ 不是内射的 , $R/J(R)$ 不是投射的.
7. 证明: 如果或者 K 是 M -内射模或者 N 是 M -投射模, 则 R -同态的正合列 $0 \to K \to M \to N \to 0$ 可分.

8. 证明: 对于左 R -模 M 下列条件的等价:(a) 每个左 R -模都是 M -投射模;(b) 每个左 R -模都是 M -内射模;(c) 每个单左 R -模都是 M -投射模;(d) M 是半单的. [提示: 由练习 (16.7) 可得 (a)⇒(b) 和 (b)⇒(d). 对于 (c)⇒(d), 首先假设 M 是循环的 .]
9. 证明: 对于环 R 下列条件等价:(a) R 是半单的; (b) 每个左 R -模都是投射的; (c) 每个左 R -模都是内射的;(d) 每个单左 R -模都是投射的.[提示: 练习 (16.8).]
10. (1) 证明: 每个可除 Abel 群都是正则模 ${}_{\mathbb{Z}}\mathbb{Z}$ -投射的, 但并不是每个非零可除群都是投射 $\mathbb{Z}$ -模. 因此 ${}_{\mathbb{Z}}\mathbb{Q}$ 是 ${}_{\mathbb{Z}}\mathbb{Z}-$ 投射的但不是投射模. 可推断 $\mathscr{P}_i^{-1}(\mathbb{Q})$ 关于直和不封闭. [提示: 如果 ${}_{\mathbb{Z}}D$ 是可除的, 则 $Hom_{\mathbb{Z}}(D,\mathbb{Z}_n)=0$.]

    (2) 证明: 每个无扭 Abel 群 F 都是 T -内射的 (T 为扭群), 但无扭群 ${}_{\mathbb{Z}}\mathbb{Z}$ 不是内射 $\mathbb{Z}$ -模. 可推断 $\mathscr{I}_n^{-1}(\mathbb{Z})$ 关于直积不封闭. [提示: $\prod_{\mathbb{P}}\mathbb{Z}_p$ 有无扭子群.]
11. 设 R 是 $P.I.D.$ 证明: 如果模 ${}_RM$ 是可除的 (见练习 (3.15)), 则它是相对于 R 的内射模, 因此它是 R 上的内射模.
12. 设 ${}_RG$ 是生成子 ,${}_RU$ 有生成集 X, 而且 U 是 $G^{(X)}$ 投射模. 证明 :${}_RU$ 是投射模.
13. 设 U,V,M 是 R -模 ,$V\leqslant U$. 证明:

    (1) 如果 U 是 M -内射模 ,$Tr_U(M)\leqslant V$, 则 V 是 M -内射模.

    (2) 如果 U 是 M -投射 ,$V\leqslant Rej_U(M)$, 则 U/V 是 M -投射模.

    (3) 如果 $V\trianglelefteq U$, V 是 M -内射模, 则 $Tr_U(M)\leqslant V$, U 是 M -内射. [提示: 如果 $f:M\to U$, 设 $N=f^{\leftarrow}(V)$. 由题设知存在 $g:M\to V$ 使得 $(g|N)=(f|N)$. 通过观察可得 $Im(f-g)\cap V=0$.]

    (4) 如果 $V\ll U$, U/V 是 M -投射模, 则 $V\leqslant Rej_U(M)$, U 是 M -投射模. [提示: 运用对偶.]

    (5) $\mathscr{I}_n(U)(\mathscr{P}_i(U))$ 关于本质 (多余) 扩张封闭.
14. 设 I 是 R 的理想 ,${}_RP$ 和 ${}_RE$ 是模. 证明:

    (1) 如果 P 是投射模, 则 P/IP 是 R/I -投射模.

    (2) 如果 E 是内射模, 则 $r_E(I)$ 是 R/I -内射模.
15. 称 ${}_RU$ 是**模它的零化子之商模是投射的** (**内射的**), 如果 U 是投射 (内射)$R/l_R(U)$ -模.

    (1) 证明: 下列等价: (a) ${}_RU$ 模它的零化子之商模是投射的; (b) 对于某个理想 $I\subseteq l_R(U)$,U 是投射 R/I -模; (c) 对于每个集合 A, U 是 U^A -投射模.

    (2) 证明: 下列条件等价: (a) ${}_RU$ 模它的零化子之商模是内射的;(b) 对于某个理想 $I\subseteq l_R(U)$,U 是内射 R/I -模;(c) 对于每个集合 A, U 是 U^A -内射模.
16. 证明: 模自身的零化子之商模是投射 (内射) 模的模不一定是投射的 (内射的). [提示: 见练习 (16.6).]
17. 称模 ${}_RU$ 是**拟投射模** (**拟内射模**), 如果它是 U -投射 (U -内射). 从练习 (16.15) 我们可以推断, 如果 U 模其的零化子之商模是投射的 (内射的), 则它是拟投射模 (内投射模). 证明:

    (1) 每个半单模都既是拟投射模又是拟内射模.

    (2) Abel 群 $\oplus_{\mathbb{P}}\mathbb{Z}_p$ 既是拟投射模又是拟内射模, 但它模它的零化子之商模是投射的又不是内射的.

    (3) 每个拟投射模 (拟投内射模) 在它的双自同态环上是拟投射的 (拟内射的).

    (4) $U_1\oplus\cdots\oplus U_n$ 是拟投射的 (拟内射的) 当且仅当对于一切 i,j, U_i 是 U_j 投射 (U_j 内射) 模.

18. 设 $S = End(_RU)$, $_RT$ 是单的. 证明:
   (1) 如果 U 是拟投射的, 则左 S -模 $Hom_R(U_S, T)$ 是单的或零.
   (2) 如果 U 是拟内射的，则右 S -模 $Hom_R(T, U_S)$ 是单的或零. [提示: 对于 (1) 假设 $0 \neq \gamma \in Hom_R(U,T)$, 则 γ 是满同态,U 是拟投射模. 因此 $\gamma_* : {}_SS \to Hom_R(U_S, T)$ 是满同态. 从而有

$$S\gamma = Hom_R(U,T)\ ].$$

19. 设 $_RU$ 是拟内射的 , $I = l_R(U)$. 证明: 下列等价:(a) U 有限上生成 R/I;(b) U 在 $End(_RU)$ 上有限生成;(c)U 有限上生成 $BiEnd(_RU)$. 再证明: 上述条件的每一个都可推出 U 模它的零化子之商模是内射的,U 作为 $BiEnd(_RU)$ -模是内射的.

§ 17. 投射模和生成子

已经定义，称左 R -模 P 是投射模, 如果 P 相对于每个左 R -模都是投射的. 即, 如果给出了 $_R\mathbf{M}$ 中下列图表的实线部分, 其中行是正合的

$$\begin{array}{ccccc} & & P & & \\ & \overset{\bar{\gamma}}{\swarrow} & \downarrow{\scriptstyle\gamma} & & \\ M & \longrightarrow & N & \longrightarrow & 0 \end{array},$$

则存在 R -同态 $\bar{\gamma}$ 使得整个图表可换, 即 $g\bar{\gamma} = \gamma$.

投射模的刻画

17.1 命题 对于左 R -模 P, 下列条件等价:

(a) P 是投射的;

(b) 对于每个满同态 $f:\ _R\mathbf{M} \to _R\mathbf{N}$, 映射

$$Hom_R(P,f) : Hom_R(P,M) \to Hom_R(P,N)$$

是满同态;

(c) 对于每个双模结构 $_RP_S$, 函子

$$Hom_R(P_S, -) :\ _RM \to\ _SM$$

是正合的;

(d) 对于每个正合列

$$M' \xrightarrow{f} M \xrightarrow{g} M'',$$

序列

$$Hom_R(P, M') \xrightarrow{f_*} Hom_R(P, M) \xrightarrow{g_*} Hom_R(P, M'')$$

是正合的.

证明 (a)⇔(b) 和 (a)⇔(c) 可由 (16.7) 得. (c)⇔(d) 可由练习 (16.4) 得. □

(4.5) 和 (17.1) 的一个简单推论为 $_RR$ 是投射的. 它的直接证明也是简单的. 假设我们有下列图表的实部分:

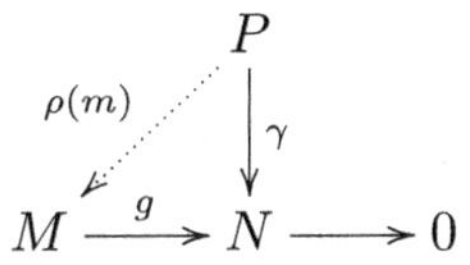

其中行是正合的, 则存在 $m \in M$ 使得 $g(m) = \gamma(1)$. 显然 $\rho(m) : r \mapsto rm$ 定义了 R 同态 $R \to M$ 使得图表可交换. 我们知道，称模是自由的, 如果它同构于 $R^{(A)}$(A 为某个集合). 因此投射模的直和仍为投射模这一重要事实 (16.11) 使得每个自由模都是投射模. 这便产生了下述刻画.

17.2 命题 对于左 R -模 P, 下列条件等价:

(a) P 是投射模;

(b) 每个满同态 $_RM \to {}_RP \to 0$ 都可分;

(c) P 同构于自由左 R -模的直和项.

证明 (a)⇒(b). 假设 $f : M \to P$ 是满同态. 如果 P 是投射模, 则存在同态 g 使得 $fg = 1_P$, 因此 (§5) 满同态 f 可分.

(b)⇒(c). 这可由每个模都是自由模的满同态象这一事实 (8.1) 得出.

(c)⇒(a). 每个自由模都是投射模. 再应用 (16.11) 即可. □

17.3 推论 左 R -模 P 是有限生成的投射模当且仅当对于某个模 $_RP'$ 和某个整数 $n > 0$, 存在 R 同构

$$P \oplus P' \cong R^{(n)}.$$

证明 模 $_RP$ 是有限生成的当且仅当对于某个整数 n, 存在满同态

$$R^{(n)} \to P \to 0.$$

再由 (17.2) 得此满同态可分当且仅当 P 是投射模. □

在 §13 中我们知道半单环上模的性质十分类似于除环上模的性质. 当然除环上的模是投射模. 在下面的推论中我们将进一步看到除环和半单环的相似性质.

17.4 推论 环 R 是半单的当且仅当每个左 R -模都是投射的.

证明 由 (13.10) 得 R 是半单的当且仅当 $_R\mathbf{M}$ 中的每个满同态都可分. 由 (17.2.b) 得此条件保持当且仅当每个左 R 模是投射的. □

生成子的刻画

在 §8 中称模 $_RG$ 是**生成子**, 如果 G 生成 $_R\mathbf{M}$ 中的每个模. 即,G 是生成子当且仅当对于每个 $_RM$, 存在集合 A 和 R -满同态

$$G^{(A)} \to M \to 0.$$

生成子和投射模之间存在一类对偶. 投射模是使得 $Hom_R(P,\_)$ 将每一个满同态映成一个满同态的模 P, 生成子是使得 $Hom_R(G,\_)$ 仅仅将满同态映成满同态的那些模 G. 此现象的其他例子我们可以通过比较 (17.1) 和生成子的下列刻画得到.

17.5 命题 对于左 R -模 G, 下列条件等价:

(a) G 是生成子;

(b) 对于 $_R\mathbf{M}$ 中的每个同态 f, 如果 $Hom_R(G,f)=0$, 则 $f=0$;

(c) 对于 $_R\mathbf{M}$ 中的每个 $f:_R M\to {}_RN$, 如果 $f_*:Hom_R(G,M)\to Hom_R(G,N)$ 是满同态, 则 f 是满同态;

(d) 如果序列

$$Hom_R(G,M')\xrightarrow{f_*}Hom_R(G,M)\xrightarrow{g_*}Hom_R(G,M'')$$

是正合的, 则序列

$$M'\xrightarrow{f}M\xrightarrow{g}M''$$

是正合的.

证明 (a)$\Leftrightarrow$ (b). 这可由 (8.11.1) 立即得出.

(a)$\Rightarrow$(d). 设 $_RG$ 是生成子. 假设 $_R\mathbf{M}$ 中的序列

$$_RM'\xrightarrow{f}{}_RM\xrightarrow{g}{}_RM''$$

使得序列

$$Hom_R(G,M')\xrightarrow{f_*}Hom_R(G,M)\xrightarrow{g_*}Hom_R(G,M'')$$

正合, 则 $0=g_*f_*=Hom(G,gf)$. 从而, 由 (a)$\Leftrightarrow$(b), 我们有 $gf=0$, 即 $Im\ f\leqslant Ker\ g$. 令 $x\in Ker\ g$, 则由于 G 生成 $Ker\ g$, 必存在同态 $\beta_i:G\to Ker\ g\leqslant M$ 和 $y_i\in G$ 使得

$$x=\sum_{i=1}^{n}\beta_i(y_i).$$

于是, 对于每个 i, 有 $g\beta_i=0$, 故 $\beta_i\in Ker\ g_*=Imf_*$, 即对于每个 i, 存在 $\alpha_i\in Hom(G,M')$ 使得 $\beta_i=f_*(\alpha_i)=f\alpha_i$. 所以,

$$x=\sum_{i=1}^{n}\beta_i(y_i)=\sum_{i=1}^{n}f\alpha_i(y_i)\in Imf.$$

(d)⇒(c) 是显然的.

(c)⇒(a). 假设 (c) 成立, 我们只需证明 (见 (8.13)) 对于每个 $_RM$, 迹 $Tr_M(G)$ 是 M. 考虑标准正合列

$$0 \longrightarrow Tr_M(G) \xrightarrow{i} M \xrightarrow{n} M/Tr_M(G) \longrightarrow 0,$$

它产生正合列

$$0 \longrightarrow Hom_R(G, Tr_M(G)) \xrightarrow{i_*} Hom_R(G, M) \xrightarrow{n_*} Hom_R(G, M/Tr_M(G))$$

如果 $\beta \in Hom(G, M)$, 则 $[n_*(\beta)](G) = n(\beta(G)) = 0$, 这是因为

$$\beta(G) \subseteq Tr_M(G) = Ker\ n.$$

从而 $Im\ i_* = Ker\ n_* = Hom_R(G, M)$, i_* 是满射. 因此由 (c) 可推出 i 一定是满射, 即 $Tr_M(G) = Im\ i = M$. □

由于 $_RR$ 是生成子 (8.8), 从而一个模生成 $_RR$ 当且仅当它生成每个模. 然而, 因为 $_RR$ 是有限生成的, 所以生成 $_RR$ 的任意模一定有限生成 $_RR$ (见 (10.1)). 最后, 由于 $_RR$ 是投射模, 随之有 $_RG$ 是生成子当且仅当存在可分满同态 $G^{(n)} \to R \to 0$. 也就是说

17.6 命题 左 $R-$ 模 G 是生成子当且仅当对于某个模 R' 和某个整数 $n > 0$, 存在 R 同构

$$G^{(n)} \cong R \oplus R'. \qquad \square$$

生成子和有限生成投射模的对偶行为已由 (17.3) 和 (17.6) 看到. 下面的两个重要提共了进一步的证据.

17.7 引理 设 $_RQ_S$ 是忠实平衡双模, 则 $_RQ$ 是生成子当且仅当 Q_S 是有限生成的投射模.

证明 (⇒). 由于右乘法 $\rho : S \mapsto End(_RQ)$ 是环同构, 从而作为右 S -模, 有

$$Hom_R(Q, Q_S) \cong S_S.$$

再据 (17.6), 由于 $_RQ$ 是生成子, 从而对于某个左 R -模 R', 有

$$_RQ^{(n)} \cong R \oplus R'.$$

现在应用 (16.3) 和 (4.5) 我们得到右 S -同构

$$\begin{aligned} S_S^{(n)} &\cong Hom_R(Q, Q_S)^{(n)} \cong Hom_R(Q^{(n)}, Q_S) \\ &\cong Hom_R(R \oplus R', Q_S) \cong Hom_R(R, Q_S) \oplus Hom_R(R', Q_S) \end{aligned}$$

$$\cong Q \oplus Q';$$

因此, 由 (17.3) 得 Q_S 是有限生成投射模.

(⇐). 这可由 (17.3) 和 (17.6) 得出, 因为

$$\begin{aligned} {}_RQ^{(n)} &\cong Hom_S(S, {}_RQ)^{(n)} \cong Hom_S(S^{(n)}, {}_RQ) \\ &\cong Hom_S(Q \oplus Q', {}_RQ) \cong Hom_S(Q,\ {}_RQ) \oplus Hom_S(Q', {}_RQ) \\ &\cong R \oplus R'. \end{aligned}$$

从而我们完成了证明. □

17.8 定理　一个左 R-模 G 是生成子当且仅当

(i) ${}_RG$ 是忠实平衡的,

(ii) $G_{End({}_RG)}$ 是有限生成投射模.

证明　(⇒). 由于 ${}_RG$ 是生成子, 从而对于某个 R', 由 (17.6) 得

$${}_RG^{(n)} \cong R \oplus R'.$$

利用 (14.2), 练习 (4.14) 和 (14.1.1), 我们有环同态的交换图表

$$\begin{array}{ccccccc} R & \xrightarrow{1_R} & R & \xrightarrow{1_R} & R & \xrightarrow{1_R} & R \\ \downarrow{\scriptstyle\lambda_1} & & \downarrow{\scriptstyle\lambda_2} & & \downarrow{\scriptstyle\lambda_3} & & \downarrow{\scriptstyle\lambda_4} \\ BiEnd(G) & \longrightarrow & BiEnd(G^{(n)}) & \longrightarrow & BiEnd(R \oplus R') & \longrightarrow & BiEnd({}_RR) \end{array},$$

其中底部行上的映射的合成是单的, 并且由 (4.11) 知 λ_4 是双射. 从而 λ_1 是同构, 即利用明显的等同, 有

$$\begin{aligned} R \leqslant BiEnd(G) = BiEnd(G^{(n)}) = BiEnd(R \oplus R') \\ \leqslant BiEnd(R) = R. \end{aligned}$$

因此 ${}_RG$ 是忠实平衡的, 即 ${}_RG_{End({}_RG)}$ 是忠实平衡双模. 再应用 (17.7) 即可.

(⇐).　此证明可由 (17.7) 立即得出. □

当然, 正则模 ${}_RR$ 和自由左 R-模都既是投射模又是生成子. 一般地, 并不是一切投射模都是生成子. 下面的结果表明投射生成子的重要类可由生成一切单模的那些投射模来刻画.

17.9 命题　设 P 是投射左 R -模，则下列条件等价:

(a) P 是生成子;

(b) 对于一切单左 R -模 T, $Hom_R(P,T) \neq 0$;

(c) P 生成每个单左 R -模.

证明 (a)⇒ (c) 和 (c)⇒ (b) 是显然的.

(b)⇒(a). 假设 P 满足条件 (b). 只需证明 P 生成 R, 或 (见 (8.21))$Tr_R(P) = R$. 但如果 $Tr_R(P) \neq R$, 由于它是左理想, 则 $Tr_R(P)$ 包含在 R 的某个极大左理想 I 中, 故 R/I 是单的, 因此存在非零 R -同态 $\gamma : P \to R/I$. 由于 P 是投射的, 从而存在交换图表

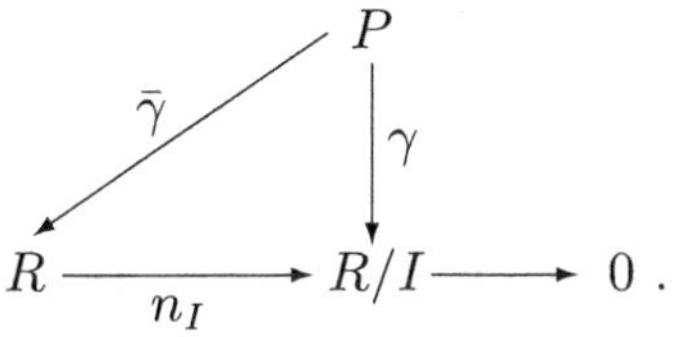

因为 $Im\ \bar{\gamma} \subseteq Tr_R(P) \subseteq I$, 这便产生了矛盾. □

投射模的根

根据 (17.2), 投射模的性质重复了许多正则模 ${}_RR$ 的性质. 下面就投射模的根而言我们来观察这一点.

17.10 命题 设 R 是环, 根为 $J(R) = J$. 如果 P 是投射左 R -模, 则有

$$Rad\ P = JP.$$

证明 命题 (17.2) 允许我们假设 P 是自由模 $P \oplus P' = R^{(A)}$ 的直和项. 从而由 (9.19) 得

$$Rad\ P \oplus Rad\ P' = Rad(R^{(A)}) = (RadR)^{(A)} = J^{(A)} = J \cdot R^{(A)} = JP \oplus JP'.$$

这样, 因为 $JP \leqslant Rad\ P$, $JP' \leqslant Rad\ P'$(见 (15.18)), 所以我们一定有 $Rad\ P = JP$. □

下面我们计算投射模的自同态环的根.

17.11 命题 设 P 是投射左 R -模, 自同态环为 $S = End({}_RP)$. 设 $a \in S$. 则

$$a \in J(S) \text{ 当且仅当 } Im\ a \ll P.$$

证明 (⇐). 假设 $Im\ a \ll_R P$, 则由 (15.3) 知我们只需证明 $Sa \ll_S S$. 假设 $I \leqslant {}_SS$, 又 $Sa + I = S$, 则对于某个 $s \in S$ 和 $b \in I$, $1_P = sa + b$. 从而 $P = P1_P \leqslant Psa + Pb \leqslant Im\ a + Pb$, 因此 $Pb = P$, 随之有 b 是满同态 $b : P \to P$. 由 P 是投射的可知此满同态可分, 且存在某个 $c \in S$ 使得 $1_P = cb \in I$. 因此 $I = S$, $Sa \ll S$.

(⇒). 设 $a \in J(S)$,$K \leqslant P$ 使得 $Im\ a + K = P$, 则我们立即可以看到, 如果 $n_K : P \to P/K$ 是自然满同态, 则 $n_K a : P \to P/K$ 是满的. 因此, 如果选择 $s \in S$ 使得

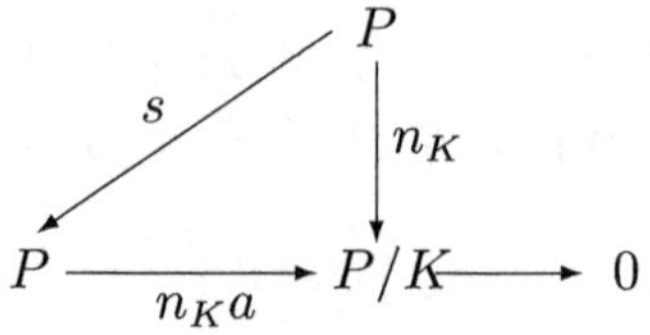

可交换, 就有 $n_K(1 - as) = 0$. 但因为 $a \in J(S)$ 知 $1 - as$ 可逆 ,$n_K = 0$, 所以 $K = P$. □

17.12 推论 设 $J = J(R)$. 如果 P 是投射左 R-模使得 $JP \ll P$ (例如, 如果 $_RP$ 是有限生成的), 则有

$$J(End(_RP)) = Hom_R(P, JP) \quad 和 \quad End(_RP)/J(End_RP) \cong End(_RP/JP).$$

证明 由 (17.10) 我们有 $RadP = JP$, 从而题设 $JP \ll P$ 确保了 P 的子模是多余的当且仅当它包含在 JP 中 (见 (9.13)). 特别地, 由 (17.11) 得 P 的自同态 a 属于 $J(End(_RP))$ 当且仅当 $Im\ a \ll JP$. 从而有 $J(End(_RP)) = Hom_R(P, JP)$.

由于 JP 关于 P 的自同态是稳定的, 从而

$$\phi(s) : (p + JP) \mapsto ps + JP$$

定义了环同态 $\phi : End(_RP) \to End(_RP/J(R))$. 由 P 是投射的知 ϕ 是满射

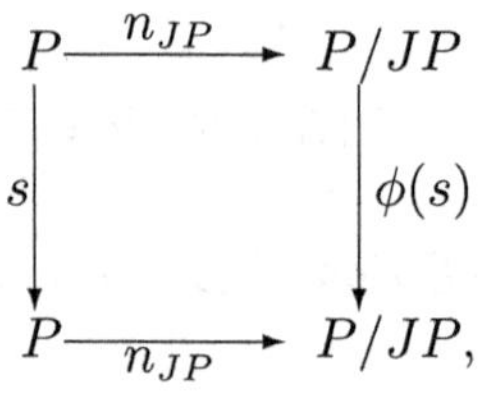

显然我们有 $Ker\ \phi = Hom_R(P, JP)$, 因此

$$End(_RP)/J(End(_RP)) \cong End(_RP/JP).$$ □

17.13 推论 设 R 是环, 根为 J, $n \in \mathbb{N}$, 并且 $e \in R$ 是非零幂等元, 则有

$$J(\mathbb{M}_n(R)) = \mathbb{M}_n(J), \quad J(eRe) = eJe.$$

证明 由 (4.11) 和 (13.2) 知存在自然环同构

$$\rho : \mathbb{M}_n(R) \to End(_RR^{(n)}).$$

此时 $JR^{(n)} = J^{(n)}$, 且显然 $\rho([[r_{ij}]]) \in Hom_R(R^{(n)}, J^{(n)})$ 当且仅当 $[[r_{ij}]] \in \mathbb{M}_n(J)$. 因此应用 (17.12) 即可. 对于另一个论断, 注意到 (4.15): 存在自然同构

$$\rho : eRe \to End({}_R Re).$$

显然 $\rho(ere) \in Hom_R(Re, Je)$ 当且仅当 $ere \in J$, 再应用 (17.12) 即可 (或见练习 (15.11)). □

现在我们可以证明非零的投射模不是它自身的根这个重要事实, 即

17.14 命题 每个非零的投射模都包含极大子模.

证明 设 ${}_RP$ 是投射模. 由 (17.3) 我们可以假设存在自由左 $R-$ 模 F 使得 $F = P \oplus P'$. 如果 P 不含有极大子模, 则由 (17.10) 就有

$$P = JP \subseteq JF.$$

为了证明命题, 我们证明上式可推出 $P = 0$. 为此, 令 $x \in P$,e 是 F 的使得 $Fe = P$ 的幂等自同态, 且 $(x_\alpha)_{\alpha \in A}$ 是 F 的自由基. 于是, 对于某个有限子集 $H \subseteq A$ 和某个 $r_\alpha \in R(\alpha \in H)$, 有

$$x = \sum_{\alpha \in H} r_\alpha x_\alpha.$$

另外, 对于每个 $\alpha \in H$, 存在有限集 $H_\alpha \subseteq A$ 和 $a_{\alpha\beta} \in J(\beta \in H_\alpha)$, 使得

$$x_\alpha e = \sum_{\beta \in H_\alpha} a_{\alpha\beta} x_\beta.$$

现在, 当需要时, 我们可以插入 0, 我们不妨假设一切这些和都可取遍共同的有限子集 $K \subseteq A$, 从而我们可得到

$$\begin{aligned} 0 = x - xe &= (\sum_{\alpha \in K} r_\alpha x_\alpha) - (\sum_{\alpha \in K} r_\alpha x_\alpha e) \\ &= (\sum_{\alpha \in K} r_\alpha (\sum_{\beta \in K} \delta_{\alpha\beta} x_\beta)) - (\sum_{\alpha \in K} r_\alpha (\sum_{\beta \in K} a_{\alpha\beta} x_\beta)) \\ &= \sum_{\beta \in K} (\sum_{\alpha \in K} r_\alpha (\delta_{\alpha\beta} - a_{\alpha\beta})) x_\beta. \end{aligned}$$

由于 x_β 是无关的, 从而此方程产生了矩阵方程

$$[[r_\alpha]](I_n - [[a_{\alpha\beta}]]) = [[0]] \in \mathbb{M}_{1\times n}(R),$$

其中 $n = card(K), I_n$ 是 $\mathbb{M}_n(R)$ 中的单位矩阵. 但由 (17.13) 知 $[[a_{\alpha\beta}]] \in J(\mathbb{M}_n(R))$, 故 $[[a_{\alpha\beta}]]$ 是拟正则的. 从而 $I_n - [[a_{\alpha\beta}]]$ 在 $\mathbb{M}_n(R)$ 中有逆 ,$[[r_\alpha]] =$

$[[0]] \in \mathbb{M}_{1\times n}(R)$. 这说明

$$x = \sum_{\alpha\in K} r_\alpha x_\alpha = 0. \qquad \square$$

投 射 盖

每个自由模都是投射模 (17.2) , 每个模都是由 ${}_RR$ 生成的 (8.1). 从而有

17.15 命题 每个模都是投射模的满同态象. □

对于某个模 M, 可能有一个比较强的论断: 存在投射模 P 和满同态 $f : P \to M$ 关于下面的意义是"极小的": 不存在 P 的真子模 L 使得 $(f|L) : L \to M$ 是满同态. 由 (5.15) 易见此极小性条件恰是说 $Ker f \ll P$. 这便产生了一个正式的定义.

称元素对 (P,p) 是模 ${}_RM$ 的**投射盖**, 如果 P 是投射左 R -模,

$$P \xrightarrow{\ p\ } M \longrightarrow 0$$

是多余满同态 $(Kerp \ll P)$. 我们有时缩写此术语并对其作自然的变化. 例如, 我们可以称 P 本身是 M 的投射盖.

17.16 例子

例 (1) 如果 e 是 R 中的幂等元, 则由 (17.10) 和 (10.4), 我们有 $Je = Rad(Re) \ll Re$. 因为 Re 是投射模, 所以 (Re, n) 是 Re/Je 的投射盖, 其中 $n : Re \to Re/Je$ 是自然映射.

例 (2) 元素对 $(\mathbb{Z}, r_2)$, 其中 $r_2 : \mathbb{Z} \to \mathbb{Z}_2$ 是自然映射, 不是投射盖, 因为 $2\mathbb{Z}$ 在 $\mathbb{Z}$ 中不是多余的. 事实上, 利用 (17.17) 易证 $\mathbb{Z}_2$ 没有投射盖 (见练习 (17.14)).

例 (3) 设 R 是局部环,${}_RM$ 是有限生成的, 则 R/J 是除环,M/JM 是 R/J 上的有限维向量空间. 设 M/JM 是 k 维的, 令 $P = R^{(k)}$, 则显然存在 R -满同态 $\bar{p} : P \to M/JM$ 使得 $Ker\ \bar{p} = JP$. 由于 ${}_RP$ 是投射的, 自然映射 $n : M \to M/JM$ 是满同态, 这样, 存在同态 $p : P \to M$ 使得 $np = \bar{p}$. 由 Nakayama 引理 (15.13) 得 $JM \ll M$, 因此 n 是多余满同态. 这样, 由 (5.15) 得 p 是满同态. 又因为 $Ker\ p \leqslant Ker\ \bar{p} = JP \ll P$, 因此 (P,p) 是 M 的投射盖.

现在我们证明投射盖的基本引理. 它的结果之一是: 如果模有投射盖, 则它 (本质上) 只有一个.

17.17 引理 假设 ${}_RM$ 有投射盖 $p : P \to M$. 如果 ${}_RQ$ 是投射的,$q : Q \to M$ 是满同态, 则 Q 有分解

$$Q = P' \oplus P''$$

使得

(1) $P' \cong P$;

(2) $P'' \leqslant Ker\ q$;

(3) $(q\ |P') : P' \to M$ 是 M 的投射盖;

而且, 如果 $f : M_1 \to M_2$ 是同构 , $p_1 : P_1 \to M_1$ 和 $p_2 : P_2 \to M_2$ 是投射盖, 则存在同构 $\bar{f} : P_1 \to P_2$ 使得 $p_2\bar{f} = fp_1$.

证明 由 Q 的投射性知存在交换图表

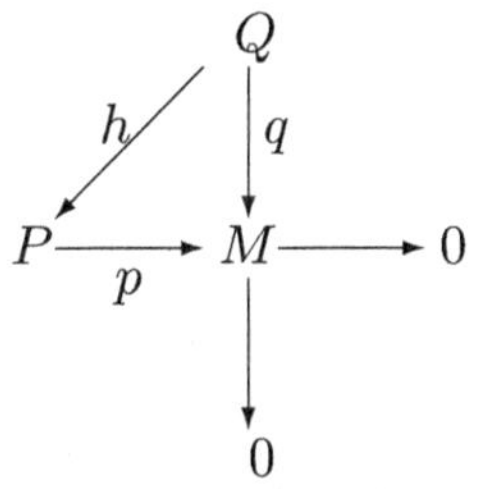

,

其中行和列都是正合的. 由于 p 是多余满同态, $ph = q$ 是满同态, 从而由 (5.15) 知 h 也是满同态. 由于 P 是投射的, 所以 h 可分, 即存在单同态 $g : P \to Q$ 使得 $hg = 1_P$, 因此 $Q = Im\ g \oplus Ker\ h$. 现在令

$$P' = Im\ g, \quad P'' = Ker\ h,$$

我们看到, 由于 g 是单同态, 有 (1) 成立. 由于 $ph = q$, 有 (2) 成立. 但由于 $q(P') = q(Q) = M$, 因此

$$P' \xrightarrow{(q|P')} M \longrightarrow 0$$

是正合的, 而且 $(P', q|P')$ 是投射盖. 这是因为从 $qg = phg = p$ 我们可得 $Ker(q|P') = g(Ker\ p)$ 是 $g(P) = P'$ 的多余子模. 从而 (3) 也成立.

为了证明最后的陈述, 设 $p = p_2$, $q = fp_1$, $\bar{f} = h$, 则 $p_2\bar{f} = fp_1$. $\bar{f} = h$ 是满同态, $Ker\ \bar{f} = Ker\ p_1$ 是 P_1 的多余直和项 , $\bar{f}$ 是同构. □

17.18 命题 设 e 和 f 是环 R 的幂等元, 则下列条件等价:

(a) $Re \cong Rf$;

(b) $Re/Je \cong Rf/Jf$;

(c) $eR/eJ \cong fR/fJ$;

(d) $eR \cong fR$.

证明 (a)⇔ (b). (a)⇒ (b) 是显然的. 如果 $h : Re/Je \to Rf/Jf$ 是同构, 则因为自然映射 $Re \to Re/Je$ 和 $Rf \to Rf/Jf$ 是投射盖, 所以由 (17.17) 知存在同构 $\bar{h} : Re \to Rf$.

(c)⇔(d). 这与 (a)⇔(b) 的证明对称.

(a)⇔(d). 如果 $Re \cong Rf$, 则 (见 (4.6))

$$eR \cong Hom(Re, R) \cong Hom(Rf, R) \cong fR. \qquad \square$$

在第七章中将广泛地涉及投射盖. 我们十分感兴趣的是单模的投射盖. 现在可以给出

17.19 命题 设 R 是环, 根为 $J = J(R)$, 则下列关于一个投射左 R-模的命题等价:

(a) P 是单左 R-模的投射盖;

(b) JP 是 P 的多余极大子模;

(c) $End(_RP)$ 是局部环.

而且, 如果这些条件保持, 则对于某个幂等元 $e \in R$, 有 $P \cong Re$.

证明 (a)⇒ (b). 显然 P 是单模的投射盖当且仅当 P 包含多余极大子模 .JP 包含在 P 的每个极大子模中, 并且 JP 包含 P 的每个多余子模 ((9.13) 和 (17.10)).

(b)⇒(c). 如果 JP 是 P 的多余极大子模, 则由 (17.12) 和 $Schur$ 引理 (13.1) 知

$$End(_RP)/J(End(_RP)) \cong End_R(P/JP)$$

是除环. 从而由 (15.15) 知 (b) 意味着 $End(_RP)$ 是局部环.

(c)⇒(a). 假设 $End(_RP)$ 是局部环, 则 $P \neq 0$. 由 (17.14) 知存在极大子模 $K < P$. 下证自然满同态 $P \to P/K \to 0$ 是投射盖, 即 $K \ll P$. 假设对于某个 $L \leqslant P$, 有 $K + L = P$, 则有

$$P/K \cong (L+K)/K \cong L/(L \cap K).$$

因此, 存在非零同态 $f : P \to L/(L \cap K)$. 这样, 因为 P 是投射的, 所以存在自同态 $s : P \to L \leqslant P$ 使得

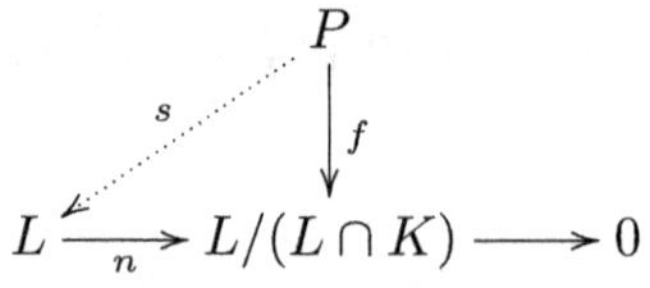

可交换. 由于 $0 \neq f = ns$, 从而 $Im\ s \nleqslant K$, 由此知 $Im\ s$ 在 P 中不是多余的, 所以 $s \notin J(End(_RP))$(17.11), s 是 P 的可逆自同态 (15.15.g), 这样我们就证明 $L = P$, 从而 $K \ll P$.

另外, 每个单模都是 R 的满同态象, 因此由 (17.17) 知, 单模的投射盖 P 一定同构于 $_RR$ 的直和项, 即 $P \cong Re$ 对某个 $e = e^2 \in R$. $\square$

17.20 命题 对于环 R 的幂等元 e, 下列条件等价:

(a) Re/Je 是单的;

(b) Je 是 Re 的唯一极大子模;

(c) eRe 是局部环;

(d) eJ 是 eR 的唯一极大子模;

(e) eR/eJ 是单的.

练 习 17

1. 证明:$P.I.D.$ 上的每个投射模都是自由模. [提示: 练习 (8.16).]
2. 证明: 如果 R 是局部环, 则每个有限生成的投射模都是自由模. [提示: 见 (12.7).]
3. 证明: Abel 群 $\mathbb{Z}^{\mathbb{N}}$ 不是投射的, 因此投射模的直积不一定是投射的.[提示: 设 $K = \{x \in \mathbb{Z}^{\mathbb{N}} | 2$ 的每个幂整除一切有限多个 $\pi_n(x)\}$. 求证: 如果 $\mathbb{Z}^{\mathbb{N}}$ 是自由的, 则 K 是秩为不可数的自由模. 现在考虑 $K/2K$.]
4. 设 $e \in R$ 是幂等元. 证明:

   (1) Re 是单的, 忠实的当且仅当 eR 是单的, 忠实的. [提示: 由 (17.20) 得如果 $J(R) = 0$, 则 Re 是单的当且仅当 eR 是单的. 如果 Re 是单的, 忠实的, 而且 $0 \neq r \in R$, 则存在 $s, t \in R$ 使得 $srte = e$.]

   (2) 如果 Re 是单的, 忠实的, 则 $Soc(_RR) = ReR = Soc(R_R)$.
5. 我们知道，对于环 R 和 $x, y \in \{$ 左, 右 $\}$, 性质 x -本原的和 y-Artin 的是等价的, 但一般地本原环不一定是右本原的.

   (1) 证明: 对于环 R, 下列条件等价:(a)R 是本原环, 并且有极小左理想;(b)R 是本原环, 并且有单投射左模;(c)R 是本原环, 并且有单投射右模;(d)R 是本原环, 并且有极小右理想; (e)R 右本原环, 且有极小右理想.[提示: 练习 (13.8) 和 (17.4).]

   (2) 证明: 如果 R 是向量空间的自同态环, 则 R 是本原环, 且有极小左理想.

   (3) 证明: 如果 R 是单环, 且有极小左理想, 则 R 是 $Artin$ 环.

   (4) 证明: 练习 (14.2) 的本原环有极小左理想.
6. 证明 :$_R M$ 是忠实的当且仅当 $_RM$ 上生成每个投射左 $R-$ 模 (见练习 (8.3)).
7. 证明: 每个有限生成的非零投射模都是它的自同态环上的生成子, 也是它的双自同态环上的有限生成投射模.
8. 对于每个左 R -模 M, 设 M^* 表示右 R -模 $M^* = Hom_R(M, R)$. 证明: 如果 M 是有限生成投射模 (生成子), 则 M^* 亦然.
9. 证明: 模 $_RM$ 是投射的生成子当且仅当对于某个 $C \neq \varnothing, M^{(C)}$ 是自由的.
10. 称生成子 $_RG$ 是**极小生成子**, 如果它是 $_R\mathbf{M}$ 中每个生成子的满同态象.

    (1) 求证: 如果 R 或者是半单的, 局部的 ,$P.I.D.$, 或者是无限维向量空间的自同态环, 则 R 有极小生成子. [提示: 在后三个情形中 $_RR$ 是极小生成子.]

    (2) 设 $R = \prod_{n=1}^{\infty} \mathbb{M}_n(Q)$, 其中 Q 是除环. 证明:R 没有极小生成子. [提示: 对于每个 n, 设 G_n 是 $\mathbb{M}_n(Q)$ 的生成子, 则 $G_1 \oplus \cdots \oplus G_m \oplus \prod_{n>m} \mathbb{M}_n(Q)$ 是 R 的生成子.]
11. 设 P 是左 R -模. 称 P 中的指标集 $(x_\alpha)_{\alpha \in A}$ 和 $Hom_R(P, R)$ 中的 $(f_\alpha)_{\alpha \in A}$ 是 P 的对偶基, 如果对于所有 $x \in P$, 有

(i) 对于几乎一切 $\alpha \in A, f_\alpha(x) = 0$.

(ii) $x = \sum_A f_\alpha(x) x_\alpha$.

证明: (1) **对偶基引理**: P 是投射的当且仅当它有对偶基. [提示:(17.2).]

(2) P 是有限生成投射模当且仅当存在 $x_1, \cdots, x_n \in P$ 和 $f_1, \cdots, f_n \in Hom_R(P, R)$ 使得对于每个 $x \in P$, 有

$$x = \sum_{i=1}^{n} f_i(x) x_i.$$

12. 已知: 如果 ${}_RP$ 是投射的, 则有 $Rad\ P = JP$. 对偶地证明 : $Soc\ P = (Soc\ {}_RR)P$.
13. 设 P 是非零投射模. 证明:P 是单模的投射盖当且仅当 P 的每个非零商模都是不可分解的.
14. (1) 证明: 如果 R 是环,$J(R) = 0$, 则非投射 R-模没有投射盖. 特别地, 有限 $\mathbb{Z}$-模没有投射盖.

    (2) 设 n 是自然数,p 是整除 n 的素数, 设 p^m 是整除 n 的最大 p 次幂. 证明: 如果 $1 \leqslant k \leqslant m$, 则满同态 $\mathbb{Z}_{p^m} \to \mathbb{Z}_{p^k}$ 是 ${}_{\mathbb{Z}_n}\mathbf{M}$ 中的投射盖.
15. (1) 证明: 如果 $p_i : P_i \to M_i (i = 1, \cdots, n)$ 是投射盖, 则 $(\oplus_i p_i) : \oplus_i P_i \to \oplus_i M_i$ 是投射盖.

    (2) 证明: 如果 M 和 $M \oplus N$ 有投射盖, 则 N 亦然. [提示: 如果 $p : P \to M$ 和 $p' : P' \to M \oplus N$ 是投射盖, 则 $f^{\leftarrow}(N) \to N$ 是投射盖, 其中 $f : P' \to P \oplus N$ 满足 $(p \oplus 1_N) f = p'$.]
16. (1) 证明: 如果 ${}_RU$ 有投射盖, 则 $\mathscr{P}_i^{-1}(U)$ 关于直积封闭. [提示: 练习 (16.13).]

    (2) 证明: 如果 $p : P \to U$ 是投射盖, 则下列等价:(a)U 是拟投射的;(b)U 模其零化子之商模是投射的;(c)$Ker\ p = l_R(U)P$.

    (3) 证明: 如果 P 是投射的, 且 K 是 P 的左 R-右 $End({}_RP)$-子模, 则 P/K 是拟投射左 R-模.
17. 设 U 是拟投射模, 投射盖为 $p : P \to U$. 证明: 如果 $P = P_1 \oplus P_2$, 则 U 是拟投射模 U_1, U_2 的直和 $U = U_1 \oplus U_2$, 使得 $(p\,|P_i) : P_i \to U_i$ 是投射盖 $(i = 1, 2)$. 特别地, 如果 U 是不可分解的, 则 P 亦然.
18. 设 $p_i : P_i \to U_i (i = 1, 2)$ 是投射盖. 证明: 如果 $P_1 \cong P_2$, $U_1 \oplus U_2$ 是拟投射的, 则 $U_1 \cong U_2$.
19. 证明: 有限 Abel 群 M 是拟投射的当且仅当对于每个素数 p, M 的 p 准素分量有相同的长度.[提示: 练习 (17.14.2) 和 (17.18).]
20. 设 R 是左 Artin 环,$J = J(R)$, 则由 (10.14) 和 (7.2) 得 $R = Re_1 \oplus \cdots \oplus Re_n$, 其中 $e_1, \cdots, e_n$ 是两两正交的本原幂等元的完全集. 由 (12.8) 和 (17.20) 得每个 Re_i/Je_i 是单的 ,$Re_i \to Re_i/Je_i$ 是投射盖.

    (1) 证明: 每个单左 R-模都有投射盖. [提示: $R/J \cong Re_1/Je_1 \oplus \cdots \oplus Re_n/Je_n$.]

    (2) 证明: 每个半单模都有投射盖. [提示: 如果 M 是半单的, 则存在 $\{e_1, \cdots, e_n\}$ 中的指标集 $(f_\alpha)_{\alpha \in A}$ 使得 $M \cong \oplus_A Rf_\alpha / Jf_\alpha \cong (\oplus_A Rf_\alpha)/(\oplus_A Jf_\alpha)$. 由练习 (5.18) 得 $\oplus_A Jf_\alpha \ll \oplus_A RJ_\alpha$.]

    (3) 证明: 对于每个左 R-模 M, 存在 $\{e_1, \cdots, e_n\}$ 中的指标集 $(f_\alpha)_{\alpha \in A}$ 和投射盖 $\oplus_A Rf_\alpha \to M$.[提示: 由于 M/JM 是半单的, 从而它有投射盖 $\bar{p} : \oplus_A Rf_\alpha \to M/JM$. 由于 $M \to M/JM$, 从而 $\bar{p}$ 可以提升到 $p : \oplus_A Rf_\alpha \to M$. 由于 $JM \ll M$(练习 (5.18)), 从而 p 是投射

盖.]

(4) 证明: 如果 ${}_RP$ 是投射的, 则存在 $\{e_1, \cdots, e_n\}$ 中的指标集 $(f_\alpha)_{\alpha\in A}$ 使得 $P \cong \oplus_A Rf_\alpha$.

§ 18. 内射模和上生成子

我们称左 R -模 E 是**内射的**, 如果 E 关于每个左 R -模是内射的. 即,E 是内射的, 如果已给 ${}_R\mathbf{M}$ 中下列图表的实部分

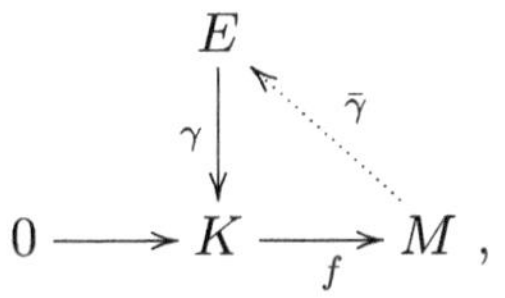

其中行是正合的, 则必存在 R -同态 $\bar\gamma$ 使得整个图表可交换, 即 $\bar\gamma f = \gamma$. 也就是说, 内射模是投射模的箭头理论的或范畴理论的对偶.

内射模的刻画

内射模和投射模在 Hom 函子上有对偶作用. 特别地, 对偶于 (17.1) 有

18.1 命题 对于左 R -模 E, 下列条件等价:

(a) E 是内射模;

(b) 对于每个单同态 $f : {}_RK \to {}_RM$, 映射

$$Hom(f, E) : Hom_R(M, E) \to Hom_R(K, E)$$

是满同态;

(c) 对于每个双模 ${}_RE_S$, 函子

$$Hom_R(\_, E_S) :\ {}_R\mathbf{M} \to \mathbf{M}_S$$

是正合的;

(d) 对于 ${}_R\mathbf{M}$ 中的每个正合列

$$M' \xrightarrow{f} M \xrightarrow{g} M'',$$

序列

$$Hom_R(M'', E) \xrightarrow{g^*} Hom_R(M, E) \xrightarrow{f^*} Hom_R(M', E)$$

是正合的. □

直到我们确定充分多的内射模的存在性, 我们才可以证明 (17.2) 的真正对偶. 尽管如此, 作为暂时的代替, 由 (16.11) 我们立即可以得到下面的重要事实:

18.2 命题　内射模的直积和直和项都是内射的. □

每个模都是某个投射 (自由) 模的满同态象. 我们的任务是证明它的对偶结论: 每个模都可以嵌入到内射模中. 首先, 我们需要证明一个十分有用的检验内射性的引理. 此检验 (有时称为"Baer 准则") 可陈述为: 模 E 的内射性可由它在下列图表中的性质确定:

$$\begin{array}{ccccc} & & E & & \\ & & \uparrow & & \\ 0 & \longrightarrow & I & \longrightarrow & R\,, \end{array}$$

其中行被限制为左理想的包含映射.

18.3 内射检验引理　对于左 R-模 E, 下列条件等价:

(a) E 是内射的;

(b) E 是相对于 R 的内射模;

(c) 对于每个左理想 $I \leqslant_R R$ 和每个 R-同态 $h: I \to E$, 存在 $x \in E$ 使得 h 是由

$$h(a) = ax \quad (a \in I)$$

得到的右乘法.

证明　(a)$\Leftrightarrow$ (b).　由于 ${}_RR$ 是生成子, 从而由 (16.14) 即得.

(b)$\Rightarrow$(c).　如果 E 是 ${}_RR$-内射模,$I \leqslant {}_RR$, 且 $h: I \to E$, 则存在 $\bar{h}: R \to E$ 使得 $(\bar{h}\,|I) = h$. 设 $x = \bar{h}(1)$, 则 $h(a) = \bar{h}(a) = a\bar{h}(1) = ax$ (对于一切 $a \in I$).

(c)$\Rightarrow$(b).　如果 $I \leqslant {}_RR$, $x \in E$, 而且对于一切 $a \in I$, 有 $h(a) = ax$, 则由 x 确定的右乘法 $\rho(x): R \to E$ 是 h 的延拓. 从而由 (c) 可推出 E 是 ${}_RR$-内射模.□

称 Abel 群 Q 是可除的, 如果对于每个非零整数 n, 有 $nQ = Q$ (见练习 (3.15)).

18.4 引理　Abel 群 Q 是可除的当且仅当 Q 作为 $\mathbb{Z}$-模是内射的.

证明　($\Rightarrow$).$\mathbb{Z}$ 的每个非零理想都形如 $\mathbb{Z}n$, $n \neq 0$. 如果 Q 是可除 Abel 群,$h: \mathbb{Z}n \to Q$, 则存在 $b \in Q$ 使得 $h(n) = nb$, 对于一切 $jn \in \mathbb{Z}n$, 有 $h(jn) = jh(n) = (jn)b$. 从而应用 (18.3) 即可.

($\Leftarrow$). 如果 ${}_{\mathbb{Z}}Q$ 是内射的, 且 $a \in Q$, $0 \neq n \in \mathbb{Z}$, 则 $h: jn \mapsto ja$ 定义了同态 $h: \mathbb{Z}n \to Q$, 由 (18.3) 和一定存在由某个 $b \in Q$ 确定的乘法使得 $a = h(n) = nb$. □

18.5 引理　如果 Q 是可除 Abel 群, 则左 R-模 $Hom_{\mathbb{Z}}(R_R, Q)$ 是内射的.

证明 由 (4.41) 知 $Hom_{\mathbb{Z}}(R_R, Q)$ 是左 R -模. 设 $I \leqslant {}_RR$, $h: I \to Hom_{\mathbb{Z}}(R_R, Q)$ 是 R -同态, 则 $\gamma: a \mapsto [h(a)](1)$ 定义了 Abel 群同态 $\gamma: {}_{\mathbb{Z}}I \to {}_{\mathbb{Z}}Q$. 由于 ${}_{\mathbb{Z}}Q$ 是内射的, 从而存在 $\bar{\gamma} \in Hom_{\mathbb{Z}}(R, Q)$ 使得 $(\bar{\gamma}|I) = \gamma$. 对于一切 $a \in I, r \in R$, 我们有

$$(a\bar{\gamma})(r) = \bar{\gamma}(ra) = \gamma(ra) = [h(ra)](1) = [r \cdot h(a)](1) = [h(a)](r);$$

因此对于一切 $a \in I, h(a) = a\bar{\gamma}$. 从而由 (18.3) 知 $Hom_{\mathbb{Z}}(R_R, Q)$ 是内射左 R -模. □

18.6 命题 每个左 R -模都可以嵌入到内射左 R 模中.

证明 设 M 是左 R-模, 则由 (8.1) 知存在集合 A 和 $\mathbb{Z}$-满同态 $f: \mathbb{Z}^{(A)} \to M$. 由于

$${}_{\mathbb{Z}}M \cong \mathbb{Z}^{(A)}/Kerf \leqslant \mathbb{Q}^{(A)}/Kerf,$$

并且由于可除 Abel 群的直积和商群都是可除的 (见练习 (3.15) 和 (6.9)), 从而我们可以假设 ${}_{\mathbb{Z}}M \leqslant {}_{\mathbb{Z}}Q$, 其中 Q 是可除的. 最后, 对

$${}_RM \cong Hom_R(R_R, M) \leqslant Hom_{\mathbb{Z}}(R_R, M) \leqslant Hom_{\mathbb{Z}}(R_R, Q)$$

应用 (18.5) 即可. □

下面的命题是 (17.2) 的部分对偶, 它是 (18.2), (18.6) 和练习 (16.7) 的一个直接结果.

18.7 命题 左 R -模 E 是内射的当且仅当每个单同态

$$0 \to {}_RE \to {}_RM$$

可分. □

由 (13.9) 我们有 (17.4) 的对偶

18.8 推论 环 R 是半单的当且仅当每个左 R -模都是内射的.

内 射 包

从 (18.6) 已经知道，每个 R -模 M 都可以嵌入到内射 R -模中. 这将产生投射盖的一个对偶概念, 即在一个内射模中 M 的“极小”嵌入. 称元素对 (E, i) 是 M 的**内射包**, 如果 E 是内射左 R -模, 而且

$$0 \longrightarrow M \xrightarrow{\ i\ } E$$

是本质单同态. 我们下面也可以做一点术语的改变.

由于 $\mathbb{Q}$ -作为 $\mathbb{Z}$ 模是可除的, 从而它是 $\mathbb{Z}-$ 内射模. 显然包含映射 $i:\mathbb{Z}\to\mathbb{Q}$ 是本质的. 从而 $(\mathbb{Q},i)$ 是 M 的内射包 (也可见练习 (18.2)).

关于内射包, 我们有下面的基本引理, 即 (17.17) 的对偶.

18.9 引理　设 M 是左 R -模,$i:M\to E$ 是 M 的内射包. 如果 ${}_RQ$ 是内射模, 且 $q:M\to Q$ 是单同态, 则 Q 有分解

$$Q=E'\oplus E''$$

使得

(1) $E'\cong E$;

(2) $Im\ q\leqslant E'$;

(3) $q:M\to E'$ 是 M 的内射包.

而且, 如果 $f:M_1\to M_2$ 是同构,$i_1:M_1\to E_1$ 和 $i_2:M_2\to E_2$ 是内射包, 则存在同构 $\bar{f}:E_1\to E_2$ 使得 $\bar{f}i_1=i_2f$.

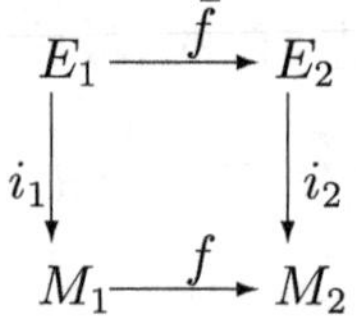

□

并不是每个模都有投射盖 (见练习 (17.14)). 因此下面这个十分重要的结果是值得特别关注的.

18.10 定理　每个模都有内射包, 而且在同构的范围内它是唯一的.

证明　设 M 是左 R -模, 则由 (18.6) 知存在内射模 ${}_RQ$ 使得 $M\leqslant Q$. 令 $A=\{N\leqslant Q\ |M\trianglelefteq N\}$, 则显然 A 是归纳的. 因此由极大值原理知 A 中有极大元 E. 现在选择 $E'\leqslant Q$ 使得它关于 $E\cap E'=0$ 是极大的 (即设 E' 是 E 的 Q 补), 因此

$$(E\oplus E')/E'\trianglelefteq Q/E'$$

(见 (5.21)). 事实上 $E\oplus E'=Q$. 为了证明它, 设 $g:(E\oplus E')/E'\to E$ 是明显的同构, 则运用 Q 的内射性, 我们有行和列是正合的交换图表:

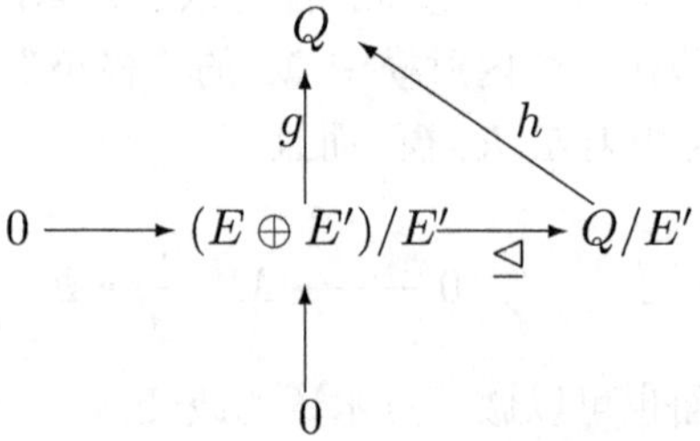

.

由 (5.13) 知 h 是单的, 因此

$$M \trianglelefteq E = Im\ g = h((E \oplus E')/E') \trianglelefteq h(Q/E').$$

所以由 (5.16) 得 $M \trianglelefteq h(Q|E')$, 这样由 E 的极大性知

$$h((E \oplus E')/E') = h(Q/E').$$

由于 h 是单的, 从而 $Q = E \oplus E'$. 现在由 (18.2) 我们知 E 是内射的, 因此包含 $M \to E$ 是内射包. 据 (18.9) 知在同构的意义下它是唯一的. □

18.11 推论 对于 R -单同态 $i: M \to E$, 下列陈述等价:

(a) $f: M \to E$ 是 M 的内射包;

(b) E 是内射模, 而且对于每个 R -单同态 $f: M \to Q$, 其中 Q 是内射的, 存在单同态 $g: E \to Q$ 使得下列图表可交换:

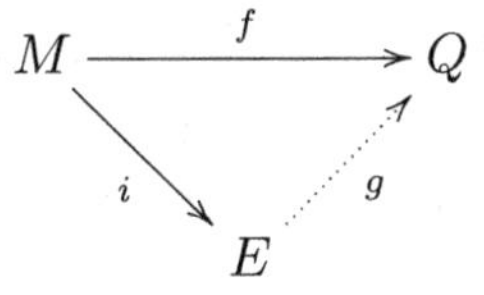

(c) i 是本质单同态, 而且对于每个本质单同态 $f: M \to N$, 存在单同态 $g: N \to E$ 使得下列图表可交换:

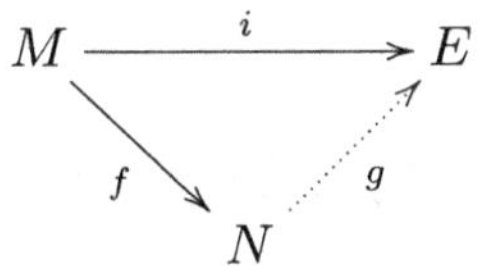

证明 为了证明 (a)⇒(b) 和 (a)⇒(c), 我们利用内射性可得到 g, 再利用 (5.13) 可知 g 是单同态.

另一方面, 假设 (b) 成立. 由定理 (18.10) 知, 存在 M 的内射包 $f: M \to Q$. 条件 (b) 给出了单同态 $g: E \to Q$ 使得 $f = gi$. 由 E 是内射的知 g 可分 (18.7), $Q = (Im\ g) \oplus E'$. 又因为 f 是本质单同态, 从而 $Imf \trianglelefteq Q, Imf = Im\ gi \leqslant Im\ g$. 于是有 $E' = 0$, g 是同构, 因此 $i: M \to E$ 也是本质的.

最后为了证明 (c)⇒ (a), 我们利用 (18.10) 可以得到内射包 $f: M \to N$, 再应用 (c) 即可. 我们忽略证明的细节. □

为了方便, 我们改变一些关于内射包的记法. 每个模都有内射包, 但并不是每个非零模都有唯一的内射包. 如果 $i :_R M \to {}_RQ$ 是 M 的内射包, 我们将记作 $Q = E({}_RM)$, 或简记为 $Q = E(M)$, 并且说 $E(M)$ 是 M 的“内射包”. 而且,

我们通常认为 M 和它在 $E(M)$ 中的象是一致的, 从而把 M 看作 $E(M)$ 的子模 .$E(M)$ 是 M 的本质内射扩张. 我们可以重新阐述 (18.11), 把 $E(M)$ 刻画为 (在同构的范围内) M 的唯一极小内射扩张和唯一极大本质扩张. 事实上,$E(M)$ 可看作包含 M 的每个内射模的直和项 (不一定唯一, 见练习 (18.6)) , 而且 $E(M)$ 包含 M 的每个本质扩张的同构象.

下面我们有内射包的比较重要的性质:

18.12 命题 在环 R 上的左 $R-$ 模范畴中,

(1) M 是内射的当且仅当 $M = E(M)$;

(2) 如果 $M \trianglelefteq N$, 则 $E(M) = E(N)$;

(3) 如果 $M \leqslant Q$, 其中 Q 是内射的, 则 $Q = E(M) \oplus E'$;

(4) 如果 $\oplus_A E(M_\alpha)$ 是内射的 (例如, 如果 A 是有限的), 则有

$$E(\oplus_A M_\alpha) = \oplus_A E(M_\alpha).$$

证明 (1) 可由内射包的定义立即得出. 对于 (2), 由于 $N \trianglelefteq E(N)$, 如果 $M \trianglelefteq N$, 则 $M \trianglelefteq E(N)$, 且 $E(N)$ 是内射的, 因此包含 $M \to E(N)$ 是 M 的内射包. 对于 (3), 对包含映射 $f: M \to Q$ 应用 (18.11), 再利用 (18.2) 即可. 最后, 对于 (4), 假设 $\oplus_A E(M_\alpha)$ 是内射的. 令

$$f: \oplus_A M_\alpha \to \oplus_A E(M_\alpha)$$

是内射包 $M_\alpha \to E(M_\alpha)$ 的直和. 由于 f 是单的 (6.25), 从而只需证明 f 是本质的. 这由 (6.17.2) 可得. □

内射模的直和

内射模的每个直和都是内射的这种说法是不正确的. 实际上, 恰好是 Noether 环上内射模的每个直和都是内射的, 而且在这些环上, 内射包和直和可交换.

18.13 推论 对于环 R, 下列陈述等价:

(a) 内射左 R -模的每个直和都是内射的;

(b) 如果 $(M_\alpha)_{\alpha\in A}$ 是左 R -模的指标集, 则

$$E(\oplus_A M_\alpha) = \oplus_A E(M_\alpha);$$

(c) R 是左 Noether 环.

证明 (a)⇔(b). (a)⇒(b) 可由 (18.12.4) 得 ,$(b) \Rightarrow (a)$ 可由 (18.12.1) 得.

(a)⇒(c). 假设 (a) 成立, 并且

$$I_1 \leqslant I_2 \leqslant \cdots$$

是 R 中左理想的升链. 设 $I=\bigcup_{i=1}^{\infty} I_i$. 如果 $a\in I$, 则对于一切有限多个 $i\in\mathbb{N}$, 有 $a\in I_i$. 因此存在由

$$\pi_i f(a)=a+I_i \quad (a\in I)$$

定义的

$$f: I\to \oplus_{i=1}^{\infty}E(R/I_i).$$

由 (18.3) 知存在 $x\in\oplus_{i=1}^{\infty}E(R/I_i)$, 使得对于一切 $a\in I$, 有 $f(a)=ax$. 现在选择 n 使得 $\pi_{n+k}(x)=0, k=0,1,\cdots$. 因此

$$I/I_{n+k}=\pi_{n+k}(f(I))=\pi_{n+k}(Ix)=I\pi_{n+k}(x)=0$$

或者等价地有,$I_n=I_{n+k}$ $(k=0,1,2,\cdots)$.

(c)⇒(a). 如果 R 是左 Noether 的 ,$I\leqslant {}_RR$, 且 $f:I\to\oplus_A E_\alpha$, 则由于 I 是有限生成的, 从而对于某个有限子集 $F\subseteq A$, Imf 含于 $\oplus_F E_\alpha$ 中. 现在运用 (18.2) 和 (18.3) 即可. □

上 生 成 子

称 ${}_R\mathbf{M}$ 中模 C 是**上生成子** (见 §8), 如果 C 上生成每个左 R -模. 即, 如果每个左 R -模都可以嵌入到若干个 C 的积中

$$0\to M\to C^{(A)}$$

(即 $Rej_M(C)=0$). 应用函子 $Hom_R(\_,C)$ 语言, 我们有

18.14 命题 对于左 R -模 C, 下列条件等价:

(a) C 是上生成子;

(b) 对于 ${}_R\mathbf{M}$ 中的每个同态 f, 如果 $Hom(f,C)=0$, 则 $f=0$;

(c) 对于 ${}_R\mathbf{M}$ 中的每个同态 $f:\ {}_RM\to\ {}_RN$, 如果 $f^*:Hom_R(N,C)\to Hom_R(M,C)$ 是满同态, 则 f 是单同态;

(d) 如果序列

$$Hom_R(M'',C)\xrightarrow{g^*}Hom_R(M,C)\xrightarrow{f^*}Hom_R(M',C)$$

是正合的, 则 ${}_R\mathbf{M}$ 中的序列

$$M'\xrightarrow{f}M\xrightarrow{g}M''$$

是正合的.

证明 (a)⇔(b). 这可由 (8.11.2) 得.

(a)⇒(d). 设 C 是上生成子. 假设 $f: M' \to M$ 和 $g: M \to M''$ 使得

$$Hom_R(M'',C) \xrightarrow{g^*} Hom_R(M,C) \xrightarrow{f^*} Hom_R(M',C)$$

正合, 则由于 $Hom_R(gf,C) = Hom_R(f,C)Hom_R(g,C) = 0$, 从而我们有 $Im\ f \leqslant Ker\ g$. 令 $n: M \to M/Imf$ 是自然满同态，则对于每个 $h: M/Imf \to C$, 有

$$[f*(hn)](M') = h(n(Imf)) = 0;$$

因此 $hn \in Kerf^* = Img^*$, 于是知存在某个 $\alpha \in Hom_R(M'',C)$ 使得 $hn = \alpha g$. 现在我们有

$$h(Kerg/Imf) = hn(Kerg) = \alpha g(Kerg) = 0.$$

从而 $Kerg/Imf \leqslant Rej_{M/Imf}(C) = 0$, 因此

$$M' \xrightarrow{f} M \xrightarrow{g} M''$$

是正合的.

(d)⇒(c) 是显然的.

(c)⇒(a). 易证如果 $n: M \to M/Rej_M(C)$ 是自然映射, 则 $n^*: Hom_R(M/Rej_M(C), C) \to Hom_R(M,C)$ 是同构. 从而由 (c) 得 n 一定是单同态, 即 $Rej_M(C) = 0$. □

我们有 (17.9) 的对偶:

18.15 命题 设 E 是内射左 R-模，则下列陈述等价:

(a) E 是上生成子;

(b) 对于一切单左 R-模 T, $Hom_R(T,E) \neq 0$;

(c) E 上生成每个单左 R-模.

证明 (a)⇒(c) 和 (c)⇒(b) 是显然的. 对于 (b)⇒(a), 假设 E 是满足 (b). 设 M 是左 R-模 ,$0 \neq x \in M$. 由于 Rx 是循环的, 从而它包含极大子模, 因此由 (b) 知存在非零同态 $h: Rx \to E$. 由于 E 是内射的, 从而 h 可以扩张到同态 $\bar{h}: M \to E$ 使得 $\bar{h}(x) = h(x) \neq 0$. 因此 $Rej_M(E) = 0$. □

现在我们知道在范畴 ${}_R\mathbf{M}$ 中存在上生成子. 事实上 ,${}_R\mathbf{M}$ 包含上生成子 C_0, C_0 可以嵌入到 ${}_R\mathbf{M}$ 的每个上生成子中, 我们称它为极小生上成子.

18.16 推论 设 $\mathscr{S}_0$ 表示由 ${}_R\mathbf{M}$ 中的单模的表示构成的无冗余集，则

$$C_0 = \oplus_{T\in\mathscr{S}_0} E(T)$$

是 $_R\mathbf{M}$ 中的上生成子. 而且, 对于左 R -模 C, 下列等价:

(a) C 是上生成子;

(b) 对于每个单左 R -模 T, $E(T)$ 同构于 C 的直和项;

(c) C_0 同构于 C 的子模.

证明 由 (18.15) 可得内射模 $\prod_{T\in\mathscr{S}_0} E(T)$ 是上生成子. $\prod_{T\in\mathscr{S}_0} E(T)$ 显然由 $\oplus_{T\in\mathscr{S}_0} E(T)$ 上生成的. 从而, 由 (8.6.2) 得 C_0 是上生成子和 (c)⇒(a). 为了证明 (a)⇒ (*b*), 我们观察到如果 T 是单的, 且 T 不包含在 $f: E(T)\to C$ 的核中, 则 $Ker f\cap T=0$. 由于 $T\trianglelefteq E(T)$, 从而 f 是单同态. 为了证明 (b)⇒(c), 我们观察 C 的单子模, 它构成的无冗余集 $\mathscr{S}_0$ 一定是无关的, 因此由 (6.17.1) 得, 它们的本质扩张构成的集合 $\{E(T)|T\in\mathscr{S}_0\}$ 在 C 内也是无关的. □

18.17 推论 左 R -模 M 是有限上生成的当且仅当对于左 R -模 $(U_\alpha)_{\alpha\in A}$ 的每个指标集和每个单同态

$$0\to M\to \prod_A U_\alpha,$$

存在单同态

$$0\to M\to \prod_F U_\alpha,$$

其中 $F\subseteq A$ 为某个有限集.

证明 我们只需证明充分性 (见 (10.2)). 由 (18.16) 得 M 是由单模的内射包有限上生成的. 从而由题设得存在单模 $T_1,\cdots,T_n$ 构成的有限集使得 M 同构于 $E(T_1)\oplus\cdots\oplus E(T_n)=E(T_1\oplus\cdots\oplus T_n)$ 的子模. 由 (10.7) 得此模 (它的基座是 $T_1\oplus\cdots\oplus T_n$) 是有限上生成的, 因此 M 是有限上生成的. □

18.18 命题 模 M 是有限上生成的当且仅当 $E(M)\cong E(T_1)\oplus\cdots\oplus E(T_n)$, 其中 $T_1,\cdots,T_n$ 是单模的某个有限集.

证明 显然 $E(T_1)\oplus\cdots\oplus E(T_n)\cong E(T_1\oplus\cdots\oplus T_n)$ 有有限生成的本质基座. 从而它的每个子模都是有限上生成的. 反之, 如果 $Soc\, M=T_1\oplus\cdots\oplus T_n\trianglelefteq M$, 则 $E(M)\cong E(T_1)\oplus\cdots\oplus E(T_n)$. □

最后, 我们知道内射上生成子在内射模的类中的重要地位类似于投射生成子在投射模中的重要地位. 内射上生成子的类关于直积是封闭的, 并且模是内射的当且仅当它是内射上生成子的直和项. 然而, 存在一个明显的不同. 每个环 R 都有唯一的 (在同构的范围内) 极小内射上生成子, 即 $E(C_0)$, 但一般地, 环不一定有极小投射生成子 (见练习 (17.10)).

18.19 推论 设 $\mathscr{S}_0$ 表示 ${}_R\mathbf{M}$ 中单模表示构成的无冗余集, 则

$$Q = E(\oplus_{T\in\mathscr{S}_0}T)$$

是 ${}_R\mathbf{M}$ 中的内射上生成子. 而且,

(1) $Q = E(C_0)$.

(2) 如果 Q' 是 ${}_R\mathbf{M}$ 中的内射上生成子, 则存在 (可分) 单同态 $Q \to Q'$.

证明 显然 $C_0 \trianglelefteq Q$, 因此 (1) 成立,Q 是内射上生成子. 最后由 (18.16) 可得 (2) □

内射模的自同态环

我们用 (17.11) 和 (17.12) 的对偶来结束本节.

18.20 命题 设 E 是内射左 R -模, 自同态环为 $S = End({}_RE)$. 设 $a \in S$, 则

$$a \in J(S) \text{ 当且仅当 } Ker\ a \trianglelefteq E.$$

证明 如果 $Ker\ a \trianglelefteq E$, 则只需证明 $aS \ll S_S$(见 (15.3)). 余下的证明是 (17.11) 的对偶, 我们省略它. □

18.21 推论 设 E 是内射左 R -模使得 $Soc\ E \trianglelefteq E$ (例如, 如果 ${}_RE$ 是有限上生成的). 设 $S = End({}_RE)$, 则

$$J(S) = r_S(Soc\ E), \quad S/J(S) \cong End({}_RSoc\ E).$$

证明 这是 (17.12) 的证明的对偶. □

练 习 18

1. 称环 R 是**左 (右) 自–内射的**, 如果 ${}_RR(R_R)$ 是内射的. 证明: 如果 R 是 $P.I.D.$, 且 $I \neq 0$ 是 R 的理想, 则 R/I 是自–内射的.
2. 设 R 是交换整域. 证明:
   (1) 如果 Q 是 R 的商域, 则 ${}_RQ = E({}_RR)$. [提示: 如果 ${}_RI \leqslant {}_RR$, $f: {}_RI \to {}_RQ$, 则 $\bar{f}: \sum q_ia_i \mapsto \sum q_if(a_i)$ 定义了 Q 同态 .]
   (2) 如果 ${}_RE$ 是内射的, 则 E 是可除的,(见练习 (3.15)).
   (3) 如果 R 是 $P.I.D.$, 则 ${}_RE$ 是内射的当且仅当 ${}_RE$ 是可除的.
3. 设 D 是除环,$Q = \mathbb{M}_n(D)$, R 是上三角矩阵子环. 证明 :${}_R Q$ 是 ${}_RR$ 的内射包.[提示: 设 S 除了第一行其余都为 0, 则 S 是 R 的理想, 由 $Sq = 0$ 可推出 $q = 0$, $SQ \leqslant R$. 特别地, ${}_RR \trianglelefteq {}_RQ$. 设 I 是 R 的左理想 ,$\phi: I \to Q$ 是 R -同态. 如果 $\sum q_ia_i = 0, a_i \in I$, 则对于每个 $s \in S$, $s\sum q_i\phi(a_i) = 0$. 因此存在 Q -同态 $\bar{\phi}: QI \to Q$ 使得 $(\bar{\phi}\,|I) = \phi$. 由 (18.8) 得 ${}_QQ$ 是内射的, 因此 $\bar{\phi}$ 可扩张到 ${}_QQ$ 的自同态.]

4. 设 M_D 是除环 D 上的非零的向量空间,$R = End(M_D)$. 证明:
(1) $Soc\ _RR = \{f \in R \mid rankf < \infty\} = Soc\ R_R, (Soc\ _RR)^2 = Soc\ _RR$. [提示: 练习 (14.13) 和 (17.4).]
(2) 如果 $\phi : Soc(R_R) \to\ R_R$ 是右 R-同态, 则存在 ϕ 的唯一扩张 $\bar{\phi}:\ _RR \to\ _RR$.[提示: 设 $(x_\alpha)_{\alpha\in A}$ 是 M_D 的基,$e_\alpha \in R$ 由 $e_\alpha(x_\beta) = \delta_{\alpha\beta}x_\alpha$ 定义, 则 $\bar{\phi}$ 由

$$\bar{\phi}(f)(x) = \sum_A [\phi(e_\alpha)](e_\alpha f(x))]$$

定义.]
(3) 如果 I 是 R 的右理想, 则 $Soc(_RR) \leqslant I \oplus I'$, 其中 I' 为 R 的某个右理想. [提示: 见 (5.21).]
(4) 环 R 是右自 − 内射.
(5) 如果 M_D 是无限维的, 则 R 不是左自 − 内射的, 事实上 ,R 有本原幂等元 e 使得 Re 不是内射的. [提示: 存在 R-同态 $\phi : Soc\ (_RR) \to\ _RR$ 使得对于每个 $\alpha \in A$, 有 $\phi(Re_\alpha) = Re$.]
5. 设 M 是非零模. 证明:$E(M^{(A)}) = E(M)^A$ 当且仅当 A 是有限的.
6. 设 E 表示内射 $\mathbb{Z}_4$-模 $\mathbb{Z}_4 \oplus \mathbb{Z}_4$ (见练习 (18.1)), $M = \{(0,0),(2,2)\} \leqslant E$. 证明:
(1) M 不是内射的.
(2) M 是 E 的内射子模的交.
(3) E 包含多于一个的 $E(M)$ 的同构象.
7. 如果 M 是左 R-模, 则它包含在内射模 E 中 (见 (18.6)). 在通常的意义下, 形成内射包不是"封闭"运算, 这是因为 $E(M)$ 不一定是 E 中包含 M 的内射子模的交 (见练习 (18.6)). 证明:
的每个子模在 E 中都有唯一的内射包当且仅当 E 的每对内射子模的交都是内射的.
(2) 如果 H, K 和 $H \cap K$ 是模 M 的内射子模, 则 $H + K$ 亦然.
(3) (2) 的逆命题是不正确的, 存在 $\mathbb{Z}$-模的内射子模 $\mathbb{Q} \oplus \mathbb{Q}$, 它的和是内射的, 它的交不是内射的.
8. 设 P 和 E 是左 R-模. 假设 P 是 E-投射的 ,E 是 P-内射的. 证明: P 的每个子模都是 E-投射的当且仅当 E 的每个商模都是 P-内射的. [提示: 考虑

$$\begin{array}{ccccc} 0 & \longrightarrow & L & \longrightarrow & P \\ & & \downarrow & & \\ 0 & \longleftarrow & E/K & \longleftarrow & E \end{array}$$

.]
9. 设 $0 \to K \to P \to M \to 0$ 和 $0 \to K' \to P' \to M \to 0$ 是正合的, 其中 P 和 P' 都是投射的. 证明:
(1) **Schanuel 引理** $P \oplus K' \cong P' \oplus K$.
[提示: 考虑

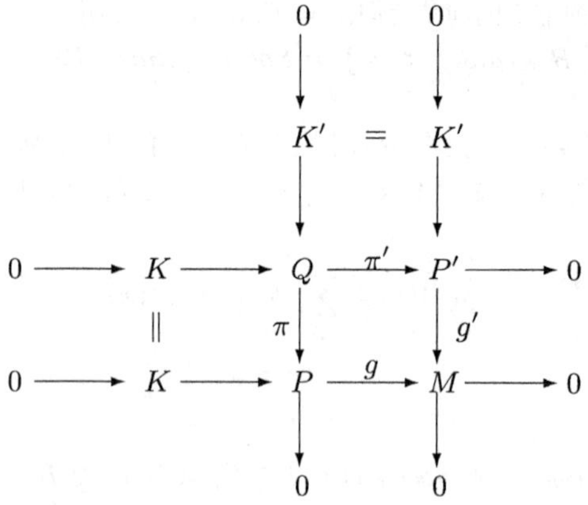

,

其中 $Q=\{(p,p')\in P\times P'\mid g(p)=g'(p')\}$.]

(2) 设 $0\to K\to E\to M\to 0$ 和 $0\to K\to E'\to M'\to 0$ 是正合的, 其中 E 和 E' 都是内射的. 证明:

$$E\oplus M'\cong E'\oplus M.$$

10. 称环 R 是 (**左**) **遗传的**, 如果它的每个左理想都是投射的. 例如, 每个 $P.I.D.$ 都是左遗传的. 证明:

(1) 对于环 R, 下列等价:(a) R 是左遗传的; (b) 内射左 R -模的每个商模都是内射的; (c) 投射左 R -模的每个子模都是投射的. [提示: 见练习 (18.8).]

(2) 设 R 左 Artin 环,$J=J(R)$, $e_1,\cdots,e_n$ 是两两正交的本原幂等元完全集 (见练习 (17.20)). 证明: 下列等价:(a)R 是左遗传的;(b) 每个极大左理想都是投射的;(c) Je_i 是投射的 $(i=1,\cdots,n)$; (d) ${}_RJ$ 是投射的. [提示:(c)⇒(a). 设 ${}_RR=I>I_1>\cdots>I_l=0$ 是合成列. 考虑正合列 $0\to I_{k+1}\to I_k\to I_k/I_{k+1}\to 0$ 和 $0\to Je\to Re\to\ I_k/I_{k+1}\to 0$. 然后利用 Schanuel 引理 (练习 (18.9)) 和归纳法.]

(3) 域 K 上的 $n\times n$ 上三角矩阵环 R 既是左遗传的又是右遗传的.

11. 设 R 是交换整域, 商域为 Q. 对于每个理想 $I\leqslant R$, 定义 $I^{-1}=\{q\in Q|qI\subseteq R\}$. 称 I **是可逆的**, 如果 $I^{-1}I=R$ (即如果存在 $q_1,\cdots,q_n\in I^{-1}$ 和 $a_1,\cdots,a_n\in I$ 使得 $q_1a_1+\cdots+q_na_n=1$). 我们说 R 是 Dedekind **整域**, 如果 R 的每个非零理想都是可逆的. 证明:

(1) 对于每个非零理想 I, 乘法 $\lambda:q\mapsto\lambda(q)$ 定义了同构 $\lambda:I^{-1}\to Hom_R(I,R)$.

(2) R 的非零理想 I 是可逆的当且仅当它是 (有限生成的) 投射模. [提示: 利用 (1) 和对偶基引理 (练习 (17.11)).]

(3) 下列等价:(a) R 是 Dedekind 整环;(b) R 是遗传的;(c) 每个可除的 R -模都是内射的.

(4) 每个 Dedekind 整环都是 Noether 的.

12. 证明: 环 R 是左遗传的 (而且是 Noether 的) 当且仅当左 R -模中的每对内射子模 (集) 的和都是内射的. 因此, 遗传 Noether 环上的每个模都包含 (作为直和项) 唯一的极大内射子模.[提示: 对于充分性, 在练习 (5.10) 中, 设 $E=M_1=M_2$.]

13. 设 R 是 $P.I.D.$, 称元素 $a,b\in R$ 是**等价的**, 如果存在可逆元素 $u\in R$ 使得 $a=ub$. R 中的素元是那些整除等价于自身且可逆的元素的不可逆元素. 设 $P=\{x\mid x\in A,A$ 为 R 中素

元的每个等价类 }. 证明: 如果 Q 是 R 的商域, 则 $Q/R = \oplus_P R_{p^\infty}$(其中 $R_{p^\infty} = \{(a/p^n)+R \mid a \in R, n \in \mathbb{Z}\}$) 是 $_R\mathbf{M}$ 中的极小上生成子. 特别地 ,$\mathbb{Q}/\mathbb{Z} \cong \oplus_{\mathbb{P}}\mathbb{Z}_{p^\infty}$ 是 $_\mathbb{Z}\mathbf{M}$ 中的极小上生成子.

14. 设 $R = \mathbb{LTM}_n(K), K$ 是域 ,$E = \mathbb{M}_n(K)$, $J = J(R)$. 证明: E/J 是极小左 R -上生成子.
15. 设 E 和 Q 是内射模. 证明: 如果存在单同态 $f : E \to Q$ 和 $q : Q \to E$, 则 $E \cong Q$. [提示: 如果 $E = Q \oplus Q', H = E(\sum_{n\in\mathbb{N}} f^n(Q'))$, 则 $H \cong H \oplus Q'$.]
16. 设 R 是环, 使得对于每个三元组 $_RE$, $_RU$, $_RV$, 如果 E 是内射的, 并且 U 上生成 V, 则 $Tr_E(V) \leqslant Tr_E(U)$. 证明: $R/J(R)$ 是半单的. 一般地, 没有有限性要求时, 练习 (16.5.1) 的结论是不正确的.
17. 设 U 和 M 是左 R -模. 证明:U 是 M -内射模当且仅当对于每个 $\gamma : M \to E(U)$, 有 $Im\ \gamma \leqslant U$. 特别地 ,U 是拟内射的当且仅当它关于 $End(_RE(U))$ 封闭. [提示: 练习 (16.13).]
18. 设 U 是拟内射模. 证明: 如果 $E(U) = E_1 \oplus E_2$, 则 $U = U_1 \oplus U_2$, 其中 $E_i = E(U_i)$ $(i = 1, 2)$.U 是不可分解的当且仅当 $E(U)$ 是不可分解的.
19. 设 U_1 和 U_2 是拟内射模使得 $E(U_1) \cong E(U_2)$. 证明: $U_1 \oplus U_2$ 是拟内射的当且仅当 $U_1 \cong U_2$.
20. 求证: 有限 Abel 群是拟内射的当且仅当它是拟投射的. [提示: 练习 (17.19) 和 (18.19).]
21. 证明: 左 Artin 环上的每个拟内射左 R -模模它的零化子之商模是内射的.
22. 证明: 对于左 R -模 U, 下列条件等价:(a) 对于每个集合 A, U^A 是拟内射的; (b) U 模它的零化子之商模是内射的;(c) $U = r_{E(U)}(l_R(U))$.
23. 称模是上半单的, 如果它的每个子模都是极大子模的交. 称环是左上半单的, 如果它有半单左上生成子 (见练习 (9.14) 和 (13.10)). 证明:

    (1) 对于左 R -模 M, 下列等价:(a) M 是上半单的;(b)M 的每个有限上生成的商模都是半单的; (c) 每个单左 R -模都是 M -内射模.

    (2) 上半单模的子模, 商模和直和都是上半单的.

    (3) 对于环 R, 下列等价:(a) $_RR$ 上半单的; (b) R 是左上半单的; (c) 每个左 R -模都是上半单的; (d) 每个单左 R -模都是内射的;(e) 每个短正合列 $0 \to {}_RK \to {}_RM \to {}_RN \to 0$ 都可分, 其中 K 是有限上生成的 ((a)⇔(d) 是 Villamayor 的对偶).

    (4) 如果 R 是上半单的, 则对于左理想 $I \leqslant R$, 有 $I^2 = I$. [提示: 只需证明对于每个 $x \in R, x \in (Rx)^2$. 如果 $x \notin (Rx)^2$, 则对于 R 的某个极大左理想 M, 有 $x \notin M$, $(Rx)^2 \leqslant M$(见 (1)). 从而 $R = Rx + M$.]

    (5) 对于交换环 R, 下列等价:(a) R 是上半单的;(b) 对于 R 的每个理想 I, 有 $I^2 = I$; (c) R 是 Von Neumann 正则环 (这是 Kaplansky 的对偶). [提示: $(c) \Rightarrow (a)$ 设 $I \leqslant R, x \notin I$. 由 (c) 得对于某个 $y \in R$, 有 $x = yx^2$. 设 M 关于 $I \leqslant M$ 和 $x \notin M$ 是极大的, 则 M 是 R 的极大理想. 因此 $_RR$ 是上半单的. 见练习 (15.13).]

    (6) 如果 R 是无限维向量空间 M_D 的自同态环, 则 $R \times R^{op}$ 是 von Neumann 正则的, 但它既不是左上半单的也不是右上半单的. [提示: 练习 (18.4).] (注意:Cozzens [70] 表明上半单环不一定是 von Neumann 正则的).
24. 称环 R 是**左上**$Artin$(**上**$Noether$) **环**, 如果每个有限上生成左模的每个子模 (商模) 都是有限生成的 (有限上生成的).

(1) 证明：R 是左上 Artin(上 Noether) 环当且仅当对于每个单左 R - 模 T, $E(T)$ 是 Noether 的 (Artin 的).

(2) $\mathbb{Z}$ 是上 Noether 的, 但不是上 Artin 的.

25. 模是忠实的当且仅当它上生成每个投射模 (见练习 (17.6)). 称模是**上忠实的**, 如果它生成每个内射模. 证明:

(1) M 是忠实的当且仅当 M 有限上生成正则模 $_RR$. [提示: 对于 (⇒) 考虑 $1 \in Tr_{E(R)}M$.]

(2) 每个忠实左 R -模是上忠实的当且仅当 $_RR$ 是有限上生成的.

(3) 证明: 每个上忠实的拟内射模都是内射的.

26. 模是忠实的当且仅当它上生成一个生成子 (见练习 (8.3)). 称模是* **忠实的**, 如果它生成一个上生成子. 证明:

(1) $_RM$ 是 * 忠实的当且仅当 M 生成 $_R\mathbf{M}$ 中的极小上生成子.

(2) 上忠实的 ⇒ * 忠实的 ⇒ 忠实的.

(3) 如果 R 是左 Artin 的, 则 (2) 中的 3 个都等价.

27. (1) **定理** 如果 $_RE$ 是非零内射的，$S = End(_RE)$, 则 $S/J(S)$ von Neumann 正则的. [提示: 练习 (15.13). 如果 $a \in S$, 则 $E = E(Ker\ a) \oplus E' = E'' \oplus E'a, (a|E') : E' \to E'a$ 是同构. 设 $x = 0 \oplus (a|E')^{-1}$, 求证 $Ker(axa - a) \trianglelefteq E$.]

(2) **推论** 如果 R 是左或右自内射的, 则 $R/J(R)$ 是 von Neumann 正则的.

28. 设 $_RU$ 是拟内射的. 证明：$End(_RU)$ 同构于 $End(_RE(U))$ 的商环，$End(_RU)/J(End(_RU))$ 是 von Neumann 正则的.

29. 称布尔环 R 是**完全的**, 如果对于每个 $A \subseteq R$, 存在元素 $u \in R$ 使得 $l(A) = l(u)$. 证明:

(1) 布尔环 R 是完全的当且仅当 R 是自内射的.

(2) 证明: 从 $\mathbb{Q}$ 到 $\mathbb{Z}_2$ 的一切连续函数环是 von Neumann 正则的但不是自内射的.

30. 设 R 是本原环,$Soc\ R \neq 0$(见练习 (17.5)), 则存在幂等元 $e \in R$ 使得 Re 和 eR 是忠实的, 单的. 令

$$B = BiEnd(Re) = End(Re_{eRe}),$$

$R = \lambda(R)$ 等同于 B 的稠密子环. 对于每个左 (右)eRe -模 U, 设 U^* 是右 (左)eRe -模 $Hom_{eRe}(U, eRe)$. 证明:

(1) $eB = Re^*$.

(2) 作为右 R -模，$eR \trianglelefteq eB$. [提示: 考虑 $Be = Re$.]

(3) 如果 Re 和 eR 是 R -内射的, 则 eRe -向量空间 Re 是自反的, 即赋值映射 $\sigma : Re \to ((Re)^*)^*$ 定义为

$$[\sigma(x)](\gamma) = \gamma(x),$$

则 σ 是同构. [提示: 设 $B' = BiEnd(eR_R)$. 则 $((Re)^*)^* = (eB)^* = (eR)^* = B'e = Re$.]

(4) 无限维向量空间不是自反的. [提示: 设 M_D 有基 $(x_\alpha)_{\alpha \in A}$. 定义 $f_\beta(x_\alpha) = \delta_{\alpha\beta} \in D$. 如果 A 是无限的, 存在 $0 \neq g : M^* \to D$ 使得对于一切 $\alpha \in A, g(f_\alpha) = 0$. 则对于 $v \in M, g \neq \sigma(v)$.]

(5) **定理** 如果 R 是单的, 忠实的, 内射的, 投射的左和右模, 则 R 是单 Artin 环.

(6) 利用 (5) 证明: 如果 M_D 是无限维向量空间, 则 $End(M_D)$ 既不是左自内射的也不是右自内射的 (也可见练习 (18.4.5)).

31. 设 R 是左 Artin 环. 证明:

(1) 如果 $Soc\ _RM = \oplus_A T_\alpha$, 其中每个 T_α 都是单的, 则 $E(M) \cong \oplus_A E(T_\alpha)$.

(2) 每个内射左 R -模都有可补直和项的直和分解 (它的项是单模的内射包).

(3) 单左 R -模的同构类的个数, 不可分解投射左 R -模的同构类的个数以及不可分解内射左 R -模的同构类的个数都相等 (并且是有限的)(见练习 (17.20)).

32. 证明: 左 Artin 环上的每个左上生成子都是平衡的. [提示: 设 $_RE$ 是内射上生成子. 对 $R(x_1, \cdots, x_n) \leqslant E^{(n)}$ 应用 (14.2) 和练习 (8.5), 我们可得 R 在 E 上的作用是稠密的. 再应用练习 (16.19) 可得 E 是平衡的. 最后应用 (14.1) 即可.]

§ 19. 张量函子和平坦模

除了 Hom 函子, 还存在加法函子的另外一个重要的类. 这就是从多重线性代数的研究中产生的“张量”函子类. 在某种意义下张量函子有助于使多重线性函子线性化.

模的张量积

给出了环 R 上的右模 M_R 和左模 $_RN$ 以及 Abel 群 A, 称函数

$$\beta : M \times N \to A$$

是 R -**平衡的**, 如果对于一切 $m, m_i \in M, n, n_i \in N$ 和 $r \in R$, 有

(1) $\beta(m_1 + m_2, n) = \beta(m_1, n) + \beta(m_2, n)$;

(2) $\beta(m, n_1 + n_2) = \beta(m, n_1) + \beta(m, n_2)$;

(3) $\beta(mr, n) = \beta(m, rn)$.

上述映射最熟悉的例子是初等线性代数的内积和环乘法 $R \times R \to R$.

我们不研究上述例子的 R -平衡映射. 这是因为存在一个自然的方法, 它通过利用张量积的概念, 使得每个 R -平衡映射都可得到一个线性映射. 设 M_R 和 $_RN$ 是模. 由 Abel 群 T 和 R -平衡映射 $\tau : M \times N \to T$ 组成的元素对 (T, τ) 是 M_R 和 $_RN$ 的**张量积**, 如果对于每个 Abel 群 A 和每个 R 平衡映射 $\beta : M \times N \to A$, 存在唯一的 $\mathbb{Z}$ -同态 $f : T \to A$ 使得图表

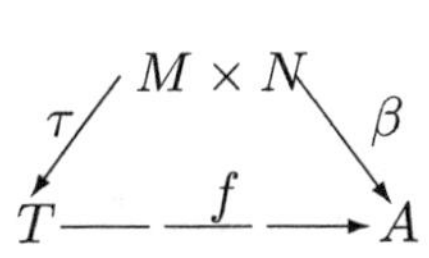

可交换. 如果 (T, τ) 是 M_R 和 $_RN$ 的张量积, 则显然对于每个同态 $f : T \to A, f \circ \tau$ 是 R -平衡的, 从而 (T, τ) 是 M_R 和 $_RN$ 的张量积当且仅当对于每个 Abel 群 A,

$$f \leftrightarrow f \circ \tau$$

定义了 $Hom_{\mathbb{Z}}(T,A)$ 和 $B=\{\beta \mid \beta: M\times N\to A$ 是 R 平衡的 $\}$ 之间的忠实对应. 我们第一任务是表明张量积不仅存在, 而且本质上是唯一的. 唯一性是易证的.

19.1 命题　如果 (T,τ) 和 (T',τ') 是 $(M_R,\ {}_RN)$ 的两个张量积, 则存在 $\mathbb{Z}$ - 同构 $f:T\to T'$ 使得 $\tau'=f\tau$.

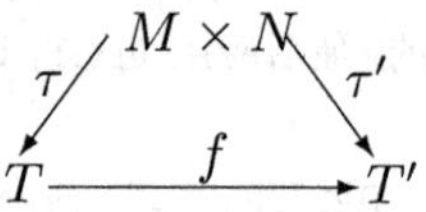

证明　由题设可推出存在同态 f 和 g 使得

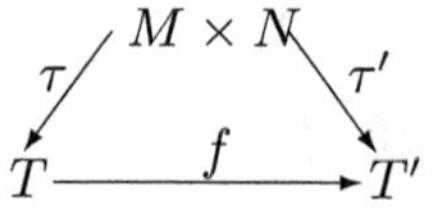

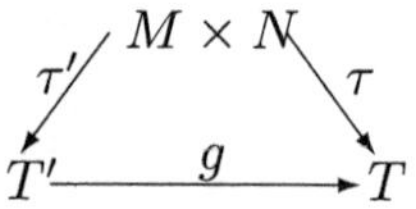

可交换. 从而由图表的交换性

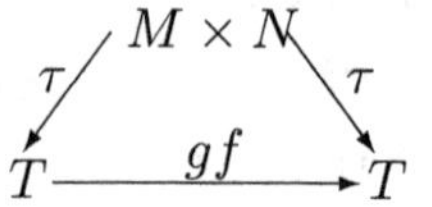

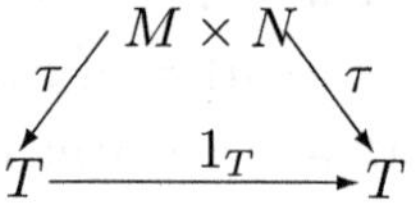

可推出 $gf=1_T$. 类似地, 有 $fg=1_{T'}$, 因此 f 为同构. □

下面我们构造环 R 上 $(M_R,\ {}_RN)$ 的张量积. 设 $F=\mathbb{Z}^{(M\times N)}$ 是 $M\times N$ 上的自由群, 则 F 有自由基 $(x_\alpha)_{\alpha\in M\times N}$. 为了记法的方便, 我们仅用 (m,n) 来表示 $x_{(m,n)}$. 从而,

$$F=\oplus_{M\times N}\mathbb{Z}(m,n).$$

现在设 K 是由形如

$$(m_1+m_2,n)-(m_1,n)-(m_2,n),$$

$$(m,n_1+n_2)-(m,n_1)-(m,n_2),$$

$$(mr,n)-(m,rn)$$

的一切元素生成的 F 的子群, 令 $T=F/K$. 由

$$\tau(m,n)=(m,n)+K$$

定义 $\tau : M \times N \to T$.

19.2 命题 如果 T 和 τ 的定义如上, 则 (T, τ) 是 R 上 $(M_R,\ {}_RN)$ 的张量积.

证明 假设 $\beta : M \times N \to A$ 是 R -平衡映射. 由于 F 在 $M \times N$ 上是自由的, 从而存在 $\mathbb{Z}$ -同态 $h : F \to A$ 使得

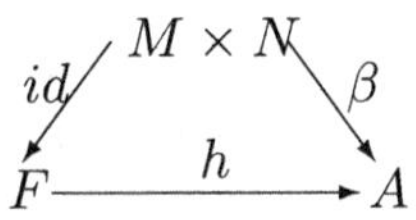

可交换. 由于 β 是 R -平衡的, 从而 $K \leqslant Ker\ h$. 因此存在 $\mathbb{Z}$ -同态 $f : T \to A$ 使得

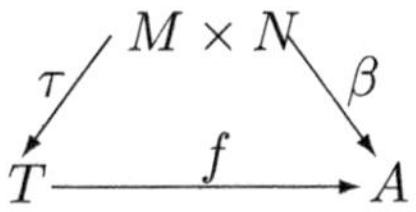

可交换. 最后, 由于 $\tau(M \times N)$ 显然生成 T, 从而 f 由图表唯一确定. □

给了 $(M_R,\ {}_RN)$, 设 (T, τ) 是由上面方法构造的张量积. 由命题 19.1 知它在同构的范围内是唯一的. 我们记作

$$T = M \otimes_R N,$$

并且对于每个 $(m, n) \in M \times N$, 有

$$\tau(m, n) = m \otimes n.$$

我们倾向于对术语的使用略作宽容, 而称 $M \otimes_R N$ 为 M 和 N 的张量积是不够准确的. 我们看到, 记法 $m \otimes n$ 是模糊的, 即如果 $m \in M' \leqslant M, n \in N' \leqslant N$, 则 $m \otimes n$ 在 $M' \otimes_R N'$ 中的意思和在 $M \otimes_R N$ 的意思是十分不同的. 然而, 通常地上下文将消除这种歧义性. 现在结合 (19.1) 和 (19.2) 我们有 $M \otimes_R N$ 是包含生成集 $\{m \otimes n \mid m \in M, n \in N\}$ 的唯一 (在同构的范围内) Abel 群, 它满足

19.3 命题 对于每个 R -平衡映射 $\beta : M \times N \to A$, 存在唯一的 Abel 群同态

$$f : M \otimes_R N \to A$$

, 使得对于一切 $m \in M, n \in N$, 有

$$f(m \otimes n) = \beta(m, n). \qquad \square$$

我们立即有 $M\otimes_R N$ 的下列算术性质:

19.4 命题 $M\otimes_R N$ 的每个元素都可表示为有限和

$$\sum_i(m_i\otimes n_i)\quad(m_i\in M,\quad n_i\in N),$$

而且, 对于一切 $m,\ m_i\in M,\ n,\ n_i\in N$ 和 $r\in R$.

(1) $(m_1+m_2)\otimes n=(m_1\otimes n)+(m_2\otimes n)$,

(2) $m\otimes(n_1+n_2)=(m\otimes n_1)+(m\otimes n_2)$,

(3) $mr\otimes n=m\otimes rn$. □

虽然

$$\tau(M\times N)=\{m\otimes n\mid m\in M,n\in N\}$$

生成 $M\otimes_R N$, 但一般地 ,$\tau(M\times N)\neq M\otimes_R N$. 而且 ,$M\otimes_R N$ 的元素的表示作为有限和 $\sum\limits_i(m_i\otimes n_i)$ 不一定是唯一的.

一般地, Abel 群 $M\otimes_R N$ 不是 R -模. 然而, M 或 N 上的双模结构诱导了 $M\otimes_R N$ 上的模结构. 例如, 假设我们有 $({}_SM_R,\ {}_RN)$, 则对于每个 $s\in S$, 由

$$\sigma_s(m,n)=(sm)\otimes n$$

定义的映射 $\sigma_s:M\times N\to M\otimes_R N$ 是 R -平衡的. 因此存在唯一的 $\mathbb{Z}$ -同态

$$\nu(s):M\otimes_R N\to M\otimes_R N$$

使得

$$\begin{array}{ccc} & M\times N & \\ {}^{\tau}\swarrow & & \searrow^{\sigma_s} \\ M\otimes_R N & \xrightarrow{\ \nu(s)\ } & M\otimes_R N \end{array}$$

可交换. 易证 $\nu:s\mapsto\nu(s)$ 定义了恒等环同态 $S\to End^l(M\otimes_R N)$, 从而 $M\otimes_R N$ 是左 S -模, 其中

$$s(m\otimes n)=(sm)\otimes n.$$

如果 $N={}_RN_T$ 是双模, 则类似的论证表明 $M\otimes_R N$ 是右 T -模. 事实上, 现在易证

19.5 命题 如果 ${}_SM_R$ 和 ${}_RN_T$ 是双模, 则 $M\otimes_R N$ 是左 S -右 T -双模, 其中

$$s(m\otimes n)=(sm)\otimes n,\quad(m\otimes n)t=m\otimes(nt).$$ □

由于 ${}_RR_R$ 是双模, 从而由 (19.5) 得 $M\otimes_R R$ 是右 R -模 ,$R\otimes_R N$ 是左 R -模.

19.6 命题 对于每个右模 M_R, 存在 R 同构 $\eta: M\otimes_R R\to M$ 使得

$$\eta(m\otimes r)=mr,\quad \eta^{-1}(m)=m\otimes 1,$$

且对于每个左模 ${}_RN$, 存在 R -同构 $\mu: R\otimes_R N\to N$ 使得

$$\mu(r\otimes n)=rn,\quad \mu^{-1}(n)=1\otimes n.$$

而且, 如果 ${}_SM_R({}_RN_S)$ 是双模, 则 $\eta(\mu)$ 是双模同构.

证明 我们只证明第一个论断. 由于 $(m,r)\mapsto mr$ 定义了 R -平衡映射 $M\times R\to M$, 从而存在 $\eta: M\otimes_R R\to M$ 使得 $\eta(m\otimes r)=mr$. 显然 η 是 R -同态. 由 (19.4) 知 $\eta': M\to M\otimes_R R$, $\eta'(m)=m\otimes 1$ 也是 R -同态. 显然 $\eta\circ\eta'=1_M$. 由于 $M\otimes_R R=\{m\otimes 1\mid m\in M\}$, 从而显然有

$$\eta'\circ\eta=1_{M\otimes_R R}.$$ □

同态的张量积

沿着讨论张量函子的路线, 我们下面建立两个 R -同态的张量积 $f\otimes g$ 的理论.

设 M,M' 是右 R -模,N,N' 是左 R -模. 进一步假设 $f: M\to M'$ 和 $g: N\to N'$ 是 $R-$ 同态. 由

$$(f,g)(m,n)=f(m)\otimes g(n)$$

定义映射 $(f,g): M\times N\to M'\otimes_R N'$. 很明显 (f,g) 是 R -平衡的, 因此存在唯一的 $\mathbb{Z}$ -同态 $f\otimes g: M\otimes_R N\to M'\otimes_R N'$ 使得下列图表可交换:

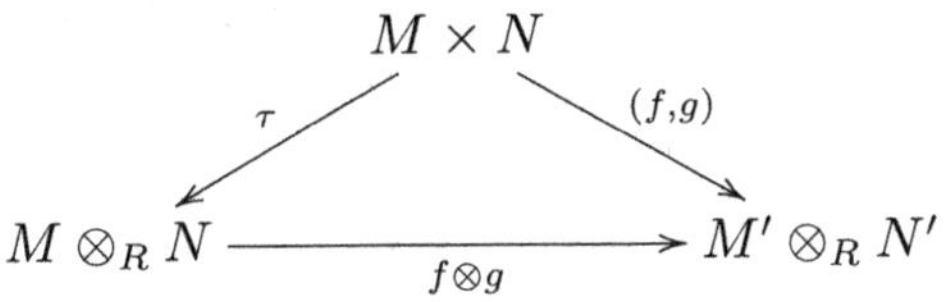

特别地,$f\otimes g$ 可由

$$(f\otimes g)(m\otimes n)=f(m)\otimes g(n)$$

刻画.

19.7 引理 考虑 M_R, M'_R, ${}_RN$, ${}_RN'$, 对于一切 $f_1,f_2,f\in Hom_R(M,M')$ 和一切 $g_1,g_2,g\in Hom_R(N,N')$, 有

(1) $(f_1+f_2)\otimes g=(f_1\otimes g)+(f_2\otimes g)$;

(2) $f \otimes (g_1 + g_2) = (f \otimes g_1) + (f \otimes g_2)$;

(3) $f \otimes 0 = 0 \otimes g = 0$;

(4) $1_M \otimes 1_N = 1_{M \otimes_R N}$.

证明　这些等式在 $M \otimes_R N$ 的生成子 $m \otimes n$ 上显然是成立的. □

19.8 引理　给了 R -同态 $f : M \to M', f' : M' \to M'', g : N \to N'$ 和 $g' : N' \to$
N'', 则有

$$(f' \otimes g')(f \otimes g) = (f'f) \otimes (g'g).$$

证明　对于一切 $m \otimes n$, 等式显然是成立的. □

19.9 引理　假设 $(M_R, (i_\alpha)_{\alpha \in A})$ 是 $(M_\alpha)_{\alpha \in A}$ 的直和 ,$({}_RN, (j_\beta)_{\beta \in B})$ 是 $(N_\beta)_{\beta \in B}$ 的直和, 则 $(M \otimes_R N, (i_\alpha \otimes j_\beta)_{(\alpha,\beta) \in A \times B})$ 是 $(M_\alpha \otimes_R N_\beta)_{(\alpha,\beta) \in A \times B}$ 的直和.

证明　设 $(p_\alpha)_{\alpha \in A}$ 和 $(q_\beta)_{\beta \in B}$ 是 R -同态使得

$$M_\alpha \xrightarrow{i_\alpha} \mathrm{M} \xrightarrow{p_\alpha} M_\alpha \quad \text{和} \quad N_\beta \xrightarrow{j_\beta} \mathrm{N} \xrightarrow{q_\beta} N_\beta$$

满足

$$p_\alpha i_{\alpha'} = \delta_{\alpha\alpha'} 1_{M_\alpha} \quad \text{和} \quad q_\beta j_{\beta'} = \delta_{\beta\beta'} 1_{N_\beta},$$

而且对于一切 $m \in M$ 和 $n \in N$, 有

$$\sum_A i_\alpha p_\alpha(m) = m, \quad \sum_B j_\beta q_\beta(n) = n.$$

则

$$M_\alpha \otimes_R N_\beta \xrightarrow{i_\alpha \otimes j_\beta} M \otimes_R N \xrightarrow{p_\alpha \otimes q_\beta} M_\alpha \otimes_R N_\beta$$

满足

$$(p_\alpha \otimes q_\beta)(i_{\alpha'} \otimes j_{\beta'}) = \delta_{(\alpha,\alpha')(\beta,\beta')} 1_{M_\alpha \otimes_R N_\beta},$$

$$(p_\alpha \otimes q_\beta)(m \otimes n) = 0 \text{ (对于几乎所有 } (\alpha, \beta) \in A \times B),$$

$$\sum_{A \times B} (i_\alpha \otimes j_\beta)(p_\alpha \otimes q_\beta)(m \otimes n) = m \otimes n.$$

然后应用命题 6.21 即可. □

张 量 函 子

设 $U = {}_SU_R$ 是双模. 由 (19.7) 和 (19.8) 知存在由

$$(U \otimes_R \_) : M \mapsto U \otimes_R M,$$

$$(U \otimes_R \_) : f \mapsto 1_U \otimes f$$

定义的加法共变函子

$$(U \otimes_R \_) : {}_R\mathbf{M} \to {}_\mathbb{Z}\mathbf{M}.$$

再由 (19.5) 知每个 $U \otimes_R M$ 都是左 S -模. 下证如果 $f : M \to M'$ 是 R -同态, 则

$$U \otimes_R f : {}_SU \otimes_R M \to {}_SU \otimes_R M'$$

是 S -同态 . 为此只需证明这在 $U \otimes_R M$ 的生成子 $u \otimes m$ 上是成立的. 对于每个 $s \in S, u \in U, m \in M$, 有

$$\begin{aligned}(U \otimes_R f)(su \otimes m) &= (1_U \otimes f)(su \otimes m) \\ &= su \otimes f(m) = s(u \otimes f(m)) \\ &= s((U \otimes_R f) \otimes (u \otimes m)).\end{aligned}$$

从而我们可以把 $({}_SU \otimes_R \_)$ 看作从 ${}_R\mathbf{M}$ 到 ${}_S\mathbf{M}$ 的加法函子, 并且记作

$$({}_SU \otimes_R \_) :{}_R \mathbf{M} \to_S \mathbf{M}.$$

类似地, 存在由

$$(\_ \otimes_S U_R) : N \mapsto N \otimes_S U_R$$

$$(\_ \otimes_S U_R) : g \mapsto g \otimes 1_U$$

定义的加法共变函子

$$(\_ \otimes_S U_R) : \mathbf{M}_S \to \mathbf{M}_R.$$

最后, 应用 (19.9) 我们有

19.10 定理 设 R 和 S 是环 ,${}_RU_S$ 是双模, 则

$$({}_SU \otimes_R \_) : {}_R\mathbf{M} \to {}_S\mathbf{M}$$

和

$$(\_ \otimes_S U_R) : \mathbf{M}_S \to \mathbf{M}_R$$

都是保持 (任意) 直和的加法共变函 □

存在张量函子的其他情形. 例如, 双模 U_{R-S} 产生了函子

$$(U_{R-S} \otimes_R \ \_): \ {}_R\mathbf{M} \to \mathbf{M}_S.$$

这些函子中任意一个的性质都可由通过反环所做的简单变换从其他函子的性质演绎得到. 事实上，有 $M \otimes_R N = N \otimes_{ROP} M$.

通常我们可用函子 $({}_SU \otimes_R \ \_) :{}_R \mathbf{M} \to \ {}_S\mathbf{M}$ 来陈述我们的结果, 但这样, 运用其它函子的相关形式将令更方便.

现在设 ${}_RM' \leqslant \ {}_RM$, W 是左 R -模,$i : M' \to M$ 是包含映射. 形式上, 我们通常把 $Hom_R(W, M')$ 看作 $Hom_R(W, M)$ 的子模. 尽管严格地说此这种等同不正确的, 但由事实

$$Hom_R(W, i) : Hom_R(W, M') \to Hom_R(W, M)$$

是单同态, 或更一般地, 函子

$$Hom_R(W,\_\,): \ {}_R\mathbf{M} \to \ {}_{\mathbb{Z}}\mathbf{M}$$

是左正合的, 我们知道此等同是合理的. 类似地, 由 $Hom_R(\_, W)$ 的左正合性, 我们可以把 $Hom_R(M/M', W)$ 看作 $Hom_R(M, W)$ 的子模.

设 ${}_RM' \leqslant \ {}_RM$, 但 U 是右 $R-$ 模, 则一般地 ,$U \otimes_R M'$ 不等同于 $U \otimes_R M$ 的子模. 例如, 作为 $\mathbb{Z}$ -模 $\mathbb{Z} \leqslant \mathbb{Q}$, 但对于每个 $n > 1$, 有

$$\mathbb{Z}_n \otimes_{\mathbb{Z}} \mathbb{Z} \cong \mathbb{Z}_n \quad , \quad \mathbb{Z}_n \otimes_{\mathbb{Z}} \mathbb{Q} = 0.$$

为了证明 $\mathbb{Z}_n \otimes_{\mathbb{Z}} \mathbb{Q} = 0$, 注意到如果 $x \in \mathbb{Z}_n$, 则在 $\mathbb{Z}_n \otimes_{\mathbb{Z}} \mathbb{Q}$ 中,

$$x \otimes q = x \otimes n(n^{-1}q) = nx \otimes n^{-1}q = 0 \otimes n^{-1}q = 0.$$

此现象是函子 $(U \otimes_{R\_})$ 一般不是左正合这一事实的结果. 然而, 我们将看到这些张量函子的每一个都是右正合的.

19.11 引理 给了模 ${}_SU_R$ 和 ${}_SN$, 如果 $f: \ {}_RM' \to \ {}_RM$ 是 R -同态, 则存在 $\mathbb{Z}$ -同构 ϕ 和 ϕ' 使得下图可换:

$$\begin{array}{ccc}
Hom_R(M, Hom_S(U, N)) & \xrightarrow{Hom_R(f, Hom_S(U, N))} & Hom_R(M', Hom_S(U, N)) \\
\Big\downarrow \phi & & \Big\downarrow \phi' \\
Hom_S((U \otimes_R M), N) & \xrightarrow{Hom_S((U \otimes_R f), N)} & Hom_S((U \otimes_R M'), N)
\end{array}$$

证明 设 $\gamma \in Hom_R(M, Hom_S(U, N))$, 则易证 $(u, m) \mapsto \gamma(m)(u)$ 是 R -平衡的. 因此存在 S -同态

$$\phi(\gamma):\ {}_SU \otimes_R M \to N,\ \ \phi(\gamma): u \otimes m \mapsto \gamma(m)(u).$$

直接验证可知映射 $\phi: \gamma \mapsto \phi(\gamma)$ 是 Abel 群之间的同构, 它的逆为 $\phi^{-1}(\delta)(m): u \mapsto \delta(u \otimes m)$. 从而平行地定义 ϕ', 我们有

$$\begin{aligned}
&\phi'(Hom_R(f, Hom_S(U, N))(\gamma))(u \otimes m') \\
&= \phi'(\gamma f)(u \otimes m') = \gamma(f(m'))(u) \\
&= \phi(\gamma)(u \otimes f(m')) = \phi(\gamma) \circ (U \otimes_R f)(u \otimes m') \\
&= Hom_S((U \otimes_R f), N)(\phi(\gamma))(u \otimes m'),
\end{aligned}$$

因此图表可交换. □

注意, 最后的结果说明: 在某些情形下, 张量函子可与 Hom 函子交换. 此引理在形式上是“伴随”关系的一个陈述 (见 §21).

现在设 C 是 Abel 群范畴 ${}_{\mathbb{Z}}\mathbf{M}$ 中的内射上生成子 (见 (18.19)). 令

$$(\ \ )^* = Hom_{\mathbb{Z}}(\_, C).$$

我们已知，如果 U 是右 R -模, 则 U^* 是左 R -模. 利用此概念我们可以陈述下面的“正合性检验”引理, 它的证明涉及了在上个引理中可能做的函子交换.

19.12 引理 设 $f: M' \to M$ 和 $g: M \to M''$ 是 ${}_R\mathbf{M}$ 中的 R -同态,U 是右 R -模, 则

$$U \otimes_R M' \xrightarrow{U \otimes_R f} U \otimes_R M \xrightarrow{U \otimes_R g} U \otimes_R M''$$

是正合的当且仅当

$$Hom_R(M'', U^*) \xrightarrow{Hom_R(g, U^*)} Hom_R(M, U^*) \xrightarrow{Hom_R(f, U^*)} Hom_R(M', U^*)$$

是正合的.

证明 由 (19.11) 我们有交换图

$$\begin{array}{ccccc}
Hom_R(M'', U^*) & \xrightarrow{Hom_R(g, U^*)} & Hom_R(M, U^*) & \xrightarrow{Hom_R(f, U^*)} & Hom_R(M', U^*) \\
\downarrow{\scriptstyle \phi''} & & \downarrow{\scriptstyle \phi} & & \downarrow{\scriptstyle \phi'} \\
(U \otimes_R M'')^* & \xrightarrow{(U \otimes_R g)^*} & (U \otimes_R M)^* & \xrightarrow{(U \otimes_R f)^*} & (U \otimes_R M')^*
\end{array}$$

其中 ϕ'', ϕ 和 ϕ' 是同构. 上行是正合的当且仅当底行是正合的. 由于 C 是 ${}_{\mathbb{Z}}\mathbf{M}$ 中的内射上生成子, 从而由 (18.1) 和 (18.14) 得底行是正合的当且仅当

$$U \otimes_R M' \xrightarrow{U \otimes_R f} U \otimes_R M \xrightarrow{U \otimes_R g} U \otimes_R M''$$

是正合的. □

19.13 命题 张量函子是右正合的. 特别地, 如果 ${}_R\mathbf{M}$ 中的

$$0 \longrightarrow M' \xrightarrow{f} M \xrightarrow{g} M'' \longrightarrow 0$$

是正合的, 则对于每个双模 ${}_SU_R$,

$$U \otimes_R M' \xrightarrow{U \otimes_R f} U \otimes_R M \xrightarrow{U \otimes_R g} U \otimes_R M'' \longrightarrow 0$$

在 ${}_S\mathbf{M}$ 中是正合的.

证明 由 (16.6) 知序列

$$0 \longrightarrow Hom_R(M'', U^*) \xrightarrow{Hom_R(g, U^*)} Hom_R(M, U^*) \xrightarrow{Hom_R(f, U^*)} Hom_R$$

(M', U^*) 是正合的, 再应用 (19.12) 即得. □

平 坦 模

我们说模 U_R **相对于模**${}_RM$ **是平坦的** (或 U 是 M -**平坦的**), 如果函子 $(U \otimes_R \_)$ 保持中间项为 M 的一切短正合列的正合性. 从而 U 是 M -平坦的当且仅当对于每个子模 $K \leqslant M$, 序列

$$0 \longrightarrow U \otimes_R K \xrightarrow{U \otimes_R i_k} U \otimes_R M$$

是正合的. 如果 V_R 相对于每个右 R -模都是平坦的, 则称 V_R 是**平坦右**R -**模**. 平坦左模的理论是平坦右模理论的左–右对称内容.

我们继续用 $(\ )^*$ 表示函子 $Hom_{\mathbb{Z}}(\_, C)$, 其中 C 是 ${}_{\mathbb{Z}}\mathbf{M}$ 中固定的内射上生成子.

19.14 引理 设 M 是左 R -模, 右 R -模 V 是 M -平坦的当且仅当每个 V^* 是 M -内射的. 特别地,V 是平坦的当且仅当 V^* 是内射的.

证明 对单同态 $0 \to K \to M$ 应用 (19.12). □

19.15 命题 设 $(V_\alpha)_{\alpha \in A}$ 是右 R -模的指标集, 则 $\oplus_A V_\alpha$ 是平坦的当且仅当每个 V_α 都是平坦的.

证明 由 (16.4) 得 $(\oplus_A V_\alpha)^* \cong \prod_A (V_\alpha)^*$. 由 (16.11) 得 $\prod_A (V_\alpha)^*$ 是内射的当且仅当 $(V_\alpha)^*$ 是内射的. 从而应用 (19.14) 即可. □

19.16 命题 每个投射模都是平坦的.

证明 由于投射模同构于自由模的直和项 (17.2), 从而我们只需证明正则模 R_R 是平坦的. 如果 ${}_R\mathbf{M}$ 中的 $f: M' \to M$ 是单同态, 则由 (19.6) 得存在同构 μ' 和 μ 使得图表

$$\begin{array}{ccccc} 0 \longrightarrow & M' & \xrightarrow{\quad f \quad} & M \\ & \big\uparrow{\scriptstyle \mu'} & & \big\uparrow{\scriptstyle \mu} \\ & R\otimes_R M' & \xrightarrow{R\otimes_R f} & R\otimes_R M \end{array}$$

可交换. 从而 $R\otimes_R f$ 是单的. 因此 R_R 是平坦的. □

19.17 平坦检验引理 对于右 R -模 V, 下列条件等价:

(a) V 是平坦的;

(b) V 相对于 ${}_RR$ 是平坦的;

(c) 对于每个 (有限生成的) 左理想 $I \leqslant {}_RR$, $\mathbb{Z}$ -满同态 $\mu_I: V\otimes_R I \to VI, \mu_I(v\otimes a) = va$ 是单的.

证明 (a)⇔(b). 可由引理 (18.3) 和 (19.14) 得.

(b)⇔(c). 图表

$$\begin{array}{ccc} V\otimes_R I & \xrightarrow{V\otimes_R i_I} & V\otimes_R R \\ \big\downarrow & & \big\downarrow \\ VI & \xrightarrow{\quad i_{VI} \quad} & V \end{array}$$

可交换, 其中 μ 是 (19.6) 中的同构. 由于包含映射 i_{VI} 是 $\mathbb{Z}$ -单同态, 从而 $V\otimes_R i_I$ 是单同态当且仅当 μ_I 是单同态.

最后, 由 (c) 的括号中的情形可推出去掉括号的情形. 这是因为, 设 $v_i \in V, a_i \in R$ $(i = 1, \cdots, n)$, 假设 $\sum_i v_i\otimes a_i \in Ker\ \mu_I$, 即 $\sum_i v_ia_i = 0$, 则 $\sum_i v_i\otimes a_i \in Ker\ \mu_K$, 其中 $K = \sum_i Ra_i$. 由假设知 $\sum_i v_i\otimes a_i = 0$ 可看作 $V\otimes_R K$ 中的元素 .$i_K: K\to I$ 是包含映射, 因此

$$0 = (V\otimes_R i_K)(\sum(v_i\otimes a_i)) = \sum(v_i\otimes a_i) \in V\otimes_R I. \qquad \square$$

由引理 (19.17) 我们可得下列两个另外的平坦性检验命题.

19.18 引理 设 V 是平坦右 R -模 ,$\mathbf{M}_R$ 中的序列

$$0 \longrightarrow K \xrightarrow{i_K} V \xrightarrow{f} V' \longrightarrow 0$$

是正合的, 则 V' 是平坦的当且仅当对于每个 (有限生成的) 左理想 $I \leqslant {}_RR$, 有

$$KI = K \cap VI.$$

证明 $\mathbb{Z}-$ 同态的下列图表

$$\begin{array}{ccccccccc}
 & & & & 0 & & & & \\
 & & & & \downarrow & & & & \\
 & & K \otimes_R I & \xrightarrow{i_K \otimes_R I} & V \otimes_R I & \xrightarrow{f \otimes_R I} & V' \otimes_R I & \longrightarrow & 0 \\
 & & \downarrow{\scriptstyle \mu} & & \downarrow{\scriptstyle \mu_I} & & \downarrow{\scriptstyle \mu'_I} & & \\
0 & \longrightarrow & K \cap VI & \xrightarrow{\subseteq} & VI & \xrightarrow{(f \mid VI)} & V'I & & \\
 & & & & \downarrow & & & & \\
 & & & & 0 & & & &
\end{array}$$

可交换, 其中行和列都是正合的. 因此由 (3.14.3) 和 (3.14.4) 得 μ'_I 是单的当且仅当 μ 是满的. 由于 $Im\,\mu = KI \subseteq K \cap VI$, 因此 μ'_I 是单的当且仅当 $KI = K \cap VI$. 再应用 (19.17) 即可. □

19.19 引理 模 V_R 是平坦的当且仅当对于每个关系

$$\sum_{j=1}^{n} v_j a_j = 0 \quad (v_j \in V, a_j \in R),$$

存在元素 $u_1, \cdots, u_m \in V$ 和 $c_{ij} \in R$ $(i = 1, \cdots, m, j = 1, \cdots, n)$ 使得

$$\sum_{j=1}^{n} c_{ij} a_j = 0 \quad (i = 1, \cdots, m),$$

$$\sum_{i=1}^{m} u_i c_{ij} = v_j \quad (j = 1, \cdots, n).$$

证明 $(\Rightarrow)$. 假设 V_R 是平坦的 , $\sum_{j=1}^{n} v_j a_j = 0$, 设 $I = \sum_j Ra_j$. 考虑自由左 $R-$ 模 $F = \oplus_{j=1}^{n} Rx_j$ 和短正合列

$$0 \longrightarrow K \xrightarrow{i_K} F \xrightarrow{f} I \longrightarrow 0\,,$$

其中 $f(x_j) = a_j (j = 1, \cdots, n)$. 由平坦检验引理 (19.17.c) 知作为 $V \otimes_R I$ 的元素 , $\sum_j (v_j \otimes f(x_j)) = \sum_j (v_j \otimes a_j) = 0$. 因此在正合列

$$0 \longrightarrow V \otimes K \xrightarrow{V \otimes i_K} V \otimes F \xrightarrow{V \otimes f} V \otimes I \longrightarrow 0$$

中, 有 $\sum_j(v_j \otimes x_j) \in Ker(V \otimes f) = Im(V \otimes i_K)$. 从而存在 $u_i \in V$ 和 $k_i \in K$ 使得 $\sum_j(v_j \otimes x_j) = \sum_i(u_i \otimes k_i)$. 由于每个 $k_i \in F$, 从而对于每个 $i = 1, \cdots, m$ 和某些 $c_{ij} \in R$, 有 $k_i = \sum_j c_{ij}x_j$. 这样我们有

$$\sum_j c_{ij}a_j = \sum_j c_{ij}f(x_j) = f(k_i) = 0 \quad (i = 1, \cdots, n).$$

而且, 还有

$$\begin{aligned}\sum_j(v_j \otimes x_j) &= \sum_i(u_i \otimes k_i) = \sum_i(u_i \otimes (\sum_j c_{ij}x_j)) \\ &= \sum_j((\sum_i u_ic_{ij}) \otimes x_j).\end{aligned}$$

但由 (19.9) 知 $V \otimes F = \oplus_{j=1}^n Im(V \otimes i_{Rx_j})$, 因此对于每个 j, 有 $v_j = \sum_i u_ic_{ij}$.

($\Leftarrow$). 设 $I \leqslant {}_RR$. 假设有 $a_j \in I$ 和 $v_j \in V$ 使得 $\sum_j v_ja_j = 0$, 则由题设知存在 $u_j \in V, c_{ij} \in R$ 使得在 $V \otimes I$ 中, 有

$$\begin{aligned}\sum_j(v_j \otimes a_j) &= \sum_j((\sum_i u_ic_{ij}) \otimes a_j) \\ &= \sum_i(u_i \otimes \sum_j c_{ij}a_j) = 0.\end{aligned}$$

再应用检验引理 (19.17) 即可. □

平坦模的积

称有限生成模 ${}_RM$ 是**有限表现的**, 如果在每个正合列

$$0 \to K \to F \to M \to 0$$

中 ,F 是有限生成自由模, 核 K 是有限生成的 .R 是 Noether 的当且仅当每个有限生成的 R -模都是有限表现的 (见命题 (10.19)). 更一般地, 称环 R 是**左凝聚环**, 如果它的每个有限生成左理想都是有限表现的. 而且, 左凝聚环上的平坦右模的直积是平坦的.

19.20 定理 [$\boldsymbol{S.U.Chase}$] 对于环 R, 下列条件等价:

(a) 平坦右 R -模的每个直积都是平坦的;

(b) 对于每个集合 A, R_R^A 是平坦的;

(c) R 是左凝聚的.

证明　(a)⇒(b). 由 (19.16) 得 R_R 是平坦的.

(b)⇒(c). 假设 $I \leqslant {}_RR$, F 是自由模, 它的自由基为 $x_1, \cdots, x_n$. 考虑到 ${}_RI$ 上的映射

$$F \xrightarrow{f} I \longrightarrow 0 .$$

对于每个 $j = 1, \cdots, n$, 设 $a_j = f(x_j)$, $K = Kerf$. 为了证明 K 是有限生成的, 在 $card(K)$ 个 R 的直积 R^K 中, 由方程

$$k = \pi_k(v_1)x_1 + \cdots + \pi_k(v_n)x_n \quad (k \in K)$$

定义元素 $v_j \in R^K$, 则有 $0 = f(k) = \sum_j \pi_k(v_j)a_j$, 或者等价地有

$$\sum_{j=1}^{n} v_j a_j = 0 \in R^K.$$

由题设得 R^K 是平坦的, 因此由 (19.19) 知存在 $u_1, \cdots, u_m \in R^K$, $c_{ij} \in R$ 使得对于一切 i 和 j, 有

$$\sum_{j=1}^{n} c_{ij} a_j = 0, \quad \sum_{i=1}^{m} u_i c_{ij} = v_j.$$

现在设

$$k_i = \sum_{j=1}^{n} c_{ij} x_j \in F,$$

则 $f(k_i) = \sum_j c_{ij} a_j = 0$, 因此 $k_1, \cdots, k_n \in K$. 但对于一切 $k \in K$, 有

$$k = \sum_j \pi_k(v_j)x_j = \sum_j \pi_k(\sum_j u_i c_{ij})x_j = \sum_i \pi_k(u_i)(\sum_j c_{ij} x_j) = \sum_i \pi_k(u_i)k_i;$$

因此 K 是由 $k_1, \cdots, k_n$ 生成的.

(c) ⇒(a). 设 R 是左凝聚环. 首先, 我们证明, 对于一切集合 A 和 B, 右 R -模 $(R^{(B)})^A$ 是平坦的. 假设

$$v_j \in (R^{(B)})^A \quad 和 \quad a_j \in R$$

满足

$$\sum_{j=1}^{n} v_j a_j = 0.$$

设 F 是自由左 R -模, 自由基为 $x_1,\cdots,x_n$. 设 K 是满同态

$$F\xrightarrow{f}\sum_{j=1}^{n}Ra_j\longrightarrow 0\qquad (f(x_j)=a_j,j=1,\cdots,n)$$

的核. 由于 R 是左凝聚的, 从而我们可以记为

$$K=\sum_{i=1}^{m}Rk_i,$$

其中

$$k_i=\sum_{j=1}^{n}c_{ij}x_j\in K,$$

$$\sum_{j=1}^{n}c_{ij}a_j=f(k_i)=0\quad (i=1,\cdots,m).$$

为得到 u_i, 注意到有下式成立: 对于一切 $\alpha\in A,\beta\in B$, 有

$$\sum_{j=1}^{n}[v_j(\alpha)](\beta)x_j\in K.$$

从而当 $[v_j(\alpha)](\beta)=0$ $(j=1,\cdots,n)$ 时, 我们可以选择 $b_{i\alpha\beta}\in R$ $(i=1,\cdots,m)$ 使得 $b_{i\alpha\beta}=0$, 而且由

$$\sum_{j=1}^{n}[v_j(\alpha)](\beta)x_j=\sum_{i=1}^{n}b_{i\alpha\beta}k_i$$

可得到由

$$[u_i(\alpha)](\beta)=b_{i\alpha\beta}\quad (\alpha\in A,\beta\in B,i=1,\cdots,m)$$

定义的 $u_1,\cdots,u_m\in(R^{(B)})^A$, 因此

$$\begin{aligned}\sum_j[v_j(\alpha)](\beta)x_j&=\sum_i[u_i(\alpha)](\beta)k_i\\&=\sum_i[u_i(\alpha)](\beta)(\sum_j c_{ij}x_j)\\&=\sum_j(\sum_i[u_i(\alpha)](\beta)c_{ij})x_j\end{aligned}$$

或等价地有

$$v_j = \sum_{i=1}^{m} u_i c_{ij} \quad (j = 1, \cdots, n).$$

从而由 (19.19) 我们可得 $(R^{(B)})^A$ 总是平坦的.

现在为完成证明, 我们假设 $(V_\alpha)_{\alpha \in A}$ 是平坦右 R -模族 ,B 是使得自由右模 $F_\alpha \cong R^{(B)}$ 能够满射到 V_α 的自由右模的集合, 即对于一切 $\alpha \in A$,

$$0 \to K_\alpha \to F_\alpha \to V_\alpha \to 0$$

是正合的. 从而我们有正合列

$$0 \to \prod_A K_\alpha \to \prod_A F_\alpha \to \prod_A V_\alpha \to 0$$

(见 (6.25)), 其中 $\prod_A F_\alpha \cong (R^{(B)})^A$ 是平坦的. 现在设 I 是 R 中的有限生成左理想. 则对于任意右 R -模的直积 $\prod_A M_\alpha$, 我们有 $(\prod_A M_\alpha)I = \prod_A (M_\alpha I)$(见练习 (15.3)). 因此应用 (19.18) 我们有

$$\begin{aligned}(\prod_A K_\alpha)I &= \prod_A (K_\alpha I) = \prod_A (K_\alpha \cap F_\alpha I) = (\prod_A K_\alpha) \cap (\prod_A (F_\alpha I)) \\ &= (\prod_A K_\alpha) \cap (\prod_A F_\alpha) I.\end{aligned}$$

这就完成了证明. □

练　习　19

1. 设 R 是环 ,$L \leqslant {}_R R$, $I \leqslant R_R$. 证明:
   (1) 对于每个 ${}_R M$, 存在 $\mathbb{Z}$ -同构 $f: R/I \otimes_R M \to M/IM$ 使得 $f: (r+I) \otimes m \mapsto rm + IM$. 可推断作为 Abel 群
   $$R/I \otimes_R R/L \cong R/(I+L).$$
   (2) 如果 $m, n \in \mathbb{N}, d = (m, n)$ 是 m 和 n 的最大公因数, 则 $\mathbb{Z}_m \otimes_{\mathbb{Z}} \mathbb{Z}_n \cong \mathbb{Z}_d$.
2. 设 R 是交换环 ,F 和 G 是自由 R -模, 它们的基分别为 $(x_\alpha)_{\alpha \in A}$ 和 $(y_\beta)_{\beta \in B}$. 证明: $F \otimes_R G$ 是自由 R -模, 它的基为 $(x_\alpha \otimes y_\beta)_{(\alpha,\beta) \in A \times B}$.
3. 设 L 是 K 的扩域 ,V 是 K -向量空间, 其中基为 $(x_\alpha)_{\alpha \in A}$. 证明 : $(1 \otimes x_\alpha)_{\alpha \in A}$ 是 L 向量空间 $L \otimes_K V$ 的基.
4. 设 R 和 S 是环 ,$e \in R, f \in S$ 是非零幂等元. 证明:
   (1) 对于每个 ${}_R M_S$, 存在同构 η_M 和 μ_M
   $$\eta_M : eR \otimes_R M \to {}_{eRe} eM_S, \quad \mu_M : M \otimes_S Sf \to {}_R Mf_{fSf}$$
   使得 $\eta_M(e \otimes m) = em, \quad \mu_M(m \otimes f) = mf$.
   (2) η_M 是从张量函子 $eR \otimes_R (\_)$ 到 T_e(见 (0.13) 和练习 (4.17)) 的自然变换.

5. 设 R 和 S 是变换环 K 上的代数. 证明:

(1) $R \otimes_K S$ 是 K -代数, 其中乘法为

$$(r \otimes s)(r' \otimes s') = rr' \otimes ss'$$

$$k(r \otimes s) = (kr) \otimes s = r \otimes (ks).$$

(2) $\alpha : r \mapsto r \otimes 1$ 和 $\beta : s \mapsto 1 \otimes s$ 定义了代数同态 $\alpha : R \to R \otimes_K S$ 和 $\beta : S \to R \otimes_K S$ 使得对于一切 $r \in R, s \in S$, 有 $\alpha(r)\beta(s) = \beta(s)\alpha(r)$.

6. 设 R 和 S 是环, 考虑环 ($\mathbb{Z}$ -代数) $T = R \otimes_{\mathbb{Z}} S$, $U = R \otimes_{\mathbb{Z}} S^{op}$ 和 $V = R^{op} \otimes_{\mathbb{Z}} S$(见练习 (19.5)). 证明:

(1) 每个双模 ${}_RM_S$ 都诱导了模 ${}_UM$(其中 $(r \otimes s)m = rms$) 和模 M_V(其中 $m(r \otimes s) = rms$).

(2) 练习 (19.5.2) 中的映射 α 和 β 在每个模 ${}_TM$ 上都诱导了 ${}_RM_{S^{op}}$ 结构.

7. 对于每个左 R -模 M, 设 M^* 是右 R -模 $Hom_R({}_RM,\ {}_RR_R)$, 则由练习 (19.6) 可得 $M \otimes_{\mathbb{Z}} M^*$ 是左 $R \otimes_{\mathbb{Z}} R^{op}$ -模. 证明:

(1) 如果 ${}_RP$ 是有限生成投射模, 则 $P \otimes_{\mathbb{Z}} P^*$ 是 $R \otimes_{\mathbb{Z}} R^{op}$ 上的有限生成投射模.

(2) 如果 ${}_RG$ 是生成子, 则 $G \otimes_{\mathbb{Z}} G^*$ 是 $R \otimes_{\mathbb{Z}} R^{op}$ 生成子.

8. 设 K 是域. 证明: 作为 K -代数 $\mathbb{M}_m(K) \otimes_K \mathbb{M}_n(K) \cong \mathbb{M}_{mn}(K)$.

9. 称模 ${}_RU$ 在交换整环 R 上是无扭的, 如果对于一切 $0 \neq u \in U$, $l_R(u) = 0$. 证明:

(1) 如果 P 是 $P.I.D.$, ${}_RU$ 是平坦的当且仅当 ${}_RU$ 是无扭的. [提示:$aR \otimes_R U = \{a \otimes u \mid u \in U\}$. 应用引理 (19.17).]

(2) 如果 K 是域, 则 $RX + RY$ 是无扭的 $R = K[X, Y]$ 的理想, 但不是 R -平坦的.

10. 设 $\phi : R \to S$ 是环同态, 则 ${}_SS_R$ 和 ${}_RS_S$ 是由 ϕ 得到的双模. 考虑从 ${}_R\mathbf{M}$ 到 ${}_S\mathbf{M}$ 的函子 $T_\phi = ({}_SS \otimes_R \ \_)$ 和 $H_\phi = Hom_R(S_S, \_)$. 由 (19.11) 可推断

(1) 如果 P 在 ${}_R\mathbf{M}$ 中是投射的, 则 $T_\phi(P)$ 在 ${}_S\mathbf{M}$ 中也是投射的.

(2) 如果 E 在 ${}_R\mathbf{M}$ 中是内射的, 则 $H_\phi(E)$ 在 ${}_S\mathbf{M}$ 中也是内射的.

11. 称子模 ${}_RU \leqslant {}_RV$ 是 V 的**纯子模**, 如果对于每个右理想 $I \leqslant {}_RR$, 有 $IU = U \cap IV$. 从而如果 V 是平坦的, 则 V/U 是平坦的当且仅当 U 为 V 的纯子模 (见 (19.18)).

(1) 证明: 如果 $(U_\alpha)_{\alpha \in A}$ 是 V 的纯子模的链, 则 $\cup_A U_\alpha$ 为 V 的纯子模.

(2) 证明: 如果 $K \leqslant V$, 则存在子模 $U \leqslant V$ 使得它关于 $U \leqslant K$ 和 U 为 V 的纯子模这两个条件是极大的.

12. 证明: 由平坦模得到的平坦模的扩张是平坦的, 即如果 $0 \to V' \to V \to V'' \to 0$ 是正合的,V' 和 V'' 是平坦的, 则 V 是平坦的.[提示:(19.17) 和 (3.14.1).]

13. 证明: 如果对于一切集合 A, V^A 是平坦的, 则对于一切集合 A 和 B, $(V^{(B)})^A$ 是平坦的.

14. 设 ${}_SV_R$ 是双模,${}_SQ$ 是 ${}_S\mathbf{M}$ 中的内射上生成子. 证明: 下列等价:(a)V_R 是平坦的;(b) $Hom_S(V_R, Q)$ 是内射左 R -模;(c) 存在左 S 上生成子 C 使得 $Hom_S(V_R, C)$ 是 R 上的内射模;(d) 对于每个内射模 ${}_SE$, $Hom_S(V_R, E)$ 在 R 上是内射的.

15. 给了模 M_R 和 ${}_RU$, 设 $\mathscr{F}(M)$ 表示 M 平坦左 R -模的类 ,$\mathscr{F}^{-1}(U)$ 表示使得 U 是 N -平坦的右 R -模 N 的类. 证明:

(1) $\mathscr{F}(M)$ 关于直和和直和项封闭.

(2) $\mathscr{F}^{-1}(M)$ 关于子模, 商模和直和封闭.

(3) 如果 V_R 是平坦的, 则 $\mathscr{F}(V)$ 关于扩张封闭, 即如果 $0 \to U' \to U \to U'' \to 0$ 是正合的 ,U' 和 $U'' \in \mathscr{F}(V)$, 则 $U \in \mathscr{F}(V)$.

16. 证明: 环是 von Neumann 正则的当且仅当它的每个左模都是平坦的. [提示: 对于 ($\Leftarrow$) 在 $0 \to Ra \to R \to R/Ra \to 0$.]

17. 证明: 如果 $0 \to K \to P \to M \to 0$ 是正合的 ,K 和 P 是有限生成的, 且 P 是投射的, 则 M 是有限表现的.[提示: ***Schanuel*** 引理, 练习 (18.9).]

18. 设 U_R 和 ${}_RM$ 是模 .U **在**M **中的零化子**定义为

$$Ann_M(U) = \{m \in M \mid u \otimes m = 0, u \bigotimes m \in U \bigotimes_R M \text{ 对于一切 } u \in U\}.$$

说 U_R 是 ${}_RM$ -忠实的, 如果 $Ann_M(U) = 0$. 证明:

(1) $Ann_M(U)$ 是 M 的唯一最小子模 K, 使得 U 是 M/K 忠实的.

(2) 如果 $f :_R M \to {}_RN$, 则 $f(Ann_M(U)) \subseteq Ann_N(U)$. 特别地 ,$Ann_M(U)$ 关于 M 的自同态封闭.

(3) 如果 $f : M \to N$ 是满同态 ,$Kerf \leqslant Ann_M(U)$, 则

$$f(Ann_M(U)) = Ann_N(U).$$

(4) 如果 $(U_\alpha)_{\alpha \in A}$ 是右 R -模 ,M 是左 R -模, 则

$$Ann_M(\oplus_A U_\alpha) = \cap_A Ann_M(U_\alpha).$$

(5) 如果 $(M_\alpha)_{\alpha \in A}$ 是左 $R-$ 模 ,U 是右 $R-$ 模, 则

$$Ann_{\oplus_A M_\alpha}(U) = \oplus_A Ann_{M_\alpha}(U).$$

(6) 如果 U_R 生成 V_R, 则 $Ann_M(U) \leqslant Ann_M(V)$.

(7) U_R 是 ${}_RM$ -忠实的当且仅当对于每个同态 $f : N \to M$, 由 $U \otimes f = 0$ 可推出 $f = 0$.

(8) $Ann_{_RR}(U) = r_R(U)$.

(9) 如果 $I \leqslant {}_RR_R$, 则 $Ann_M(R/I) = IM$.　[提示: 练习 (19.1.1).]

19. 称模 W_R 是**完全忠实的**, 如果对于每个左 R -模 M, $Ann_M(W) = 0$. 证明:

(1) R_R 是完全忠实的.

(2) $\mathbf{M}_R$ 中的每个生成子都是完全忠实的.

(3) 对于模 W_R, 下列等价:

(a) W_R 是完全忠实的;

(b) 对于每个单同态 $f \in {}_R\mathbf{M}$, 如果 $W \otimes f = 0$, 则 $f = 0$;

(c) 对于每个单同态 $f \in {}_R\mathbf{M}$, 如果 $W \otimes f$ 是单同态, 则 f 是单同态;

(d) 如果诱导的序列 $W \otimes M' \to W \otimes M \to W \otimes M''$ 是正合的, 则序列 $M' \to M \to M''$ 是正合的.

20. 给了模 ${}_SW_R$, ${}_RM$ 和 ${}_SC$, 设 $W^* = Hom_S(W, C) \in {}_R\mathbf{M}$. 利用 (19.11) 中的同构 ϕ 证明:

(1) $Ann_M(W) \leqslant Rej_M(W^*)$.

(2) 如果 ${}_SC$ 是上生成子, 则 $Ann_M(W) = Rej_M(W^*)$.

(3) 如果 ${}_SC$ 是上生成子, 则 W_R 是完全忠实的当且仅当 W^* 是 ${}_R\mathbf{M}$ 中的上生成子.

21. 证明: 对于平坦右 R -模 V, 下列条件等价:

(a) V 是完全忠实的;

(b) 当 $_RM \neq 0$ 时 ,$V \otimes M \neq 0$;

(c) 对于每个单左 R -模 T, $V \otimes_R T \neq 0$;

(d) 对于 R 的每个极大左理想 I, $VI \neq V$.

[提示: 练习 (19.20) 和 (19.1.1).]

22. 设 S 是环 R 上的单右 R -模的表示集的直和. 对于每个左 R -模 M 定义 $Trad\ M = Ann_M(S)$. 证明:

(1) $Trad\ _RR = J(R)$. [提示: 练习 (19.18.8).]

(2) 如果 R 是交换环, 则 $Trad\ M = Rad\ M$. [提示: 练习 (19.18.9) 和 (15.5).]

(3) 如果 $R/J(R)$ 是半单的, 则 $Trad\ M = Rad\ M$.

23. 证明: 对于交换环 R, 下列条件等价:(a)R 有完全忠实半单模; (b) R 是 von Neumann 正则的;(c) R 是上半单的. [提示: 见练习 (18.23). 对于 (b)⇒(a), 设 $S = \oplus_A T_\alpha$, T_α 是单的, 则 $S \otimes T_\alpha \neq 0$. 现在运用练习 (19.16) 和 (19.21).]

24. 假设 R 有忠实的, 单的投射模 Re 和 eR(见练习 (17.5)). 证明 : eR 是内射的当且仅当 $eR = Hom_{eRe}(Re, eRe)$. [提示: 练习 (19.14) 和 (18.30).]

25. 设 M_K 是域 K 上的无限维向量空间 ,R 是由基座 S 和标量变换 $K1_M \subseteq End(M_k)$ 生成的 $End(M_K)$ 的子环. [注意 S 恰是由有限秩的 $End(M_k)$ 中的元素构成的集合, 因此 $\sigma \in R$ 当且仅当对于某个 $\alpha \in K$, $\sigma - \alpha 1_M$ 有有限秩.] 证明:

(1) R 是 von Neumann 正则的.

(2) 在同构的范围内 ,R 恰有两个左单模和两个右单模, 而且它们中的三个恰是内射的.

(3) R 是右上半单的但不是左上半单的 (见练习 (18.23)).

(4) R 有完全忠实的半单左模和完全忠实的半单右模.

26. 证明 : R 是左凝聚的当且仅当 $card\ R$ 个 R_R 的直积是平坦的. [提示: 见 (19.20) 中 (b) ⇒ (c) 的证明.]

§ 20. 自 然 变 换

最后我们来学习范畴代数的中心概念: 自然变换. 我们直观的感觉它就是“自然的”同态. 在（0.13）中已经介绍，如果 $\mathbf{C} = (\mathscr{C}, mor_{\mathbf{C}}, \circ)$ 和 $\mathbf{D} = (\mathscr{D}, mor_{\mathbf{D}}, \circ)$ 是范畴 ,F 和 G 是从 $\mathbf{C}$ 到 $\mathbf{D}$ 的共变函子, 则从 F 到 G 的**自然变换**就是从 $\mathscr{C}$ 到 $mor_{\mathbf{D}}$ 的映射 $\eta : M \mapsto \eta_M$，使得对于每个 $M \in \mathscr{C}, \eta_M : F(M) \to G(M)$ 和 $\mathbf{C}$ 中的每个 $f : M \to N$,

$$\begin{array}{ccc} F(M) & \xrightarrow{F(f)} & F(N) \\ \Big\downarrow{\scriptstyle \eta_M} & & \Big\downarrow{\scriptstyle \eta_N} \\ G(M) & \xrightarrow{G(f)} & G(N) \end{array}$$

可交换 (如果 F 和 G 是反变函子, 只需颠倒上述图表中的箭头 $F(f)$ 和 $G(f)$). 我们通常把自然变换简记为 $\eta : F \to G$. 如果每个 η_M 都是同构, 则我们称自然变换 $\eta : F \to G$ 为**自然同构**.

设 F 和 G 是两个范畴 $\mathbf{C}$ 和 $\mathbf{D}$ 之间的函子. 我们说 F 和 G 是**同构的**, 且记为

$$F \cong G,$$

如果存在自然同构 $\eta : F \to G$. 易证此概念诱导了从 $\mathbf{C}$ 到 $\mathbf{D}$ 的函子类上的一个等价关系.

两个简单的例子

在前面的章节中介绍的, 几个重要的同构都是函子的自然同构, 其中最基本的两个其在 (4.5) 和 (19.6) 中给出的,(4.5) 和 (19.6) 证明了对于每个左 R -模 M, 存在同构

$$Hom_R(R, M) \cong M \quad 和 \quad R \otimes_R M \cong M.$$

从而 ${}_R\mathbf{M}$ 上的函子 $Hom_R(R,\ \_)$ 和的单位函子之间有自然同构, 函子 $(R\otimes_R\_)$ 和单位函子之间有自然同构. 特别地, 有

20.1 命题 设 R 是环, 则存在自然同构:

(1) $\rho : 1_{{}_R\mathbf{M}} \to Hom_R({}_RR_R, \_\ )$, 其中对于每个 ${}_RM$, 每个 $m \in M$, 每个 $r \in R$ 以及每个 $\gamma \in Hom_R(R, M)$, 有

$$\rho_M(m) : r \mapsto rm, \quad \rho_M^{-1}(\gamma) = \gamma(1).$$

(2) $\mu : ({}_RR \otimes_R \ \_) \to 1_{{}_R\mathbf{M}}$, 其中对于每个 ${}_RM$, 每个 $m \in M$ 以及每个 $r \in R$, 有

$$\mu_M(r \otimes m) = rm, \quad \mu_M^{-1}(m) = 1 \otimes m.$$

证明 在 (4.5) 和 (19.6) 中我们已经知道 ρ_M 和 μ_M 是 R 同构. 从而我们只需验证它们的自然性. 对于 (2), 图表

$$\begin{array}{ccc} R \otimes_R M & \xrightarrow{R \otimes_R f} & R \otimes_R M' \\ \downarrow{\scriptstyle \mu_M} & & \downarrow{\scriptstyle \mu_{M'}} \\ M & \xrightarrow{\quad f \quad} & M' \end{array}$$

可交换. 这是因为

$$\mu_{M'}\circ(R\otimes_R f)(r\otimes m)=\mu_{M'}(r\otimes f(m))$$
$$=rf(m)=f(rm)=f\circ\mu_M(r\otimes m).$$

同理可证 ρ 的自然性. □

直和和直积

假设 $\mathbf{C}$ 和 $\mathbf{D}$ 是模范畴 ,$\mathbf{D}$ 中元素的直和和直积仍属于 $\mathbf{D}$. 如果 $(F_\alpha)_{\alpha\in A}$ 是加法函子 $F_\alpha:\mathbf{C}\to\mathbf{D}$(有相同变量) 的指标类, 则它们的**直和**和**直积**是加法函子

$$\oplus_A F_\alpha:\mathbf{C}\to\mathbf{D}\ \ 和\ \ \prod\nolimits_A F_\alpha:\mathbf{C}\to\mathbf{D},$$

它们分别按坐标定义为

$$(\oplus_A F_\alpha)(f)=\oplus_A(F_\alpha(f))\ \ 和\ \ (\prod\nolimits_A F_\alpha)(f)=\prod\nolimits_A(F_\alpha(f)).$$

例如, 如果 F_α 是共变的 ,$M\xrightarrow{f}M'$ 是 $\mathbf{C}$ 中的态射, 则有

$$F_\alpha(M)\xrightarrow{F_\alpha(f)}F_\alpha(M')\qquad(\alpha\in A)$$

和 (见附注 (6.25))

$$\prod\nolimits_A F_\alpha(M)\xrightarrow{\prod_A F_\alpha(f)}\prod\nolimits_A F_\alpha(M').$$

这些是加法函子, 它的直接证明留作练习 (20.4).

下个命题的前两个论断恰是 (16.5) 的重新表述, 它被用来证明投射模的直和是投射的, 内射模的直积是内射的. 最后的论断容易由 (19.9) 得出.

20.2 命题 设 $(U_\alpha)_{\alpha\in A}$ 是左 R -模的指标集, 则作为从 ${}_R\mathbf{M}$ 到 ${}_{\mathbb{Z}}\mathbf{M}$ 的函子,

(1) $Hom_R(\oplus_A U_\alpha,\_\,)\cong\prod_A Hom_R(U_\alpha,\_\,)$;

(2) $Hom_R(\_\,,\prod_A U_\alpha)\cong\prod_A Hom_R(\_\,,U_\alpha)$;

(3) $(\_\ \otimes_R(\oplus_A U_\alpha))\cong\oplus_A(\_\ \otimes_R U_\alpha)$. □

自同态环和双模

Hom 函子和张量函子保持某些模结构. 例如, 给了模 ${}_RM_S$, ${}_RN$, K_R, 则 $Hom_R(M_S,N)$ 和 $K\otimes_R M_S$ 分别为左 S -模和右 S -模 (见 (4.4) 和 (19.5)). 这是加法函子的特殊性质, 也是下述引理的一个推论.

20.3 引理 设 ${}_R\mathbf{C}$, ${}_S\mathbf{D}$ 和 $\mathbf{D}_S$ 分别为 ${}_R\mathbf{M}$, ${}_S\mathbf{M}$ 和 $\mathbf{M}_S$ 的完全子范畴. 假设 $F:\ {}_R\mathbf{C}\to\ {}_S\mathbf{D}$ 和 $H:\ {}_R\mathbf{C}\to\mathbf{D}_S$ 是加法函子, 其中 F 是共变的,H 是反变的. 则对于每个非零的 ${}_RM\in\ {}_R\mathbf{C}$, 函子 F 和 H 限制在环同态

$$F:End({}_RM)\to End({}_SF(M))\ \ 和\ \ H:End({}_RM)\to End(H(M)_S)$$

上.

证明 设 $f \in End({}_RM)$, 则

$$ {}_RM \xrightarrow{f} {}_RM $$

属于 ${}_R\mathbf{M}$. 因此

$$ {}_SF(M) \xrightarrow{F(f)} {}_SF(M) \quad 和 \quad H(M)_S \xrightarrow{H(f)} H(M)_S $$

分别为 $F(M)$ 和 $H(M)$ 的自同态. 我们用 $\circ$ 表示范畴中的合成, 用毗连表示自同态环中的乘法. 对于 $f, g \in End({}_RM)$, 我们有

$$ F(fg) = F(g \circ f) = F(g) \circ F(f) = F(f)F(g) $$

和

$$ H(fg) = H(g \circ f) = H(f) \circ H(g) = H(f)H(g). $$

因此, 由于 F 和 H 是加法函子, 而且保持恒等映射, 从而它们限制在所要求的环同态上. □

假设现在我们有引理中的 $F :_R \mathbf{C} \to {}_S\mathbf{D}$ 和 $H :_R \mathbf{C} \to \mathbf{D}_S$, 并且 ${}_RM_T$ 是双模使得 ${}_RM \in {}_R\mathbf{C}$, 则令 ρ 表示 M_T 中的标量乘法,

$$ {}_RM \xrightarrow{\rho(t)} {}_RM \ \ (t \in T) , $$

由引理 (20.3) 和 (4.10) 我们有由

$$ t \mapsto F(\rho(t)) \quad 和 \quad t \mapsto H(\rho(t)) \quad (t \in T) $$

定义的环同态

$$ T \to End({}_SF(M)) \quad 和 \quad T \to End(H(M)_S) \ . $$

从而 (见 (4.10)) 我们可得双模

$$ {}_SF(M)_T \quad 和 \quad {}_TH(M)_S, $$

其中对于 $x \in F(M)$, $y \in H(M)$ 和 $t \in T$,

$$ xt = F(\rho(t))(x) \quad 和 \quad ty = H(\rho(t))(y). $$

${}_SF(M)_T$ 和 ${}_TH(M)_S$ 称为由 ${}_RM_T$ 诱导的 (典范) 双模.

早期由 Hom 函子和张量函子构造的双模结构恰是这些函子的典范双模. 例如, 考虑函子

$$Hom_R(M,\_\,):\ {}_R\mathbf{M}\to\ {}_{\mathbb{Z}}\mathbf{M}.$$

设 ${}_RU_T$. 在 §4 中我们得到右 T -模

$$Hom_R({}_RM,{}_RU_T)=Hom_R(M,-)(U),$$

其定义为

$$(\gamma t)(m)=(\gamma(m))t=(\rho(t)\circ\gamma)(m),$$

即

$$\gamma t=Hom_R(M,\rho(t))(\gamma),$$

因此右 T -模是由 ${}_RU_T$ 诱导的标准 $(\mathbb{Z},T)$ -双模. 类似地,$({}_SV\otimes_R\ \_):\ {}_R\mathbf{M}\to\ {}_S\mathbf{M}$ 和双模

$${}_SV\otimes_R U_T=(V\otimes_R\ \_)(U)$$

是由 ${}_RU_T$ 诱导的 (S,T) -双模.

设 ${}_R\mathbf{C}$ 和 ${}_S\mathbf{D}$ 分别为 ${}_R\mathbf{M}$ 和 ${}_S\mathbf{M}$ 的完全子范畴. 如果 T 是环, 则左 R -右 T -双模 ${}_RU_T$ 使得 ${}_RU$ 在 ${}_R\mathbf{C}$ 中, 双模 ${}_RU_T$ 之间的 (R,T) -同态形成了 ${}_R\mathbf{M}_T$ 的完全子范畴 ${}_R\mathbf{C}_T$. 存在类似的 ${}_S\mathbf{M}_T$ 的子范畴 ${}_S\mathbf{D}_T$. 设 $F:\ {}_R\mathbf{C}\to\ {}_S\mathbf{D}$ 是加法共变函子, 如果把每个 $F({}_RM_T)$ 都附上典范双模结构, 则 F 把 ${}_R\mathbf{C}_T$ 的对象映成 ${}_S\mathbf{D}_T$ 的对象. 由下个结果可推出限制在 ${}_R\mathbf{C}_T$ 上的 F 是到 ${}_S\mathbf{D}_T$ 的函子, 而且每对这样函子之间的自然变换都限制到它们的自然变换上.

20.4 引理 设 ${}_R\mathbf{C},{}_S\mathbf{D}$ 和 $\mathbf{D}_S$ 是 R -模和 S -模的完全子范畴, 设 $F,\ F':\ {}_R\mathbf{C}\to\ {}_S\mathbf{D}$ 是共变加法函子,$H,\ H':\ {}_R\mathbf{C}\to\mathbf{D}_S$ 是反变加法函子. 设 $\eta:F\to F'$ 和 $\nu:H\to H'$ 是自然变换. 再设 ${}_RU_T$ 和 ${}_RV_T$ 是双模,${}_RU,\ {}_RV\in\ {}_R\mathbf{C}$, 且

$$f:\ {}_RU_T\to\ {}_RV_T$$

是双模同态, 则附上典范双模结构,

(1) $F(f):\ {}_SF(U)_T\to\ {}_SF(V)_T$ 和 $H(f):\ {}_TH(V)_S\to\ {}_TH(U)_S$;

(2) $\eta_U:\ {}_SF(U)_T\to\ {}_SF'(U)_T$ 和 $\nu_U:\ {}_TH(U)_S\to\ {}_TH'(U)_S$.

是双模同态.

证明 对于 (1) 只需验证 $F(f)$ 和 $H(f)$ 是 T -同态. 用 ρ 表示 U_T 中和 V_T 中的标量乘法. 如果 $t\in T$, 则由于 f 是右 T -同态, 从而 $f\circ\rho(t)=\rho(t)\circ f$. 因此对于一切 $x\in F(U),\ t\in T$, 有

$$F(f)(xt)=F(f)\circ F(\rho(t))(x)=F(f\circ\rho(t))(x)$$

$$= F(\rho(t)\circ f)(x) = F(\rho(t))(F(f)(x))$$
$$= (F(f)(x))t.$$

类似地,$H(f)$ 是左 T -同态.

对于 (2), 易见下列交换图表可交换:

$$\begin{array}{ccc} F(U) & \xrightarrow{F(\rho(t))} & F(U) \\ \downarrow{\scriptstyle \eta_U} & & \downarrow{\scriptstyle \eta_U} \\ F'(U) & \xrightarrow{F'(\rho(t))} & F'(U) \end{array} \qquad \begin{array}{ccc} H(U) & \xrightarrow{H(\rho(t))} & H(U) \\ \downarrow{\scriptstyle \nu_U} & & \downarrow{\scriptstyle \nu_U} \\ H'(U) & \xrightarrow{H'(\rho(t))} & H'(U) \end{array} \qquad \square$$

例如, 应用 (20.2.1), 此引理可推出限制在 ${}_R\mathbf{M}_S$ 上的函子 $Hom_R(\oplus_A U_\alpha, {}_-)$ 和 $\prod_A Hom_R(U_\alpha, {}_-)$, 在 $\mathbf{M}_S$ 上仍是同构函子. 作为另一个应用我们有

20.5 命题　设 θ: ${}_RU_S \to {}_RV_S$ 是双模同态, 则下列是自然变换:

(1) $\eta: Hom_R(V_S, {}_-) \to Hom_R(U_S, {}_-), \eta_M = Hom_R(\theta, M)$;

(2) $\nu: Hom_R({}_-, U_S) \to Hom_R({}_-, V_S), \nu_M = Hom_R(M, \theta)$;

(3) $\phi: ({}_-\otimes_R U_S) \to ({}_-\otimes_R V_S), \phi_N = N\otimes_R\theta$.

而且, 如果 θ 是同构, 则 (1),(2),(3) 都是自然同构.

证明　我们只证明 (1). 由于 $Hom_R({}_-, M)$: ${}_R\mathbf{M} \to {}_{\mathbb{Z}}\mathbf{M}$ 是反变加法函子, 从而由 (20.4.1) 可推出 $\eta_M = Hom_R(\theta, M)$ 是左 S -同态. 对于每个 ${}_RM \xrightarrow{f} {}_RM'$,

$$\begin{array}{ccc} Hom_R(V,M) & \xrightarrow{Hom_R(V,f)} & Hom_R(V,M') \\ \downarrow{\scriptstyle \eta_M} & & \downarrow{\scriptstyle \eta_{M'}} \\ Hom_R(U,M) & \xrightarrow{Hom_R(U,f)} & Hom_R(U,M') \end{array}$$

可交换 . 这是因为 $Hom_R(\theta, M')\circ Hom_R(V,f) = Hom_R(U,f)\circ Hom_R(\theta, M)$.$\square$

一些 *Hom*-张量关系

给了模的三元组 (${}_RM$, ${}_SW_R$, ${}_SN$), 由命题 (19.11) 知存在同构

$$\phi = \phi_{MWN}: Hom_R(M, Hom_S(W,N)) \to Hom_S((W\otimes_R M), N),$$

其定义为

$$[\phi(\gamma)](w\otimes m) = [\gamma(m)](w).$$

这个同构在我们研究张量函子时是非常重要的. 这是因为, 如果 W 和 N 是固定的, 则由左 R -模 M 为指标的映射 (ϕ_{MWN}) 都是反变函子的自然同构:

$$Hom_R(\_, Hom_S(W,N)) \cong Hom_S((W \otimes_R \_), N).$$

大体上, 我们可以把

$$Hom_R(\_, Hom_S(\_,\_)) \text{和} Hom_S((\_ \otimes_R \_), \_)$$

看作具有混合“三变量” $(M_R,\ {}_SW_R,\ {}_SN)$ 的函子. 由于 (19.11) 我们可以说同构 ϕ_{MWN} 在 M 中是**自然的**. 现在我们应该清楚怎样建立几个变量的函子理论以及在几个变量中这些函子是自然的同态理论. 我们将通过证明同构 ϕ_{MWN} 关于三个变量的每一个中都是自然的来说明此理论. 首先假设 ${}_SN \xrightarrow{g} {}_SN'$, 则 $\mathbb{Z}$– 同态的图表

$$\begin{array}{ccc}
Hom_R(M, Hom_S(W,N)) & \xrightarrow{Hom_R(M, Hom_S(W,g))} & Hom_R(M, Hom_S(W,N')) \\
\Big\downarrow \phi_{MWN} & & \Big\downarrow \phi_{MWN'} \\
Hom_S((W \otimes_R M), N) & \xrightarrow{Hom_S((W \otimes_R M), g)} & Hom_S((W \otimes_R M), N')
\end{array}$$

可交换, 因此同构 $\phi = \phi_{MWN}$ 在 N 中是**自然的**. 最后, 假设 $h:\ {}_SW_R \to\ {}_SW'_R$ 是双模同态, 则由 (20.4.1) 得 $Hom_S(h,N)$ 是左 R -同态,$h \otimes_R M$ 是左 S -同态. 因此我们可以形成 $Hom_R(M, Hom_S(h,N))$ 和 $Hom_S((h \otimes_R M), N)$. 易证

$$\begin{array}{ccc}
Hom_R(M, Hom_S(W',N)) & \xrightarrow{Hom_R(M, Hom_S(h,N))} & Hom_R(M, Hom_S(W,N)) \\
\Big\downarrow \phi_{MW'N} & & \Big\downarrow \phi_{MWN} \\
Hom_S((W' \otimes_R M), N) & \xrightarrow{Hom_S((h \otimes_R M), N)} & Hom_S((W \otimes_R M), N)
\end{array}$$

也可换. 因此同构 $\phi = \phi_{MWN}$ 在 W 中也是自然的. 我们正式地陈述为:

20.6 命题 对于模的每个三元组 $({}_RM,\ {}_SW_R,\ {}_SN)$, 存在由

$$\phi(\gamma)(w \otimes m) = [\gamma(m)](w)$$

定义的同构

$$\phi : Hom_R(M, Hom_S(W, N)) \to Hom_S((W \otimes_R M), N).$$

并且 ϕ 在三个变量 M, N 和 W 的每一个中都是自然的. □

对于 Hom 函子我们有

20.7 命题 对于模的每个三元组 $({}_RM, N_S, {}_RU_S)$, 存在由

$$[\eta(\gamma)](n) : m \mapsto [\gamma(m)](n)$$

定义的同构

$$\eta : Hom_R(M, Hom_S(N, U)) \to Hom_S(N, Hom_R(M, U)),$$

并且 η 在三个变量 M, N 和 U 的每一个中都是自然的.

证明 由

$$[\eta^{-1}(\alpha)](m) : n \mapsto [\alpha(n)](m)$$

给出 η 的逆. 证明的细节留作练习. □

因为下述命题, 所以我们经常说张量积满足结合律.

20.8 命题 对于模的每个三元组 $(M_R,\ {}_RW_S,\ {}_SN)$, 存在由

$$\nu : m \otimes_R (w \otimes_S n) \mapsto (m \otimes_R w) \otimes_S n$$

定义的同构

$$\nu : M \otimes_R (W \otimes_S N) \mapsto (M \otimes_R W) \otimes_S N,$$

并且 ν 在三个变量 M, W 和 N 的每一个中都是自然的.

证明 对于每个 $m \in M$, 映射 $\beta_m : W \times N \to (M \otimes_R W) \otimes_S N, \beta_m(w, n) = (m \otimes_R w) \otimes_S n$ 是 S -平衡的. 从而对于每个 $n \in M$, 存在唯一的同态

$$\nu_m : W \otimes_S N \to (M \otimes_R W) \otimes_S N$$

使得

$$\nu_m(\sum_i w_i \otimes_S n_i) = \sum_i((m \otimes_R w_i) \otimes_S n_i).$$

由

$$\gamma : (m, \sum_i w_i \otimes_S n_i) = \nu_m(\sum_i w_i \otimes_S n_i)$$

定义的映射 $\gamma : M \times (W \otimes_S N) \to (M \otimes_R W) \otimes_S N$ 显然是 R -平衡的. 因此存在同态

$$\nu : M \otimes_R (W \otimes_S N) \to (M \otimes_R W) \otimes_S N$$

使得

$$\nu(m \otimes_R (w \otimes_S n)) = \nu_m(w \otimes_S n) = (m \otimes_R w) \otimes_S n.$$

类似地, 存在同态

$$\mu_{MWN} = \mu : (M \otimes_R W) \otimes_S N \to M \otimes_R (W \otimes_S N)$$

使得

$$\mu((m \otimes_R w) \otimes_S n) = m \otimes_R (w \otimes_S n).$$

现在易证 μ 是 ν 的逆, 因此 ν 是同构. 假设 $f : M_R \to M'_R$, 则图表

$$\begin{array}{ccc}
(M \otimes_R W) \otimes_S N & \xrightarrow{(f \otimes W) \otimes N} & (M' \otimes_R W) \otimes_S N \\
\Big\downarrow{\scriptstyle \mu_{MWN}} & & \Big\downarrow{\scriptstyle \mu_{M'WN}} \\
M \otimes_R (W \otimes_S N) & \xrightarrow{f \otimes (W \otimes N)} & M' \otimes_R (W \otimes_S N)
\end{array}$$

可交换, 因此 μ 在 M 中是自然的. 为了完成证明只需验证 μ 在 W 和 N 中的自然性. □

如果 ${}_RU_T$ 和 ${}_SW_R$ 是双模, 则存在两个函子

$$Hom_R(U, Hom_S(W, \_)) : {}_S\mathbf{M} \to {}_T\mathbf{M}$$

和

$$Hom_S((W \otimes_R U), \_) : {}_S\mathbf{M} \to {}_T\mathbf{M}.$$

如果都把它们看作到范畴 ${}_{\mathbb{Z}}\mathbf{M}$ 的函子, 则它们是自然同构的 (20.6). 事实上, 作为到 ${}_T\mathbf{M}$ 的函子它们是同构的. 为了证明这一点只需证明对于每个 $N \in_S \mathbf{M}$,

$$\phi = \phi_{UWN} : Hom_R(U, Hom_S(W, N)) \to Hom_S((W \otimes_R U), N)$$

是一个 T -同态. 但 ϕ 是 T -同态实际上是这些模上的 T -作用定义的一个平凡推论. 而且它也是 (20.4.2) 和下面事实的一个推论 : ϕ 在函子

$$Hom_R(\_, Hom_S(W, N)) : {}_R\mathbf{M} \to \mathbf{M}_{\mathbb{Z}}$$

$$Hom_S((W\otimes_{R-}),N):\ {}_R\mathbf{M}\to\mathbf{M}_{\mathbb{Z}}.$$

定义了一个自然同构, 当然, 类似的讨论可应用到其它变量以及 (20.7), (20.8) 中的自然变换上去.

给了自然变换 $\eta:F\to G$, 我们通常涉及使得 η_M 是同构 (或仅是单的或满的) 的那些模 M. 下个引理告诉我们满足上述条件的模类关于有限直和和直和项是封闭的.

20.9 引理 设 $\mathbf{C}$ 和 $\mathbf{D}$ 是环 R 和 S 上左或右模范畴的完全子范畴,F 和 G 是从 $\mathbf{C}$ 到 $\mathbf{D}$ 的加法函子. 设 $\eta:F\to G$ 是自然变换. 如果

$$0\to M'-\oplus\to M-\oplus\to M''\to 0$$

在 $\mathbf{C}$ 中是可分正合的, 则 η_M 是单同态 (满同态) 当且仅当 $\eta_{M'}$ 和 $\eta_{M''}$ 都是单同态 (满同态).

证明 由

$$0\to M'-\oplus\to M-\oplus\to M''\to 0$$

和

$$0\to M''-\oplus\to M-\oplus\to M'\to 0$$

可得交换图表

$$\begin{array}{ccccccccc}
0 & \longrightarrow & F(M') & -\oplus\rightarrow & F(M) & -\oplus\rightarrow & F(M'') & \longrightarrow & 0\\
 & & \downarrow{\scriptstyle \eta_{M'}} & & \downarrow{\scriptstyle \eta_M} & & \downarrow{\scriptstyle \eta_{M''}} & & \\
0 & \longrightarrow & G(M') & -\oplus\rightarrow & G(M) & -\oplus\rightarrow & G(M'') & \longrightarrow & 0
\end{array}$$

和

$$\begin{array}{ccccccccc}
0 & \longrightarrow & F(M'') & -\oplus\rightarrow & F(M) & -\oplus\rightarrow & F(M') & \longrightarrow & 0\\
 & & \downarrow{\scriptstyle \eta_{M''}} & & \downarrow{\scriptstyle \eta_M} & & \downarrow{\scriptstyle \eta_{M'}} & & \\
0 & \longrightarrow & G(M'') & -\oplus\rightarrow & G(M) & -\oplus\rightarrow & G(M') & \longrightarrow & 0
\end{array}$$

由 (16.2) 可得, 它们的行是可分正合的. □

现在由 (20.9) 可推出如果 $\eta_{M_1},\cdots,\eta_{M_n}$ 是同构, 则 $\eta_{M_1\oplus\cdots\oplus M_n}$ 亦然. 因此如果 η_R 是同构, 则对于每个有限生成的投射 R 模 P, η_P 亦然. 利用这个事实我们有下面两个自然同构:

20.10 命题 给了模 ${}_SP$, ${}_SU_T$ 和 ${}_TN$, 存在由

$$\eta(\gamma\otimes_T n):p\mapsto\gamma(p)\otimes_T n$$

定义的同态

$$\eta:Hom_S(P,U)\otimes_T N\to Hom_S(P,(U\otimes_T N)),$$

它在 P, U 和 N 中都是自然的. 如果 $_SP$ 是有限生成投射模, 则 η 是同构.

证明 易证 η 是 $\mathbb{Z}-$ 同态, 并且 η 在 P,U 和 N 中都是自然的. 现在对于每个 $_SU_T$ 和 $_TN$, 由 (20.1.1) 和 (20.5.3) 我们有

$$Hom_S(S,U)\otimes_T N\cong U\otimes_T N\cong Hom_S(S,(U\otimes_T N)),$$

$$\gamma\otimes_T n\mapsto\gamma(1)\otimes_T n\mapsto\rho(\gamma(1)\otimes_T n).$$

对于一切 $s\in S$, 有

$$\begin{aligned}\eta(\gamma\otimes_T n)(s)=\gamma(s)\otimes_T n&=s(\gamma(1)\otimes_T n)\\&=[\rho(\gamma(1)\otimes_T n)](s).\end{aligned}$$

从而

$$\eta: Hom_S(S,U)\otimes_T N\to Hom_S(S,(U\otimes_T N))$$

是同构的合成, 因此它本身是同构. 从而由 (20.9) 和 (17.3) 得, 对于每个有限生成投射模 $_SP$,

$$\eta: Hom_S(P,U)\otimes_T N\to Hom_S(P,(U\otimes_T N))$$

是同构. □

20.11 命题 给了模 P_R, $_TU_R$ 和 $_TN$, 存在由

$$\nu(p\otimes_R\gamma):\delta\mapsto\gamma(\delta(p))$$

定义的同态

$$\nu: P\otimes_R Hom_T(U,N)\to Hom_T(Hom_R(P,U),N),$$

并且它在 P,U 和 N 中都是自然的. 如果 P_R 是有限生成投射的, 则 ν 是同构. □

U -对偶函子

设 $_RU_S$ 是双模, 则每对反变加法函子

$$Hom_R(\_,\ {}_RU_S):\ {}_R\mathbf{M}\to\mathbf{M}_S\quad 和\quad Hom_S(\_,\ {}_RU_S):\mathbf{M}_S\to{}_R\mathbf{M}$$

称为 U -对偶的. 为了简便我们用

$$(\ )^*=Hom(\_,\ {}_RU_S)$$

表示这些函子中的任一个, 因此如果 $M_1 \xrightarrow{f} M_2$ 在 ${}_R\mathbf{M}$ 中, 则

$$M_2^* \xrightarrow{f^*} M_1^*$$

在 $\mathbf{M}_S$ 中, 并且

$$M_1^{**} \xrightarrow{f^{**}} M_2^{**}$$

在 ${}_R\mathbf{M}$ 中. 模 M^* 称为 M **的U -对偶**, 映射 f^* 称为 f **的U -对偶**.M^{**} 和 f^{**} 也分别称为 M 和 f 的**双对偶**. 对于 ${}_R\mathbf{M}$ 中或 $\mathbf{M}_S$ 中的每个 M,

$$[\sigma_M(m)](\gamma) = \gamma(m) \quad (m \in M, \gamma \in M^*)$$

定义了**赋值映射**

$$\sigma_M : M \to M^{**}.$$

易见, 如果 $M \in {}_R\mathbf{M}$, 赋值映射 σ_M 是 R -同态; 如果 $M \in \mathbf{M}_S$, σ_M 是 S -同态. 而且如果 $M_1 \xrightarrow{f} M_2$, 则对于一切 $m \in M_1$, $\gamma \in M_2^*$, 有

$$\begin{aligned} [f^{**}(\sigma_{M_1}(m))](\gamma) &= (\sigma_{M_1}(m) \circ f^*)(\gamma) \\ &= [\sigma_{M_1}(m)](\gamma \circ f) = \gamma(f(m)) \\ &= [\sigma_{M_2}(f(m))](\gamma). \end{aligned}$$

因此图表

$$\begin{array}{ccc} M_1 & \xrightarrow{f} & M_2 \\ {\scriptstyle \sigma_{M_1}} \downarrow & & \downarrow {\scriptstyle \sigma_{M_2}} \\ M_1^{**} & \xrightarrow{f^{**}} & M_2^{**} \end{array}$$

可交换. 从而赋值映射产生了自然变换

$$\sigma : 1_{{}_R\mathbf{M}} \to ((\ )^*)^*$$

和

$$\sigma : 1_{\mathbf{M}_S} \to ((\ )^*)^*.$$

称模 M 是 U -**自反的**, 如果 σ_M 是同构. 如果 σ_M 是单同态, 则 M 是 U -**无扭的**.

模 M 是 U -无扭的当且仅当 U 上生成 M. 事实上由 σ_M 的定义我们有 $m \in ker\ \sigma_M$ 当且仅当对于一切 $\gamma : M \to U$, $m \in Ker\ \gamma$. 也就是说

20.12 命题 设 ${}_RU_S$ 是双模 , M 是左 R -或右 S -模, 则

$$Ker\ \sigma_M = Rej_M(U). \qquad \square$$

对于自反性, 我们没有使用方便的检验方法. 然而, 由引理 (20.9) 知 U -自反模类关于直和项和有限直和封闭.

20.13 命题 设 $M \cong M_1 \oplus \cdots \oplus M_n$, 则 M 是 U -自反的 (无扭的) 当且仅当每个 $M_1, \cdots, M_n$ 都是 U -自反的 (无扭的). □

20.14 命题 设 ${}_RU_S$ 是双模,M 是 ${}_R\mathbf{M}$ 中的模或是 $\mathbf{M}_S$ 中的模, 则

(1) $\sigma_M^* \circ \sigma_{M^*} = 1_{M^*}$.

(2) M^* 是 U -无扭的.

(3) 如果 M 是 U -自反的, 则 M^* 是 $U-$ 自反的.

证明 首先观察 $\sigma_{M^*}: M^* \to M^{***}$ 和 $\sigma_M^*: M^{***} \to M^*$. 如果 $\gamma \in M^*$, 则对于一切 $m \in M$, 有

$$\begin{aligned}\sigma_M^*(\sigma_{M^*}(\gamma))(m) &= (\sigma_{M^*}(\gamma) \circ \sigma_M)(m)\\ &= [\sigma_M(m)](\gamma)\\ &= \gamma(m).\end{aligned}$$

这便证明了 (1). 由 (1) 可得 σ_{M^*} 是 (可分) 单同态. 因此 (2) 也成立. 对于 (3), 假设 σ_M 是同构. 因此 σ_M^* 亦然. 由 (1) 可推出 σ_{M^*} 是同构.hfill□

对于正则模 ${}_RR$ 和 S_S 的自反性, 存在一个有用的检验方法.

20.15 命题 设 ${}_RU_S$ 是双模,

$$\lambda : R \to End(U_S)$$

是左乘法, 则 $\sigma_{{}_RR}$ 是单射或满射当且仅当 λ 亦然.

证明 由 (20.1) 得存在 R -同构

$$\rho_U : U \to Hom_R(R, U) = ({}_RR)^*.$$

由自然性 (20.4.2) 得 ρ_U 也是 S -同构. 因此由于 $(\ )^*$ 是函子, 从而

$$\rho_U^* : ({}_RR)^{**} \to (U_S)^*$$

是同构. 又由

$$\rho_U^*(\sigma_R(r))(u) = \sigma_R(r)(\rho_U(u)) = \rho_U(u)(r) = \lambda(r)(u),$$

得

$$\rho_U^* \circ \sigma_R = \lambda.$$

□

20.16 推论　设 ${}_RU_S$ 是双模, 则 ${}_RR$ 和 S_S 是 U -自反的当且仅当 ${}_RU_S$ 是忠实平衡双模. □

${}_RR_R$ 对偶是最重要的对偶之一. 我们将用

$$(\ )^{\circledast} = Hom_R(\_, R)$$

来表示它. 如果 R 是域,$(\ )^{\circledast}$ 恰是我们熟悉的, 它来自线性代数的向量空间对偶.

如果 e 是 R 中的幂等元, 正如在命题 (4.6) 中所见,

$$Re^{\circledast} \cong eR, \quad Re^{\circledast\circledast} \cong Re.$$

更一般地, 应用前面的结果我们有

20.17 命题　设 P 是有限生成投射 R -模, 则

(1) P 是 R -自反的,

(2) $P^{\circledast}$ 是 R 上有限生成投射模.

证明　假设 P 是有限生成投射左 R -模. 则由 (17.3) 知存在 P' 和 n 使得 $P \oplus P' \cong {}_RR^{(n)}$. 由 (4.11) 得 $\lambda: R \to End(R_R)$ 是同构. 因此由 (20.15) 和 (20.9) 可推断 P 是 R -自反的. 而且,

$$P^{\circledast} \oplus P'^{\circledast} \cong (P \oplus P')^{\circledast} \cong (R^{(n)})^{\circledast} \cong (R^{\circledast})^{(n)} \cong R^{(n)},$$

因此 $P^{\circledast}$ 是有限生成投射右 R -模. □

练　习　20

1. 设 $\mathbf{C}, \mathbf{D}$ 和 $\mathbf{E}$ 是范畴,$F, F', F'': \mathbf{C} \to \mathbf{D}$ 和 $G,\ G': \mathbf{D} \to \mathbf{E}$ 是函子. 证明:
   (1) 如果 $\eta: F \to F'$ 和 $\mu: F' \to F''$ 是自然变换 (同构), 则它们的“合成” $\mu \circ \eta: F \to F''$, $(\mu \circ \eta)_M = \mu_M \circ \eta_M$ 亦然.
   (2) 如果 $\eta: F \to F'$ 是自然同构, 则它的“逆” $\eta^{-1}: F' \to F$, $(\eta^{-1})_M = (\eta_M)^{-1}$ 是自然同构.
   (3) $F \cong F$; $F \cong F' \Rightarrow F' \cong F$; $F \cong F'$, 且 $F' \cong F'' \Rightarrow F \cong F''$.
   (4) $F \cong F'$, 且 $G \cong G' \Rightarrow G \circ F \cong G' \circ F'$.
2. 设 R 是交换环. 证明: 对于每个 $M \in {}_R\mathbf{M}$, 从 ${}_R\mathbf{M}$ 到 ${}_R\mathbf{M}$ 的函子 $(M \otimes_R \_)$ 和 $(\_ \otimes_R M)$ 是同构.
3. 设 $\phi: R \to S$ 是环同态. 因此由 ϕ 我们有双模 ${}_RS_S$ 和 ${}_SS_R$. 设 $F_\phi:\ {}_S\mathbf{M} \to {}_R\mathbf{M}$ 是由 ϕ 诱导的环函子的变换 (练习 (4.15) 中的). 考虑从 ${}_R\mathbf{M}$ 到 ${}_S\mathbf{M}$ 的函子

   $$T_\phi = ({}_SS \otimes_R \_), \quad H_\phi = Hom_R({}_RS_S, \_).$$

   证明:
   (1) $Hom_s({}_SS_R, \_) \cong F_\phi \cong ({}_RS \otimes_S \_)$.
   (2) 如果 ϕ 是满射, 则 $T_\phi \circ F_\phi \cong 1_{{}_S\mathbf{M}} \cong H_\phi \circ F_\phi$.

4. 设 **C** 和 **D** 是模范畴, 其中 **D** 关于直和和直积封闭. 设 $(F_\alpha)_{\alpha\in A}$ 是从 **C** 到 **D** 的相同变量的函子的指标集. 由

$$\oplus_A F_\alpha : M \mapsto \oplus_A F_\alpha(M) \qquad \oplus_A F_\alpha : f \mapsto \oplus_A F_\alpha(f)$$

$$\prod_A F_\alpha : M \mapsto \prod_A F_\alpha(M) \qquad \prod_A F_\alpha : f \mapsto \prod_A F_\alpha(f)$$

定义了从 **C** 到 **D** 的 $\oplus_A F_\alpha$ 和 $\prod_A F_\alpha$. 证明:$\oplus_A F_\alpha$ 和 $\prod_A F_\alpha$ 是加法函子, 而且 $\eta : \oplus_A F_\alpha \to \prod_A F_\alpha$ 是自然变换, 其中 $\eta_M : \oplus_A F_\alpha(M) \to \prod_A F_\alpha(M)$ 是包含映射.

5. 设 **C** 是 $_R\mathbf{M}$ 的完全子范畴,$F : \mathbf{C} \to \mathbf{C}$ 经 $\eta : 1_\mathbf{C} \to F$ 同构于单位函子 $F \cong 1_\mathbf{C}$. 证明: 对于一切 $M, N \in \mathbf{C}$, F 的限制 $F : Hom_R(M,N) \to Hom_R(F(M),F(N))$ 是同构, 对于每个 $g \in Hom_R(F(M),F(N))$, 它的逆由 $g \mapsto \eta_N^{-1} \circ g \circ \eta_M$ 给出.

6. 设 **C** 是 $_R\mathbf{M}$ 的完全子范畴,$_RU_S$ 和 $_RV_S$ 是双模, $_RU$ 和 $_RV$ 都在 **C** 中. 考虑从 **C** 到 $_S\mathbf{M}$ 的函子 $Hom_R(U_S,\_)$ 和 $Hom_R(V_S,\_)$ 以及从 **C** 到 $\mathbf{M}_S$ 的函子 $Hom_R(\_,U_S)$ 和 $Hom_R(\_,V_S)$. 证明:
(1) 如果 $\phi : Hom_R(U_S,\_) \to Hom_R(V_S,\_)$ 是自然同构, 则 $\phi_U(1_U) : V \to U$ 和 $\phi_V^{-1}(1_V) : U \to V$ 是互逆 (R,S) -同构.
(2) 如果 $\phi : Hom_R(\_,U_S) \to Hom_R(\_,V_S)$ 是自然同构, 则 $_RU_S \cong {}_RV_S$.

7. 设 **C** 和 **D** 分别为 $_R\mathbf{M}$ 和 $_S\mathbf{M}$ 的完全子范畴, $T : \mathbf{C} \to \mathbf{D}$ 和 $H : \mathbf{C} \to \mathbf{D}$ 是加法共变函子. 称 T 是 H 的**左伴随**,H 是 T 的**右伴随**, 或称 (T,H) 是**伴随对**, 如果对于每个 $M \in \mathbf{C}$ 和 $N \in \mathbf{D}$, 存在 $\mathbb{Z}$ -同构

$$\phi = \phi_{MN} : Hom_R(M,H(N)) \to Hom_S(T(M),N),$$

它在 M 和 N 中是自然的. 证明:Kan 定理的下个内容:
(1) 如果 T 和 T' 都是 H 的左伴随, 则 $T \cong T'$. [提示: 练习 (20.6).]
(2) 设 $\mathbf{C} = {}_R\mathbf{M}, \mathbf{D} = {}_S\mathbf{M}, (T,H)$ 是伴随元素对. 设 $_SU_R$ 是标准双模 $_SU_R = T(_RR_R)$. 则 $H \cong Hom_S(U_R,\_)$, $T \cong (_SU \otimes_R \_)$. 特别地, 如果 H' 是 T 的右伴随, 则 $H \cong H'$.

8. 称加法函子 $T : {}_R\mathbf{M} \to {}_S\mathbf{M}$ 是**忠实的**, 如果由 $T(f) = 0$ 可推出 $f = 0$. 因此例如, 如果 $_RC$ 是上生成子, 则 $Hom_R(\_,C)$ 是忠实函子. 设 $H : {}_S\mathbf{M} \to {}_R\mathbf{M}$ 是 $T : {}_R\mathbf{M} \to {}_S\mathbf{M}$ 的右伴随 (见练习 (20.7))). 证明:
(1) 如果 $_SN$ 是内射的 ,T 是正合的, 则 $_RH(N)$ 是内射的. [提示: 函子 $Hom_R(\_,H(N))$ 是正合的 .]
(2) 如果 $_SN$ 是上生成子 ,$_RH(N)$ 是内射的, 则 T 是正合的. [提示:(18.14).]
(3) 如果 $_SN$ 是上生成子 ,T 是忠实的, 则 $_RH(N)$ 是上生成子.
(4) 如果 $_RH(N)$ 是某个 $_SN$ 的上生成子, 则 T 是忠实的.
(5) 如果 $_RM$ 是投射的 ,H 是正合的, 则 $_ST(M)$ 是投射的.
(6) 如果 $_RM$ 是生成子 ,$_ST(M)$ 是投射的, 则 H 是正合的.
(7) 如果 $_RM$ 是生成子 ,H 是忠实的, 则 $_ST(M)$ 是生成子.
(8) 如果 $_ST(M)$ 是某个 $_RM$ 的生成子, 则 H 是忠实的.

9. 给了模 N_S 和 $_RU_S$, 利用命题 (20.7) 的同构

$$Hom_R(\_,Hom_S(N, {}_RU_S)) \cong Hom_S(N,Hom_R(\_, {}_RU_S))$$

证明:

(1) 如果 N_S 是投射的 ,$_RU$ 是内射的, 则 $Hom_S(N,{}_RU_S)$ 是内射的.

(2) 如果 N_S 是生成子 ,$Hom_S(N, {}_RU_S)$ 是内射的, 则 $_RU$ 是内射的.

(3) 如果 N_S 是生成子 ,$_RU$ 是上生成子, 则 $Hom_S(N, {}_RU_S)$ 是上生成子.

(4) 如果 $Hom_S(N, {}_RU_S)$ 是上生成子, 则 $_RU$ 是上生成子.

10. 给了模 $_SN$ 和 $_RW_S$, 利用命题 (20.8) 中的同构

$$(\_ \otimes_R (W \otimes_S N)) \cong ((\_ \otimes_R W) \otimes_S N)$$

证明:

(1) 如果 $_SN$ 是平坦的,$_RW$ 是平坦的, 则 $_RW \otimes_S N$ 是平坦的.

(2) 如果 $_SN$ 是完全忠实的,$_RW \otimes_S N$ 是平坦的, 则 $_RW$ 是平坦的.

(3) 如果 $_SN$ 和 $_RW$ 都是完全忠实的, 则 $_RW \otimes_S N$ 是完全忠实的.

(4) 如果 $_RW \otimes_S N$ 是完全忠实的, 则 $_RW$ 是完全忠实的.

11. 设 $x_1, \cdots, x_n \in P_R, f_1, \cdots, f_n \in P^* = Hom_R(P, R)$. 证明:$(x_1, \cdots, x_n), (f_1, \cdots, f_n)$ 是 P_R 的对偶基当且仅当 $(f_1, \cdots, f_n), (\sigma(x_1), \cdots, \sigma(x_n))$ 是 $_RP^*$ 的对偶基 (练习 (17.11)).

12. 设 $(\ )^{\circledast}$ 表示 $_RR_R$ 对偶, 因此 $M^{\circledast} = Hom_R(M, R)$. 对于每对右 $R-$ 模 N_R, M_R, 存在映射

$$\theta : N \otimes_R M^{\circledast} \to Hom_R(M, N)$$

使得 $\theta(n \otimes \gamma) : m \mapsto n\gamma(m)$. 证明:

(1) θ 是 $\mathbb{Z}$ -同态, 并且在 M 和 N 中是自然的.

(2) 下列等价:

(a) P_R 是有限生成投射模;

(b) $\theta : (P \otimes_R (\_)^{\circledast}) \to Hom_R(\_, P)$ 是自然同构;

(c) $\theta : (\_ \otimes_R P^{\circledast}) \to Hom_R(P, \_)$ 是自然同构;

(d) $\theta : P \otimes_R P^{\circledast} \to Hom_R(P, P)$ 是 $\mathbb{Z}$ -同构.

[提示:(a) ⇒ (b). 设 $(x_i), (f_i)$ 是 P_R 的基,$g \in Hom_R(M, P)$, 则 $g = \theta(\sum_i (x_i \otimes f_i g))$. 如果 $\theta(\sum_j y_j \otimes \gamma_j) = 0$, 则根据对偶基可推断

$$\sum_j y_j \otimes \gamma_j = \sum_i (x_i \otimes \sum_j f_i(y_j)\gamma_j) = \sum_i (x_i \otimes 0) = 0.$$

(d)⇒(a). 考虑 $\theta^{-1}(1_P)$ 和对偶基引理 (练习 (17.11)).]

13. 证明: 每个有限表现平坦模都是投射的. 特别地,Noether 环上的每个有限生成平坦模都是投射的. [提示: 设 $P_2 \to P_1 \to V_R \to 0$ 是正合的, 其中 P_i 是有限生成投射模. 应用函子 $V \otimes_R (\_)^*$ 和 $Hom_R(\_, V)$ 以及练习 (16.4) 和 (20.12).]

14. 证明: 环 R 是 von Neumann 正则的当且仅当每个有限表现左 R -模都是投射的. [提示: 练习 (19.16).]

15. (1) 证明: 如果 $_RE$ 是内射的 ,I 是 R 的理想, 则 $Hom_R(I_R, E) \cong E/r_E(I)$.

(2) 证明: 如果 R 是右 Artin 环, 且是左遗传的, 则它是右遗传的. [提示: 练习 (20.13), (19.14) 和 (18.10)].

16. 设 ${}_RU_S$ 是双模,${}_R\mathscr{R}(U)$ 表示 U 自反左 R -模的类. 则 ${}_R\mathscr{R}(U)$ 关于有限直和和直和项 (20.13) 封闭. 设

$$0 \to_R K \to_R M \to_R N \to 0$$

是正合的. 证明:

(1) 如果 ${}_RU$ 和 U_S 是内射的,N 是 U -无扭的, 则 M 是自反的当且仅当 K 和 N 都是自反的.

(2) 如果 ${}_RU$ 和 U_S 是内射的,${}_RU$ 是上生成子, 则 ${}_R\mathscr{R}(U)$ 关于子模, 满同态象和扩张 (由 ${}_R\mathscr{R}(U)$ 中的模得到的模扩张) 封闭.

17. 设 $\mathbf{C}$ 和 $\mathbf{D}$ 是 ${}_R\mathbf{M}$ 和 ${}_S\mathbf{M}$ 的完全子范畴. 设 F 和 G 是从 $\mathbf{C}$ 到 $\mathbf{D}$ 的加法函子, 而且它们保持直和. 设 $\eta : F \to G$ 都是自然变换,$(M_\alpha)_{\alpha\in A}$ 是 $\mathbf{C}$ 中的指标类, 直和 $(M, (\iota_\alpha)_{\alpha\in A})$ 在 $\mathbf{C}$ 中. 证明 : η_M 是同构当且仅当每个 $\eta_{M_\alpha}(\alpha \in A)$ 都是同构.

18. 设 ${}_RP$ 是有限生成投射的 ,$S = End({}_RP)$, 设 $\mathbf{C}(P)$ 表示 ${}_R\mathbf{M}$ 的完全子范畴, 它的对象是模 M 使得存在集合 X 和 Y 以及正合列

$$P^{(Y)} \to P^{(X)} \to M \to 0.$$

证明: 如果 $H = Hom_R(P, \ \_), T = (P \otimes_S \ \_)$, 则

$$H : \mathbf{C}(P) \to \ {}_S\mathbf{M}, \ \ T : \ {}_S\mathbf{M} \to \mathbf{C}(P).$$

并且这些函子定义了范畴的等价性, 即 $H \circ T \cong 1_{{}_S\mathbf{M}}, T \circ H \cong 1_{\mathbf{C}(P)}$. [提示: 函子的第一个同构可有 (20.10) 得到, 第二个可由练习 (6.3) 和五项引理得出.]

第六章　模范畴的等价和对偶

到目前为止, 我们的重点一直在用环所具有的模范畴来研究环, 即根据环可以用 Abel 群的自同态环进行表示来研究它. 我们将看到, 单 Artin 环的 Wedderburn 定理可以陈述为, 环 R 是单 Artin 的当且仅当对于某个除环 D, 范畴 ${}_R\mathbf{M}$ "等同于" 范畴 ${}_D\mathbf{M}$. 另一方面, 如果 D 是除环, 则初等线性代数的对偶理论断定, 有限生成左 D-向量空间的范畴 ${}_D\mathbf{FM}$ 和有限生成右 D-向量空间的范畴 $\mathbf{FM}_D$ 彼此"对偶".

${}_D\mathbf{FM}$ 和 $\mathbf{FM}_D$ 是两个相关的一般理论的例子，它们对于环和模的研究十分重要. 虽然我们没有在有关范畴和函子的内容中研究它们, 但是它们的重要性和简明性是显然的. 范畴 ${}_D\mathbf{FM}$ 和 $\mathbf{FM}_D$ 的主要工作是由 *Morita*[58*a*] 完成的. 本章我们将涉及包括有时称为"Morita 定理"的基本理论.

§ 21. 等　价　环

设 $\mathbf{C}$ 和 $\mathbf{D}$ 是任意范畴，称共变函子

$$F:\mathbf{C}\to\mathbf{D}$$

是**范畴等价**, 如果存在函子 (一定是共变的)

$$G:\mathbf{D}\to\mathbf{C}$$

和自然同构

$$GF\cong 1_{\mathbf{C}}\quad,\quad FG\cong 1_{\mathbf{D}}.$$

有此性质的函子 G(也是范畴等价) 称为 F 的**逆等价**. 称两个**范畴是等价的**, 如果存在从一个到另一个的范畴等价. 如果 $\mathbf{C}$ 和 $\mathbf{D}$ 是等价的, 我们记为

$$\mathbf{C}\approx\mathbf{D}.$$

易证这定义了一切范畴类上的等价关系 (见练习 (21.2)).

对于本节的剩余内容 (不包括练习), 我们感兴趣的是限制在模范畴上的内容. 从而, 我们将采用早期的约定, 假设这些范畴之间的一切函子都是加法的, 从而对于两个这样的等价范畴, 一定存在从一个到另一个的加法等价.

定义和记法

称两个环 R 和 S 是 ($Morita$) **等价的**, 并且简记为

$$R \approx S,$$

如果

$$_R\mathbf{M} \approx \ _S\mathbf{M},$$

即如果有这两个模范畴之间的加法等价. 正如我们将在 §22 中所见, 范畴 $_R\mathbf{M}$ 和 $_S\mathbf{M}$ 是等价的当且仅当 $\mathbf{M}_R$ 和 $\mathbf{M}_S$ 是等价的.

由于成对环的等价性质的讨论需要许多概念, 从而避免在一个地方聚合太多的术语是明智的.

21.1 设 R 和 S 是一对等价环. 特别地, 假设

(1) $$F : {_R\mathbf{M}} \to {_S\mathbf{M}} \quad 和 \quad G : {_S\mathbf{M}} \to {_R\mathbf{M}}$$

是互逆 (加法) 等价. 尤其有,

$$GF \cong 1_{_R\mathbf{M}}, \quad FG \cong 1_{_S\mathbf{M}}.$$

即存在自然同构

(2) $$\eta : GF \to 1_{_R\mathbf{M}} \quad 和 \quad \zeta : FG \to 1_{_S\mathbf{M}}.$$

就 η 而言, 这是指 (§20) 对于每个 $_RM$, 存在 $_R\mathbf{M}$ 中的同构 $\eta_M : GF(M) \to M$ 使得对于 $_R\mathbf{M}$ 中的每对 M, M' 和每个 $f : M \to M'$, 图表

(3) $$\begin{array}{ccc} M & \xrightarrow{\quad f \quad} & M' \\ \uparrow{\scriptstyle \eta_M} & & \uparrow{\scriptstyle \eta_{M'}} \\ GF(M) & \xrightarrow{\ GF(f)\ } & GF(M') \end{array}$$

可交换 (当然, 对于 ζ 有平行的理论). 现在对于 $_R\mathbf{M}$ 中的每个 $_RM$ 和 $_S\mathbf{M}$ 中的每个 $_SN$, 存在 $\mathbb{Z}$-同态

(4) $$\begin{aligned} \phi = \phi_{MN} &: Hom_S(N, F(M)) \to Hom_R(G(N), M) \\ \theta = \theta_{MN} &: Hom_S(F(M), N) \to Hom_R(M, G(N)), \end{aligned}$$

它们分别被定义为

$$\phi_{MN} : \gamma \mapsto \eta_M \circ G(\gamma)$$

$$\theta_{MN} : \delta \mapsto G(\delta) \circ \eta_M^{-1}.$$

自然同构 ζ 确定了类似于 ϕ 和 θ 的一对同态. 然而, 我们不需要引入特殊的记法. 实际上, 关于 η_M ,ζ_N ,ϕ_{MN} 和 θ_{MN} 的定义域, 几乎不存在任何真正的歧义. 从而, 多数时候我们都略去下标.

如果 $R \approx S$, 则 ${}_R\mathbf{M}$ 和 ${}_S\mathbf{M}$ 的性质“在同构的范围内”是相同的, 由上面的 (3) 知这是有道理的. 为了扩展它我们首先证明:

21.2 命题 设 $F: {}_R\mathbf{M} \to {}_S\mathbf{M}$ 是范畴等价, 则对于 ${}_R\mathbf{M}$ 中的每对 M 和 M', F 在 $Hom_R(M, M')$ 上的限制是 Abel 群同构

$$F: Hom_R(M, M') \to Hom_S(F(M), F(M'))$$

使得 $F(f)$ 在 ${}_S\mathbf{M}$ 中是满同态 (单同态) 当且仅当 f 在 ${}_R\mathbf{M}$ 中是满同态 (单同态). 而且, 如果 $M \neq 0$, 则限制

$$F: End({}_RM) \to End({}_SF(M)),$$

是环同构.

证明 由于 F 是加法函子, 从而这些限制是 Abel 群同态. 由 (20.3) 知 $F: End({}_RM) \to End({}_SF(M))$ 是环同态. 为了完成证明, 我们将采用 (21.1) 中的记法. 显然对于 ${}_R\mathscr{M}$ 中的每对 M 和 M', 由

$$H: g \to \eta_{M'} G(g) \eta_M^{-1}$$

定义的

$$H: Hom_S(F(M), F(M')) \to Hom_R(M, M')$$

是 $\mathbb{Z}$- 同态. 而且, 它是单同态, 这是因为如果 $H(g) = 0$, 则 $G(g) = 0$, 因此

$$g = \zeta_{F(M')} FG(g) \zeta_{F(M)}^{-1} = 0.$$

现在, 对于一切 $f \in Hom_R(M, M')$, 有

$$HF(f) = \eta_{M'} GF(f) \eta_M^{-1} = f.$$

这便得出 H 是满同态. 从而 H 是同构, 它的逆为 F. 所以 F 为同构. 显然由 (21.1.3) 可得 f 是单同态 (满同态) 当且仅当 $GF(f)$ 是单同态 (满同态). 因此假设 f 是单同态, 对于 ${}_S\mathbf{M}$ 中的某个 h, 有

$$F(f)h = 0.$$

由于 G 是加法函子, $GF(f)$ 是单同态, 从而 $GF(f)G(h) = 0$, 因此 $G(h) = 0$. 于是有 $FG(h) = 0$. 这样对于 ζ, 由 (21.1.3) 的情形可得 $h = 0$, 从而 $F(f)$ 是单的 (3.4.d). 余下的证明是完全类似的, 我们省略它. □

基本引理

关于等价环, 一个十分重要的事实是:(21.1) 中的同态 ϕ 和 θ 是自然同构, 即 (21.1) 中的元素对 (G,F) 和 (F,G) 是函子的**伴随对** (见练习 (20.7)). 等价的 F 和 G 的伴随关系给出了很好的性质, 我们可以从下面的引理看出这一点.

21.3 引理 设 R 和 S 是等价环, 则在 (21.1) 的记法中, 同态

$$\phi: Hom_S(N, F(M)) \to Hom_R(G(N), M)$$

$$\theta: Hom_S(F(M), N) \to Hom_R(M, G(N))$$

是同构, 并且在每个变量中它们是自然的. 特别地, 对于每个

$$\gamma \in Hom_S(N_1, F(M_1)), \quad \delta \in Hom_S(F(M_2), N_2)$$

$$\bar{\gamma} \in Hom_R(G(N_1), M_1), \quad \bar{\delta} \in Hom_R(M_2, G(N_2))$$

和每个

$$h: M_1 \to M_2, \quad k: N_2 \to N_1$$

我们有

(1) $\phi(F(h)\gamma k) = h\phi(\gamma)G(k)$,

(2) $\theta(k\delta F(h)) = G(k)\theta(\delta)h$,

(3) $\phi^{-1}(h\bar{\gamma}G(k)) = F(h)\phi^{-1}(\bar{\gamma})k$,

(4) $\phi^{-1}(G(k)\bar{\delta}h) = k\theta^{-1}(\bar{\delta})F(h)$.

最后, $\phi(\gamma)$ 是单同态 (满同态) 当且仅当 γ 是单同态 (满同态), $\theta(\delta)$ 是单同态 (满同态) 当且仅当 δ 是单同态 (满同态).

证明 由 (21.2) 知, G 诱导的 $\mathbb{Z}$-同态

$$G: Hom_S(N, F(M)) \to Hom_R(G(N), GF(M))$$

是同构. 由于 $\eta_M: GF(M) \to M$ 是同构, 从而

$$Hom_R(G(N), \eta_M): Hom_R(G(N), GF(M)) \to Hom_R(G(N), M)$$

亦然 (见 (16.2)). 这样, 由于 ϕ 是两个映射的合成, 从而

$$\phi: Hom_S(N, F(M)) \to Hom_R(G(N), M)$$

是 $\mathbb{Z}$-同构. 假设 h, k, γ 是题设已给的,

$$\phi(F(h)\gamma k) = \eta_{M_2} GF(h)G(\gamma)G(k)$$

$$= \eta_{M_2} GF(h)\eta_{M_1}^{-1}\eta_{M_1} G(\gamma)G(k)$$

$$= h\phi(\gamma)G(k).$$

这样知 θ 是同构. 类似可证等式 (2),(3) 和 (4) 成立. 等式 (1) 和 (2) 是指 ϕ 和 θ 在 M 和 N 中都是自然的. 例如, 取 $k = 1_N$, 由 (1) 可得对于 ${}_R\mathbf{M}$ 中的每个 $M_1 \xrightarrow{h} M_2$, 图表

$$\begin{array}{ccc} Hom_S(N, F(M_1)) & \xrightarrow{Hom_S(N,F(h))} & Hom_S(N, F(M_2)) \\ \downarrow{\scriptstyle \phi_{M_1N}} & & \downarrow{\scriptstyle \phi_{M_2N}} \\ Hom_R(G(N), M_1) & \xrightarrow{Hom_R(G(N),h)} & Hom_R(G(N), M_2) \end{array}$$

可交换.

关于最后的推断, 设 $\gamma \in Hom_S(N, F(M))$, 则 $\phi(\gamma) = \eta_M \circ G(\gamma)$. 因为 η_M 是同构, 从而 $G(\gamma)$ 是单同态 (满同态) 当且仅当 $\phi(\gamma)$ 是单同态 (满同态). 由 (21.2) 得 $G(\gamma)$ 是单同态 (满同态) 当且仅当 γ 是单同态 (满同态). □

附注　应该看到, 我们可以利用 ϕ 和 θ 把 ${}_R\mathbf{M}({}_S\mathbf{M})$ 中的某个图表"变成" ${}_S\mathbf{M}({}_R\mathbf{M})$ 中相应的图表. 例如, (21.3.1) 表明合成

$$\begin{array}{ccc} N_1 & \xrightarrow{\gamma} & F(M_1) \\ \downarrow{\scriptstyle k} & & \downarrow{\scriptstyle F(h)} \\ N_2 & \xrightarrow{F(h)\gamma k} & F(M_2) \end{array}$$

可以由 ϕ 变成

$$\begin{array}{ccc} G(N_1) & \xrightarrow{\phi(\gamma)} & M_1 \\ \downarrow{\scriptstyle G(k)} & & \downarrow{\scriptstyle h} \\ G(N_2) & \xrightarrow{\phi(F(h)\gamma k)} & M_2 \end{array}.$$

等价所保持的性质

现在我们证明范畴等价的基本性质. 首先是范畴等价"保持正合性".

21.4 命题　设 $F : {}_R\mathbf{M} \to {}_S\mathbf{M}$ 是范畴等价, 则序列

$$0 \longrightarrow M' \xrightarrow{f} M \xrightarrow{g} M'' \longrightarrow 0$$

在 ${}_R\mathbf{M}$ 中是 (可分) 正合的当且仅当序列

$$0 \longrightarrow F(M') \xrightarrow{F(f)} F(M) \xrightarrow{F(g)} F(M'') \longrightarrow 0$$

在 ${}_S\mathbf{M}$ 中是 (可分) 正合的.

证明 我们将运用 (21.1) 中的记法. 由于 η 是自然同构, 从而图表

$$\begin{array}{ccccccccc} 0 & \longrightarrow & M' & \xrightarrow{f} & M & \xrightarrow{g} & M'' & \longrightarrow & 0 \\ & & \uparrow{\scriptstyle\eta} & & \uparrow{\scriptstyle\eta} & & \uparrow{\scriptstyle\eta} & & \\ 0 & \longrightarrow & GF(M') & \xrightarrow{GF(f)} & GF(M) & \xrightarrow{GF(g)} & GF(M'') & \longrightarrow & 0 \end{array}$$

可交换, 其中一个行是 (可分) 正合的当且仅当另一行是 (可分) 正合的. 因此, 为了完成证明只需证明 F 保持 (可分) 短正合列. 由于 F 是加法函子, 从而“可分”部分可由 (16.2) 得到. 设

$$0 \longrightarrow M' \xrightarrow{f} M \xrightarrow{g} M'' \longrightarrow 0$$

在 ${}_R\mathbf{M}$ 中是正合的, 则由 (21.2) 得 $F(f)$ 是单同态, $F(g)$ 是满同态, 且 $F(g)F(f) = F(gf) = 0$. 因此只剩下 $Ker\ F(g) \subseteq Im\ F(f)$ 的证明. 设 $K = Ker\ F(g)$, $i_K : K \to F(M)$ 是包含映射, 则对于 $\phi(i_K) : G(K) \to M$, 由 (21.3.1) 得 $g\phi(i_K) = \phi(F(g)i_K) = 0$. 从而有 $Im\ \phi(i_K) \subseteq Ker\ g = Im\ f$. 由因子定理 (3.6.2) 知存在 $\bar{\gamma} \in Hom_R(G(K), M')$ 使得 $f\bar{\gamma} = \phi(i_K)$. 现在应用 (21.3.3) 我们有

$$i_K = \phi^{-1}(f\bar{\gamma}) = F(f)\phi^{-1}(\bar{\gamma}),$$

因此 $Ker\ F(g) = Im\ i_K \subseteq Im\ F(f)$. □

21.5 命题 设 $F : {}_R\mathbf{M} \to {}_S\mathbf{M}$ 是范畴等价, 则

(1) 元素对 $(M, (p_\alpha)_{\alpha\in A})$ 是 $(M_\alpha)_{\alpha\in A}$ 的直积当且仅当 $(F(M), F(p_\alpha)_{\alpha\in A})$ 是 $(F(M_\alpha))_{\alpha\in A}$ 的直积.

(2) 元素对 $(M, (i_\alpha)_{\alpha\in A})$ 是 $(M_\alpha)_{\alpha\in A}$ 的直和当且仅当 $(F(M), F(i_\alpha)_{\alpha\in A})$ 是 $(F(M_\alpha))_{\alpha\in A}$ 的直和.

证明 我们只证明 (1), (2) 的证明是它的对偶. 假设 $(M, (p_\alpha)_{\alpha\in A})$ 是 $(M_\alpha)_{\alpha\in A}$ 的直积, 而且 ${}_S\mathbf{M}$ 中存在同态 $g_\alpha : N \to F(M_\alpha)$, 则在 ${}_R\mathbf{M}$ 中, g_α 诱导了 $\phi(g_\alpha) : G(N) \to M_\alpha$, 因此存在唯一的 $f : G(N) \to M$ 使得对于每个 $\alpha \in A$, $\phi(g_\alpha) = p_\alpha f$. 于是由 (21.3) 知 $\phi^{-1}(f)$ 关于性质:

$$g_\alpha = \phi^{-1}(p_\alpha f) = F(p_\alpha)\phi^{-1}(f) \ \ (\alpha \in A)$$

是唯一的. 反之, 假设 $(F(M), (F(p_\alpha))_{\alpha\in A})$ 是 $(F(M_\alpha))_{\alpha\in A}$ 的直积, 而且 ${}_R\mathbf{M}$ 中存在同态 $q_\alpha : K \to M_\alpha$, 则在 ${}_S\mathbf{M}$ 中 q_α 诱导了 $F(q_\alpha) : F(K) \to F(M_\alpha)$. 因此存在唯一的同态 $g : F(K) \to F(M)$ 使得

$$F(q_\alpha) = F(p_\alpha)g \quad (\alpha \in A).$$

最后, 由 (21.2) 得存在唯一的 $g' \in Hom_R(K, M)$ 使得 $F(g') = g$, 这便完成了证明. □

21.6 命题　设 R 和 S 经等价 $F : {}_R\mathbf{M} \to {}_S\mathbf{M}$ 是等价环. 设 M, M' 和 U 是左 R– 模, 则

(1) U 是 M-投射的 (M-内射的) 当且仅当 $F(U)$ 是 $F(M)$-投射的 ($F(M)$-内射的).

(2) U 是投射的 (内射的) 当且仅当 $F(U)$ 是投射的 (内射的).

(3) U 生成 (上生成)M 当且仅当 $F(U)$ 生成 (上生成)$F(M)$.

(4) U 是生成子 (上生成子)(忠实的) 当且仅当 $F(U)$ 是生成子 (上生成子)(忠实的).

(5) 单同态 (满同态)$f : M \to M'$ 是本质的 (多余的) 当且仅当 $F(f) : F(M) \to F(M')$ 是本质的 (多余的).

(6) $f : M \to M'$ 是内射包 (投射盖) 当且仅当 $F(f) : F(M) \to F(M')$ 是内射包 (投射盖).

证明　我们仍旧采用 (21.1) 中的记法. 对于 (1), 假设 U 是 M-投射的, 且在 ${}_S\mathbf{M}$ 中存在图表

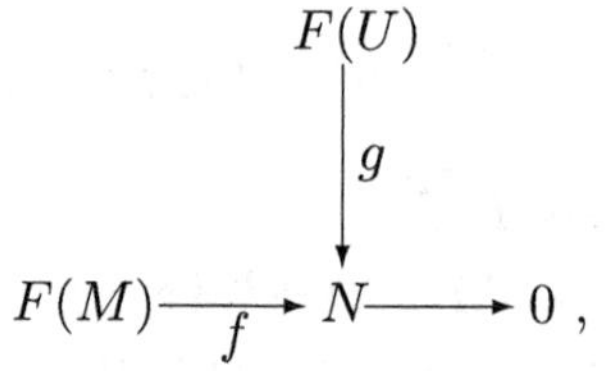

其中 f 是满同态, 则 $\theta(f)$ 在 ${}_R\mathbf{M}$ 中是满同态, 因此存在 h 使得

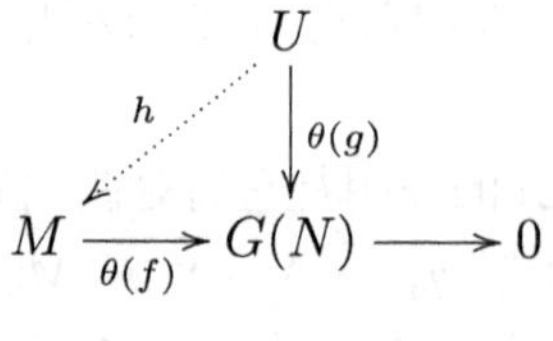

可交换. 现在由 (21.3.4) 得 $g = \theta^{-1}(\theta(g)) = \theta^{-1}(\theta(f)h) = fF(h)$, 从而 $F(U)$ 是 $F(M)$-投射的. 我们略去剩下的证明.

(2) 可由 (1) 得.

(3) 是 (21.4) 和 (21.5) 的一个简单结果.

(4) 可由 (3) 得 (注意 U 是忠实的当且仅当 U 上生成一个生成子 (练习 (8.3)).

(5) 假设 $g: F(M') \to N$ 在 ${}_S\mathbf{M}$ 中是同态使得 $gF(f)$ 是单同态, 则由 (21.3) 知

$$\phi(gF(f)) = \phi(g)f$$

是单同态. 因此如果 f 是本质单同态, 则 $\phi(g)$ 是单同态 (5.13). 从而由 (21.3) 知 g 是单同态. 应用 (5.13) 我们有 $F(f)$ 为本质的. 我们略去剩下的证明.

(6) 可由 (1) 和 (5) 得. □

在目前的讨论中一个十分重要的事实是等价“保持”子模格. 为了正式地陈述这个事实，我们增加记法. 如果 $K \leqslant M$, 我们令

$$i_{K\leqslant M}: K \to M$$

表示包含单同态.

21.7 命题 设 R 和 S 是经等价 $F: {}_R\mathbf{M} \to {}_S\mathbf{M}$ 得到的等价环, 则对于每个左 $R-$ 模 M, 由

$$\wedge_M: K \mapsto Im\ F(i_{K\leqslant M})$$

定义的映射是从 M 的子模格到 $F(M)$ 的子模格的格同构.

证明 因为 F 是函子, 易见 $\wedge$ 是保序的 (见练习 (16.2)). 另一方面, 采用 (21.1) 中的记法, 对于每个 $N \leqslant F(M)$, 定义

$$\Gamma_M(N) = Im\ \phi(i_{N\leqslant F(M)}).$$

则 Γ_M 是从 $F(M)$ 的子模到 M 的子模的函数. 由 (21.3.1) 知 Γ_M 也是保序的. 现在对于 $K \leqslant M$, 令

$$N = \wedge_M(K).$$

则由于 $F(i_{K\leqslant M})$ 是单同态 (21.2), 从而存在同构 $h: F(K) \to N$ 使得

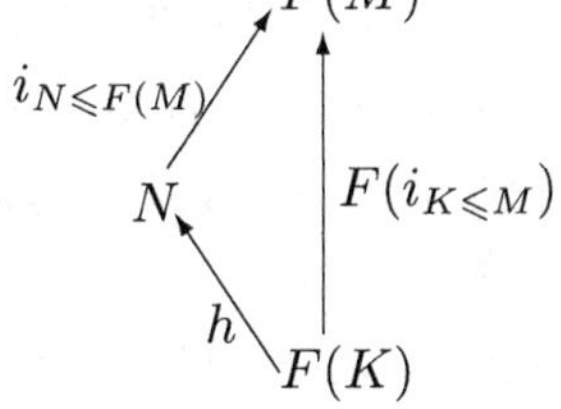

可交换. 但由 (21.3) 得

$$\phi(i_{N\leqslant F(M)})G(h) = \phi(i_{N\leqslant F(M)}h) = \phi(F(i_{K\leqslant M}))$$

$$= i_{K \leqslant M}\phi(1_{F(K)}),$$

这样, 由于 $G(h)$ 和 $\phi(1_{F(K)})$ 是同构 ((21.2) 和 (21.3)), 就有

$$\Gamma_M \wedge_M (K) = Im\ \phi(i_{N \leqslant F(M)}) = Im\ i_{K \leqslant M} = K.$$

下面设 $N \leqslant F(M)$, 且

$$K = \Gamma_M(N).$$

则存在同构 γ 使得

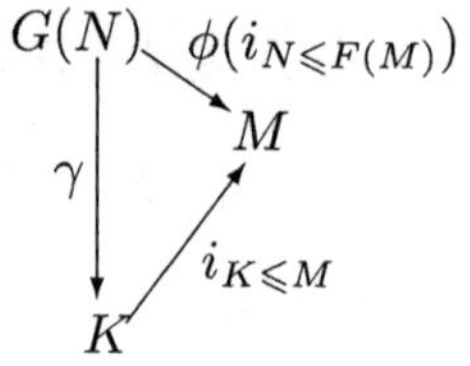

可交换. 应用 ϕ^{-1} 和 (21.3) 得

$$i_{N \leqslant F(M)} = \phi^{-1}(i_{K \leqslant M}\gamma) = F(i_{K \leqslant M})\phi^{-1}(\gamma).$$

因此, 由 $\phi^{-1}(\gamma)$ 是同构 (21.3), 我们有

$$\wedge_M \Gamma_M(N) = Im\ F(i_{K \leqslant M}) = Im\ i_{N \leqslant F(M)} = N,$$

这便完成了证明. □

21.8 推论 设 R 和 S 是等价环, $F: {}_R\mathbf{M} \to {}_S\mathbf{M}$ 是范畴等价. 设 M 和 M' 是左 R-模, 则

(1) M 是单的 (半单的) 当且仅当 $F(M)$ 是单的 (半单的);

(2) M 是有限生成的 (有限上生成的) 当且仅当 $F(M)$ 是有限生成的 (有限上生成的);

(3) M 是 Artin 的 (Noether 的) 当且仅当 $F(M)$ 是 Artin 的 (Noether 的);

(4) $c(M) = c(F(M))$, 即 M 和 $F(M)$ 有相同的合成长度;

(5) M 是不可分解模当且仅当 $F(M)$ 是不可分解模.

证明 它们中的每个恰是关于 M 和 $F(M)$ 的子模格的论断. □

21.9 命题 设 R 和 S 等价环, 则 R 分别是半单的, 左 Artin 的, 左 Noether 的, 本原的, 或根为零的环当且仅当 S 亦然.

证明 半单的情形可由 (21.8) 和 (13.9) 得出.Artin 和 Noether 的情形可由 (21.8) 得出, 这是因为由 (10.19) 和 (10.20) 知环是左 Artin 的 (Noether 的) 当且

仅当它的每个有限生成左模是 Artin 的 (Noether 的). 对于其余的情形, 由 R 是本原的 (J(R)=0) 当且仅当 R 有忠实单 (半单) 模便知. □

现在我们应该清楚等价环上左模范畴本质上有相同的结构, 而且易见环中的许多“双边”结构都是相同的.

21.10 命题 设 R 和 S 是等价环, 则 $CenR \cong CenS$.

证明 采用 (21.2) 中的记法, 由 (21.2) 得 $R \cong End({}_RR) \cong End({}_SF(R))$. 由于 ${}_RR$ 是生成子, 从而 ${}_SF(R)$ 是生成子 (21.6). 因此由 (17.9) 得 $S \cong BiEnd({}_SF(R))$. 现在应用练习 (4.6) 可得

$$\begin{aligned} CenR &\cong Cen(End({}_SF(R))) \\ &= Cen(BiEnd({}_SF(R))) \cong CenS. \end{aligned}$$ □

21.11 命题 设 R 和 S 是经等价 $F: {}_R\mathbf{M} \to {}_S\mathbf{M}$ 得到的等价环, 对于 R 的每个 (双边) 理想 I, 令

$$\Phi(I) = l_S(F(R/I)).$$

则由

$$\Phi: I \mapsto \Phi(I)$$

定义的映射是从 R 的理想格到 S 的理想格的同构. 而且, 对于 R 的每个理想 I, 存在等价

$$R/I \approx S/\Phi(I).$$

证明 我们仍旧采用 (21.1) 中的记法. 如果 I 是 R 的理想, 则 $F(R/I)$ 是左 $S-$ 模, 因此它的左零化子 $\Phi(I)$ 是 S 的理想. 类似地, 如果 K 是 S 的理想, 则

$$\Gamma(K) = l_R(G(S/K))$$

是 R 的理想. 下证 Φ 和 Γ 定义了理想格的逆映射. 首先 $F(R/I)$ 可看作忠实的 $S/\Phi(I)$ 模, 显然作为 $S-$ 模 ,$F(R/I)$ 上生成 $S/\Phi(I)$(见 (8.22)), $S/\Phi(I)$ 生成 $F(R/I)$. 从而由 (21.6) 知作为 R-模 R/I 上生成 $G(S/\Phi(I))$, $G(S/\Phi(I))$ 生成 R/I. 特别地, R 模 R/I 和 $G(S/\Phi(I))$ 一定有相同的零化子 (练习 (8.2)), 即 $\Gamma\Phi(I) = I$. 类似地, 对于 S 的每个理想 K, 有 $\Phi\Gamma(K) = K$. 注意, 如果 I 和 I' 是 R 的理想, $I \subseteq I'$, 则存在自然 R 满同态 $R/I \to R/I' \to 0$, 从而存在 S-满同态 (21.2)$F(R/I) \to F(R/I') \to 0$, 因此 $\Phi(I) \subseteq \Phi(I')$, Φ 是保序的. 类似可证, Γ 亦然. 从而 Φ 是格同构.

关于最后的论断, 设 I 是 R 的理想, $\nu: R \to R/I$ 是自然环同态, 则环函子的变换

$$T_\nu:\ {}_{R/I}\mathbf{M} \to\ {}_R\mathbf{M}$$

是从 ${}_{R/I}\mathbf{M}$ 到 ${}_R\mathbf{M}$ 的完全子范畴 $\mathbf{G}_R(R/I)$ 的等价，$\mathbf{G}_R(R/I)$ 的对象由 R/I 生成. 由 (21.6.3) 知限制在 $\mathbf{G}_R(R/I)$ 上的函子 F 定义了等价, 其中 ${}_S\mathbf{M}$ 的完全子范畴 $\mathbf{G}_S(F(R/I))$ 的对象由 $F(R/I)$ 生成. 但我们已经看到，$S/\Phi(I)$ 生成 $F(R/I)$, R/I 生成 $G(S/\Phi(I))$, 因此 $F(R/I)$ 生成 $S/\Phi(I)$. 从而 $\mathbf{G}_S(F(R/I)) = \mathbf{G}_S(S/\Phi(I))$, 而且我们有 ${}_{R/I}\mathbf{M} \cong {}_{S/\Phi(I)}\mathbf{M}$. □

21.12 推论 如果 $R \approx S$, R 是单的, 则 S 是单的.

21.13 推论 如果 $F : {}_R\mathbf{M} \to {}_S\mathbf{M}$ 是等价, 则 $R/J(R) \approx S/J(S)$，$J(S) = l_S(F(R/J(R)))$.

证明 根据 (21.9) 和 (21.11), 我们有 R 的理想 P 是本原的当且仅当对应的理想 $\Phi(P)$ 是 S 的本原理想. 从而由 (21.11) 得

$$\begin{aligned} J(S) &= \cap\{\Phi(P) \mid P \text{ 是 } R \text{ 的本原理想}\} \\ &= \Phi(J(R)) = l_S(F(R/J(R))). \end{aligned}$$

练 习 21

1. 设 $\mathbf{C}$ 和 $\mathbf{D}$ 是范畴,$F,\ F' : \mathbf{C} \to \mathbf{D}$ 和 $G,\ G' : \mathbf{D} \to \mathbf{C}$ 是共变函子, $F \cong F', G \cong G'$. 证明: 如果 F 和 G 是互逆等价, 则 F' 和 G' 是互逆等价. [提示: 首先求证 F 和 G' 是互逆等价. 说 $\phi : G' \to G$ 和 $\eta : FG \to 1_{\mathbf{D}}$ 以及 $\nu : GF \to 1_{\mathbf{C}}$ 都是同构. 考虑由 $\eta'_N = \eta_N \circ F(\phi_N)$ 和 $\nu'_M = \nu \circ \phi_{F(M)}$ 定义的 $\eta' : FG' \to 1_{\mathbf{D}}$ 和 $\nu' : G'F \to 1_{\mathbf{C}}$.]
2. 证明: 范畴等价这一关系 $\approx$ 是一切范畴类上的等价关系. [提示: 设 $\mathbf{C}, \mathbf{D}, \mathbf{E}$ 是范畴, $F : \mathbf{C} \to \mathbf{D}$, $G : \mathbf{D} \to \mathbf{E}$, $H : \mathbf{D} \to \mathbf{C}$, $K : \mathbf{E} \to \mathbf{D}$ 是共变函子. 设 $\eta : HF \to 1_{\mathbf{C}}$ 和 $\nu : KG \to 1_{\mathbf{D}}$ 是自然同构. 求证 : $\eta_M \circ H(\nu_{F(M)}) : HKGF(M) \to M$ 定义了自然同构.]
3. 设 $\mathbf{C}$ 和 $\mathbf{D}$ 是范畴. 证明: 共变函子 $F : \mathbf{C} \to \mathbf{D}$ 是等价当且仅当它是忠实的, 满的, 而且对于每个 $D \in \mathbf{D}$, 存在 $C \in \mathbf{C}$ 使得 $F(C) \cong D$. [注意: 称 F 是**满的**, 如果 $F(mor_{\mathbf{C}}(C, C')) = mor_{\mathbf{D}}(F(C), F(C'))$.]
4. 称共变函子 $F : \mathbf{C} \to \mathbf{D}$ 是**同构**, 如果存在共变函子 $G : \mathbf{D} \to \mathbf{C}$ 使得 $FG = 1_{\mathbf{D}}, GF = 1_{\mathbf{C}}$. 如果这样的函子存在, 则 $\mathbf{C}$ 和 $\mathbf{D}$ **同构**. 显然同构范畴是等价的, 但反之不成立. 例如, 设 ${}_RT$ 是单模，$\mathbf{C}$ 是 ${}_R\mathbf{M}$ 的完全子范畴，$\mathbf{C}$ 的对象类是 $\{T\}$. 设 $\mathscr{D} = \{{}_RN \mid {}_RN \cong T\}$, $\mathscr{D} \neq 0$. 设 $\mathbf{D}$ 是 ${}_R\mathbf{M}$ 的完全子范畴, 它的对象类是 $\mathscr{D}$. 证明 : $\mathbf{C} \approx \mathbf{D}$, 而且 $\mathbf{C}$ 和 $\mathbf{D}$ 是同构的当且仅当 $\mathscr{D}$ 是单元集.
5. 设 $\mathbf{C}_1$ 和 $\mathbf{C}_2$ 是范畴. 它们的**积**是范畴 $\mathbf{C}_1 \times \mathbf{C}_2$, 它的对象是 $\mathscr{C}_1 \times \mathscr{C}_2$, 态射是 $mor_{\mathbf{C}_1} \times mor_{\mathbf{C}_2}$, 合成是积的合成. 证明: 如果 R_1 和 R_2 是环, 则有

$${}_{R_1}\mathbf{M} \times {}_{R_2}\mathbf{M} \approx {}_{R_1 \times R_2}\mathbf{M}.$$

6. 此练习是环 R 与它的每个矩阵环 $\mathbb{M}_n(R)$ $(n = 1, 2, \cdots)$ 等价这一重要事实的直接证明. 这一事实也是下节中等价的一般刻划的一个直接推论 (见 (22.6)). 设 R 是环，$e \in R$ 是非零幂等元. 令 $S = eRe$. 证明:

(1) 存在自然同态 $\eta:(Re\otimes_S eR\otimes_R -)\to 1_{_R\mathbf{M}}$ 使得对于每个 $_RM$, 有

$$\eta_M: ae\otimes eb\otimes m\mapsto aebm.$$

(2) η 是自然同构当且仅当 $ReR=R$. [提示:($\Leftarrow$). 假设 $\sum_j s_jet_jm_j=0,\ \ 1=\sum_i a_ieb_i$, 则

$$\sum_j(s_je\otimes et_j\otimes m_j)=\sum_i(a_ie\otimes eb_i\otimes\sum_j s_jet_jm_j)=0,$$

因此 η_M 是单同态 .]

(3) 如果 $ReR=R$, 则 $R\approx S=eRe$. [提示: 考虑函子 $F=(eR\otimes_R -):{_R\mathbf{M}}\to{_S\mathbf{M}}$ 和 $G=(Re\otimes_S -):{_S\mathbf{M}}\to{_R\mathbf{M}}$. 应用 (1) 和 (2).]

(4) 对于每个 $n\in\mathbb{N}$, 有 $R\approx\mathbb{M}_n(R)$.

7. 设 $F:{_R\mathbf{M}}\to{_S\mathbf{M}}$ 是加法共变函子. 称 F 是**投射子** (**内射子**), 如果对于每个投射模 $_RP$(内射模 $_RQ$), 它的象 $_SF(P)$ 是投射的 ($_SF(Q)$ 是内射的). 例如, 见练习 (19.10). 设 $G:{_S\mathbf{M}}\to{_R\mathbf{M}}$ 是 F 的左伴随. 证明 : F 是内射子 (G 是投射子) 当且仅当 G 是正合的. (F 是正合的)[提示: 见练习 (20.8).]

8. 设 $_SP_R$ 是双模, $_RQ_S=Hom_R(_SP_R,\ _RR_R)$. 考虑三个函子

$$F_P=(_SP\otimes_R\quad):{_R\mathbf{M}}\to\ {_S\mathbf{M}},$$

$$G_P=(_RQ\otimes_S\quad):{_S\mathbf{M}}\to\ {_R\mathbf{M}},$$

$$H_P=Hom_S(_SP_R,\quad):{_S\mathbf{M}}\to\ {_R\mathbf{M}}.$$

(1) 由 (20.6) 得 (F_P,H_P) 是伴随元素对. 证明:F_P 是投射子当且仅当 $_SP$ 是投射的. [提示: 练习 (21.7).]

(2) 证明: 如果 P_R 是有限生成投射的, 则 (G_P,F_P) 是伴随元素对. [提示: 练习 (20.7(2)) 和命题 (21.11).]

(3) 证明: 如果 P_R 是有限生成投射的, 则 F_P 是内射子当且仅当 Q_S 是平坦的.

(4) 设 P_R 和 $_SP$ 是有限生成投射的, 称 $_SP_R$ 是 Frobenius 模, 如果作为 (R,S)-双模, 有

$$Hom_R(_SP_R,\ _RR_R)\cong Hom_S(_SP_R,\ _SS_S).$$

证明:$_SP_R$ 是 Frobenius 模当且仅当 $G_P\cong H_P$.[提示:(20.10).]

(5)$_SP_R$ 是 Frobenius 模. 证明: 如果 $_RR$ 是内射的 ($_SS$ 是内射的), 则 $_SP(P_R)$ 是内射的.

9. 设 R 是域 S 上的有限维代数. 称 R 是 Frobenius 代数, 如果 $_SR_R$ 是 Frobenius 双模. 证明:(1) 如果 R 是 S 上的 Frobenius 代数, 则 R 既是左自内射的又是右自内射的.

(2) 下列等价:(a) R 是 Frobenius 模; (b) $_RR_S\cong Hom_S(_SR_R,S)$; (c) 存在 R-平衡映射 $\phi:R_R\times\ _RR\to S$ 使得如果 $0\neq x\in R$, 则 $\phi(x,R)\neq 0,\ \phi(R,x)\neq 0$. [提示:(c) $\Rightarrow$ (a). 定义 $\theta:Hom_R(_SR_R,R)\to Hom_S(_SR_R,S),\ \theta(f)(x)=\phi(x,f(1))$. 通过对维数论证可推出 θ 是满同态 .]

(3) 如果 R 是单的, 则 R 是 Frobenius 代数.[提示:(2.b) 和练习 (20.17).]

(4) 如果 G 是有限群, 则群代数 $R=SG$ 是 Frobenius 代数. [提示: 设 $e\in G$ 是单位元, 定义 $\lambda:R\to S,\ \lambda(f)=f(e)$ 和 $\phi:R\times R\to S,\phi(f,f')=\lambda(ff')$. 再利用 (2.c).]

10. 设 $\phi : S \to R$ 是环同态, 则经 ϕ, R 有模结构 ${}_SR_R$ 和 ${}_RR_S \cong Hom_R({}_SR_R, {}_RR_R)$, R_R 和 ${}_RR$ 是投射模. 因此环函子的变换 $F = ({}_SR \otimes_R -) : {}_R\mathbf{M} \to {}_S\mathbf{M}$ 有左伴随 $G = ({}_RR \otimes_S -) : {}_S\mathbf{M} \to {}_R\mathbf{M}$ 和右伴随 $H = Hom_S({}_SR_R, -) : {}_S\mathbf{M} \to {}_R\mathbf{M}$(见练习 (21.9)). 如果 ${}_RM$ 是模, 则我们用 ${}_SM$ 代替 $F({}_RM)$. 证明:

(1) 如果 ${}_SR$ 是 (有限生成) 投射的, ${}_RM$ 是 (有限生成) 投射的, 则 ${}_SM$ 是 (有限生成) 投射的. [提示: 练习 (20.8). 也可见练习 (19.16).]

(2) 如果 R_S 是平坦的, ${}_RM$ 是内射的, 则 ${}_SM$ 是内射的.

(3) 如果 ${}_SR$ 是生成子, ${}_RM$ 是生成子, 则 ${}_SM$ 是生成子 (见练习 (20.8)).

(4)F 和 G 是互逆等价当且仅当 ϕ 是同构.

11. 设 R 和 S 是经等价 $F : {}_R\mathbf{M} \to {}_S\mathbf{M}$ 得到的等价环 ,F 的逆是 $G : {}_S\mathbf{M} \to {}_R\mathbf{M}$. 证明: 下列等价:

(1) ${}_RM$ 是有限表现当且仅当 ${}_SF(M)$ 是有限表现.

(2) ${}_RM$ 有可补 (极大) 直和项的直和分解当且仅当 $F(M)$ 亦然.

12. 设 R 和 S 是环 ,$R \approx S$. 证明:

(1) R 是 von Neumann 正则的当且仅当 S 是 von Neumann 正则的. [提示: 练习 (20.14).]

(2) R 是左自内射的当且仅当 S 是左自内射的.

(3) R 是左遗传的当且仅当 S 是左遗传的.

(4) R 是上半单的当且仅当 S 是上半单的.

§ 22. 等价的 Morita 刻画

环 R 和 R 上的 $n \times n$ 矩阵环 $\mathbb{M}_n(R)$ 给出了 (Morita) 等价的原型. 实际上单 *Artin* 环的 Wedderburn 刻画 (13.3) 可以看作是最早的环的等价理论研究. 本节我们将推广 Wedderburn-Artin 理论, 给出等价的完整刻画, 这些工作是由 Morita[58a] 完成的. 我们以今后证明所需要的条件开始本节的讨论.

称左 R-模 ${}_RP$ 是**投射生成子** (或左R– **投射生成子**), 如果它是有限生成的投射生成子. 特别地, ${}_RR$ 是投射生成子. ${}_RP$ 是投射生成子当且仅当存在整数 m 和 n 以及 P' 和 R' 使得

$$R^{(m)} \cong P \oplus P' \ , \ \ P^{(n)} \cong R \oplus R'.$$

22.1 定理　设 R 和 S 是经等价 $F : {}_R\mathbf{M} \to {}_S\mathbf{M}$ 和 $G : {}_S\mathbf{M} \to {}_R\mathbf{M}$ 得到的等价环, 令

$$P = F(R), \ \ Q = G(S),$$

则 P 和 Q 是自然双模 ${}_SP_R$ 和 ${}_RQ_S$, 使得

(1) ${}_SP_R$ 和 ${}_RQ_S$ 是忠实平衡的;

(2) P_R, ${}_SP$, ${}_RQ$ 和 Q_S 都是投射生成子;

(3) ${}_SP_R \cong Hom_S(Q, S) \cong Hom_R(Q, R)$, ${}_RQ_S \cong Hom_R(P, R) \cong Hom_S(P, S)$;

(4) $F \cong Hom_R(Q,\_\ )$, $G \cong Hom_S(P,\_\ )$;

(5) $F \cong (P \otimes_R \_\ )$, $G \cong (Q \otimes_S \_\ )$.

证明 我们采用 (21.1) 中的记法. 由 (20.3) 知双模结构 ${}_RR_R$ 和函子 F 的可加性诱导了标准的双模结构 ${}_SP_R = F(R)$, 其中右 R-标量乘法由 R 到 $End({}_SP) = End({}_SF(R))$ 的环同态 $r \mapsto F(\rho(r))$ 给出. 通过观察可得这恰是 (4.11) 和 (21.2) 中两个同构

$$R \cong End({}_RR) \quad \text{和} \quad End({}_RR) \cong End({}_SF(R))$$

的合成.

由于 ${}_RR$ 是投射生成子, 而且 F 是等价, 从而 ${}_SP = F({}_RR)$ 是投射生成子 ((21.6) 和 (21.8)). 特别地, 由于 ${}_SP$ 是生成子, 从而它是平衡的 (17.8.1). 由于 $R \cong End({}_SP)$, 从而 ${}_SP_R$ 是忠实平衡双模. 因此由 (17.7) 得 P_R 也是投射生成子. 类似地, ${}_RQ = G({}_SS)$ 也有由 ${}_SS_S$ 诱导的自然的忠实平衡双模结构 ${}_RQ_S$, 而且 ${}_RQ$ 和 Q_S 都是投射生成子, 这便完成了 (1) 和 (2) 的证明.

下面设 ${}_RM$ 是左 R-模, 则由于 (21.1) 中的 $\mathbb{Z}$-同构 ϕ 在第一个变量中是自然的, 从而

$$\phi : Hom_S(S, F(M)) \to Hom_R(G(S), M) = Hom_R(Q, M)$$

是左 S-同构 (20.4). 因此 S-同构

$$F(M) \cong Hom_S(S, F(M)) \cong Hom_R(Q, M)$$

在 M 中是自然的, 从而 $F \cong Hom_R(Q,\_\ )$. 类似地, 有 $G \cong Hom_S(P,\_\ )$. 在 ${}_RR_R$ 和 ${}_SS_S$ 上这些自然同构是 (见 (20.4)) 双模同构

$${}_SP_R = {}_SF(R)_R \cong Hom_R(Q, R)$$

和

$${}_RQ_S = {}_RG(S)_S \cong Hom_S(P, S).$$

应用 (1) 和 (20.7) 得

$$\begin{aligned} {}_SP_R &\cong Hom_R(Q, R) \cong Hom_R(Q, Hom_S(Q, Q)) \\ &\cong Hom_S(Q, Hom_R(Q, Q)) \cong Hom_S(Q, S) \end{aligned}$$

和

$${}_RQ_S \cong Hom_S(P, S) \cong Hom_S(P, Hom_R(P, P))$$

$$\cong Hom_R(P, Hom_S(P,P)) \cong Hom_R(P,R)$$

从而我们有 (3) 和 (4).

最后,(5) 可由 (4) 和 (3) 得出. 这是因为由 (20.5), (20.11) 和 (20.1) 知存在自然同构

$$\begin{aligned} Hom_R(Q,\_\,) &\cong Hom_R(Hom_R(P,R),\_\,) \\ &\cong P \otimes_R Hom_R(R,\_\,) \\ &\cong (P\otimes_R \_\,), \end{aligned}$$

类似地, 有

$$Hom_R(P,\_\,) \cong (Q\otimes_S \_\,).$$ □

现在我们易证等价环的基本刻画.

22.2 定理 [$\boldsymbol{Morita}$] 设 R 和 S 是环,

$$F: {}_R\mathbf{M} \to {}_S\mathbf{M} \quad 和 \quad G: {}_S\mathbf{M} \to {}_R\mathbf{M}$$

是加法函子, 则 F 和 G 是互逆等价当且仅当存在双模 ${}_SP_R$ 使得

(1) ${}_SP$ 和 P_R 是投射生成子;

(2) ${}_SP_R$ 是平衡模;

(3) $F \cong (P\otimes_R \_\,)$, $G \cong Hom_S(P,\_\,)$.

而且, 如果存在双模 ${}_SP_R$ 满足上述条件, 则我们有 ${}_RQ_S$ 使得 ${}_RQ$ 和 Q_S 是投射生成子, 其中 $Q = Hom_R(P,R)$, 而且有

$$F \cong Hom_R(Q,\_\,), \quad G \cong (Q\otimes_S \_\,).$$

证明 最后的论断和条件 (1), (2), (3) 的必要性可由 (21.1) 立即得出. 反之假设 ${}_SP_R$ 是满足 (1) 和 (2) 的双模, 则对于每个 ${}_RM$ 和每个 ${}_SN$, 存在自然同构:

$$\begin{aligned} Hom_S(P, P\otimes_R M) &\cong Hom_S(P,P)\otimes_R M && (20.10) \\ &\cong R\otimes_R M && (由\ (2)\ 得) \\ &\cong M && (20.1) \end{aligned}$$

和

$$\begin{aligned} P\otimes_R Hom_S(P,N) &\cong Hom_S(Hom_R(P,P),N) && (20.11) \\ &\cong Hom_S(S,N) && (由\ (2)\ 得) \end{aligned}$$

$$\cong N \tag{20.1.}$$

从而 $F=(P\otimes_R \_)$ 和 $G=Hom_S(P,\_)$ 是互逆等价. □

22.3 推论 设 R 和 S 是环, 则 ${}_R\mathbf{M}\approx {}_S\mathbf{M}$ 当且仅当 $\mathbf{M}_R\approx \mathbf{M}_S$.

证明 设 ${}_R\mathbf{M}\approx {}_S\mathbf{M}$, 则由 (22.2) 知存在平衡双模 ${}_SP_R$ 使得 ${}_SP$ 和 P_R 是投射生成子,

$$(P\otimes_R \_) \quad 和 \quad Hom_S(P,\_)$$

是互逆等价. 从而由 (22.1) 知 $Q=Hom_S(P,S)$ 是平衡双模 ${}_RQ_S$, 使得 ${}_RQ$ 和 Q_S 是投射生成子. 因此我们可以把 Q 看作使得 $Q_{R^{op}}$ 和 ${}_{S^{op}}Q$ 是投射生成子的平衡双模 ${}_{S^{op}}Q_{R^{op}}$. 由 (22.2) 知 ${}_{R^{op}}\mathbf{M}\approx {}_{S^{op}}\mathbf{M}$, 或等价地有 $\mathbf{M}_R\approx \mathbf{M}_S$. 充分性可再次利用反环得到. □

特别地, 从推论 (22.3) 我们知道环的"左"和"右"等价是一致的. 左半单环等同于右半单环也是 (22.3) 的一个推论 (见推论 21.9).

下面的推论给出了验证两个环等价的最常用方法.

22.4 推论 关于两个环 R 和 S, 下列条件等价:

(a) $R\approx S$;

(b) 存在投射生成子 P_R 使得 $S\cong End(P_R)$;

(c) 存在投射生成子 ${}_RQ$ 使得 $S\cong End({}_RQ)$.

证明 (a)⇒(b). 可由 (22.2) 立即得出.

(b)⇒(a). 我们可以假设 $S=End(P_R)$. 由 (17.8) 得由于 P_R 是生成子, 从而由 (17.8) 得它是平衡的, 而且是 $S=End(P_R)$ 上的有限生成投射模. 由于 ${}_SP_R$ 是平衡双模, P_R 是有限生成投射模, 从而由 (17.7) 得 ${}_SP$ 是生成子. 现在经 $F=(P\otimes_R \_)$, $G=Hom_S(P,\ \_)$ 和 (22.2) 可知 R 和 S 是等价的. □

22.5 推论 设 R 是环, 如果 P_R 是投射生成子, 则 R 和 $S=End(P_R)$ 等价. 事实上, 如果

$$P^{\circledast}=Hom_R(P,R),$$

则 ${}_SP_R$ 和 ${}_RP^{\circledast}_S$ 是双模, 而且

$$(P\otimes_R \_):\ {}_R\mathbf{M}\to {}_S\mathbf{M}$$

$$(P^{\circledast}\otimes_S \_):\ {}_S\mathbf{M}\to {}_R\mathbf{M}$$

互逆等价. □

现在可以证明可能是等价环的最重要的特殊情形 (也可见练习 (21.6))

22.6 推论 设 R 是环 ,$n>0$ 是自然数, 则 R 和 $\mathbb{M}_n(R)$ 是等价环.

证明 矩阵环 $\mathbb{M}_n(R)$ 同构于自由右 R-模 $R^{(n)}$ 的自同态环 (见 (13.2)), 而且 R^n 显然是右 R-投射生成子. □

22.7 推论 设 R 和 S 是等价环, 则存在正整数 n 和幂等矩阵 $e \in \mathbb{M}_n(R)$ 使得

$$S \cong e\mathbb{M}_n(R)e.$$

证明 我们可以假设 $R^{(n)} = P \oplus P'$, 则 $S \cong End(P_R) \cong eEnd(R^{(n)})e$, 其中 e 为 P 在 $R^{(n)}$ 的分解中的幂等元. □

练 习 22

1. 设 P_R 是有限生成投射右 R-模, P^{*} 是它的 R-对偶 $Hom_R(P, R)$, 则 ${}_RP^{*}$ 是有限生成投射的 (20.17). 理想 $T = Tr_R(P)$ 称为 P 的迹 (见 (8.21)). 由于 R 是生成子 ,P_R 是投射生成子当且仅当 $T = R$. 证明:
   (1) $T^2 = T$; $PT = P$; $T = Tr_R(P^{*})$.
   (2) 自然映射 $P \otimes_R T \to P_R$ 和 $T \otimes_R P^{*} \to {}_RP^{*}$ 是同构. [提示: 如果 $(x_i), (f_i)$ 是 P 的对偶基, 则 $x \to \sum x_i \otimes f_i(x)$ 给出了一个逆 .]
   (3) 如果 $e \in R$ 是幂等元 ,$P \cong eR$, 则 $T = ReR$.
2. 设 P 和 P^{*} 如练习 (22.1) 所述. 假设 R 是本原环 (练习 (14.10)). 证明: 练习 (17.4.1) 的推广:P_R 是忠实的当且仅当 ${}_RP^{*}$ 是忠实的.
3. 每个生成子都是忠实的 (练习 (8.3)). 关于其逆命题, 证明:
   (1) 投射模 P_R 是生成子当且仅当对于 R 的每个理想 I, 如果 $PI = R$, 则 $I = R$. [提示: 练习 (22.1).]
   (2) 忠实有限生成投射模不一定是生成子.
   (3) 如果 R 是交换环, P_R 是有限生成投射的, 则 P_R 是投射生成子当且仅当它是忠实的. [提示: 设 T 是 P 的迹, 则 T 是有限生成的理想使得 $T^2 = T$. 对于 $T = Re$ 应用练习 (7.12). 如果 P_R 是忠实的, 则 $e = 1$.]
4. 有限生成左 R 模的范畴 ${}_R\mathbf{FM}$ 在范畴等价的范围内刻画了整体范畴 ${}_R\mathbf{M}$. 事实上, 设 R 和 S 是环, 证明:
   (1) 如果 ${}_SN$ 和 ${}_RN'$ 是有限生成的, 则 S-同态 $f : N \to N'$ 是满同态当且仅当对于每个 $h \in {}_S\mathbf{FM}$, 由 $hf = 0$ 可推出 $h = 0$. [提示:(3.3) 和练习 (10.1).]
   (2) 如果 ${}_RM, {}_RM'$ 在 ${}_R\mathbf{FM}$ 中, $F : {}_R\mathbf{FM} \to {}_S\mathbf{FM}$ 是范畴等价, 则 $f : M \to M'$ 是 (可分) 满同态当且仅当 $F(f) : F(M) \to F(M')$ 是 (可分) 满同态.
   (4)${}_R\mathbf{FM} \approx {}_S\mathbf{FM}$ 当且仅当 ${}_R\mathbf{M} \approx {}_S\mathbf{M}$. [提示 : ($\Rightarrow$). 设 $F : {}_R\mathbf{FM} \to {}_S\mathbf{FM}$ 是范畴等价, 它的逆等价为 G. 如果 $R^{(n)} \to G(S)$ 是可分满同态, 则 $F(R)^{(n)} \to FG(S) \cong S$ 亦然 .]
5. 设 ${}_SP_R$ 和 ${}_RQ_S$ 是双模, (θ, ϕ) 是一对双模同态

$$\theta : P \otimes_R Q \to {}_SS_S, \quad \phi : Q \otimes_S P \to {}_RR_R$$

使得对于一切 $x, y \in P$ 和 $f, g \in Q$, 有

$$\theta(x \otimes f)y = x\phi(f \otimes y), \quad f\theta(x \otimes g) = \phi(f \otimes x)g.$$

则 (θ,ϕ) 是 (P,Q) 的 Morita 元素对. 显然 (ϕ,θ) 是 (Q,P) 的 Morita 元素对. 对于每个 $x\in P$ 和每个 $f\in Q$, 由

$$\hat{\phi}(x): f\mapsto\phi(f\otimes x)\quad 和\quad \bar{\phi}(f): x\mapsto\phi(f\otimes x)$$

定义 $\hat{\phi}(x): Q\to R$ 和 $\bar{\phi}(f): P\to R$.
证明: (1) $\hat{\phi}$ 是 (S,R)-同态 ${}_SP_R\to Hom_R({}_RQ_S,{}_RR_R)$, $\bar{\phi}$ 是 (R,S)-同态 ${}_RQ_S\to Hom_R({}_SP_R,{}_RR_R)$.
(2) 如果 θ 是满同态, 则
(i) θ 是同构;
(ii) P_R 和 ${}_RQ$ 是有限生成投射的;
(iii) ${}_SP$ 和 Q_S 是生成子;
(iv) $\hat{\phi}$ 和 $\bar{\phi}$ 是同构;
(v) $\lambda: S\to End(P_R)$ 和 $\rho: S\to End({}_RQ)$ 是环同构.
[提示: 对于 (iii), $Tr_S(P)\geqslant\hat{\theta}(Q)(P)=\theta(P\otimes Q)$. 下面假设 $\sum_i\theta(x_i\otimes f_i)=1_S\in S$, 则

$$\sum_j(y_j\otimes g_j)=\sum_i\left(x_i\otimes f_i\left(\sum_j\theta(y_j\otimes g_j)\right)\right),$$

θ 是单同态. 而且 (x_i) 和 $(\bar{\phi}(f_i))$ 形成了 P_R 的对偶基 (见练习 (17.11)). 如果 $\bar{\phi}(f)=0$, 则证明 : $f=f1_S=0$. 如果 $g\in Hom_R(P,R)$, 则 $g=\bar{\phi}(\sum_i g(x_i)f_i)$. 如果 $\lambda(s)=0$, 则 $s=s1_S=0$. 最后, 如果 $u\in End(P_R)$, 则 $u=\lambda(\sum_i\theta(ux_i\otimes f_i))$.]

6. 设 P_R 是右 $R-$ 模 , $S=End(P_R)$, 则有 ${}_SP_R$. 设 $P^{\circledast}=Hom_R({}_SP_R,{}_RR_R)$, 则有 ${}_RP^{\circledast}_S$.
证明: (1) 存在 $(P,P^{\circledast})$ 的 Morita 元素对 (θ_P,ϕ_P)

$$\theta_P(x\otimes f): y\mapsto xf(y),\quad \phi_P(f\otimes x)=f(x).$$

(2) P_R 是有限生成投射的当且仅当 θ_P 是同构. [提示: 对偶基引理 (练习 (17.11)).]
(3) P_R 是生成子当且仅当 ϕ_P 是同构.
(4) P_R 是投射生成子当且仅当 θ_P 和 ϕ_P 都是满同态.

7. 证明 Morita 定理 (22.2) 的下述内容: 两个环 R 和 S 等价当且仅当存在双模 ${}_SP_R$ 和 ${}_RQ_S$ 以及 (P,Q) 的 Morita 元素对 (θ,ϕ) 使得 θ 和 ϕ 都是满同态. [提示: 练习 (22.5) 和 (22.6).]

8. 设 ${}_SP_R$ 和 ${}_RQ_S$ 是双模, (θ,ϕ) 是 (P,Q) 的使得 θ,ϕ 是满同态的 Morita 元素对. 从而由练习 (22.7) 得 $R\approx S$. 对于 R 的每个理想 I 和 S 的每个理想 I' 定义

$$\Theta(I)=\theta(PI\otimes Q),\quad \Phi(I')=\phi(QI'\otimes P).$$

证明: (1) Θ 和 Φ 定义了 R 的理想格和 S 的理想格之间的互逆格同构.
(2) 如果 H 和 I 是 R 的理想, 则 $\Theta(IH)=\Theta(I)\Theta(H)$.
(3) 证明 : I 和 R 的素 (幂零) 理想当且仅当 $\Theta(I)$ 是 S 的素 (幂零) 理想.
(4) 证明 : N 是 R 的下诣零根当且仅当 $\Theta(N)$ 是 S 的下诣零根.

9. 设 K 是交换环, R, S, T 是 K-代数. 考虑 K-代数

$$R^T = T \otimes_K R \quad 和 \quad S^T = T \otimes_K S$$

(见练习 (19.5)). 证明: 如果 $R \approx S$, 则 $R^T \approx S^T$ [提示: 练习 (22.7).]

10. 称两个模 M 和 N 是**相似的**, 而且简记为 $M \sim N$, 如果存在自然数 m 和 n 以及模 M' 和 N' 使得

$$M \oplus M' \cong N^{(m)}, \quad N \oplus N' \cong M^n.$$

(1) 证明: $\sim$ 定义了类 ${}_R\mathscr{M}$ 上的等价关系.

(2) 证明: ${}_RP \sim {}_RR$ 当且仅当 P 是投射生成子.

11. 设 M_K 和 N_K 是环 K 上的非零模, $R = End(M_K), S = End(N_K)$. 考虑双模

$${}_SP_R = Hom_K({}_RM_K, {}_SN_K) \quad 和 \quad {}_RQ_S = Hom_K({}_SN_K, {}_RM_K).$$

(1) 证明: 存在 (P, Q) 的 Morita 元素对 (θ, ϕ) 使得对于每个 $f \in P$ 和 $g \in Q$, 有

$$\theta(f \otimes g) = fg, \quad \phi(g \otimes f) = gf.$$

(2) 证明:(1) 中的 θ 和 ϕ 都是满同态当且仅当 $M_K \sim N_K$(见练习 (22.10)).

(3) 如果 $M_K \sim N_K$, 则 $End(M_K) \approx End(N_K)$. [提示: 练习 (22.7).]

12. 设 $F : {}_R\mathbf{M} \to {}_S\mathbf{M}$ 是等价范畴. 证明 : ${}_RM$ 是平坦的当且仅当 ${}_SF(M)$ 是平坦的. 可推断 R 是凝聚的当且仅当 S 是凝聚的.

13. 设 P_R 是有限生成投射的 , $S = End(P_R)$. 称 P_R 是**投射算子 (内射算子)**, 如果伴随函子

$$F_P = (P \otimes_R -) : {}_R\mathbf{M} \to {}_S\mathbf{M}$$

是投射算子 (内射算子) (见练习 (21.7),(21.8)). 设 $T = Tr_R(P)$ 是 P_R 的迹. 现在 F_P 是等价的当且仅当 $T = R$. 证明:

(1) 如果 ${}_RT$ 是投射的, 则 ${}_SP_R$ 是投射子. [提示: 由练习 (22.1) 得 $P^* = Hom_R(P, R)$ 生成投射模 ${}_RT$, 因此对于某个 A, 存在 ${}_S\mathbf{M}$ 中的可分满同态 $P \otimes_R (P^*)^{(A)} \to P \otimes_R T$. 而且 $P \otimes_R P^* \cong S$ 和 ${}_SP \otimes_R T \cong {}_SP$ 是投射的 (见练习 (22.6) 和 (22.1)).]

(2) 如果 T_R 是平坦的, 则 ${}_RP_S$ 是内射子. [提示: 只需证明 $P_S^* \cong T \otimes_R P_S^*$ 是平坦的. 而且 $P \otimes_S P^* = R$, 因此如果 ${}_SI \leqslant {}_SS$, $L = Ker(P^* \otimes I \to S)$, 则 $P \otimes L = 0$, 因此 $T \otimes L = 0$.]

14. 证明: 如果 R 是遗传的 (von Neumann 正则的), 则每个有限生成投射模 P_R 是投射子 (内射子).

15. 设 K 是域, $T = K[X]/X^2K[X]$. 设 R 是由形如

$$\begin{bmatrix} \alpha & \mu X & \nu X \\ 0 & \beta & \eta X \\ 0 & 0 & \gamma \end{bmatrix}$$

的一切矩阵组成的 $\mathbb{M}_3(T)$ 的子环, 其中 $\alpha, \beta, \gamma, \mu, \eta, \upsilon \in K$. 设

$$e=\begin{bmatrix}0&0&0\\0&1&0\\0&0&0\end{bmatrix},\qquad f=\begin{bmatrix}1&0&0\\0&1&0\\0&0&0\end{bmatrix},\qquad g=\begin{bmatrix}0&0&0\\0&1&0\\0&0&1\end{bmatrix}.$$

证明: (1) eR 既是 (R, eRe) 投射子又是 (R, eRe) 内射子.

(2) ReR 既不是左 R-投射的, 也不是右 R-平坦的.

(3) fR 是 (R, fRf)-内射子, 但不是 (R, fRf)-投射子.

(4) gR 是 (R, gRg)-投射子, 但不是 (R, gRg)-内射子.

16. 设 R 是 von Neumann 正则的, 而且还是左自内射的. 证明: 如果 P_R 是有限生成投射的, 则 $End(P_R)$ 是 von Neumann 正则的, 也是左自内射的. 特别地, 如果 $e \in R$ 是非零幂等元, 则 eRe 是 von Neumann 正则的, 也是左自内射的. [提示: 由 Morita 得 P_R 是自由模. 再利用 (5.9) 和练习 (22.14).]

(注意: 如果 P_R 不是有限生成的 (练习 (18.4)) 或 R 不是 von Neumann 正则的, 则此练习不成立 (见 Rosenberg 和 Zelinsky[61])).

17. 设 R 是遗传的. 证明: 如果 P_R 是有限生成投射的, 则 $End(P_R)$ 是遗传的. 特别地, 如果 $e \in R$ 是非零幂等元, 则 eRe 是左遗传的.

§ 23. 对　偶

设 $\mathbf{C}$ 和 $\mathbf{D}$ 是两个范畴, 称反变函子

$$H' : \mathbf{C} \to \mathbf{D}, \quad H'' : \mathbf{D} \to \mathbf{C}$$

对 (H', H'') 是 $\mathbf{C}$ 和 $\mathbf{D}$ 之间的一个**对偶**, 如果存在自然同构

$$H''H' \cong 1_{\mathbf{C}}, \quad H'H'' \cong 1_{\mathbf{D}}.$$

实际上, 对偶的一般理论和等价的一般理论是对偶的, 即, 如果 $op : \mathbf{C} \to \mathbf{C}^{op}$ 表示从范畴到其逆范畴的典范反变函子 (见练习 (23.1)), 则易见, 元素对 (H', H'') 是 $\mathbf{C}$ 到 $\mathbf{D}$ 之间的对偶当且仅当

$$(op) \circ H' : \mathbf{C} \to \mathbf{D}^{op} \quad 和 \quad H'' \circ (op) : \mathbf{D}^{op} \to \mathbf{C}$$

互逆等价 (见练习 (23.2)).

根据以上事实, 似乎我们没有必要再重新讨论一遍对偶的一般理论. 当在模范畴中进行清晰的阐述时, 事情不是如此简单. 在模范畴中, 对偶理论很不同于等价理论. 当然, 存在某些模范畴之间的非平凡对偶——例如, 我们熟悉的有限维向量空间的对偶. 但对于环 R 和 S, 不存在 $_R\mathbf{M}$ 和 $_S\mathbf{M}$(或 $\mathbf{M}_S$) 之间的对偶, 其困难在于, 对于任意环 S, $(_R\mathbf{M})^{op}$ 不等价于 $_S\mathbf{M}$ 或 $(\mathbf{M}_S)$. 这样, 尽管两个理论涉及的部分内容可能是一致的, 但我们将分别讨论它们, 并且略去有明显对偶于等价的证明.

我们感兴趣的是模范畴之间的对偶 (H', H''). 在讨论中我们需要 H' 和 H'' 是加法函子.

自反模和对偶

我们首先验证模范畴之间的对偶的存在性. 为此, 设 R 和 S 是环, ${}_RU_S$ 是非零双模, 令

$$H' = Hom_R(\_, U):\ {}_R\mathbf{M} \to \mathbf{M}_S$$

$$H'' = Hom_S(\_, U):\ \mathbf{M}_S \to {}_R\mathbf{M},$$

则对于每个 ${}_RM$, 赋值映射 $\sigma_M : M \to H''H'(M)$,

$$\sigma_M(x)(f) = f(x)$$

和对于每个 N_S, 赋值映射 $\sigma_N : N \to H'H''(N)$,

$$\sigma_N(y)(g) = g(y),$$

都是自然同态 (见 §20), 即它们定义了自然变换

$$\sigma : 1_{{}_R\mathbf{M}} \to H''H',\ \ \sigma : 1_{\mathbf{M}_S} \to H'H''.$$

现在设 ${}_R\mathbf{R}[U]$ 和 $\mathbf{R}_S[U]$ 是 ${}_R\mathbf{M}$ 和 $\mathbf{M}_S$ 的完全子范畴, 它们的对象是 U-自反模. 据 (20.14) 知 H' 和 H'' 是 ${}_R\mathbf{R}[U]$ 和 $\mathbf{R}_S[U]$ 之间的函子, 从而由 § 20 我们有下述结果:

23.1 命题　设 R 和 S 是环, ${}_RU_S$ 是双模, 则函子

$$H' = Hom_R(\_, U) \quad 和 \quad H'' = Hom_S(\_, U)$$

定义了 U 自反模范畴 ${}_R\mathbf{R}[U]$ 和 $\mathbf{R}_S[U]$ 之间的对偶. 事实上, 对于每个 $M \in {}_R\mathbf{R}[U]$ 和每个 $N \in \mathbf{R}_S[U]$, 赋值映射

$$\sigma_M : M \to H''H'(M) \quad 和 \quad \sigma_N : N \to H'H''(N)$$

是自然同构. □

因此, 存在非平凡的对偶. 例如, 每个有限生成投射模是 ${}_RR_R$ 自反的. 事实上, 由 (20.17) 我们可推断出 $H' = Hom_R(\_, {}_RR)$ 和 $H'' = Hom_R(\_, R_R)$ 定义了 ${}_R\mathbf{M}$ 和 $\mathbf{M}_R$ 的完全子范畴 ${}_R\mathbf{FP}$ 和 $\mathbf{FP}_R$ 之间的对偶, 它们的对象类是有限生成投射模.

基 本 引 理

本节余下的内容的主要目的是用非常适当的限制来证明模范畴之间的每个对偶都是命题 (23.1) 所描述的形式. 在关于对偶的讨论中, 设法解决左 R-模和右 S-模范畴之间的对偶是方便的 (但不是必须的).

下面我们采用与 (21.11) 对偶的适当记法, 并且确定一些基本同构, 这些同构是 (21.2) 和 (21.3) 中关于等价的对偶.

23.2 设 ${}_R\mathbf{C}$ 和 $\mathbf{D}_S$ 分别是左 R-模和右 S-模的完全子范畴, 即 ${}_R\mathbf{C}$ 是 ${}_R\mathbf{M}$ 的完全子范畴,$\mathbf{D}_S$ 是 $\mathbf{M}_S$ 的完全子范畴. 设函子

(1) $$H' : {}_R\mathbf{C} \to \mathbf{D}_S \quad 和 \quad H'' : \mathbf{D}_S \to {}_R\mathbf{C}$$

是 ${}_R\mathbf{C}$ 和 $\mathbf{D}_S$ 之间的对偶, 则

$$H''H' \cong 1_{{}_R\mathbf{C}}, \quad H'H'' \cong 1_{\mathbf{D}_S},$$

即存在自然同构

(2) $$\eta : H''H' \to 1_{{}_R\mathbf{C}} \quad 和 \quad \zeta : H'H'' \to 1_{\mathbf{D}_S}.$$

特别地, 对于 η, 这是指对于 ${}_R\mathbf{C}$ 中的每个 ${}_RM$, 存在同构 $\eta_M : H''H'(M) \to M$ 使得对于 ${}_R\mathbf{C}$ 中每对 M_1, M_2 和每个 R 同态 $f : M_1 \to M_2$, 图表

(3) $$\begin{array}{ccc} M_1 & \xrightarrow{\quad f \quad} & M_2 \\ \uparrow{\scriptstyle \eta_{M_1}} & & \uparrow{\scriptstyle \eta_{M_2}} \\ H''H'(M_1) & \xrightarrow{\ H''H'(f)\ } & H''H'(M_2) \end{array}$$

可交换. 类似的讨论可应用于 ζ. 对于 ${}_R\mathbf{C}$ 中的每个 ${}_RM$ 和 $\mathbf{D}_S$ 中的每个 N_S, 存在 $\mathbb{Z}$-同态

$$\mu = \mu_{MN} : Hom_S(N, H'(M)) \to Hom_R(M, H''(N))和$$

(4)
$$\nu = \nu_{MN} : Hom_S(H'(M), N) \to Hom_R(H''(N), M),$$

其定义为, 对于每个 $\gamma \in Hom_S(N, H'(M))$ 和 $\delta \in Hom_S(H'(M), N)$,

$$\mu_{MN} : \gamma \mapsto H''(\gamma) \circ \eta_M^{-1},$$

$$\nu_{MN} : \delta \mapsto \eta_M \circ H''(\delta).$$

$$\begin{array}{ccc} H''H'(M) & \xrightarrow{H''(\gamma)} & H''(N) \\ {\scriptstyle \eta}\downarrow & \overset{\mu(\gamma)}{\nearrow} & \\ M & & \end{array} \qquad\qquad \begin{array}{ccc} H''(N) & \xrightarrow{H''(\delta)} & H''H'(M) \\ & \underset{\nu(\delta)}{\searrow} & \downarrow{\scriptstyle \eta} \\ & & M \end{array}$$

类似于等价的情形, 我们通常略去 η, ζ, μ 和 ν 的下标.

下面的两个结果, 它们的证明是 (21.2) 和 (21.3) 的对偶, 因此我们略去.

23.3 命题 设 (H', H'') 是 ${}_R\mathbf{M}$ 和 $\mathbf{M}_S$ 的完全子范畴 ${}_R\mathbf{C}$ 和 $\mathbf{D}_S$ 之间的对偶, 则对于 ${}_R\mathbf{C}$ 中的每对 M_1, M_2 和 $\mathbf{D}_S$ 中的每对 N_1, N_2, H' 在 $Hom_R(M_1, M_2)$ 上的限制和 H'' 在 $Hom_S(N_1, N_2)$ 上的限制是 Abel 群同构

$$Hom_R(M_1, M_2) \to Hom_S(H'(M_2), H'(M_1))$$

$$Hom_S(N_1, N_2) \to Hom_R(H''(N_2), H''(N_1)).$$

如果 ${}_R\mathbf{C}$ 中的 M 和 $\mathbf{D}_S$ 中的 N 都是非零的, 则限制

$$H' : End({}_RM) \to End(H'(M)_S)$$

$$H'' : End(N_S) \to End({}_RH''(N))$$

是环同构. □

如果 $f, g \in Hom_R(M, M)$, 由于函子 H' 是反变的, 从而有

$$H'(fg) = H'(g)H'(f).$$

但 (见 (20.3)) 如果我们把 f 和 g 看作 $End({}_RM)$ 中的右算子, $H'(f)$ 和 $H'(g)$ 看作 $End(H'(M)_S)$ 中的左算子, 根据我们通常的约定 (§4), 也可直接给出同构

$$End({}_RM) \to End(H'(M)_S).$$

也要注意, 我们的命题 (23.3) 不是 (21.2) 的完全对偶. 在 (21.2) 中我们有, 单同态和满同态在等价下被"保持". 现在"单同态"和"满同态"在对偶下被反保持—而且这里我们指范畴 ${}_R\mathbf{C}$ 和 $\mathbf{D}_S$ 中的单同态和满同态, 它们不一定是范畴 ${}_R\mathbf{M}$ 和 $\mathbf{M}_S$ 中的单同态和满同态 (见练习 (4.2)).

23.4 引理 设 (H', H'') 是 ${}_R\mathbf{M}$ 和 $\mathbf{M}_S$ 的完全子范畴 ${}_R\mathbf{C}$ 和 $\mathbf{D}_S$ 之间的对偶, 则采用 (23.2) 中的记法, 同态

$$\mu : Hom_S(N, H'(M)) \to Hom_R(M, H''(N))$$

$$\nu : Hom_S(H'(M), N) \to Hom_R(H''(N), M)$$

是同构, 而且在每个变量中是自然的. 特别地, 对于每个

$$\gamma \in Hom_S(N_1, H'(M_1)), \quad \delta \in Hom_S(H'(M_2), N_2),$$

$$\bar{\gamma} \in Hom_R(M_1, H''(N_1)), \quad \bar{\delta} \in Hom_R(H''(N_2), M_2),$$

和每个

$$h : M_2 \to M_1, \quad k : N_2 \to N_1,$$

我们有

(1) $\mu(H'(h)\gamma k) = H''(k)\mu(\gamma)h$

(2) $\nu(k\delta H'(h)) = h\nu(\delta)H''(k)$

(3) $\mu^{-1}(H''(k)\bar{\gamma}h) = H'(h)\mu^{-1}(\bar{\gamma})k$

(4) $\nu^{-1}(h\delta H''(k)) = k\nu^{-1}(\delta)H'(h)$. □

例如, 推断 (1) 可由图表

$$\begin{array}{ccc} N_1 & \xrightarrow{\gamma} & H'(M_1) \\ {\scriptstyle k}\uparrow & & \uparrow{\scriptstyle H'(h)} \\ N_2 & \xrightarrow{H'(h)\gamma k} & H'(M_2) \end{array} \qquad \begin{array}{ccc} H''(N_1) & \xleftarrow{\mu(\gamma)} & M_1 \\ {\scriptstyle H''(k)}\downarrow & & \downarrow{\scriptstyle h} \\ H''(N_2) & \xleftarrow{\mu(H'(h)\gamma k)} & M_2 \end{array}$$

演绎.

对偶的刻画

本节的主要结果是由 Morita[58a] 完成的, 它刻画了“$U-$ 对偶”模的完全子范畴之间的对偶. 对于此范畴中的某个“关于同构象封闭的”双模 U, 并且此范畴包含了适当的正则模, 从而有

23.5 定理 [Morita] 设 R 和 S 是环, ${}_R\mathbf{C}$ 和 $\mathbf{D}_S$ 是 ${}_R\mathbf{M}$ 和 $\mathbf{M}_S$ 的完全子范畴, 使得

$${}_RR \in {}_R\mathbf{C}, \quad S_S \in \mathbf{D}_S,$$

且 ${}_R\mathscr{M}$ $(\mathscr{M}_S)$ 中的每个同构于 ${}_R\mathbf{C}(\mathbf{D}_S)$ 中对象的模都在 ${}_R\mathbf{C}(\mathbf{D}_S)$ 中. 如果 (H', H'') 是范畴 ${}_R\mathbf{C}$ 和 $\mathbf{D}_S$ 之间的对偶,

$$H' : {}_R\mathbf{C} \to \mathbf{D}_S \quad , \quad H'' : \mathbf{D}_S \to {}_R\mathbf{C}$$

则存在双模 ${}_RU_S$ 使得

(1) ${}_RU \cong H''(S)$, $U_S \cong H'(R)$,

(2) 存在自然同构

$$H' \cong Hom_R(\_, U), \quad H'' \cong Hom_S(\_, U),$$

(3) 一切 $M \in {}_R\mathbf{C}$ 和一切 $N \in \mathbf{D}_S$ 都是 U-自反的.

证明 我们采用 (23.2) 中的记法, 假设 ${}_RR \in {}_R\mathbf{C}$, $S_S \in \mathbf{D}_S$. 从而有

$$U = H'(R) \in \mathbf{D}_S, \quad V = H''(S) \in_R \mathbf{C},$$

以及 (见 § 20) 正则双模 ${}_RR_R$ 和 ${}_SS_S$ 诱导了标准的双模结构

$${}_RU_S = H'(R) \quad 和 \quad {}_RV_S = H''(S).$$

由于 μ 在每个变量中都是自然的, 从而对于每个 $M \in {}_R\mathbf{C}$ 和每个 $N \in \mathbf{D}_S$,

$$\mu_{RN} : Hom_S(N, H'(R)) \to Hom_R(R, H''(N))$$

是左 R-同构,

$$\mu_{MS} : Hom_S(S, H'(M)) \to Hom_R(M, H''(S))$$

是右 S-同构 (见 (20.4)). 而且, 由于 μ_{RN} 在 N 中是自然的, 从而

$$\mu_{RS} : Hom_S(S, H'(R)) \to Hom_R(R, H''(S))$$

是 (R, S)-同构. 因此由 (4.5), 作为 (R, S)-双模

$$U \cong Hom_S(S, H'(R)) \cong Hom_R(S, H''(S)) \cong V.$$

现在由于 μ_{MS} 在 M 中是自然的, 从而它诱导了自然的 S-同构

$$Hom_S(S, H'(\ )) \cong Hom_R(\_, H''(S)).$$

类似地, μ_{RN} 诱导了自然的 R-同构

$$Hom_R(R, H''(\ )) \cong Hom_S(\_, H'(R)).$$

因此由 (20.1.1) 和 (20.5.2) 得, 存在自然同构:

$$H' \cong Hom_S(S, H'(\ )) \cong Hom_R(\_, H''(S)) \cong Hom_R(\_, U),$$

和

$$H'' \cong Hom_R(R, H''(\ )) \cong Hom_S(\_, H'(R)) \cong Hom_S(\_, U).$$

这便证明了 (1) 和 (2).

现在证明 (3), 我们可以假设存在双模 ${}_RU_S$, 并且

$$H' = Hom_R(\_, U) \quad 和 \quad H'' = Hom_S(\_, U)$$

给出了 ${}_R\mathbf{C}$ 和 $\mathbf{D}_S$ 之间的对偶. 设 $N \in \mathbf{D}_S$, 为了证明 N 是 U-自反的, 我们首先求证自然 S-同构

$$\zeta_N : H'H''(N) \to N$$

决定了 R-自同构 $\alpha: H''(N) \to H''(N)$. 事实上, 对于 $g \in H''(N) = Hom_S(N,U)$ 和 $n \in N$, 由

$$(\alpha(g))(n) = (\zeta_N^{-1}(n))(g)$$

定义 α. 易证 α 是 $H''(N)$ 的 (单同态)R-自同态. 现在由于 ${}_RU_S$ 是双模, 从而

$$H'(U) = Hom_R(U,U)$$

是 (S,S)-双模, 由 ν 的自然性 (23.4.2) 得

$$\nu = \nu_{UN} : Hom_S(H'(U),N) \to Hom_R(H''(N),U) = H'H''(N)$$

是右 S-同构. 从而

$$\gamma_N = \nu_{UN}^{-1} \circ \zeta^{-1} : N \to Hom_S(H'(U),N)$$

是自然同构, 即 γ_N 诱导了函子

$$\gamma : 1_{\mathbf{D}_S} \to Hom_S(H'(U),\_\,)$$

的自然同构. 从而对于每个 $N \in \mathbf{D}_S$,

(1) $$\psi : Hom_S(N,U) \to Hom_S(Hom_S(H'(U),N),H''H'(U)),$$

$$\psi : g \mapsto Hom_S(H'(U),g)$$

是 $\mathbb{Z}$-同构 (见练习 (20.5)). 由于 ${}_RU_S$ 是双模, 从而经 H'' 和 H', $H''H'(U)$ 是左 R-右 S-双模 (§20). 这样, 由 γ_N 是同构就有

(2) $Hom_S(\gamma_N, H''H'(U)) : Hom_S(Hom_S(H'(U),N),H''H'(U)) \to Hom_S(N,H''H'(U))$

也是 $\mathbb{Z}-$ 同构. 因为 η 是自然的, 所以 $\eta_U : H''H'(U) \to U$ 是 S-同构,

(3) $$Hom_S(N,\eta_U) : Hom_S(N,H''H'(U)) \to Hom_S(N,U)$$

是 $\mathbb{Z}$-同构. 现在把这些放在一起, 对于每个 $g \in Hom_S(N,U)$ 和每个 $n \in N$, 我们有

$$\begin{aligned}
&((Hom_S(N,\eta_U) \circ Hom_S(\gamma_N, H''H'(U)) \circ \psi)(g))(n)\\
&= (\eta_U \circ Hom_S(H'(U),g) \circ \gamma_N)(n)\\
&= \eta_U(g \circ \gamma_N(n)) = \eta_U(Hom_S(\gamma_N(n),U)(g))\\
&= (\eta_U \circ H''(\gamma_N(n)))(g) = (\nu_{UN}(\gamma_N(n)))(g)
\end{aligned}$$

$$= (\zeta_N^{-1}(n))(g) = (\alpha(g))(n).$$

从而 α 恰是同构 (1),(2) 和 (3) 的合成, 因此 α 可是 $H''(N)$ 的 R-自同构.

给了 $N \in \mathbf{D}_S$, 我们知道由 ζ_N 得 $N \cong H'H''(N)$, 因此 N 同构于一个模的 U-对偶, 这样, N 是 U-无扭的 (20.14). 为了得到 N 是 U-自反的, 我们只需证明, 如果 $\xi \in H'H''(N)$, 则存在 $n \in N$ 使得对于一切 $g \in H''(N)$, 有 $\xi(g) = g(n)$. 设 $\xi \in H'H''(N)$，则由于 α 是 $H''(N)$ 的自同态, 我们有

$$\xi \circ \alpha \in H'H''(N) = Im\ \zeta_N^{-1}.$$

于是存在 $n \in N$ 使得

$$\xi \circ \alpha = \zeta_N^{-1}(n).$$

从而对于一切 $g \in H''(N)$, 有

$$\xi(g) = (\zeta_N^{-1}(n))(\alpha^{-1}(g)) = \alpha(\alpha^{-1}(g))(n) = g(n),$$

因此 N 是 U-自反的. 类似地, 每个 $M \in {}_R\mathbf{C}$ 都是 U-自反的, 这便完成了证明. □

练 习 23

1. 设 $\mathbf{C} = (\mathscr{C}, mor, \circ)$ 是范畴,$\mathbf{C}^{op} = (\mathscr{C}^{op}, mor^{op}, *)$, 其中 $\mathscr{C}^{op} = \mathscr{C}, mor^{op}(A, B) = mor(B, A)$ $(A, B \in \mathscr{C}^{op})$, $f * g = g \circ f$. 对于 $\mathbf{C}$ 中的每个 $A \in \mathscr{C}$ 和每个态射 f, 设 $op\ (A) = A, op\ (f) = f$. 证明:
   (1) $\mathbf{C}^{op}$ 是范畴, $\mathbf{C}^{opop} = \mathbf{C}$.
   (2) $op : \mathbf{C} \to \mathbf{C}^{op}$ 是反变函子.
   (3) (op, op) 是 $\mathbf{C}$ 和 $\mathbf{C}^{op}$ 之间的对偶.
2. 设 $\mathbf{C}$ 和设 $\mathbf{D}$ 是范畴, $H' : \mathbf{C} \to \mathbf{D}$ 和 $H'' : \mathbf{D} \to \mathbf{C}$ 是反变函子. 证明:(H', H'') 是 $\mathbf{C}$ 和设 $\mathbf{D}$ 之间的对偶当且仅当

   $$(op) \circ H' : \mathbf{C} \to \mathbf{D}^{op} \text{ 和 } H'' \circ (op) : \mathbf{D}^{op} \to \mathbf{C}$$

   是互逆映射 (见练习 (23.1)).
3. 设 $\mathbf{C}$ 是范畴. 由 (练习 (3.4)) 知, $\mathbf{C}$ 中的态射 $f : A \to B$ 是**单同态** (**满同态**) 当且仅当它是左消去的 (右消去的). 假设 (H', H'') 是范畴 $\mathbf{C}$ 和 $\mathbf{D}$ 之间的对偶. 证明 : $\mathbf{C}$ 中的态射 $f : A \to B$ 是单同态 (满同态) 当且仅当 $\mathbf{D}$ 中的 $H'(f) : H'(B) \to H'(A)$ 是满同态 (单同态). 因此, 条件“f 是单同态”和“f 是满同态”是**对偶**.
4. 下列每项在模范畴 ${}_R\mathbf{M}$ 中都已经有了定义. 我们以每对项都是彼此对偶 (即关于 $\mathbf{C}$ 和 $\mathbf{D}$ 之间的对偶第一个对应第二个) 这种方式把这些定义推广到任意范畴 $\mathbf{C}$ 中.
   (1) 投射对象; 内射对象.
   (2) 多余满同态; 本质单同态.
   (3) 投射盖; 内射包.

(4) 生成子; 上生成子.

(5) 直和; 直积.

(6) 单对象; 单对象.

5. 设 R 是域 S 上的上三角 2×2 矩阵环, ${}_RU_S$ 是由列向量 $S^{(2)}$ 组成的集合.

(1) 求证:${}_RU$ 是范畴 ${}_R\mathbf{R}[U]$ 中唯一的 (在同构的范围内) 单对象. [注意 ${}_RU$ 在 ${}_R\mathbf{M}$ 中不是单的.]

(2) 描述 ${}_R\mathbf{R}[U]$ 和 $\mathbf{R}[U]_S$.

6. 设 R 是域 K 上的有限维代数, 则 R 模是有限生成的当且仅当它作为 K-向量空间是有限维的当且仅当它有合成列. 我们知道, 有限维 K-向量空间 M 和它的对偶

$$M^* = Hom_K(M, K)$$

有相同的维数. 假设下面的一切模都是有限生成的, 证明:

(1) $(\ )^* :\ {}_R\mathbf{FM} \to \mathbf{FM}_R$ 和 $(\ )^* : \mathbf{FM}_R \to\ {}_R\mathbf{FM}$ 定义了对偶. [提示: 通常的赋值映射

$$\sigma_M : M \to M^{**}\ ,\ [\sigma_M(m)](\gamma) = \gamma(m),$$

是 $R-$ 同构.]

(2) $0 \longrightarrow M_1 \xrightarrow{f} M_2 \xrightarrow{g} M_3 \longrightarrow 0$ 是 (可分) 正合的当且仅当它的对偶 $0 \longrightarrow M_3^* \xrightarrow{g^*} M_2^* \xrightarrow{f^*} M_1^* \longrightarrow 0$ 是 (可分) 正合的.

(3) M (分别) 是单的, 半单的, 不可分解的当且仅当 M^* 亦然

(4) $c(M) = c(M^*)$.

(5) $Soc(M^*) \cong (M/RadM)^*,\ M^*/RadM^* \cong (Soc\ M)^*$.

(6) M 是内射的 (投射的) 当且仅当 M^* 是投射的 (内射的).

(7) $f : M_1 \to M_2$ 是内射包 (投射盖) 当且仅当 $f^* : M_2^* \to M_1^*$ 是投射盖 (内射包). (参见 (练习 (17.20)):Artin 环上存在投射盖.)

(8) M 是生成子 (上生成子) 当且仅当 M^* 是上生成子 (生成子).

(9) $l_R(M) = r_R(M^*)$.

(10) 如果 e 是 R 中的本原幂等元, 则 $Re/Je \cong (eR/eJ)^*\ (J = J(R)), E(Re/Je) \cong (eR)^*$.

7. 设 R 和 S 是环, ${}_RU_S$ 是双模, ${}_RU$ 和 U_S 都是内射的. 设 ${}_R\mathbf{FLM}$ 和 $\mathbf{FLM}_S$ 是有限长度模组成的 ${}_R\mathbf{M}$ 和 $\mathbf{M}_S$ 的完全子范畴. 证明 : $H' = Hom_R(\_, U)$ 和 $H'' = Hom_S(\_, U)$ 定义了 ${}_R\mathbf{FLM}$ 和 $\mathbf{FLM}_S$ 之间的对偶 (H', H'') 当且仅当对于每个单 R-模 ${}_RT$ 和每个单 S-模 V_S, 模 $H'(T)$ 和 $H''(V)$ 是单的. [提示: 对长度进行归纳来求证每个 $M \in\ {}_R\mathbf{FLM}$ 和每个 $N \in \mathbf{FLM}_S$ 都是 U 自反的 .]

8. 证明: 如果 R 是交换环, 则存在 ${}_R\mathbf{FLM}$ 和它本身之间的对偶 (H', H''). [提示: 设 ${}_RU$ 是 R 的极小内射上生成子. 应用练习 (23.7).]

9. 设 $(P, \leqslant)$ 是偏序集 (见 (0.5)). 定义范畴 $\mathbf{C}(P, \leqslant) = (P, mor, \circ)$, 其中对于每个 $a, b \in P$, 有

$$mor(a, b) = \begin{cases} \{(a, b)\} & a \leqslant b, \\ \varnothing & a \nleqslant b. \end{cases}$$

而且如果 $a \leqslant b$, $b \leqslant c$, 则 $(a,b) \circ (b,c) = (a,c)$. 称范畴是**包范畴**, 如果它中的每个同构都是恒等态射. 证明:

(1) $(P, \leqslant) \mapsto \mathbf{C}(P, \leqslant)$ 定义了一切偏序集类和一切包范畴 $\mathbf{C} = (\mathscr{C}, mor, \circ)$ 类之间的忠实对应, 其中 $\mathscr{C}$ 是集合, 对于每个 $A, B \in \mathscr{C}, mor(A,B)$ 至多是单元集.

(2) $(P, \leqslant)$ 是格当且仅当 $\mathbf{C}(P, \leqslant)$ 关于有限直和和有限直积封闭 (见练习 (23.4.5)).

(3) 如果 $(P, \leqslant)$ 和 $(P', \leqslant')$ 是偏序集, 则映射 $f: P \to P'$ 是保序的 (反保序的) 当且仅当诱导的映射 $\mathbf{C}(P, \leqslant) \to \mathbf{C}(P', \leqslant')$ 是共变 (反变) 函子.

(4) 两个偏序集 $(P, \leqslant)$ 和 $(P', \leqslant')$ 是同构的 (反同构的) 当且仅当存在 $\mathbf{C}(P, \leqslant)$ 和 $\mathbf{C}(P', \leqslant')$ 之间的等价 (对偶).[提示: 在 $\mathbf{C}(P, \leqslant)$ 中, 存在同构 $a \to b$ 当且仅当 $a = b$.]

(5) 如果 $(P, \leqslant)$ 是偏序集 (格), 则 $(P, \geqslant)$ 是偏序集 (格), $\mathbf{C}(P, \geqslant) = \mathbf{C}(P, \leqslant)^{op}$. 从而, 偏序集 (格) 类是自对偶的. 特别地, 偏序集中的对偶是范畴对偶的特殊情形.

§ 24. Morita 对偶

在实际中我们感兴趣的是 ${}_R\mathbf{M}$ 和 $\mathbf{M}_S$ 中包含 ${}_RR$ 和 ${}_SS$ 的子范畴之间的对偶. 定理 23.5 给出了关于这样的对偶的本质的简述. 因此, 在本节中我们设 R 和 S 是环,${}_RU_S$ 是固定的双模. 而且对于每个模 ${}_RM$ 和 N_S, 令

$$M^* = H'(M) = Hom_R(M, U)$$

$$N^* = H''(N) = Hom_S(N, U),$$

我们用 σ 代替自然变换

$$\sigma_M : M \to M^{**} \quad , \quad \sigma_N : N \to N^{**}.$$

我们说 ${}_RU_S$ 定义了 *Morita* **对偶**, 或说由

$$Hom_R(\_, U) \quad 和 \quad Hom_S(\_, U)$$

给出的对偶是 *Morita* **对偶**, 如果

(1) ${}_RR$ 和 S_S 是 U-自反的,

(2) U 自反的每个子模和每个商模都是 U-自反的.

Morita 对偶的一个刻画

当 $R = S$ 是除环, 而且 ${}_RU_S = {}_RR_R$ 时, 我们将得到一个熟悉的 Morita 对偶的例子. 因此自反模是有限维 R-向量空间, U 定义了一个 Morita 对偶. 然而, 一般情况下 Morita 对偶是很少出现的.

24.1 定理 设 R 和 S 是环, 则对于双模 ${}_RU_S$, 下列条件等价:

(a) ${}_RU_S$ 定义了 Morita 对偶;

(b) ${}_RR, S_S$, ${}_RU$ 以及 U_S 它们的每个商模都是 U-自反的;

(c) ${}_RU_S$ 是平衡双模使得 ${}_RU$ 和 U_S 都是内射上生成子.

证明 (a)⇒(b). 假设 (a) 成立. 由于由 (4.5) 得 $U_S \cong ({}_RR)^*$, 由题设知 R 是自反的, 由 (20.14) 得自反模的对偶仍是自反的, 从而我们有 U_S 是自反的. 类似地, ${}_RU$ 是自反的. 现在由 (a) 和 ${}_RR, S_S, {}_RU$ 以及 U_S 的自反性可得 (b).

(b)⇒(c). 假设 (b) 成立. 由 (20.16) 得 ${}_RU_S$ 是平衡双模, 因此只需证明 ${}_RU$ 是内射上生成子. 为了证明 ${}_RU$ 是内射的, 设 I 是 R 的左理想, 考虑短正合列

$$0 \longrightarrow I \xrightarrow{\ f\ } R \xrightarrow{\ g\ } R/I \longrightarrow 0\ ,$$

则存在 $U_S \cong R^*$ 的商模 T 和右 S-同态 h, k 使得

$$\begin{array}{ccccccc}
0 & \longrightarrow & (R/I)^* & \xrightarrow{\ g^*\ } & R^* & \xrightarrow{\ f^*\ } & I^* \\
 & & & & {\scriptstyle h}\searrow & & \nearrow{\scriptstyle k} \\
 & & & & & T & \\
 & & & & \nearrow & & \searrow \\
 & & & & 0 & & 0
\end{array}$$

可交换, 其中水平序列和对角线序列是正合的. 由题设知 U 的商模 T 是 U-自反的, 这样, 由 (20.14) 知它的对偶 T^* 是 U-自反的. 由于 $\sigma_R f = f^{**}\sigma_I = h^*k^*\sigma_I$, 从而我们有交换图表

$$\begin{array}{ccccccccc}
0 & \longrightarrow & T^* & \xrightarrow{\ h^*\ } & R^{**} & \xrightarrow{\ g^{**}\ } & (R/I)^{**} & \longrightarrow & 0 \\
 & & \uparrow{\scriptstyle k^*\circ\sigma_I} & & \uparrow{\scriptstyle \sigma_R} & & \uparrow{\scriptstyle \sigma_{R/I}} & & \\
0 & \longrightarrow & I & \xrightarrow{\ f\ } & R & \xrightarrow{\ g\ } & R/I & \longrightarrow & 0\ .
\end{array}$$

因为 R 和 R/I 都是自反的, 而且 $(\ )^* = Hom(\_, U)$ 是左正合的, 于是 σ_R 和 $\sigma_{R/I}$ 都是同构, 行是正合的. 这样, 由图表可交换知映射 $k^* \circ \sigma_I : I \to T^*$ 是同构. 但由 I 同构于 T^* 是 U-自反的, 知 $k^* : I^{**} \to T^*$ 是同构. 从而 (见 (16.2))$k^{**} : T^{**} \to I^{***}$ 也是同构. 由于 I^* 同构于 U-自反模的对偶 ,T 是 U-自反的, 从而我们从交换图表

$$\begin{array}{ccc}
T^{**} & \xrightarrow{\ k^{**}\ } & I^{***} \\
\uparrow{\scriptstyle \sigma_T} & & \uparrow{\scriptstyle \sigma_{I^*}} \\
T & \xrightarrow{\ k\ } & I^*
\end{array}$$

可得 k 是同构. 故由 $Im\ f^* = Im\ k$ 知

$$0 \to (R/I)^* \to R^* \to I^* \to 0$$

是正合的. 随之由 (18.3) 得 ${}_RU$ 是内射的. 由于每个单左 R-模都是 R 的商模, 故由题设知每个单左 R-模都是 U-自反的. 从而每个单左 R-模都是 U-无扭的, 由 (18.15) 得 ${}_RU$ 是上生成子. 类似地 , U_S 是内射上生成子.

(c)⇒(a). 假设 (c) 成立. 由于上生成子是忠实的 (8.22), 从而 ${}_RU_S$ 是忠实平衡双模. 因此由 (20.16) 得 ${}_RR$ 和 S_S 是 U-自反的. 设 M 是 U-自反的, $K \leqslant M$, 考虑交换图表

$$\begin{array}{ccccccccc} 0 & \longrightarrow & K & \longrightarrow & M & \longrightarrow & M/K & \longrightarrow & 0 \\ & & \downarrow{\sigma_K} & & \downarrow{\sigma_M} & & \downarrow{\sigma_{M/K}} & & \\ 0 & \longrightarrow & K^{**} & \longrightarrow & M^{**} & \longrightarrow & M/K^{**} & \longrightarrow & 0\,. \end{array}$$

由于 ${}_RU$ 和 U_S 是内射的, 从而下面的行是正合的. 由 U 上生成 M/K 得 $\sigma_{M/K}$ 是单同态. 又 σ_M 是同构, 则易得 $\sigma_{M/K}$ 和 σ_K 也是同构 (见练习 (13.11)). □

24.2 推论 设 ${}_RU_S$ 定义了 Morita 对偶, 则 R-同态序列

$$M_1 \xrightarrow{f} M_2 \xrightarrow{g} M_3$$

是正合的当且仅当

$$M_3^* \xrightarrow{g^*} M_2^* \xrightarrow{f^*} M_1^*$$

是正合的. 特别地, f 是满同态 (单同态) 当且仅当 f^* 是单同态 (满同态).

证明 由于 ${}_RU_S$ 定义了 Morita 对偶, 从而 ${}_RU$ 是内射上生成子. □

当然, 如果 ${}_RU_S$ 定义了 Morita 对偶, 则 (24.2) 对于 S-同态也成立.

零 化 子

模 ${}_RM$ 和它的 ${}_RU_S$ 对偶 M^* 决定了模 M 和 M^* 在 U 中的一个"序对": (R,S)-双线性映射 $M \times M^* \to U$, 其定义为

$$(x,f) \mapsto f(x).$$

一般地, 模的这样的序对形成了零化子的一般理论的基础.

假设 ${}_RM$ 和 N_S 是模. 如果 ${}_RU_S$ 是双模, 称函数

$$\mu : M \times N \to U$$

是 (R,S)− **双线性的**, 如果对于一切 $m, m' \in M, n, n' \in N, r \in R, s \in S$, 有

$$\mu(m+m',n) = \mu(m,n) + \mu(m',n)$$

$$\mu(m,n+n') = \mu(m,n) + \mu(m,n')$$

$$\mu(rm, ns) = r\mu(m, n)s.$$

设 $\mu : M \times N \to U$ 是 (R, S)-双线性的, 对于每个子集 $A \subseteq M, A$ 在 N 中 (关于 μ) 的**右零化子**定义为

$$r_N(A) = \{n \in N \mid \mu(a, n) = 0 \quad (a \in A)\}.$$

对于每个子集 $B \subseteq N, B$ 在 M 中 (关于 μ) 的**左零化子**是

$$l_M(B) = \{m \in M \mid \mu(m, b) = 0 \quad (b \in B)\}.$$

显然, $r_N(A)$ 和 $l_M(B)$ 分别是 N 和 M 的子模, 从而 μ 诱导了 $_RM$ 的子模格和 N_S 的子模格之间的映射

$$M' \mapsto r_N(M') \quad (M' \leqslant M) \quad 和 \quad N' \mapsto l_M(N') \quad (N' \leqslant N).$$

注意, 如果 Q 是第三个环, $_RM_Q$ 和 $_QN_S$ 是双模, 则张量积

$$\otimes : M \times N \to M \otimes_Q N$$

是 Q-平衡 (R, S)-双线性映射.

假设 M 是左 R-模, 则 R 标量乘法决定了 $(R, \mathbb{Z})$-双线性映射

$$\mu : R \times M \to {}_RM_{\mathbb{Z}}.$$

显然, 关于映射 μ 的零化子恰是 M 的子集的零化子, 而且 R 是 §2 中所定义的, 即零化子目前的一般定义与早期的特殊定义是一致的. 下列重要结果的证明只需稍微修改一下 (2.15) 和 (2.16) 的证明即可, 因此我们略去.

24.3 命题 设 R 和 S 是环, $_RM, N_S$ 和 $_RU_S$ 是模,$\mu : M \times N \to U$ 是 $(R, S)-$ 双线性的, 则对于 M 的一切子模 M', M'' 和 M_α $(\alpha \in A)$:

(1) 由 $M' \leqslant M''$ 可推出 $r_N(M') \geqslant r_N(M'')$;

(2) $M' \leqslant l_M r_N(M')$;

(3) $r_N(M') = r_N l_M r_N(M')$;

(4) $r_N(\Sigma_A M_\alpha) = \cap_A r_N(M_\alpha)$;

(5) $r_N(\cap_A M_\alpha) \geqslant \Sigma_A r_N(M_\alpha)$.

而且, 对于 N 的 $S-$ 子模类似的结果成立. □

正如我们在 §2 中提及的,(24.3) 中的不等式 (2) 和 (5) 是严格的 (见练习 (2.15)). 然而, 在对偶的某个重要情形中, 它们是等式.

现在我们假设 $_RM, N_S$ 和 $_RU_S$ 是模, 则存在 (R, S)-双线性映射

$$M \times M^* \to U \quad 和 \quad N^* \times N \to U$$

分别定义为

$$(m, f) \mapsto f(m) \quad , \quad (g, n) \mapsto g(n).$$

从而, 如果 $A \subseteq M, B \subseteq M^*$, 则有

$$r_{M^*}(A) = \{f : M \to U \mid A \subseteq Ker\ f\},$$

$$l_M(B) = \cap\{Ker\ f \mid f \in B\}.$$

我们将根据由 U-对偶诱导的这些双线性映射来计算零化子.

24.4 引理 设 $_RM$ 和 $_RU_S$ 是模, 则对于每个子模 $K \leqslant M$, 有

$$Rej_{M/K}(U) = l_M(r_{M^*}(K))/K.$$

特别地,

(1) $l_M(M^*) = Rej_M(U) = Ker\ \sigma_M$.

(2) $l_M(r_{M^*}(K)) = K$ 当且仅当 U 上生成 M/K.

证明 首先复习 (24.3.2) $K \leqslant l_M(r_{M^*}(K))$. 如果 $x \in l_M(r_{M^*}(K))$, $f : M/K \to U$, 则自然满同态 $n_K : M \to M/K$ 与 f 合成给出 $f \circ n_K \in r_{M^*}(K)$. 因此 $f \circ n_K$ 被 x 零化, 即 $f(x+K) = f \circ n_K(x) = 0$, $x + K \in Ker\ f$. 从而,

$$Rej_{M/K}(U) \supseteq l_M(r_{M^*}(K))/K.$$

由于每个 $g \in r_{M^*}(K)$ (因此 $K \leqslant Kerg$) 可以通过 n_K 因子化 (3.6.1), 即 $g = f \circ n_K$, 其中 $f : M/K \to U$. 因此, 如果 $x + K \in Rej_{M/K}(U)$, 则对于每个这样的 g, 我们有 $g(x) = f \circ n_K(x) = f(x+K) = 0$, 故 $x \in l_M(r_{M^*}(K))$. 现在对于引理中的结论 (1), 取 $K = 0$, 再回顾 (20.12) 便得. 对于结论 (2) 应用 (8.13) 即可. □

Morita 对偶的性质

每个双模 $_RU_S$ 都决定了 U-自反模范畴 $_R\mathbf{R}[U]$ 和 $\mathbf{R}_S[U]$ 之间的对偶 (H', H'') (23.1). 对偶 (H', H'') 使范畴 $_R\mathbf{R}[U]$ 和 $\mathbf{R}_S[U]$ 中的性质对偶化, 但一般地我们不一定可以把范畴 $_R\mathbf{R}[U]$ 和 $\mathbf{R}_S[U]$ 中的性质对偶化到 $_R\mathbf{M}$ 和 $\mathbf{M}_S$ 中的性质 (见练习 (23.4) 和 (23.5)). 然而, 关于 Morita 对偶, 我们可以得到更多的性质 (见 (24.2) 和练习 (24.4),(24.6)).

我们已经 (在 (20.14) 中) 证明了下个定理的第一部分.

24.5 定理 设 R 和 S 是环, $_RU_S$ 定义了 Morita 对偶, $_RM$ 和 N_S 是 U-自反的, 则 M^* 和 N^* 是 U-自反的, 而且关于由 U-对偶诱导的标准元素对, 有

(1) 对于每个 $K \leqslant M$ 和每个 $L \leqslant M^*$, 有

$$l_M r_{M^*}(K) = K \quad 和 \quad r_{M^*} l_M(L) = L;$$

(2) 对于每个 $L \leqslant N$ 和每个 $K \leqslant N^*$, 有

$$r_N l_{N^*}(L) = L \quad 和 \quad l_{N^*} r_N(K) = K;$$

(3) 经映射 $K \mapsto r_{M^*}(K)$, M 的子模格和 M^* 的子模格是反同构的;

(4) 经映射 $L \mapsto l_{N^*}(L)$, N 的子模格和 N^* 的子模格是反同构的.

证明 由于 $_RU$ 和 U_S 是上生成子. 从而 (1) 和 (2) 的第一个论断由引理 (24.4) 得到. 因此令 $M^* = N$, 由 (2) 的第一部分我们有

$$r_{M^*} l_{M^{**}}(L) = L \quad (L \leqslant M^*).$$

由于 σ_M 是同构, 从而对于 $L \leqslant M^*$, 我们有

$$\begin{aligned} l_{M^{**}}(L) &= \{\sigma_M(x) \mid \sigma_M(x)(h) = 0, \quad 对于一切\ h \in L\} \\ &= \{\sigma_M(x) \mid h(x) = 0, \quad 对于一切\ h \in L\} \\ &= \sigma_M(l_M(L)), \end{aligned}$$

因此

$$\begin{aligned} r_{M^*}(l_{M^{**}}(L)) &= \{f \in M^* \mid \sigma_M(y)(f) = 0, \quad 对于一切\ y \in l_M(L)\} \\ &= r_{M^*}(l_M(L)). \end{aligned}$$

这样,(1) 的第二个论断可由 (2) 的第一个论断得到. 由对称性我们有 (2) 的第二个论断. 现在 (3) 和 (4) 可由 (1), (2) 和 (24.3) 得到. □

24.6 定理 设 R 和 S 是环. 如果存在定义了 Morita 对偶的双模 $_RU_S$, 则

(1) R 的双边理想格和 S 的双边理想格同构;

(2) R 的中心和 S 的中心同构;

(3) 有限生成或有限上生成左 R-(右 S-) 模是自反的;

(4) 左 R-(右 S-) 模是有限生成投射的当且仅当它的 U-对偶是有限上生成内射的.

证明 对于 (1), 由 (4.5) 知作为 (R,S)-模, $R^* = Hom_R(R,U)$ 同构于 $_RU_S$. 对于 R 的每个理想 I, 它的零化子 $r_{R^*}(I)$ 显然是 R^* 的 (R,S) 子模. 另一方面, 对于 R^* 的任意 (R,S)-子模 V, 它的左零化子 $l_R(V)$ 显然是 R 的理想. 因此由 (24.5) 知 R 的理想格和 $_RU_S$ 的 (R,S)-子模的理想格反同构. 类似地, S 的理想格和 $_RU_S$ 的 (R,S)-子模是反同构的. 从而 R 的理想格和 S 的理想格同构.

由 ${}_RU_S$ 是忠实平衡模这一事实 (24.1) 立即可得 (见练习 (4.5)) $CenR \cong CenS$.

由 (20.13) 知自反模的有限直和是自反的. 这样, 因为 ${}_RR$ 是生成子, ${}_RU$ 是上生成子 (24.1), 而且 ${}_RR$ 和 ${}_RU$ 都是自反的, 所以 (3) 可由 Morita 对偶的定义得出.

最后, 对于 (4), 由于 R 是自反的, 并且 $R^* \cong U$, 从而模 ${}_RM$ 是有限投射的当且仅当对于某个整数 n, 存在可分满同态 $R^{(n)} \to \oplus \to M \to 0$, 当且仅当存在可分满同态 $0 \to M^* \to \oplus \to U^{(n)}$. 而且, 由 (24.5) 和 (24.1) 知 U 是有限上生成的内射上生成子, 因此最后的条件等价于 M^* 是有限上生成内射的. □

有限生成模的对偶

正如我们在前面已经提及的, 存在除环上有限生成左模和有限生成右模之间的对偶. 我们以下述内容来结束本节, 为了得到 ${}_R\mathbf{FM}$ 和 $\mathbf{FM_S}$ 之间的对偶, 必须使 R 是左 Artin 的, S 是右 Artin 的.

24.7 引理 [Osofsky] 如果双模 ${}_RU_S$ 定义了 Morita 对偶, 则非零左 R-模的有限直和是 U-自反的.

证明 假设 ${}_RU_S$ 定义了 Morita 对偶, $(M_\alpha)_{\alpha\in A}$ 是 ${}_RM$ 的非零子模的指标集使得 $M = \oplus_A M_\alpha$ 是 U-自反的. 设 $(p_\alpha)_{\alpha\in A}$ 是此有限直和的投射. 因为每个 M_α 是 $U-$ 无扭的, 所以我们立知, 存在 $f \in M^*$ 使得对于每个 $\alpha \in A$, $(f \mid M_\alpha) \neq 0$. 由于 $\cap_A Ker\ p_\alpha = 0$, 据 (24.5) 我们有

$$\sum_A r_{M^*}(Ker\ p_\alpha) = M^*.$$

这样,

$$f = g_{\alpha_1} + \cdots + g_{\alpha_n},$$

其中

$$g_{\alpha_i} \in r_{M^*}(Ker\ p_{\alpha_i}) \ \ (i = 1, \cdots, n).$$

如果 $\alpha \in A \setminus \{\alpha_1, \cdots, \alpha_n\}$, 则 $M_\alpha \subseteq Ker\ p_{\alpha_i}$ $(i = 1, \cdots, n)$, 而且

$$f(M_\alpha) \subseteq g_{\alpha_1}(M_\alpha) + \cdots + g_{\alpha_n}(M_\alpha) = 0.$$

从而我们有 $A = \{\alpha_1, \cdots, \alpha_n\}$. □

24.8 定理 设 R 和 S 是环, 则下列命题等价:

(a) 有限生成左 R-模范畴 ${}_R\mathbf{FM}$ 和有限生成右 S-模范畴 $\mathbf{FM}_S$ 之间存在对偶;

(b) R 是左 Artin 的, 某个双模 ${}_RU_S$ 定义了 Morita 对偶;

(c) S 是右 Artin 的, 某个双模 $_RU_S$ 定义了 Morita 对偶.

而且, 如果 R, S 和 U 满足条件 (b) 和 (c) 中的一个, 则左 R-(右 S-) 模是 U-自反的当且仅当它是有限生成的当且仅当它是有限上生成的.

证明 (a)⇒(b). 假设 (a) 成立, 则由 (23.5) 知存在双模 $_RU_S$ 定义了 $_R\mathbf{FM}$ 和 $\mathbf{FM}_S$ 之间的对偶, 而且 $_R\mathbf{FM}$ 和 $\mathbf{FM}_S$ 中的一切元都是 U-自反的. 由于 $_RR$, S_S, $_RU \cong (S)^*$ 以及 $U_S \cong (R)^*$ 它们的商模都是有限生成的, 从而由 (24.1) 得 U 定义了 Morita 对偶. 因此由 (24.5) 知, 与有限生成 $S-$ 模 M^* 的 $U-$ 对偶同构的每个有限生成左 $R-$ 模都是有限上生成的. 这样由 (10.18) 知 R 是左 Artin 的.

(b)⇒(a). 假设 R 是左 Artin 的, $_RU_S$ 定义了 Morita 对偶. 由 (24.6.3) 得每个有限生成左 $R-$(右 S-) 模是 U-自反的. 而且, 如果 $M \in {_R\mathbf{FM}}$, 则 M 是有限上生成的 (10.18), 据 (24.5) 得 $M^* \in \mathbf{FM}_S$. 设 $N \in \mathbf{FM}_S$, 则 N^* 是 U-自反的. 因此, 由于 U 定义了 $Mortia$ 对偶, 从而半单模 $N^*/RadN^*$ 不可能是单模的无限直和 (24.7). 于是 $N^*/RadN^*$ 是有限生成的, 因此由 (15.21) 得 $N^* \in {_R\mathbf{FM}}$. 现在我们已经证明了 $_RU_S$ 定义了 $_R\mathbf{FM}$ 和 $\mathbf{FM}_S$ 之间的对偶.

(a)⇔(c). 可由对称性得.

最后的陈述可由 (24.7), (15.21) 和 (24.5) 得到. □

24.9 推论 [***Azumaya, Morita***] 设 R 和 S 是环, $_RU_S$ 是双模, 则

$$Hom_R(\_, U) \text{ 和 } Hom_S(\_, U)$$

是范畴 $_R\mathbf{FM}$ 和 $\mathbf{FM}_S$ 之间的对偶当且仅当 $_RR$ 和 S_S 是 Artin 的, $_RU$ 和 U_S 是有限生成内射上生成子, 并且 $_RU_S$ 是平衡的. □

(此推论的条件可能不是最弱的. 见 Morita[58 a] 和 Azumaya[59].)

练 习 24

1. 证明: 对于任意环 R 和 S, $_RM$ 和 M_S 之间不存在对偶.
2. 证明: 对于环 R 和双模 $_\mathbb{Z}U_R$, $_\mathbb{Z}U_R$ 不能定义 Morita 对偶.
3. 设 $_RM$, N_S 和 $_RU_S$ 是双模, $\mu : M \times N \to U$ 是 (R, S)-双线性的. 证明: 如果对于每个 $M' \leqslant M$ 和每个 $N' \leqslant N$, 有

$$l_M r_N(M') = M' \text{ 和 } r_N l_M(N') = N',$$

则对于 M 的子模的每个指标集 $(M_\alpha)_{\alpha \in A}$, 有

$$r_N(\cap_A M_\alpha) = \sum_A r_N(M_\alpha),$$

对于 N 的子模的每个指标集 $(N_\alpha)_{\alpha \in A}$, 有

$$l_M(\cap_A N_\alpha) = \sum_A l_M(N_\alpha).$$

4. 设 ${}_RU_S$ 定义了 Morita 对偶, M 是 U-自反的. 证明:

(1) M 分别是单的, 半单的, 不可分解的, 有限长度为 n 的当且仅当 $M^* = Hom(M,U)$ 亦然.

(2) M 是有限生成的 (Noether 的) 当且仅当 M^* 是有限上生成的 (Artin 的).

5. 设 ${}_RU_S$ 定义了 Morita 对偶. 设 M_1, M_2 是 $U-$ 自反的, $f: M_1 \to M_2$. 证明:

(1) f 是多余满同态 (本质单同态) 当且仅当对于范畴 ${}_R\mathbf{R}[U]$ 中的每个 h, 由 fh 是满同态可推出 h 是满同态 (由 hf 是单同态可推出 h 是单同态). [提示: 见 (5.13) 和 (5.15).]

(2) $f: M_1 \to M_2$ 是多余满同态当且仅当 $f^*: M_2^* \to M_1^*$ 是本质单同态.

6. 设 ${}_RU_S$ 定义了 Morita 对偶 , M 是 U-自反的. 证明:

(1) 如果 M 是有限生成的, 则 $E(M^*)^*$ 是 M 的投射盖.

(2) 如果 M 是有限上生成的, $P(M^*)$ 是 M^* 的投射盖, 则 $(P(M^*))^*$ 是 M 的内射包.

(3) $Soc\ M^* \cong (M/Rad\ M)^*, M^*/Rad\ M^* \cong (Soc\ M)^*$.

(4) 如果 R 是左 Artin 的, 则 M 在 R 上是忠实的当且仅当 M^* 在 S 上是忠实的.

7. 设 ${}_RU_S$ 定义了 Morita 对偶. 由于 U_S 同构于 $({}_RR)^*$, ${}_RU$ 同构于 $(S_S)^*$, 从而存在 ${}_RR$ 的子模格和 U_S 的子模格之间的格反同构, 也存在 S_S 的子模格和 ${}_RU$ 的子模格之间的格反同构 (见 (24.5)). 证明:

(1) 对于每个 ${}_RI \leqslant {}_RR$ 和每个 $V_S \leqslant U_S$, 有 $l_R(r_U(I)) = I$ 和 $r_U(l_R(V)) = V$.

(2) 对于每个 $K_S \leqslant S_S$ 和每个 ${}_RW \leqslant {}_RU$, 有 $r_S(l_U(K)) = K$ 和 $l_U(r_S(W)) = W$.

8. 证明: 如果 ${}_RU_S$ 定义了 Morita 对偶, 则

(1) $R/J(R)$ 和 $S/J(S)$ 是半单的. [提示 : U_S 中的一切极小子模的和是有限个 U_S 中的极小子模的和.]

(2) $Soc_RU = SocU_S$. [提示: 由 (1) 得 R 中极大左理想的交等价于 R 中极大双边理想的交 .]

9. (1) 设 R 是环, 根为 $J = J(R)$. 设 ${}_RT$ 是单的. 证明: 如果 R/J 是半单的 , $J^2 = 0$, 则 $E(T)/T \cong Hom_R(J,T)$. [提示: 练习 (20.15).]

(2) P.M.Cohn[61] 已经表明存在除环 D 和 D 的子除环 C 使得 D_C 是有限维的 , ${}_CD$ 不是有限维的. 设 R 是一切矩阵

$$r = \begin{bmatrix} d_1 & d_2 \\ 0 & c \end{bmatrix},$$

其中 $d_1, d_2 \in D$, $c \in C$ 组成的环. 证明: R 既是左 Artin 的又是右 Artin 的, 但对于任意环 S, 不存在 ${}_R\mathbf{FM}$ 和 $\mathbf{FM}_S$ 之间的对偶. [提示: 设 $T \leqslant R$ 是由使得 $d_2 = c = 0$ 的那些 r 组成的. 则 ${}_RT$ 是单的 , $E(T)$ 不是有限生成的 (利用 (1)). 应用 (24.9).]

10. 称环 R 是**上生成子环**, 如果 ${}_RR$ 和 R_R 都是上生成子. 证明: 对于环 R, 下列等价: (a) R 是上生成子环;(b) ${}_RR$ 和 R_R 是内射生成子;(c) ${}_RR_R$ 定义了 Morita 对偶.[提示: (a)⇒(b). 由 (a) 得存在集合 A 使得 ${}_RR \leqslant E = E(R) \leqslant {}_RR^A$. 如果对于每个 $\alpha \in A, \pi_\alpha(1) = e_\alpha$, 设 $I = \sum_A e_\alpha R \leqslant R_R$, 则 $l_R(I) = 0$, 因此 $I = R$. 比如 $1 = \sum_A e_\alpha r_\alpha$, 其中 r_α 几乎处处为零, 则 $x \mapsto \sum_A \pi_\alpha(x) r_\alpha$ 是可分满同态 $E \to R$.]

11. 称环 R 是**双重零化子性质**, 如果对于每个右理想 I 和每个左理想 I', 有

$$r_R l_R(I) = I, \quad l_R r_R(I') = I'.$$

假设 R 有双重零化子性质, 证明对于 R 下列条件等价:

(a) 左 Artin 的; (b) 右 Artin 的;(c) 左 Noether 的; (d) 右 Noether 的.

12. 证明: 环 R 是上生成子环当且仅当 $_RR$ 和 R_R 是内射的, R 有双重零化子性质. [提示: (18.15) 和练习 (24.7).]

13. 称环 R 是**拟*Frobenius* 的**, 如果它是 Artin 上生成子环. 证明: 如果 R 是 Artin 的, 则下列等价: (a) R 是拟-Frobenius 的; (b) $_RR$ 和 R_R 是内射的; (c) R 有双重零化子性质; (d) $_RR_R$ 对偶 $(\ )^*$ 定义了 $_R\mathbf{FM}$ 和 $\mathbf{FM}_R$ 之间的对偶. [提示: (b)⇒(a). 练习 (18.31). (c)⇒(d). 设 $I \leqslant {}_RR$, $f: I \to R$. 对 I 的极小生成集的长度进行归纳假设. 如果 $I = Rx$, 则 $f(x) \in r_Rl_R(x) = xR$, 因此对于某个 $a \in R$, $f(x) = xa$. 假设 $I = I_1 + I_2$, 而且对于一切 $x_i \in I_i$ $(i = 1, 2)$, 有 $f(x_i) = x_ia_i$, 则由练习 (24.3) 得

$$a_1 - a_2 \in r_R(I_1 \cap I_2) = r_R(I_1) + r_R(I_2),$$

比如说 $a_1 - a_2 = b_1 + b_2$, 则对于一切 $x \in I$, 有 $f(x) = x(a_1 + b_1)$.]

14. (1) 证明: 每个 Frobenius 代数都是拟 Frobenius 的 (见练习 (21.9)).

(2) 证明: 每个半单环都是拟 Frobenius 的.

(3) 证明: 如果 $R = R_1 \times R_2 \times \cdots \times R_n$, 则 R 是上生成子环 (拟 Frobenius 环) 当且仅当每个 R_i 亦然.

(4) 证明: 如果 $R \approx S$, 则 R 是上生成子环 (拟 Frobenius 的) 当且仅当 S 亦然.

15. 拟 Frobenius 环 (1939 年由 Nakayama 给出的) 极大地激发了对双模对偶的研究. 下列每个条件都是用于刻画拟 Frobenius 环的, 尽管这里的条件不可逆. 证明: 拟 Frobenius 环 R 满足:

(1) R 是左 Noether 的, 左或右自身内射的.

(2) R 是左 Noether 的 , $_RR$ 或 R_R 是上生成子.

(3) R 是左或右 Noether 的, 每个忠实的左 R 模都是生成子.

(4) R 是左 (右)Artin 的, 每个单模的 $_RR_R$ 对偶都是单的.

(5) 每个投射左 R-模都是内射的.

(6) 每个内射左 R-模都是投射的.

第七章　内射模, 投射模以及它们的分解

本章我们重新回到模的分解理论——特别是内射模和投射模的分解理论的讨论上来. 首先我们根据内射模的结构检验 Noether 环的刻画. 其次考虑可数生成模的直和分解理论, 之后我们研究半完备环和完备环 (半完备环是指其上的有限生成模都有投影盖的环, 完备环是指其上的一切模都有投射盖的环). 最后一节我们证明有限生成模的自同态环的结构决定了若干个模的直和是否有可补直和项的直和分解.

§ 25. 内射模和 Noether 环——Faith-Walker 定理

由 (18.13) 知环 R 是左 Noether 的当且仅当内射左 R-模的类关于直和封闭. 本节我们将进一步研究这个问题, 并且讨论 ${}_RM$ 中内射模的分解理论和 R 的有限条件之间的关系.

左 R-模 M 的子集 X 在 R 中的零化子 $l_R(X)$ 是 R 的左理想, 称它为 **M-零化子左理想**. 一切 M-零化子左理想构成的集合 $\mathscr{L}_R(M)$ 关于集合包含这个序关系是完全格, 对于每个 $\mathscr{A} \subseteq \mathscr{L}_R(M)$, $\mathscr{A}$ 在 $\mathscr{L}_R(M)$ 中的最大下界和最小上界分别为

$$\cap\mathscr{A} \quad 和 \quad l_R(r_M(\textstyle\sum\mathscr{A}))$$

(见练习 (2.16)). 一般地, $\mathscr{L}_R(M)$ 不是 R 的左理想格的子格, 这是因为 M-零化子左理想的直和不一定是 M-零化子左理想 (见练习 (2.15)). 设 $\mathscr{R}_M(R)$ 表示 R 中的子集在 M 中的零化子格, 则对于每个 $I \in \mathscr{L}_R(M)$ 和每个 $A \in \mathscr{R}_M(R)$, 经互逆映射

$$I \mapsto r_M(I) \quad 和 \quad A \mapsto l_R(A),$$

格 $\mathscr{L}_R(M)$ 反同构于格 $\mathscr{R}_M(R)$(见练习 (2.16)). 现在如果 ${}_RE$ 是内射模, 对于一切集合 A, 格 $\mathscr{L}_R(E)$ 决定了 $E^{(A)}$ 是否是内射的.

25.1 定理 [***Faith***]　对于内射左 R-模 E, 下列条件等价:

(a) 对于一切集合 A, $E^{(A)}$ 是内射的;

(b) R 中的 E-零化高左理想满足升链条件;

(c) $E^{(\mathbb{N})}$ 是内射的.

证明 (a)⇒(c) 是显然的 (注意，练习 (25.4) 直接给出了它的逆).

(c)⇒(b). 假设 (c) 成立而 (b) 不成立. 则存在 $\mathscr{L}_R(E)$ 中的严格递增序列

$$I_1 \subset I_2 \subset \cdots.$$

此序列的右零化子

$$r_E(I_1) \supset r_E(I_2) \supset \cdots$$

是严格降的. 选择 $x_n \in r_E(I_n) \backslash r_E(I_{n+1})$, 设

$$I = \cup_{n=1}^{\infty} I_n.$$

则对于每个 $a \in I$, 存在 $n > 0$ 使得对于一切 $k = 1, 2, \cdots$, 有 $ax_{n+k} = 0$. 因此映射

$$f : a \mapsto (ax_1, ax_2, \cdots) \ (a \in I)$$

是 R-同态 $f : I \to E^{(\mathbb{N})}$. 现在由内射检验引理知，存在

$$y = (y_1, \cdots, y_n, 0, \cdots) \in E^{(\mathbb{N})},$$

使得对于一切 $a \in I$, 有

$$\begin{aligned}(ax_1, ax_2, \cdots) &= f(a) = ay \\ &= (ay_1, \cdots, ay_n, 0, \cdots).\end{aligned}$$

但这与我们的选择 $x_{n+1} \notin r_E(I_{n+2})$ 矛盾.

(b) ⇒ (a). 假设 (b) 成立.E-零化子左理想的每个非空集族都包含极大元 (见练习 (10.9)). 设 $I \leqslant {}_R R$, 考虑 R-同态

$$f : I \to E^{(A)}.$$

由于 E^A 是内射的, $E^{(A)} \leqslant E^A$, 从而存在 $x \in E^A$, 使得对于一切 $a \in I$, $f(a) = ax$. 对于每个子集 $B \subseteq A$, 设 $x_B = \iota_B \pi_B(x)$, 即

$$\pi_\alpha(x_B) = \begin{cases} \pi_\alpha(x), & \alpha \in B \\ 0\ , & \text{其它}. \end{cases}$$

如果我们令 F 取遍 A 的有限子集, 则由题设知形如

$$l_R(x_{A\backslash F}) = l_R(\{\pi_\alpha(x) \mid \alpha \in A\backslash F\}).$$

的 E-零化左理想组成的集合含有极大元 $l_R(x_{A\backslash F_0})$. 由极大性知, 如果 F 是 A 的有限子集, 则

$$\text{由 } F \supseteq F_0 \text{ 可推出 } \quad l_R(x_{A\backslash F}) = l_R(x_{A\backslash F_0}).$$

现在对于每个 $a \in I$, 由于 $f(a) \in E^{(A)}$, 从而存在有限子集 $F_a \supseteq F_0$ 使得

$$a\pi_\alpha(x) = \pi_\alpha(ax) = \pi_\alpha(f(a)) = 0 \quad (\alpha \in A\backslash F_a).$$

于是, 对于每个 $a \in I$, 我们有 $a \in l_R(x_{A\backslash F_a}) = l_R(x_{A\backslash F_0})$, 因此

$$f(a) = ax - ax_{A\backslash F_0} = ax_{F_0} \qquad (a \in I).$$

但由于 $x_{F_0} \in E^{(A)}$, 从而由内射检验引理得 $E^{(A)}$ 是内射的.

我们现在可以把 (18.13) 看作判断环是否为 $Noether$ 环的一个检验.(25.1) 和下面的引理给出了更好的检验.

25.2 引理 设 I 是 R 的左理想, M 是左 R-模, 则 M 上生成 R/I 当且仅当 I 是 M 的子集的零化子.

证明 易证

$$l_R(r_M(I)) = \cap\{Ker\ f \mid f : {}_RR \to M, I \leqslant Ker\ f\}.$$

因此 $l_R(r_M(I))/I = Rej_{R/I}(M)$. □

25.3 定理 设 R 是环, C_0 是极小左 R-上生成子, 则下列条件等价:

(a) R 是左 Noether 的.

(b) 若干个左 R-上生成子的无限直和是内射的.

(c) $C_0^{(\mathbb{N})}$ 是内射的.

证明 (a) ⇒(c). 由 (18.16) 知, 极小上生成子是内射模 (单模的内射包) 的直和. 从而 $C_0^{(\mathbb{N})}$ 是内射模的直和. 因此由 (18.13) 可得 (c).

(c) ⇒(b) 是显然的.

(b)⇒(a) 由 (25.1) 和 (25.2) 可得. □

内射模的分解

25.4 引理 每个不可分解内射模的自同态环都是局部的.

证明 设 E 是不可分解的内射左 $R-$ 模, $t \in End_R(E)$, 则由于

$$Ker\ t \cap Ker\ (1-t) = 0,$$

从而由 (18.12) 得或者 t 是单同态或者 $1-t$ 是单同态. 又单同态 $E \to E$ 的象是 E 的直和项 (18.7), 因此或者 t 是可逆的或者 $1-t$ 是可逆的. 从而 $End({}_RE)$ 是局部环 (见 (15.15)). □

25.5 命题 如果内射模 E 有不可分解的分解 $E=\oplus_A E_\alpha$, 则此分解可补直和项.

证明 由引理 (25.4) 知, 内射模 $E=\oplus_A E_\alpha$ 的不可分解的分解满足 *Azumaya* 引理 (12.6) 的题设. 设 K 是 E 的直和项, 选择子集 $B\subseteq A$ 使得它关于

$$(\oplus_B E_\beta)\cap K=0$$

是极大的, 则子模 $(\oplus_B E_\beta)+K=(\oplus_B E_\beta)\oplus K$ 是内射的 (18.2). 从而对于某个 $E'\leqslant E$, 有

$$E=E'\oplus(\oplus_B E_\beta)\oplus K.$$

下证 $E'=0$. 如果 $E'\neq 0$, 则由 (12.6) 得 E' 有不可分解的直和项, 从而存在 $\gamma\in A$ 和 E' 的直和项 E'' 使得

$$E=E_\gamma\oplus(E''\oplus(\oplus_B E_\beta)\oplus K),$$

这与 B 的极大性矛盾. 因此 $E=(\oplus_B E_\beta)\oplus K$, $E=\oplus_A E_\alpha$ 是可补直和项分解.

□

R 上的内射模不一定有不可分解的分解. 现在证明 R 上的内射模有不可分解的分解当且仅当 R 是 *Noether* 的.

25.6 定理 对于环 R, 下列条件等价:

(a) R 是左 Noether 的;

(b) 每个内射左 R-模都是不可分解模的直和;

(c) 每个内射左 R-模都有可补直和项的分解;

(d) 每个内射左 R-模都有可补极大直和项的分解.

证明 (a) ⇒ (b). 设 E 是左 Noether 环 R 上的内射左模, 如果 $0\neq x\in E$, 则由 (18.12.3), 我们可以假设 $E=E(Rx)\oplus E'$ 对某个 $E'\leqslant E$. 如果 $(M_\alpha)_{\alpha\in A}$ 是 $E(Rx)$ 的无关子模集, 则 $(Rx\cap M_\alpha)_{\alpha\in A}$ 是 Rx 的子模的无关集. 这样，因为 Rx 是 Noether 的, 所以除了有限多个 $Rx\cap M_\alpha$ 外，其余都是零. 但 $Rx\trianglelefteq E(Rx)$, 从而 $E(Rx)$ 不包含非零子模的无限无关集. 因此它不包含直和项的无限升链, 由 (10.14) 得 $E(Rx)=E_1\oplus\cdots\oplus E_n$, 其中每个 E_i 是不可分解的. 这就推出每个非零的内射模 E 都有不可分解的直和项. 由极大值原理知存在 E 的不可分解的直和项的极大无关集 $\{E_\alpha\mid\alpha\in A\}$. 设 $E'=\oplus_A E_\alpha$. 由于 R 是左 Noether 的, 从而 E' 是内射的, $E=E'\oplus E''$. 但 E'' 一定是零, 否则由于 E'' 是内射的, 从而它包含不可分解的直和项. 因此 $E=\oplus_A E_\alpha$ 是 E 的不可分解的分解.

(b)⇒(c) 可由 (25.5) 得出.

(c)⇒(d) 是易证的.

(d)⇒(a). 设 $\mathscr{S}$ 是单左 R-模的表示的无冗余集 (见 (18.16)), 则

$$C_0 = \oplus_{T \in \mathscr{S}} E(T)$$

是 ${}_R\mathbf{M}$ 中的极小上生成子. 设

$$E = E(C_0^{(\mathbb{N})}).$$

则由假设知存在可补极大直和项的分解

$$E = \oplus_A E_\alpha.$$

对于每个单模 $T \in \mathscr{S}$, 设

$$A(T) = \{\alpha \in A \mid E_\alpha \cong E(T)\}.$$

现在对于每个 $n > 0$, 内射子模 $E(T)^{(n)}$ 同构于 E 的直和项. 于是由 (12.2) 得

$$card(A(T)) \geqslant n,$$

因此 $A(T)$ 是无限的. 令

$$B = \cup_{T \in \mathscr{S}} A(T),$$

则显然 $C_0^{(\mathbb{N})}$ 同构于 E 的直和 $\oplus_B E_\beta$ 的直和项. 因此 $C_0^{(\mathbb{N})}$ 是内射的, 由 (25.3) 得 R 是左 $Noether$ 的. □

Faith-Walker 主要定理

称模 M 是 c-**生成的,** 如果存在生成 M 的指标集 $(x_\gamma)_{\gamma \in C}$, 且 $c = card\ C$. 从而 (见 (8.1)) 如果 C 是集合, 则 M 是 $card\ C$-生成的当且仅当 M 是自由模 $R^{(C)}$ 的满同态象. 显然 c-生成模的每个满同态象都是 c-生成的. 一般地, c-生成模的子模不一定是 c-生成的.

25.7 引理 设 c 是无限基数, $M = \oplus_A M_\alpha$, $N \leqslant M$. 如果 N 是 c-生成的, 则存在子集 $B \subseteq A$ 使得 $card\ B \leqslant c, N \leqslant \oplus_B M_\beta$.

证明 设 $(x_\gamma)_{\gamma \in C}$ 生成 N, 且 $card\ C = c$, 则每个 x_γ 都在 M_α 的有限和中, 因此对于每个 $\gamma \in C$, 存在从 C 到 A 的有限子集的函数 $F : \gamma \mapsto F(\gamma)$ 使得 $x_\gamma \in \oplus_{F(\gamma)} M_\alpha$. 令 $B = \cup_C F(\gamma)$, 由于 C 是无限的, 从而有 $card\ C \geqslant card\ B$. □

如果 $\mathscr{A}$ 是模的集合, 则此集合中的每个模都是 c-生成的, 其中

$$c = card(\cup \mathscr{A}).$$

不可分解内射左 R-模一定是它的每个非零子模的内射包 (见 (18.12.3)). 集合

$$\{E(R/I) \mid I \leqslant R\}$$

包含了每个不可分解内射模的同构象. 由于这是一个集合, 从而存在基数 c 使得每个不可分解内射左 R-模都是 c-生成的. 从定理 (25.6) 可知如果 R 是左 $Noether$ 的, 则存在基数 c 使得每个内射左 R-模都是 c-生成模的直和. 事实上, 它的逆命题也是正确的. □

25.8 定理 [*Faith and Walker*] 环 R 是左 Noether 的当且仅当存在基数 c 使得每个内射左 R-模都是 c-生成模的直和.

证明 我们已经得到定理的必要性. 反之, 假设存在满足条件的基数. 显然任意大于此基数的基数也满足条件. 现在为了证明 R 是左 Noether 的, 只需证明如果 $_RE$ 是内射的, 则 $E^{\mathbb{N}}$ 也是内射的 (25.3). 因此设 $_RE$ 是内射的. 由于集合 C 生成的任意模都至多有 $(card\ R)\cdot(card\ C)$ 个元素. 从而由我们的假设可推出存在比 $card\ E$ 和 $card\ R$ 大的无限基数使得每个内射模都是基数至多为 c 的模的直和. 设 B 是集合, 且

$$card\ B > 2^c.$$

直积 E^B 是内射的 (18.2), 这样据题设有

$$E^B = \oplus_A E_\alpha,$$

其中每个 E_α 有至多为 c 的基数. 我们推断存在 A 的一个分类 $\{A_0, A_1, A_2, \cdots\}$ 使得

$$card\ A_n \leqslant c \quad (n = 1, 2, \cdots),$$

$$\oplus_{A_n} E_\alpha = Q_n \oplus Q'_n \qquad (n = 1, 2, \cdots),$$

且 $Q_n \cong E$. 一旦此推断成立, 我们便完成了证明. 这是因为假设此推断成立, 则

$$E^B = (\oplus_{n=1}^{\infty} Q_n) \oplus ((\oplus_{n=1}^{\infty} Q'_n) \oplus (\oplus_{A_0} E_\alpha)),$$

又根据内射模的直和项是内射得 $E^{(\mathbb{N})} \cong \oplus_{n=1}^{\infty} Q_n$ 是内射的. 现在为了证明推断, 假设 $A_1, \cdots, A_n$ 是 A 的不交子集使得 $card\ A_i \leqslant c \quad (i = 1, \cdots, n)$,

$$\oplus_{A_i} E_\alpha = Q_i \oplus Q'_i \qquad (i = 1, 2, \cdots, n),$$

其中 $Q_i \cong E$. 令

$$D = A_1 \cup \cdots \cup A_n,$$

通过观察可得 $card(\oplus_D E_\alpha) \leqslant n \cdot c^2 = c$. 对于每个 $\beta \in B$, 设 $\iota_\beta : E \to E^B$ 是自然内射. 由于 $\{(\oplus_D E_\alpha) \cap \iota_\beta(E) \mid \beta \in B\}$ 是 $\oplus_D E_\alpha$ 的无关子模集, 且 $\oplus_D E_\alpha$ 至

多有 $2^c(< card\ B)$ 个子集, 从而存在 $\beta \in B$ 使得 $\oplus_D E_\alpha \cap \iota_\beta(E) = 0$. 因此 E^B 在 $\oplus_{A \setminus D} E_\alpha$ 上的投射在 $\iota_\beta(E)$ 上是单同态. 特别地, 对于某个 $Q \cong {}_R E$, 有

$$\oplus_{A \setminus D} E_\alpha = Q \oplus V.$$

这样, 由 (25.7) 知存在子集 $A_{n+1} \subseteq A \setminus D$ 使得 $card\ A_{n+1} \leqslant c, Q \leqslant \oplus_{A_{n+1}} E_\alpha$. 此时用标准的归纳法可论证并确定 $A_1, A_2, \cdots$ 的存在性. 最后, 令 $A_0 = A \setminus \bigcup_{n=1}^{\infty} A_n$.

□

练 习 25

1. 称非零模 H 是**一致模**, 如果它的每个非零子模在 H 中都是本质的. 称 H 是**上一致模**, 如果它的每个真子模在 H 中都是多余的.

   (1) 证明: 非零模 H 是一致模当且仅当 $E(H)$ 是不可分解的.

   (2) 假设 $p: P \to H$ 是投射盖. 证明: H 是上一致模当且仅当 P 是上一致的 , $End({}_R P)$ 是局部环.

2. 模 M 的 **Goldie 维数** $G.dim(M)$ 是关于 M 的非零子模的每个无关集 $(M_\alpha)_{\alpha \in A}$, 使得 $cardA \leqslant c$ 的基数 c 的下确界. 因此, $G.dim(0) = 0$, $G.dim(M) = 1$ 当且仅当 M 是一致模. 证明:

   (1) 对于模 M, 下列等价:(a) $G.dim(M) = n$; (b) 存在 M 的一致子模的无关序列 $H_1, \cdots, H_n$ 使得 $H_1 \oplus \cdots \oplus H_n \trianglelefteq M$; (c) $E(M) = E_1 \oplus \cdots \oplus E_n$, 其中每个 E_i 都是不可分解的.

   (2) 模 M 有有限 Goldie 维数当且仅当 M 没有非零子模的无限无关集.

   (3) 如果 M_1 和 M_2 是 R-模, 则有

   $$G.dim(M_1) + G.dim(M_2) = G.dim(M_1 \oplus M_2).$$

   (4) 如果 R 是左 Noether 的 , c 是基数, 则下列等价: (a) $G.dim(M) = c$; (b) 存在一致子模的无关集 $(H_\gamma)_{\gamma \in C}$ 使得 $cardC = c$, $\oplus_C H_\gamma \trianglelefteq M$; (c) $E(M) = \oplus_C E_\gamma$, 其中 $cardC = c$, 每个 E_γ 是不可分解的.

3. 证明: 下列等价: (a) R 是左 noether 的. (b) 当 ${}_R U$ 是拟内射模时,$U^{(A)}$ 亦然. (c) 当 ${}_R E$ 是内射模时, $E^{(A)}$ 是拟内射模.

4. 证明: 如果对于每个可数子集 $C \subseteq A$, $\oplus_C E_\gamma$ 是内射的, 则 $\oplus_A E_\alpha$ 是内射的. [提示: 如果 $\oplus_A E_\alpha$ 不是内射的, 则存在 $I \leqslant {}_R R$ 和 $f: I \to \oplus_A E_\alpha$ 使得对于可数无限个 $\alpha \in A, \pi_\alpha(Imf) \neq 0$.]

5. 证明: R 是左 noether 的当且仅当对于每个单左 R-模序列 $T_1, , T_2, \cdots$, $\oplus_{n=1}^{\infty} E(T_n)$ 是内射的.

§ 26. 可数生成模的直和——有局部自同态环的模的直和

§12 的结果表明了分解 $M = \oplus_A M_\alpha$ 的重要性, 其中每个 M_α 都有局部自同态环. 这样我们便提出一个问题: 这样的模 M 的直和项是否也有使得分解的项有

局部自同态环的分解? 本节我们将要证明如果再加上每个 M_α 都有可数生成集这一条件, 则 M 的直和项有这样的分解.

Kaplansky 定理

已知, 称模 N 是 c-生成的, 如果 N 有生成集 $(x_\gamma)_{\gamma\in C}$ 使得 $card\ C = c$. 特别地, 有可数生成集的模是**可数生成的.** 下述重要定理的可数情形首先是由 Kaplansky 证明的, 然后由 C.Walker 推广到现在的形式.

26.1 定理 设 c 是无限基数, 如果模 M 是 c-生成子模的直和, 则 M 的每个直和项亦然.

证明 设 $M = \oplus_A M_\alpha$, 假设每个 M_α 都是 c-生成的. 再假定 $M = K \oplus L$. 设

$$(K_\beta)_{\beta\in B} \quad 和 \quad (L_\gamma)_{\gamma\in C}$$

分别表示 K 和 L 的 $c-$ 生成子模. 令 $\mathscr{P}$ 表示有序三元组

$$(A', B', C')$$

的集合, 使得

(i) $A' \subseteq A,\quad B' \subseteq B,\quad C' \subseteq C;$

(ii) $\oplus_{A'} M_\alpha = (\oplus_{B'} K_\beta) \oplus (\oplus_{C'} L_\gamma).$

通过 $(A', B', C') \leqslant (A'', B'', C'') \iff A' \subseteq A'', B' \subseteq B'', C' \subseteq C''$, 我们定义 $\mathscr{P}$ 上的偏序关系 $\leqslant$. 易证 $(\mathscr{P}, \leqslant)$ 是归纳的, 因此存在极大元

$$(A', B', C') \in \mathscr{P}.$$

为了证明此定理我们将证明 $A' = A$. 设 e 和 f 分别为 $End(_RM)$ 中关于分解 $M = K \oplus L$ 中的 K 和 L 的幂等元. 假设 $A' \neq A$, $\alpha \in A\backslash A'$. 由引理 (25.7) 知 M 的每个 $c-$ 生成子模都包含在至多 c 个 M_α 的和中. 特别地, 如果 $D \subseteq A$ 的基数至多是 c, 则

$$(\oplus_D M_\delta)e \quad 和 \quad (\oplus_D M_\delta)f$$

都是 M 的 c-生成子模, 因此它们的和也是 c-生成的, 并且包含在至多 c 个 M_α 的和中. 从而由标准的归纳法论证可得, 存在由 A 中每个基数至多为 c 的子集组成的递增序列

$$D_1 \subseteq D_2 \subseteq \cdots \quad ,$$

使得

$$M_\alpha \leqslant M_\alpha e + M_\alpha f \leqslant \oplus_{D_1} M_\delta \quad ,$$

$$\oplus_{D_1}M_\delta \leqslant (\oplus_{D_1}M_\delta)e + (\oplus_{D_1}M_\delta)f \leqslant \oplus_{D_2}M_\delta \quad ,$$

$$\vdots$$

$$\oplus_{D_n}M_\delta \leqslant (\oplus_{D_n}M_\delta)e + (\oplus_{D_n}M_\delta)f \leqslant \oplus_{D_{n+1}}M_\delta \quad ,$$

$$\vdots$$

令 $D = \bigcup_{n=1}^{\infty} D_n$. 由于 M_δ 是无关的, 且 $\alpha \notin A'$, 从而显然有 $D \not\subseteq A'$. 还要注意

$$(\oplus_D M_\delta)e \leqslant \oplus_D M_\delta,\ \ (\oplus_D M_\delta)f \leqslant \oplus_D M_\delta,$$

$\oplus_D M_\delta$ 是 c^2- 生成的 $=c$-生成的. 现在令

$M' = \oplus_{A'}M_\alpha$, $K' = \oplus_{B'}K_\beta$, $L' = \oplus_{C'}L_\gamma$, 由题设知 $M' = K' \oplus L'$. 再令

$$M'' = \oplus_{A'\cup D}M_\nu,\ \ K'' = M''e,\ \ L'' = M''f.$$

则有

$$K'' = (K' + L' + \oplus_D M_\delta)e \leqslant K' + (\oplus_D M_\delta) \leqslant M'',$$

和

$$L'' = (K' + L' + \oplus_D M_\delta)f \leqslant L' + (\oplus_D M_\delta) \leqslant M''.$$

因此, 由 $M'' \leqslant K'' \oplus L''$, 我们可以推断 $M'' = K'' \oplus L''$. 现在 K' 和 L' 分别是包含在 K'' 和 L'' 中的 M 的直和项, 故存在某个子模 $K_1' \leqslant K$ 和 $L_1' \leqslant L$, 满足 $K'' = K' \oplus K_1'$ 和 $L'' = L' \oplus L_1'$. 从而有

$$M'' = K'' \oplus L'' = M' \oplus (K_1' \oplus L_1').$$

又

$$K_1' \oplus L_1' \cong M''/M' \cong \oplus_{D\setminus A'}M_\delta$$

是非零的, 且 c-生成的. 这与 $\mathscr{P}$ 中 (A', B', C') 的极大性矛盾. □

每个自由模都是可数生成 (也是循环) 模的直和. 由于每个投射模都是自由模的直和项, 由此我们立即可得:

26.2 推论　每个投射模都是可数生成模的直和.

再由由定理 (26.1) 和 (25.8) 还有:

26.3 推论　环 R 是左 $Noether$ 的当且仅当存在左 R-模 H 使得每个左 R-模都可以嵌入到若干个 H 的直和中.

证明　由于模可以嵌入到内射模中, 从而必要性可由 (25.8) 和下列事实得出: 当 $card\ C = c$ 时, 每个 c-生成模都同构于集合 $\{R^{(C)}/K \mid K \leqslant R^{(C)}\}$ 中模的直和的子模.

反之, 如果 H 满足题设中的条件, 则每个内射左 R-模都同构于若干个 H 的直和的直和项, 因此由 (26.1) 和 (25.8) 可得 R 是左 $Noether$ 的. □

有局部自同态环的可数生成模

在陈述本节的主要结果之前, 我们给出一个感兴趣的引理. 我们知道, 如果模有分解

$$M = \oplus_A M_\alpha = K \oplus L,$$

其中 $K \neq 0$, 且每个 $End(M_\alpha)$ 都是局部环, 则由 Azumaya 定理可推出 K 有直和项同构于 M_α 中的一个. 由下面的引理可以推出另一方面, 每个 M_α 同构于 K 的直和项或 L 的直和项.

26.4 引理 设 M 是模, $M = K \oplus L$. 设 N 是 M 的直和项使得 $N = N_1 \oplus \cdots \oplus N_n$, 每个 $End(N_i)$ 都是局部环, 则存在直和项 $K' \leqslant K$ 和 $L' \leqslant L$ 使得

$$M = N \oplus K' \oplus L'.$$

证明 假设 N, H, H', K 和 L 是 ${}_RM$ 的子模 ,$End({}_RN)$ 是局部环, 且

$$M = N \oplus H \oplus H' = H \oplus K \oplus L.$$

我们将证明存在直和项 $K' \leqslant K$, $L \leqslant L'$ 使得

$$M = N \oplus H \oplus K' \oplus L'.$$

从而由明显的归纳法论证

$$(N_{n+1} = N, \quad N_1 \oplus \cdots \oplus N_n = H)$$

可得此引理的证明. 现在设 e, e', f 是 $End({}_RM)$ 中的幂等元, e 和 e' 是正交的,

$$K = Me, \quad L = Me', \quad H = M(1 - e - e')$$

且

$$N = Mf, \quad H \oplus H' = M(1 - f).$$

由于 $fEnd({}_RM)f \cong End({}_RN)$ 是单位元为 f 的局部环, 且 $f = fef + fe'f$ (因为 $f(1 - e - e')f = 0$), 从而我们可以假设 fef 在 $fEnd({}_RM)f$ 中是可逆的. 这样, 设 $s \in End({}_RM)$,

$$s = fsf, \quad sfef = fefs = f,$$

则在 $End(_RM)$ 中, 有 $(ese)^2 = e(sfef)se = efse = ese$, 因此

$$M = (Im\ ese) \oplus (Ker\ ese).$$

但 $L \oplus H = M(1-e) \leqslant Ker\ ese$, 故

$$\begin{aligned} Ker\ ese &= (Ker\ ese) \cap (K \oplus L \oplus H) \\ &= ((Ker\ ese) \cap K) \oplus L \oplus H. \end{aligned}$$

令

$$K' = (Ker\ ese) \cap K,$$

则

$$M = Mese \oplus K' \oplus L \oplus H,$$

且

$$p : m \mapsto mese$$

定义了 M 在 Mese 上沿 $K' \oplus L \oplus H$ 的投射. 考虑

$$(p|N) : N \to Mese.$$

由于

$$Mese = (Mes)ese \subseteq (Mf)ese = Nese \subseteq Mese,$$

从而 $(p\ |N)$ 的象是 Mese. 由于

$$fese = (fef)s(fe),$$

$(p\ |N)$ 是单同态的合成, 因此 $(p\ |N)$ 是同构, 且 (见 5.5)$M = N \oplus K' \oplus L \oplus H$. 这便完成了引理的证明. □

现在容易证明本节的主要结果

26.5 定理 [Crawley-Jonson-Warfield] 如果模 M 是可数生成模的直和, 其中直和项有局部自同态环, 则 M 的每个直和项亦然.

证明 假设 $M = \oplus_A M_\alpha$, M_α 是可数生成的, 且每个 $End(M_\alpha)$ 都是局部环. 由定理 (26.1) 知 M 的每个直和项都是 M 的可数生成子模 (一定是直和项) 的直和. 因此只需对于 M 的可数生成的直和项证明此结果. 这样, 设

$$M = K \oplus L,$$

K 是可数生成的. 再设 $x \in K$, 则存在有限集合 $G \subseteq A$ 使得 $x \in \oplus_G M_\alpha$. 令 $N = \oplus_G M_\alpha$. 由 (26.4) 得存在直和项 $K' \leqslant K$ 和 $L' \leqslant L$ 使得

$$M = N \oplus K' \oplus L'.$$

设

$$H = K \cap (N \oplus L'),$$

则 $x \in K \cap N \subseteq H$, 且由模律可得

$$\begin{aligned} K = K \cap M &= K \cap ((N \oplus L') \oplus K') \\ &= H \oplus K'. \end{aligned}$$

由于 L' 是 L 的直和项, 从而存在子模 $I \leqslant L$ 使得 $L = I \oplus L'$. 因此

$$N \cong M/(K' \oplus L') \cong H \oplus I.$$

由 (12.7) 知分解 $N = \oplus_G M_\alpha$ 可补直和项. 因此, 特别地, 对于某个有限子集 $F \subseteq A$, H 同构于 $\oplus_F M_\alpha$. 现在设 $x_1, x_2, \cdots$ 是 K 的生成集, 假设存在 K 的直和分解

$$K = H_1 \oplus \cdots H_n \oplus K_n$$

和 A 的有限子集 $F_1, \cdots, F_n$, 使得

$$x_1, \cdots, x_n \in H_1 \oplus \cdots \oplus H_n,$$

$$H_i \cong \oplus_{F_i} M_\alpha \quad (i = 1, \cdots, n),$$

则存在 $h_n \in H_1 \oplus \cdots \oplus H_n$ 和 $k_n \in K_n$ 使得

$$x_{n+1} = h_n + k_n,$$

由于 $k_n \in K_n$, 从而由上面的论证知存在 K_n 的子模 H_{n+1}, K_{n+1} 和有限集 $F_{n+1} \subseteq A$ 使得

$$K_n = H_{n+1} \oplus K_{n+1},$$

$$k_n \in H_{n+1} \cong \oplus_{F_{n+1}} M_\alpha.$$

于是, 由直接的归纳法论证, 可得存在 K 的子模序列 $H_1, H_2, \cdots$ 和 A 的有限子集序列 $F_1, F_2, \cdots$, 使得

$$K = \oplus_{n=1}^{\infty} H_n \ , \quad H_n \cong \oplus_{F_n} M_\alpha \quad (n = 1, 2, \cdots).$$

这便完成了证明. □

26.6 推论 设 $M = \oplus_A M_\alpha$, 每个 M_α 都是可数生成的, 且有局部自同态环. 如果 $M = \oplus_B N_\beta$ 是 M 的另一个任意分解, 则存在 A 的分类 $(A_\beta)_{\beta \in B}$ 使得

$$N_\beta \cong \oplus_{A_\beta} M_\alpha \qquad (\beta \in B).$$

证明 这是定理 (26.5) 和 Asumaya 定理 (12.6) 的一个直接推论. □

由于 $R \cong End({}_RR)$(见 (4.11)), 从而由定理 (26.5) 可得局部环上的投射模都是自由模, 我们把它记为下面的推论.

26.7 推论 局部环上的每个投射模都是自由模. □

此结果最早由 Kaplansky 证明, 它很可能是下节大部分结果的启发.

练 习 26

1. 设 $\mathscr{C}$ 是左 R-模类, ${}_RM$ 是可数生成的. 假设对于 M 的每个直和项 K, K 中的每个元素都属于同构于 $\mathscr{C}$ 中元素的 K 的直和项. 证明: M 同构于 $\mathscr{C}$ 中元素的直和.
2. 设 R 是 von Neumann 正则环, 证明:
   (1) 投射 R-模的每个有限生成子模都是直和项. [提示: 设 K 是 $R^{(n)}$ 的有限生成子模, $F = Hom_R(R^{(n)},\_\,)$, 则 $F: {}_R\mathbf{M} \to {}_{End(R^{(n)})}\mathbf{M}$ 是范畴等价,$O \to F(K) \to F(R^{(n)})$ 可分.]
   (2) 如果 ${}_RP$ 是投射模, 则存在 R 中的幂等元 $(e_\alpha)_{\alpha \in A}$ 使得 $P \cong \oplus_A Re_\alpha$.
3. 证明: 下列等价: (a) R 是局部环;(b) 每个投射左 R-模都是自由的, 且有可补极大直和项的不可分解的直和分解; (c) 每个有限生成的投射左 R-模都是自由的, 且有可补直和项的直和分解;(d) 分解 $R^2 = \iota_1(R) \oplus \iota_2(R)$ 是可补直和项的直和.
4. 不可分解内射模有局部自同态环 (25.4), 而且由 (25.6) 得 Noether 环上的不可分解内射模的每个直和都满足 Crawley-Jonson-Warfield 定理 (26.5) 的结论. 求证: $\mathbb{R}[x]$ 的分式域 (即有理函数) 是 Noether 环上的不可分解内射模, 但不是可数生成的. [提示: 练习 (18.13).]

§ 27. 半 完 备 环

设 R 是局部环 , ${}_RP$ 是有限生成投射模, 则 P/JP 是除环 $R/J(R)$ 上的向量空间. 练习 (26.3) 给出了一个重要的事实: 向量空间 P/JP 的非常好的分解理论可以 "提升" 到模 P 上. 分解的提升没有限制在局部环上, 而是依赖正则模 ${}_RR$. 因为 ${}_RR$ 的分解依赖 R 的幂等元, 所以我们现在来研究提升幂等元.

提升幂等元

环 R 的幂等元给出了 R 的每个商环的幂等元 (见 (7.10)). 然而 , R 的商环的幂等元陪集不一定有 R 的幂等元表示. 例如 ,$\mathbb{Z}$ 只有两个幂等元, 而 $\mathbb{Z}_6$ 有 4 个.

设 I 是环 R 的理想, 且 $g+I$ 是 R/I 的幂等元. 我们说此**幂等元模 I 可以提升 (到 e)**, 如果存在幂等元 $e \in R$ 使得 $g+I=e+I$. 我们说**幂等元模 I 可以提升**, 如果 R/I 的每个幂等元都可以提升为 R 的幂等元.

直观上, 越小的理想 I, 越可能有幂等元模 I 提升. 诣零理想是足够小的.

27.1 命题 如果 I 是环 R 的诣零理想, 则幂等元模 I 可以提升.

证明 假设 I 是 R 的诣零理想, $g \in R$ 使得 $g+I=g^2+I$. 设 n 是 $g-g^2$ 的幂零指数, 我们可以利用如下的二项式公式

$$0=(g-g^2)^n=\sum_{k=0}^{n}\tbinom{n}{k}g^{n-k}(-g^2)^k=\sum_{k=0}^{n}(-1)^k\tbinom{n}{k}g^{n+k}$$
$$=g^n-g^{n+1}\left(\sum_{k=1}^{n}(-1)^{k-1}\tbinom{n}{k}g^{k-1}\right),$$

得到 $t=\sum_{k=1}^{n}(-1)^{k-1}\binom{n}{k}g^{k-1}\in R$, 使得

$$g^n=g^{n+1}t, \qquad gt=tg.$$

此时

$$e=g^nt^n=(g^{n+1}t)t^n=g^{n+1}t^{n+1}$$
$$=g^{n+2}t^{n+2}=\cdots=g^{2n}t^{2n}=e^2,$$

因此, $e=g^nt^n$ 是幂等元. 又

$$g+I=g^n+I=g^{n+1}t+I$$
$$=(g^{n+1}+I)(t+I)=(g+I)(t+I)=gt+I,$$

所以 $g+I=(g+I)^n=(gt+I)^n=e+I$. □

正交关系

一般地 ,R/I 中的正交幂等元 g_1+I 和 g_2+I 可以提升为 R 的幂等元 e_1 和 e_2, 但并不能确保 e_1 和 e_2 是正交的 (例如, 考虑上三角矩阵环). 然而, 我们希望证明对于每个理想 $I\subseteq J(R)$ (例如, 如果 I 是诣零的), 正交性可以保持. 这一事实依赖于下述两个引理所确定的投射盖.

27.2 引理 设 $_RM$ 有分解 $M=M_1\oplus\cdots\oplus M_n$, 使得每项 M_i 都有投射盖, 则 $R-$ 同态

$$p:P\to M$$

是投射盖当且仅当 P 有分解 $P = P_1 \oplus \cdots \oplus P_n$, 使得对于每个 $i = 1, \cdots, n$,

$$(p\,|P_i) : P_i \to M_i$$

是投射盖.

证明 设 $q_i : Q_i \to M_i (i = 1, \cdots, n)$ 是投射盖, 则据 (16.11) 和 (5.20), 用归纳法可得

$$\oplus_{i=1}^{n} q_i : Q_1 \oplus \cdots \oplus Q_n \to M_1 \oplus \cdots \oplus M_n$$

是投射盖. 这样, 令 $q_i = (p|P_i)$, 我们可得引理的充分性. 引理的必要性可由 (17.17) 的最后结论得到. □

27.3 引理 循环模 ${}_RM$ 有投射盖当且仅当对于某个幂等元 $e \in R$ 和某个左理想 $I \subseteq J(R)$, 有 $M \cong Re/Ie$. 对于满足此条件的 e 和 I, 自然映射

$$Re \to Re/Ie \to 0$$

是投射盖.

证明 自然映射 $Re \to Re/Ie$ 有核 Ie. 因此, 如果 $I \subseteq J(R)$, 则 $Ie \subseteq J(R)e \ll Re$. 反之, 假设 ${}_RM$ 有投射盖 $p : P \to M$. 如果 M 是循环模, 则存在满同态 $f : R \to M$. 这样, 由 (17.17) 我们可以假设 $R = P \oplus P'$, $p = (f|P)$. 从而对于某个幂等元 $e \in R$, 有 $P = Re$ 和 $Ie = Ker\ p \ll Re$. 因此 $Ie \subseteq J(R)e \subseteq J(R), M \cong Re/Ie$. □

现在我们回到幂等元的正交集的提升问题上来.

27.4 命题 设 R 是环, I 是 R 的理想, 且 $I \subseteq J(R)$, 则下列条件等价:

(a) 幂等元模 I 可提升;

(b) 左 R 模 R/I 的每个直和项都有投射盖;

(c) R/I 的每个幂等元的 (完全) 有限正交集可以提升为 R 的幂等元的 (完全) 正交集.

证明 (a)⇒(b). ${}_RR/I$ 的直和项也是 ${}_{R/I}R/I$ 的直和项, 因此由 ${}_RR/I$ 中幂等元生成的直和项也是 ${}_{R/I}R/I$ 的直和项. 假设 (a) 成立, 我们可以提升任意这样的幂等元, 因此只需证明如果 $e \in R$ 是幂等元, 则 $(Re+I)/I$ 在 ${}_RM$ 中有投射盖. 又

$$(Re + I)/I \cong Re/(I \cap Re) = Re/Ie.$$

因此再应用 (27.3) 即可.

(b)⇒ (c). 设 $g_1, \cdots, g_n \in R$ 是模 I 的幂等元的完全正交集 (由于任意有限正交集都可以扩展为完全正交集, 从而我们只需证明有限的情形). 由于 $I \leqslant$

$J(R) \ll R$, 从而自然映射 $n_I : R \to R/I$ 是投射盖, 由题意知

$$R/I = (R/I)(g_1 + I) \oplus \cdots \oplus (R/I)(g_n + I)$$

中的每一项都有投射盖. 因此由 (27.2) 和 (7.2) 知存在幂等元的完全正交集 $e_1, \cdots, e_n \in R$, 使得

$$(R/I)(e_i + I) = n_I(Re_i) = (R/I)(g_i + I) \quad (i = 1, \cdots, n).$$

于是应用 (7.2.c) 的唯一性就有

$$e_i + I = g_i + I \qquad (i = 1, \cdots, n).$$

(c)⇒(a) 是显然的. □

基 本 刻 画

称环 R 是**半完备的**, 如果 $R/J(R)$ 是半单的, 且幂等元模 $J(R)$ 可提升. 例如, 局部环是半完备的. 由 (15.16), (15.19) 和 (27.1) 知左 (右)$Artin$ 环是半完备的. 值得注意的是, 半完备环中的根是不包含非零幂等元的唯一最大理想 (见 (15.12)).

27.5 引理 设 $f : M \to N$ 是多余满同态, 且 $p : P \to M$ 是 R-同态, 则 $p : P \to M$ 是投射盖当且仅当 $fp : P \to N$ 是投射盖.

证明 显然只需证明 p 是多余满同态当且仅当 fp 是多余满同态. 假设 p 和 f 一样是多余满同态, 则 fp 是满同态. 为了证明 fp 是多余的, 我们利用 (5.15): 如果 h 是单同态, fph 是满同态, 则 ph 是满同态. 因此 h 是满同态, 从而 fp 是多余的. 反之, 如果 fp 是多余满同态, 则由 (5.15) 可得 p 是满同态, 又因为 $Ker p \leqslant Ker fp \ll P$, 从而 p 是多余的. □

注意, 由于半完备环的定义是左-右对称的, 从而下面的条件 (c) 和 (d) 的右侧情形也可以刻画半完备环.

27.6 定理 对于环 R, 下列条件等价:

(a) R 是半完备的;

(b) R 有幂等元的完全正交集 $e_1, \cdots, e_n$, 且每个 $e_i R_i e_i$ 都是局部环;

(c) 每个单左 R-模都有投射盖;

(d) 每个有限生成左 R-模都有投射盖.

证明 贯穿此证明, 设 $J = J(R)$ 是 R 的根.

(a)⇒ (b). 如果 R 是半完备的, 则由 (27.4), 我们可提升 R/J 的半单分解的幂等元 (7.2), 从而得到 R 的幂等元的完全正交集 $e_1, \cdots, e_n$, 使得每个

$$Re_i/Je_i \cong (R/J)(e_i + J)$$

都是单的. 由 (17.20) 可得每个 e_iRe_i 是局部环.

(b)⇒ (c). 给了 (b), 由 (17.20) 得每个 Re_i/Je_i 是单的, 由 (27.3) 得每个 Re_i/Je_i 都有投射盖. 但每个单左 R-模都同构于 $R/J \cong Re_1/Je_1 \oplus \cdots \oplus Re_n/Je_n$ 的商模, 因此同构于 Re_i/Je_i 中的一个 (见 (9.4)).

(c)⇒(d). 假设 (c) 成立, 设 $\mathscr{P}$ 是单左 R-模的投射盖的完全集, 则由 (17.9) 和 (8.9) 得 $\mathscr{P}$ 生成每个左 R-模. 设 $_RM$ 是有限生成的, 则存在 $\mathscr{P}$ 中的序列 $P_1, \cdots, P_n$ 和满同态

$$P = P_1 \oplus \cdots \oplus P_n \xrightarrow{f} M \longrightarrow 0.$$

由于 $f(JP) = JM$, 从而我们可以推断存在满同态

$$P_1/JP_1 \oplus \cdots \oplus P_n/JP_n \cong P/JP \to M/JM \to 0.$$

因为每个 P_i/JP_i 都是单的 (17.19), 所以 M/JM 是单模的有限直和 (9.4). 因此由 (27.2), M/JM 有投射盖. 但由 Nakayama 引理 (15.13) 得 $JM \ll M$, 所以 $M \to M/JM$ 是多余满同态. 然后应用 (27.5) 即可.

(d)⇒(a). 假设 (d) 成立, 由于 R/J 的每个直和项都有投射盖, 从而由 (27.4) 知幂等元模 J 可提升. 为了得到 R/J 是半单的, 设 $J \leqslant K \leqslant {}_RR$. 由于循环 R-模 R/K 有投射盖, 从而由 (27.3), 对于某个左理想 $Ie \subseteq Je$, 有

$$R/K \cong Re/Ie.$$

但是 $J \cdot Re/Je \cong J \cdot R/K = 0$, 故 $Je = JRe \subseteq Ie$, 随之有 $Ie = Je$, 且

$$R/K \cong Re/Ie \cong (R/J)(e + J)$$

在 R/J 上是投射的. 因此 K/J 是 R/J 的直和项. 于是 R/J 是半单的. □

27.7 推论 设 $e_1, \cdots, e_n \in R$ 是非零正交幂等元, 且 $1 = e_1 + \cdots + e_n$, 则 R 是半完备的当且仅当每个 e_iRe_i 都是半完备的.

证明 (⇒). 由 (4.15), (7.2) 和 (27.6.b) 得 R 是半完备的当且仅当 $_RR$ 是有局部自同态环的模的直和. 且由 (12.7) 得 $_RR$ 的每个直和项亦然. 因此 $e_iRe_i \cong End(_RRe_i)$ 的单位元 e_i 一定满足 (27.6.b).

(⇐). 如果每个 e_i 都是满足 (27.6.b) 的幂等元的和, 则 $1 = e_1 + \cdots + e_n$ 亦然. □

27.8 推论 设 R 是半完备环, 如果 $_RP$ 是非零的有限生成投射模, 则 $End(_RP)$ 是半完备环. 特别地, 每个 Morita 等价于 R 的环都是半完备环.

证明 由于 (27.6) 的性质 (c) 显然是范畴的, 又由于 (21.6) 和 (21.8), 从而我们有最后的论断. 另一方面, 对于某个 Mortia 等价于 R 的 S 和某个幂等元 $e \in S$, $End({}_RP)$ 具有 eSe 的形式. 于是再应用 (27.7) 即得所证. □

27.9 推论 设 R 是半完备环, 则 R 的每个商环亦然.

证明 易证 (27.6) 中的条件 (b) 关于满环同态封闭. □

投 射 模

设 R 是半单的, 则 ${}_R\mathbf{M}$ 有形如

$$Re = Re_1 \oplus \cdots \oplus Re_m$$

的极小投射生成子, 其中 $e = e_1 + \cdots + e_m$ 是幂等元, $e_1, \cdots, e_m$ 是两两正交的幂等元, 并且 $e_1, \cdots, e_m$ 生成了两两不同构的单 R-模的完全集. 现在 $eRe \cong End({}_RRe)$ 是除环 $e_1Re_1, \cdots, e_mRe_m$ 的环直和, 而且 Morita 等价于 R. 当然这恰是半单环的 Wedderburn-Artin 结构的一种形式. 而且, 在此分析中, 如果 M 是左 R-模, 则存在集合 $A_1, \cdots, A_m$ (基数是唯一的) 使得

$$M \cong Re_1^{(A_1)} \oplus \cdots \oplus Re_m^{(A_m)}.$$

因此, R 和范畴 ${}_R\mathbf{M}$ 可由单模 $Re_1, \cdots, Re_m$ 和除环 $e_1Re_1, \cdots, e_mRe_m$ 或等价地由环 eRe 有效地刻画. 如果 R 是半完备的, 则根据定理 (27.6), 我们惊讶地发现半单环 $R/J(R)$ 的上述简化至少部分可以"提升"为 R 本身的简化.

设 R 是半完备环, 称模 ${}_RM$ 是**本原的**, 如果存在本原幂等元 $e \in R$ 使得

$$M \cong Re.$$

因此, 对于半单环, 本原模恰是单模. 称 R 的幂等元集 $e_1, \cdots, e_m$ 是基本的, 如果它是两两正交的, 且

$$Re_1, \cdots, Re_m$$

是本原左 R-模的表示的完全无冗余集. 半单环 $\bar{R} = R/J(R)$ 显然有幂等元的基本集 $\bar{e}_1, \cdots, \bar{e}_m$. 由 (27.4.c) 和 (17.18) 知此集合可以提升为 R 的基本集 $e_1, \cdots, e_m$.

27.10 命题 设 R 是半完备的, $J = J(R)$, 则 R 的正交本原幂等元的每个完全集都包含基本集. 而且, 对于两两正交的本原幂等元 $e_1, \cdots, e_m \in R$, 下列条件等价:

(a) $e_1, \cdots, e_m$ 是 R 的本原幂等元的基本集;

(b) $Re_1, \cdots, Re_m$ 是不可分解投射左 R-模的表示的无冗余集;

(c) $Re_1/Je_1, \cdots, Re_m/Je_m$ 是单左 R-模的表示的无冗余集;

(d) $e_1 + J, \cdots, e_m + J$ 生成了半单环 R/J 的块分解中的单块.
最后, 对于右 $R-$ 模, 也存在 (b) 和 (c) 的相应的内容, 它们也是等价的.

证明 正如我们在上面所提及的,(a) 和 (c) 的等价性可由 (27.4) 和 (17.18) 得出. (c) 和 (d) 的等价可由 (13.7) 得出. 每个本原左 R-模都是不可分解的投射模, 这样, 为了证明 (a) 和 (b) 的等价性, 只需证明每个不可分解投射 R-模都是本原模. 假设 $_RP$ 是非零的投射模, 则对于某个 $_RP'$ 和某个集合 A, 有

$$P \oplus P' \cong R^{(A)}.$$

据 (27.6.b) 和 (4.15) 知, $R^{(A)}$ 是本原模的直和, 其中每个项都有局部自同态环. 于是由 (12.6) 得 P 有本原的直和项, 从而 P 是不可分解的当且仅当它是本原的. 现在第一个陈述是易证的, 这是因为如果 $f_1, \cdots, f_n$ 形成了 R 的正交本原幂等元的完全集, 则它们模 J 也是本原的 (17.20), 因此它们形成了半单环 R/J 的两两正交的本原幂等元的完全集. 但虽然 R/J 的这样的完全集包含 R/J 的一个基本集. 现在应用 (a) 和 (b) 的等价性去提升 R 的基本集, 再由 (d) 的左右对称性可得最后的论断.

半单环的幂等元的基本集可以用来刻画一切模, 半完备环的基本集可以刻画一切投射模.

27.11 定理 设 R 是半完备环, 且 $e_1, \cdots, e_m$ 是 R 的本原幂等元的基本集, 如果 $_RP$ 是投射的, 则存在集合 $A_1, \cdots, A_m$ (在基数的范畴内是唯一的, 而且可能是空集) 使得

$$P \cong Re_1^{(A_1)} \oplus \cdots \oplus Re_m^{(A_m)}.$$

证明 由 (27.6) 得正则模 $_RR$ 是本原左 R-模的直和. 因此存在集合 $C_1, \cdots, C_m$ 使得

$$_RR \cong Re_1^{(C_1)} \oplus \cdots \oplus Re_m^{(C_m)}.$$

设 P 是投射的, 则存在集合 A 和模 P' 使得

$$P \oplus P' \cong R^{(A)} \cong Re_1^{(C_1 \times A)} \oplus \cdots \oplus Re_m^{(C_m \times A)}.$$

据 (27.6), 每个 $e_iRe_i \cong End(_RRe_i)$ 都是局部环, 因此此定理的存在性论断可由定理 Crawley-Jonsson-Warfield 的结果 (26.5) 得出. 唯一性的论断可由 (12.6) 得出. □

根据投射模的分解理论, 半完备环上的投射模的上述结构和 Krull-Schmidt 定理 (12.6) 的 Azumay 扩张立即产生了半完备环的下列部分刻画.

27.12 定理 关于环 R, 下列条件等价:

(a) R 是半完备环;

(b) 每个投射 (左) R-模都有可补极大直和项的不可分解的分解;

(c) 每个有限生成投射 (左) R-模都有可补直和项的分解;

(d) 自由 (左) R-模 $R^{(2)}$ 有可补直和项的分解.

证明 (a)⇒(b). 由于 (27.6.b) 中每个 $e_iRe_i \cong End({}_RRe_i)$ 都是局部环, 从而由 (27.11) 和 *Azumaya* 定理 (12.6) 可得 (a)⇒(b).

(b)⇒(c). 假设 (b) 成立. 设 P 是有限生成投射 R-模, 则 P 的每个直和项都是不可分解模的有限直和, 从而 P 的可补极大直和项的分解一定是可补一切直和项的分解 (见 (12.2)).

(c)⇒(d) 是显然的.

(d)⇒(a). 假设 (d) 成立, 则由 (12.3) 知, $R^{(2)}$ 的每个直和项都有可补直和项的分解. 特别地, ${}_RR$ 有这样的分解,

$$R = Re_1 \oplus \cdots \oplus Re_n.$$

从而

$$R \oplus R = Re_1 \oplus Re_1 \oplus \cdots \oplus Re_n \oplus Re_n$$

是不可分解的分解, 因此由 (12.5) 知它是可补直和项的分解. 由于每个 Re_i 在上述第二个分解中至少出现两次, 从而它的自同态环

$$e_iRe_i \cong End({}_RRe_i)$$

是局部环 (12.10). 因此由 (27.6) 知 R 是半完备的. □

有限生成模的投射盖

设 R 是半完备模, 它的幂等元的基本集是 $e_1, \cdots, e_m$. 由 (27.11) 知有限生成投射模 P 可由非负整数集 $k_1, \cdots, k_m$ 刻画, 即有

$$P \cong Re_1^{(k_1)} \oplus \cdots \oplus Re_m^{(k_m)}.$$

而且, 被导出的 P 的分解可补直和项, 在 (27.12) 的意义有很好的性质. 对于不一定是投射模的有限生成模就不是如此简单了. 然而我们将看到, 对于有投射盖 $P \to M \to 0$ 的有限生成模 ${}_RM$, 投射模 P 一定是有限生成的. 事实上, 投射模 P 由半单模 M/JM 完全刻画. 因此, 尽管模 M 和它的分解理论可以给出关于 P 的完整的分析, 但其投射盖的存在性和可达性也给出了关于 M 的一些可靠信息.

27.13 投射盖的刻画 设 R 是半完备环, $e_1, \cdots, e_m$ 是它的幂等元的基本集, 且 ${}_RM$ 是有限生成的, 则 M/JM 是有限生成的, 且是半单的, 因此 (见 (27.10.c)) 存在唯一的非负整数 $k_1, \cdots, k_m$ 使得

$$M/JM \cong (Re_1/Je_1)^{(k_1)} \oplus \cdots \oplus (Re_m/Je_m)^{(k_m)}.$$

令

$$P = Re_1^{(k_1)} \oplus \cdots \oplus Re_m^{(k_m)}.$$

则 P 是有限生成投射的, $P/JP \cong M/JM$. 由 (15.13) 得 $JP \ll P$, 因此自然满同态 $P \to P/JP \to 0$ 是投射盖. 再由 (15.13) 得 $JM \ll M$, 因此由 (27.5) 可推断存在一个投射盖 $P \to M \to 0$. 当投射盖存在时, 它们在同构的范围内是唯一的 (17.17), 以上讨论可以概括为:

如果 $M/JM \cong (Re_1/Je_1)^{(k_1)} \oplus \cdots \oplus (Re_m/Je_m)^{(k_m)}$, 则存在投射盖 $P \to M \to 0$ 当且仅当

$$P = Re_1^{(k_1)} \oplus \cdots \oplus Re_m^{(k_m)}.$$

基 本 环

称半完备环 R 的幂等元 e 是 R 的**基本幂等元**, 如果 e 是 R 的本原幂等元的基本集 $e_1, \cdots, e_m$ 的和

$$e = e_1 + \cdots + e_m.$$

由于本原幂等元的基本集是两两正交的, 从而每个基本集都是可以作和成为基本幂等元. 如果

$$e = e_1 + \cdots + e_m \quad \text{和} \quad f = f_1 + \cdots + f_m$$

都是 R 的基本幂等元, 则显然有

$$Re = Re_1 \oplus \cdots \oplus Re_n \cong Rf_1 \oplus \cdots \oplus Rf_n = Rf,$$

因此作为环有

$$eRe \cong End({}_RRe) \cong End({}_RRf) \cong fRf.$$

称环 S 是 R 的**基本环**, 如果对于某个基本幂等元 $e \in R$, S 同构于 eRe. 因此, 对于每个半完备环 R, 基本环都是存在的, 而且在同构的范畴内唯一地被定义. 从而我们可以自由地说 R 的基本环 eRe.

正如我们先前所建议的那样, Wedderburn-Artin 定理至少部分可以陈述为: 半单环和它的模范畴完全由它的基本环确定. 这也可以推广到半完备环上.

27.14 命题 半完备环 $Morita$ 等价于它的基本环. 而且, 两个半完备环是 $Morita$ 等价的当且仅当它们的基本环是同构的.

证明 设 R 是半完备环, e 是基本幂等元. 由 (27.10) 和 (17.9) 知 Re 是 ${}_R\mathbf{M}$ 的投射生成子. 因此由 (22.4) 知 R 和 $eRe \cong End({}_RRe)$ 是 Morita 等价的, 即 R 和它的基本环是 Morita 等价的. 由此我们可立即推断, 如果 R 和 S 是半完备环, 它们的基本环是同构的, 则 R 和 S 是 Morita 等价的.

反之, 假设 R 和 S 经等价

$$F: {}_R\mathbf{M} \to {}_S\mathbf{M}$$

是等价的半完备环. 如果 $e = e_1 + \cdots + e_m$ 是 R 的基本幂等元, 则由 (27.10) 和 §21 的结果可得

$$F(Re) \cong F(Re_1) \oplus \cdots \oplus F(Re_m),$$

其中 $F(Re_1), \cdots, F(Re_m)$ 是不可分解投射左 $S-$ 模表示的无冗余集. 因此由 (27.10) 得, 如果 f 是 S 的基本幂等元, 则 $F(Re) \cong Sf$, 而且我们有 (见 (21.2))

$$eRe \cong End({}_RRe) \cong End({}_SF(Re)) \cong fSf.$$

因此 R 的基本环和 S 的基本环是同构的. □

称半完备环 R 是**基本环,** 如果 1 是 R 的基本幂等元. 现在如果 R 是半完备环, 它的基本幂等元为 $e = e_1 + \cdots + e_m$, 则 eRe 是半完备环 (27.6.b), 不可分解投射左 $R-$ 模只有 m 个同构类 ((27.14), (21.6) 和 (21.8)), 而且这 m 个同构类一定由 $eRe_1, \cdots, eRe_m$ 表示. 因此 e 是 eRe 的基本幂等元, 从而半完备环的基本环是基本环. 这一切的重要性在于基本环关于 Morita 等价形成了半完备环的标准表示, 关于基本环我们有

27.15 命题 设 R 是半完备环, 则 R 是基本环当且仅当 $R/J(R)$ 是除环的直和.

证明 由 (27.10), (a) 和 (c) 可得 R 的幂等元 e 是基本的当且仅当 $e + J(R)$ 在 $R/J(R)$ 中是基本的. □

中心幂等元

设 R 是半完备环, 正则模 ${}_RR$ 和 R_R 的一般结构我们已经十分清楚了. 而且存在两两正交的本原幂等元的完全集 $e_1, \cdots, e_n$, 使得

$$R = Re_1 \oplus \cdots \oplus Re_n,$$

其中每个 Re_i/Je_i 都是单的, 且每个 e_iRe_i 都是局部环. 现在我们简单地看一下 R 的双边分解理论. 因为 1 是本原幂等元的和, 所以 R 有“块分解”(7.9), 即存在 R 中唯一的正交中心幂等元 $u_1, \cdots, u_t$ 使得 $1 = u_1 + \cdots + u_t$, 且每个 u_jRu_j 都是不可分解环. 换句话说, R 是环直和

$$R = u_1Ru_1 \dot{+} \cdots \dot{+} u_tRu_t,$$

其中每个 u_iRu_i 都是不可分解的. 我们称这些环 (R 的理想) 是 R 的块, 给了任意本原幂等元 $e \in R$, 显然 (见 §7) 存在某个确定的 j, $eu_j \neq 0$, 且 $eu_j \neq 0$ 当且仅当 $eu_j = e$. 从而 R 的本幂等元 e 恰属于一个块. 而且, 易见 (练习 (27.9)) 半完备环 R 上的每对左模 M_1, M_2 都有相同的合成因子 (即包含子模 $L_i \leqslant K_i \leqslant M_i$ 使得 $K_i/L_i(i$=1,2) 是同构单模) 当且仅当存在既不零化 M_1 也不零化 M_2 的本原幂等元 $e \in R$. 因此, 考虑 §7 中的等价关系 $\approx$, 我们有

27.16 定理 每个半完备环 R 都有块分解, 如果 $e_1, \cdots, e_m$ 是 R 的幂等元的基本集, 则 R 的两个本原幂等元 e 和 f 属于相同的块当且仅当存在基本集中的幂等元 $e_{i_1}, \cdots, e_{i_l}$ 使得 $Re \cong Re_{i_1}, Rf \cong Re_{i_l}$, 而且每个相邻的元素对 $Re_{i_j}, Re_{i_{j+1}} (j = 1, \cdots, l-1)$ 都有相同的合成因子. □

设 R 是半完备环, 正如我们已经提及的, R 有块分解, 如果 I 是 R 的任意理想 (特别地, 如果 $I = J(R)$), 则商环 R/I 是半完备环, 因此 R/I 有块分解. 由于当 u 是 R 的中心幂等元时, $u+I$ 是 R/I 的中心幂等元, 显然, R 的每个块的商环都是 R/I 的块的和. 一般地, R/I 的块 (即实际上 R/I 的中心幂等元) 不能“提升”为 R 的块. 例如, 考虑域上 $n \times n$ 上三角矩阵环 $R, J = J(R)$, 则 R 是不可分解的, 但 R/J 是 n 个域的直和 (见练习 (7.15.3)). 注意, 另一方面, 在这个例子中, R/J^2 是不可分解的, 因此中心幂等元模 J^2 可提升. 更一般地有

27.17 命题 设 I 是环 R 的理想, 使得

$$\cap_{n=1}^{\infty} I^n = 0.$$

设 $e \in R$ 是幂等元, 则 $e \in CenR$ 当且仅当 $e + I^2 \in CenR/I^2$. 这样, 如果幂等元模 I^2 可提升, 则中心幂等元可以提升中心幂等元.

证明 显然只需证明, 如果 $e = e^2 \in R$, $e + I^2$ 是 R/I^2 的中心幂等元, 则 e 是 R 的中心幂等元. 因此设 e 模 I^2 是中心的, 则

$$eR(1-e) \subseteq I^2 \quad , \quad eI \subseteq Ie + I^2.$$

假设 $eR(1-e) \subseteq I^n$, 则

$$\begin{aligned} eR(1-e) &\subseteq eI^n(1-e) \\ &\subseteq (Ie + I^2)I^{n-1}(1-e) \\ &\subseteq IeR(1-e) + I^{n+1}(1-e) \\ &\subseteq I^{n+1}. \end{aligned}$$

因此由归纳法可得, 对于一切 $n = 1, 2, \cdots$, 有 $eR(1-e) \subseteq I^n$. 类似地, 对于一切 n, 有 $(1-e)Re \subseteq I^n$. 由我们的假设可推出 $eR(1-e) = (1-e)Re = 0$. 因此对

于每个 $x \in R$, 有

$$ex = exe = xe,$$

e 是 R 的中心幂等元. □

27.18 推论 设 R 是半完备环, $J = J(R)$, 且 $\cap_{n=1}^{\infty} J^n = 0$ (例如, 设 R 是左 *Artin* 的), 则 R 是不可分解的当且仅当 R/J^2 是不可分解的.

练 习 27

1. 设 I 是 R 的理想, $I \subseteq J(R)$ 使得幂等元模 I 可提升. 证明:
   (1) 如果 $0 \neq f = f^2 \in R$, 则环 fRf 中的幂等元模 fIf 可提升.[提示: 假设 $g = fgf, g - g^2 \in fIf$. 求证
   $$Rf/If = (Rf/If)(g + fIf) \oplus (Rf/If)((f - g) + fIf),$$
   考虑 (27.4) 中的证明 $(b) \Longrightarrow (c)$.]
   (2) 幂等元的可数正交集模 I 可提升. [提示:假设 $g_i g_j \in \delta_{ij} g_i + I (i, j \in \mathbb{N})$, 且 $e_1, \cdots, e_n$ 是正交幂等元, $e_i - g_i \in I \ (i = 1, \cdots, n)$. 设 $f_n = 1 - (e_1 + \cdots + e_n)$, 求证:$f_n g_{n+1} f_n - g_{n+1} \in I$.]
2. 证明: 对于环 R, $J = J(R)$, 下列等价:
   (a) 对于每个 $n = 1, 2, \cdots$, 如果 K 是 $(R/J)^{(n)}$ 的直和项, 则存在 $R^{(n)}$ 的直和项 P 使得 $(P + J^{(n)})/J^{(n)} = K$; (b) 对于每个 $n = 1, 2, \cdots$, $R^{(n)}/J^{(n)}$ 的每个直和项都有 R 上的投射盖; (c) 幂等元模每一个 M(R)$(n = 1, 2, \cdots)\mathbb{M}_n(J)$ 可提升;(d) 幂等元模故一个 Morita 等价于 R 的环的根可提升. (问题: "幂等元模 $J(R)$ 可提升" 是范畴的吗?)
3. 由引理 (25.4) 和定理 (27.6) 我们可得出内射模有有限个不可分解的分解当且仅当它的自同态环是半完备的. 证明:
   (1) 如果 ${}_RU_S$ 定义了 Morita 对偶, 则 R 和 S 是半完备的.
   (2) 如果 R 是任意环, ${}_RE$ 是内射的, $S = End({}_RE)$, 则幂等元模 $J(S)$ 可提升. [提示: 如果 $K = Ker(g - g^2) \trianglelefteq E(18.20)$, 则 $E = E(K) \oplus E(K(1 - g))$. 设 e 和 $1 - e$ 是相应的幂等元 .]
4. 设 $R = \{m/n \in \mathbb{Q} \mid 2 \nmid n, 且\ 3 \nmid n$ (其中 m/n 是最小项)$\}$.
   (1) 证明: R 是环, 而且 $2R$ 和 $3R$ 是 R 的唯一极大理想.
   (2) 求证: $R/J(R)$ 是半单的, 但幂等元模 $J(R)$ 不能提升.
5. 求证: 每个交换的半完备环都是基本环, 而且同构于局部环的有限直积.
6. 证明: 下列等价: (a) R 是有局部基本环的半完备环; (b) R 是半完备环, 且 (在同构的范围内) 仅有一个单左模; (c) R Morita 等价于局部环;(d) 对于某个局部环 S, R 同构于 $\mathbb{M}_n(S)$.
7. 计算具有下列形式的矩阵环的基本环:

$$\begin{pmatrix} A_{11} & A_{12} & \cdots & A_{1n} \\ & A_{22} & \cdots & A_{2n} \\ & & \ddots & \vdots \\ 0 & & & A_{nn} \end{pmatrix},$$

其中 $A_{ij} \in \mathbb{M}_{m_i \times m_j}(D)$, D 是除环. 再求证: 此环是不可分解的.

8. 设 e 是半完备环 R 中的基本幂等元. 证明: Re 同构于 $_R\mathbf{M}$ 中的每个生成子的直和项, 而且 Re 是 $_R\mathbf{M}$ 中唯一的 (在同构的范围内) 极小生成子.
9. 设 e 是 R 中的幂等元，使得 $Re/J(R)e$ 是单的 (例如, 设 e 是半完备环中的本原幂等元). 证明: $_RM$ 有同构于 $Re/J(R)e$ 的合成因子当且仅当 $eM \neq 0$.

§ 28. 完 备 环

半完备环 R 的两个性质是: ① 每个有限生成模都有投射盖. ② 每个有限生成的投射模都有可补直和项的直和分解. 这两个性质的“不足之处”是它们局限在有限生成模上. 然而, 我们十分感兴趣的是当没有此限制时, 上述两个条件仍是等价的, 且它们刻画了所谓**完备环**的类, 即本节我们讨论的对象. 不同于半完备环, 完备环没有对称性, 因此我们必须区别左完备环和右完备环. 正如我们所见, 完备环 (左或右) 有非常好的性质. 关于 *Artin* 环的许多典型结果都可扩展到左和右完备环上.

T-幂 零 性

完备环的某些基本性质依赖于幂零性概念的推广. 我们首先在自由模的基的变换的讨论中就要涉及这个问题.

28.1 引理 设 $a_1, a_2, \cdots$ 是环 R 的序列, F 是自由左 R-模, 自由基为 $x_1, x_2, \cdots$, 设

$$y_n = x_n - a_n x_{n+1} \quad (n \in \mathbb{N}),$$

G 是由 $y_1, y_2, \cdots$ 生成的 F 的子模, 则

(1) G 是自由的, 其中自由基为 $y_1, y_2, \cdots$.

(2) $G = F$ 当且仅当对于每个 $k \in \mathbb{N}$, 存在 $n \geqslant k$ 使得 $a_k \cdots a_n = 0$.

证明 设 $n \geqslant k$, $r_k, \cdots, r_n \in R$, 则通常的计算给出

$$r_k y_k + \cdots + r_n y_n = r_k x_k + (r_{k+1} - r_k a_k) x_{k+1} + \cdots + (r_n - r_{n-1} a_{n-1}) x_n - r_n a_n x_{n+1},$$

这样，如果 $r_k y_k + \cdots + r_n y_n = 0$, 由 x 的无关性可推出 $r_k = r_{k+1} = \cdots = r_n = 0$, 因此可得 y 的无关性. 这便得到了 (1). 下面假设 $x_k \in G$, 比如，说 $x_k = r_1 y_1 + \cdots + r_n y_n$, 则显然有 $r_1 = \cdots = r_{k-1} = 0$. 比较 $x_k, \cdots, x_n$ 在等式中的系数可得 $r_k = 1, r_{k+1} = r_k a_k, r_{k+2} = r_{k+1} a_{k+1}, \cdots, r_n = r_{n-1} a_{n-1}$，$r_n a_n = 0$. 因此 $a_k a_{k+1} \cdots a_n = 0$. 这便得到了 (2) 中的必要性. 关于充分性, 设 $k \leqslant n$. 则有

$$x_k = y_k + a_k y_{k+1} + \cdots + (a_k \cdots a_{n-1}) y_n + (a_k \cdots a_n) x_{n+1}.$$

因此，如果 $a_k \cdots a_n = 0$, 则有 $x_k \in G$. □

28.2 引理 假设有引理 (28.1) 中的假设, 如果 G 是 F 的直和项, 则主右理想的链 $a_1R \geqslant a_1a_2R \geqslant \cdots$ 将会停下来.

证明 由 (28.1.1) 知存在同构 $F \to G, x_n \mapsto y_n$. 假设包含映射 $G \to F$ 可分, 则存在自同态 $s \in End({}_RF)$ 使得 $y_n s = x_n (n \in \mathbb{N})$. 对于每个 $m \in \mathbb{N}$, 我们用

$$x_m s = \sum_k c_{mk} x_k$$

表示 $x_1, x_2, \cdots$ 的线性组合. 于是有

$$x_n = y_n s = (x_n - a_n x_{n+1})s = \sum_k (c_{nk} - a_n c_{n+1k}) x_k,$$

因此

$$c_{nk} - a_n c_{n+1\ k} = \delta_{nk}.$$

现在对于某个 k 和一切 $n \geqslant k$, 有 $c_{1n} = 0$. 因此对于某个 $n \geqslant k$, 有

$$\begin{aligned}
-a_1 \cdots a_n c_{n+1n} &= a_1 \cdots a_{n-1}(1 - c_{nn}) \\
&= a_1 \cdots a_{n-1} - a_1 \cdots a_{n-1} c_{nn} \\
&= a_1 \cdots a_{n-1} - a_1 \cdots a_{n-2} c_{n-1n} \\
&\vdots \\
&= a_1 \cdots a_{n-1} - a_1 c_{1n} \\
&= a_1 \cdots a_{n-1},
\end{aligned}$$

即对于每个 $n \geqslant k$, 有 $a_1 \cdots a_{n-1} \in a_1 \cdots a_n R$. □

称环 R 的子集 I 是**左 T-幂零的** (T 代表超限), 如果对于 I 中的每个序列 $a_1, a_2, \cdots$, 存在某个 n 使得

$$a_1 \cdots a_n = 0.$$

称子集 I 是**右 T-幂零的**, 如果对于 I 中的每个序列 $a_1, a_2, \cdots$, 存在 n 使得

$$a_n \cdots a_1 = 0.$$

如果 I 是左或右 T-幂零的, 则它是诣零的. 这是因为当 $a \in I$ 时, $a, a, a, \cdots$ 是 I 中的序列. 另一方面, 即使对于理想 I, 左 T-幂零的也不能推出右 T-幂零的 (见练习 (15.8)), 因此, 诣零理想不一定是右 (或左)$T-$ 幂零的. 还要注意, (28.1.2)

可以重新阐述为:$y_1, y_2, \cdots$ 是自由模 F(28.1 引理中的) 的自由基当且仅当对于每个 $k \in \mathbb{N}$, 序列 $a_k, a_{k+1}, \cdots$ 是左 T-幂零的.

T-幂零性这一概念之所以重要, 是因为, 当对于一切左模, 无论是否有限生成, 如果 Nakayama 引理 (15.13) 都成立时, 环 R 的根 $J = J(R)$ 恰好是左 T-幂零的.

28.3 引理　设 J 是环 R 的左理想, 则下列条件等价:

(a) J 是左 T-幂零的;

(b) 对于每个非零左 R-模 M, 有 $JM \neq M$;

(c) 对于每个非零左 R-模 M, 有 $JM \ll M$;

(d) 对于可数生成自由模 $F = R^{(\mathbb{N})}$, 有 $JF \ll F$.

证明　(a)⇒(b). 假设 $JM = M \neq 0$. 设 $\mathscr{S}$ 是 J 中有限序列 $a_1, \cdots, a_n$ 构成的集合, 使得

$$a_1 \cdots a_n \in J \backslash l_R(M).$$

由于 $JM = M \neq 0$, 从而有 $J \not\subseteq l_R(M)$. 因此 $\mathscr{S}$ 含有长度为 1 的序列. 如果 $a_1, \cdots, a_n$ 属于 $\mathscr{S}$, 则有

$$0 \neq a_1 \cdots a_n M = a_1 \cdots a_n JM.$$

因此存在 $\mathscr{S}$ 的序列 $a_1, \cdots, a_n, a_{n+1}$. 由于 $0 \notin J \backslash L_R(M)$, 从而归纳法确保了序列 $a_1, a_2, \cdots$, 使得对于一切 $n = 1, 2, \cdots$ 有 $a_1 \cdots a_n \neq 0$.

(b)⇒ (c). 假设 (b) 成立, 设 M 是左 R-模, 且 $K < M$ 是真子模, 则由 (b) 得 $J \cdot (M/K) \neq M/K$. 但 $(JM + K)/K = J \cdot (M/K)$, 因此 $JM + K \neq M$, 也就是说, $JM \ll M$.

(c)⇒(d) 是显然的.

(d)⇒(a). 设 $F \cong R^{(\mathbb{N})}$ 有自由基 $x_1, x_2, \cdots$, 且 $a_1, a_2, \cdots$, 是 J 中的序列, 设 $G = \sum_{i=1}^{\infty} R(x_i - a_i x_{i+1})$ 如引理 (28.1) 所述, 则显然有 $G + JF = F$. 根据 (d) 可推出 $G = F$. 因此由 (28.1.2) 知对于某个 n, 有 $a_1 \cdots a_n = 0$. □

Bass 定理 P

称环 R 是**左完备的 (右完备的)**, 如果它的每个左 (右) 模都有投射盖. 由 (27.6) 可得左完备环和右完备环都是半完备环. 然而 (见练习 (28.2)) 右完备环不一定是左完备环. 完备环上的先驱工作是由 H.Bass [60] 完成的, 左完备环的大部分的主要刻画都包含在来自 *H.Bass* [60] 的定理 P 的下列内容中.

28.4 定理 [*Bass*]　设 R 是环, 根 $J = J(R)$, 则下列条件等价:

(a) R 是左完备环;

(b) R/J 是半单的, 而且 J 是左 T-幂零的;

(c) R/J 是半单的, 而且每个非零的左 R 模都包含极大子模;

(d) 每个平坦左 R 模都是投射的;

(e) R 满足主右理想的极小条件;

(f) R 不包含无限的幂等元的正交集, 而且每个非零的右 R-模都包含极小子模.

证明 (a)⇒ (c). 假设 R 是左完备环, 则由 (27.6) 得 R/J 是半单的. 而且, 如果 ${}_RM \neq 0$, 则存在投射模 P 和多余子模 $K \ll P$, 使得 $M \cong P/K$. 由于 P 是投射的, 从而 P 有极大子模 L(17.14). 由于 $K \ll P$, 从而有 $K \subseteq L$. 因此 L/K 是 $P/K \cong M$ 的极大子模.

(c)⇒(b). 由于 J 零化每个单模, 因此，如果 (c) 成立, 则当 ${}_RM \neq 0$ 时, $JM \neq M$. 这样由 (28.3) 可得到 (b).

(b)⇒(a). 假设 (b) 成立, 则由 (27.1) 得 R 是半完备环. 设 M 是非零的左 R-模, 则 $M/(JM)$ 是半单的. 因此据 (27.10.c) 知存在 R 中本原幂等元的指标集 $(e_\alpha)_{\alpha\in A}$, 使得

$$\oplus_A Re_\alpha/(Je_\alpha) \cong M/JM.$$

设 $P = \oplus_A Re_\alpha$. 由于 J 是左 T-幂零的, 从而由 (28.3) 得 $JP \ll P, JM \ll M$. 因此由 (27.5) 可得 M 有投射盖

$$\begin{array}{ccccc} & & P & & \\ & {\scriptstyle p}\swarrow & \downarrow{\scriptstyle p'} & & \\ M & \xrightarrow{f} & M/JM & \longrightarrow & 0\,. \end{array}$$

(a)⇒ (d). 假设 (a) 成立. 设 ${}_RU$ 是平坦的, $f: P \to U$ 是投射盖, 则 $K = Ker\ f \ll P$, 因此，据 (9.13) 和 (17.10) 可得 $K \leqslant JP$. 由于 ${}_RP$ 和 ${}_RU$ 都是平坦的, 从而映射

$$\mu_1 : J \otimes_R P \to JP,\quad \mu_1(j \otimes p) = jp$$

和

$$\mu_2 : J \otimes_R U \to JU,\quad \mu_2(j \otimes u) = ju$$

都是同构 (19.17). 现在易证图表

$$\begin{array}{ccccc} & & JP & \xrightarrow{(f|JP)} & JU \\ & & \uparrow{\scriptstyle \mu_1} & & \uparrow{\scriptstyle \mu_2} \\ J \otimes K & \xrightarrow{J \otimes i_K} & J \otimes_R P & \xrightarrow{J \otimes f} & J \otimes_R U. \end{array}$$

可交换 (其中 $i_k: K \to P$ 是包含映射). 这样，由于底行是正合的, 而且 μ_1 和 μ_2 是同构, 从而我们有

$$\begin{aligned} K = Kerf &= Ker(f|JP) \\ &= \mu_1(Ker(J \otimes f)) \\ &= \mu_1(Im(J \otimes i_k)) = JK. \end{aligned}$$

因此 $JK = K$. 于是，因为 (a)⇔(b), 所以有 $K = 0$ (28.3), $U \cong P$ 是投射的.

(d)⇒(e). 显然对于 R 中元素的某个序列 $a_1, a_2, \cdots$, 主右理想的每个降链都形如 $a_1R \geqslant a_1a_2R \geqslant \cdots$. 给了这样的序列, 设 G 和 F 是引理 (28.1) 中的模, 则由 (28.2)，我们只需证明 F/G 是平坦的. 由 (28.1) 得 $y_1, \cdots, y_n, x_{n+1}$, $x_{n+2}, \cdots$ 是 F 的自由基, 因此每个子模 $G_n = \sum_{i=1}^n Ry_i$ 都是 F 的直和项, 每个商模 F/G_n 都是自由的, 从而 F/G_n 是平坦的. 现在 G 是这些 G_n 的并, 因此 (见练习 (19.11)) 应用 (19.18) 的右—左对称内容

$$\begin{aligned} G \cap IF = (\cup_{\mathbb{N}} G_n) \cap IF &= \cup_{\mathbb{N}}(G_n \cap IF) \\ &= \cup_{\mathbb{N}} IG_n = IG, \end{aligned}$$

我们知 F/G 是平坦的.

(e)⇒(f). 假设 (e) 成立, 则 R 不包含幂等元的无限正交集, 这是因为如果 $e_1, e_2, \cdots$ 是非零的正交幂等元, 则有 $(1 - e_1)R > (1 - e_1 - e_2)R > \cdots$. 假设 $0 \neq x \in M$, xR 不包含单子模，则由于 xR 本身不是单的, 从而存在 $a_1 \in R$ 和 $xR > xa_1R > 0$ 使得 xa_1R 不包含单子模. 这样，用归纳法继续做下去，我们可以得到 R 中的序列 $a_1, a_2, \cdots$, 使得

$$xa_1R > xa_1a_2R > \cdots$$

因此 $a_1R > a_1a_2R > \cdots$, 这与 (e) 矛盾.

(f)⇒(b). 假设 (f) 成立. 设 $a_1, a_2, \cdots$ 是 J 中的序列, 而且对于一切 n, 假设 $a_1 \cdots a_n \neq 0$, 则由极大值原理知存在右理想 $I \leqslant R_R$ 关于

$$a_1 \cdots a_n \notin I \quad (n = 1, 2, \cdots)$$

是极大的. 现在 R/I 是非零的右 R-模. 因此由 (f) 得存在右理想 K 使得 $I \leqslant K \leqslant R_R$, K/I 是单的. 由极大性知存在 n 使得 $a_1 \cdots a_n \in K$. 但 $a_1 \cdots a_n a_{n+1} \in K \backslash I$. 因此由于 K/I 是单的, 从而存在 $r \in R$ 使得

$$(a_1 \cdots a_n)(1 - a_{n+1}r) \in I.$$

但 $a_{n+1} \in J$, 因此 $1 - a_{n+1}r$ 是可逆的. 显然这与 $a_1 \cdots a_n \notin I$ 矛盾. 因此 J 是左 T-幂零的. 特别地, J 是诣零的, 因此幂等元模 I 可以提升 (27.1). 现在利用假设 R 不包含正交幂等元的无限集, 我们有 R 包含了本原幂等元的完全正交集 $e_1, \cdots e_n$(见 (10.14) 和练习 (10.11)). 由于幂等元模 J 可以提升, 从而这些幂等元模 J 也一定是本原的 (见 (27.4) 和 (17.18)). 但由 (f) 得每个 $(e_iR+J)/J$ 都包含 R/J 的极小右理想. 因此, 由于环的根为 0 的极小右理想是直和项 ((15.10) 和练习 (13.8)), 从而 $(e_iR+J)/J$ 一定是单的. 因此 R/J 是半单的, 这便完成了证明. □

28.5 附注　观察 (28.3) 和 (28.4) 中的证明 (f)⇒(b), 对于环 R, 我们有

(1) 如果每个左 R-模都有极大子模, 则 $J(R)$ 是左 T-幂零的;

(2) 如果每个右 R-模都有极小子模, 则 $J(R)$ 是左 T-幂零的.

$\mathbb{Z}-$ 模 $\mathbb{Z}_{p^\infty}$ 和 $\mathbb{Z}$ 表明 (1) 和 (2) 的逆命题都是不正确. 另一方面, 由 (28.4) 易得:

(3) 如果 R 是左完备环, $J=J(R)$, 则对于一切模 ${}_RM$ 和 N_R, 有

$$Rad\ M = JM \ll {}_RM,\quad Soc\ N = l_N(J) \trianglelefteq N_R.$$

存在不是左完备环的环, 而它上的一切模都满足 $Rad\ M = JM \ll {}_RM$ (例如, 上半单环). 然而, 如果对于一切右模 N_R, $Soc\ N = l_N(J) \trianglelefteq N_R$, 则 R 是左完备环 (见 (15.17) 和上面的部分 (2)), 但也存在不是完备环的环, 它上的非零右模都有极小子模 (即对于一切 N_R, 有 $Soc\ N \trianglelefteq N_R$)(见练习 (28.5)).

28.6 推论　如果 R 是左完备环, 则每个有限生成投射左 $R-$ 模的自同态环都是左完备环. 特别地, 任意 Morita 等价于 R 的环都是左完备环.

证明　显然 "左完备环" 是范畴的 (21.6). 而且, 如果 ${}_RP$ 是有限生成投射的, 则存在环 S 和幂等元 $e \in S$ 使得 $R \approx S$, $End({}_RP) \cong eSe$. 但由 (28.4.b) 得 eSe 一定是左完备的. □

28.7 推论　如果 R 是完备环, 则 R 的每个商环亦然.

证明　设 R 是左完备环. 因为 $R/J(R)$ 是半单的, 如果 I 是 R 的理想, 则 (见练习 (9.9))$J(R/I) = (J(R)+I)/I$ 是左 T 幂零的. □

存在 (双边) 完备环的一个十分重要的类. 称环 R 是**半准素环,** 如果 R/J 是半单的, 且 J 是幂零的. 半准素环形成了既包含左 Artin 环又包含右 Artin 环的环类. 然而, 2×2 上三角实矩阵环 R:

$$R = \begin{pmatrix} \mathbb{Q} & \mathbb{R} \\ 0 & \mathbb{Q} \end{pmatrix}$$

其中对角线元为有理数, 是半准素环, 但它既不是左 Artin 的, 也不是右 Artin 的.

28.8 推论　每个半准素环都是完备环, 因此每个左 Artin 环和每个右 Artin 环都是完备环. □

由 (18.13) 知内射左 R-模的直和是内射的当且仅当 R 是左 Noether 的. 右 *Artin* 环是左完备环, 也是右凝聚的 (这是因为它们是右 Noether 的 (15.20)). 因此由于右 Artin 环上平坦模和投射模是一致的 (28.4.d), 从而由 Chase 定理 (19.20) 可推出 (18.13) 的下列部分对偶.

28.9 推论　如果 R 是右 Artin 的, 则投射左 R-模的每个直积都是投射的. □

注意, Chase 实际上证明了投射左 R-模的每个直积都是投射的当且仅当 R 是左完备环, 也是右凝聚环.

对于既是完备环又是半准素环的环, 存在类似于 (27.7) 的结果. 我们将由下个引理得到它们.

28.10 引理　设 $e_1, \cdots, e_n$ 是 R 的幂等元的完全正交集, I 是 R 的理想, 则 I 是左 T-幂零的 (幂零的) 当且仅当每个 e_iIe_i 都是左 T-幂零的 (幂零的).

证明　必要性是显然的.

反之, 假设 I 不是左 T-幂零的, 则存在 I 中的序列 $a_1, a_n, \cdots$ 使得

$$a_1a_2\cdots a_n \neq 0 \quad (n = 1, 2, \cdots).$$

设 $\mathscr{S}$ 是 $\{e_1, \cdots, e_n\}$ 中的有限序列 $x_1, \cdots, x_m$ 构成的集合, 其中对于每个 $k = 1, 2, \cdots$, 有

$$x_1a_1x_2a_2\cdots x_ma_ma_{m+1}\cdots a_{m+k} \neq 0.$$

因为 $1 = e_1 + \cdots + e_n$, 易见 $\mathscr{S}$ 非空, 而且属于 $\mathscr{S}$ 的每个序列 $x_1, \cdots, x_n$ 都有属于 $\mathscr{S}$ 的真扩张 $x_1, \cdots, x_n, x_{n+1}$. 所以存在 $\{e_1, \cdots, e_n\}$ 中的无限序列 $x_1, x_2, \cdots$ 使得每个积

$$x_1a_1x_2a_2\cdots x_ma_mx_{m+1} \neq 0.$$

从而存在 e_i 使得对于无限多个 k, 有 $x_k = e_i$, 进而 e_iIe_i 不是 T-幂零的. 对于幂零的情形, 设 $\mathscr{S}$ 是 $\{e_1, \cdots, e_n\}$ 中的序列 $x_1, \cdots, x_m$ 构成的集合, 其中对于每个 $k = 1, 2, \cdots$, 有 $x_1Ix_2I\cdots x_mI^k \neq 0$. □

回顾 (27.7), 我们立即有

28.11 命题　设 $e_1, \cdots, e_n$ 是环 R 的幂等元的完全正交集, 则 R 是左完备 (右完备)(半准素) 环当且仅当每个 e_iRe_i 都是左完备 (右完备)(半准素) 环.

28.12 例子　非 Artin 环的半准素环

$$R = \begin{pmatrix} \mathbb{Q} & \mathbb{R} \\ 0 & \mathbb{Q} \end{pmatrix}$$

给出了有关上述结果的例子. 它是遗传的, 因此是右凝聚的, 从而 (28.9) 的逆命题是不正确的. 而且, 它有幂等元的完全正交集 e_1, e_2, 使得 $e_1Re_1 \cong e_2Re_2 \cong \mathbb{Q}$, 因此不存在类似于 (28.11) 的 *Artin* 内容.

投 射 模

设 R 是左完备环, 则由于 R 是半完备的, 从而它有幂等元的基本集 $e_1, \cdots, e_m$, 使得序列 $Re_1/Je_1, \cdots, Re_m/Je_m$ 恰包含每个单左 R– 模的一个同构象 (见 (27.10)). 设 M 是左 R-模, 则 M/JM 是半单的. 因此存在集合 $A_1 \cdots A_m$(基数是唯一的) 使得

$$M/JM \cong (Re_1/Je_1)^{(A_1)} \oplus \cdots \oplus (Re_m/Je_m)^{(A_m)}.$$

令

$$P = Re_1^{(A_1)} \oplus \cdots \oplus Re_m^{(A_m)},$$

则 $P/JP \cong M/JM$, P 是投射的, $JP \ll P$, $JM \ll M$(28.3), 因此由 (27.5) 知存在投射盖 $P \xrightarrow{p} M \longrightarrow 0$. 从而, 由投射盖的唯一性 (17.17), 我们有

28.13 命题 设 R 是左完备的, $e_1, \cdots, e_m$ 是本原幂等元的基本集. 设 $_RM$ 是左 R-模, $A_1 \cdots A_m$ 是集合, 且

$$P = Re_1^{(A_1)} \oplus \cdots \oplus Re_m^{(A_m)},$$

则存在投射盖 $P \to M \to 0$ 当且仅当

$$M/JM \cong (Re_1/Je_1)^{(A_1)} \oplus \cdots \oplus (Re_m/Je_m)^{(A_m)}. \qquad \square$$

由于左完备环 R 是半完备环, 从而如果 $e_1, \cdots, e_m$ 是 R 的幂等元的基本集, 则投射左 R-模和投射右 R-模是分别形如

$$_RP \cong Re_1^{(A_1)} \oplus \cdots \oplus Re_m^{(A_m)} \quad 和 \quad Q_R \cong e_1R^{(A_1)} \oplus \cdots \oplus e_mR^{(A_m)}$$

的那些模. 由下面的结果我们可推出, 如果 R 是左完备环, 则所诱导的 $_RP$ 的分解可补直和项, 因此 R 会有所希望的好性质. 而且, 对于一切投射左 R-模, 此分解的存在性是左完备环的特征.

28.14 定理 对于环 R, 下列条件等价:

(a) R 是左完备环;

(b) 每个投射左 R-模都有可补直和项的直和分解;

(c) 可数生成自由模 $F = R^{(\mathbb{N})}$ 有可补直和项的分解.

证明 设 $J = J(R)$.

(a)⇒(b). 假设 (a) 成立, 设 ${}_RP$ 是投射的. 由于 R 是半完备的, 从而 P 有作为本原子模的直和的分解 $P=\oplus_A P_\alpha$. 对于每个 $H\leqslant P$, 令

$$\overline{H}=(H+JP)/JP,$$

则每个 $\overline{P}_\alpha\cong P_\alpha/JP_\alpha$ 是单的 (见 (27.10)). 假设 $P=U\oplus V$, 由于 $\overline{P}=\oplus_A\overline{P}_\alpha$ 是半单的, 且 $\overline{P}=\overline{U}\oplus\overline{V}$, 从而由 (9.2) 知存在集合 $B\subseteq A$ 使得

$$\overline{P}=\overline{U}\oplus(\oplus_B\overline{P}_\beta).$$

下证此分解可以"提升". 事实上, 由 $P=U\oplus(\sum_B P_\beta)+JP$ 和 $JP\ll P$(28.3) 可推出

$$P=U+(\oplus_B P_\beta).$$

令 $L=\sum_B P_\beta$. 为了完成证明只需证 $U\cap L=0$. 由于 U 和 L 是 P 的直和项, 从而我们有 $JU=U\cap JP$ 和 $JL=L\cap JP$. 因为 $\overline{P}=\overline{U}\oplus\overline{L}$, 所以有

$$U\cap L\subseteq JP\cap U\cap L=JU\cap JL.$$

自然映射 $U\times L\to U+L=P$ 是满同态, 因此是可分的, 而且它有核 $K=\{(u,-u)|u\in U\cap L\}\leqslant J(U\times L)$. 由于 $J(U\times L)\ll U\times L$, 从而我们可推断 $K=0$, $U\cap L=0$.

(b)⇒(c) 是显然的.

(c)⇒(a). 设 F 是自由左 R-模, 自由基是 $x_1,x_2,\cdots$. 假设 $F\cong R^{(\mathbb{N})}$ 有可补直和项的分解, 则由 (12.3) 知 $R^{(2)}$ 亦然. 从而由 (27.12) 知 R 是半完备的. 设 $e_1,\cdots e_n$ 是 R 的本原幂等元的完全正交集, $a_1,a_2,\cdots$ 是 J 中的序列, 再设 $y_k=x_k-a_kx_{k+1}$ 和 $G=\sum_{k=1}^{\infty}Ry_k\leqslant F$ 如同引理 (28.1) 和 (28.2) 中所述. 由于序列 $a_1,0,a_3,0,\cdots$ 和 $0,a_2,0,a_4,\cdots$ 满足 (28.1.2) 中的条件, 从而 $y_1,x_2,y_3,x_4,\cdots$ 和 $x_1,y_2,x_3,y_4,\cdots$ 是 F 的自由基. 因此 F 有不可分解的分解

$$F=(\oplus_{k=1}^{\infty}(\oplus_{i=1}^{n}Re_iy_{2k-1}))\oplus(\oplus_{k=1}^{\infty}(\oplus_{i=1}^{n}Re_ix_{2k})).$$

由 (12.5) 知此分解一定可补直和项, 而且 $\oplus_{k=1}^{\infty}Ry_{2k}$ 是那些直和项中的一个. 所以存在左理想 $I_1,I_2,\cdots$ (每个形如 $R(e_{i_1}+\cdots+e_{i_t})$ 或 0) 使得

$$F=(\oplus_{k=1}^{\infty}Ry_{2k})\oplus(\oplus_{k=1}^{\infty}I_{2k-1}y_{2k-1})\oplus(\oplus_{k=1}^{\infty}I_{2k}x_{2k}).$$

下证前二项的和是 $G=\oplus_{k=1}^{\infty}Ry_k$. 这是因为, 如果我们把 $F=\oplus_{k=1}^{\infty}Rx_k$ 的投射 p_k 应用到 F 的上述分解中, 我们可以得到

$$Rx_1=p_1(F)=I_1x_1,$$

而且对于 $l = 1, 2, \cdots$，有

$$Rx_{2l+1} = p_{2l+1}(F) = p_{2l+1}(Ry_{2l}) + p_{2l+1}(I_{2l+1}y_{2l+1})$$
$$= (Ra_{2l} + I_{2l+1})x_{2l+1}.$$

又因为 $Ra_{2l} \leqslant J \ll R$, 我们一定有

$$R = I_1 = I_3 \cdots .$$

因此 G 是 F 的直和项. 据 (28.2) 知存在 $n \in \mathbb{N}$ 和 $r \in R$ 使得 $a_1 \cdots a_n = a_1 \cdots a_n a_{n+1} r$, 于是, 由于 $1 - a_{n+1}r$ 是可逆的, 从而有 $a_1 \cdots a_n = 0$. □

根据推论 (15.23), 如果环 R 既是左或右完备环又是左 Noether 环, 则 R 一定是左 Artin 环. 这样据 (25.6) 和 (28.14) 我们有

28.15 推论 R 是左 Artin 环当且仅当它的每个内射左模和每个投射左模都有可补直和项的分解.

练　习　28

1. 设 $_RF$ 是自由模, 自由基是 $x_1, x_2, \cdots$. 此基决定了环同构 $\varphi : End(_RF) \to \mathbb{RFM}_{\mathbb{N}}(R)$ (见练习 (8.12)). 考察 R 上的两个 $\mathbb{N}$ 方阵:

$$A = \begin{pmatrix} 1 & -a_1 & 0 & \cdots \\ 0 & 1 & -a_2 & \cdots \\ 0 & 0 & 1 & \cdots \\ \cdot & \cdot & \cdot & \cdots \\ \cdot & \cdot & \cdot & \cdots \\ \cdot & \cdot & \cdot & \cdots \end{pmatrix} \qquad B = \begin{pmatrix} 1 & a_1 & a_1a_2 & a_1a_2a_3 & \cdots \\ 0 & 1 & a_2 & a_2a_3 & \cdots \\ 0 & 0 & 1 & a_3 & \cdots \\ \cdot & \cdot & \cdot & \cdot & \cdots \\ \cdot & \cdot & \cdot & \cdot & \cdots \\ \cdot & \cdot & \cdot & \cdot & \cdots \end{pmatrix}.$$

则 $A \in \mathbb{RFM}_{\mathbb{N}}(R), A, B \in \mathbb{CFM}_{\mathbb{N}}(R)$. 设 $\varphi(s) = A$.
(1) 利用事实 $AB = BA = 1$ 和 $\mathbb{N} \times \mathbb{N}$ 单位矩阵来证明引理 28.1.
(2) 证明: $Im\ s$ 是 F 的直和项当且仅当 A 在 $\mathbb{RFM}_{\mathbb{N}}(R)$ 中有右逆.
(3) 利用 (2) 证明引理 28.2.
2. 设 R 是域 Q 上一切 $\mathbb{N}$ 阶下三角矩阵环, 且对角线上的元为常数, 非对角线上只有有限多个非零元. 证明: R 是左完备环但不是右完备环. [提示：见练习 (15.8).]
3. 设 $J = J(R)$, $_RP$ 是投射的. 证明:$JP \ll P$ 当且仅当 P/JP 有投射盖.
4. 证明: R 是左完备环当且仅当每个半单左 R-模都有投射盖. [提示: 应用 (27.6),(28.3) 和练习 (28.3).]
5. 证明：附注 (28.5). 对于最后一个, 利用 $K1_V + Soc\ (End(V_K))$, 其中 V_K 是无限维向量空间.
6. 证明: R 是左完备环当且仅当 R/J 是半单的, 且 R 的每个商环都有非平凡的右基座.

7. 证明: R 是左 Artin 的当且仅当 R 的每个商环都是左有限上生成的. [提示：由练习 (28.6) 可得 R 是右完备环. 在这样的环中, 由 $J^n = J^{n+1}$ 可推出 $J^n = 0$.]
8. 证明：如果 ${}_RU_S$ 定义了 Morita 对偶, R 是左或右完备环, 则 R 是左 Artin 环. [提示：如果 R 是左完备环, 设 $I \leqslant S_S$, 由 (24.7) 得 $(S/I)^*$ 是有限生成的, 再应用 (24.5). 如果 R 是右完备环, $I \leqslant {}_RR$, 则 R/I 是有限上生成的 .]
9. 证明: 对于左完备环 R, $J = J(R)$, 下列条件等价:
   (a) R/J_2 是右 Artin 的;(b) J/J^2 是有限生成右 R-模;(c) R 是右 Artin 的.[提示：对于 (b)⇒(c). 假设 $J = j_1R + \cdots + j_kR + J^2$, $J^l \nsubseteq J^{l+1}(l = 1, 2, \cdots)$. 考虑 $\{j_1, \cdots, j_k\}$ 中的有限序列 $x_1, \cdots, x_n$ 构成的集合 $\mathscr{S}$ 使得 $x_1, \cdots, x_nJ^l \nsubseteq J^{l+n+1}(l = 1, 2, \cdots)$, 求证 J 不是 T-幂零的.]
10. 构造一个右完备环使得根 J 满足 $\cap_{n=1}^{\infty} J^n \neq 0$. [提示: 修改练习 (15.8).]
11. 证明: 例子 (28.12) 的论断.

§ 29. 有完备自同态环的模

我们已经知道, 在满足某些有限条件的环中, 诣零单边理想都是幂零的. 本节我们开始考虑更多这样的条件. 作为一个推论我们将证明每个有限长度的模都有半准素自同态环. 利用 §28 中的结果, 我们刻画每个直和 $M^{(A)}$ 有可补直和项的分解的那些有限生成模 M. 最后, 结合这些我们证明有限长度模的自身的直和都有这样的分解.

称环 R **关于右零化子有极大条件**, 如果右零化子 $r_R(A)(A \subseteq R)$ 的每个非空集合在 R 中都有极大元, 即右零化子的每个升链

$$r_R(A_1) \leqslant r_R(A_2) \leqslant \cdots$$

都有有限长度 (见练习 (10.9)). 而且, 这也等价于**关于左零化子的极小条件** (见 (24.5)).

29.1 命题 设 R 关于右零化子有极大条件. 如果 I 是右 T-幂零的单边理想, 则 I 是幂零的.

证明 设 I 不是幂零的单边理想, 由右零化子上的假设可推出对于某个 $n \in \mathbb{N}$, 有

$$r_R(I^n) = r_R(I^{n+1}) = \cdots .$$

由于 I 不是幂零的, 从而有 $I^{n+1} \neq 0$, 因此对于某个 $x_1 \in I \setminus r_R(I^n)$, 有 $I^n x_1 \neq 0$. 但 $x_1 \notin r_R(I^{n+1})$, 因此 $I^{n+1}x_1 \neq 0$. 从而显然存在 I 中的序列 $x_1, x_2, \cdots$, 使得对于每个 k, 有

$$x_k \cdots x_1 \in I \setminus r_R(I^n).$$

特别地, I 不是右 T-幂零的. □

下述重要的“由诣零可推出幂零”的定理是由 Small 和 Fisher 完成的.

29.2 定理 设 ${}_RM$ 或者是 Artin 的或者是 Noether 的, 则 $End({}_RM)$ 的每个诣零单边理想都是幂零的.

证明 假设 ${}_RM$ 是 Artin 的. 设 $S = End({}_RM)$. 由于 M_S 是忠实的, 从而对于某个 ${}_RK \leqslant {}_RM$, S 的每个右零化子都形如 $r_S(K)$. 因为 ${}_RM$ 是 Artin 的, 从而 S 在右零化子上有极大条件 (见 (24.3)). 现在假设 I 是 S 的单边诣零理想. 设 C 是由第一项为 s_1 的 I 中的序列 $s_1, s_2, \cdots$ 构成的集合, 且满足

$$s_n \cdots s_1 \neq 0 \quad (n = 1, 2, \cdots).$$

根据 (29.1) 我们只需证明 $C =$. 假设 $C \neq$, 由于 ${}_RM$ 是 Artin 的, 从而存在 $s_1 \in C$ 使得 Ms_1 在 $\{Ms \mid s \in C\}$ 中极小. 显然, $Cs_1 \cap C \neq$. 因此存在 $s_2 \in C$ 使得 Ms_2 在 $\{Ms \mid ss_1 \in C\}$ 中极小. 注意 $Ms_2s_1 = Ms_1$. 由明显的归纳法可得存在 C 中的序列 $s_1, s_2, \cdots$, 使得对于每个 n, Ms_n 在 $\{Ms |\ ss_{n-1} \cdots s_1 \in C\}$ 中极小. 特别地, 如果 $n \geqslant m$, 则有

$$Ms_n \cdots s_m = Ms_m.$$

对于每个 n, 令

$$p_n = s_n \cdots s_1,$$

则对于一切 m 和 n, 有 $Mp_n = Ms_1 = Mp_m$. 这样, 给了 n, 如果 $x \in M$, 则存在 $x' \in M$ 使得 $x'p_{n+1} = xp_n$, 因此 $x = x - x's_{n+1} + x's_{n+1}$, 且

$$(1) \qquad M = Ker\ p_n + Im\ s_{n+1}.$$

现在假设 $n \geqslant m$, $s_mp_n \neq 0$. 如果 $k \geqslant m$, 则 $Ms_k \cdots s_mp_n = Ms_mp_n$, 于是 $s_k \cdots s_ms_n \cdots s_m \cdots s_1 = s_k \cdots s_mp_n \neq 0$. 由 Ms_m 的极小性可推出 $Ms_ms_n \cdots s_m = Ms_m \neq 0$. 显然这与 $s_n \cdots s_m$ 的幂零性矛盾. 故当 $n \geqslant m$ 时, $s_mp_n = 0$, 即

$$(2) \qquad Im\ s_m \leqslant \cap_{n \geqslant m} Ker\ p_n.$$

利用模律 (2.5), (1) 和 (2) 以及一个简单的归纳法可得

$$(3) \qquad \cap_{k=1}^{n} Ker\ p_k + \sum_{j=2}^{n+1} Im\ s_j = M.$$

由于 ${}_RM$ 是 Artin 的, 从而存在 n 使得 $\cap_{k=1}^{n} Ker\ p_k \leqslant Ker\ p_{n+1}$. 但由 (2) 得 $Ker\ p_{n+1} \geqslant \sum_{j=2}^{n+1} Im\ s_j$, 因此由 (3) 得出矛盾, $Ker\ p_{n+1} = M$.

我们略去 ${}_RM$ 是 Noether 模时的对偶证明. □

29.3 推论　每个有限长度的模都有半完备自同态环.

证明　设 $_RM$ 有有限长度 n, $S = End(_RM)$. 由 (12.8), (12.9) 和 (27.6) 知 S 是半完备环. 因此根据 (29.2), 只需证明 $J(S)$ 是诣零的. 如果 $a \in J(S)$, 则由 Fitting 引理 (11.7) 可得

$$M = Im\ a^n \oplus Ker\ a^n,$$

从而 $(a|Im\ a^n)$ 是 $Im\ a^n$ 的自同构, 而且存在 $s \in S$ 使得 $(sa|Ima^n) = 1_{Ima^n}$. 由于 $1_M - sa$ 在 S 中是可逆的 (15.3), 故有 $Im\ a^n \leqslant Ker(1_M - sa) = 0$.

为了研究若干个有限生成模的直和的分解, 我们下面证明这样的直和“类似于”它的自同态环上的自由模. 特别地, 我们证明

29.4 引理　设 M 是有限生成左 R-模 , $S = End(_RM)$ 是自同态环. 设 $_S\mathbf{P}$ 表示投射左 S-模范畴 , $_M\mathbf{S}$ 表示若干个 M 的直和的直和项范畴, 则函子

$$Hom_R(M_S,\ \_) : {_M\mathbf{S}} \to {_S\mathbf{P}}$$

和

$$(_RM\otimes_{S\_}) : {_S\mathbf{P}} \to {_M\mathbf{S}}$$

是互逆范畴等价.

证明　由于 $(M\otimes_{S\_})$ 和 $Hom_R(M,\ \_)$ 保持直和 (定理 (19.10) 和练习 (16.3)), 从而我们立即可得它们是所需范畴 $_M\mathbf{S}$ 和 $_S\mathbf{P}$ 之间的函子. 例如, 可分正合列

$$0 \to N - \oplus \to M^{(A)} - \oplus \to N' \to 0$$

产生可分正合列

$$0 \to Hom_R(M, N) - \oplus \to Hom_R(M, M^{(A)}) - \oplus \to Hom_R(M, N') \to 0,$$

(见 (16.2)) 其中中间项同构于 $_SS^{(A)}$. 现在对于 $_M\mathbf{S}$ 中的每个模 N, 定义 η_N : $M \otimes_S\ Hom_R(M, N) \to N$,

$$\eta_N(m \otimes \gamma) = \gamma(m).$$

易证这便产生了自然变换

$$\eta : (M \otimes_S Hom_R(M,\ \_)) \to 1_{_m\mathbf{s}},$$

而且, 由于 $_RM$ 是有限生成的, 从而函子 $(M \otimes_S Hom_R(M,\_\ ))$ 保持直和 (定理 (19.10) 和练习 (16.3)). 这样，我们只需证明 η_M 是同构, 从而 η 是自然同构 (练

习 (20.17)). 由 (19.6) 可得 η_M 是同构, 这是因为 $Hom_R(M_S, M) = {}_SS$. 另一方面, 对于 ${}_S\mathbf{P}$ 中的每个投射模 P, 设 $\gamma : P \to Hom_R(M, (M \otimes_S P))$,

$$\nu_p(p) : m \mapsto m \otimes p.$$

用同样的方法我们可得到自然同构

$$\nu : 1_{{}_S\mathbf{P}} \to Hom_R(M, (M \otimes_S \_)).$$

(注意这里 $\nu_{S^S} : {}_SS \to Hom_R(M, (M \otimes_S \ S))$ 是典范同构). □

29.5 定理 设 M 是有限生成左 R-模, 则下列等价:

(a) 对于每个集合 A, $M^{(A)}$ 有可补直和项的分解;

(b) $M^{(N)}$ 有可补直和项的分解;

(c) $End({}_RM)$ 是左完备环.

证明 根据 (29.4) 的等价性 , $M^{(A)}$ 对应于自由左 S-模 $S^{(A)}$. 易证, 如果 N 关于此等价对应于 P, 则 N 有可补直和项的分解当且仅当 P 亦然 (见练习 (21.11.2)). 再应用 (28.14) 即得所证. □

29.6 推论 设 $M = \oplus_A M_\alpha$ 是不可分解的分解，使得每一项都有有限长度, 且模 $(M_\alpha)_{\alpha\in A}$ 仅表示有限多个同构类, 则此分解可补直和项.

证明 如果每个 M_α 都同构于 $M_{\alpha_1}, \cdots, M_{\alpha_n}$ 中的一个, 则 M 同构于

$$(M_{\alpha_1} \oplus \cdots \oplus M_{\alpha_n})^{(A)}$$

的直和项, 而且由 (29.3) 知模 $M_{\alpha_1} \oplus \cdots \oplus M_{\alpha_n}$ 有完备 (实际上, 半准素) 的自同态环. 这样，由 (29.5) 和 (12.3) 可得此推论. □

半单环上的每个模都有可补直和项的分解. 另一方面, 在本章中我们已经知道环 R 上的每个内射左模和每个投射左模都有可补直和项的分解当且仅当 R 是左 Artin 的 (28.15). 称环 R 是有限模类型的环, 如果存在有限长度的 R- 模 $M_1, \cdots, M_n$, 使得每个 R-模都同构于若干个 M_i 自身的直和. 关于这些环的文献太广泛了, 我们在这里无法列及. 然而, 我们应该注意, 由 (29.6) 知有限模类型的环上的每个模都有可补直和项的分解, 且有限模类型的环不一定是半单的 (见练习 (29.5)).

练 习 29

1. 证明：如果 ${}_RE$ 是内射的 Noether 模, 则 $S = End({}_RE)$ 是半准素的.[提示：由练习 (27.3) 得 S 是半完备环. 再利用 (18.20) 和 (29.2).]
2. 设 R 满足左零化子的极大条件和右零化子的极大条件. 证明: R 的每个诣零单边理想是幂零的.[提示：存在 n 使得零化子的每个链都有长度 $\leqslant n$.]

3. 证明：练习 (28.2) 中的左完备环关于右零化子有极大条件, 但不是每个左 T-幂零理想都是幂零的.

4. 设 R 是 $\mathbb{Z}_2$ 上的多项式环 , $X_1, X_2, \cdots$ 是可数多个不定元. 设 I 是由 $\{X_1^2, X_2^2, \cdots\}$ 生成的理想. 证明: $S = R/I$ 有非幂零的理想 J, J 中每个元的幂零指数为 2.

5. 设 R 是域上的上三角 2×2 矩阵环, $e = \begin{bmatrix} 0 & 0 \\ 0 & 1 \end{bmatrix} \in R$. 证明：每个左 R-模都有分解 $M = E \oplus S$ 使得 $E \cong Re^{(A)}$, S 是半单的, 而且 R 是有限模类型的非半单环.[提示: 考虑 $\{Rex \mid x \in M, J(R)ex \neq 0\}$ 的极大无关子集.]

第八章　经典 Artin 环

在最后的一章中我们介绍关于几种类型 Artin 环的基本结果. 这些基本结果被看作是具有基础性的经典结论, 它们在环与模理论的文献中一直产生重要影响. 这些环包括具有对偶的 Artin 环, 拟–Frobenius(或 QF) 环, $QF-3$ 环和列环.

§ 30. 有对偶的 Artin 环

本节我们介绍 Azumaya 和 Morita 定理, 它们给出了使得范畴 ${}_R\mathbf{FM}$ 和范畴 $\mathbf{FM}_S$ 之间有对偶的几个充要条件, 其中 ${}_R\mathbf{FM}$ 是环 R 上的有限生成左模范畴, $\mathbf{FM}_S$ 是环 S 上的有限生成右模范畴. 从 §23 和 §24 我们可以看到为了得到这样的对偶, 环 R 必须是左 Artin 的, 而且它有有限生成的内射上生成子, 这对条件是基本的刻画. 从 §23 和 §24 也可以得出为了有 ${}_R\mathbf{FM}$ 和 $\mathbf{FM}_S$ 之间的对偶, S 必须是右 Artin 的, 而且对某个双模 ${}_RU_S$, 此对偶同构于 ${}_RU_S$-对偶. 双模 ${}_RU_S$ 既是左忠实的又是右忠实的 (当然是上生成子), 当 T 是单左 R-(右 S-) 模时, $T^* = Hom(T, U)$ 是单右 S-(左 R-) 模, U-对偶把单模变成单模. 这些条件也可以刻画 ${}_R\mathbf{FM}$ 和 $\mathbf{FM}_S$ 之间对偶的存在性. 由本节的第一个定理可知它们和定理 24.5 中的零化子条件有紧密的联系.

对 偶 定 理

称双线性映射 (见 §24)$\mu : {}_RM \times N_S \to {}_RU_S$ 是**非退化的**, 如果 $l_M(N) = 0, r_N(M) = 0$. 注意, 标量乘法产生的双线性映射 ${}_RR \times {}_RU_S \to {}_RU_S$ 是非退化的当且仅当 ${}_RU$ 是忠实的, 通常的双线性映射 $M \times M^* \to {}_RU_S$ 是非退化的当且仅当 ${}_RM$ 是 U-无扭的.

30.1 定理　设 ${}_RU_S$ 是双模, 使得 ${}_RU_S$ 对偶 $(\ )^*$ 把单模变成单模. 设

$$\mu : {}_RM \times N_S \to {}_RU_S$$

是非退化的双线性映射. 如果或者 ${}_RM$ 或者 N_S 有合成列, 则

(1) 对于每个 $K \leqslant M$ 和每个 $L \leqslant N$, 有

$$l_M(r_N(K)) = K \quad 和 \quad r_N(l_M(L)) = L;$$

(2) 由 $\lambda(m) : n \mapsto \mu(m, n)$ 和 $\rho(n) : m \mapsto \mu(m, n)$ 定义的映射

$$\lambda : {}_RM \to N^* \quad 和 \quad \rho : N_S \to M^*$$

是同构;

(3) M 和 N 的一切子模和商模都是 U-自反的;

(4) ${}_RU$ 是 M 内射的, U_S 是 N-内射的.

证明　假设 ${}_RU_S-$ 对偶把单模变成单模. 如果 W 是有限长度的左 R-或右 S-模, K 是 W 的极大子模, 则由正合列

$$0 \longrightarrow (W/K)^* \xrightarrow{n_{K^*}} W^* \xrightarrow{i_{K^*}} K^*$$

我们有 $c(W^*) \leqslant c(K^*) + 1$. 从而, 对合成长度应用归纳法可得

$$c(W^*) \leqslant c(W).$$

而且, 由不等式

$$c(W) \geqslant c(W^*) \geqslant c(W^{**})$$

可推出 W 是 U-自反的当且仅当 W 是 U-无扭的.

现在我们来证明定理. 设

$$\mu : {}_RM \times N_S \to {}_RU_S$$

是非退化的, 假设 ${}_RM$ 有合成列. 对于每个 $K \leqslant M$, 定义

$$\rho^K : N/r_N(K) \to K^*,$$

$$\rho^K(n + r_NK) : k \mapsto \mu(k, n) \quad (n \in N, k \in K).$$

对于每个 $L \leqslant N$, 定义

$$\lambda_L : l_M(L) \to (N/L)^*,$$

$$\lambda_L(x) : n + L \mapsto \mu(x, n) \quad (x \in l_M(L), n \in N).$$

易证 ρ^K 和 λ_L 都是单同态 (这是因为 μ 是非退化的). 这两个单同态以及此证明的第一段讨论对于每个 $K \leqslant M$, 便产生了下面的不等式:

$$\begin{aligned} c(K) &\leqslant c(l_M(r_N(K))) && (24.3.2) \\ &\leqslant c((N/r_N(K))^*) && (利用\ \lambda_{r_M(K)}) \\ &\leqslant c(N/r_N(K)) && (第一段) \\ &\leqslant c(K^*) \leqslant c(K) && (利用\ \rho^K.) \end{aligned}$$

由于此不等式一定是等式, 从而我们立即有

$$l_M(r_N(K)) = K,$$

而且对于一切 $K \leqslant M$, ρ^K 是同构. 由于 μ 是非退化的, 从而

$$\rho = \rho^M : N \to M^*$$

是同构. 注意 $N \cong M^*$ 也有合成列, 于是由对称性可得 (1) 和 (2) 成立, M 和 $N(M \cong N^*, N \cong M^*)$ 以及它们的一切子模都是 U-无扭的 (20.14). 由对称性还可得 M 的商模和 N 的商模也都是 U-无扭的, 这是因为同构 $\rho^{\,l_M(L)}$ 给出了

$$N/L = N/r_N(l_M(L)) \cong l_M(L)^*.$$

因为有限长度的 U-无扭模都是 U-自反的, 所以 (3) 成立. 最后, 由于 ρ^K 是同构, 这样，如果 $K \leqslant M$, 则对于某个 $n_h \in H$, 每个映射 $h : {}_RK \to {}_RU$ 都具有形式

$$h : k \mapsto \mu(k, n_h), \qquad (k \in K)$$

h 可以扩展为

$$\bar{h} : M \to {}_RU, \quad \bar{h} : m \mapsto \mu(m, n_h). \qquad (m \in M).$$

因此 ${}_RU$ 是 M-内射的, 由对称性可得 U_S 是 N-内射的, 这便完成了证明. □

设 R 是半单环, 由于一切 R-模都是半单模, 投射模, 内射模, 而且 R 包含它的每个单模的同构象, 从而 R-模 U 是忠实的当且仅当它是生成子当且仅当它是上生成子 (见 (17.9) 和 (18.15)). 假设 U 是半单环 R 上的有限生成的忠实左模, $S = End({}_RU)$, 则 ${}_RU$ 是投射生成子, 因此 (见 (22.4) 和 (21.9))S 是半单的,) ${}_RU_S$ 是忠实平衡模 (见 (17.9). 正如我们所见, 半单环上的忠实模 ${}_RU$ 和 U_S 是内射上生成子, 因此由 (24.1) 得 ${}_RU_S$ 对偶定义了 Morita 对偶. 特别地 (见 (24.5)), ${}_RU_S$ 对偶把单模变成单模——我们现在可以扩展的一个事实是, 环上的任意有限上生成的内射上生成子模去它的根之商模是半单的.

30.2 引理 设 $R/J(R)$ 是半单的, ${}_RU$ 是有限上生成的内射上生成子, $End({}_RU) = S$, 则

(1) $Soc\ {}_RU = Soc\ U_S$;

(2) ${}_RU_S-$ 对偶 $(\ )^*$ 把单模变成单模.

证明 (1) 由于 ${}_RU$ 是不可分解的内射模的有限直和 (18.18), 从而由 (25.4) 和 (27.6) 可得 $S = End({}_RU)$ 一定是半完备的. 若令 $V = Soc({}_RU) \leqslant U$, 则由

(18.21) 可得 $J(S) = r_S(V)$. 现在我们有

$$\begin{aligned} Soc(U_S) &= l_U(J(S)) && (15.17) \\ &= l_U(r_S(V)) && (18.21) \\ &= l_U(r_{U^*}(V)) && (U^* = End(_RU)) \\ &= V && (24.4.2) \end{aligned}$$

(2) 利用 (1), 记 $Soc_R U = V = Soc\ U_S$. 由于 $_RV$ 是有限生成的, 且 $_RV$ 包含了每个单左 R-模的同构象 (18.15), 又因为由 (18.21) 得 $S/J(S)$ 自然同构于 $End(_RV) = End(_{R/J(R)}V)$, 从而由先前引理的讨论得 $_{R/J(R)}V_{S/J(S)}$ 对偶把单模变成单模. 如果 $_RT$ 和 T'_S 是单模, 则有 $Hom_R(T,U) \cong Hom_{R/J(R)}(T,V)$ 和 $Hom_S(T',U) \cong Hom_{S/J(S)}(T',V)$, 因此 $_RU_S-$ 对偶把单模变为单模. □

30.3 引理　如果 R 是左 Artin 环, 则每个上生成子 $_RU$ 都是平衡的.

证明　如果 R 是左 Artin 的, $_RU$ 是上生成子, 则由于 R 只有有限多个单模的同构类, 从而有 $_RU = U_0 \oplus U'$, 其中 U_0 是有限上生成的内射上生成子 (18.16). 再依 (14.1.1), 由于 U_0 上生成 U', 从而 $BiEnd(_RU)$ 可以嵌入到 $BiEnd(_RU_0)$ 中去. 这样，我们可以假设 U 是有限上生成的内射上生成子. 令 $S = End(_RU)$, 由 (30.2) 知单模的 $_RU_S$ 对偶还是单模. 因为 $_RU$ 是忠实的, 所以由标量乘法得到的双线性映射

$$\mu : {_RR} \times U_S \to {_RU_S}$$

是非退化的. 于是，由 $_RR$ 有合成列, 据 (30.1.2) 可得 $_RU$ 是平衡的, 即 $\lambda : R \to (U_S)^* = BiEnd(_RU)$ 是同构. □

由定理 23.5，有对偶

$$H' : {_R\mathbf{FM}} \to \mathbf{FM}_S, \qquad H'' : \mathbf{FM}_S \to {_R\mathbf{FM}},$$

则一定存在双模 $_RU_S$ 使得

$$H' \cong Hom_R(\_, U) = (\ )^*, \qquad H'' \cong Hom_S(\_, U) = (\ )^*,$$

且每个有限生成左 R-模和有限生成右 S-模都是 U-自反的. 如果 $_RU_S$ 是这样的双模, 则 $_RU \cong (S_S)^*$ 和 $U_S \cong (_RR)^*$ 都是有限生成的, 由定理 24.1 知它们是内射上生成子. 另外, 由定理 24.8 得 R 是左 Artin 环, S 是右 Artin 环. 左 R-模或右 $S-$ 模是 $U-$ 自反的当且仅当它有合成列. 现在我们证明本节的主要定理. 此定理给出了在 R, S 和 $_RU_S$ 上确保上述结果产生的充要条件.

30.4 定理 [Azumaya, Morita]　设 R 是左 Artin 环, $_RU_S$ 是双模, 则下列条件等价:

(a) ${}_RU_S$ 对偶 $(\ )^*$ 定义了 ${}_R\mathbf{FM}$ 和 $\mathbf{FM}_S$ 之间的对偶;

(b) R, U 和 S 满足

(i) S 是右 Artin 的,

(ii) 一切有限生成左 R-模和右 S-模都是 U-自反的;

(c) R, U 和 S 满足

(i) S 是右 Artin 的 (${}_RU$ 是有限生成的),

(ii) ${}_RU$ 和 U_S 是忠实的,

(iii) 一切单左 R 模和单右 S-模都是 U-自反的;

(d) R, U 和 S 满足

(i) ${}_RU$ 是有限生成的 (S 是右 Artin 的),

(ii) ${}_RU$ 和 U_S 是忠实的,

(iii) ${}_RU_S$ 对偶把单模变为单模;

(e) R, U 和 S 满足

(i) S_S 是 U-自反的 (即右乘法 $\rho: S \to End({}_RU)$ 是同构),

(ii) ${}_RU$ 是有限生成的内射上生成子;

(f) R, U 和 S 满足

(i) S_S 是 U-自反的,

(ii) ${}_RU$ 和 U_S 是内射上生成子;

(g) R, U 和 S 满足

(i) ${}_RU$ 是有限生成的 (S 是右 Artin 的),

(ii) 对于每个 $I \leqslant {}_RR$ 和每个 $V \leqslant U_S$, 有

$$l_R(r_U(I)) = I, \quad r_U(l_R(V)) = V,$$

(iii) 对于每个 $K \leqslant S_S$ 和每个 $W \leqslant {}_RU$, 有

$$r_S(l_U(K)) = K, \quad l_U(r_S(W)) = W.$$

证明 (a)⇒(b) 可由定理 24.8 得出.

(b)⇒(c). 正则模 ${}_RR$ 和 S_S 是 U-无扭的当且仅当它们是忠实的 (例如, 由 (20.12) 和 (8.22) 得 $Ker\sigma_R = Rej_R(U) = l_R(U)$). 余下的证明是显然的.

(c)⇒(d). 假设 (c) 成立. 设 T 是单左 R-模, 由于 S 是半准素环 (29.3), 而且由 $T^{**} \neq 0$ 可推出 $T^* \neq 0$, T^* 包含一个极大子模 M. 如果取自然正合列的对偶

$$0 \longrightarrow M \xrightarrow{i_M} T^* \xrightarrow{n_M} T^*/M \longrightarrow 0$$

则我们可以得到正合列

$$0 \longrightarrow (T^*/M)^* \xrightarrow{n_M^*} T^{**} \xrightarrow{i_M^*} M^*,$$

作为单模的对偶, $(T^*/M)^* \neq 0$. 这样，由 T^{**} 是单的知 n_M^* 是满同态, 因此 $i_M^* = 0$. 但 T^* 是 U-无扭的 (见 (20.14)) 或等价地说 U 上生成 T^*. 于是由 (8.11.2), $i_M^* = 0$ 可推出 $i_M = 0$, 故 $M = 0$. 从而，对于每个单左 R-(类似地, 对于每个单右 S−) 模 T, T^* 是单模. 现在我们对由标量乘法 $(u, s) \mapsto us$ 给出的非退化双线性映射

$$_RU \times S_S \to {}_RU_S$$

应用 (30.1), 容易看出由 (c) 的内容可推出 (d) 中括号中的内容和非括号中的内容.

(d)⇒(e). 我们对由标量乘法给出的非退化双线性映射

$$_RU \times S_S \to {}_RU_S \qquad \text{和} \qquad {}_RR \times U_S \to {}_RU_S$$

应用定理 30.1 即可. 第一个应用表明 S_S 是 U− 自反的, 这是因为由 (20.15) 得 S_S 是 U-自反的当且仅当 $\rho : S \to End(_RU)$ 是同构. 第二个应用表明 $_RU$ 是 R-内射的. 因此, 由于每个单左 R-模都是 U-无扭的, 从而 $_RU$ 是内射上生成子 (见 (18.3) 和 (18.15)).

(e)⇒(f). 由 (30.2), 对标量乘法

$$_RU \times S_S \to {}_RU_S$$

应用定理 30.1 便可得到此证明.

(f)⇒ (a). 根据 (30.3), 由 (f) 的假设可推出 $_RU_S$ 是平衡双模. 因此由 (24.1) 和 (24.8) 可得出 (a).

(d)⇒(g) 可由 (30.1) 得出.

(g)⇒(d). 假设 (g) 成立, 则有

$$l_R(U) = l_R(r_U(0)) = 0$$

和

$$r_S(U) = r_S(l_U(0)) = 0,$$

因此 $_RU$ 和 U_S 是忠实的. 如果 I 是 R 的极大左理想, 则显然 $r_U(I)$ 是 U_S 的极小子模. 对于任意 $I \leqslant {}_RR$, 易证

$$(R/I)^* \cong r_{R^*}(I) \cong r_U(I)$$

(见 (4.5)). 据此，做对称性的论证可知 $_RU_S$− 对偶把单模变成单模. □

Artin 环上的有限上生成内射上生成子总形如

$$_RU \cong E(T_1)^{n_1} \oplus \cdots \oplus E(T_k)^{n_k},$$

其中 $T_1, \cdots, T_k$ 表示一切单左 R-模. 因此, 我们有

推论 30.5 设 R 是环, 则对于某个环 S, ${}_R\mathbf{FM}$ 和 $\mathbf{FM}_S$ 之间存在对偶当且仅当 R 是左 Artin 环, 并且每个单左 R 模的内射包都是有限生成的. □

下面我们考虑一些有自对偶的 Artin 环, 即它们的有限生成左模范畴和有限生成右模范畴之间存在对偶. 同时留下了一个公开问题: 确定哪类 Artin 环有自对偶.

Artin 代数

设 K 是环 R 的中心的子环, 因此 R 是 K-代数, 从而左模 M 是 $R-K$-双模, $mk = km$. 这样, 如果 C 是 K-模, 则由 (4.4) 得 $Hom_K({}_RM, C) \in \mathbf{M}_R$. 类似地, 给了 N_R, 我们也有 $Hom_K(N_R, C) \in {}_R\mathbf{M}$. 如果 K 是 Artin 的, ${}_KR$ 是有限生成的, 则称 R 为 K 上的 Artin **代数**. 在此情形中, R 是 Artin 的, 且 R-模是有限生成的当且仅当它作为 K-模也是有限生成的, 而且 R 是 Artin 代数当且仅当 $CenR$ 是 Artin 的, 且 R 作为 $CenR$- 模是有限生成的 (练习 30.2). 当然, 任意交换 Artin 环都是 Artin 代数.

30.6 命题 设 R 是 K 上的 Artin 代数, $C = E(K/J(K))$ 是 K 上的极小上生成子, 则 $D = Hom_K(\_, C)$ 定义了 ${}_R\mathbf{FM}$ 和 $\mathbf{FM}_R$ 之间的对偶.

证明 由于 $K/J(K)$ 是域的环直和, 从而有

$$Soc\ C = S_1 \oplus \cdots \oplus S_n,$$

其中 S_i 是不同的单 K-模, 而且对于某个极大理想 $I_i (i = 1, \cdots, n)$, 有 $S_i \cong K/I_i$. 从而对于 $i = 1, \cdots, n$, 有

$$Hom_K(S_i, C) \cong Hom_K(K/I_i, K/I_i) \cong S_i,$$

因此由 (30.4(d) 和 (b)) 知每个有限生成 K-模都是 C 自反的. 特别地, 对于一切有限生成的 ${}_RM$ 和 N_R, 赋值 K 映射 σ_M 和 σ_N 是同构. 因此, 由于 σ_M 和 σ_N 事实上是 $R-$ 映射, 从而有 $DD \cong 1_{{}_R\mathbf{FM}}$ 和 $DD \cong 1_{\mathbf{FM}_R}$. □

QF 环

下面我们着重考虑使得 ${}_RR_R$ 对偶 $(\ )^*$ 定义了 R 上有限生成左模范畴和有限生成右模范畴之间的对偶的那些环. 由 §24 的结果我们立即可得这样的环一定是左自内射的, 右自内射的, 左 Artin 的, 右 Artin 的. 事实上这些条件都既是充分的又是必要的. 满足这些条件的环称为**拟** Frobenius(**或** QF) **环.**Nakayama 于 1938 年给出了 QF 环的概念, 在某种意义下 QF 环是群代数的极小范畴的推广. 下面的定理给出了它们的基本刻画.

30.7 定理 对于左 Artin 环 R, 下列条件等价:

(a) R 是 QF 环;

(b) R 是左或右自内射的;

(c) ${}_RR$ 或者 R_R 是上生成子;

(d) 对于每个左理想 $I \leqslant {}_RR$ 和每个右理想 $K \leqslant R_R$, 有

$$l_R(r_R(I)) = I, \quad r_Rl_R(K) = K;$$

(e) ${}_RR_R-$ 对偶 $(\ )^*$ 定义了 ${}_R\mathbf{FM}$ 和 $\mathbf{FM}_R$ 之间的对偶.

证明 (a)⇔ (d)⇔(e) 可由 (30.4) 得出.

(a)⇒(b) 是显然的.

(b)⇔(c). 设 $e_1, \cdots, e_n$ 是 R 的本原幂等元的基本集. 如果 R_R 是内射的, 则 $e_1R, \cdots, e_nR$ 一定是 M_R 中两两不同构的不可分解内射模. 由于它们的基座是本质的 (见 (28.8) 和 (28.5)), 从而它们一定是 n 个不同的单右 $R-$ 模的内射包. 因此每个单右 $R-$ 模都可以嵌入到 R_R 中去, 由 (18.15) 得 R_R 是上生成子. 反之, 如果 R_R 是上生成子, 则由 (18.16) 得 R_R 一定有直和项同构于 n 个不可分解的内射右 $R-$ 模, 它们一定是 $e_1R, \cdots, e_nR$, 因此 R_R 是内射的.

(c)⇒(e). 由于 (b)⇔(c), 从而如果 ${}_RR$ 是上生成子, 则 ${}_RR_R$ 满足 (30.4(e)), 这便得到了 (e). 但如果 R_R 是上生成子, 则由 (25.2) 知对于每个 $K \leqslant R_R$, 有 $r_R(l_R(K)) = K$. 由于 R 是左 Noether 的, 从而 R 是右 Artin 的. 于是应用 (30.4) 关于右 Artin 环的内容便可得到 (e). □

QF 环的一些其它刻画可以由 (30.4) 得出.

30.8 推论 设 R 是左 Artin 环 R, 下列条件等价:

(a) R 是 QF 环;

(b) 每个有限生成左和右 R-模都是 ${}_RR_R$ 自反的;

(c) 每个单左 R-模和单右 R-模都是 ${}_RR_R$ 自反的;

(d) ${}_RR_R-$ 对偶 $(\ )^*$ 把单模变为单模;

(e) 每个左循环 R-模和每个右循环 R-模都是 R-无扭的.

证明 (a),(b),(c) 和 (d) 的等价性可由 (30.7) 和 (30.4) 立即得出, 考虑 (30.7(d)) 和 (25.2), 我们有 (e) 等价于 (a). □

利用下面这个引理我们可以得到, 如果 R 是左自内射或右内射的左 Noether 环, 则 R 也是 QF 环.

30.9 引理 如果 R 是左自内射的, 则

(1) 对于每对左理想 $I_1, I_2 \leqslant {}_RR$, 有 $r_R(I_1 \cap I_2) = r_R(I_1) + r_R(I_2)$;

(2) 对于每个有限生成右理想 $K \leqslant R_R$, 有 $r_R(l_R(K)) = K$.

证明 (1) 正如 (2.16) 所述, 对于 $I_1, I_2 \leqslant {}_RR$, 我们总有

$$r_R(I_1) + r_R(I_2) \subseteq r_R(I_1 \cap I_2).$$

设 $x \in r_R(I_1 \cap I_2)$, 则易证

$$\varphi : a_1 + a_2 \mapsto a_2 x \ (a_i \in I_i)$$

定义了 R-同态

$$\varphi : I_1 + I_2 \to R,$$

由内射检验引理可得存在元素 $y \in R$ 使得 φ 是由 y 得到的右乘法. 又对于一切 $a_1 \in I_1$, 有

$$a_1 y = \varphi(a_1 + 0) = 0x = 0,$$

对于一切 $a_2 \in I_2$, 有

$$a_2(x - y) = \varphi(a_2) - \varphi(a_2) = 0.$$

因此

$$x = y + x - y \in r(I_1) + r(I_2).$$

(2) 首先我们证明当 $x \in R$ 时, 有 $r_R(l_R(x)) = xR$, 且 ${}_RR$ 是内射模. 包含 $xR \subseteq r_R(l_R(x))$ 总是成立的 (见 (2.15)). 如果 $a \in r_R(l_R(x))$, 则由于由 $rx = 0$ 可推出 $ra = 0$, 从而

$$\theta : rx \mapsto ra (r \in R)$$

定义了 $R-$ 同态

$$\theta : Rx \to Ra$$

利用内射性可得 θ 是由某个 $y \in R$ 得到的右乘法. 因此,

$$a = \theta(x) = xy \in xR,$$

$r_R(l_R(x)) \subseteq xR$. 现在利用 (1) 和 (2.16), 如果

$$K = x_1 R + \cdots + x_n R$$

是有限生成右理想, 我们有

$$\begin{aligned} r_R(l_R(K)) &= r_R(l_R(x_1 R) \cap \cdots \cap l_R(x_n R)) \\ &= r_R(l_R(x_1)) + \cdots + r_R(l_R(x_n)) \end{aligned}$$

$$= x_1R + \cdots + x_nR = K$$ □

30.10 定理 每个左自内射的左 Noether 环和左自内射的右 Noether 环都是 QF 环.

证明 假设 $_RR$ 是内射的, R 或是左 Noether 环或是右 Noether 环, 则升链条件确保了 R 有本原幂等元的一个完全集 $e_1, \cdots, e_n$((10.14) 和 (7.5)), 每个 Re_i 都是不可分解的内射模, 因此它的同构于 e_iRe_i 的自同态环是局部的 (25.4). 从而, 由 (27.6) 知 R 是半完备环. 设 $J = J(R)$, 由理想的升链

$$l_R(J) \leqslant l_R(J^2) \leqslant \cdots$$

可得对于某个 $n > 0$, 有

$$l_R(J^n) = l_R(J^{n+1}).$$

由 (15.17(e)) 知 $R/l_R(J^n)$ 的右基座是 $l_R(J^{n+1})/l_R(J^n)$. 如果 R 是左 Noether 的, 则由引理 30.9 知 R 在主右理想上有降链条件. 因此由 $l_R(J^n) = l_R(J^{n+1})$ 可推出 $R/l_R(J^n) = 0$(见 (28.8)). 从而 $J^n = RJ^n = 0$. 另一方面, 如果 R 是右 Noether 的, 则 (30.9) 有

$$J^n = r_R(l_R(J^n)) = r_R(l_R(J^{n+1})) = J^{n+1}.$$

这样，由引理 15.13 得 $J^n = 0$. 从而 R 是半准素的, *Noether* 的, 因此是单边 *Artin* 的. 再由 (30.7) 知 R 是 QF 环. □

练 习 30

1. 证明: 如果 R 是 QF 环, e 是它的基本幂等元, 则下列条件等价:
   (a) $_RM$ 是忠实的;
   (b) $_RM$ 是上生成子;
   (c) $_RM$ 是生成子;
   (d) Re 同构于 $_RM$ 的直和项. 特别地, 每个忠实 R-模都是平衡的.
2. 设 R 是 $K \subseteq Cen(R)$ 上的 Artin 代数. 证明:
   (1) $_RM$ 是有限生成的当且仅当 $_KM$ 是有限生成的.
   (2) $CenR$ 是 Artin 的, R 在 $CenR$ 上是有限生成的,
   (3) R 是不可分解的当且仅当 $CenR$ 是局部的.
   (4) 如果我们用 Artin 代数对偶 D 代替 $(\ )^*$, 则练习 (23.6) 仍然是成立的.
   (5) 如果 $L = CenR$, $C_1 = E(K/J(K))$, $C_2 = E(L/J(L))$, 则函子 $Hom_K(\_, C_1)$ 和 $Hom_L(\_, C_2)$ 在 $_L\mathbf{FM}$ 上是同构, 因此在 $_R\mathbf{FM}$ 上也是同构. [提示：L 是 Artin K 代数, 求证: $C_2 \cong Hom_k(L, C_1)$].

3. 设 $I \leqslant {}_RR_R$, $M \in {}_RM$.

(1) 证明: 如果 $IM = 0$, 则 $E({}_{R/I}M) = r_{E(M)}(I)$.

(2) 证明：如果 R 是左 Artin 环, 而且有 Morita 对偶, 则 R/I 亦然.

4. *Schofield* [85, pp. 215—218] 已经证明了存在除环 E 和它的子除环 F 使得 $dim\ {}_FE = 2$, $dim\ E_F = 3$, $dim(Hom_F(E_F, F_F)_E) = 1$. 证明: 环

$$R = \begin{bmatrix} E & E \\ 0 & F \end{bmatrix}$$

是 Artin 的, 它上的一切不可分解左和右内射模都是有限生成的, 但 R 没有自对偶. [提示: 见练习 (24.9).]

§ 31. 内射的投射模

本节我们给出 Artin 环上内射的投射模的刻画, 并且讨论 QF 环, $QF-3$ 环, $QF-2$ 环的结构.

内射模和投射模

首先我们复习来自 §25, §27 和 §28 的结果, 这些结果详述了根为 $J = J(R)$ 的左 *Artin* 环上的投射模结构和内射模结构. 由于 R 是半完备环, 根据 (27.10) 它有本原幂等元的基本集 $e_1, \cdots, e_n$, 使得

$$Re_1, \cdots, Re_n \qquad 和 \qquad e_1R, \cdots, e_nR$$

分别是不可分解投射左和右 R-模的完全无冗余集, 单左 R-模和单右 R-模类似地可表示为

$$Re_1/Je_1, \cdots, Re_n/Je_n \ \ 和 \ \ e_1R/e_1J, \cdots, e_nR/e_nJ.$$

由于 R 是完备环, 也是半准素环 (28.8), 从而每个 R-模都有本质基座 (28.4(5)), 因此不可分解的内射 R-模是

$$E(Re_1/Je_1), \cdots, E(Re_n/Je_n) \ \ 和 \ \ E(e_1R/e_1J), \cdots, E(e_nR/e_nJ).$$

而且, 由 (27.11) 知投射左 (右)R-模都是若干个 $Re_i(e_iR)$ 的直和. 由于 R 是左 Noether 的, 从而根据 (25.6) 知内射左 R-模是若干个 $E(Re_i/Je_i)$ 的直和 .R 上内射模和投射模的这些分解在很强的意义下是唯一的 (见 (25.6),(28.14),§12).

现在假设 R 是 QF 环, 则 $Re_1, \cdots, Re_n$ 一定是以某种顺序排列的 $E(Re_1/Je_1), \cdots, E(Re_n/Je_n)$, 因此我们有

31.1 命题 QF 环上的模是内射的当且仅当它是投射的. □

内射的投射模

下面我们探讨不可分解的投射模 Re_i 是内射模的条件. 为此我们引入

31.2 引理 设 E 是环 R 上的内射左模, $S = End(_RE)$, f 是使得 $r_E(fR) = 0$ 的幂等元, 则自然同态

$$\theta : Hom_R(\_, {}_RE_S) \to Hom_{fRf}(fR\otimes\_, fE)$$

是同构. 从而

$$fE \cong fR \otimes E$$

是 fRf 一内射的, 而且存在自然同构

$$S \cong End(_{fRf}fE).$$

证明 首先, 对于每个 $\gamma \in Hom_R(R/RfR, E)$, 我们有 $fR\ Im\gamma = 0$, 于是由假设知 $\gamma = 0$. 从而由

$$0 \to RfR \to R \to R/RfR \to 0$$

和 E 的内射性得

$$0 \to 0 \to Hom_R(R, E) \to Hom_R(RfR, E) \to 0$$

是正合的, 因此 $E \cong Hom_R(R, E) \cong Hom_R(RfR, E)$. 现在考虑由乘法给出的满同态 $Rf \otimes fR \to RfR$, 其核为 K,

$$0 \to K \to Rf \otimes_{fRf} fR \to RfR \to 0,$$

则对于每个 $\sum_i(a_if \otimes fb_i) \in K$ 和每个 $\gamma \in Hom_R(K, E)$, 我们有

$$fR\gamma\left(\sum_i(a_if \otimes fb_i)\right) = \gamma\left(f \otimes fR\sum_i a_ifb_i\right) = 0.$$

由 $r_E(fR) = 0$, 我们还有 $Hom_R(K, E) = 0$ 和

$$Hom_R(RfR, E) \cong Hom_R((Rf \otimes_{fRf} fR), E).$$

因此,

$$E \cong Hom_R(R, E)$$

$$\cong Hom_R((Rf \otimes fR), E)$$
$$\cong Hom_{fRf}(fR, Hom_R(Rf, E)) \qquad ((\text{由 } (20.6) \text{ 得}))$$
$$\cong Hom_{fRf}(fR, fE).$$

从而对于每个 $_RM$, 有

$$Hom_R(M, E) \cong Hom_R(M, Hom_{fRf}(fR, fE))$$
$$\cong Hom_{fRf}((fR \otimes M), fE) \qquad (\text{由 } (20.6) \text{ 得}))$$
$$\cong Hom_{fRf}(fM, fE).$$

现在 $Hom_R(\_, E)$ 是正合的, 而且对于每个模 $_{fRf}N$, 同构

$$N \cong fR \otimes Hom_{fRf}(fR, N)$$

是自然的, 因此 $Hom_{fRf}(\_, fE)$ 在 $_{fRf}\mathbf{M}$ 上是正合的, fE 是 fRf 内射的. 最后, 对 $_RE$ 应用自然同构 θ, 我们得到

$$S \cong End(_RE) \cong End(_{fRf}fE). \qquad \square$$

作为下面定理的一个推论, 我们说任意单边 Artin 环上的不可分解的内射的投射左模和不可分解的内射的投射右模之间存在忠实对应.

31.3 定理 设 R 是左 Artin 环或右 Artin 环, $J = J(R), e$ 是 R 中的本原幂等元, 则 Re 是内射的当且仅当存在本原幂等元 $f \in R$, 使得

$$Soc\ Re \cong Rf/Tf, \quad Soc\ fR \cong eR/eJ.$$

证明 $(\Rightarrow)$. 假设 Re 是内射的, 则存在本原幂等元 $f \in R$ 使得 $Re = E(T)$, $T \cong Rf/Jf$. 下证

$$l_{fR}(Re) = r_{Re}(fR) = 0.$$

假设 $fr \neq 0$, 则 $Rfr/Jfr \cong Rf/Jf \cong T$, 因此由内射检验引理可推出 $frRe \neq 0$. 另一方面, $fT \neq 0$, 其中 $T = Soc(Re)$, 因此 $r_{Re}(fR) = 0$. 现在由于 Re 是内射的, 而且 $r_{Re}(fR) = 0$, 从而由 (31.2) 得 fRe 是 fRf 内射的,

$$eRe \cong End(Re) \cong End(_{fRf}fRe).$$

下证 $fT \cong f(Soc\ Re)$ 是单的. 设 $0 \neq L \leqslant {}_{fRf}fRe$, 则 $T \leqslant RL$, 所以 $fT \leqslant fRL = L$. 从而 $fT = Soc(_{fRf}fRe)$. 但 $fT \cong fRf/fJf$, 因此

$$fRe = E(fRf/fJf)$$

是 fRf 上的有限上生成的内射上生成子. 从而由 (30.2.1) 我们有

$$\begin{aligned} Soc(fRe_{eRe}) &= Soc({}_{fRf}fRe) \\ &\cong Hom_{fRf}(fRf, Soc\ fRe) \\ &\cong Hom_{fRf}(fRf/fJf, fRe), \end{aligned}$$

由 (30.2.2) 知 $Soc(fRe_{eRe})$ 是单的. 现在由于 $l_{fR}(Re) = 0$, 从而 fR 中没有被 e 零化的极小右理想, 因此由 $(Soc\ fR)e \leqslant Soc(fRe_{eRe})$, 我们有 $Soc\ fR \cong eR/eJ$.

($\Leftarrow$). 反之, 假设 e 和 f 是本原幂等元, 且

$$T = Soc\ Re \cong Rf/Jf, \quad S = Soc\ fR \cong eR/eJ,$$

则由于 $S \not\subseteq l_{fR}(Re)$, $T \not\subseteq r_{Re}(fR)$, 从而有

$$l_{fR}(Re) = 0 = r_{Re}(fR).$$

而且易证 fT 和 Se 分别是 ${}_{fRf}fRe$ 和 fRe_{eRe} 的唯一极小子模, 因此有

$$Soc({}_{fRf}fRe) = fTe = fSe = Soc(fRe_{eRe}),$$

并且它们都是单的. 这样，由

$$Hom_{fRf}(fRf/fJf, fRe) \cong Hom_{fRf}(fRf, fSe)$$

可得单模的 ${}_{fRf}fRe_{eRe}$ 对偶仍是单的. 现在由于 R 是左 Artin 的或右 Artin 的, 从而或者 ${}_{fRf}fR$ 或者 Re_{eRe} 有合成列, 因此我们对由 R 中的乘法得到的非退化双线性映射

$$fR \times Re \to {}_{fRf}fRe_{eRe}$$

应用 (30.1), 可得 ${}_{fRf}fRe$ 是内射的 (也可见 (16.13) 和 (18.3)), 而且经 $\rho(re)$: $fx \mapsto fxre$, 在 R 上 (和 eRe 上一样) 有

$$Re \cong Hom_{fRf}(fR, fRe).$$

利用 (20.6), 我们有函子的自然同构

$$\begin{aligned} Hom_R(\_, Re) &\cong Hom_R(\_, Hom_{fRf}(fR, fRe)) \\ &\cong Hom_{fRf}((fR \otimes \_), fRe). \end{aligned}$$

然而, fRe 是 fRf 内射的, fR 是 R 投射的, 因此 $Hom_R(\_, Re)$ 是正合的, Re 是内射的 (正如练习 (20.8.1)). □

下面推论的条件是 QF 环的 Nakayama 定义条件, 那里的置换 σ 称为 Nakayama 置换.

31.4 推论 设 R 是左 Artin 环, $J = J(R)$, 而且 R 有幂等元的基本集 $e_1, \cdots, e_n$, 则 R 是 QF 环当且仅当存在 $\{1, \cdots, n\}$ 的置换 σ, 使得对于 $i = 1, \cdots, n$, 有

$$Soc\ Re_i \cong Re_{\sigma(i)}/Je_{\sigma(i)}, \quad Soc\ e_{\sigma(i)}R \cong e_iR/e_iJ.$$

$QF-3$ 环

称忠实左 (或右) R-模 U 是**极小的忠实模**, 如果它同构于每个忠实左 (或右) R-模的直和项. 例如, 如果 e 是 QF 环 R 的基本幂等元, 则 $Re = E(Re/Je)$ 是极小的忠实模, 即 Re 是忠实的, 而且是每个忠实左 R-模的直和项 (练习 (30.1)). R.M.Thrall 首先给出了有限维代数有极小的忠实模. [Tachikawa, 73] 中有许多更一般的好例子, 它还包括由 Colby 和 Rutter 给出的极小忠实模的下列基本刻画.

31.5 定理 设 $_RU$ 是左 R-模. 如果 $_RU$ 是极小忠实模, 则 $_RU$ 既是投射的又是内射的, 而且存在 R 中正交的本原幂等元的和 $e = e_1 + \cdots + e_k$ 以及

$$U \cong Re_1 \oplus \cdots \oplus Re_k = Re,$$

使得

$$Re_i \cong E(T_i), \qquad (i = 1, \cdots, k).$$

其中 $T_1, \cdots, T_k$ 是 R 中极小左理想的表示的无冗余集. 反之, 如果 $T_1, \cdots, T_k$ 是两两不同构的单模,

$$U = E(T_1 \oplus \cdots \oplus T_k) = E(T_1) \oplus \cdots \oplus E(T_k)$$

是忠实的投射模, 则 $_RU$ 是极小的忠实左 R-模.

证明 假设 $_RU$ 是极小的忠实左 R-模, 则 U 一定同构于正则模 $_RR$ 的直和项, 因此存在幂等元 $e \in R$ 使得 $U \cong Re$. 但 U 也一定同构于 (忠实的) 极小上生成子 $C_0 = \oplus_{T \in S_0} E(T)$ 的直和项 (见 (18.16)). 由于 $U \cong Re$ 是循环的, 从而 U 在 C_0 中的任意嵌入的象一定包含在 $E(T)(T \in S_0)$ 的有限直和中. 因此, 存在单左 R-模的有限无冗余集 $(T_\varphi)_{\varphi \in F}$ 使得 U 同构于 $\oplus_F E(T_\varphi)$ 的直和项. 但 (见 (25.5)) 在 T_φ 中一定存在 $T_1, \cdots, T_k$ 使得

$$U \cong E(T_1) \oplus \cdots \oplus E(T_k) \cong Re,$$

我们把 e 看作本原正交幂等元的和 $e = e_1 + \cdots + e_k$, 其中 $Re_i \cong E(T_i)(i = 1, \cdots, k)$, 由于每个极小左理想一定可以嵌入到忠实模中, 从而 $T_1, \cdots, T_k$ 是 R 中极小左理想的表示的无冗余集.

反之, 如果 $T_1, \cdots, T_k$ 是两两不同构的单模, 使得对于 $i=1,\cdots,k$, $E(T_i)$ 是投射的. 由于忠实模上生成一切投射模 (见练习 (17.6)), 所以, 如果 ${}_RM$ 是忠实的, 则存在单同态 (即核不包含 T_i 的映射)

$$0 \longrightarrow E(T_i) \xrightarrow{\gamma_i} M \quad (i=1,\cdots,k).$$

因为 T_i 是两两不同构的单模, 从而 $\gamma_1(T_1)\cdots\gamma_k(T_k)$ 一定是无关的, 随之 (见 (6.24)) 它们的本质扩张 $Im\gamma_1,\cdots,Im\gamma_k$ 也是无关的. 所以, 内射模 $E(T_1\oplus\cdots\oplus T_k)\cong Im\gamma_1+\cdots+Im\gamma_k$ 同构于 M 的直和项. □

称环 R 是**左 (右) $QF-3$ 环**, 如果它有极小忠实左 (右)R-模. 称环为 $QF-3$ 环, 如果它既是左 $QF-3$ 环又是右 $QF-3$ 环. 从而每个 QF 环都是 $QF-3$ 环.

下面我们给出单边 *Artin* $QF-3$ 环的一些刻画. 特别地, 我们将看到两个极小条件中任一个成立时, "左 $QF-3$" 和 "右 $QF-3$" 是等价的. 然而我们要注意不同于 QF 的情形, 存在不是右 Artin 环的左 Artin $QF-3$ 环 (见练习 (31.2)).

31.6 定理　对于左 Artin 环 R, 下列条件等价:

(a) R 是左 (右)$QF-3$ 环;

(b) R 有忠实内射的左 (右) 理想;

(c) R 有忠实内射的投射左 (右) 模;

(d) $E({}_RR)(E(R_R))$ 是投射的.

而且, 如果 R 是 $QF-3$ 环, 则极小忠实 R-模形如

$$Re = Re_1 \oplus \cdots \oplus Re_k, \quad fR = f_1R \oplus \cdots \oplus f_kR,$$

其中 $e=e_1+\cdots+e_k$ 和 $f=f_1+\cdots+f_k$ 是正交的本原幂等元的和使得

$$Soc\ Re_i \cong Rf_i/Jf_i, \quad Soc\ f_iR \cong e_iR/e_iJ \quad (j=1,\cdots,k),$$

而且这些单模都是极小左和右理想的表示的无冗余集.

证明　(a)⇒(b) 是引理 31.5 的推论.

(b)⇒(c) 是显然的.

(c)⇒ (d). 由 (c) 的假设可推出 R 是由内射的投射左 (右) 模 Q 上生成的 (见 (8.22)), 即对于某个集合 A, 存在左 (右)R-单同态

$$0 \to R \to Q^A.$$

在左边的情形中, 由于 ${}_RR$ 是有限上生成的, 从而我们可以设 A 是有限的. 在右边的情形中, 投射右 R-模的直和是投射的 (28.9). 从而在任意情形下, 正则模 R 都可嵌入到内射的投射模中, 因此它的内射包是投射的.

(d)⇒(a). 如果 (d) 成立, 则 $E({}_RR)$ 是单模的内射包的直和, 因此选择每个同构类中的一个, 我们可以找到两两不同构的单模 $T_1,\cdots,T_k$ 使得 $E(T_1\oplus\cdots\oplus T_k)$ 是投射的, 而且它有与 $E({}_RR)$ 相同的零化子, 即零. 从而应用引理 31.5 即可. 右边的证明和左边完全类似.

如果 R 是左 $QF-3$ 环, 极小忠实模 $Re = Re_1\oplus\cdots\oplus Re_k$ 如 (31.5) 中所述, 则从 R 的本原幂等元的基本集中, 我们可以选择 $f_1,\cdots,f_k$ 使得 $Rf_i/Jf_i\cong Soc\ Re_i(i=1,\cdots,k)$. 如果 $f=f_1+\cdots+f_k$, 则 $fR=f_1R\oplus\cdots\oplus f_kR$ 是内射的, 由 (31.3) 可得 $Soc\ f_iR\cong e_iR/e_iJ\ (i=1,\cdots,k)$, 而且它们中的任意两个都不同构, 由 (31.5) 得由于每个极小左理想都同构于 $Soc(Re_i)\cong Rf_i/Jf_i$ 中的一个, 从而 fR 是忠实的, 这是因为 $r_R(fR)$ 不包含极小左理想, 现在再由 (31.5) 可得 fR 是极小忠实右理想. 这便证明了最后的陈述, 由 (a) 的左边内容可推出右边内容. 类似地由 (a) 的右边内容可推出左边内容. □

$QF-2$ 环

称左或右 Artin 环是 $QF-2$ **环**, 如果它的每个不可分解投射左模和不可分解投射右模都有单基座. 显然, QF 环是 $QF-2$ 环 (31.4). Thall 已经证明了有限维 $QF-2$ 代数是 $QF-3$ 代数,(31.3) 使我们把它扩展到 Artin 的情形.

31.7 定理 每个左或右 *Artin* $QF-2$ 环都是 $QF-3$ 环.

证明 设 $J=J(R)$, 对于每个 ${}_RM$, 如果 $J^lM=0, J^{l-1}M\neq 0$, 定义 $L(M)=l$. 设 T 是 R 的极小左理想, 则存在本原左理想 Re 使得 $L(Re)$ 关于 $Soc\ Re\cong T$ 是极大的. 如果 e' 是 R 中的任意本原幂等元, 则我们有 $(Soc\ Re)\cdot Je'=0$, 这是因为否则, 由 Je' 中的某个元素得到的右乘法将给出从 Re 到 Je' 的单同态, 这与 $L(Re)$ 的极大性矛盾. 因此

$$Soc\ Re\subseteq l_R(J)=Soc(R_R).$$

现在设 f 是 R 中的本原幂等元, 使得 $Soc\ Re\cong Rf/Jf$, 则有

$$0\neq f(Soc\ Re)\subseteq f(Soc\ (Re))e=(Soc\ fR)e,$$

由于 $(Soc\ fR)e$ 是单的, 从而有 $SocfR\cong eR/eJ$. 因此, 由 (31.3) 得 Re 是内射的, 再应用 (31.6) 即可. □

从 (31.7),(31.5) 和 (31.4) 我们立即可得

31.8 推论 对于左或右 Artin 环 R, 下列条件等价:

(a) R 是 QF 环;

(b) R 是 $QF-2$ 环 ,$Soc({}_RR)=Soc(R_R)$;

(c) R 是 $QF-2$ 环, 而且每个单左 R-模都可以嵌到 R 中去.

证明 练习 (31.4). □

QF 环的 Faith-Walker 刻画

我们用一个定理来结束本节, 此定理根据投射模和内射模严格地刻画了 QF 环.

31.9 定理 对于环 R, 下列条件等价:

(a) R 是 QF 环;

(b) 每个投射左 R-模都是内射的;

(c) 每个内射左 R-模都是投射的.

证明 由 (31.1) 可得 (a) $\Rightarrow$ (b) 和 (a) $\Rightarrow$ (c).

(b)$\Rightarrow$(a). 假设对于某个无限集, ${}_RR^{(A)}$ 是内射的. 由 (25.1) 和先前的讨论得 R 在零化子左 (右) 理想上有升 (降) 链. 由 (30.9) 知每个主右理想是零化子右理想, 因此 R 是左完备环 (28.4(e)). 从而正如 (30.10) 的证明 ,R 是半准素环. 现在如果 $c_1, \cdots, e_n$ 是 R 的幂等元的基本集, 则 $Re_1, \cdots, Re_n$ 一定是 n 个不同的单 R-模的内射包, 而且我们知道 ${}_RR$ 是上生成子 (18.15). 但由 (25.2) 知每个左理想都是零化子左理想, 因此左内射环 R 是左 Noether 的, 从而由 (30.10) 得 R 是 QF 环.

(c)$\Rightarrow$(a). 假设一切内射左 R-模都是投射的, 则它们一定同构于自由模的直和项, 而且每个左 $R-$ 模都可以嵌入到若干个 R 的直和中. 从而, 由 (26.3) 得 R 是左 Noether 的, 而且通过考虑 $R^{(A)}$ 中项上的投射模, 我们可得每个单左 R-模都同构于极小左理想. 由于模的两两不同构的单子模的任意集族都是无关的, 而且 R 是左 Noether 的, 从而可得 R 只有有限多个单模的同构类. 设 $T_1, \cdots, T_n$ 表示来自于每个这些类的一个代表, 则由假设得两两不同构的不可分解的内射模 $E(T_1), \cdots, E(T_n)$ 是投射的. 它们的自同态环是局部的 (25.4), 因此由 (17.20) 知它们是 (由 (17.8) 得两两不同构的) 单模的投射盖. 这样, 设 $E(T_1) \oplus \cdots \oplus E(T_n)$, 可以看出投射模 E 映射到每个 $T_1, \cdots, T_n$ 上, 因此 E 一定是生成子 (17.10). 所以, 我们有 $R \oplus R' = E^{(m)}$(17.6), R 是 QF 环. □

练 习 31

1. 证明: 如果 R 是左 Artin $QF-3$ 环, 则 $Soc(R_R)$ 是单模的有限直和.
2. 证明: 如果 C 是除环 D 的子除环使得 ${}_CD$ 有有限维数, 但 D_C 没有有限维数, 则矩阵环

$$\begin{bmatrix} D & 0 & 0 \\ D & C & 0 \\ D & D & D \end{bmatrix}$$

是左 Artin $QF-3$ 环但不是右 Artin 环.

3. 证明: 任意除环上形如

$$\begin{bmatrix} a & 0 & 0 & 0 \\ u & b & 0 & 0 \\ v & 0 & b & 0 \\ w & x & y & c \end{bmatrix}$$

的矩阵环是 $QF-3$ 环但不是 $QF-2$ 环.

4. (1) 证明: 如果 R 是左或右 *Artin* $QF-3$ 环, e 是 R 的本原幂等元, 则 Re 是内射的当且仅当 $Soc\ Re \subseteq Soc(R_R)$.

(2) 证明推论 31.8.

5. 称 QF 环是 Frobenius **环**, 如果 $Soc(_RR) \cong {}_RR/J$. 证明:

(1) Artin 环 R 是 Frobenius 环当且仅当 $Soc(_RR) \cong {}_RR/J$, $Soc(R_R) \cong R/J_R$.

(2) 每个 QF 环的基本环都是 Frobenius 环.

(3) 如果 R 是域 K 上的有限维代数, 下列条件等价:

(a) R 是 Frobenius 环;

(b) 存在同构 $\varphi :_R R \to Hom_K(R_R, K)$;

(c) 存在非退化的 R 平衡的 K 双线性映射 $\theta : R\times R \to K$[提示: 应用 $\theta(r,s) = (\varphi(s))(r)$];

(d) $R_R \cong Hom_K(_RR, K)$.

6. 称 QF 环 R 是**弱对称的,** 如果对于 R 中的一切 (本原) 幂等元 e, 有 $SocRe \cong Re/Je$. 证明:

(1) 如果 R 是 Artin 的, 则下列等价:

(a) R 是弱对称环;

(b) 对于 R 中的一切本原幂等元 e, 有 $Soc\ Re \cong Re/Je, Soc\ eR \cong eR$;

(c) 对于 R 中一切本原幂等元 e, 有 $Hom_R(Re/Je, R) \cong eR/eJ, Hom_R(eR/eJ, R) \cong Re/Je$.

(2) 域 K 上形如

$$\begin{bmatrix} a & y & 0 & 0 \\ 0 & b & 0 & 0 \\ 0 & 0 & b & x \\ 0 & 0 & 0 & a \end{bmatrix}$$

的矩阵代数是 Frobenius 环但不是弱对称的.

7. 称域 K 上的有限维代数 R 是**对称代数,** 如果存在双模同构 $\varphi : {}_RR_R \to Hom_K(R, K)$. 证明:

(1) 下列等价:

(a) R 是对称代数;

(b) 函子 $Hom_R(\_, R)$ 和 $Hom_K(\ , K) : {}_R\mathbf{FM} \to \mathbf{FM}_R$ 是同构;

(c) 存在非退化的 R 平衡对称 (即 $\theta(r,s) = \theta(s,r)(r,s \in R)$) 的 K 双线性映射 $\theta : R\times R \to K$.

(2) 如果 G 是有限群, 则经过 $\theta : (\sum a_g g, \sum b_g g) \to \sum a_g b_{g^{-1}}$, 群代数 KG 是对称的.

8. 设 R 是双边 $QF-3$ 环 (没有链条件), 极小忠实模 $Re = Re_1 \oplus \ldots \oplus Re_m$ 和 $fR = f_1R \oplus \ldots \oplus f_kR$ 如 (31.5) 中所述. 证明:
   (1) $k = m$, 而且重新编号 $f_1, \cdots, f_m$ 使得 $Soc\ Re_i \cong Rf_i/Jf_i$, $Soc\ f_iR \cong e_iR/e_i$. [提示: 由 (25.4) 和 (17.20) 得 Je_i 是极大的.]
   (2) ${}_{fRf}fRe_{eRe}$ 定义了使得 Re 和 fR 是自反的 Morita 对偶.
9. 假设 R 是左 Artin 环, $0 \neq f = f^2 \in R$. 设 $E = E(Rf/J(R))$. 证明:
   (1) $l_{fR}(E) = 0$, $r_E(fR) = 0$.
   (2) ${}_{fRf}fE$ 是上生成子.
   (3) 设 $\mathbf{D}(E)$ 表示 ${}_R\mathbf{M}$ 的完全子范畴, 它的对象是模 M 使得存在集合 X 和 Y 以及正合列

$$0 \to M \to E^{(X)} \to E^{(Y)}.$$

   证明: 如果 $H = Hom_{fRf}(fR, \_), T = (fR \otimes_R \_)$, 则有

$$T : \mathbf{D}(E) \to_{fRf} \mathbf{M} \quad \text{和} \quad H :_{fRf} \mathbf{M} \to \mathbf{D}(E),$$

   它们定义了范畴等价, 即 $T \circ H \cong 1_{fRf}M$, $H \circ T \cong 1_{\mathbf{D}(E)}$ (比较练习 20.18). [提示: 由 (20.11) 可得函子的第一个同构, 第二个同构可利用 (31.2) 和五项引理.]

§ 32. 列 环

除了半单环, 列环也为环的结构和它的模范畴之间的关系提供了最好的说明. 列环是有限模 (或表示) 类型的环的最早的例子之一. 50 年前由 Naayama 引入的列环是 Artin 环的表示理论和有限维代数的基本内容.

Loewy 列模和单列模

对于半准素环 R 上的每个模 ${}_RM \neq 0$, 都存在最小的正整数 ℓ 使得 $J^\ell M = 0$. 正整数 ℓ 称为 M 的 Loewy **长度**, 记作 $L(M) = \ell$ (如果 $M = 0$, 则 $L(M) = 0$). M 的**上** Loewy **列或根列**是

$$M > JM > \cdots > J^\ell = 0.$$

M 的下 Loewy 列是

$$0 < r_M(J) < \cdots < r_M(J^\ell) = M.$$

设 $J^0 = R$, 我们说对于每个 $k = 1, \cdots, \ell$,

$$J^{k-1}M/J^kM$$

是 M 的**第** k **个上** Loewy **因子**,

$$r_M(J^k)/r_M(J^{k-1})$$

是 M 的**第 k 个下 Loewy 因子.** 每个这样的因子都是半单的, 而且是非零的 (除非 M 是零). 所有这些概念对于右模也有类似的定义. 另外, 我们注意到

$$r_M(J^k)/r_M(J^{k-1}) = Soc(M/r_M(J^{k-1})) \quad (k = 1, \cdots, \ell),$$

因此我们通常记

$$Soc^k M = r_M(J^k),$$

并且称这个下 Loewy 列为**基座列.**

称模是**单列模,** 如果它的子模格是有限链, 即任意两个子模都可以比较. 从而单模和 $\mathbb{Z}_{p^n}$(p 为素数) 是单列模.

32.1 引理　对于半准素环 R 上的模 $M \neq 0$, 下列条件等价:

(a) M 是单列模;

(b) M 有唯一的合成列;

(c) 上 Loewy 列

$$M > JM > \cdots > J^\ell M = 0$$

是合成列;

(d) 下 *Loewy* 列

$$0 < SocM < Soc^2 M < \cdots < Soc^\ell M = M$$

是 M 的合成列.

证明　(a)⇔(b) 是显然的.

(a)⇒(c) 和 (a)⇒(d). 任意非单的 Loewy 因子都将产生不可比较的子模.

(d) ⇒(a). 设 $L \leqslant M$, 关于 $Soc^k M \leqslant L$, 选择 k 是极大的, 则 $L \cap Soc^{k+1} M < Soc^{k+1} M$, 于是由题设得 $L \cap Soc^{k+1} M = Soc^k M$, 即

$$L/Soc^k M \cap Soc(M/Soc^k M) = 0.$$

因此, 由于 R 模的基座是本质的, 从而 $L = Soc^k M$, 这便得到了 (a).

(c)⇒(a) 是 (d) ⇒ (a) 的对偶. □

列环的刻画

称 Artin 环是**左 (右) 列环,** 如果它的每个左 (右) 不可分解投射模都是单列模. 因此, R 是 (双边) **列环** 当且仅当 R 是半准素环, 且 ${}_R R$ 和 R_R 是单列模的直和.

32.2 定理　对于左 Artin 环 R, $J = J(R)$, 下列条件等价:

(a) R 是列环;

(b) R 的每个商环都是 $QF-2$ 环;

(c) R 的每个商环都是 $QF-3$ 环;

(d) R/J^2 是列环.

证明 (a)⇒(b). 如果 $I \leqslant {}_R R_R$, $e_1, \cdots, e_n$ 是 R 的幂等元的完全正交集, 则

$$R/I \cong Re_1/Ie_1 \oplus \cdots \oplus Re_n/Ie_n.$$

从而, 列环的商环是列环, 因此是 $QF-2$ 环.

(b)⇒(c) 可由 (31.7) 得到.

(c)⇒ (d). 假设 $J^2 = 0$, R 是 $QF-3$ 环. 如果 f 是 R 的本原幂等元使得 $fJ \neq 0$, 则 Rf/Jf 同构于极小左理想, 这是因为 $J \leqslant Soc({}_R R)$. 但 fR 是内射的 (31.6), 因此 $fJ = Soc\ fR$ 是单的, 从而 R 是右列环. 类似可证 , R 是左列环.

(d)⇒(a). 归纳假设对于 $k \geqslant 1$, $J^k e_i/J^{k+1}e_i$ 是单的, 于是存在投射盖

$$Re_j \to J^k e_i \to 0,$$

这样就有 $Je_j/J^2 e_j \cong J^{k+1}e_i/J^{k+2}e_i$, 除非 $J^{k+1}e_i/J^{k+2}e_i$ 为 0. □

下个结果根据左模刻画了列环, 并且描述了列环的左模和右模.

32.3 定理 如果 R 是左 Artin 环, 则下列等价:

(a) R 是列环;

(b) 每个左 R-模都是单列模的直和;

(c) 每个有限生成的不可分解的左 R-模都是单列模;

(d) 每个单左 R-模的投射盖和内射包都是单列模.

证明 (a)⇒(b). 设 $J = J(R), \ell = L(R)$, 则有 $J^\ell = 0, J^{\ell-1} \neq 0$. 如果 e 是 R 中使得 $J^{\ell-1}e \neq 0$ 的本原幂等元, 则由于 R 是 $QF-3$ 环, 从而由 (31.6) 得 Re 是内射的. 现在假设 M 是左 R-模，而 $\mathscr{E}$ 是使得 e 是 R 中本原幂等元的 Rex 的集合, $J^{\ell-1}ex \neq 0, x \in M$. 再设 E 是 $\mathscr{E}$ 的极大无关子集的和 (一定是直和), 则由于经与 x 相乘, 每个 $Rex \cong Re$, 从而 E 是内射的, 我们有 $M = E \oplus M'$, 其中 E 是列模的直和. 又 $J^{\ell-1}M' = 0$, 这是因为如不然，某个 $Rex \in \mathscr{E}$ 将包含在 M' 中, 这与极大性矛盾. 从而, M' 是 $R/J^{\ell-1}$ 模. 再对 $L(R)$ 应用归纳法即可.

(b)⇒(c) 是显然的.

(c)⇒(d). 如果 $Soc^k E/Soc^{k-1}E$ 不是单的, 则 E 包含了不是单列模的有限生成子模, 单模的内射包的每个子模都是不可分解的.

(d)⇒(a). 由练习 (30.3) 得如果 S 是单左 R-模, $E = E(S)$, 则由于 $JS = 0$, 从而 R/J^2 上 S 的内射包是 $r_E(J^2) = Soc^2 E$, 当然 R/J^2 上的投射模是 R 上投射模的商模. 因此由 (32.2(d)), 我们可以假设 $J^2 = 0$. 设 f 是 R 中的本原幂等元.

如果 $fJ=0$, 显然 fR 是单列模. 如果 $fJ\neq 0$, 则 J 包含 Rf/Jf 的同构象, 因此存在从 J 到 $E=E(Rf/Jf)$ 的非零映射, 此映射一定是由 E 中的元素得到的乘法 (18.3). 从而在此情形下, $JE\neq 0$, 所以 $c(E)=2$. 如果 $E/JE\cong Re/Je$, 那么 $E\cong Re$. 由 (31.3) 得 fR 是内射的, $Soc fR=fJ\cong eR/eJ$, fR 是单列模. □

Kupisch 列

设 R 是列环, $e_1,\cdots,e_n$ 是本原幂等元的基本集, $J=J(R)$. 对于每个 $i=1,\cdots,n$, 令

$$S_i=Re_i/Je_i,\quad T_i=e_iR/e_iJ.$$

这样，$S_1,\cdots,S_n$ 和 $T_1,\cdots,T_n$ 分别是单左 R-模和单右 R-模的完全无冗余集. R 的 **(右) 箭图**是有向图 $\mathscr{Q}(R)$, 其中顶点集为 $\{e_1,e_2,\cdots,e_n\}$, 射为 $e_i\to e_j$ 当且仅当 $e_iJe_i\not\subseteq J^2$(见练习 (32.14) 关于 Artin 环的箭图). 等价地有

$$\begin{aligned} e_i\to e_j \text{ 在 } \mathscr{Q}(R) \text{ 中}\quad & \text{当且仅当 } Je_j/J^2e_j\cong S_i\\ & \text{当且仅当 } e_iJ/e_iJ^2\cong T_j\\ & \text{当且仅当 } Re_i\to Je_j\to 0 \text{ 是投射盖}\\ & \text{当且仅当 } e_jR\to e_iJ\to 0 \text{ 是投射盖}. \end{aligned}$$

由 (27.8) 知 R 是不可分解的当且仅当 $\mathscr{Q}(R)$ 作为无向图是连通的 (即忽略方向 $\mathscr{Q}(R)$ 是拓扑连通的). 现在由于 R 是列环, 从而对于一切 $i=1,\cdots,n$, 模 Je_i 和 e_iJ 有形如 Re_j 和 e_iR 的唯一投射盖, 因此就 $\mathscr{Q}(R)$ 中任意一个顶点来说, 至多有一个以它为终点 (定点) 的箭向, 即

$$e_i\to e_j\leftarrow e_k \quad \text{和} \quad e_i\leftarrow e_j\to e_k$$

都不在 $\mathscr{Q}(R)$ 中. 于是, 如果 R 也是不可分解的, 则 $\mathscr{Q}(R)$ 是连通的, 从而 $\mathscr{Q}(R)$ 或者是长度为 n 的单一有向图或者是长度为 n 的单一循环, 即

32.4 定理　如果 R 是不可分解的列环, $J=J(R)$, 则幂等元的基本集可以编号, 使得 R 中的箭图 $\mathscr{Q}(R)$ 或者是

$e_1\to e_2\to\cdots\to e_n$,　或者是

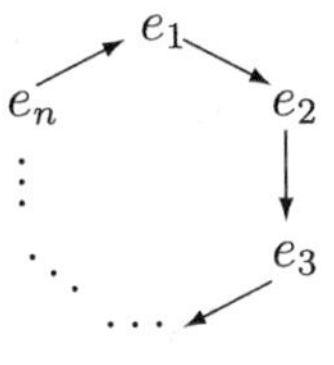

.

因此如果 $Je_1 \neq 0$, 则存在投射盖

$$Re_{i-1} \to Je_i \to 0 \quad (i = 2, \cdots, n)$$

和

$$Re_n \to Je_1 \to 0. \qquad \square$$

定理 32.4 中的不可分解投射模 $Re_1, \cdots, Re_n$ 称为 R 的 *Kupisch* **列.** 我们注意, 除了当 $Je_1 \neq 0$ 时, $\{1, \cdots, n\}$ 的循环置换外, 它是唯一的. 而且, 如果 $c_i = c(Re_i)$, 则有

$$Je_i \cong Re_{i-1}/J^{c_i-1}e_{i-1} \quad (i = 2, \cdots, n),$$

如果 $Je_1 \neq 0$, 则

$$Je_1 \cong Re_n/J^{c_1-1}e_n.$$

从而我们一定有

$$2 \leqslant c_i < c_{i-1} + 1 \ \ (i = 2, \cdots, n) \quad 和 \quad c_1 \leqslant c_n + 1.$$

编号 $c_1, \cdots, c_n$ 形成了所谓的R **的容许序列,** 而且满足上述不等式的任意序列 $c_1, \cdots, c_n$ 称为**容许序列.** 我们也将看到每个这样的序列都是某个列环的容许序列.

如果 $k \in \mathbb{Z}$, 我们设 $[k]$ 表示 k 模 n 的最小剩余类. 下面的引理是 Kupish 列的一个推论, 它是本节许多剩余结果的关键.

32.5 引理　设 R 是不可分解的列环, $Re_1, \cdots, Re_n$ 是 Kupish 列, $J = J(R)$, 则存在

$$a_{i-1} \in e_{i-1}Je_i \ \ (i = 2, \cdots, n) \quad 和 \quad a_n \in e_nJe_1$$

使得对于任意 $k > 0$ 和任意 $i \in \{1, \cdots, n\}$, 有

$$J^ke_i = Ra_{[i-k]} \cdots a_{[i-2]}a_{[i-1]} \quad 和 \quad e_iJ^k = a_ia_{[i+1]} \cdots a_{[i+k-1]}R.$$

证明　由 (32.4) 知, 存在投射盖 $Re_{i-1} \to Je_i \to 0 \ \ (i = 2, \cdots, n)$, 而且如果 $Je_1 \neq 0$, 则有投射盖 $Re_n \to Je_1 \to 0$. $e_1, \cdots, e_n$ 关于这些满同态的象是元素 $a_{i-1} \in e_{i-1}Je_i \backslash J^2, (i = 2, \cdots, n)$, $a_n \in e_nJe_1 \backslash J^2 (Je_1 \neq 0)$, $a_n = 0 (Je_1 = 0)$. 于是知对于 $k = 1$ 结论是成立的. 如果 $k > 1$, 归纳假设对于 $k - 1$ 的结论成立, 我们有

$$J^ke_i = J^{k-1}Ra_{[i-1]}$$

$$= \left(\sum_{j=1}^{n} J^{k-1} e_j \right) a_{[i-1]}$$

$$= J^{k-1} e_{[i-1]} a_{[i-1]}$$

$$= R a_{[i-k]} \cdots a_{[i-2]} a_{[i-1]}$$

对 $e_i J^k$ 的证明完全类似可得. □

从引理 32.5 我们立即可得, 如果 R 是列环, $Re_1, \cdots, Re_n$ 是 Kupisch 列,$c_i = c(Re_i)(i = 1, \cdots, n)$, 则有

$$J^k e_i \cong Re_{[i-k]}/J^{c_i-k} e_{[i-k]} \quad (J^k e_i \neq 0),$$

而且 Re_i 的合成因子是

$$S_i, S_{[i-1]}, \cdots, S_1, S_n, S_{n-1}, \cdots, S_1, \cdots, S_{[i-c_i+1]}.$$

类似地, 如果 $d_i = c(e_i R)$ $(i = 1, \cdots, n)$, 则有

$$e_i J^k \cong e_{[i+k]} R/e_{[i+k]} J^{d_i-k} \ (e_i J^k \neq 0),$$

而且 $e_i R$ 的合成因子是

$$T_i, T_{[i+1]}, \cdots, T_n, T_1, \cdots, T_n, \cdots, T_{[i+d_i-1]}.$$

在特殊的情形下, 上述信息可由图表很好地表示. 例如, 如果 R 的容许序列是 $c_1 = 4, c_2 = 5, c_3 = 5$, 则 Re_1, Re_2, Re_3 的结构和 $e_1 R, e_2 R, e_3 R$ 的结构可分别由下图表示:

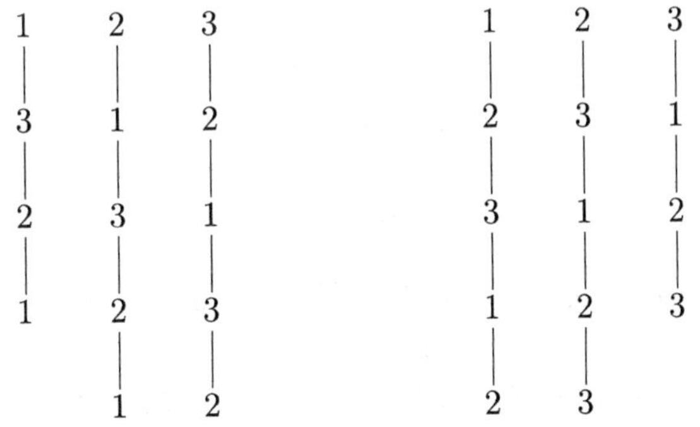

内　射　模

现在我们可以相对容易地区别列环上的不可分解内射模, 因此也可以区别列环上的一切内射模. 每个列环都是 $QF-3$ 环, 从而根据内射模的此刻画, 我们也可以刻画它们的极小忠实模.

设 R 是列环, $Re_1, \cdots, Re_n$ 是 Kupisch 列, $c_1, \cdots, c_n$ 是容许序列, 对于每个 i, 设

$$S_i = Re_i/Je_i.$$

设 ${}_RM$ 是不可分解的. 由 (32.3) 得 M 是单列模, 因此对于某个唯一的 i, M 有投射盖 $Re_i \to M \to 0$. 从而, 如果 $c(M) = m$, 则 $m \leqslant c_i$, 而且有

$$M \cong Re_i/J^m e_i.$$

因此由 $S_i = Re_i/Je_i$ 可得 M 的合成因子是

$$M/JM \cong S_i, S_{[i-1]}, \cdots, S_{[i-m+1]} \cong SocM.$$

另一方面, 如果 $SocM \cong S_k$, 则由 (1) 可得 M 的合成因子是

$$SocM \cong S_k, S_{[k+1]}, \cdots, S_{[k+m-1]} \cong M/JM,$$

因此

$$M \cong Re_{[k+m-1]}/J^m e_{[k+m-1]}.$$

换句话说, 每个不可分解模在同构的范围内都可由它的长度和基座刻画. 现在由于 $Re_i \to Je_{[i+1]} \to 0$ 是投射盖, 从而 $c_{[i+1]} > m$ 当且仅当

$$M \cong Re_i/J^m e_i \cong Je_{[i+1]}/J^{m+1} e_{[i+1]},$$

并且存在从 M 到 $Re_{[i+1]}/J^{m+1}e_{[i+1]}$ 的真嵌入.

现在设 ${}_RE$ 是不可分解内射模, $SocE \cong S_j$, 因此

$$E = E(Re_j/Je_j).$$

从而每个左 R-模 $M(SocM = S_j)$ 都可以嵌入到 E 中. 因此, E 是极大长度的唯一单列模, 其基座为 S_j, 从而我们有

32.6 定理　设 R 是不可分解的列环, $Re_1, \cdots, Re_n$ 是 Kupish 列, $c_1, \cdots, c_n$ 是容许序列. 对于 $1 \leqslant i \leqslant n$ 和 $m \leqslant c_i$, 不可分解模 $Re_i/J^m e_i$ 是内射的当且仅当 $c_{[i+1]} \leqslant m \leqslant c_i$. 特别地, Re_i 是内射的当且仅当 $c_{[i+1]} \leqslant c_i$. □

最后的陈述是指模 $Re_i(c_{[i+1]} \leqslant c_i)$ 是不可分解的投射的内射模. 正如我们所见, 列环是 $QF-3$ 环. 这样, 它们的极小忠实模在下面的推论中得以描述.

32.7 推论　设 R 是不可分解的列环, $Re_1, \cdots, Re_n$ 是 Kupish 列, $c_1, \cdots, c_n$ 是容许序列, 则

$$\oplus_{c_{[i+1]} \leqslant c_i} Re_i$$

是极小忠实左 $R-$ 模. □

$c_1 = 1$ 的情形

不可分解的列环的特殊情形 $c_1 = 1$ 是十分特别的. 在此情形下, 箭图 $Q(R)$ 是有向图

$$e_1 \to e_2 \to \cdots \to e_n.$$

我们将看到, 它们是上三角矩阵环的商环. 实际上, 设 D 是除环, $R = \mathbb{UTM}_n(D)$ 是 D 上的上三角矩阵环, 则 R 是不可分解的列环, $Re_1, \cdots, Re_n$ 是其 Kupisch 列, 其中 e_i 是第 ii 个位置是 1 其它位置元素都是的矩阵, 它的容许序列是 $c_1 = 1, c_2 = 2, \cdots, c_n = n$. 还要注意，在此情形下 Re_i 是单的, $Soc\ Re_2 \cong \cdots \cong Soc\ Re_n \cong Re_1$, 所以

$$Soc({}_RR) \cong \oplus_{i=1}^n Soc(Re_i) \cong (Re_1)^n$$

是投射的. 反之，我们有

32.8 定理　设 R 是基本的不可分解的列环, $Re_1, \cdots, Re_n$ 是 Kupish 列. 如果 Re_1 是单的, 则 R 同构于除环 D 上的 $n \times n$ 上三角矩阵环 $\mathbb{UTM}_n(D)$ 的商环. 而且, 如果 $Soc({}_RR)$ 是投射的, 则 $R \cong \mathbb{UTM}_n(D)$.

证明　假设 $c_1 = 1$, 则对于 $k = 1, 2, \cdots, n$, 有 $c_k \leqslant k$. 由引理 32.5 我们可得 Re_j 的唯一的合成因子是 S_j 的第一个 $c_j, S_{j-1}, \cdots, S_1(S_1 = Re_i/Je_i)$. 于是，对于一切 i 和 j, 或者 $j - c_j < i \leqslant j$, 且

$$e_iRe_j \cong e_iS_i$$

在 e_iRe_i 上是单的或者 $e_iRe_j = 0$. 类似地, e_iRe_j 在 e_jRe_j 上或者是单的或者是零. 这样, 设 $a_1, \cdots, a_n$ 如 (32.5) 中所述, 如果我们令

$$e_{ij} = \begin{cases} e_i, & i = j \\ a_i \cdots a_{j-1} = e_ia_i \cdots a_{j-1}e_j & ,1 \leqslant i < j \leqslant n, \end{cases}$$

则 e_iRe_i 是除环, 并且当 $1 \leqslant i \leqslant j \leqslant n$ 时,

$$e_iRe_j = e_iRe_ie_{ij} = e_{ij}e_jRe_j.$$

从而存在除环同构

$$\sigma_i : e_{i-1}Re_{i-1} \to e_iRe_i \quad (i = 2, \cdots, n)$$

使得

$$d_{i-1}a_{i-1} = a_{i-1}\sigma_i(d_{i-1}) \quad (d_{i-1} \in e_{i-1}Re_{i-1}),$$

$$Re_j = \sum_{i=1}^{j} e_iRe_j = \sum_{i=1}^{j} e_iRe_ie_{ij}.$$

现在设 $\sigma_1 = 1_{e_1Re_1}$,

$$\delta_i = \sigma_i \circ \cdots \circ \sigma_1 : e_1Re_1 \to e_iRe_i \quad (i = 1, \cdots, n),$$

再设

$$D = \{\delta_1(x) + \delta_2(x) + \cdots + \delta_n(x) | x \in e_1Re_1\},$$

则 D 是除环,

$$R = \sum_{i \leqslant j} De_{ij}.$$

如果 $d = \sum_{i=1}^{n} \delta_i(x)$, 则对于 $i = 2, \cdots, n$, 有

$$da_{i-1} = \delta_{i-1}(x)a_{i-1} = a_{i-1}\delta_i(x) = a_{i-1}d.$$

这样，我们可得, 当 $1 \leqslant i < j \leqslant n$ 时, 对于一切 $d \in D$, 有

$$de_{ij} = e_{ij}d,$$

且满映射

$$[d_{ij}] \mapsto \sum_{i \leqslant j} d_{ij}e_{ij} \quad ([d_{ij}] \in \mathbb{UTM}_n(D))$$

是环同态. 对于最后的论断, 我们注意，上述满射是 $D-$ 向量空间映射, 而且容易看到, 如果 $Soc({}_RR)$ 是投射的, 则对于一切 $1 \leqslant i \leqslant j \leqslant n$, 有 $e_{ij} \neq 0$. □

如果 R 是不可分解的列环, 具有 Kupish 列 $Re_1, \cdots, Re_n$, 则类似于 (32.8) 中证明, 可知一切除环 e_iRe_i/e_iJe_i 都同构, 即如果 R 是基本环, 则 R/J 是 n 个相同除环的直和. 我们可能希望这样的除环和容许序列可以决定环 R, 但环 $\mathbb{Z}_4$ 和 $\mathbb{Z}_2[x]/(x^2)$ 击碎了我们的希望. 然而, 我们将表明对于某些有限维代数, 我们所希望的结果是成立的.

可分列代数

称域 $K \subseteq CenR$ 上的有限维代数 R 是**可分代数**, 如果每个单 $R-$ 模的自同态环完全由 K 中元素的标量乘法所组成. 这等价于 $R/J(R)$ 作为 $K-$ 代数同构于 K 上矩阵环的直和. 如果 R 是基本环, 则 R 是可分的当且仅当 ${}_KR = Ke_1 \oplus \cdots \oplus Ke_n \oplus J(R)$, 其中 $e_1, \cdots, e_n$ 是幂等元的基本集. 如果 K 是代数闭域, 则 R 是可分的 (练习 (32.7)).

如果 $\mathscr{R}$ 是有 0 的有限半群 (即对于一切 $x \in \mathscr{R}$, 有 $0x = 0 = x0$), **半群代数** $\mathscr{K}\mathscr{R}$ 是一个具有 K 基为 $\mathscr{R}\backslash 0$ 的代数 (可能没有单位元), 并且 (和取遍 $\mathscr{R}\backslash 0$) 乘法满足

$$\left(\sum_x h_x x\right)\left(\sum_y k_y y\right) = \sum_z \left(\sum_{xy=z} h_x h_y\right) z,$$

$0x = 0 \in \mathscr{R}$. 类似于练习 (1.15), 我们可以把这一对象定义为 $K\mathscr{R} = \{f : \mathscr{R} \to K \mid f(0) = 0\}$.

我们利用此概念来证明

32.9 定理 如果 K 是域, 则任意两个有恒等容许序列的可分的基本的不可分解列 K-代数都同构.

证明 设 R 是满足题意的 K-代数, $Re_1, \cdots, Re_n$ 是 Kupish 列. 由于 R 是可分的基本的代数, 从而有 $c({}_RR) = dim({}_KR) = \sum_{i=1}^n c_i$. 这样, 由 (32.5) 易得, 如果 $a_{i-1} \in e_{i-1}Je_i\backslash J^2 (i = 2, \cdots, n)$, $a_n \in e_nJe_1\backslash J(\ Je_1 \neq 0)$, 则 $\{e_1, \cdots, e_n\} \cup \{a_1, \cdots, a_{n-1}, a_n\}$ 生成了 $(R, \cdot)$ 的子群 $(\mathscr{R}, \cdot)$, $(\mathscr{R}, \cdot)$ 中的非零元形成了 R 的 $K-$ 基. 因此, $R \cong K\mathscr{R}$. 由于经 (32.5), $\mathscr{R}$ 中的乘法表是由容许序列 $c_1, \cdots, c_n$ 确定的, 这便完成了定理的证明. □

给定容许序列 $c_1, \cdots, c_n$, 定理 32.9 提供了构造列环的一个方法. 设 $e_1, \cdots, e_n, a_1, \cdots, a_n$ 以及 0 是不同的符号 (如果 $c_1 = 1$, 则 $a_n = 0$), 则用 $a_{[i-k]} \cdots a_{[i-1]}$ 表示 $k-$ 多元组 $(a_{[i-k]}, \cdots, a_{[i-2]}, a_{[i-1]})$. 令

$$\mathscr{J} = \{a_{[i-k]} \cdots a_{[i-1]} \mid 1 \leqslant k \leqslant c_i, i = 1, \cdots, n\} \cup \{0\},$$

$$\mathscr{R} = \{e_1, \cdots, e_n\} \cup \mathscr{J}.$$

在 R 上定义乘法:

$$e_i e_j = e_i \quad (i = j),$$

$$e_j a_{[i-k]} \cdots a_{[i-1]} e_l = a_{[i-k]} \cdots a_{[i-1]} \quad (j = [i-k], l = i),$$

$$(a_{[j-t]} \cdots a_{[j-1]})(a_{[i-s]} \cdots a_{[i-1]}) = a_{[i-s-t]} \cdots a_{[i-1]} \quad (j = [i-s], s + t < c_i),$$

并且定义一切其他的积都为 0. 如果 x, y 中任意一个, 或者 z 是 0 或 e_i 是 0, 则显然有 $(xy)z = x(yz)$. 事实上, 除了当

$$x = a_{[k-u]} \cdots a_{[k-1]}, \quad y = a_{[j-t]} \cdots a_{[j-1]}, \quad z = a_{[i-s]} \cdots a_{[i-1]}$$

时, 其中 $k = [j-t], j = [i-s], t + u \geqslant c_j$, 这种情况外, 在其它任何情况下结合性都成立. 但即使在这种情况下, 我们也有

$$(xy)z = 0z = 0,$$

而且由 $c_j = c_{[i-s]} \geqslant c_i - s$ 我们可得

$$s + t + u \geqslant s + c_j \geqslant c_i.$$

因此

$$x(yz) = a_{[i-u-t-s]} \cdots a_{[i-1]} = 0.$$

从而 $\mathscr{R}$ 是半群.

32.10 定理 如果 $c_1, \cdots, c_n$ 是容许序列, K 是域, 则存在可分列 K-代数 R, 其中 Kupish 列为 $Re_1, \cdots, Re_n$, $c(Re_i) = c_i$, $(i = 1, \cdots, n)$.

证明 当然, 我们令 $R = K\mathscr{R}$, 余下的证明留做练习 (32.8). □

转置和 Nakayama 的刻画

Artin 环和 Artin 代数的表示 (或模) 理论中最有效的工具之一是 Auslander 和 Bridger[69] 中的转置, 这里我们利用它来得到列环的 Nakayama 刻画. 但首先我们需要更多的投射模上的知识.

称 R 模的正合列

$$P_1 \xrightarrow{f} P_0 \longrightarrow M \longrightarrow 0$$

是 M 的**极小投射表现,** 如果 P_1 和 P_2 是有限生成投射模, 且 $Kerf \ll P_1, Imf \ll P_0$. 当 R 是半完备环时, 每个有限表现 R-模都有极小表现 (见练习 (20.17)). 如果令 $J = J(R)$, 则极小性恰是指 $Kerf \leqslant JP_1, Imf \leqslant JP_0$. 首先我们证明这些表现本质上是唯一的.

32.11 引理 如果 M 和 N 有极小投射表现

$$P_1 \xrightarrow{f} P_0 \longrightarrow M \longrightarrow 0\ , \qquad Q_1 \xrightarrow{g} Q_0 \longrightarrow N \longrightarrow 0\ ,$$

则 $M \cong N$ 当且仅当存在 φ_1 和 φ_0 使得图表

$$\begin{array}{ccc} P_1 & \xrightarrow{f} & P_0 \\ \downarrow{\scriptstyle\varphi_1} & & \downarrow{\scriptstyle\varphi_0} \\ Q_1 & \xrightarrow{g} & Q_0 \end{array}$$

可交换.

证明　充分性是显然的. 反之, 给了同构 $\varphi: M \to N$, 我们利用 P_0 的投射性可得 φ_0, 使得图表

$$\begin{array}{ccccccc} P_1 & \xrightarrow{f} & P_0 & \xrightarrow{f_0} & M & \longrightarrow & 0 \\ \downarrow{\scriptstyle\varphi_1} & & \downarrow{\scriptstyle\varphi_0} & & \downarrow{\scriptstyle\varphi} & & \\ Q_1 & \xrightarrow{g} & Q_0 & \xrightarrow{g_0} & N & \longrightarrow & 0 \end{array}$$

的右手边方块可交换, 从而 $g_0\varphi_0$ 是满同态. 因为 g_0 是多余满同态, 所以 φ_0 是满同态, 且 φ_0 可分, 这是因为 Q_0 是投射的. 又 $Ker\ \varphi_0 \leqslant Ker\ \varphi f_0 = Ker\ f_0 \ll P_0$, 因此 φ_0 是同构. 现在 $\varphi_0(Ker f_0) = Ker\ g_0$, 这样，由正合性我们可以用获得 φ_0 的方法来获得 φ_1. □

${}_RR_R-$ 对偶 $(\ )^*$ 和它在 §20 中的性质是转置的基本分支, 我们也需要

32.12 引理　如果 P 是有限生成的投射左 R-模, $I \leqslant {}_RR$, 则把 $Hom_R(P, I)$ 看作 P^* 的子集, 有

$$P^*I = Hom_R(P, I).$$

证明　由于 (有限生成的) 投射模 (20.17)P^* 是平坦的, 从而由 (19.17), (20.10) 和 (19.6)，我们有同构

$$\begin{aligned} P^*I &\cong Hom_R(P, R) \otimes_R I \\ &\cong Hom_R(P, (R \otimes_R I)) \\ &\cong Hom_R(P, I). \end{aligned}$$

这些同构的合成使得图表

$$\begin{array}{ccc} P^*I & \xrightarrow{\subseteq} & P^* \\ \downarrow & & \| \\ Hom_R(P, I) & \xrightarrow{i_*} & Hom_R(P, R) \end{array}$$

可交换. □

如果 R-模 M 有极小投射表现

$$P_1 \xrightarrow{f} P_0 \longrightarrow M \longrightarrow 0\ ,$$

则 M 的转置定义为 $TM = Coker\ f^*$, 其中 $f^* = Hom_R(f, R)$.

32.13 定理 设 R 是半完备环, 如果 M 是左 (右)R-模, M 没有非零的投射直和项, 并且

$$P_1 \xrightarrow{f} P_0 \longrightarrow M \longrightarrow 0$$

是极小投射表现, 则正合列

$$P_0^* \xrightarrow{f^*} P_1^* \longrightarrow TM \longrightarrow 0$$

是左 (右)$R-$ 模 TM 的极小投射表现. 而且, TM 没有非零的直和项.

证明 设 $J = J(R)$, 假设 R, M 和正合列

$$P_1 \xrightarrow{f} P_0 \xrightarrow{f_0} M \longrightarrow 0$$

满足题设, 考虑正合列

$$P_0 \xrightarrow{f^*} P_1^* \xrightarrow{n} TM \longrightarrow 0,$$

其中 $TM = P_1^*/Im\ f^*$, n 是自然满同态. 由 (20.17) 知 P_0^* 和 P_1^* 是有限生成投射的. 如果 $\gamma \in P_0^*$, 则

$$[f^*(\gamma)](P_1) = \gamma(f(P_1)) \leqslant \gamma(JP_0) \leqslant J,$$

因此由 (32.12) 得

$$Im\ f^* \subseteq P_1^* J.$$

如果 $\delta \in Ker\ f^*$, 则 $Ker\ f_0 = Im\ f \subseteq Ker\ \delta$, 从而存在 R-映射的交换图表

$$\begin{array}{ccccc} P_0 & \xrightarrow{f_0} & M & \longrightarrow & 0 \\ & {\scriptstyle\delta}\searrow & \swarrow{\scriptstyle\varphi} & & \\ & & R & & \end{array}\ .$$

这样, 由于 M 和 $Im\ \varphi$ 没有非零的投射直和项, 从而 $Im\ \delta = Im\ \varphi \subseteq J$ (练习 (32.11.2)). 此时应用 (32.12) 我们有

$$Ker f^* \subseteq P_1^* J,$$

所以 f^* 产生了 M 的极小投射表现.

对于最后的陈述, 假设 $TM = P_1^*/Imf^*$ 有非零的投射直和项, 则 $P_1^* = Q \oplus Q'$, 其中 $Q \neq 0, Im\ f^* \subseteq Q'$(练习 (32.11.1)). 从而 $P_1^{**} = P \oplus P'$, 其中 $P = \{\gamma \in P_1^{**} | \gamma(Q') = 0\} \cong Q^*$(见 (16.3)). 但 $0 \neq P^* \subseteq Ker\ f^{**}$, 这是因为由 $\gamma \in P$ 可推出 $f^{**} = \gamma \circ f^* = 0$. 根据 P_0 和 P_1 的自反性 (20.17), 有

$$\begin{array}{ccc} P_1^{**} & \xrightarrow{f^{**}} & P_0^{**} \\ \cong\downarrow & & \downarrow\cong \\ P_1 & \xrightarrow{f} & P_0, \end{array}$$

这与 $Kerf \ll P_1$ 矛盾. □

如果 R 是半完备环, $e_1, \cdots, e_n$ 是本原幂等元的基本集, 则 $Re_i \mapsto e_iR \cong (Re_i)^*$ 是不可分解投射左 R-模和不可分解投射右 R-模的同构类型之间的忠实对应 (27.10). 转置提供了有限表现的不可分解左 R-模和有限表现的不可分解右 R-模的同构类型之间的忠实对应. 如果我们选择每个有限表现 R-模的一个固定的极小投射表现, 则转置可以看作下面推论所描述的映射对.

32.14 推论　如果 R 是半完备环, T 是没有非零的投射直和项的有限表现左 R-模类和右 R-模类之间的转置, 则 T 满足

(1) $T0 = 0$;

(2) $TM \cong TN$ 当且仅当 $M \cong N$;

(3) $T(M \oplus N) \cong TM \oplus TN$;

(4) $TTM \cong M$.

证明　(1) 是显然的; (2) 可由引理 32.11 得; (3) 是成立的, 这是因为每对极小投射表现的直和也是极小投射表现; (4) 是 (32.11) 和 P_1、P_0 的自反性 (20.17.1) 的一个推论. □

称 R 上的左模 M 是**局部的**, 如果 $Rad(M)$ 是 M 的多余极大子模. 这等价于 M 是有限生成的, 并且 M 有唯一的极大子模. 从而每个局部模都是不可分解的, 而且如果 R 是半完备环, 则 M 是局部模当且仅当它是不可分解投射模的满同态象——即它的投射盖.

当引入列环后,Nakayama 证明了列环上的一切模都是局部 (单列) 模的直和 (32.3(b)). 反之, 我们也证明了.

32.15 定理　如果 R 是 Artin 环, 并且它的每个有限生成的不可分解模都是局部的, 则 R 是列环.

证明　设 $J = J(R)$, e 和 f_i 是 R 的本原幂等元使得

$$\oplus_{i=1}^{k} Rf_i \to Re \to Re/Je \to 0$$

是 Re/Je 的极小投射表现. 由 (32.13) 和 (4.7) 我们有极小投射表现

$$eR \to \oplus_{i=1}^k f_iR \to T(Re/Je) \to 0,$$

由 (32.14) 知 $T(Re/Je)$ 是不可分解的. 这样，由题设得 $k=1$, 因此 $Je/J^2e \cong Rf_1/Jf_1$ 是单模. 从而 R 是左列环 (注意，到目前为止, 我们只有右不可分解模的局部性). 类似地 , R 是右列环. □

最后我们注意，*Dischger* 和 *Müller*[84] 以及 *Waschbush*[86] 都已经证明列环也有自对偶, 他们的证明技巧性很强，此处略去. Warfield [75] 中给出了 Artin 列环的有趣的叙述.

练 习 32

1. 证明: 如果 R 是列环, $Re_1, \cdots, Re_n$ 是 Kupisch 列, $c_i = c(Re_i), d_i = c(e_iR)$ $(i = 1, \cdots, n)$, 则
   (1) $d_1, \cdots, d_n$ 是 $c_1, \cdots, c_n$ 的置换.[提示: 对 $L(R)$ 用归纳法.]
   (2) 如果 $Soc(e_iR) \cong e_jR/e_jJ$, 则 $E(Re_i/Je_i) \cong Re_j/J^{d_i}e_j$.
2. 如果 R 是左 Artin 环, $e_1, \cdots, e_n$ 是幂等元的基本集, R 的 Cartan **矩阵**是 $C(R) = [[c_{ij}]]$, 其中 c_{ij} 是同构于 Re_i/Je_i 的 Re_j 的合成列中的合成因子的个数. 证明:
   (1) $c_{ij} = c({}_{e_iRe_i}e_iRe_j)$.
   (2) $c(Re_j) = \sum_{i=1}^n c_{ij}$.
   (3) 如果 R 是列环, 则 $c(e_iR) = \sum_{j=1}^n c_{ij}$.
3. 设 R 是基本列环, $Re_1, \cdots, Re_n$ 是 Kupisch 列, 且 $c_i = c(Re_i)$. 证明: 子集 $I \subseteq R$ 是理想当且仅当存在整数 $0 \leqslant b_i \leqslant c_i, b_i \leqslant b_{i-1}+1$ $(i = 2, \cdots, n)$ 和 $b_1 \leqslant b_n + 1$ 使得 $I = \sum_{i=1}^n J^{b_i}e_i$.
4. 证明: 如果 R 是列环, 则下列等价:
   (a) $Soc({}_RR)$ 是投射的;
   (b) R 是左遗传的;
   (c) R 是右遗传的.
   [注意: 任意完备环或者 nother 环 R 上 (b) 等价于 (c)(例如见 Rotman [79])].
5. 设 S 是半完备环, ${}_RI_R \leqslant J(S)$. 证明: 如果 $S/I \approx R$(*Morita* 等价), 则存在一个环 $S' \approx S$ 和理想 $I' \leqslant J(S')$ 使得 $S'/I' \cong R$. [提示: 练习 (17.16) 和 (17.12) 的证明 .]
6. 环 D 上的 $(m_1, \cdots, m_n)$ **块上三角矩阵环是形如**$[[A_{ij}]]$ 的矩阵全体构成的环, 其中 A_{ij} 是 D 上的 $m_i \times m_j$ 矩阵, $A_{ij} = 0$ $(i > j)$. 证明:
   (1) $S \approx \mathbb{UTM}(D)$(Morita 等价), (其中 D 为除环) 当且仅当存在 $m_1, \cdots, m_n$ 使得 S 同构于 D 上的 $(m_1, \cdots, m_n)$ 块上三角矩阵环.
   (2) 如果 R 是不可分解的列环, $c_1 = 1$ $(c_1 = i$ $(i = 1, \cdots, n))$, 则 R 是 D 上 (同构于) 块上三角环的同态象.
7. 设 R 是域 K 上的有限维代数. 证明:
   (1) 如果 R 是基本环, 则 R 是可分的当且仅当 ${}_KR = Ke_1 \oplus \cdots \oplus Ke_n \oplus J(R)$.

(2) 如果 K 是代数闭域, 则 R 是可分的.[提示: 首先表明 K 是 K 上唯一的有限维可除代数.]

8. 一个有 0 的有限半群 $\mathscr{R}$ 使得 $\mathscr{R}=\{e_1,\cdots,e_n\}\cup\mathscr{J}$ 满足 $\mathscr{R}\mathscr{I}\subseteq\mathscr{J}$, $\mathscr{J}\mathscr{R}\subseteq\mathscr{J}$, $\mathscr{J}^m=\{0\}$, 和 $e_ie_j=\delta_{ij}e_i$(即 $\mathscr{J}$ 是幂零理想, $e_1,\cdots,e_n$ 是正交幂等元, 而且 $\notin\mathscr{J}$). $\mathscr{R}=U_{ij}e_iRe_j$ 称为**代数半群.**

   (1) 证明: 如果 $\mathscr{R}$ 是代数半群, $R=K\mathscr{R}$, 则 $J(R)=K\mathscr{J}$, $Re_i=K\mathscr{R}e_i$ $(i=1,\cdots,n)$.

   (2) 完成定理 32.10 的证明.

9. 设 R 为列环, 如果它的每个不可分解投射模都仅有一个合成因子的同构类型, 则称 R 为**单列环.** 证明: 对于 Artin 环 R, 下列等价:

   (a) R 是单列环;

   (b) R 是每个 Kupisch 列仅有一项的列环的直和;

   (c) R 同构于局部列环上的矩阵环的直和;

   (d) R 的每个商环都是 QF 环;

   (e) R 的每个左理想和每个右理想都是主理想.

10. 证明: 左 R-模 M 的子模格是 (可能无限的) 链当且仅当对于一切 $x,y\in M$, 有 $Rx\leqslant Ry$ 或 $Ry\leqslant Rx$.

11. 对于投射模 ${}_RP$, 证明:

   (1) 如果 $I\leqslant_R M, M/I\cong P\oplus N$, 则 $M=P'\oplus N'$, $P'\cong P$, $I\leqslant N'$.

   (2) 如果 P 的每个满同态象都有投射盖, ${}_RM$ 没有投射盖直和项, 且 $\phi: M\to P$, 则 $Im\,\phi\ll P$.[提示: (17.17) 和上面的 (1).]

12. 利用转置证明: 如果 R 是左 Artin 环, 且 R 只有不可分解的有限生成左模的有限多个同构类型, 则 R 是右 Artin 环, 并且其上的左和右有限生成的不可分解模的同构类型的个数相同.

13. 设 $e_1,\cdots,e_n$ 和 $f_1,\cdots,f_m$ 是半完备环 R 的本原幂等元, 假设 M 有极小投射表现

$$Rf_1\oplus\cdots\oplus Rf_m \xrightarrow{\ \alpha\ } Re_1\oplus\cdots\oplus Re_n \longrightarrow M \longrightarrow 0\ .$$

   把左 (右) 模看作行 (列) 向量, α 可看作由矩阵 $A=[[a_{ij}]], a_{ij}\in f_iRe_j$ 得到的右乘法. 求证:

$$TM=\begin{bmatrix} f_1R\\ \oplus\\ \vdots\\ \oplus\\ f_mR\end{bmatrix}\Bigg/A\cdot\begin{bmatrix} e_1R\\ \oplus\\ \vdots\\ \oplus\\ e_mR\end{bmatrix}$$

14. 设 R 是左 Artin 环, $J=J(R)$, 本原幂等元的基本集为 $e_1,\cdots,e_n$, 而且 $S_i=Re_i/Je_i(i=1,\cdots,n)$ 为单模. 设 h_{ij} 表示 Je_j/J^2e_j 的 S_j 齐次分量的合成长度. R **的左箭图**是有向图 $Q({}_RR)$, 其中顶点集为 $\{e_1,\cdots,e_n\}$, h_{ij} 射为

$$e_j\xrightarrow{\ \alpha_k\ } e_i\quad (k=1,\cdots,h_{ij}, 1\leqslant i,j\leqslant n).$$

   如果 R 是右 Artin 的, 则 $Q(R_R)$ 可类似地定义.

(1) 求证: R 是不可分解的当且仅当 $Q({}_RR)$ 是连通的.

(2) 证明: R 是左列环当且仅当至多一个射存在一个顶点.

(3) 设 K 是域 ,R 是下列全体矩阵构成的代数:

$$\begin{bmatrix} e & a & x & y & z \\ 0 & f & b & c & d \\ 0 & 0 & e & 0 & 0 \\ 0 & 0 & 0 & g & 0 \\ 0 & 0 & 0 & 0 & h \end{bmatrix}$$

其中矩阵元都在 K 中. 计算 $Q({}_RR)$ 和 $Q(R_R)$，证明 R 是左列环但不是右列环.

(4) 描述一个“典型的”不可分解左列环的箭图.

15. 给定一个**箭图**(即一个有限有向图 $\mathscr{Q}$ 是**路半群**$P(\mathscr{Q})$, 就是一个自由半群, 它在顶点 $e_1,\cdots,$ e_n 上为 0,
$\mathscr{Q}$ 的射 $e_i \xrightarrow{\alpha} e_j$ 由关系

$$e_ie_j=\delta_{ij}e_i,\qquad e_j\alpha e_i=\begin{cases}\alpha, & e_i\xrightarrow{\alpha}e_j,\\ 0,\end{cases}$$

决定. 这样, 如果我们设计 $e_1,\cdots,e_n$ 是长度为 0 的有向路, 我们可以把 $P(\mathscr{Q})\backslash 0$ 等同于 $\mathscr{Q}$ 中的有向路 (例如, 如果射 $e_1\xrightarrow{\alpha_k}e_2\xrightarrow{\beta}e_3$ 在 $\mathscr{Q}$ 中, 则 $\beta\alpha_k$ 表示 $\mathscr{Q}$ 中长度 $\geqslant 2$ 的唯一的路). 如果 K 是域, 我们记作

$$K[\mathscr{Q}]=KP(\mathscr{Q}),$$

这个半群代数称为 $\mathscr{Q}$ 的**K-路代数.** 设 N 表示由 $\mathscr{Q}$ 中长度 $\geqslant 2$ 的路生成的 $K[\mathscr{Q}]$ 的理想, 证明:

(1) 如果 $I\leqslant N$ 是理想, $R=K[\mathscr{Q}]/I$ 是有限维的, 则 $\mathscr{Q}({}_RR)\cong\mathscr{Q}$, R 是可分的基本代数, $\{e_1+I,\cdots,e_n+I\}$ 是它的幂等元的基本集.

(2) 如果 R 是可分的基本代数, $\mathscr{Q}=\mathscr{Q}({}_RR)$, 则存在理想 $I\leqslant N$ 使得 $K[\mathscr{Q}]/I\cong R$.[提示: 如果 $J=J(R)$, 则 $\mathscr{Q}$ 中射的个数是 J/J^2 的 K-维数. 再见练习 (1.15(4)).]

(3) 如果 $\mathscr{Q}$ 由一个射和一个顶点组成, 则 $K[\mathscr{Q}]\cong K[X]$.

参考文献

Anderson F W. [69]: Endomorphism rings of projective modules. *Math Z.* **111**, 322—332(1969).

Anderson F W and Fuller K R. [72]: Modules with decompositions that complement direct summands,J. *Algebra* **22**, 241—253(1972).

Artin E Nesbitt C J and Thrall R M. [44]:Rings with minimum condition. Ann Ar bor: University of Michigan, 1944.

Auslander M. [55]: On dimension of modules and algebras (III), global dimension. *Nagoya Math.J.* **9,** 66—77(1955).

Auslander M and Bridger M. [69]: *Stable Module Theory.* Memoirs Amer.Math.Soc.,Vol 94, Providence, RI: American Mathematical Society, 1969.

Azumaya G. [50]: Corrections and supplementaries to my paper concerning Remak-Krull-Schmidt's theorem. *Nagoya Math. J.***1**, 117—124(1950).

———[59]: A duality theory for injective modules. *Amer. J. Math.***81**, 249—278(1959).

———[66]: Completely faithful modules and self injective rings. *Nagoya Math. J.* **27**, 697—708(1966).

Bass H. [60]: Finitistic dimension and a homological generalization of semiprimary rings. *Trans. Amer. J. Math. Soc.* **95**, 466—488(1960).

———[62]: The Morita theorems. *Lecture Notes.* University of Oregon, Eugene, 1962.

———[68]: Algebraic $K-$theory. New York: Benjamin, 1968.

Beachy J A. [71a]: On quasi-artinian rings.J.*London Math. Soc.*(2)**3**, 499—452(1971).

———[71b]: Generating and cogenerating structures. *Trans. Amer. Math. Soc.***158**,75—82(1971).

Behrens E A. [72]:*Ring theory.* New York:Academic Press,1972.

Bergman G M. [64]:A ring primitive on the right but not on the left.*Pro. Amer. Math. Soc.* **15,**473—475(1964).

Birckhoff G. [66]:Lattice theory. *Amer. Math. Soc. Colloq.Publ.*,Vol.25,3rd ed.providence, RI:American Mathematical Society,1966.

Bourbaki N. [58]:*Agebre.*Chapter 8(Fasc.23).Paris:Hermann & Cie,1958.

———[61]:*Agebre commutative.*Chapter 1 and 2(Fasc.27).Paris:Hermann & Cie,1961.

Burgess W D Fuller K R Voss E and Zimmermann-Huisgen B. [85]:The Crtan matrix as an indicator of finite global dimension for artinian rings, *Pro.Amer.Math.Soc.***95,**157—165(1985).

Cartan H and Eilenberg S. [56]: *Homological Algebra.*Princeton,NJ:Princeton University Press,1956.

Chase S U. [60]:Direct products of modules. *Trans. Amer. Math. Soc.***97**,457—473(1960).

Cohn P M. [61]:Quadratic extensions of skew fields. *Proc. London Math. Soc.* (3)**11**,531—556(1961).

——[66a]:Some remarks on the invariant basis property. *Topology*, Vol.5,pp.215—228. Oxford-New York -London -Paris:Permagon Press,1966.

——[66b]: Morita equivalence and duality. *Mathematical Notes*. Queen Mary College, Uni versity of London,1966.

Colby R R and Rutter E A Jr. [68]:Semiprimary QF-3 rings. *Nagoya Math. J.* **32**,253—258(1968).

Cozzens J H. [70]:Homological properties of differential polynomials. *Bull. Amer. Math. Soc.* **76**,75—79(1970).

Crawley Pand Jϕnsson B. [64]:Refinements for infinite direct decompositions of algebraic systems. *Pacific J. Math.* **14**,797—855(1964).

Curtis C W and Reiner I. [62]:*Representation theory of finite groups and associative alge bra*. New York -London:Interscience,1962.

Dicksion S E. [69]:On algebras of finite representation type. *Trans Amer. Math. Soc.* **135**,127—141(1969).

Dischinger F and Müller W. [84]:Einreihig zerlegbare artinsch Ringe sind selbsdual. *Arch. Math.* **43**,132—136(1984).

Dlab V. [70]:Structure of prefect rings . *Bull. Austral. Math. Soc.* **2**,117—124(1970).

Dlab V and Ringel C M. [76]: *Indecomposable Representations of Graphs and Algebras*, Memoirs Amer.Math.Soc.,Vol.173.Providence, **RI**: American Mathematical Society 1976.

Eisenbud D and Griffith P A. [71]:Serial rings. *J. Algebra* **17**,389—400(1971).

Erkes G L [75]:Rings of equivalent dominant and codominant dimension, *Proc. Amer. Math. Soc.* **48**,297—306(1975).

Faith C. [66]:Rings with ascending condition on annihilators. *Nagoya Math. J.* **27**,179—191(1966).

——[67a]:Lectures on injective modules and quotient rings. *Lecture Note in Mathematics*, Vol.49,Berlin-Heidelberg-New York:Springer-Verlag,1967.

——[67b]:A general Wedderburn theorem. *Bull. Amer. Math. Soc.* **73**,65—67(1967).

——[73]: Modules finite over endomorphism rings.*Lecture Notes in Mathematics*, Vol.246, pp.145—189.Berlin-New York:Springer-Verlag,1972.

——[76]: *Algebra II. Ring Theory*. Berlin-New York:Springer-Verlag,1976.

Faith C and Walker E A.[67]:Direct-Sum representations of injective modules. *J. Algebra* **5**,203—221(1967).

Faith C and Utumi Y.[64]: Quasi-injective modules and their endomorphism rings. *Arch. Math* **15**,166—174(1964).

Fisher J W.[72]:Nil subrings of endomorphism rings of modules. *Proc. Amer. Math. Soc.* **34**,75—78(1972).

Fuller K R.[68a]:Generalized uniserial rings and their Kupisch series. *Math. Z.* **106**,248—

260(1968).

——[68b]: The structure of QF-3rings. *Trans. Amer. Math. Soc.* **134**,343—354(1968).

——[69]: On indecomposable injectives over artinian rings. *Pacific J. Math.* **29**,248—260(1969).

——[70]:Double centralizers of injectives and projectives over artianian rings. *Illinois J. Math.* **14**,658—664(1970).

——[72]:Relative projectivity and injectivity classes determined by simple modules. *London J. Math.* **5**,423—431(1972).

——[87]:Algebras from diagrams. *J Pure Appl. Alg.* **48**,23—37(1987).

——[89]:*Artinian Rings*, Notas de Matematica 2,Universidad de Murcia,Murcia 1989.

Fuller K R and Hill D A.[70]:On quasi-projective modules via relative projectivity. *Arch. Math.* **21**,369—373(1970).

Gabriel P.[80]:Auslander-Reiten sequences and representation-finite algebras. *Lecture Note in Mathematics*, Vol.831,pp.1—71.Berlin-Heidelberg-New York:Springer- Verlag, 1980.

Goldie A W.and Small L W.[73]:A note on rings of endomorphisms. *J. Algebra* **24**,392—395(1973).

Gordon R [69]:Rings in which minimal left ideals are projective. *Pacific J.Math.***31**,679—692(1969).

——[71]:Rings defined by R-sets and a characterization of a class of semi-perfect rings. *Trans. Amer. Math. Soc.***155**,1—17(1971).

Jacobson N.[43]:The theory of rings. *Amer. Math. Soc. Surveys*, Vol.2.Providence,**RI:** Ameri-can Mathematical Society,1943.

——[64]:Structure of rings. *Amer. Math. Soc. Colloq. Publ.*, Vol.37(rev.ed).Providence, **RI:**American Mathematical Society,1964.

Jans J P.[59]:Projective injective modules. *Pacific J. Math.* **9**,1103—1108(1959).

——[64]:Rings and homology.New York-Chicago-San Francisco-Toronto-London:Holt, Rinehart & Winston,1964.

——[69]:On co-noetherian rings. *J. London Math. Soc.* (2) **1**,588—590(1969). Kaplansky I [58]:Projective modules. *Ann. Math.* **68**,372—377(1958).

——[69]:*Infinite abelian groups(rev.ed.)*.Ann Arbor **MI:** University of Michigan Press, 1969.

Kupisch H.[59]:Beiträge zur Theorie nichthalbeinfacher Ringe mit Minimalbedingung. *J. Reine Angew. Math.***201**,100—112(1959).

Lambek J.[66]:*Lectures on rings and modules.* Waltham-Toronto-London:Blaisdell,1966.

Maclane S.[63]:*Homology.* Berlin-Göttingen-Heidelberg: Springer-Verlag,1963.

——[71]:*Categories for the Working Mathematician.* New York-Heidelberg-Berlin: Springer-Verlag,1971.

Matlis E.[58]:Injective modules over noetherian rings . *Pacific J. Math.* **8**,511—528(1958).

Morita K.[58a]:Duality of modules and its applications to the theory of rings with minimum condition. *Sci. Rep. Tokyo Kyoiku Daigaku, Sect. A* **6**,85—142(1958).

——[58b]:On algebras for which every faithful representation is its own second commutator. *Math Z.***69**,429—434(1958).

——[65]:Adjoint pairs of functors and Frobenius extensions. *Sci.Rep.Tokyo Kyoiku Daigaku, Sect.*A**9**,40—71(1965).

Müller B J.[69]:On Morita duality. *Can. J.Math.* **21**,1338—1347(1969).

——[70]:On semi-perfect rings. *Illinois J. Math.* **14**,464—467(1970).

Murase I.[63]:On the structure of generalized uniserial rings, *I.Sci Papers College Gen. Educ. Tokyo* **13**,1—22(1963);**II. 13**, 131—158(1963);**III. 14**, 11—25(1964).

Nakayama T [40]:Note on uniserial and generalized uniserial rings. *Proc Imperial Acad. Japan* **16**,285—289(1940).

——[41]:On Frobeniusean algebras , **II**. *Ann. Math.***42**, 1—21(1941).

Osofsky B L.[66]:A generalization of quasi-Frobenius rings. *J. Algebra* **4**, 272—287(1966).

Onodera T.[68]:Uber Kogeneratoren, *Arch. Math.* **16**, 402—410(1968).

Robert E de.[69]:Projectifs er injectifs.C.R. *Acad. Sci. Paris Ser. A – B* **286**, 361—364(1969).

Rosenberg,A.and Zelinsky D.[59]:Finiteness of the injective hull. *Math. Z.* **70**, 372—380(1959).

——[61]:Annihilators. *Portugaliae Math.* **20**, 53—65(1961).

Rotman J J.[79]:*An introduction to homological aglebra.* New York-San Francisco-London: Academic Press,1979.

Sandomierski F L.[64]:Relative injectivity and projectivity .Ph.D.Thesis,Penn State University,1964.

——[69]:On semiperfect and perfect rings. *Proc. Amer. Math. Soc.* **21**, 205—207(1969).

Schofield A H.[85]:Representations of rings over skewfields. *London Math. Soc. Lect. Note Ser.*,Vol.92.Cambridge; Cambridge University Press,1985.

Stoll R R.[63]:*Set theory and logic.* San Francisco-London:W.H.Freeman & Co.,1963.

Tachikawa H.[73]:Quasi-Frobenius rings and generalizations. QF-3 and QF-1 rings. *Lecture Note in Mathematics*, Vol.351.Berlin-New York:Springer-Verlag,1973.

——[74]:QF-3 rings and categories of projective modules. *J.Algebra* **28**, 408—413(1974).

Vámos P.[68]:The dual notion of "finitely generated" . *J. London Math. Soc.* **43**, 643—647(1968).

Walker C P.[66]:Relative homological algebra and abelian groups.*Illinois J.Math.* **10**, 186—209(1966).

Ware R.[71]:Endomorphism rings of projective modules.*Trans.Amer. Math.Soc.* **155**, 233—256(1971).

Warfield R B Jr.[69a]:Decompositions of injective modules. *Pacific J. Math.* **31**, 263—276(1969).

——[69b]:A Kull-Schmidt theorem for infinite suns of modules. *Proc. Amer. Math. Soc.* **22,460—465(1969).**

——[75]:Serial rings and finitely presented modules. *J. Algebra* **37, 187—222(1975).**

Waschbüsch J.[86]:Self-duality of serial rings . *Comm. Algera* **14,581—589(1986).**